中 国 国 家 标 准 汇 编

2010 年修订-13

中国标准出版社　编

中国质检出版社
中国标准出版社
北　京

图书在版编目（CIP）数据

中国国家标准汇编：2010年修订．13/中国标准出版社编．—北京：中国标准出版社，2011
ISBN 978-7-5066-6510-0

Ⅰ．①中…　Ⅱ．①中…　Ⅲ．①国家标准-汇编-中国-2010　Ⅳ．①T-652.1

中国版本图书馆CIP数据核字(2011)第187728号

中国质检出版社
中国标准出版社 出版发行
北京市朝阳区和平里西街甲2号(100013)
北京市西城区三里河北街16号(100045)
网址：www.spc.net.cn
总编室：(010)64275323　发行中心：(010)51780235
读者服务部：(010)68523946
中国标准出版社秦皇岛印刷厂印刷
各地新华书店经销
*
开本 880×1230 1/16　印张 35　字数 910 千字
2011年12月第一版　2011年12月第一次印刷
*
定价 220.00 元

出 版 说 明

1.《中国国家标准汇编》是一部大型综合性国家标准全集。自1983年起，按国家标准顺序号以精装本、平装本两种装帧形式陆续分册汇编出版。它在一定程度上反映了我国建国以来标准化事业发展的基本情况和主要成就，是各级标准化管理机构，工矿企事业单位，农林牧副渔系统，科研、设计、教学等部门必不可少的工具书。

2.《中国国家标准汇编》收入我国每年正式发布的全部国家标准，分为“制定”卷和“修订”卷两种编辑版本。

“制定”卷收入上一年度我国发布的、新制定的国家标准，顺延前年度标准编号分成若干分册，封面和书脊上注明“20××年制定”字样及分册号，分册号一直连续。各分册中的标准是按照标准编号顺序连续排列的，如有标准顺序号缺号的，除特殊情况注明外，暂为空号。

“修订”卷收入上一年度我国发布的、修订的国家标准，视篇幅分设若干分册，但与“制定”卷分册号无关联，仅在封面和书脊上注明“20××年修订-1，-2，-3，……”字样。“修订”卷各分册中的标准，仍按标准编号顺序排列(但不连续)；如有遗漏的，均在当年最后一分册中补齐。需提请读者注意的是，个别非顺延前年度标准编号的新制定的国家标准没有收入在“制定”卷中，而是收入在“修订”卷中。

读者配套购买《中国国家标准汇编》“制定”卷和“修订”卷则可收齐上一年度我国制定和修订的全部国家标准。

3.由于读者需求的变化，自1996年起，《中国国家标准汇编》仅出版精装本。

4.2010年我国制修订国家标准共2846项。本分册为“2010年修订-13”，收入新制修订的国家标准42项。

中国标准出版社

2011年8月

目　　录

ICS 37.020
N 30

中华人民共和国国家标准

GB/T 12085.9—2010
代替 GB/T 12085.9—1989

光学和光学仪器　环境试验方法 第9部分：太阳辐射

Optics and optical instruments—Environmental test methods—Part 9: Solar radiation

(ISO 9022-9:1994,MOD)

2011-01-14 发布　　2011-05-01 实施

中华人民共和国国家质量监督检验检疫总局
中国国家标准化管理委员会　发布

前　言

GB/T 12085《光学和光学仪器　环境试验方法》分为以下16个部分：

——第1部分：术语、试验范围；

——第2部分：低温、高温、湿热；

——第3部分：机械作用力；

——第4部分：盐雾；

——第5部分：低温、低气压综合试验；

——第6部分：砂尘；

——第7部分：滴水、淋雨；

——第8部分：高压、低压、浸没；

——第9部分：太阳辐射；

——第10部分：振动(正弦)与高温、低温综合试验；

——第11部分：长霉；

——第12部分：污染；

——第13部分：冲击、碰撞或自由跌落与高温、低温综合试验；

——第14部分：露、霜、冰；

——第15部分：宽带随机振动(数字控制)与高温、低温综合试验；

——第16部分：弹跳或恒加速度与高温、低温综合试验。

本部分为GB/T 12085的第9部分。

本部分修改采用ISO 9022-9:1994《光学和光学仪器　环境试验方法　第9部分：太阳辐射》。

本部分与ISO 9022-9:1994的主要差异如下：

——删除国际标准的序言和前言；

——根据ISO 9022-9第1章及我国标准用语习惯作了重新编写；

——“国际标准本部分”一词改为“本部分”。

本部分代替GB/T 12085.9—1989《光学和光学仪器　环境试验方法　太阳辐射》，与GB/T 12085.9—1989的主要差异为：

——合并了范围与试验目的；

——修改了试验条件中太阳辐射源的光谱波长宽度并增加相应的引用标准；

——增加了试验程序的总则；

——增加了环境试验的标记名称，修改了相应标准号的编写。

本部分由中国机械工业联合会提出。

本部分由全国光学和光子学标准化技术委员会(SAC/TC 103)归口。

本部分起草单位：上海理工大学、宁波永新光学股份有限公司。

本部分主要起草人：冯琼辉、章慧贤、曾丽珠、叶慧。

本部分所代替标准的历次版本发布情况为：

——GB/T 12085.9—1989。

光学和光学仪器　环境试验方法
第9部分:太阳辐射

1　范围

本部分规定了太阳辐射试验的试验条件、条件试验、试验程序及环境试验标记。

本部分适用于露天操作、储存或在相对较低气压中存放的光学仪器、装有光学零部件的仪器和光学零部件。

本试验目的是研究试样的光学、热学、力学、化学和电学等特性受到太阳辐射影响的变化程度。

2　规范性引用文件

下列文件中的条款通过GB/T 12085的本部分的引用而成为本部分的条款。凡是注日期的引用文件,其随后所有的修改单(不包括勘误的内容)或修订版均不适用于本部分,然而,鼓励根据本部分达成协议的各方研究是否可使用这些文件的最新版本。凡是不注日期的引用文件,其最新版本适用于本部分。

GB/T 2424.14　电工电子产品环境试验　第2部分:试验方法　太阳辐射试验导则(GB/T 2424.14—1995,IEC 60068-2-9:1975,IDT)

GB/T 12085.1　光学和光学仪器　环境试验方法　第1部分:术语、试验范围(GB/T 12085.1—2010,ISO 9022-1:1994,MOD)

3　试验条件

3.1　辐射源应安装在能在试样表面上或按有关标准规定的平面内产生辐照度的热试验箱(室)内,辐射源的光谱能量分布按表1,表1中的数据不包括从箱壁上反射出的红外线辐射。

表1

光谱范围	紫外		可见			红外
波长宽度/nm	280～320	>320～400	>400～520	>520～640	>640～780	>780～3 000
辐照度/(W/m^2)	5±2	63±15	200±20	186±20	174±20	492±100

3.2　试验期间产生的臭氧必须从试验箱(室)中排除。

3.3　在有关标准中规定试样安装的方法和位置、安装、支架的要求,测量暴露区域内辐射和温度的测试点的位置。

除以上标准规定的条款外,其余按GB/T 2424.14。

4　条件试验

条件试验方法20:太阳辐射。

条件试验方法20太阳辐射的严酷等级按表2。

注1:1 kW/m^2 的辐照度相当于太阳在最高点时照射地球表面的总辐射强度,是直接太阳辐射和由大气层反射的太阳辐射的总合。太阳总辐射强度不是一个常量,因此,由国际照明委员会根据日光常量 l_0 = 1.35 kW/m^2 测定。

注2:严酷等级01表示极限的自然作用,适用于测定热的影响;严酷等级02表示长时期内中等程度的自然作用,适用于测定热、光和老化的影响;严酷等级03和04不表示真实的影响,适用于测定光化的影响和达到人为的老化,还可以测量低热容量的试样上的加热效应。

表 2

严酷等级		01	02	03[a]	04[a]
试验箱(室)内部的温度/℃	t_2	55±2	55±2	40±2	55±2
	t_1	25±2			
相对湿度/%		≤25			
循环空气速度/(m/s)		1.5～3			
辐照度/(kW/m²)		1±0.1	0～1.0[b]	1±0.1	1±0.1
总暴露时间[c]/d		3	5	4	10
辐射强度/(kWh/m²)		24	45	96	240
试验程序[c]		图 1	图 2	图 3	图 3
周期数		3	5	1	
工作状态		1 或 2		1	

a 仅用于代表性样品的试验。

b 对于中等程度的辐照度允许偏差不超过：±0.1 kW/m²。

c 参照图 1～图 3。

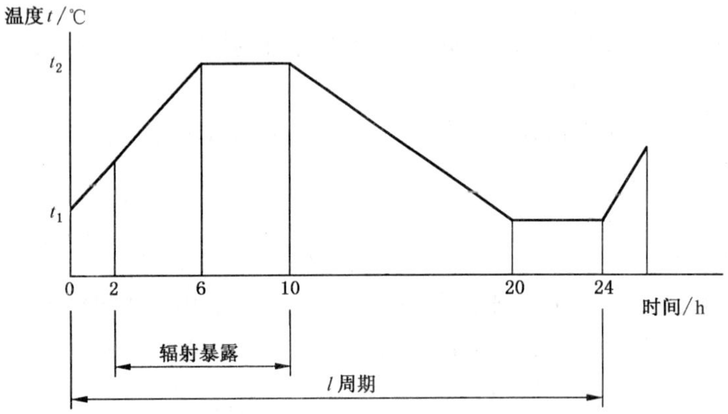

图 1　适用于严酷等级 01 的可控试验箱(室)温度和辐射暴露周期的试验程序(所需的三个周期之一)

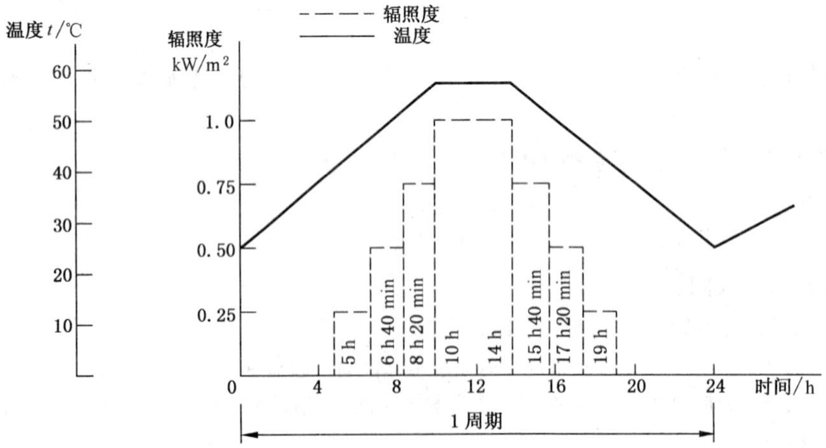

图 2　适用于严酷等级 02 的辐照度和可控试验箱(室)温度的试验程序(所需的五个周期之一)

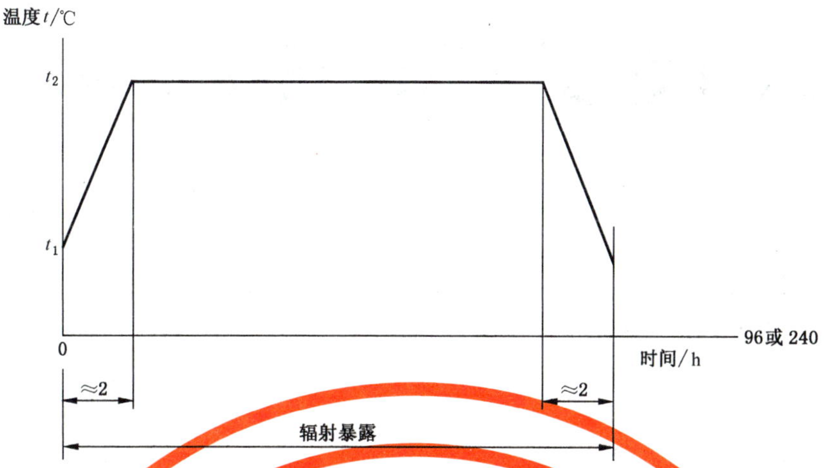

图 3 适用于严酷等级 03 和 04 的可控试验箱(室)温度和辐射暴露周期的试验程序

5 试验程序

5.1 总则

试验应符合相关标准的规定以及 GB/T 12085.1 和 GB/T 2424.14 的要求。

5.2 预处理

除有关标准另有规定外,试样表面在暴露前应用中性清洁剂进行清洗。

6 环境试验标记

环境试验标记应符合 GB/T 12085.1 的规定。

示例:光学仪器抗太阳辐射环境试验,条件方法 20、严酷等级 02、工作状态 1 的标记为:

环境试验 GB/T 12085-20-02-1

7 有关标准应包括的内容

a) 环境试验标记;
b) 试样数量;
c) 被辐射试样的表面;
d) 辐射测量平面的位置;
e) 试样的安装和支架;
f) 测量辐射强度和试验箱(室)温度的测试点的位置;
g) 除 5.2 规定外的预处理;
h) 初始检测的内容和范围;
i) 工作状态 2 工作周期的确定;
j) 工作状态 2 中间检测的内容和范围;
k) 恢复;
l) 最后检测的内容和范围;
m) 评价判据;
n) 试验报告的内容和范围。

ICS 37.020
N 30

中华人民共和国国家标准

GB/T 12085.10—2010
代替 GB/T 12085.10—1989

光学和光学仪器　环境试验方法 第10部分：振动(正弦)与高温、低温综合试验

Optics and optical instruments—Environmental test methods—Part 10: Combined sinusoidal vibration and dry heat or cold

(ISO 9022-10:1998,MOD)

2011-01-14 发布　　2011-05-01 实施

中华人民共和国国家质量监督检验检疫总局
中国国家标准化管理委员会　发布

前　言

GB/T 12085《光学和光学仪器　环境试验方法》分为以下16个部分：

——第1部分：术语、试验范围；

——第2部分：低温、高温、湿热；

——第3部分：机械作用力；

——第4部分：盐雾；

——第5部分：低温、低气压综合试验；

——第6部分：砂尘；

——第7部分：滴水、淋雨；

——第8部分：高压、低压、浸没；

——第9部分：太阳辐射；

——第10部分：振动(正弦)与高温、低温综合试验；

——第11部分：长霉；

——第12部分：污染；

——第13部分：冲击、碰撞或自由跌落与高温、低温综合试验；

——第14部分：露、霜、冰；

——第15部分：宽带随机振动(数字控制)与高温、低温综合试验；

——第16部分：弹跳或恒加速度与高温、低温综合试验。

本部分为GB/T 12085的第10部分。

本部分修改采用ISO 9022-10：1998《光学和光学仪器　环境试验方法　第10部分：振动(正弦)与高温、低温综合试验》。

本部分与ISO 9022-10：1998的主要差异如下：

——删除国际标准的序言和前言；

——根据ISO 9022-10第1章及我国标准用语习惯作了重新编写；

——“国际标准本部分”一词改为“本部分”。

本部分代替GB/T 12085.10—1989《光学和光学仪器　环境试验方法　综合　振动(正弦)与高温、低温》，与GB/T 12085.10—1989的主要差异为：

——修改了标准名称；

——修改了变量温差的计量单位；

——合并了范围与试验目的；

——增加了试验条件中的引用标准依据；

——条件试验中悬置段加编号，合并原版本表1、表2，将附录A放入标准正文；

——修改、增加了条件试验方法的工作状态和严酷等级，修改相应的参数；

——增加了试验程序的总则；

——增加了环境试验的标记名称，修改了相应标准号的编写。

本部分由中国机械工业联合会提出。

本部分由全国光学和光子学标准化技术委员会(SAC/TC 103)归口。

本部分起草单位：上海理工大学、宁波永新光学股份有限公司。

本部分主要起草人：冯琼辉、章慧贤、曾丽珠、叶慧。

本部分所代替标准的历次版本发布情况为：

——GB/T 12085.10—1989。

光学和光学仪器　环境试验方法
第 10 部分：振动(正弦)与高温、
低温综合试验

1　范围

本部分规定了振动(正弦)与高温、低温综合试验的试验条件、条件试验、试验程序及环境试验标记。

本部分适用于光学仪器、装有光学零部件的仪器和光学零部件。

本试验目的是研究试样的光学、热学、化学和电气等性能受振动(正弦)与高温、低温的影响时的变化程度。

2　规范性引用文件

下列文件中的条款通过 GB/T 12085 的本部分的引用而成为本部分的条款。凡是注日期的引用文件,其随后所有的修改单(不包括勘误的内容)或修订版均不适用于本部分,然而,鼓励根据本部分达成协议的各方研究是否可使用这些文件的最新版本。凡是不注日期的引用文件,其最新版本适用于本部分。

GB/T 2423.35　电工电子产品环境试验　第 2 部分:试验方法　试验 Z/AFc:散热和非散热试验样品的低温/振动(正弦)综合试验(GB/T 2423.35—2005,IEC 60068-2-50:1983,IDT)

GB/T 2423.36　电工电子产品环境试验　第 2 部分:试验方法　试验 Z/BFc:散热和非散热试验样品的高温/振动(正弦)综合试验(GB/T 2423.36—2005,IEC 60068-2-51:1983,IDT)

GB/T 2423.43　电工电子产品环境试验　第 2 部分:试验方法　振动、冲击和类似动力学试验样品的安装(GB/T 2423.43—2008,IEC 60068-2-47:2005,IDT)

GB/T 2424.22　电工电子产品基本环境试验规程　温度(低温、高温)和振动(正弦)综合试验导则(GB/T 2424.22—1986,eqv IEC 60068-2-53:1984)

GB/T 12085.1　光学和光学仪器　环境试验方法　第 1 部分:术语、试验范围(GB/T 12085.1—2010,ISO 9022-1:1994,MOD)

GB/T 12085.2　光学和光学仪器　环境试验方法　第 2 部分:低温、高温、湿热(GB/T 12085.2—2010,ISO 9022-2:2002,MOD)

GB/T 12085.3　光学和光学仪器　环境试验方法　第 3 部分:机械作用力(GB/T 12085.3—2010,ISO 9022-3:1998,MOD)

3　试验条件

在综合作用力条件下对暴露的试样进行的测试,要比任何一种单一环境条件试验更为严酷。

表 1 与表 3 中规定的温度值选自 GB/T 12085.2,条件试验方法 10 和 11。

试验应按 GB/T 12085.3 的要求进行。

固定试样的装置应符合 GB/T 2423.43 的要求,且应隔热。

若试样装在缓冲器上,则应考虑缓冲器元件恒温的时间。

4　条件试验

4.1　总则

试样各部分都应达到试验箱(室)温度 3 K 以内才开始试验。对于散热型试样,在温度稳定的试验

箱(室)内试样的温度变化在每小时不超过1 K时作为开始(或终止)暴露周期的时间,试样温度达到稳定的最后1 h作为暴露周期的最初1 h。

4.2 条件试验方法61:振动(正弦)与高温综合试验

条件试验方法61振动(正弦)与高温综合试验的严酷等级按表1和表2。

表 1

严酷等级		01	02	03	04	05	06	07	08	09	10	11	12	13
试验箱(室)温度/℃		40±2		55±2						63±2				
相对湿度/%		<40												
位移/mm		0.035	0.15	0.075	0.15	0.15	0.15	0.35	0.35	0.15	0.15	0.35	0.35	1.0
加速度	m/s²	5	20	10	20	—	20	50	50	20	20	50	50	—
	g 的倍数	0.5	2	1	2	—	2	5	5	2	2	5	5	—
频率周期数[a]用于每个频带的每根轴线上	10 Hz~55 Hz	—	—	—	—	5	—	—	—	—	—	—	—	20
	10 Hz~150 Hz	—	20	—	—	—	—	5	—	20	—	5	—	—
	10 Hz~500 Hz	2	—	—	10	—	—	—	—	—	—	—	—	—
	10 Hz~2 000 Hz	—	—	2	—	—	10	—	10	—	10	—	10	—
工作状态		0或1或2												

[a] 频率周期数的扫描速率应为每分钟1个倍频程。

表 2

严酷等级	21	22	23	24	25	26	27	28	29	30	31	32	33
按表1的严酷等级	01	01	02	02	03	03	04	04	05	05	06	06	07
特性频率试验时间/min	10	30	10	30	10	30	10	30	10	30	10	30	10
工作状态	0或1或2												
严酷等级	34	35	36	37	38	39	40	41	42	43	44	45	46
按表1的严酷等级	07	08	08	09	09	10	10	11	11	12	12	13	13
特性频率试验时间/min	30	10	30	10	30	10	30	10	30	10	30	10	30
工作状态	0或1或2												

4.3 条件试验方法62:振动(正弦)与低温综合试验

条件试验方法62振动(正弦)与低温综合试验的严酷等级按表3和表4。

表 3

严酷等级		01	02	03	04	05	06	07	08	09	10	11	12	13	14	15	16	17
试验箱(室)温度/℃		−10±2		−20±3		−25±2				−35±3				−55±3				−65±3
相对湿度/%		<40																
位移/mm		0.035	0.15	0.035	0.15	0.075	0.15	0.15	0.35	0.075	0.15	0.35	0.35	0.15	0.15	0.35	1.0	0.15
加速度	m/s²	5	20	5	20	10	20	—	50	10	20	20	50	20	20	50	—	20
	g 的倍数	0.5	2	0.5	2	1	2	—	5	1	2	2	5	2	2	5	—	2
频率周期数[a]用于每个频带的每根轴线上	10 Hz~55 Hz	—	—	—	—	—	—	5	—	—	—	—	—	—	—	—	20	—
	10 Hz~150 Hz	—	20	—	20	—	20	—	5	—	—	—	—	20	—	—	—	—
	10 Hz~500 Hz	2	—	2	—	—	—	—	—	—	10	—	—	—	—	—	—	—
	10 Hz~2 000 Hz	—	—	—	—	2	—	—	—	2	—	10	10	—	10	10	—	10
工作状态		0或1或2																

[a] 频率周期数的扫描速率应为每分钟1个倍频程。

表 4

严酷等级	21	22	23	24	25	26	27	28	29	30	31	32	33	34	35	36	37
按表3的严酷等级	01	01	02	02	03	03	04	04	05	05	06	06	07	07	08	08	09
特性频率试验时间/min	10	30	10	30	10	30	10	30	10	30	10	30	10	30	10	30	10
工作状态	0或1或2																
严酷等级	38	39	40	41	42	43	44	45	46	47	48	49	50	51	52	53	54
按表3的严酷等级	09	10	10	11	11	12	12	13	13	14	14	15	15	16	16	17	17
特性频率试验时间/min	30	10	30	10	30	10	30	10	30	10	30	10	30	10	30	10	30
工作状态	0或1或2																

4.4 示例

条件试验方法61与62的应用示例见表5。

表 5

条件试验方法	严酷等级	仪器
61 62	01 01	天文仪器
61 62	03 03	一般工业用仪器
61 62	04 08	一般工业用和地面车辆用仪器
61 62	05 05	海军舰艇上的仪器
61 61 62 62	08 12 10 13	飞船和导弹以及特殊运输工具(如气垫船)的仪器
61 62	21～46 21～50	在操作时对特殊频率产生共振的仪器

5 试验程序

5.1 总则

试验应按GB/T 12085相关部分及GB/T 2423、GB/T 2424中所列的相关规定进行。

5.2 试验顺序

试验温度的暴露时间取决于试样的热性能和振动所规定的时间。为了沿另一轴线振动,试样可在外界环境和试验温度之间的任意温度上重新安置,但不得出现凝露、霜或冰。

6 环境试验标记

环境试验标记应符合GB/T 12085.1的规定。

示例:光学仪器抗振动(正弦)与低温综合试验,条件试验方法62、严酷等级03、工作状态1的标记为:

环境试验 GB/T 12085-62-03-1

7 有关标准应包括的内容

a) 环境试验标记;

b） 试样的数量；

c） 机械振动所沿的轴线；

d） 温度测量的点的位置和数量；

e） 预处理；

f） 初始检测的内容和范围；

g） 工作状态 2 工作周期的确定；

h） 工作状态 2 中间检测的内容和范围；

i） 恢复；

j） 最后检测的内容和范围；

k） 评价判据；

l） 试验报告的内容和范围。

ICS 37.020
N 30

GB

中华人民共和国国家标准

GB/T 12085.11—2010
代替 GB/T 12085.11—1989

光学和光学仪器　环境试验方法 第11部分：长霉

Optics and optical instruments—Environmental test methods—
Part 11: Mould growth

(ISO 9022-11:1994, MOD)

2011-01-14 发布　　2011-05-01 实施

中华人民共和国国家质量监督检验检疫总局
中国国家标准化管理委员会　发布

前　言

GB/T 12085《光学和光学仪器　环境试验方法》分为以下16个部分：

——第1部分：术语、试验范围；
——第2部分：低温、高温、湿热；
——第3部分：机械作用力；
——第4部分：盐雾；
——第5部分：低温、低气压综合试验；
——第6部分：砂尘；
——第7部分：滴水、淋雨；
——第8部分：高压、低压、浸没；
——第9部分：太阳辐射；
——第10部分：振动(正弦)与高温、低温综合试验；
——第11部分：长霉；
——第12部分：污染；
——第13部分：冲击、碰撞或自由跌落与高温、低温综合试验；
——第14部分：露、霜、冰；
——第15部分：宽带随机振动(数字控制)与高温、低温综合试验；
——第16部分：弹跳或恒加速度与高温、低温综合试验。

本部分为GB/T 12085的第11部分。

本部分修改采用ISO 9022-11:1994《光学和光学仪器　环境试验方法　第11部分:长霉》。

本部分与ISO 9022-11:1994的主要差异如下：

——删除国际标准的序言和前言；
——根据ISO 9022-11第1章及我国标准用语习惯作了重新编写；
——"国际标准本部分"一词改为"本部分"。

本部分代替GB/T 12085.11—1989《光学和光学仪器　环境试验方法　长霉》,与GB/T 12085.11—1989的主要差异为：

——合并了范围与试验目的；
——调整了标准编写结构；
——增加了试验程序的总则及相关标准依据；
——增加了环境试验的标记名称,修改了相应标准号的编写；
——修改了附录A相关内容,增加了长霉原因及防霉措施。

本部分的附录A为资料性附录。

本部分由中国机械工业联合会提出。

本部分由全国光学和光子学标准化技术委员会(SAC/TC 103)归口。

本部分起草单位:上海理工大学、宁波永新光学股份有限公司。

本部分主要起草人:章慧贤、冯琼辉、曾丽珠、叶慧。

本部分所代替标准的历次版本发布情况为：

——GB/T 12085.11—1989。

光学和光学仪器　环境试验方法
第11部分：长霉

1　范围

本部分规定了长霉试验用的菌种，试验条件、条件试验、试验程序及环境试验标记。

本部分适用于光学仪器、装有光学零部件的仪器和光学零部件。

本部分不适用于常规生产检查。

本试验目的是研究长霉对试样的光学、化学、机械和电气的工作性能的影响程度，以及估价霉菌代谢产物（比如酶或酸性物质）导致对零件的腐蚀程度或引起线路板的短路等严重程度。

2　规范性引用文件

下列文件中的条款通过GB/T 12085的本部分的引用而成为本部分的条款。凡是注日期的引用文件，其随后所有的修改单（不包括勘误的内容）或修订版均不适用于本部分，然而，鼓励根据本部分达成协议的各方研究是否可使用这些文件的最新版本。凡是不注日期的引用文件，其最新版本适用于本部分。

GB/T 12085.1　光学和光学仪器环境试验方法　第1部分：术语　试验范围（GB/T 12085.1—2010，ISO 9022-1:1994，MOD）

3　试验条件

3.1　试验菌种

试验选用光学镜片表面常见的菌种见表1。试验时，表1所列的所有菌种应同时混合使用。

表1

序　号	种　类
1	黑曲霉
2	黄曲霉
3	杂色曲霉
4	绿色木霉
5	索青霉
6	桔青霉
7	拟青霉
8	球毛壳霉
9	败菌散囊霉
10	青霉状曲霉

由于菌种随时间的推移会出现变性，所以，本部分仅规定了试验用菌的种类，试验报告或相应的有关标准中应具体写出试验时所用菌种的具体名称和菌号。如果试验时或有关标准对本部分规定的菌种有所增减时，应在试验记录和试验报告中作出详细说明。

3.2 霉菌孢子悬浮液

3.2.1 霉菌培养

制备混合孢子悬浮液用菌种(按 3.1 所述)要单独地分别培养在适当的琼脂介质上(如:麦芽琼脂),培养期为 14 d～21 d。

每次制备孢子悬浮液都必须使用新培养的菌种,每打开一支(只)菌种只能制备一次孢子悬浮液。

3.2.2 孢子悬浮液的制备

分别将含有 0.05%无毒湿润剂二辛基琥珀酸或钠或十二烷基硫酸钠的无菌蒸馏水(或经软化处理过的水)的水溶液 10 mL 倒入按 3.2.1 培养的各个菌种的培养皿中,用无菌的珀环或其他合适的工具仔细地将孢子从菌丝体面层上刮下来。剔除不小心碰刮下来的琼脂团,然后将孢子倒入装有 45 mL 水溶液的无菌三角烧瓶中,再加入几颗无菌的固体玻璃球,剧烈摇晃,使孢子从结实的菌丝体上脱离出来并捣碎孢子团。用无菌的玻璃纤维物过滤,以除去菌丝体的碎片,再离心分离滤液并废弃上层的清液,将剩余物再悬浮在 50 mL 水溶液中并再次分离,每个菌种如此重复清洗三遍。

按表 2 规定的无机盐溶液稀释上述清洗好的孢子悬浮液,使每一种孢子悬浮液达到每毫升悬浮液中含有孢子数为 (1 000 000±200 000)个,孢子数用计数室测定。

表 2

成　分	化学分子式	质量/g
正磷酸二氢钾	KH_2PO_4	0.7
正磷酸氢二钾	KH_2PO_4	0.7
硫酸镁	$MgKO_4 \cdot 7H_2O$	0.7
硝酸铵	NH_4NO_3	1.0
氯化钠	NaCl	0.005
硫酸亚铁	$FeSO_4 \cdot 7H_2O$	0.002
硫酸锌	$ZnSO_4 \cdot H_2O$	0.002
硫酸锰	$MnSO_4 \cdot H_2O$	0.001
蒸馏水	H_2O	1 000.0

无机盐溶液使用前应先置于 120 ℃的高压容器中杀菌 20 min,杀菌后用浓度 c(NaOH)为 0.01 mol/L 的氢氧化钠溶液调整其 pH 值。使 pH 值为 6.0～6.5。

化学试剂的百分比纯度用原子吸收光谱术测定。

制备好的孢子悬浮液应分别检验其成活性。检验方法:分别将 10 种孢子悬浮液的每一种单独接种到盛有适当的琼脂介质的皮氏培养皿中,并立即放入用于暴露试样的培养箱内进行培育,如果培养箱中试验的试样是用杀菌剂处理过的,则皮氏培养皿应放到气候条件与之完全相同的另一只培养箱中培育。培育一星期后,如果各菌种都没有生长,则认为用这些孢子所做的试验无效。要用重新培养的孢子制备新的混合孢子悬浮液进行试验。

3.2.3 混合孢子悬浮液的制备

在提取了检验孢子成活性的接种物以后,将等量的 10 种孢子悬浮液掺合在一起,即获得混合孢子悬浮液。

无论是纯净的孢子悬浮液还是混合孢子悬浮液都必须在制备的当天使用,不可存放到以后再用。

3.3 对照条

3.3.1 总则

感染过混合孢子悬浮液的试样在培养箱或气候室中暴露期间,至少有三条对照条与试样一起安放在能获得最佳气候条件的位置上，杀菌剂处理过的试样试验时，可不用对照条而将分开单独培养的检验孢子成活性的皮氏培养皿中霉菌生长情况用作对照。

3.3.2 对照条的制备

对照条用大小与3.4的试片相同的无菌的白色纸制作，试验前应先置于表3所列的营养液中浸透，并吊在空气中晾干。

营养液必须在制备对照条时配制，现配现用，保持新鲜。对照条必须在使用的当天制备。浸泡对照纸条用的营养液按表3所列成分配制。

表 3

成　分	化学分子式	质量/g
正磷酸二氢钾	KH_2PO_4	0.1
硝酸铵	NH_4NO_3	0.1
硫酸镁	$MgSO_4 \cdot 7H_2O$	0.025
酵母萃	—	0.05
甘油	$C_3H_5(OH)_3$	10.0
蒸馏水	H_2O	90.0

注：用盐酸或氢氧化钠水溶液将营养液的pH值调整到5.3。

3.4 试样

除有关标准对整台仪器的试验另有规定外，一般情况下，试验采用代表性样品作试样。试样的大小尺寸要求见图1，非金属涂层或润滑剂试验用的试片至少大于1 mm的厚度。

单位为毫米

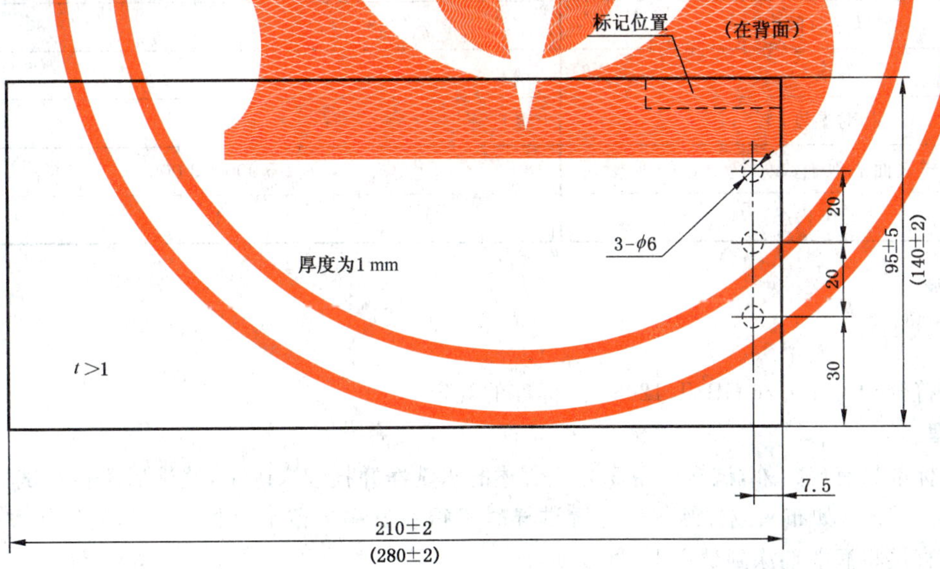

图 1　试片

有关标准也可以要求试片的长度为140 mm±2 mm、280 mm±2 mm。

试片的涂层的结构(比如：清漆)应与仪器或部件所用的涂层的结构相同。

施加涂层前，试样的表面要加工到与仪器施加涂层前的表面一样。涂层应将试样表面完全覆盖住，尤其是试样边缘、角落或孔的边缘等地方。试片的识别标记或穿孔等应在施加涂层前制作好，以免其破坏涂层。

仅在一个面上涂敷润滑剂薄膜的试样，涂敷前应先在180 ℃～200 ℃温度下灭菌处理。

试样在暴露箱中应用玻璃钩或聚酰胺纤维线悬挂起来。

3.5 培养箱和气候室

试样经感染混合孢子悬浮液后，放入符合第4章规定的气候条件的培养箱或气候室里培育。

培养箱或气候室的温度应能调节到29 ℃±1 ℃，温度的波动范围为±0.5 ℃/h。

培养箱或气候室必须能防止本身和外界的水气的影响，并应设有防止在暴露期内箱(室)内产生增压的装置。

培养箱或气候室内不应有辅助的空气流通，如果有关标准要求有空气流通，则空气流动的速度不得大于0.5 m/s。

培养箱或气候室内的相对湿度应保持在96%以上，可以用有大量固体析出的硫酸钾饱和溶液布满试验箱底部的办法使箱内相对湿度保持在96%以上。配制硫酸钾饱和溶液的水用蒸馏水、去离子水或经软化处理过的水。

为防止试样表面的孢子悬浮液被冲掉，培养箱或气候室壁上的凝结水不得滴落到试样上，也不允许潮气在试样上凝结成水珠。

支撑试样的夹具与试样的接触面积应尽量地小。

试样在培养箱或气候室内应获得相同的环境负荷和透气条件。

有关标准应规定记录试验箱(室)内温度和相对湿度的方法。

4 条件试验

条件试验方法85：长霉

条件试验方法85长霉的严酷等级按表4。

表4

严酷等级	01	02
暴露时间/d	28	84
温度/℃	29±1	
相对湿度/%	96±2	
试样表面的孢子数/(个/cm^2)	15 000±3 000	
工作状态	1	

5 试验程序

5.1 总则

试验应符合相关标准和GB/T 12085.1标准的规定。

5.2 预处理

除有关标准另有规定外，试样应用3.2.2所述的水洗净并挂起来晾干，清洗后不得在试样上留有任何清洗材料的残屑(如布头或棉纱等)，处置试样时不得在试样上留下手指印或其他任何方式的污染。可在暴露前直接将润滑剂涂到试样上(见3.4)。

然后，用喷雾器将混合孢子悬浮液(3.2.3)喷射到试样和对照纸条(3.3)上进行接种，要确保试样表面的孢子数达到每平方厘米范围内有15 000个±3 000个，并且均匀分布。

试样和对照纸条应在接种后15 min内放入培养箱或气候室内培育，试样箱应在试样开始培育前根据气候条件运转不少于4 h。

如果试验的目的不仅要求评价长霉的结果，而且要求评价长霉可能造成的腐蚀和测量仪器的性能，则应同时用一组与试样数量相等、类型相同的不接种孢子的试样放在另一个气候条件完全相同的培养箱或气候室里暴露，以区分造成试样损害的原因。

5.3 条件试验期间的活力

按照第4章规定的条件试验至第七天，检查对照纸条和皮氏培养皿。如果所有对照纸条和（或）皮氏培养皿上都不长霉或长得很少，则试验无效，应重新进行试验。

试验期间，每七天打开一次培养箱或气候室的门，持续几秒钟，以更新空气，暴露结束时，对照纸条上的霉菌应比试验至第七天时长得更茂盛，否则试验无效，应重新进行试验。

5.4 恢复

试样在评价长霉程度前不可进行清洗，如果要进行腐蚀程度的比较，则可在评价长霉程度后用水和软布轻轻除去菌丝体。

5.5 评价

试样长霉程度的评价一般应在试验结束，试样表面还未开始干涸前进行。长霉程度和等级的评定参照表5。如要评价长霉造成的腐蚀损害，则在除菌丝体后同未接种过孢子的试样进行比较。

5.6 验收等级

除有关标准另有规定外，如果试样上的长霉程度小于或等于表5中的2级，则为验收合格。

表 5

长霉等级	履盖基片的面积/%	生霉程度
0 [a]	0	基片上没有长霉
1 [a]	>0～10	稀疏或有限地长霉（轻微）
2	>10～30	肉眼可见基片上出现断续的或松散的菌落
3	>30～70	大量长霉(明显易见)
4	>70	成片成块地长霉
[a] 评定该等级时在适当的照明亮度下放大50倍检查。		

6 环境试验标记

环境试验标记应符合GB/T 12085.1的规定。

示例：光学仪器抗长霉环境试验，条件方法85、严酷等级01、工作状态1的标记为：

环境试验 GB/T 12085-85-01-1

7 有关标准应包括的内容

a) 环境试验标记；
b) 试样的数量；
c) 试样的种类和试片的大小；
d) 试样在培养箱或气候室里的安放位置和排列状态；
e) 根据表1鉴别试验用菌种；
f) 未接种过孢子的试样的数量和种类；
g) 试验箱中空气循环的要求；
h) 关于记录试验箱（室）的温度和相对湿度的要求；
i) 初始检测的内容和范围；
j) 除5.2规定以外的预处理；
k) 除5.4规定以外的恢复；
l) 最后检测的内容和范围；
m) 评价判据(见5.5)；
n) 试验报告的内容和范围。

附 录 A
（资料性附录）
霉菌及杀菌剂的选用

真菌孢子无处不在。如果环境湿度、温度适宜，孢子无需额外的营养，就可自动生长。对绝大多数真菌而言，适宜孢子萌芽或生长的环境温度为：20 ℃～30 ℃，环境相对湿度在90%～100%之间。若有营养的吸收或适宜的湿度，在基质表面也可形成适宜真菌生长的小环境，此小环境中的条件可能会和一般规定的适宜真菌生长的环境不同。

真菌萌芽后，还需要营养物质来促使其进一步生长。少量的有机物质，如纺织纤维、油迹、油漆、指纹、灰尘或其他有机污染物，都能成为促使真菌生长的营养物质。萌芽的幼苗可分泌一种酶，来吸收这些营养物质，以促使菌丝体的进一步生长。

洁净的无机材料，如硅酸盐镜片表面，霉菌可以萌芽，但无法生长。因此，虽然光学镜片表面的霉菌是造成光学仪器性能下降的真正原因。但如果不是装在某一光学仪器中，单一的光学镜片是无法用于霉菌生长试验的。而装在仪器中的镜片会长霉，是由于镜片表面的有机物，或者在清洁光学表面过程中残留在元件连接处的有机营养物质给真菌孢子提供了营养储备。

油漆不完全或人造材料制成的元件也可能成为霉菌的食物来源。菌丝体本身纹路或其上的青苔会慢慢覆盖整个镜片表面。若一开始不将其及时清除，根据不同类型的玻璃，会在表面产生严重程度不一的不可逆的腐蚀，留下菌丝体的印迹。这些腐蚀印迹即霉菌的酸性代谢产物。

霉菌代谢物会造成腐蚀是由于紧靠菌丝体周围的湿气凝结所致。不同类型的玻璃对霉菌及其造成腐蚀的敏感程度不同。霉菌对熔融石英无法造成永久性的破坏。因为后者对酸性物质（除氢氟酸外）及水分有较强的抗腐蚀能力。（"有些种类的玻璃对大气和酸性物质有较好的抗腐蚀能力，但如果对霉菌生长采取一些防范措施，比如清除菌丝体等，就可避免对玻璃表面造成永久性破坏。"另外，菌丝体在玻璃表面的扩散也会在其腐蚀玻璃的过程中受到玻璃产生的有毒物质的抑制。）

对此类玻璃而言，光学镀膜几乎不会对霉菌的生长和腐蚀过程产生影响。但由于镜片镀膜后衬度增加，就可以发现原来玻璃上肉眼不可见的单个的菌丝体。

迄今为止，除了使用化学物质（杀真菌剂）抑制霉菌生长外，尚无其他有效手段可保护光学玻璃表面。但杀菌剂会明显降低光学玻璃的透射率。因此，目前采取在油漆中混入杀菌剂涂抹在元件或镜头连接处的办法，以避免光学玻璃长霉。杀菌剂在挥发状态下，可破坏元件或镜片连接处的那些营养物质。

另一个有效防止霉菌生长的方法就是经常清洁所有可接触的镜片表面。

对于封闭的光学表面，尤其是位于仪器内部的光学表面，使用杀菌剂是防止霉菌生长的较理想的临时性措施。在装配仪器时，应注意将内部的霉菌孢子尽可能地清除干净。

另外，在仪器内部放置干燥剂，以保持内部湿度在65%以下，也可防止霉菌萌芽生长。

有机物材料，比如皮革、纸张或其他纤维类的，纺织品，毡，油漆以及蔬菜、动物油脂等，都是极易长霉的材料。

未加增塑剂的人造材料，不论有无无机物的掺杂，都不容易长霉菌。但是，一旦这样的材料被加入增塑剂，或者掺杂有机物，都容易长霉。长霉的容易程度根据增塑剂种类的不同而不同。如，脂肪酸类的物质极易产生霉菌，而酞酸类的相对就不容易长霉。

在选用杀菌剂时，应注意以下几点：

a) 挥发状态的杀真菌剂在仪器内部必须维持一定的浓度，方能有效防止霉菌的生长。但光学表面不能有凝结物，杀真菌剂不能对元件有腐蚀。

b) 仪器的操作和测试温度不能对杀真菌剂的稳定性有影响。

c) 杀真菌剂不能溶于水。

d) 杀真菌剂需在一定时间内保持挥发状态。

e) 霉菌可能会在一段时间后对杀真菌剂产生抵抗力(抗药性)。

f) 杀真菌剂在无密封情况下,效果持续时间是有限的。

ICS 37.020
N 30

中华人民共和国国家标准

GB/T 12085.12—2010
代替 GB/T 12085.12—1989

光学和光学仪器 环境试验方法 第12部分:污染

Optics and optical instruments—Environmental test methods—Part 12: Contamination

(ISO 9022-12:1994,MOD)

2011-01-14 发布 2011-05-01 实施

中华人民共和国国家质量监督检验检疫总局
中国国家标准化管理委员会 发布

前　言

GB/T 12085《光学和光学仪器　环境试验方法》分为以下 16 个部分：

——第 1 部分：术语、试验范围；

——第 2 部分：低温、高温、湿热；

——第 3 部分：机械作用力；

——第 4 部分：盐雾；

——第 5 部分：低温、低气压综合试验；

——第 6 部分：砂尘；

——第 7 部分：滴水、淋雨；

——第 8 部分：高压、低压、浸没；

——第 9 部分：太阳辐射；

——第 10 部分：振动(正弦)与高温、低温综合试验；

——第 11 部分：长霉；

——第 12 部分：污染；

——第 13 部分：冲击、碰撞或自由跌落与高温、低温综合试验；

——第 14 部分：露、霜、冰；

——第 15 部分：宽带随机振动(数字控制)与高温、低温综合试验；

——第 16 部分：弹跳或恒加速度与高温、低温综合试验。

本部分为 GB/T 12085 的第 12 部分。

本部分修改采用 ISO 9022-12:1994《光学和光学仪器　环境试验方法　第 12 部分：污染》。

本部分与 ISO 9022-12:1994 的主要差异如下：

——删除国际标准的序言和前言；

——根据 ISO 9022-12 第 1 章及我国标准用语习惯作了重新编写；

——"国际标准本部分"一词改为"本部分"。

本部分代替 GB/T 12085.12—1989《光学和光学仪器　环境试验方法　污染》，与 GB/T 12085.12—1989 的主要差异为：

——合并了范围与试验目的；

——增加了试验程序的总则，规定了相关标准的依据；

——增加了环境试验的标记名称，修改了相应标准号的编写；

——调整了附录 A 的标准编写结构。

本部分的附录 A 为规范性附录。

本部分由中国机械工业联合会提出。

本部分由全国光学和光子学标准化技术委员会(SAC/TC 103)归口。

本部分起草单位：上海理工大学、宁波永新光学股份有限公司。

本部分主要起草人：章慧贤、冯琼辉、曾丽珠、叶慧。

本部分所代替标准的历次版本发布情况为：

——GB/T 12085.12—1989。

光学和光学仪器　环境试验方法
第12部分：污染

1　范围

本部分规定了污染试验条件、条件试验、试验程序及环境试验标记。

本部分中所指的“污染”的含义是腐蚀性化学物质[1]（以下称试剂）同光学仪器的接触。

本部分适用于光学仪器、装有光学零部件的仪器和光学零部件。

本部分不适用于作为正常的生产控制。

本试验目的是研究仪器，尤其是仪器的表面、涂层或合成材料短时间内暴露在试剂中的抵抗能力。试验通常只用于在使用期有可能遭受污染的仪器选择材料或元件时参考。

2　规范性引用文件

下列文件中的条款通过GB/T 12085的本部分的引用而成为本部分的条款。凡是注日期的引用文件，其随后所有的修改单（不包括勘误的内容）或修订版均不适用于本部分，然而，鼓励根据本部分达成协议的各方研究是否可使用这些文件的最新版本。凡是不注日期的引用文件，其最新版本适用于本部分。

GB/T 12085.1　光学和光学仪器　环境试验方法　第1部分：术语、试验范围（GB/T 12085.1—2010，ISO 9022-1：1994，MOD）

3　试验条件

3.1　总则

试验应在GB/T 12085.1规定的大气环境条件下进行。

在第4章条件试验中列出的试剂表示了不同的化学试剂种类。

3.2　试样

除有关标准要求整台仪器或部件试验外，试验应采用代表性样品作试样。

非金属涂层试验的基片用至少1 mm厚的代表性材料按图1中所示尺寸制作。

注：有关标准也可以规定试片的长度为140 mm±2 mm或280 mm±2 mm。

待试涂层的结构应与仪器或仪器的部件所用涂层结构相同。

试样施加涂层前的表面应与所代表的仪器或部件的表面用同样的方法制备，涂层应完全地覆盖住试样的表面，以至于能够覆盖特殊的边、角和孔的边缘。涂层的厚度应与仪器或部件的涂层的厚度相同（偏差不超过5 μm），试样的标记、数字等应在施加涂层前制作好。制备好的试样必须防止污染，直到试验开始。

除图1所示外，合成材料试样试验时的受试面应与所代表的仪器的零部件的表面一样平整，如受试面上不能充分地承托毛毡垫片（见4.2，以下称垫片）时，应将试样的一半浸没在试剂中，以确保试验符合试验条件的要求。

3.3　试验垫片

毡垫必需有以下特征并且在试剂中浸透，方可作为试验介质使用：

颜色：白色。

1）　不包括放射性元素和同位素及危险性化学物质如2,2-二氧二乙硫醚。

密度:0.25 g/cm³～0.30 g/cm³。

单位为毫米

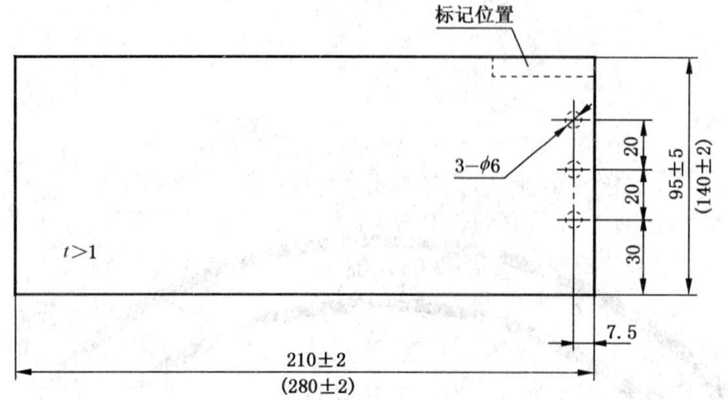

图 1 试样板

pH 值:5～8(用于测量,见附录 A)。

厚度:1 mm。

直径:9 mm。

毡垫只能使用一次。

3.4 试验荷重和试验垫片的放置

在试验持续时间里,浸湿了试剂的垫片如图 2 所示用 0Cr18Ni9 或 0Cr18Ni10 高级合金钢法码加压。

使用腐蚀性试剂(如高浓度的酸或酸挥发出来的腐蚀性气体)试验时,应在旋转法码前用夹膜将垫片履盖起来,以防止试剂腐蚀法码。夹膜材料采用聚四氟乙烯(PTFE),如图 3。

单位为毫米

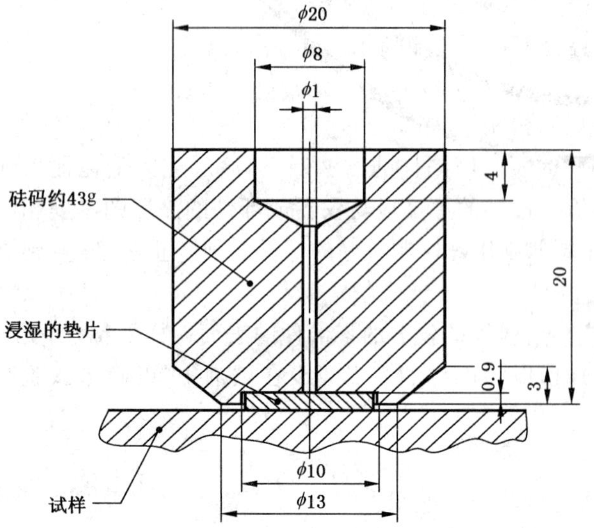

公差

尺寸	极限偏差
0.5～6.0	±0.1
6.0～30.0	±0.2
30.0～12.0	±0.3

图 2 试验荷重和试验垫片的放置

图 3 的尺寸以 mm 为单位，公差同图 2。

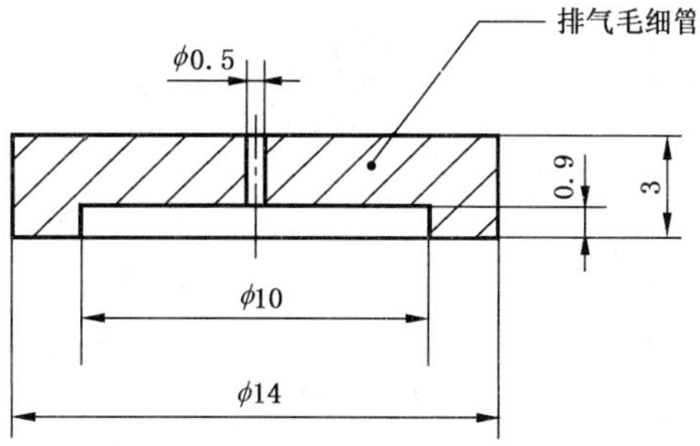

图 3　覆盖的膜片

垫片在如图 1 的试样上，按七行分三个暴露区排列，共计 21 块，各暴露区之间要留有足够的距离，以防止试剂互相污染。各暴露面用压敏胶标明所用的试剂和严酷等级，作标记时不允许直接用笔或类似工具在试片上写字。

4　条件试验

条件试验方法所列的试剂在该项试验中都应试验。

试验的暴露时间从浸湿的垫片放到试样上起开始计算。

4.1　条件试验方法 86：基本的润肤剂材料和人造手汗

条件试验方法 86 基本的润肤剂材料和人造手汗的严酷等级按表 1。

表 1

严酷等级	01	02	03
试剂	石蜡油，高纯度 甘油，　高纯度 凡士林，白色[a] 羊毛脂　软质软膏[a] 冷霜脂　软质软膏[a] 人造手汗[b]		
暴露时间(天)	1	7	30
工作状态	1 或 2		

[a] 试剂熔化后浸润毛毡垫片。

[b] 合成物(高纯度)

4.0 g　氯化钠(NaCl)；

1.0 g　尿素[$CO(NH_2)_2$]；

3.5 g　氯化铵(NH_4Cl)；

3 mL　乳酸[$CH_3CH(OH)COOH$]；

0.5 mL　醋酸(CH_3COOH)；

0.5 mL　丙酮酸($CH_3COCOOH$)；

1.7 mL　酪酸(C_3H_7COOH)。

加足量的蒸馏水稀释配制 1 000 mL 混合液。

4.2　条件试验方法 87：试验室试剂

条件试验方法 87 试验室试剂的严酷等级按表 2。

4.3　条件试验方法 88：工业用物质

条件试验方法 88 工业用物质的严酷条件按表 3。

4.4 条件试验方法 89：飞行器、船舰和地面运输器用的燃料及有关物资

条件试验方法 89 飞行器、船舰和地面运输器用的燃料及有关物资的严酷等级按表 4。

表 2

严 酷 等 级	01	02	03	04
试剂	硫酸 （H_2SO_4），化学纯 95%～97%（质量分数） 硝酸 （HNO_3），化学纯 65%（质量分数） 盐酸 （HCl），化学纯 25%（质量分数） 醋酸 （CH_3COOH），化学纯 96%（质量分数） 三氯乙酸（加蒸馏水）（CCl_3COOH）化学纯 40%（质量分数） 氢氧化钾（加蒸馏水）（KOH），化学纯 50%（质量分数） （以上）高纯度			
试剂和蒸馏水的混合比/（质量分数）	1∶20	1∶10	1∶1	1∶0
暴露时间/min	120			10
试剂	乙醇 （C_2H_5OH） 化学纯 丙酮 （CH_3COCH_3） 化学纯 醋酸乙酯 （$CH_3COOC_2H_5$） 化学纯 二氯甲烷 （CH_2Cl_2） 化学纯 二甲苯 （$C_6H_4(CH_3)_2$） 化学纯 （以上）高纯度			
暴露时间/min	5	15	30	60
工作状态	1 或 2			

表 3

严 酷 等 级	01	02	03
试剂[a]	液压油（H-LP） 运动黏度 46 mm^2/s 40 ℃ 酯基合成油（如：二辛基癸二酸酯） 聚二醇基合成油（如：二甲基聚硅氧烷）运动黏度 100 mm^2/s(25 ℃)时 磷酸盐酯基合成油 机械加工用的冷却润滑乳化液，冷却润滑剂[b] 加水为含量 $W=0.04$ 无矿物油的研磨用冷却润滑液，合成添加剂含量为 $W=0.05$ 通用洗涤剂： 聚氯乙烯 化学纯 三氯乙烷 化学纯 三氯乙烯 化学纯 （以上三项）高纯度 乙醇，总重 W（酒精）＝0.96（由甲基乙醇酮变性过）		
暴露时间/h	2	6	16
工作状态	1 或 2		

[a] 表中未注明的试剂为工业级的。

[b] 成分：矿物油，含量 $W_1 \leqslant 0.04$；
极压添加剂（硫、氯或磷酸盐基）含量 $W_2 \leqslant 0.20$；
乳化剂加水 含量 $W_3 \geqslant 0.60$。

表 4

严酷等级	01	02	03
试剂[a]	汽油 柴油 飞行器涡轮燃料 涡轮用合成润滑油 内燃机润滑油 飞行器和仪器的润滑脂 矿基液压油 磷酸酯液压油 硅油基阻尼液 机动车刹车液 防冻和解冻液 抗凝剂 灭火剂(溴氯三氟甲烷) 通用洗涤剂 氢氧化钾(KOH)(碱性电池溶液中 KOH)含量 $W(KOH)=0.35$ 硫酸(H_2SO_4)(酸性电池溶液中 H_2SO_4)含量 $W(H_2SO_4)=0.34$ 二元酸酯混合物[b]		
暴露时间 h	2	6	16
工作状态		1 或 2	

[a] 表中未注明试剂均为商业用的。
[b] 成分:液体石蜡,含量 $W_1=0.65$;
邻苯二甲酸二辛酯,含量 $W_2=0.20$;
磷酸三(对甲苯酯),含量 $W_3=0.15$。

5 试验程序

5.1 总则

试验应符合相关标准和 GB/T 12085.1 的要求。

5.2 预处理

除有关标准另有规定外,试样在暴露前置于温度为 23 ℃±2 ℃,相对湿度为(50±3)%(以下称条件 A)的条件下,让涂层自然干燥 7 d 后在 70 ℃温度下热烘 3 h,然后再在条件 A 中存放 24 h。

试验前,热干燥过的涂层试样,均应在条件 A 中存放 24 h。

自然干燥的漆膜应依次在条件 A 中存放 24 h,然后在 80 ℃条件下干燥 24 h,再在条件 A 中存放 24 h。

试样在暴露前不得用任何液态介质清洗。若有灰尘,可用软刷或干燥的压缩空气清除。

5.3 试验顺序

将垫片(3.2)在试剂中浸透,并立即将它们分布在平整的试样上,各片间的间隔要能防止它们互相污染,再用试验砝码(如图 2)加重。

使垫片分别地嵌入各自的砝码或夹膜底部的凹孔中(如图 3),垫片荷重以后,夹膜的排气毛细管上或砝码的边缘沾到的试剂,可用滤纸擦掉。

垫片在整个暴露时间内必须保持充分的湿润,如暴露时间较长,可用滴管和漏斗将高挥发溶剂(如丙酮)通过试验砝码的毛细管滴到垫片上,使垫片保持湿润。

如果仪器或部件在使用中可能会完全淹没而不仅仅是部分污染在试剂中,则有关标准可以要求对整台仪器或部件进行试验。当试样达到 5.2 预处理的条件后,按有关规定,采用直接喷雾的方法,对试样表面进行充分的和大量的喷射。暴露期中冲洗下来的试剂不能再复用。

5.4 恢复

除有关标准另有规定外，试样在暴露结束撤掉试验垫片后，用蒸馏水漂洗干净并用压缩空气吹干。不溶于水的试剂可用滤纸、软布或脱脂棉轻轻拍掉。

试样吹干后应立即进行评价，然后在条件A(5.2)中再存放24 h，并再次进行评价。

5.5 评价

试样经恢复(5.4)后，按表5规定的各试验条件方法及严酷等级进行评价：

a) 在适当的照度下用肉眼从各个入射及观察角度对每种试剂造成的污染进行检查和评价，并按表5确定其相应的评价等级；

b) 评价和确定等级至少需3个人共同进行；

c) 计算一个条件试验方法所规定的各种试剂试验结果评价等级的平均值；

d) 这个平均值代表该试验结果。

5.6 等级验收

除有关标准另有规定外，试验结果的等级的平均值小于或等于2.5，则试验是合格的。

表5 评价等级

等级	判据
0	未见变坏
1	表面的颜色或(和)光泽几乎未见变暗，表面组织没有变化
2	清楚地看见颜色或(和)光泽稍有变暗或(和)刚刚看得见表面组织的变化，开始出现微量的裂纹和起泡，但未深入到金属基底的裸露部分
3	颜色和光泽的变化已相当严重，还扩散到超出垫片接触面的地方或(和)发生别的明显的变坏，包括可见到的表面组织的变化，象起泡、裂纹、起皱、剥落等，深入到金属基底裸露面的破坏性腐蚀的面积已占垫片接触面面积的5%～7%左右
4	严重变坏，例如明显的脱色或(和)组织的变化或(和)深入到金属基底裸露面的破坏性腐蚀的面积已占垫片接触面面积的7%～10%

6 环境试验标记

环境试验标记应符合GB/T 12085.1的规定。

示例：光学仪器抗污染环境试验，条件试验方法87、严酷等级02、工作状态1的标记为：

环境试验 GB/T 12085-87-02-1

7 有关标准应包括的内容

a) 环境试验标记；

b) 试样类型和数量；

c) 不采用的试剂和(或)附加使用的试剂；

d) 整台仪器或组件试验时，条件试验方法88和89规定的工业级试剂的标记；

e) 最初检测的内容和范围；

f) 除5.2所述以外的预处理；

g) 除5.4所述以外的恢复；

h) 最后检测的内容和范围；

i) 按5.5评价判据；

j) 试验报告的内容和范围。

附 录 A
（规范性附录）
垫片材料浸液提取物 pH 值的测定

A.1 总则

将垫片材料置于水中（垫片材料与水的比例为 1∶50），制取垫片材料浸液，用玻璃电极来测量这个浸液的 pH 值。

A.2 试剂

A.2.1 仅使用被认可的分析等级的试剂和 pH 值为 5.0～7.0 的蒸馏水。

A.2.2 调整玻璃电极的缓冲溶液，用电测量用工业缓冲溶液较合适。

A.3 设备

A.3.1 100 mL 细颈口聚乙烯瓶

初次使用前必须用热蒸馏水彻底反复清洗干净。

A.3.2 酸度计和玻璃电极

A.4 垫片的制备和取样

将垫片分碎或分解到能使水很容易地渗入到材料里。

垫片试样存放到恒重才称量。

A.5 试验程序

A.5.1 浸液的制备

同时从三个存放着的垫片材料中制备三个浸液。

在各装有 2 g±0.1 g 垫片试样的 3 个 100 mL 的聚乙烯瓶（A.3.1）里各倒入 100 mL 蒸馏水，并在瓶子里反复压试样，使试样湿透。

于室温下渗水 60 min，存放期间约每隔 10 min 挤压一次瓶子里的试样，最后，在瓶子里用挤压的方法把浸液从试样里压出来。

碱性浸液要在密闭的封口瓶子里制备，以防止大气中的碳酸气的影响。为了让试样和瓶子能互相挤压以保证试样完全浸湿，在瓶子封口前可先排出瓶子中的部分空气。

A.5.2 测定 pH 值

首先，用蒸馏水冲洗玻璃电极，再用清洁的中性滤纸吸去依附在电极上的水珠，然后先将玻璃电极浸入 20 ℃±1 ℃的缓冲溶液（A.2.1）中，慢慢地搅动或摇动溶液直到停留片刻 pH 值稳定为止。

将第一个浸液倒在测量槽里，按规定，倒入的量要能将玻璃电极的球端淹没，慢慢地搅动或摇动，直到停留片刻 pH 值稳定为止，然后读出 pH 值。倒空测量槽，注入新的浸液，再搅动或摇动浸液直到停留片刻 pH 值稳定为止。如此重复倒空、注入、测量，直到连续三次测量的 pH 值稳定为止。

测量的温度为 20 ℃±1 ℃。

用同样的方法测量第二个和第三个浸液。

ICS 37.020
N 30

中华人民共和国国家标准

GB/T 12085.13—2010
代替 GB/T 12085.13—1989

光学和光学仪器　环境试验方法 第13部分:冲击、碰撞或自由跌落与高温、低温综合试验

Optics and optical instruments—Environmental test methods—Part 13:Combined shock,bump or free fall and dry heat or cold

(ISO 9022-13:1998,MOD)

2011-01-14 发布　　2011-05-01 实施

中华人民共和国国家质量监督检验检疫总局
中国国家标准化管理委员会　发布

前 言

GB/T 12085《光学和光学仪器　环境试验方法》分为以下 16 个部分：

——第 1 部分：术语、试验范围；

——第 2 部分：低温、高温、湿热；

——第 3 部分：机械作用力；

——第 4 部分：盐雾；

——第 5 部分：低温、低气压综合试验；

——第 6 部分：砂尘；

——第 7 部分：滴水、淋雨；

——第 8 部分：高压、低压、浸没；

——第 9 部分：太阳辐射；

——第 10 部分：振动(正弦)与高温、低温综合试验；

——第 11 部分：长霉；

——第 12 部分：污染；

——第 13 部分：冲击、碰撞或自由跌落与高温、低温综合试验；

——第 14 部分：露、霜、冰；

——第 15 部分：宽带随机振动(数字控制)与高温、低温综合试验；

——第 16 部分：弹跳或恒加速度与高温、低温综合试验。

本部分为 GB/T 12085 的第 13 部分。

本部分修改采用 ISO 9022-13:1998《光学和光学仪器　环境试验方法　第 13 部分：冲击、碰撞或自由跌落与高温、低温综合试验》。

本部分与 ISO 9022-13:1998 的主要差异如下：

——删除国际标准的序言和前言；

——根据 ISO 9022-13 第 1 章及我国标准用语习惯作了重新编写；

——"国际标准本部分"一词改为"本部分"。

本部分代替 GB/T 12085.13—1989《光学和光学仪器　环境试验方法　冲击、碰撞或自由跌落与高温、低温综合试验》，与 GB/T 12085.13—1989 的主要差异为：

——修改了标准名称；

——合并范围与试验目的；

——修改了变量温差的计量单位；

——增加了试验条件中对相关参数的标准依据；

——增加了条件试验的悬字段编号及标题；

——增加了条件试验方法的工作状态；

——调整了条件试验方法 64、65、66、67、68、69 的列表方式，取整自由落体加速度值；

——增加了条件试验方法 67、68 的严酷等级级数；

——增加、规定了试验程序的标准依据；

——增加了环境试验的标记名称，修改了相应标准号的编写；

——增加了有关标准应包括的内容。

本部分由中国机械工业联合会提出。

本部分由全国光学和光子学标准化技术委员会(SAC/TC 103)归口。

本部分起草单位:上海理工大学、宁波永新光学股份有限公司。

本部分主要起草人:章慧贤、冯琼辉、曾丽珠、张燕珂。

本部分所代替标准的历次版本发布情况为:

——GB/T 12085.13—1989。

光学和光学仪器　环境试验方法 第13部分:冲击、碰撞或自由跌落与高温、低温综合试验

1　范围

本部分规定了冲击、碰撞或自由跌落与高温、低温综合试验的试验条件、条件试验、试验程序及环境试验标记。

本部分适用于光学仪器、装有光学零部件的仪器和光学零部件。

本试验目的是研究试样的光学、热学、力学、化学和电学性能受到冲击、碰撞或自由跌落与高温、低温影响变化的程度。

2　规范性引用文件

下列文件中的条款通过GB/T 12085的本部分的引用而成为本部分的条款。凡是注日期的引用文件,其随后所有的修改单(不包括勘误的内容)或修订版均不适用于本部分,然而,鼓励根据本部分达成协议的各方研究是否可使用这些文件的最新版本。凡是不注日期的引用文件,其最新版本适用于本部分。

GB/T 2423.43　电工电子产品环境试验　第2部分:试验方法　振动、冲击和类似动力学试验样品的安装(GB/T 2423.43—2008,IEC 60068-2-47:2005,IDT)

GB/T 12085.1　光学和光学仪器　环境试验方法　第1部分:术语、试验范围(GB/T 12085.1—2010, ISO 9022-1:1994, MOD)

GB/T 12085.2　光学和光学仪器　环境试验方法　第2部分:低温、高温、湿热(GB/T 12085.2—2010, ISO 9022-2:2002, MOD)

GB/T 12085.3　光学和光学仪器　环境试验方法　第3部分:机械作用力(GB/T 12085.3—2010, ISO 9022-3:1998, MOD)

3　试验条件

试样在综合机械作用力条件卜的试验要比前述的任一种环境条件试验更严酷。表中的指定温度数值选自GB/T 12085.2条件方法10和11。试验按GB/T 12085.3的要求进行。试样的夹具按GB/T 2423.43规定的要求,并应隔热,若试样装在缓冲器上,则应考虑缓冲器元件恒温的时间。

4　条件试验

4.1　总则

试样各部分都应达到试验箱(室)温度3 K以内才开始试验。对于散热型试样,在温度稳定的试验箱(室)内试样的温度变化在每小时不超过1 K时作为开始(或终止)暴露周期的时间,试样温度达到稳定的最后1 h作为暴露周期的最初1 h。

4.2　条件试验方法64:冲击与高温综合试验

条件试验方法64冲击与高温综合试验的严酷等级按表1。

试验采用半正弦冲击波,试样在三个轴线方向均受到三次冲击。

4.3　条件试验方法65:碰撞与高温综合试验

条件试验方法65碰撞与高温综合试验的严酷等级按表2。

4.4 条件试验方法66:冲击与低温综合试验

条件试验方法66冲击与低温综合试验的严酷等级按表3。

试验采用半正弦冲击波,试样在三个轴线方向均受到三次冲击。

4.5 条件试验方法67:碰撞与低温综合试验

条件试验方法67碰撞与低温综合试验的严酷等级按表4。

4.6 条件试验方法68:自由跌落与高温综合试验

条件试验方法68自由跌落与高温综合试验的严酷等级按表5。

4.7 条件试验方法69:自由跌落与低温综合试验

条件试验方法69自由跌落与低温综合试验的严酷等级按表6。

表 1

严酷等级		01	02	03	04[a]	05	06	07	08	09[a]	10	11	12	13	14[a]	15[a]
试验箱(室)温度/℃		40±2				55±2					63±2					85±2
相对湿度/%		<40														
加速度	m/s²	150	300	500	5 000	150	300	500	500	5 000	150	300	500	500	5 000	5 000
	g的倍数	15	30	50	500	15	30	50	50	500	15	30	50	50	500	500
冲击时间名义值/ms		11	6	11	1	11	6	11	3	1	11	6	11	3	1	1
工作状态		0或1或2														

a 适用于零部件的试验,成套光学仪器采用500 g加速度的冲击力和0.5 ms的持续时间。

表 2

严酷等级		01	02	03	04	05	06	07	08
试验箱(室)测试/℃		40±2		55±2			63±2		
相对湿度/%		<40							
加速度	m/s²	100	100	100	100	250	100	100	250
	g的倍数	10	10	10	10	25	10	10	25
冲击时间名义值/ms		6	6	6	6	6	6	6	6
三个轴线方向的冲击	次数	1 000	4 000	1 000	4 000	1 000	1 000	4 000	1 000
	次数偏差	±10							
工作状态		0或1或2							

表 3

严酷等级		01	02	03	04[a]	05	06	07	08[a]	09	10	11	12	13[a]
试验箱(室)测试/℃		−10±3				−20±3				−25±3				
加速度	m/s²	150	300	500	5 000	150	300	500	5 000	150	300	500	500	5 000
	g的倍数	15	30	50	500	15	30	50	500	15	30	50	50	500
冲击时间名义值/ms		11	6	11	1	11	6	11	1	11	6	11	3	1
工作状态		0或1或2			0或1	0或1或2			0或1	0或1或2				0或1

表 3（续）

严酷等级		14	15	16	17	18[a]	19[b]	20	21[a]	22[b]	23[b]	24	25[a]
试验箱(室)测试/℃		−35±3				−55±3				−65±3			
加速度	m/s²	150	300	500	500	5 000	150	500	5 000	150	500	500	5 000
	g 的倍数	15	30	50	50	500	15	50	500	15	50	50	500
冲击时间名义值/ms		11	6	11	3	1	11	3	1	11	11	3	1
工作状态		0 或 1 或 2				0 或 1	0 或 1 或 2		0 或 1	0 或 1 或 2			0 或 1

[a] 适用于零部件的试验，成套光学仪器用 500 g 的冲击加速度和 0.5 ms 的持续时间。

[b] 仅适用于模拟北极的陆运和空运环境。

表 4

严酷等级		01	02	03	04	05	06	07
试验箱(室)测试/℃		−10±3		−20±3		−25±3		
加速度	m/s²	100	100	100	100	100	100	250
	g 的倍数	10	10	10	10	10	10	25
冲击时间名义值/ms		6	6	6	6	6	6	6
三个轴线方向的冲击	次数	1 000	4 000	1 000	4 000	1 000	4 000	1 000
	次数偏差	±10						
工作状态		0 或 1 或 2						
严酷等级		08	09	10	11	12	13	14
试验箱(室)测试/℃		−35±3		−55±3		−65±3		
加速度	m/s²	100	100	250	100	250	100	250
	g 的倍数	10	10	25	10	25	10	25
冲击时间名义值/ms		6	6	6	6	6	6	6
三个轴线方向的冲击	次数	1 000	4 000	1 000	4 000	1 000	4 000	1 000
	次数偏差	±10						
工作状态		0 或 1 或 2						

表 5

严酷等级		01	02	03	04	05	06	07	08	09	10	11	12
试样温度[a]/℃		40±2				63±2				85±2			
相对湿度/%		<40											
跌落高度	mm	100	250	500	1 000	100	250	500	1 000	100	250	500	1 000
	允许误差/mm	±5		±10		±5		±10		±5		±10	
试样加包装质量[b]/kg		≤200	≤100	≤50	≤20	≤200	≤100	≤50	≤20	≤200	≤100	≤50	≤20
工作状态		0 或 1											

[a] 在加热试验箱外做自由跌落测试时试样的温度。

[b] 严酷程度选择推荐。储存容器不做包装考虑。

表 6

严酷等级		01	02	03	04	05	06	07	08	09	10	11	12
试样温度[a]/℃		−25±3				−35±3				−40±3			
跌落高度	mm	100	250	500	1 000	100	250	500	1 000	100	250	500	1 000
	允许误差/mm	±5		±10		±5		±10		±5		±10	
试样加包装质量[b]/kg		≤200	≤100	≤50	≤20	≤200	≤100	≤50	≤20	≤200	≤100	≤50	≤20
工作状态		0 或 1											

[a] 在制冷试验箱外做自由跌落测试时试样的温度。

[b] 严酷程度选择推荐。储存容器不做包装考虑。

严酷等级		13	14	15	16	17	18	19	20
试样温度[a]/℃		−55±3				−65±3			
跌落高度	mm	100	250	500	1 000	100	250	500	1 000
	允许误差/mm	±5		±10		±5		±10	
试样加包装质量[b]/kg		≤200	≤100	≤50	≤20	≤200	≤100	≤50	≤20
工作状态		0 或 1							

[a] 在制冷试验箱外做自由跌落测试时试样的温度。

[b] 严酷程度选择推荐。储存容器不做包装考虑。

5 试验程序

5.1 总则

试验应符合有关规定及 GB/T 12085 和 GB/T 2423 的有关要求。

5.2 试验顺序

冲击机不能在低温或高温箱(室)内使用时,试验应采用隔热罩、或在隔热罩下用循环空气调节,以防止试样温度在试验过程中超过规定的温度范围。

为了保证试样安装和冲击时间内的温度不超出规定的温度范围,有关标准可以规定预试验,以测定隔热罩内的试样温度不超出规定的温度范围的时间。

6 环境试验标记

环境试验标记应符合 GB/T 12085.1 的规定。

示例:光学仪器抗冲击与低温综合试验,条件试验方法 66、严酷等级 03、工作状态 1 的标记为:

环境试验 GB/T 12085-66-03-1

7 有关标准应包括的内容

a) 环境试验标记;

b) 试样数目;

c) 条件试验方法 64 和 67:坐标轴沿机械作用力方向;

d) 条件试验方法 68 和 69:条件前后的包装条件,条件数目,暴露的边缘,拐角,表面数目;

e) 位置和温度测试点数目;

f) 5.2 中预先试验的合适场所;

g) 预处理;

h) 初始测试的类型和范围；
i) 工作状态 2：工作时期；
j) 工作状态 2：中间测试的类型和范围；
k) 恢复；
l) 最终测试的类型和范围；
m) 评估标准；
n) 测试报告的类型和范围。

ICS 37.020
N 30

中华人民共和国国家标准

GB/T 12085.14—2010
代替 GB/T 12085.14—1989

光学和光学仪器 环境试验方法 第14部分：露、霜、冰

Optical and optical instruments—Environmental test methods—
Part 14: Dew, hoarfrost, ice

(ISO 9022-14:1994, MOD)

2011-01-14 发布 2011-05-01 实施

中华人民共和国国家质量监督检验检疫总局
中国国家标准化管理委员会 发布

前　言

GB/T 12085《光学和光学仪器　环境试验方法》分为以下16个部分：

——第1部分：术语、试验范围；

——第2部分：低温、高温、湿热；

——第3部分：机械作用力；

——第4部分：盐雾；

——第5部分：低温、低气压综合试验；

——第6部分：砂尘；

——第7部分：滴水、淋雨；

——第8部分：高压、低压、浸没；

——第9部分：太阳辐射；

——第10部分：振动（正弦）与高温、低温综合试验；

——第11部分：长霉；

——第12部分：污染；

——第13部分：冲击、碰撞或自由跌落与高温、低温综合试验；

——第14部分：露、霜、冰；

——第15部分：宽带随机振动（数字控制）与高温、低温综合试验；

——第16部分：弹跳或恒加速度与高温、低温综合试验。

本部分为GB/T 12085的第14部分。

本部分修改采用ISO 9022-14:1994《光学和光学仪器　环境试验方法　第14部分：露、霜、冰》。

本部分与ISO 9022-14:1994的主要差异如下：

——删除国际标准的序言和前言；

——根据ISO 9022-14第1章及我国标准用语习惯作了重新编写；

——“国际标准本部分”一词改为“本部分”。

本部分代替GB/T 12085.14—1989《光学和光学仪器　环境试验方法　露、霜、冰》，与GB/T 12085.14—1989的主要差异为：

——合并了范围与试验目的；

——增加了试验程序的标准依据；

——增加了环境试验的标记名称，修改了相应标准号的编写；

——增加了附录A及相关露、霜、冰的形成资料。

本部分的附录A为资料性附录。

本部分由中国机械工业联合会提出。

全国光学和光子学标准化技术委员会（SAC/TC 103）归口。

本部分起草单位：上海理工大学、宁波永新光学股份有限公司。

本部分主要起草人：章慧贤、冯琼辉、曾丽珠、叶慧。

本部分所代替标准的历次版本发布情况为：

——GB/T 12085.14—1989。

光学和光学仪器 环境试验方法 第 14 部分:露、霜、冰

1 范围

本部分规定了露、霜、冰试验的试验条件、条件试验、试验程序及环境试验标记。

本部分适用于光学仪器、装有光学零部件的仪器和光学零部件。

本试验的目的是研究试样的光学、热学、机械和电器等特性受露、霜、冰的影响的程度。

2 规范性引用文件

下列文件中的条款通过 GB/T 12085 的本部分的引用而成为本部分的条款。凡是注日期的引用文件,其随后所有的修改单(不包括勘误的内容)或修订版均不适用于本部分,然而,鼓励根据本部分达成协议的各方研究是否可使用这些文件的最新版本。凡是不注日期的引用文件,其最新版本适用于本部分。

GB/T 12085.1 光学和光学仪器 环境试验方法 第 1 部分:术语、试验范围(GB/T 12085.1—2010,ISO 9022-1:1994,MOD)

GB/T 12085.4 光学和光学仪器 环境试验方法 第 4 部分:盐雾(GB/T 12085.4—2010,ISO 9022-4:2002,MOD)

3 试验条件

露、霜或冰的暴露试验是通过迅速改变试验箱(室)中的环境条件或将试样从冷藏箱中转移到已经调节好温度的房间中来实现的。正常使用情况下不会暴露在霜或冰冻条件中的仪器,试验前必须将仪器保护好后再暴露。

4 条件试验

表 1 列出了条件试验方法 75(露)、76(霜及其融化过程)和 77(冰覆盖及其解冻过程)的严酷等级。其中条件试验方法 77(冰覆盖及其解冻过程)包括二种类型的冰:

霜冰:适用于严酷等级 01;

坚冰:适用于严酷等级 02～04。

表 1

<table>
<tr><td colspan="2">条件试验方法</td><td>75</td><td colspan="3">76</td><td colspan="4">77</td></tr>
<tr><td rowspan="3">步骤 1</td><td>严酷等级</td><td>01</td><td>01</td><td>02</td><td>03</td><td>01</td><td>02</td><td>03[a]</td><td>04[a]</td></tr>
<tr><td>试验箱(室)温度/℃</td><td>10±2</td><td>−10±2</td><td colspan="2">−25±3</td><td colspan="2">−15±3</td><td colspan="2">−25±3</td></tr>
<tr><td>暴露时间</td><td colspan="8">至试样温度达到试验箱(室)温度的±3 ℃以内为止[b]</td></tr>
<tr><td rowspan="3">步骤 2</td><td>试验箱(室)温度/℃</td><td colspan="2" rowspan="3">—</td><td colspan="4">−5±2</td><td>−15±3</td><td>−25±3</td></tr>
<tr><td>凝结在受试面[c]的霜、霜冰或坚冰厚度/mm</td><td>0.5～2</td><td>2～4</td><td>5～7</td><td>20～30</td><td colspan="2">≥75</td></tr>
<tr><td>暴露时间</td><td colspan="6">至试样温度达到试验箱(室)温度的±3 ℃以内为止[b]</td></tr>
</table>

表 1（续）

步骤 3	试验箱(室)温度/℃	30±2
	相对湿度/%	80～95
	暴露时间	至试样温度达到试验箱(室)温度的±3 ℃以内为止[b]
工作状态		1 或 2

a 只适用于安装在外部的船舰用的仪器。

b 关于散热试样，如果在温度稳定的试验箱内，试样在一小时内的温度变化不超过 3 ℃，则认为试样均热温度符合要求。

c 受试面由有关标准规定。

5 试验程序

5.1 总则

试验应符合相关标准和 GB/T 12085.1 的要求。

5.2 预处理

除有关标准另有规定外，用中性清洁剂将试样的表面清擦干净，清洁处理后的试样应恢复到使用状态（如涂防护脂等）。

5.3 试验顺序

5.3.1 条件试验方法 75，严酷等级 01；条件试验方法 76，严酷等级 01 和 02

试样在步骤 1 的温度稳定以后，立即暴露到步骤 3 的条件环境中。就是将试样转移到已经调节好环境条件的房间里或迅速改变试验箱(室)的条件。

5.3.2 条件试验方法 76，严酷等级 03

试样在步骤 1 的温度稳定以后，立即转入到步骤 2 并将试验箱(室)的温度加热到－5 ℃，用喷孔细小的喷枪排列在距试样 0.5 m 的地方对着试样喷水蒸气或水雾使其结霜。

如果工作状态 2 要求步骤 2 结实后进行中间检测，在步骤 2 结束后立即转入到步骤 3 并在解冻过程中完成中间检测。

5.3.3 条件试验方法 77

5.3.3.1 严酷等级 01

试样在步骤 1 的温度稳定以后，立即转入到步骤 2 并将试验箱(室)的温度加热到－5 ℃，用粗喷孔细小的喷枪排列在距试样 0.2 m～0.3 m 的地方对着试样喷淋已预冷到 5 ℃的雾化水，使其产生不透明的霜冰。中间检测按 5.3.2 进行。

5.3.3.2 严酷等级 02～04

试样在步骤 1 的温度稳定以后，立即转入到步骤 2 并给试样喷洒或浇淋冰水，使试样上凝结坚冰（必要时可以有若干层冰重叠）。

在严酷等级 03 和 04 时，有关标准应说明是否采用 GB/T 12085.4 规定的氯化钠水溶液来产生坚冰。中间检测按 5.3.2 进行。

5.4 恢复

除有关标准另作规定外，试验结束，试样从试验箱(室)中取出来后，可以粗略地干燥一下，但不能用压缩空气作干燥处理，再恢复到室温。

5.5 最后检测

试样内部的光学零件表面上凝结的可见到的水气，在有关标准中规定的时间内消失是允许的。目视检查看不到的地方的检查方式由有关标准作出规定。

6 环境试验标记

环境试验标记应符合 GB/T 12085.1 的规定。

示例：光学仪器抗霜环境试验，条件试验方法 76、严酷等级 03，工作状态 1 的标记为：

环境试验 GB/T 12085-76-03-01

7 有关标准应包括的内容

a) 环境试验标记；
b) 试样的数量；
c) 温度传感器的安装数量、位置和方法；
d) 试样在试样箱(室)里的状态和位置(如在旋转台上)；
e) 试样上受试面的位置和大小；
f) 除 5.3.2 和 5.3.3 所述之外的霜或冰形成方式；
g) 除 5.2 所述以外的预处理；
h) 初始检测的内容和范围；
i) 工作状态 2 工作周期的确定；
j) 工作状态 2 中间检测的内容和范围；
k) 除 5.4 所述以外的恢复；
l) 除 5.5 以外的最后检测的内容和范围；
m) 评价判据：允许的渗水量、水膜的消失时间；
n) 试验报告的内容和范围。

附 录 A
（资料性附录）
露、霜、冰的形成

A.1 总则

露、霜或冰使通过光学仪器或仪器窗口的能见度降低或受到影响，而冰的形成使相互移动的零件凝固。要消除冰比消除露、霜困难。因此，试验的目的是评估其和缓消除从仪器中形成的冰、露、霜的方法。

A.2 露

露的形成是由于仪器表面温度高于 0 ℃但低于水的凝结点温度，空气中的水蒸气在仪器表面凝结成水滴而形成露。仪器从温度较底的室外环境搬入温度较高的室内环境时也容易在其表面产生露。

A.3 霜

霜是一个轻的、极薄的较容易去除的结晶冰沉淀物，其通常以鳞状、羽毛状、扇形、针状出现。当仪器表面温度在 0 ℃以下，空气中的水蒸气在仪器表面凝固而形成霜。厚霜的形成可以通过向仪器喷淋水蒸气或水雾得到。

A.4 冰的形成

A.4.1 总则

在仪器上形成坚固冰的方法有两种，非透明的霜冰和近乎透明的坚冰。其透明程度取决于形成冰的厚度，充满空气的霜冰体积大约是坚冰体积的 1/4，而后者更接近于纯冰的密度。

A.4.2 霜冰的构成

霜冰是一个结块颗粒的沉淀物，其颜色范围按形成的密度从混灰到白色，霜冰比霜密度大得多。因此更不易消除。

霜冰将出现在凡是低于 0 ℃时有雾或滴水落在仪器表面的情况，这种沉淀物能积累到相当厚度并能形成大的逆风羽毛。

A.4.3 坚冰的形成

当温度低于 0 ℃时大气或过冷雨水落在仪器表面时形成坚冰。仪器表面温度略高于 0 ℃时，过冷雨水也可能导致在仪器表面形成坚冰。

当温度在冰点以下时，置于船舰上的仪器被雨水、海雾、海水覆盖，将出现厚坚冰。在严酷条件 03 和 04 时，使用盐水形成坚冰，在采取除冰措施时，因为盐水冰点更低，能减缓其融化过程。但使用海水造成的对仪器本身的腐蚀情况，不属于本部分规定的试验范围。

ICS 37.020
N 30

中华人民共和国国家标准

GB/T 12085.15—2010
代替 GB/T 12085.15—1995

光学和光学仪器　环境试验方法 第15部分:宽带随机振动(数字控制)与高温、低温综合试验

Optics and optical instruments—Environmental test methods—Part 15:Combined digitally controlled broad-band random vibration and dry heat or cold

(ISO 9022-15:1998,MOD)

2011-01-14 发布　　2011-05-01 实施

中华人民共和国国家质量监督检验检疫总局
中国国家标准化管理委员会　发布

前　言

GB/T 12085《光学和光学仪器　环境试验方法》分为以下16个部分：

——第1部分：术语、试验范围；

——第2部分：低温、高温、湿热；

——第3部分：机械作用力；

——第4部分：盐雾；

——第5部分：低温、低气压综合试验；

——第6部分：砂尘；

——第7部分：滴水、淋雨；

——第8部分：高压、低压、浸没；

——第9部分：太阳辐射；

——第10部分：振动（正弦）与高温、低温综合试验；

——第11部分：长霉；

——第12部分：污染；

——第13部分：冲击、碰撞或自由跌落与高温、低温综合试验；

——第14部分：露、霜、冰；

——第15部分：宽带随机振动（数字控制）与高温、低温综合试验；

——第16部分：弹跳或恒加速度与高温、低温综合试验。

本部分为GB/T 12085的第15部分。

本部分修改采用ISO 9022-15：1998《光学和光学仪器　环境试验方法　第15部分：宽带随机振动（数字控制）与高温、低温综合试验》。

本部分与ISO 9022-15：1998的主要差异如下：

——删除国际标准的序言和前言；

——根据ISO 9022-15第1章及我国标准用语习惯作了重新编写；

——"国际标准本部分"一词改为"本部分"。

本部分代替GB/T 12085.15—1995《光学和光学仪器　环境试验方法　宽带随机振动（中再现性）与高温、低温综合试验》，与GB/T 12085.15—1995的主要差异为：

——修改了标准名称；

——合并了范围与试验目的；

——取消了第3章术语；

——增加了试验条件的标准依据；

——增加了试验程序的总则；

——增加了环境试验的标记名称，修改了相应标准号的编写。

本部分由中国机械工业联合会提出。

本部分由全国光学和光子学标准化技术委员会（SAC/TC 103）归口。

本部分起草单位：上海理工大学、宁波永新光学股份有限公司。

本部分主要起草人：章慧贤、冯琼辉、曾丽珠、叶慧。

本部分所代替标准的历次版本发布情况为：

——GB/T 12085.15—1995。

光学和光学仪器　环境试验方法
第15部分：宽带随机振动（数字控制）
与高温、低温综合试验

1　范围

本部分规定了宽带随机振动（数字控制）综合试验的试验条件、条件试验、试验程序及环境试验标记。

本部分适用于光学仪器、装有光学零部件的仪器和光学零部件。

本试验目的是研究试样的光学、热学、化学和电气等性能受到宽带随机振动（数字控制）与高温、低温影响时的变化程度。

2　规范性引用文件

下列文件中的条款通过 GB/T 12085 的本部分的引用而成为本部分的条款。凡是注日期的引用文件，其随后所有的修改单（不包括勘误的内容）或修订版均不适用于本部分，然而，鼓励根据本部分达成协议的各方研究是否可使用这些文件的最新版本。凡是不注日期的引用文件，其最新版本适用于本部分。

GB/T 2423.43　电工电子产品环境试验　第2部分：试验方法　振动、冲击和类似动力学试验样品的安装（GB/T 2423.43—2008，IEC 60068-2-47:2005，IDT）

GB/T 12085.1　光学和光学仪器　环境试验方法　第1部分：术语、试验范围（GB/T 12085.1—2010，ISO 9022-1:1994，MOD）

GB/T 12085.2　光学和光学仪器　环境试验方法　第2部分：低温、高温、湿热（GB/T 12085.2—2010，ISO 9022-2:2002，MOD）

GB/T 12085.3　光学和光学仪器　环境试验方法　第3部分：机械作用力（GB/T 12085.3—2010，ISO 9022-3:1998，MOD）

3　试验条件

在综合作用力条件下对暴露的试样进行的测试，要比任一种单一环境条件试验更为严酷。

表中规定的温度值选自 GB/T 12085.2，条件试验方法 10 和 11。

试验应符合 GB/T 12085.3 的要求。

固定试样的装置应符合 GB/T 2423.43 的要求，试样夹具应隔热。

若试样装在减震器上，则应考虑减震器元件恒温的时间。

4　条件试验

4.1　总则

试样各部分都应达到试验箱（室）温度 3 K 以内才开始试验。对于散热型试样，在温度稳定的试验箱（室）内试样的温度变化在每小时不超过 1 K 时作为开始（或终止）暴露周期的时间，试样温度达到稳定的最后 1 h 作为暴露周期的最初 1 h。

4.2 条件试验方法70:宽带随机振动与高温综合试验

4.2.1 条件试验方法70,频率范围20 Hz～150 Hz的宽带随机振动与高温综合试验的严酷等级按表1。

4.2.2 条件试验方法70,频率范围20 Hz～500 Hz的宽带随机振动与高温综合试验的严酷等级按表2。

4.2.3 条件试验方法70,频率范围20 Hz～2 000 Hz的宽带随机振动与高温综合试验的严酷等级按表3。

4.3 条件试验方法71:宽带随机振动与低温综合试验

4.3.1 条件试验方法71,频率范围20 Hz～150 Hz的宽带随机振动与低温综合试验的严酷等级按表4。

4.3.2 条件试验方法71,频率范围20 Hz～500 Hz的宽带随机振动与低温综合试验的严酷等级按表5。

4.3.3 条件试验方法71,频率范围20 Hz～2 000 Hz的宽带随机振动与低温综合试验的严酷等级按表6。

表 1

严酷等级		01	02	03	04	05	06	07	08	09	10	11	12
试验箱(室)温度/℃		40±2				55±2				63±2			
相对湿度/%		<40											
加速度频谱密度/(g^2/Hz)		0.02	0.05	0.2	0.2	0.02	0.05	0.2	0.2	0.02	0.05	0.2	0.2
加速度均方根[a]/g		1.6	2.6	5.1	5.1	1.6	2.6	5.1	5.1	1.6	2.6	5.1	5.1
频率范围(f_1～f_2)/Hz		20～150											
沿每根轴线的条件时间上	min	10	10	10	30	10	10	10	30	10	10	10	30
	允差	±10%											
工作状态		0或1或2											
[a] 参照矩形频谱的数值。													

表 2

严酷等级		20	21	22	23	24	25	26	27	28	29	30	31	32	33	34
试验箱(室)温度/℃		40±2					55±2					63±2				
相对湿度/%		<40														
加速度频谱密度/(g^2/Hz)		0.005	0.01	0.05	0.05	0.05	0.05	0.01	0.05	0.05	0.05	0.005	0.01	0.05	0.05	0.05
加速度均方根[a]/g		1.6	2.2	4.9	4.9	4.9	1.6	2.2	4.9	4.9	4.9	1.6	2.2	4.9	4.9	4.9
频率范围(f_1～f_2)/Hz		20～500														
沿每根轴线的条件时间上	min	10	10	10	30	90	10	10	10	30	90	10	10	10	30	90
	允差	±10%														
工作状态		0或1或2														
[a] 参照矩形频谱的数值。																

表 3

严酷等级		40	41	42	43[a]	44[a]	45[a]	46	47	48	49[a]	50[a]	51[a]
试验箱(室)温度/℃		40±2						55±2					
相对湿度/%		<40											
加速度频谱密度/(g^2/Hz)		0.001	0.01	0.01	0.05	0.02	0.05	0.001	0.01	0.01	0.05	0.02	0.05
加速度均方根[b]/g		1.4	4.5	4.5	10	6.3	10	1.4	4.5	4.5	10	6.3	10
频率范围(f_1～f_2)/Hz		20～2 000											
沿每根轴线的条件时间上	min	10	10	30	30	90	90	10	10	30	30	90	90
	允差	±10%											
工作状态		0 或 1 或 2											

[a] 用于火箭或喷气式飞机上的仪器。

[b] 参照矩形频谱的数值。

严酷等级		52	53	54	55[a]	56[a]	57[a]
试验箱(室)温度/℃		63±2					
相对湿度/%		<40					
加速度频谱密度/(g^2/Hz)		0.001	0.01	0.01	0.05	0.02	0.05
加速度均方根[b]/g		1.4	4.5	4.5	10	6.3	10
频率范围(f_1～f_2)/Hz		20～2 000					
沿每根轴线的条件时间上	min	10	10	30	30	90	90
	允差	±10%					
工作状态		0 或 1 或 2					

[a] 用于火箭或喷气式飞机上的仪器。

[b] 参照矩形频谱的数值。

表 4

严酷等级		01	02	03	04	05	06	07	08	09	10	11	12
试验箱(室)温度/℃		−10±3						−20±3			−25±3		
相对湿度/%		<40											
加速度频谱密度/(g^2/Hz)		0.02	0.05	0.02	0.02	0.02	0.05	0.2	0.2	0.02	0.05	0.2	0.2
加速度均方根[a]/g		1.6	2.6	5.1	5.1	1.6	2.6	5.1	5.1	1.6	2.6	5.1	5.1
频率范围(f_1～f_2)/Hz		20～150											
沿每根轴线的条件时间上	min	10	10	10	30	10	10	10	30	10	10	10	30
	允差	±10%											
工作状态		0 或 1 或 2											

[a] 参照矩形频谱的数值。

表 4（续）

严酷等级		13	14	15	16	17	18	19	20	21	22	23	24
试验箱(室)温度/℃		−35±2				−55±2				−65±2			
相对湿度/%		<40											
加速度频谱密度/(g^2/Hz)		0.02	0.05	0.2	0.2	0.02	0.05	0.2	0.2	0.02	0.05	0.2	0.2
加速度均方根[a]/g		1.6	2.6	5.1	5.1	1.6	2.6	5.1	5.1	1.6	2.6	5.1	5.1
频率范围(f_1～f_2)/Hz		20～150											
沿每根轴线的条件时间上	min	10	10	10	30	10	10	10	30	10	10	10	30
	允差	±10%											
工作状态		0 或 1 或 2											

[a] 参照矩形频谱的数值。

表 5

严酷等级		30	31	32	33	34	35	36	37	38	39	40	41	42	43	44
试验箱(室)温度/℃		−10±3					−20±3					−25±3				
加速度频谱密度/(g^2/Hz)		0.005	0.01	0.05	0.05	0.05	0.005	0.01	0.05	0.05	0.05	0.005	0.01	0.05	0.05	0.05
加速度均方根[a]/g		1.6	2.2	4.9	4.9	4.9	1.6	2.2	4.9	4.9	4.9	1.6	2.2	4.9	4.9	4.9
频率范围(f_1～f_2)/Hz		20～500														
沿每根轴线的条件时间上	min	10	10	10	30	90	10	10	10	30	90	10	10	10	30	90
	允差	±10%														
工作状态		0 或 1 或 2														

[a] 参照矩形频谱的数值。

严酷等级		45	46	47	48	49	50	51	52	53	54	55	56	57	58	59
试验箱(室)温度/℃		−35±2				−55±2				−65±2						
加速度频谱密度/(g^2/Hz)		0.005	0.01	0.05	0.05	0.05	0.005	0.01	0.05	0.05	0.05	0.005	0.01	0.05	0.05	0.05
加速度均方根[a]/g		1.6	2.2	4.9	4.9	4.9	1.6	2.2	4.9	4.9	4.9	1.6	2.2	4.9	4.9	4.9
频率范围(f_1～f_2)/Hz		20～500														
沿每根轴线的条件时间上	min	10	10	10	30	90	10	10	10	30	90	10	10	10	30	90
	允差	±10%														
工作状态		0 或 1 或 2														

[a] 参照矩形频谱的数值。

表 6

严酷等级		60	61	62	63[a]	64[a]	65[a]	66	67	68	69[a]	70[a]	71[a]	72	73	74	75[a]	76[a]	77[a]
试验箱(室)温度/℃		−10±3						−20±3						−25±3					
加速度频谱密度/(g^2/Hz)		0.001	0.01	0.01	0.05	0.02	0.05	0.001	0.01	0.01	0.05	0.02	0.05	0.001	0.01	0.01	0.05	0.02	0.05
加速度均方根[b]/g		1.4	4.5	4.5	10	6.3	10	1.4	4.5	4.5	10	6.3	10	1.4	4.5	4.5	10	6.3	10
频率范围(f_1～f_2)/Hz		20～2 000																	
沿每根轴线的条件时间上	min	10	10	30	30	90	90	10	10	30	30	90	90	10	10	30	30	90	90
	允差	±10%																	
工作状态		0 或 1 或 2																	

[a] 用于火箭或喷气式飞机上的仪器。

[b] 参照矩形频谱的数值。

严酷等级		78	79	80	81[a]	82[a]	83[a]	84	85	86	87[a]	88[a]	89[a]	90	91	92	93[a]	94[a]	95[a]
试验箱(室)温度/℃		−35±3						−55±3						−65±3					
加速度频谱密度/(g^2/Hz)		0.001	0.01	0.01	0.05	0.02	0.05	0.001	0.01	0.01	0.05	0.02	0.05	0.001	0.01	0.01	0.05	0.02	0.05
加速度均方根[b]/g		1.4	4.5	4.5	10	6.3	10	1.4	4.5	4.5	10	6.3	10	1.4	4.5	4.5	10	6.3	10
频率范围(f_1～f_2)/Hz		20～2 000																	
沿每根轴线的条件时间上	min	10	10	30	30	90	90	10	10	30	30	90	90	10	10	30	30	90	90
	允差	±10%																	
工作状态		0 或 1 或 2																	

[a] 用于火箭或喷气式飞机上的仪器。

[b] 参照矩形频谱的数值。

5 试验程序

5.1 总则

试验应符合相关规定。

5.2 试验顺序

试样置于试验温度下的暴露时间取决于试样的热性能和振动所要求的时间，当试样需要沿另一轴线振动，允许试样在环境温度和试验温度之间的任意温度值上重新安置，但不得出现凝露、霜或冰。

6 环境试验标记

环境试验标记应符合 GB/T 12085.1 的规定。

示例：光学仪器抗宽带随机振动与低温综合试验，条件方法 71、严酷等级 03、工作状态 1 的标记为：

环境试验 GB/T 12085-71-03-1

7 有关标准应包括的内容

a) 环境试验标记；

b) 试样的数量；

c) 机械振动所沿的轴线；

d) 温度测量的点的位置和数量；

e) 预处理；

f) 初始检测的内容和范围；

g) 工作状态 2 工作周期的确定；

h) 工作状态 2 中间检测的内容和范围；

i) 恢复；

j) 最后检测的内容和范围；

k) 评价判据；

l) 试验报告的内容和范围。

ICS 37.020
N 30

中华人民共和国国家标准

GB/T 12085.16—2010
代替 GB/T 12085.16—1995

光学和光学仪器　环境试验方法　第16部分：弹跳或恒加速度与高温、低温综合试验

Optics and optical instruments—Environmental test methods—Part 16: Combined bounce or steady-state acceleration and dry heat or cold

(ISO 9022-16:1998, MOD)

2011-01-14 发布　　2011-05-01 实施

中华人民共和国国家质量监督检验检疫总局
中国国家标准化管理委员会　发布

前　言

GB/T 12085《光学和光学仪器　环境试验方法》分为以下16个部分：

——第1部分：术语、试验范围；

——第2部分：低温、高温、湿热；

——第3部分：机械作用力；

——第4部分：盐雾；

——第5部分：低温、低气压综合试验；

——第6部分：砂尘；

——第7部分：滴水、淋雨；

——第8部分：高压、低压、浸没；

——第9部分：太阳辐射；

——第10部分：振动（正弦）与高温、低温综合试验；

——第11部分：长霉；

——第12部分：污染；

——第13部分：冲击、碰撞或自由跌落与高温、低温综合试验；

——第14部分：露、霜、冰；

——第15部分：宽带随机振动（数字控制）与高温、低温综合试验；

——第16部分：弹跳或恒加速度与高温、低温综合试验。

本部分为GB/T 12085的第16部分。

本部分修改采用ISO 9022-16：1998《光学和光学仪器　环境试验方法　第16部分：弹跳或恒加速度与高温、低温综合试验》。

本部分与ISO 9022-16：1998的主要差异如下：

——删除国际标准的序言和前言；

——根据ISO 9022-16第1章及我国标准用语习惯作了重新编写；

——"国际标准本部分"一词改为"本部分"。

本部分代替GB/T 12085.16—1995《光学和光学仪器　环境试验方法　弹跳或恒加速度与高温、低温综合试验》，与GB/T 12085.16—1995的主要差异为：

——合并了范围与试验目的；

——修改了变量温差的计量单位；

——增加了试验条件的总则及相关要求；

——增加了条件试验的悬字段编号；

——增加了试验程序的总则；

——增加了环境试验的标记名称，修改了相应标准号的编写。

本部分由中国机械工业联合会提出。

本部分由全国光学和光子学标准化技术委员会（SAC/TC 103）归口。

本部分起草单位：上海理工大学、宁波永新光学股份有限公司。

本部分主要起草人：章慧贤、冯琼辉、曾丽珠、张燕珂。

本部分所代替标准的历次版本发布情况为：

——GB/T 12085.16—1995。

光学和光学仪器　环境试验方法 第16部分：弹跳或恒加速度与高温、低温综合试验

1　范围

本部分规定了弹跳或恒加速度与高温或低温综合试验的试验条件、条件试验、试验程序及环境试验标记。

本部分适用于光学仪器、装有光学零部件的仪器和光学零部件。

本试验目的是研究试样的光学、热学、化学和电气等性能受到弹跳或恒加速度与高温、低温影响时的变化程度。

2　规范性引用文件

下列文件中的条款通过GB/T 12085的本部分的引用而成为本部分的条款。凡是注日期的引用文件，其随后所有的修改单(不包括勘误的内容)或修订版均不适用于本部分，然而，鼓励根据本部分达成协议的各方研究是否可使用这些文件的最新版本。凡是不注日期的引用文件，其最新版本适用于本部分。

GB/T 2423.43—1995　电工电子产品环境试验　第2部分：试验方法　振动、冲击和类似动力学试验样品的安装 (GB/T 2423.43—2008,IEC 60068-2-47:2005,IDT)

GB/T 12085.1　光学和光学仪器　环境试验方法　第1部分：术语、试验范围(GB/T 12085.1—2010,ISO 9022-1:1994,MOD)

GB/T 12085.2　光学和光学仪器　环境试验方法　第2部分：低温、高温、湿热(GB/T 12085.2—2010,ISO 9022-2:2002,MOD)

GB/T 12085.3　光学和光学仪器　环境试验方法　第3部分：机械作用力(GB/T 12085.3—2010,ISO 9022-3:1998,MOD)

3　试验条件

在综合作用力条件下对暴露的试样进行的测试，要比任一种单一环境条件试验更为严酷。

表中规定的温度值选自GB/T 12085.2，条件试验方法10和11。

试验应符合GB/T 12085.3的要求。

固定试样的装置应符合GB/T 2423.43的要求，试样夹具应隔热。

若试样装在减震器上，则应考虑减震器元件恒温的时间。

仪器用于抗弹跳(条件试验方法57和58)的试验是在带运输包装或贮存或运输情况下进行。

4　条件试验

4.1　总则

试样各部分都应达到试验箱(室)温度3 K以内才开始试验。对于散热型试样，在温度稳定的试验箱(室)内试样的温度变化在每小时不超过1 K时作为开始（或终止）暴露周期的时间，试样温度达到稳定的最后1 h作为暴露周期的最初1 h。

4.2　条件试验方法57：弹跳与高温综合试验

条件试验方法57弹跳与高温综合试验的严酷等级按表1。

表 1

严酷等级		01	02	03	04	05	06	07	08	09	10	11	12
试验箱(室)温度/℃		63±2			85±2			40±2			55±2		
相对湿度/%		<40											
暴露时间	min	15	60	180	15	60	180	15	60	180	15	60	180
	允差	±10%											
工作状态		0											
注：暴露周期应该按等份分配到每一个暴露表面。													

4.3 条件试验方法 58:弹跳与低温综合试验

条件试验方法 58 弹跳与低温综合试验的严酷等级按表 2。

表 2

严酷等级		01	02	03	04	05	06	07	08	09	10	11	12
试验箱(室)温度/℃		−25±2			−35±3			−55±3			−65±3		
暴露时间	min	15	60	180	15	60	180	15	60	180	15	60	180
	允差	±10%											
工作状态		0											
注：暴露周期应该按等份分配到每一个暴露表面。													

4.4 条件试验方法 59:恒加速度与高温综合试验

条件试验方法 59 恒加速度与高温综合试验的严酷等级按表 3。

表 3

严酷等级		01	02	03	04	05	06	07	08	09
试验箱(室)温度/℃		40±2			55±2			63±2		
相对湿度/%		<40								
加速度	m/s^2	50	100	200	50	100	200	50	100	200
	g 的倍数	5	10	20	5	10	20	5	10	20
沿每一轴线及每一方向的暴露时间/s		>10[a]								
工作状态		0 或 1 或 2								
[a] 达到指定的转数比后开始计算暴露时间。										

4.5 条件试验方法 60:恒加速度与低温综合试验

条件试验方法 60 恒加速度与低温综合试验的严酷等级按表 4。

表 4

严酷等级		01	02	03	04	05	06	07	08	09	10	11	12	13	14	15	16	17	18
试验箱(室)温度/℃		−10±3			−20±3			−25±3			−35±3			−55±3			−65±3		
加速度	m/s^2	50	100	200	50	100	200	50	100	200	50	100	200	50	100	200	50	100	200
	g 的倍数	5	10	20	5	10	20	5	10	20	5	10	20	5	10	20	5	10	20
沿每一轴线及每一方向的暴露时间/s		>10[a]																	
工作状态		0 或 1 或 2																	
[a] 达到指定的转数比后开始计算暴露时间。																			

5 试验程序

5.1 总则

试验应符合相关规定。

5.2 试验顺序

试验温度的暴露时间取决于试样的热性能和综合弹跳或恒加速度所规定的时间。

当试样沿着另一轴进行综合弹跳或恒加速度试验时，允许试样在环境温度和试验温度之间的任意温度值上重新安置，但不得出现凝露、霜或冰。

5.3 条件试验方法 57 与 58 情况下试样的保温时间

承载试样的小型弹跳试验机应妥善地安装在高、低温试验箱(室)内。如果弹跳试验需要在高、低温试验箱(室)外进行，必须保证试验过程中试样的温度保持在允许温差范围之内。

5.4 条件试验方法 59 与 60 情况下试样的保温时间

高、低温试验箱(室)内可以不安装加速度离心机，尤其是针对短时间暴露情况。但要确保该样品在整个过程中，都要保证试样变化在公差允许的范围之内。

确保上述条件的方法有：将试样装置的夹具加热到高于样品温度并且使用恒温器或隔热罩。这将确定可用于安装和温度调节的时间，该时间内试样发生的温度变化保持在允许范围内。测试室外绝热试样的温度随时间变化的模式可以在相关规范里规定。

6 环境试验标记

环境试验标记应符合 GB/T 12085.1 的规定。

示例：光学仪器抗弹跳与高温综合试验，条件方法 57、严酷等级 03、工作状态 0 的标记为：

环境试验 GB/T 12085-57-03-0

7 有关标准应包括的内容

a) 环境试验标记；
b) 试样的数量；
c) 条件方法 57 和 58：包装及暴露表面的类型和范围；
d) 条件方法 59 和 60：试样暴露所应沿的轴向和方位；
e) 温度测量的点的位置和数量；
f) 根据需要，按 5.4 确定试样的温度随时间变化的模式；
g) 预处理；
h) 初始检测的内容和范围；
i) 工作状态 2：工作周期的确定；
j) 工作状态 2：中间检测的内容和范围；
k) 恢复；
l) 最后检测的类型和范围；
m) 评价判据；
n) 试验报告的类型和范围。

ICS 17.240
F 85

中华人民共和国国家标准

GB/T 12162.4—2010/ISO 4037-4:2004

用于校准剂量仪和剂量率仪及确定其能量响应的X和γ参考辐射 第4部分:低能X射线参考辐射场中场所和个人剂量仪的校准

X and gamma reference radiation for calibrating dosemeters and doserate meters and for determining their response as a function of photon energy—Part 4:Calibration of area and personal dosemeters in low energy X reference radiation fields

(ISO 4037-4:2004,IDT)

2010-11-10 发布 2011-05-01 实施

中华人民共和国国家质量监督检验检疫总局
中国国家标准化管理委员会 发布

前　言

GB/T 12162《用于校准剂量仪和剂量率仪及确定其能量响应的X和γ参考辐射》分为4部分：

——第1部分：辐射特性及产生方法；

——第2部分：辐射防护用的能量范围为8 keV～1.3 MeV和4 MeV～9 MeV的参考辐射的剂量测定；

——第3部分：场所剂量仪和个人剂量计的校准及其能量响应和角响应的确定；

——第4部分：低能X射线参考辐射场中场所和个人剂量仪的校准。

本部分为GB/T 12162的第4部分。

本部分与GB/T 12162的其他部分有着密切的关系。GB/T 12162.1—2000描述了光子参考辐射的产生和特性；GB/T 12162.2—2004描述了参考辐射的剂量测定；GB/T 12162.3—2004描述了根据国际辐射单位和测量委员会(ICRU)辐射防护实用量[1,2,3]校准和确定剂量仪和剂量率仪响应的程序；GB/T 12162.4描述了对于低能X参考辐射场的特殊方法。

本部分等同采用ISO 4037-4:2004《用于校准剂量仪和剂量率仪及确定其能量响应的X和γ参考辐射　第4部分：低能X射线参考辐射场中场所和个人剂量仪的校准》。与原版标准相比，只进行了编辑性修改，使之符合国家标准的相关要求，主要修改如下：

——删除了原标准的前言和引言；

——其他适应性修改。

本部分的附录A为规范性附录、附录B为资料性附录。

本部分由中国核工业集团公司提出。

本部分由全国核能标准化技术委员会(SAC/TC 58)归口。

本部分起草单位：中国原子能科学研究院。

本部分主要起草人：魏可新、宋明哲、刘巧凤、侯金兵。

用于校准剂量仪和剂量率仪及确定其能量响应的X和γ参考辐射 第4部分:低能X射线参考辐射场中场所和个人剂量仪的校准

1 范围

GB/T 12162的本部分规定了在低能X射线参考辐射场中校准场所和个人剂量(率)仪以及确定场所和个人剂量(率)仪的能量响应和角响应的方法。本部分规定了准确确定低能光子辐射谱由空气比释动能到$H_p(10)$和$H^*(10)$的转换系数,以及通过适当的标准仪器根据这些量直接校准的方法。

本部分适用于在低能X射线参考辐射场中校准场所和个人剂量(率)仪以及确定场所和个人剂量(率)仪的能量响应和角响应。

2 规范性引用文件

下列文件中的条款通过GB/T 12162的本部分的引用而成为本部分的条款。凡是注日期的引用文件,其随后所有的修改单(不包括勘误的内容)或修订版均不适用于本部分,然而,鼓励根据本部分达成协议的各方研究是否可使用这些文件的最新版本。凡是不注日期的引用文件,其最新版本适用于本部分。

GB/T 12162.1—2000 用于校准剂量仪和剂量率仪及确定其能量响应的X和γ参考辐射 第1部分:辐射特性及产生方法(idt ISO 4037-1:1996)

GB/T 12162.2—2004 用于校准剂量仪和剂量率仪及确定其能量响应的X和γ参考辐射 第2部分:辐射防护用的能量范围为8 keV～1.3 MeV和4 MeV～9 MeV的参考辐射的剂量测定(ISO 4037-2:1997,IDT)

GB/T 12162.3—2004 用于校准剂量仪和剂量率仪及确定其能量响应的X和γ参考辐射 第3部分:场所剂量仪和个人剂量计的校准及其能量响应和角响应的确定(ISO 4037-3:1999,IDT)

JJF 1059 测量不确定度的评定与表示

ICRU 51号报告 辐射防护剂量学的量和单位

3 术语和定义

GB/T 12162.3—2004确立的及以下术语和定义适用于本部分。

3.1

低能X射线参考辐射 low energy X-ray reference radiation

GB/T 12162.1—2000和GB/T 12162.3—2004中规定的标称管电压低于30 kV(包括30 kV)的所有辐射质。

注:这些辐射质为所有的过滤束参考辐射和荧光参考辐射。

3.2

谱注量 spectral fluence

注量Φ随光子能量E的分布。

$$\Phi_E = \frac{d\Phi}{dE} \quad \cdots\cdots(1)$$

3.3

谱空气比释动能　spectral air kerma

空气比释动能 K_a 随光子能量 E 的分布。

$$(K_a)_E = \frac{dK_a}{dE} \qquad \cdots\cdots (2)$$

3.4

脉冲幅度谱　dN/dQ pulse height spectrum

脉冲数 N 随探测器中产生的电荷 Q 的分布。

3.5

谱注量响应函数　spectral-fluence response function

描述谱注量 Φ_E 与脉冲幅度谱 dN/dQ 之间关系的函数 $R(E,Q)$。

$$\frac{dN}{dQ} = \int_{E_0}^{E_{max}} R(E,Q) \cdot \Phi_E dE \qquad \cdots\cdots (3)$$

3.6

解谱　unfolding

由(测量到的)脉冲幅度谱 dN/dQ 确定谱注量 Φ_E。

3.7

谱注量响应矩阵　spectral-fluence response matrix

每一列代表光子能量 E 的响应函数 $R(E,Q)$ 的矩阵。

4　符号

表 1 中的符号(和简写)适用于本部分。

表 1　符号(和简写)

符号	含义	单位
ρ	空气密度	kg/m^3
ρ_0	参考条件下的空气密度 ρ_0=1.197 4 kg/m^3	kg/m^3
ρ_{irr}	照射期间的空气密度	kg/m^3
ρ_{con}	确定所测量的约定真值期间的空气密度	kg/m^3
ρ_{cal}	校准仪器期间的空气密度	kg/m^3
ρ_{MC}	校准监测电离室期间的空气密度	kg/m^3
ρ_{spec}	谱测量期间的空气密度	kg/m^3
$\Delta\rho$	空气密度的变化	kg/m^3
α	辐射入射到体模标称表面的角度	°(度)
$\Delta\alpha$	辐射入射角度的变化	°(度)
U	管电压	V
ΔU	管电压的变化	V
T	空气温度	K
T_0	参考条件下的空气温度 T_0=293.15 K(20 ℃)	K
r	空气相对湿度	—
r_0	参考条件下的空气相对湿度 r_0=0.65(65%)	—

表 1（续）

符号	含义	单位
p	大气压力	kPa
p_0	参考条件下的大气压力 $p_0=101.3$ kPa	kPa
m_d	斜率 $m(d_{air})$ 的梯度	m^2/kg
$m(d_{air})$	距离 d_{air} 的斜率	m^3/kg
$m(1.0\ m)$	距离 1.0 m 的斜率	m^3/kg
K_a	自由空气中的空气比释动能	Gy
$k(\rho,M)$	被测量 M 的空气密度修正因子	—
$H_p(10)$	10 mm 深度处的个人剂量当量	Sv
$H_p(0.07)$	0.07 mm 深度处的个人剂量当量	Sv
$H^*(10)$	10 mm 深度处的周围剂量当量	Sv
$H'(0.07)$	0.07 mm 深度处的定向剂量当量	Sv
$h_{p,K}(10,\alpha)$	辐射入射方向 α 的 K_a 到 $H_p(10)$ 的转换系数	Sv/Gy
$h_K^*(10)$	由 K_a 到 $H^*(10)$ 的转换系数	Sv/Gy
E	光子能量	eV
d_{MC}	由 X 射线管射束出射窗到监测电离室的距离	m
d_{air}	由 X 射线管射束出射窗到检验点的距离	m
$\Phi_E(E)$	光子能量 E 的谱注量	$m^2 \cdot eV^{-1}$
N	探测器中产生的脉冲数	—
Q	一个光子在探测器中产生的电荷 Q	C
$R(E,Q)$	响应函数	$m^2 \cdot C^{-1}$

5 校准和确定响应的一般方法

GB/T 12162.1—2000、GB/T 12162.2—2004 以及 GB/T 12162.3—2004 的所有准则和方法都是以自由空气中的空气比释动能 K_a 的测量为基础的，可以将 K_a 作为被测量，也可以是剂量当量 $H'(0.07)$、$H_p(0.07)$、$H_p(10)$ 和 $H^*(10)$ 中的一个。K_a 由次级标准或其他适当的经准确校准的仪器测量，并使用由 K_a 到剂量当量的转换系数确定 $H'(0.07)$、$H_p(0.07)$、$H_p(10)$ 和 $H^*(10)$。由于在 GB/T 12162.3—2004 给出的范围内剂量当量 $H'(0.07)$ 和 $H_p(0.07)$ 的转换系数只与光子能量和辐射入射角度有很小的依赖关系，所以这种方法只引入小的附加不确定度。因此，低能 X 参考辐射场中，对于 $H'(0.07)$ 和 $H_p(0.07)$ 除 GB/T 12162.1—2000、GB/T 12162.2—2004 以及 GB/T 12162.3—2004 的规定之外，只需给出小的修正，即空气密度修正。自由空气中的空气比释动能 K_a 也同样适用。$H_p(10)$ 和 $H^*(10)$ 则是不同的，由于转换系数 $h_{p,K}(10,\alpha)$ 和 $h_K^*(10)$ 与光子能量有强的依赖关系，并且 $h_{p,K}(10,\alpha)$ 又与辐射入射角度有强的依赖关系，对于在 GB/T 12162.1—2000 中规定的标称相同的辐射质，转换系数会有百分之几十的差别。因此，低能 X 参考辐射场中，使用转换系数会引入大的附加不确定度，这一点在GB/T 12162.3—2004的表 9～表 11、表 28～表 30 和表 32 中也进行了标注。

有两种可能的方法克服这个缺陷。方法Ⅰ是使用谱仪测量所考虑的辐射质的谱。根据测量谱可以计算准确的转换系数并且应用于自由空气中的空气比释动能 K_a。方法Ⅱ是使用专门的测量 $H_p(10)$ 或 $H^*(10)$ 的标准电离室。对于这些量，要求电离室随能量的响应变化很小。另外，对于 $H_p(10)$ 要求标准仪器的角响应满足 GB/T 12162.2—2004 的 4.3 中的要求。

使用两种方法中的任何一种以及所选定方法的试验步骤必须满足本部分规定的条件。如果使用监测电离室(见 GB/T 12162.2—2004 的 8.2)作为传递仪器,必须对校准监测电离室期间和校准所测试的仪器期间空气密度的差别作额外修正。本部分不对两种方法所需仪器的构成进行规定。Ankerhold 等[4,5]、Behrens[6]和 Duftschmid 等[7]给出了两种方法的仪器和试验步骤的示例。

6 低能 X 参考辐射的产生和特性

6.1 概述

本条规定了实验室按 GB/T 12162.1—2000 所产生过滤 X 参考辐射的特性。对于不同影响量,给出了引起被测量 2%测量变化的数据。这些数据应解释为其标称值偏差的极限,或者可能作为所需修正的依据。

GB/T 12162.1—2000 的 4.1.2(GB/T 12162.1—2000 的表 3、表 4 和表 5 中所给出的值,平均能量在±5%内和分辨率在±15%内)中给出的要求,对于低能参考辐射对于 $H_p(10)$或 $H^*(10)$ 是不够充分的,所以应由本章中的要求所取代。

6.2 管电压

本条适用于方法Ⅰ和方法Ⅱ。对于低能 X 辐射,剂量当量 $H_p(10)$和 $H^*(10)$比自由空气中的空气比释动能 K_a对管电压的变化更灵敏。表 2 给出了其他参数未改变的条件下引起转换系数值 2%变化的管电压变化值。无论方法Ⅰ和方法Ⅱ,对管电压绝对值的要求(在 GB/T 12162.1—2000 的 4.2.2 中给出)为 2%,但是管电压的变化不能超过表 2 的限值。

注:本节的所有计算都建立在以下的假设之上。对于一种给定的辐射质,首先,$H_p(10)$或 $H^*(10)$的转换系数可以分别由对应于平均能量的一个单一能量代替。其次,使管电压的相对变化和平均能量的相对变化的效果彼此相等。

表 2 引起标称管电压 30 kV 以下(包括 30 kV)辐射质转换系数 2%变化的管电压变化值

辐射质[a]	管电压 U kV	平均能量[b] keV	引起转换系数 2%变化的 ΔU V		引起转换系数 2%变化的 $\Delta U/U$ %	
			$h_{p,K}(10,0°)$ $h_K^*(10)$	$h_{p,K}(10,60°)$	$h_{p,K}(10,0°)$ $h_K^*(10)$	$h_{p,K}(10,60°)$
L-10	10	9.2	12	5.4	0.12	0.054
L-20	20	17.4	150	79	0.74	0.40
L-30	30	26.7	450	320	1.5	1.1
N-10	10	8.9	10	5.6	0.1	0.056
N-15	15	12.7	41	22	0.28	0.15
N-20	20	16.5	130	67	0.63	0.33
N-25	25	20.4	250	150	0.99	0.61
N-30	30	24.7	450	300	1.5	0.99
H-10	10	8.7	9	4.6	0.09	0.046
H-20	20	14.0	83	41	0.41	0.21
H-30	30	20.1	300	180	1.0	0.59

a 见 GB/T 12162.3—2004 表 1。

b 值取自参考文献[8],在 ISO 水板体模上进行有关 $H_p(10)$校准的典型距离为 2.5 m。

6.3 辐射场均匀性和散射辐射

本条适用于方法Ⅰ和方法Ⅱ。参考辐射束的截面面积宜足够完全照射剂量仪(率)仪的整个面积，或者用于校准个人剂量计的体模。整个射线束面积内空气比释动能率的变化应小于5%，并且散射辐射对于总空气比释动能率的贡献应小于5%(见GB/T 12162.1—2000的4.5)。由于空气衰减的修正很大并且只有在谱注量已知时才能进行，所以GB/T 12162.1—2000中4.5.3.1的检验1不宜进行。

6.4 谱注量和转换系数

本条适用于方法Ⅰ。对于每一种辐射质，为确定所使用的X射线装置由空气比释动能到所研究的被测量的转换系数，谱注量的信息是必需的。资料性附录B中，给出了一个确定谱注量的示例。通过注量谱和单能注量到空气比释动能的转换系数的卷积，谱注量转换为空气比释动能谱。空气比释动能谱和被测量(见GB/T 12162.3—2004)单能转换系数卷积分别得到$H_p(10)$或$H^*(10)$各自的谱分布，然后积分得到真实的转换系数。所得到的转换系数只对谱测量期间的空气密度ρ_{spec}有效。

7 低能参考辐射剂量测定

7.1 概述

所使用的仪器应是GB/T 12162.2—2004的4.1中规定的标准仪器。应采用GB/T 12162.2—2004第5章中的一般方法，并且在适用的情况下，应采用GB/T 12162.2—2004第6章中适用于电离室的程序。7.2.1适用于方法Ⅰ，7.2.2适用于方法Ⅱ。

7.2 标准仪器的使用

7.2.1 测量空气比释动能的仪器

本条只适用于方法Ⅰ。应遵循GB/T 12162.2—2004给出的测量自由空气中的空气比释动能K_a所使用仪器操作的详细指导。

7.2.2 测量ICRU 51定义的剂量当量的仪器

7.2.2.1 概述

本条只适用于方法Ⅱ。用于测量参考辐射的仪器应是次级标准仪器或其他适当的仪器。通常，包含电离室组件和测量设备。在GB/T 12162.2—2004中给出的用于测量参考辐射自由空气中空气比释动能K_a仪器的详细指导，也适用于本部分考虑的被测量使用的仪器。

7.2.2.2 校准

标准仪器应根据所使用的被测量在使用的能量范围内校准。

7.2.2.3 仪器的能量响应和角响应

在平均能量(见GB/T 12162.1—2000)30 keV以上，在标准仪器使用的能量范围内，仪器最大与最小响应之比不应超过1.2。平均能量在8 keV和30 keV之间，该比值的极限不应超过1.3。

只要可行，用于校准次级标准仪器的参考辐射应与用于校准辐射防护仪器的参考辐射相同。

7.2.2.4 设备的稳定性检查

只要可行，在使用前宜使用放射性检验源确定仪器处于满意的状态。

8 校准及确定能量响应和角响应

8.1 概述

应遵循GB/T 12162.3—2004给出的一般方法。对于非密封的标准电离室，包括根据GB/T 12162.2—2004的6.7.3中空气温度、压力和湿度的修正。在本章中，给出了校准方法和其他要求的建议。此外，对于剂量当量$H_p(10)$，给出了入射角度调整的限值。

8.2 校准方法的选择

本条给出了除GB/T 12162.2—2004之外，用于确定所关注的剂量量的约定真值时，剂量测定方法选择的附加信息。有两种可能用来确定所关注的剂量学量约定真值的方法(见第5章)。

方法Ⅰ，使用谱仪和测量 K_a 的标准仪器。对于那些需要约定真值的不确定度大约 4%($k=2$)或更小的实验室，推荐该方法。

方法Ⅱ，使用直接测量剂量当量的次级标准仪器。对于其他实验室推荐该方法，对于不同的辐射质，该方法达到的不确定度在 4%和 6%之间($k=2$)。

从确定被测量的约定真值开始，直到被测试的仪器校准以及确定其能量响应和角响应结束，整个期间内必须保持某些参数的稳定。

8.3 用测量 K_a 的标准仪器进行校准

8.3.1 概述

本条只适用于方法Ⅰ。对于较长的周期(典型的一个月或更多)，从确定转换系数(见 6.4)到测量空气比释动能的约定真值再到仪器的校准，必须遵循 6.2 中对于管电压的要求。另外，所有测量中空气密度应保持在表 3 给出的限值之内，否则应采用适当的修正。

本条同时给出了监测电离室作为传递仪器时的附加修正。

作为示例，表 3 给出在检验点至 X 射线管焦斑之间距离 2.5 m，辐射入射角度为 0°和 60°下，引起空气比释动能 K_a、转换系数 $h_{p,K}(10,0°)$、$h_K^*(10)$和 $h_{p,K}(10,60°)$2%变化的空气密度变化的百分数。这些是在 ISO 水板体模上进行有关 $H_p(10)$校准(见 GB/T 12162.2—2004)的典型条件。

8.3.2 被测量 K_a 的约定真值

对于较短的周期(典型的一个或几个小时)，从测量空气比释动能的约定真值到仪器的校准，空气密度的变化不能超过表 3 中的限值。一般就是这种情况并且不需修正。在其他几种情况下，应按附录 A 给出的方法进行如下修正。如果 ρ_{con} 是确定空气比释动能 K_a 期间的空气密度，且 ρ_{cal} 是校准仪器期间的空气密度，那么在校准期间 K_a 的约定真值为：

$$K_a(\rho_{cal})=\frac{k(\rho_{cal},K_a)}{k(\rho_{con},K_a)}K_a(\rho_{con}) \qquad \cdots\cdots(4)$$

空气比释动能 K_a 的空气密度修正因子 $k(\rho,K_a)$见公式 A.2。

如果使用了监测电离室作为测量量空气比释动能 K_a 的传递仪器，那么在校准监测电离室期间的空气密度和校准仪器期间的空气密度的差别，应在表 3 中给出的限值内。否则应按附录 A 中给出的方法进行如下修正方法。如果监测电离室固定在离射束出射窗 d_{MC} 的距离，ρ_{MC} 是校准监测电离室期间的空气密度，且 ρ_{cal} 是在距离 d_{air} 下校准仪器期间的空气密度，那么在校准期间 K_a 的约定真值为(空气密度的修正因子 $k_{MC}(\rho,K_a)$见附录 A 的公式(A.5))。

$$K_a(\rho_{cal})=\frac{k(\rho_{cal},K_a)}{k(\rho_{MC},K_a)}K_a(\rho_{MC}) \qquad \cdots\cdots(5)$$

表 3　引起 K_a、$h_{p,K}(10,0°)$、$h_K^*(10)$或 $h_{p,K}(10,60°)$2%变化的空气密度变化的百分数

辐射质[a]	管电压 U kV	2.5 m 距离下引起 2%变化 $\Delta\rho/\rho$ 的值		
		K_a %	$h_{p,K}(10,0°)$或 $h_K^*(10)$ %	$h_{p,K}(10,60°)$ %
L-10	10	0.9	6.3	4.8
L-20	20	5.3	>20	>20
L-30	30	14	>20	>20
N-10	10	0.8	3.5	2.9
N-15	15	2.1	9.2	6.9
N-20	20	4.3	>20	18
N-25	25	8.0	>20	>20

表 3 (续)

辐射质[a]	管电压 U kV	2.5 m距离下引起2%变化$\Delta\rho/\rho$的值		
		K_a %	$h_{p,K}(10,0°)$或$h_K^*(10)$ %	$h_{p,K}(10,60°)$ %
N-30	30	12	>20	>20
H-10	10	0.7	2.4	2.0
H-20	20	1.9	3.7	3.2
H-30	30	4.4	11	9.1
注：检验点至X射线管焦斑之间距离为2.5 m，该距离是在ISO水板体模上进行有关$H_p(10)$校准的典型距离；辐射入射角度为0°和60°。				
[a] 见GB/T 12162.3—2004表1。				

8.3.3 被测量 $H_p(0.07)$ 和 $H'(0.07)$ 的约定真值

剂量当量$H_p(0.07)$和$H'(0.07)$约定真值的确定以空气比释动能K_a约定真值的确定和转换系数的应用为基础。应使用GB/T 12162.3—2004中给出的剂量当量$H_p(0.07)$和$H'(0.07)$的转换系数。使用8.3.2中确定的空气比释动能K_a约定真值得到：

$$H_p(0.07;\rho_{cal})=h_{p,K}(0.07)K_a(\rho_{cal}) \quad\cdots\cdots(6)$$

$$H'(0.07;\rho_{cal})=h'_K(0.07)K_a(\rho_{cal}) \quad\cdots\cdots(7)$$

8.3.4 被测量 $H_p(10)$ 和 $H^*(10)$ 的约定真值

8.3.4.1 $h_{p,K}(10,\alpha)$ 和 $h_K^*(10)$ 的空气密度修正

如果校准仪器期间的空气密度ρ_{cal}与使用谱仪(见6.4)确定转换系数期间的空气密度ρ_{spec}之间的差别超过了表3中的限值，那么，应按附录A中给出的方法对空气比释动能K_a进行如下附加修正：

$$h_{p,K}(10,\alpha,\rho_{cal})=\frac{k(\rho_{cal},h_{p,K}(10,\alpha))}{k(\rho_{spec},h_{p,K}(10,\alpha))}h_{p,K}(10,\rho_{spec}) \quad\cdots\cdots(8)$$

$$h_K^*(10,\rho_{cal})=\frac{k(\rho_{cal},h_K^*(10))}{k(\rho_{spec},h_K^*(10))}h_K^*(10,\rho_{spec}) \quad\cdots\cdots(9)$$

转换系数$h_{p,K}(10,\alpha)$和$h_K^*(10)$空气密度的修正因子$k(\rho,h_{p,K}(10,\alpha))$和$k(\rho,h_K^*(10))$见A.2。

8.3.4.2 辐射入射角度 α 对 $H_p(10)$ 影响的评估

对于齐向场中给定的K_a值，剂量当量$H_p(10)$的约定真值随辐射入射角度改变，而剂量当量$H^*(10)$的约定真值不随辐射入射角度改变。表4给出了齐向场中引起剂量当量$H_p(10)$2%改变的辐射入射方向的变化值。辐射入射角度应在表4中给出的限值内，否则必须考虑不确定度的增大。

注1：本章中的所有计算都建立在以下的假设之上。为了计算给定的辐射质剂量当量$H_p(10)$的改变，转换系数可以由其平均能量相应的单能代替。

注2：辐射入射角度α的调整需要两个步骤，首先调整入射角为0°，其次旋转设备到α角度。如果第二步的不确定度小于第一步，那么推荐在辐射入射方向$+\alpha$和$-\alpha$作两次测量，两次测量的平均值视为辐射入射方向α下的值，这样可补偿第一步中调整0°入射的误差。

表 4 引起 $H_p(10)$2%变化的辐射方向 α 的变化$\Delta\alpha$

辐射质[a]	平均能量[b] keV	引起$H_p(10)$2%变化的辐射入射方向α的变化$\Delta\alpha$					
		0°	15°	30°	45°	60°	75°
L-10	9.2	2.0	0.93	0.38	0.17	0.016	(8.8×10^{-6})[c]
L-20	17.4	10	4.8	1.9	0.90	0.41	0.083

表 4（续）

辐射质[a]	平均能量[b] keV	引起 $H_p(10)$ 2%变化的辐射入射方向 α 的变化 $\Delta\alpha$					
		0°	15°	30°	45°	60°	75°
L-30	26.7	16	10	4.2	1.9	0.83	0.33
N-10	8.9	1.8	0.85	0.34	0.15	0.011	(2.7×10^{-6})[c]
N-15	12.4	4.4	2.0	0.81	0.40	0.17	0.0078
N-20	16.4	10	4.2	1.7	0.79	0.36	0.066
N-25	20.4	17	7.1	2.6	1.2	0.54	0.15
N-30	24.7	15	9.3	3.7	1.7	0.75	0.28
H-10	8.6	1.6	0.80	0.31	0.13	0.0087	(1.2×10^{-6})[c]
H-20	14.0	6.4	2.6	1.0	0.52	0.24	0.021
H-30	20.1	17	6.9	2.5	1.2	0.53	0.14

a 见 GB/T 12162.3—2004 表 1。

b 值取自参考文献[8]，在 ISO 水板体模上进行有关 $H_p(10)$ 的校准的典型距离为 2.5 m。

c 实际上不能实现。

8.3.4.3 **H_p(10)和 H^*(10)约定真值的确定**

剂量当量 $H_p(10)$ 或 $H^*(10)$ 约定真值的确定以空气比释动能 K_a 约定真值的确定和转换系数的应用为基础。使用 8.3.2 中确定的空气比释动能 K_a 约定真值得到：

$$H_p(10;\rho_{cal}) = h_{p,K}(10,\alpha,\rho_{cal})\,K_a(\rho_{cal}) \qquad (10)$$

$$H^*(10;\rho_{cal}) = h_K^*(10,\alpha,\rho_{cal})\,K_a(\rho_{cal}) \qquad (11)$$

公式(8)和公式(9)用于确定转换系数。

8.3.5 **校准**

校准根据 GB/T 12162.3—2004 的规定，使用上述确定的约定真值进行。

8.4 **用测量 ICRU 剂量当量的标准仪器进行校准**

8.4.1 **概述**

本条只适用于方法Ⅱ。在由测量 ICRU 剂量当量量约定真值到校准仪器的 1 h 典型时间内，必须遵循 6.2 中的要求。另外，空气密度应稳定在表 5 中给出的限值内，否则应使用所给出的修正。

本条也给出了使用监测电离室作为传递仪器的附加修正。

作为示例，表 3 给出在检验点至 X 射线管焦斑之间距离 2.5 m，辐射入射角度为 0°和 60°下，引起剂量当量 $H_p(10,0°)$、$H_K^*(10)$ 和 $H_p(10,60°)$ 2%变化的空气密度变化的百分数。这些是在 ISO 水板体模上进行有关 $H_p(10)$ 校准（见 GB/T 12162.2—2004）的典型条件。

8.4.2 **被测量剂量当量 H_p(10)和 H^*(10)的约定真值**

8.4.2.1 **H_p(10)和 H^*(10)的空气密度修正**

对于较短的周期（典型的一个或几个小时），从测量 $H_p(10)$ 或 $H^*(10)$ 的约定真值到仪器的校准，空气密度的变化不能超过表 5 中的限值。一般就是这种情况并且不需修正。在其他几种情况下，应按附录 A 给出的方法进行如下修正。如果 ρ_{con} 是确定 $H_p(10)$ 或 $H^*(10)$ 期间的空气密度，且 ρ_{cal} 是校准仪器期间的空气密度，那么在校准期间 $H_p(10)$ 或 $H^*(10)$ 的约定真值为：

$$H_p(10,\rho_{cal}) = \frac{k(\rho_{cal},H_p(10))}{k(\rho_{con},H_p(10))}H_p(10,\rho_{con}) \qquad (12)$$

$$H^*(10,\rho_{cal}) = \frac{k(\rho_{cal},H^*(10))}{k(\rho_{con},H^*(10))}H^*(10,\rho_{con}) \qquad (13)$$

$H_p(10)$和$H^*(10)$的空气密度修正因子$k(\rho, H_p(10))$和$k(\rho, H^*(10))$见公式A.2。

表5 引起$H_p(10,0°)$、$H^*(10)$或$H_p(10,60°)$2%变化的空气密度变化的百分数

辐射质[a]	管电压U kV	2.5 m距离下引起2%变化$\Delta\rho/\rho$的值	
		$H_p(10,0°)$或$H^*(10)$ %	$H_p(10,60°)$ %
L-10	10	1.1	1.2
L-20	20	5.9	6.2
L-30	30	15	15
N-10	10	1.1	1.2
N-15	15	2.8	3.1
N-20	20	5.2	5.7
N-25	25	8.3	8.8
N-30	30	12	13
H-10	10	1.1	1.2
H-20	20	4.0	4.9
H-30	30	7.3	8.7

注：检验点至X射线管焦斑之间距离为2.5 m，该距离是在ISO水板体模上进行有关$H_p(10)$校准的典型距离；辐射入射角度为0°和60°。

[a] 见GB/T 12162.3—2004表1。

如果使用了监测电离室作为测量量$H_p(10)$或$H^*(10)$的传递仪器，那么在校准监测电离室期间的空气密度和校准仪器期间的空气密度的差别，应在表5中给出的限值内。否则应按附录A中给出的方法进行如下修正。如果监测电离室固定在距射束出射窗d_{MC}处，ρ_{MC}是校准监测电离室期间的空气密度，且ρ_{cal}是在距离d_{air}下校准仪器期间的空气密度，那么在校准期间$H_p(10)$或$H^*(10)$的约定真值为：

$$H_p(10,\rho_{cal}) = \frac{k(\rho_{cal}, H_p(10))}{k(\rho_{MC}, H_p(10))} H_p(10,\rho_{MC}) \qquad (14)$$

$$H^*(10,\rho_{cal}) = \frac{k(\rho_{cal}, H^*(10))}{k(\rho_{MC}, H^*(10))} H^*(10,\rho_{MC}) \qquad (15)$$

$H_p(10)$和$H^*(10)$空气密度的修正因子$k(\rho, H_p(10))$、$k_{MC}(\rho, H_p(10))$、$k_{MC}(\rho, H^*(10))$和$k(\rho, H^*(10))$见公式A.2。

8.4.2.2 对于$H_p(10)$辐射入射角度α的调整

剂量当量$H_p(10)$的值与辐射入射角度有关，而剂量当量$H^*(10)$与辐射入射角度无关。表4（见8.3.4.2）给出了齐向场中引起剂量当量量$H_p(10)$2%改变的辐射入射方向的变化值。辐射入射角度应在表4中给出的限值内，否则必须考虑不确定度的增大。

8.4.2.3 $H_p(10)$和$H^*(10)$约定真值的确定

$H_p(10)$和$H^*(10)$的约定真值由公式(12)和公式(13)或者公式(14)和公式(15)给出，不需进行任何另外的修正。

8.4.3 校准

校准根据GB/T 12162.3—2004的规定，使用上述确定的约定真值进行。

8.5 不确定度表述

本条适用于方法Ⅰ和方法Ⅱ，但是这里提及的某些影响量只会影响其中的一种方法。应遵循GB/T 12162.3—2004中7.2所给出的指导并且应使用其给出的不确定度分量。以下为另外的分量或一些分量的替代，以相对标准不确定度(1倍标准偏差或 $k=1$)给出。这些值只是近似值并且不宜被直接使用。每个实验室需要根据所使用的装置对这些不确定度的值进行评定。

a) 管电压变化导致的不确定度：通常小于2%或进行修正，宜由测试实验室评定。

b) 空气密度变化导致的不确定度：通常小于2%或进行修正，宜由测试实验室评定。

c) 转换系数的不确定度(只适用于方法Ⅰ)：通常为1.5%，宜由测试实验室评定。

d) $H_p(10)$或$H^*(10)$约定真值的不确定度(只适用于方法Ⅱ)：通常为2.5%，宜由测试实验室评定。

e) 调整入射角度导致的不确定度(只适用于$H_p(10)$)：通常小于2%，宜由测试实验室评定。

附 录 A
（规范性附录）
空气密度修正

A.1 概述

本附录给出了对 10 mm 深组织的所有量以及标称管电压 10 kV～30 kV(包括 10 kV 和 30 kV)的空气密度修正方法。

A.2 空气密度修正方法

即使在照射设施的其他所有条件是恒定的情况下，空气温度 T、空气压力 p 和相对湿度 r 也会影响 K_a、由 K_a 到 $H_p(10)$ 和 $H^*(10)$ 的转换系数 $h_{p,K}(10,\alpha)$ 和 $h_K^*(10)$ 以及它们的乘积——$H_p(10)$ 和 $H^*(10)$ 本身的值。这些影响的产生是由于 X 射线球管的光束出射窗到检验点途中光子辐射吸收以及吸收随光子能量的改变。所有影响随着空气路径的增加而增加，而光子辐射的吸收仅与空气密度 ρ 有关。在 15 ℃～25 ℃ 温度区间内，ρ 由下面述公式给出(见参考文献[4]中 Drake 和 Böhm[9]给出的对新参考值的修正)：

$$\rho=\rho_0\left[1.005\,699\frac{p}{p_0}-\frac{1}{175.7}\times\frac{r}{r_0}\left(\frac{T}{T_0}\right)^{17.97}\right]\frac{T_0}{T} \qquad \text{(A.1)}$$

式中：

p——空气压力，$p_0=101.3$ kPa；

T——空气温度，$T_0=293.15$ K(20 ℃)；

r——相对空气湿度，$r_0=0.65(65\%)$；

ρ_0——参考条件的空气密度，$\rho_0=1.197\,4$ kg/m³。

注：1%空气密度的变化等于温度和湿度不变条件下大气压力从 100 kPa 变化到 101 kPa，或者如果大气压力和湿度不改变，温度从 293 K 改变到 296 K。大气压力的改变在标称条件和海拔 1 000 m 以下大约在 −20%～+10%。

上述每个量对于空气密度的修正按下述方法进行。例如对于空气比释动能 K_a，空气密度修正因子 $k(\rho,K_a)$ 为被测量在空气密度 ρ 时的值和被测量在参考条件下空气密度 ρ_0 时其值的商，按下式计算：

$$k(\rho,K_a)=\frac{K_a(\rho)}{K_a(\rho_0)} \qquad \text{(A.2)}$$

在照射条件下的值由参考条件的值根据下式得到：

$$k_a(\rho_{irr})=k(\rho_{irr},K_a)K_a(\rho_0) \qquad \text{(A.3)}$$

ρ_{irr} 为照射期间的空气密度。

当空气密度在 $\rho=0.96$ kg/m³ 至 $\rho=1.32$ kg/m³ 范围内，对修正因子进行线性近似得到：

$$k(\rho)=1+m(d_{air})(\rho-\rho_0) \qquad \text{(A.4)}$$

式中 d_{air} 为射束出射窗到参考点的距离。

如果监测电离室作为传递仪器，且位于距射束出射窗 d_{MC} 处，那么修正就只须考虑从监测电离室到参考点的距离。可得：

$$k_{MC}(\rho)=1+m(d_{air})(\rho-\rho_0)\left(1-\frac{d_{MC}}{d_{air}}\right) \qquad \text{(A.5)}$$

梯度 $m(d_{air})$ 是不同空气路径 d_{air} 的差别。对于 $d_{air}=1.0$ m 至 $d_{air}=3.0$ m，$m(d_{air})$ 可以近似的线性拟合为：

$$m(d_{air})=m(1.0)+(d_{air}-1.0)m_d \quad \cdots\cdots(A.6)$$

在空气密度为 $\rho=1.10$ kg/m³ 到 $\rho=1.27$ kg/m³ 的范围内，使用 $m(1.0$ m$)$ 和 m_d 的线性近似和根据 8.4.2.1 直接确定的值相比的不确定度小于或等于 1%。计算它们包含的不确定度得到修正 $|k(\rho)-1|$ 的总不确定度大约为 5%，接着得到修正因子 $k(\rho)$ 的总不确定度大约为 2%。

A.3 中给出了两个参数 $m(1.0$ m$)$ 和 m_d 对于 K_a、转换系数 $h_{p,K}(10,\alpha)$ 和 $h_K^*(10)$ 的值，并且 A.4 中给出了两个参数对于 $H_p(10)$ 和 $H^*(10)$ 的值。

A.3 K_a、$h_{p,K}(10,\alpha)$ 和 $h_K^*(10)$ 的空气密度修正参数

作为示例，表 A.1 和表 A.2 给出了两个参数 $m(1.0$ m$)$ 和 m_d 对于量 K_a、转换系数 $h_{p,K}(10,\alpha)$ 和 $h_K^*(10)$ 的值。这些数据可能对于不同的 X 射线装置存在小的差别，但是在空气密度范围 $\rho=1.10$ kg/m³ 至 $\rho=1.27$ kg/m³ 内其差别可以忽略。

A.4 $H_p(10)$ 和 $H^*(10)$ 的空气密度修正参数

作为示例，表 A.3 和表 A.4 给出了两个参数 $m(1.0$ m$)$ 和 m_d 对于 $H_p(10)$ 和 $H^*(10)$ 的值。这些数据可能对于不同的 X 射线装置存在小的差别，但是在空气密度范围 $\rho=1.10$ kg/m³ 至 $\rho=1.27$ kg/m³ 内其差别可以忽略。

表 A.1 对于空气比释动能和转换系数公式(A.6)中 $m(d_{air})$ 参数 $m(1.0$ m$)$ 的简单近似值

辐射质[a]	以 m³/kg 表示的 $m(1.0$ m$)$							
	K_a	$h_K^*(10)$	$h_{p,K}(10,0°)$	$h_{p,K}(10,15°)$	$h_{p,K}(10,30°)$	$h_{p,K}(10,45°)$	$h_{p,K}(10,60°)$	$h_{p,K}(10,75°)$
L-10	−7.58E−1[b]	1.53E−1	1.53E−1	1.55E−1	1.61E−1	1.73E−1	1.92E−1	2.20E−1
L-20	−1.23E−1[b]	9.98E−3	9.95E−3	1.01E−2	1.09E−2	1.24E−2	1.54E−2	2.09E−2
L-30	−4.68E−2	9.29E−4	9.47E−4	9.51E−4	1.00E−3	1.12E−3	1.37E−3	2.01E−3
N-10	−9.70E−1[b]	3.42E−1	3.42E−1	3.46E−1	3.55E−1	3.71E−1	3.95E−1	4.29E−1
N-15	−3.43E−1[b]	9.79E−2	9.77E−2	9.90E−2	1.03E−1	1.10E−1	1.26E−1	1.46E−1
N-20	−1.63E−1[b]	3.20E−2	3.22E−2	3.27E−2	3.46E−2	3.81E−2	4.43E−2	5.43E−2
N-25	−9.27E−2	1.12E−2	1.09E−2	1.11E−2	1.18E−2	1.30E−2	1.56E−2	2.08E−2
N-30	−5.87E−2	3.41E−3	3.38E−3	3.39E−3	3.60E−3	4.04E−3	4.96E−3	7.19E−3
H-10	−1.26E+0[c]	6.25E−1	6.25E−1	6.28E−1	6.40E−1	6.59E−1	6.86E−1	7.24E−1
H-20	−4.55E−1[b]	2.76E−1	2.76E−1	2.78E−1	2.85E−1	2.97E−1	3.16E−1	3.37E−1
H-30	−1.87E−1[b]	9.11E−2	9.08E−2	9.15E−2	9.44E−2	9.93E−2	1.08E−1	1.20E−1
注：此表中的所有数据由 Ankerhold[8] 给出的谱计算得出，不同的谱具有不同数据。								

[a] 见 GB/T 12162.3—2004 中的表 1。

[b] 这些值在 $\rho=1.10$ kg/m³ 至 $\rho=1.27$ kg/m³ 范围内有效。

[c] 这些值在 $\rho=1.15$ kg/m³ 至 $\rho=1.23$ kg/m³ 范围内有效。

表 A.2 对于空气比释动能和转换系数公式(A.6)中 $m(d_{air})$参数 m_d的简单近似值

辐射质[a]	以 m^3/kg 表示的 m_d							
	K_a	$h_K^*(10)$	$h_{p,K}(10,0°)$	$h_{p,K}(10,15°)$	$h_{p,K}(10,30°)$	$h_{p,K}(10,45°)$	$h_{p,K}(10,60°)$	$h_{p,K}(10,75°)$
L-10	−6.61E−1[c]	7.47E−2	7.47E−2	7.61E−2	8.08E−2	8.93E−2	1.04E−1	1.28E−1
L-20	−1.28E−1[b]	1.69E−2	1.69E−2	1.70E−2	1.78E−2	1.92E−2	2.18E−2	2.68E−2
L-30	−4.65E−2	9.00E−4	9.18E−4	9.22E−4	9.70E−4	1.09E−3	1.32E−3	1.93E−3
N-10	−6.89E−1[c]	8.80E−2	8.80E−2	8.99E−2	9.59E−2	1.07E−1	1.24E−1	1.53E−1
N-15	−2.88E−1[b]	5.60E−2	5.61E−2	5.71E−2	6.01E−2	6.56E−2	7.68E−2	9.42E−2
N-20	−1.49E−1[b]	2.34E−2	2.35E−2	2.38E−2	2.53E−2	2.81E−2	3.31E−2	4.17E−2
N-25	−8.78E−2	8.47E−3	8.25E−3	8.37E−3	8.95E−3	1.00E−2	1.23E−2	1.70E−2
N-30	−5.81E−2	3.39E−3	3.36E−3	3.38E−3	3.58E−3	4.01E−3	4.90E−3	7.03E−3
H-10	−6.63E−1[c]	5.18E−2	5.17E−2	5.42E−2	6.13E−2	7.41E−2	9.45E−2	1.25E−1
H-20	−2.73E−1[b]	1.14E−1	1.15E−1	1.16E−1	1.20E−1	1.28E−1	1.41E−1	1.58E−1
H-30	−1.25E−1[b]	3.81E−2	3.79E−2	3.83E−2	4.03E−2	4.38E−2	5.01E−2	6.05E−2

注：此表中的所有数据由 Ankerhold[8] 给出的谱计算得出，不同的谱具有不同数据。

[a] 见 GB/T 12162.3—2004 中的表 1。

[b] 这些值在 ρ=1.10 kg/m^3 至 ρ=1.27 kg/m^3 范围内有效。

[c] 这些值在 ρ=1.15 kg/m^3 至 ρ=1.23 kg/m^3 范围内有效。

表 A.3 对于剂量当量公式(A.6)中 $m(d_{air})$的参数 m(1.0 m)简单近似值

辐射质[a]	以 m^3/kg 表示的 m(1.0 m)						
	$H^*(10)$	$H_p(10,0°)$	$H_p(10,15°)$	$H_p(10,30°)$	$H_p(10,45°)$	$H_p(10,60°)$	$H_p(10,75°)$
L-10	−6.05E−1[b]	−6.05E−1[b]	−6.03E−1[b]	−5.97E−1[b]	−5.85E−1[b]	−5.66E−1[b]	−5.38E−1[b]
L-20	−1.13E−1[b]	−1.13E−1[b]	−1.13E−1[b]	−1.12E−1[b]	−1.11E−1[b]	−1.08E−1[b]	−1.02E−1[b]
L-30	−4.59E−2	−4.59E−2	−4.58E−2	−4.58E−2	−4.57E−2	−4.54E−2	−4.48E−2
N-10	−6.28E−1[b]	−6.28E−1[b]	−6.24E−1[b]	−6.15E−1[b]	−5.99E−1[b]	−5.75E−1[b]	−5.41E−1[b]
N-15	−2.45E−1[b]	−2.45E−1[b]	−2.44E−1[b]	−2.40E−1[b]	−2.33E−1[b]	−2.17E−1[b]	−1.97E−1[b]
N-20	−1.31E−1[b]	−1.31E−1[b]	−1.30E−1[b]	−1.28E−1[b]	−1.25E−1[b]	−1.19E−1[b]	−1.09E−1[b]
N-25	−8.15E−2	−8.18E−2	−8.16E−2	−8.09E−2	−7.97E−2	−7.71E−2	−7.19E−2
N-30	−5.53E−2	−5.53E−2	−5.53E−2	−5.51E−2	−5.47E−2	−5.37E−2	−5.15E−2
H-10	−6.35E−1[c]	−6.35E−1[c]	−6.32E−1[c]	−6.20E−1[c]	−6.01E−1[c]	−5.74E−1[c]	−5.36E−1[c]
H-20	−1.79E−1[b]	−1.79E−1[b]	−1.77E−1[b]	−1.70E−1[b]	−1.58E−1[b]	−1.39E−1[b]	−1.18E−1[b]
H-30	−9.59E−2[b]	−9.62E−2[b]	−9.55E−2[b]	−9.26E−2[b]	−8.77E−2[b]	−7.90E−2[b]	−6.70E−2[b]

注：此表中的所有数据由 Ankerhold[8] 给出的谱计算得出，不同的谱具有不同数据。

[a] 见 GB/T 12162.3—2004 中的表 1。

[b] 这些值在 ρ=1.10 kg/m^3 至 ρ=1.27 kg/m^3 范围内有效。

[c] 这些值在 ρ=1.15 kg/m^3 至 ρ=1.23 kg/m^3 范围内有效。

表 A.4 对于剂量当量公式(A.6)中 $m(d_{air})$ 参数 m_d 的简单近似值

辐射质[a]	以 m^2/kg 表示的 m_d						
	$H^*(10)$	$H_p(10,0°)$	$H_p(10,15°)$	$H_p(10,30°)$	$H_p(10,45°)$	$H_p(10,60°)$	$H_p(10,75°)$
L-10	−5.86E−1[c]	−5.86E−1[c]	−5.85E−1[c]	−5.80E−1[c]	−5.72E−1[c]	−5.57E−1[c]	−5.33E−1[c]
L-20	−1.11E−1[b]	−1.11E−1[b]	−1.11E−1[b]	−1.10E−1[b]	−1.09E−1[b]	−1.06E−1[b]	−1.01E−1[b]
L-30	−4.56E−2	−4.56E−2	−4.56E−2	−4.55E−2	−4.54E−2	−4.52E−2	−4.46E−2
N-10	−6.01E−1[c]	−6.01E−1[c]	−5.99E−1[c]	−5.93E−1[c]	−5.82E−1[c]	−5.65E−1[c]	−5.36E−1[c]
N-15	−2.32E−1[b]	−2.32E−1[b]	−2.31E−1[b]	−2.28E−1[b]	−2.22E−1[b]	−2.11E−1[b]	−1.94E−1[b]
N-20	−1.26E−1[b]	−1.26E−1[b]	−1.25E−1[b]	−1.24E−1[b]	−1.21E−1[b]	−1.16E−1[b]	−1.07E−1[b]
N-25	−7.93E−2	−7.96E−2	−7.94E−2	−7.89E−2	−7.78E−2	−7.55E−2	−7.08E−2
N-30	−5.47E−2	−5.47E−2	−5.47E−2	−5.45E−2	−5.41E−2	−5.32E−2	−5.11E−2
H-10	−6.11E−1[c]	−6.11E−1[c]	−6.09E−1[c]	−6.02E−1[c]	−5.89E−1[c]	−5.69E−1[c]	−5.38E−1[c]
H-20	−1.59E−1[b]	−1.58E−1[b]	−1.57E−1[b]	−1.53E−1[b]	−1.45E−1[b]	−1.32E−1[b]	−1.15E−1[b]
H-30	−8.69E−2[b]	−8.71E−2[b]	−8.67E−2[b]	−8.47E−2[b]	−8.12E−2[b]	−7.49E−2[b]	−6.45E−2[b]

注：此表中的所有数据由 Ankerhold[8] 给出的谱计算得出，不同的谱具有不同数据。

[a] 见 GB/T 12162.3—2004 中的表 1。

[b] 这些值在 ρ=1.10 kg/m³ 至 ρ=1.27 kg/m³ 范围内有效。

[c] 这些值在 ρ=1.15 kg/m³ 至 ρ=1.23 kg/m³ 范围内有效。

附 录 B
（资料性附录）
脉冲幅度谱的测量

B.1 测量脉冲幅度谱的试验装置

图 B.1 给出了一个用于测量脉冲幅度谱的试验装置的结构示意图，见参考文献[8]。X 射线束宜由一对光阑准直，一个在可选的监测电离室之前，一个在监测电离室之后，在检验点产生小的射束直径。探测器宜由铅屏蔽体屏蔽。在铅屏蔽体的前部，探测器表面之前宜安装有一个直径大约 1 mm 的铅准直器。以保证减少进入探测器的光子数并且消除晶体所有边缘效应和杂散辐射的影响。铅屏蔽的厚度和前端铅准直器的厚度宜足够保证穿透屏蔽体的总的光子注量小于穿过准直孔注量的 10^{-4}。准直器与谱仪系统必须准确的位于 X 射线束的轴上，例如借助激光束等方法。谱仪的能量分辨（FWHM）在 5.9 keV（^{55}Fe）应小于 300 eV 并且在 59.5 keV（^{241}Am）小于 350 eV。

脉冲幅度谱的测量宜在检验点进行，对于 L 系列和 N 系列测量时 X 射线管的典型电流为0.1 mA，以保证脉冲幅度谱高能限以上的事件（堆垒）小于 10^{-3}，对于其他系列，电流宜更低，大约十分之一或更小。

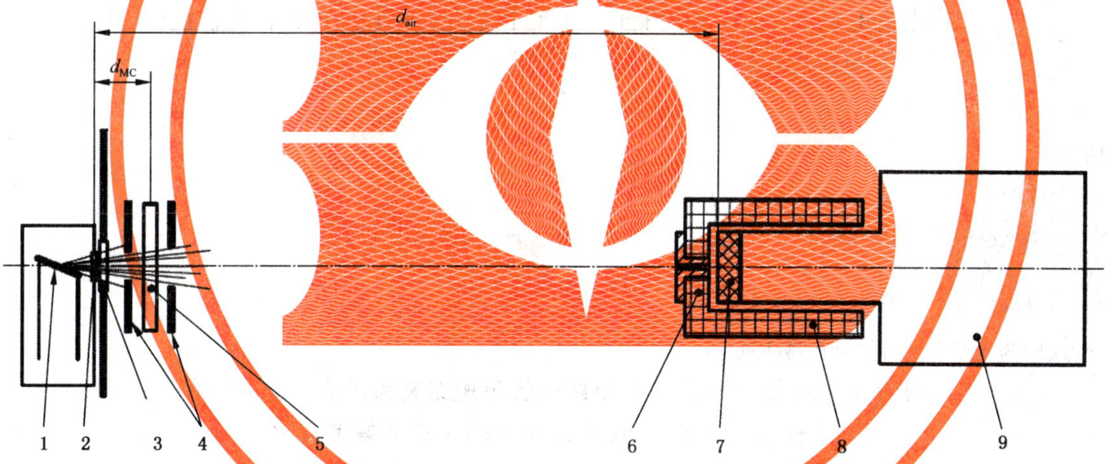

图例：
1——阳极；
2——射束出射窗；
3——ISO 过滤；
4——光阑对；
5——监测电离室（需要时）；
6——孔径 $\Phi\approx1$ mm 的铅准直器；
7——平面 HPGe；
8——铅屏蔽圆柱；
9——液氮冷却的 Ge 探测器。

图 B.1 测量脉冲幅度谱试验装置示例的示意图（见参考文献[4]）

B.2 通过脉冲幅度谱的解谱确定谱注量

为了对脉冲幅度谱解谱，需要要确定谱仪的响应矩阵。一种方法是测量一组合适的放射性核素的谱，例如 ^{57}Co、^{241}Am 和 ^{55}Fe，并且模拟谱仪的响应，例如利用一个 Monte-Carlo 光子和电子的输运程序。如果测量和模拟谱的一致程度不够（例如偏差大于 1%），在 Monte-Carlo 程序中可以改变如探测器前表面的死层厚度和晶体的长度等一些参数。当达到足够的一致（例如偏差小于 1%），可以使用 Monte-Carlo 程序计算谱仪的响应矩阵。响应矩阵的能量间隔应小于 200 eV。

一些文献中描述了使用响应矩阵解谱的方法，例如 Kramer 等[10]和 Matzke[11]。图 B.2 为参考文献[4]中给出的一个 N-30 脉冲高度谱(原始数据)和注量谱的例子。谱仪由一个 250 μm Be 窗的平面高纯 Ge 探测器组成。该示例表明响应矩阵接近对角矩阵并且修正不是很大。

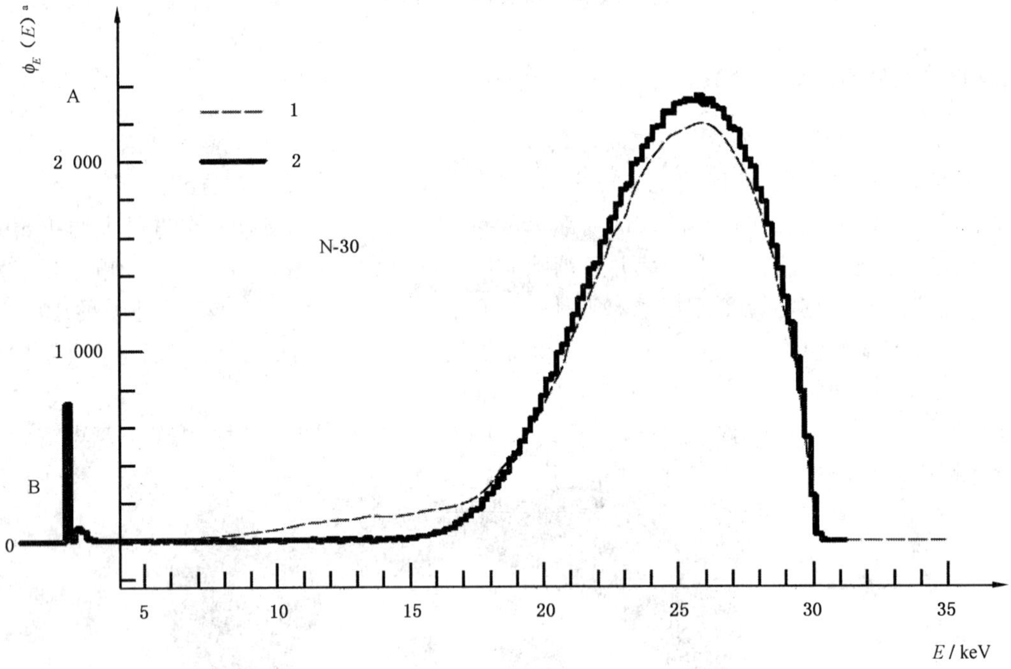

图例：

1——脉冲高度谱；

2——注量谱；

A——任意单位；

B——脉冲高度。

a $\Phi_E(E)$为光子能量为 E 处的谱注量。

图 B.2 Ge 探测器器与 X 射线球管焦斑距离为 1.0 m 处测得的辐射质 N-30 的注量谱 $\Phi_E(E)$和脉冲幅度谱

参 考 文 献

[1] ICRU International Commission on Radiation Units and Measurements, Determination of Dose Equivalents Resulting from External Radiation Sources, ICRU Report 39, Bethesda, MD, 1985

[2] ICRU International Commission on Radiation Units and Measurements, Determination of Dose Equivalents Resulting from External Radiation Sources—Part 2, ICRU Report 43, Bethesda, MD, 1988

[3] ICRU International Commission on Radiation Units and Measurements, Measurement of Dose Equivalents from External Photon and Electron Radiations, ICRU Report 47, Bethesda, MD, 1992

[4] ANKERHOLD U, BEHRENS R, AMBROSI P. X-ray spectrometry of low energy photons for determining conversion coefficients from air kerma, Ka, to personal dose equivalent, Hp(10), for radiation qualities of the ISO narrow spectrum series, Rad. Prot. Dos., 1999, 81(4): 247-258.

[5] ANKERHOLD U, BEHRENS R, AMBROSI P. A Prototype Ionisation Chamber as a Secondary Standard for the Measurement of Personal Dose Equivalent, Hp(10), on a Slab Phantom, Rad. Prot. Dos., 1999, 86(3): 167-174.

[6] BEHRENS R, The influence of the air density on the spectral properties of X-ray radiation qualities withmean energies from 6 keV to 90 keV, Rad. Prot. Dos., 1996, 86(2): 123-128.

[7] K E DUFTSCHMID, J HIZO and CH STRACHOTINSKY. A Secondary Standard Ionisation Chamber for Direct Measurement of Ambient Dose Equivalent H*(10). Radiat. Prot. Dos, 1992, 40(1): pp. 35-38.

[8] ANKERHOLD, Catalogue of X-ray spectra and their characteristic data—ISO and DIN radiation qualities, therapy and diagnostic radiation qualities, unfiltered X-ray spectra—, PTB-Bericht, PTB-Dos-34, Braunschweig April 2000

[9] DRAKE K and BÖHM J. Automatisierter Meßstand für die Dosimetrie von Betastrahlung, PTB-ReportDos-19, Braunschweig April 1990

[10] KRAMER H-M, BUERMANN L, GULDBAKKE S. X-and gamma ray spectrometry over the energy range from 5 keV to 7 MeV, 2000

[11] MATZKE M. Unfolding of pulse height spectra: The HEPRO program system, PTB-Bericht, PTB-N-19, 1994

ICS 25.100.50
J 41

中华人民共和国国家标准

GB/T 12204—2010
代替 GB/T 12204—1990

金属切削　基本术语

Glossary of general terms in metal cutting

(ISO 3002-1:1982, Basic quantities in cutting and grinding—
Part 1: Geometry of the active part of cutting tools—General terms,
reference systems, tool and working angles, chip breakers;
ISO 3002-3:1984, Basic quantities in cutting and grinding—
Part 3: Geometric and kinematic quantities in cutting;
ISO 3002-4:1984, Basic quantities in cutting and grinding—
Part 4: Forces, energy, power, MOD)

2010-11-10 发布　　2011-03-01 实施

中华人民共和国国家质量监督检验检疫总局
中国国家标准化管理委员会　发布

前　言

本标准修改采用 ISO 3002-1:1982《切削和磨削的基本参量　第 1 部分:刀具作用部分的几何形状　通用术语、参考系、刀具角度和工作角度、断屑前面》,ISO 3002-1 AMD1:1992《切削和磨削的基本参量　第 1 部分补充 1:螺旋旋向和切削方向》,ISO 3002-3:1984《切削和磨削的基本参量　第 3 部分:切削中的几何参量和运动参量》,ISO 3002-4:1984《切削和磨削的基本参量　第 4 部分:力、能量、功率》。

本标准与 ISO 3002-1:1982,ISO 3002-1 AMD1:1992,ISO 3002-3:1984,ISO 3002-4:1984 的差异如下:

——删除 ISO 引言,增加了前言;

——删除了规范性引用文件;

——"本国际标准"改为"本标准","国际标准本部分"改为"本标准";

——对标准内容做了编辑性修改;

——删除了关于章标题和术语的非定义的说明;

——删除了关于角度和力的术语的关系说明及相关公式;

——删除了 ISO 中的部分章节内容;

——删除了 ISO 中的表;

——章条号也作了相应的修改;

——增加了部分优先术语和许用术语。

本标准代替 GB/T 12204—1990《金属切削　基本术语》。

本标准与 GB/T 12204—1990 相比,主要变化如下:

——按照 GB/T 1.1—2000《标准化工作导则　第 1 部分:标准的结构和编写规则》和 GB/T 20001.1—2001《标准编写规则　第 1 部分:术语》的要求编写本标准;

——删除了词条编号,计量单位;

——增加了"螺旋旋向和切削方向"相关的术语和定义;

——对术语按"通用术语","参考系","刀具角度和工作角度","断屑前面","螺旋旋向和切削方向","切削中的几何参量和运动参量","力、能量和功率"进行分类,加以定义;

——删除了部分术语;

——修改了部分术语名称,增加了部分术语的许用术语;

——修改了索引。

本标准由中国机械工业联合会提出。

本标准由全国刀具标准化技术委员会(SAC/TC 91)归口。

本标准主要起草单位:成都工具研究所。

本标准主要起草人:许刚、许祖德、查国兵、沈士昌。

本标准所代替标准的历次版本发布情况为:

——GB/T 12204—1990。

金属切削　基本术语

1　范围

本标准规定了金属切削用基本术语和定义，部分术语的符号。

本标准适用于金属切削专业中正式出版发行的标准和书刊。

2　通用术语及其定义

2.1　工件表面

2.1.1

待加工表面　work surface

工件上有待切除之表面(见图 1)。

2.1.2

已加工表面　machined surface

工件上经刀具切削后形成的表面(见图 1)。

2.1.3

过渡表面　transient surface

工件上由**切削刃**(2.4.1)形成的那部分表面，它在下一切削行程，刀具或工件的下一转里被切除，或者由下一**切削刃**(2.4.1)切除(见图 1)。

2.2　刀具要素

2.2.1

刀体　body

刀具上夹持刀条或刀片的部分，或由它形成**切削刃**(2.4.1)的部分(见图 3，图 4，图 5)。

2.2.2

刀柄　shank

刀具上的夹持部分[见图 2a)，图 4，图 5]。

2.2.3

刀孔　tool bore

刀具上用以安装或固紧于主轴、心杆或心轴上的内孔(见图 3)。

2.2.4

刀具轴线　tool axis

刀具上一条假想直线，它与刀具制造或重磨时的定位面以及刀具使用时的**安装面**(2.2.6)有一定的关系(见图 3，图 4，图 5)。

2.2.5

切削部分　cutting part

刀具各部分中起切削作用的部分，它每个部分都由**切削刃**(2.4.1)、**前面**(2.3.1)及**后面**(2.3.2)等产生切屑的各要素所组成[见图 2a)]。

2.2.6

安装面　base

刀柄(2.2.2)或**刀孔**(2.2.3)上的一个表面，它平行或垂直于刀具的**基面**(3.1.2)，供刀具在制造，刃磨及测量时安装或定位用[见图 2a)，图 12，图 18]。

2.2.7

刀楔 **wedge**

切削部分(2.2.5)夹于**前面**(2.3.1)和**后面**(2.3.2)之间的部分,它与**主切削刃**(2.4.1.1)或与**副切削刃**(2.4.1.2)相连(见图3,图7)。

2.3 刀具表面

2.3.1

前面 **face**

前刀面

A_γ

刀具上切屑流过的表面[见图2a),图3,图4,图5,图7]。

2.3.1.1

第一前面 **first face**

倒棱

$A_{\gamma 1}$

当刀具**前面**(2.3.1)是由若干个彼此相交的面所组成时,离**切削刃**(2.4.1)最近的面称为第一前面(见图7)。

2.3.1.2

第二前面 **second face**

$A_{\gamma 2}$

当刀具**前面**(2.3.1)是由若干个彼此相交的面所组成时,从**切削刃**(2.4.1)处数起第二个面即称为第二前面(见图7)。

2.3.1.3

削窄前面 **reduced face**

$\overline{A_\gamma}$

一个特制的**前面**(2.3.1),用台阶使它与**前面**(2.3.1)的其余部分分开,并使切屑只同它相接触[见图2c)]。

2.3.1.4

断屑前面 **chip breaker**

一种改形的**前面**(2.3.1),用以控制或折断切屑,它是由和刀具一体的沟槽或台阶或由附加的挡块所组成。

2.3.2

后面 **flank**

后刀面

A_α

与工件上切削中产生的表面相对的表面[见图2a),图3,图4,图5,图7]。

2.3.2.1

主后面 **major flank**

A_α

刀具上同**前面**(2.3.1)相交形成**主切削刃**(2.4.1.1)的**后面**(2.3.2)[见图2a)]。

2.3.2.2

副后面 **minor flank**

A'_α

刀具上同**前面**(2.3.1)相交形成**副切削刃**(2.4.1.2)的**后面**(2.3.2)[见图2a)]。

2.3.2.3

第一后面 **first flank**

刃带

$A_{\alpha1}$

当刀具的**后面**(2.3.2)是由若干个彼此相交的面所组成时，离**切削刃**(2.4.1)最近的面称为第一后面[见图2a)]。

2.3.2.4

第二后面 **second flank**

$A_{\alpha2}$

当刀具的**后面**(2.3.2)是由若干个彼此相交的面所组成时，从**切削刃**(2.4.1)处数起第二个面称为第二后面[见图2a)]。

2.3.3 **前面和后面的截形**

2.3.3.1

前面截形 **face profile**

刀具**前面**(2.3.1)与任一平面相交而形成的曲线，通常该截形在**法平面**(3.1.6)中定义和测量[见图2d)]。

2.3.3.2

后面截形 **flank profile**

刀具**后面**(2.3.2)与任一平面相交而形成的曲线，通常该截形在**法平面**(3.1.6)中定义和测量[见图2d)]。

2.4 **切削刃**

2.4.1

切削刃 **cutting edge**

刀具**前面**(2.3.1)上拟作切削用的刃。

2.4.1.1

主切削刃 **tool major cutting edge**

S

起始于**切削刃**(2.4.1)上**主偏角**(4.1.1.1)为零的点，并至少有一段**切削刃**(2.4.1)拟用来在工件上切出**过渡表面**(2.1.3)的那个整段**切削刃**(2.4.1)[见图2a)、图3、图4、图5、图7]。

2.4.1.2

副切削刃 **tool minor cutting edge**

S′

切削刃(2.4.1)上除**主切削刃**(2.4.1.1)以外的刃，亦起始于**主偏角**(4.1.1.1)为零的点，但它向背离**主切削刃**(2.4.1.1)的方向延伸[见图2a)、图3、图4、图5]。

2.4.1.3

工作切削刃 **working cutting edge**

刀具上拟作切削用的刃。

2.4.1.3.1

工作主切削刃 **working major cutting edge**

S_e

起始于**切削刃**(2.4.1)上**工作主偏角**(4.2.1.1)为零的点，并至少有一段**切削刃**(2.4.1)拟用来在工件上切出**过渡表面**(2.1.3)的那个整段**切削刃**(2.4.1)[见图2b)]。

2.4.1.3.2

工作副切削刃 **working minor cutting edge**

S'_e

切削刃(2.4.1)上除**工作主切削刃**(2.4.1.3.1)以外的刃,亦起始于**工作主偏角**(4.2.1.1)为零的点,但它向背离**工作主切削刃**(2.4.1.3.1)的方向延伸[见图 2b)]。

2.4.1.4

作用切削刃 **active cutting edge**

在特定瞬间,**工作切削刃**(2.4.1.3)上实际参与切削,并在工件上产生**过渡表面**(2.1.3)和**已加工表面**(2.1.2)的那段刃(见图 2)。

2.4.1.4.1

作用主切削刃 **active major cutting edge**

S_a

作用切削刃(2.4.1.4)上的一段刃,当沿**切削刃**(2.4.1)测量其长度时,它起始于**工作切削刃**(2.4.1.3)与工件表面的交点,迄止于**工作切削刃**(2.4.1.3)上**工作主偏角**(4.2.1.1)被认为是零度的点[见图 2b)]。

2.4.1.4.2

作用副切削刃 **active minor cutting edge**

S'_a

作用切削刃(2.4.1.4)上的一段刃,当沿**切削刃**(2.4.1)测量其长度时,它起始于**工作切削刃**(2.4.1.3)上**工作主偏角**(4.2.1.1)被认为是零度的点,迄止于**工作副切削刃**(2.4.1.3.2)与**已加工表面**(2.1.2)的交点[见图 2b)]。

2.4.2

刀尖 **corner**

指**主切削刃**(2.4.1.1)与**副切削刃**(2.4.1.2)的连接处相当少的一部分**切削刃**(2.4.1)[见图 2 至图 6a)]。

2.4.2.1

修圆刀尖 **rounded corner**

具有曲线状**切削刃**(2.4.1)的**刀尖**(2.4.2)[见图 6a)]。

2.4.2.2

倒角刀尖 **chamfered corner**

具有直线**切削刃**(2.4.1)的**刀尖**(2.4.2)[见图 6a)]。

2.4.3

切削刃选定点 **selected point on the cutting edge**

在**切削刃**(2.4.1)任一部分上选定的点,用以定义该点的刀具角度或工作角度[见图 2d)]。

2.4.4

钝圆切削刃 **rounded cutting edge**

在**前面**(2.3.1)与**后面**(2.3.2)之间以圆弧过渡所形成的**切削刃**(2.4.1)。

2.4.5

间断切削刃 **interrupted cutting edge**

呈不连续间断状的**切削刃**(2.4.1),其间断量的大小足以防止在间断处有切屑形成的现象发生[见图 6b)]。

2.4.6

刀具廓形　tool profile

刀具**切削刃**(2.4.1)在任意一平面上的正投影所形成的曲线，通常该廓形是在刀具**基面**(3.1.2)中定义和测量。

2.5　刀具尺寸

2.5.1

刀尖圆弧半径　corner radius

r_{ε}

修圆刀尖(2.4.2.1)的公称半径，在刀具**基面**(3.1.2)中测量[见图6a)]。

2.5.2

倒角刀尖长度　chamfered corner length

b_{ε}

倒角刀尖(2.4.2.2)的公称长度，在刀具**基面**(3.1.2)中测量[见图6a)]。

2.5.3

倒棱宽　land width of the face

b_{γ}

第一前面(2.3.1.1)的宽度简称为倒棱宽(见图7)。

2.5.4

刃带宽　land width of the flank

b_{α}

第一后面(2.3.2.3)的宽度简称为刃带宽(见图7)。

2.5.5

切削刃钝圆半径　rounded cutting edge radius

r_{n}

切削刃(2.4.1)的公称钝圆半径，在切削刃**法平面**(3.1.6)中测量。

2.5.6

削窄前面宽度　width of reduced face

$\overline{b_{\gamma}}$

削窄前面(2.3.1.3)的宽度，在切削刃**法平面**(3.1.6)中测量[见图2c)]。

2.6　刀具和工件的运动

2.6.1

主运动　primary motion

由机床或人力提供的主要运动，它促使刀具和工件之间产生相对运动，从而使刀具**前面**(2.3.1)接近工件。

2.6.1.1

主运动方向　direction of primary motion

切削刃选定点(2.4.3)相对于工件的瞬时**主运动方向**(2.6.1.1)(见图8至图11)。

2.6.1.2

切削速度　cutting speed

v_{c}

切削刃选定点(2.4.3)相对于工件的**主运动**(2.6.1)的瞬时速度(见图8至图11)。

2.6.2

进给运动　feed motion

由机床或人力提供的运动，它使刀具与工件之间产生附加的相对运动，加上**主运动**(2.6.1)，即可不断地或连续地切除切屑，并得出具有所需几何特性的**已加工表面**(2.1.2)。

2.6.2.1

进给运动方向 **direction of feed motion**

切削刃选定点(2.4.3)相对于工件的瞬时**进给运动**(2.6.2)的方向(见图8至图11)。

2.6.2.2

进给速度 **feed speed**

v_f

切削刃选定点(2.4.3)相对于工件的**进给运动**(2.6.2)的瞬时速度(见图8至图11)。

2.6.3

合成切削运动 **resultant cutting motion**

由**主运动**(2.6.1)和**进给运动**(2.6.2)合成的运动。

2.6.3.1

合成切削运动方向 **resultant cutting direction**

切削刃选定点(2.4.3)相对于工件的瞬时**合成切削运动**(2.6.3)的方向(见图8,图9,图11)。

2.6.3.2

合成切削速度 **resultant cutting speed**

v_e

切削刃选定点(2.4.3)相对于工件的**合成切削运动**(2.6.3)的瞬时速度(见图8,图9,图11)。

2.6.4

进给运动角 **feed motion angle**

φ

同一瞬间**进给运动方向**(2.6.2.1)和**主运动方向**(2.6.1.1)之间的夹角，在**工作平面**(3.2.3)中测量(见图8至图11)。

2.6.5

合成切削速度角 **resultant cutting speed angle**

η

同一瞬间**主运动方向**(2.6.1.1)与合成切削方向之间的夹角，在**工作平面**(3.2.3)中测量(见图8,图9,图11)。

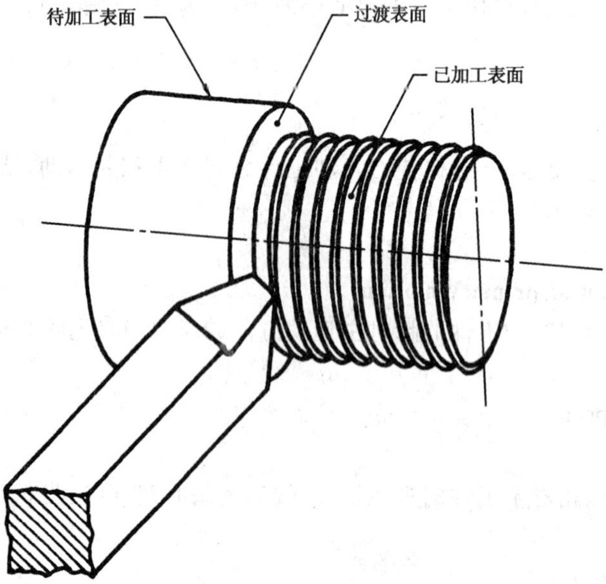

图1 工件表面

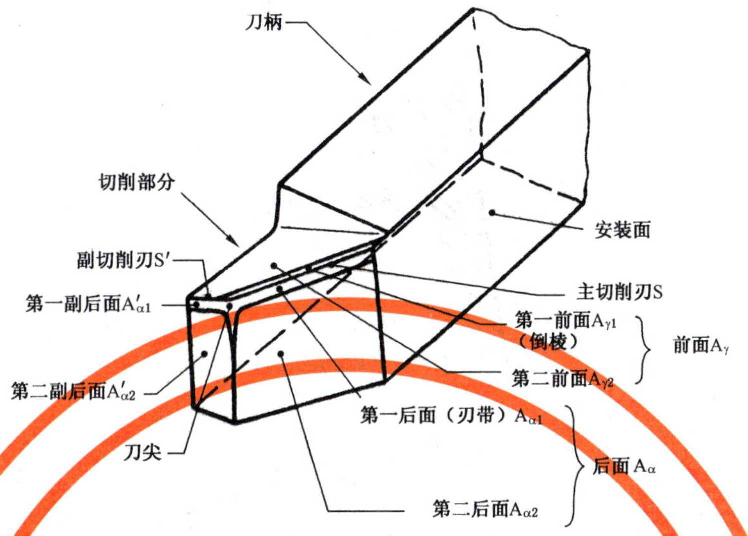

a）车刀切削部分上的切削刃和表面

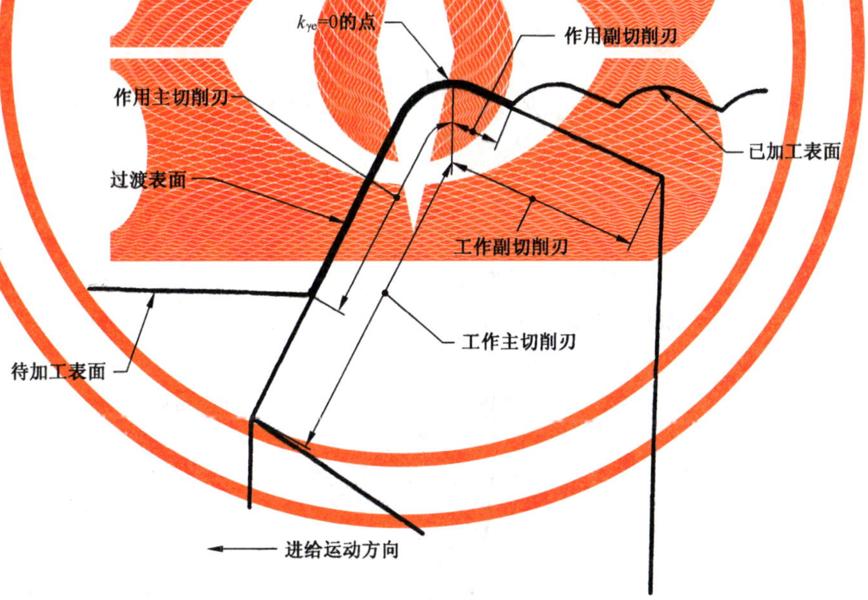

b）与刀具和工件有关的各术语的说明

图 2

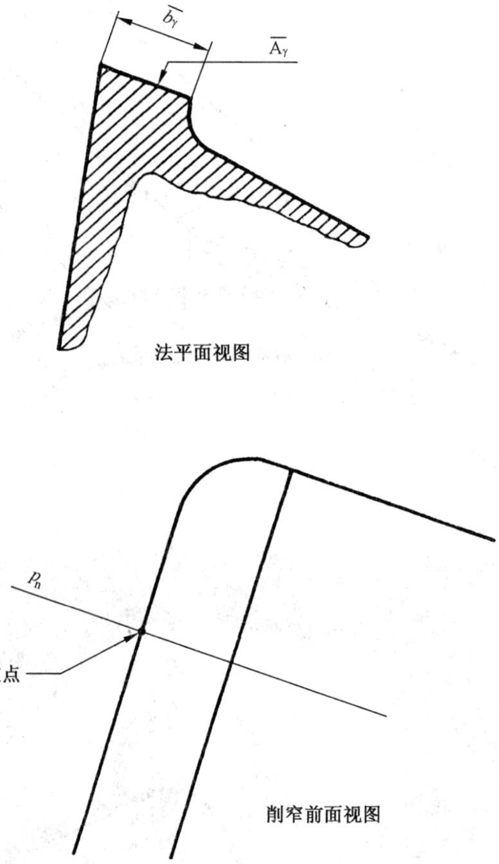

c）削窄前面

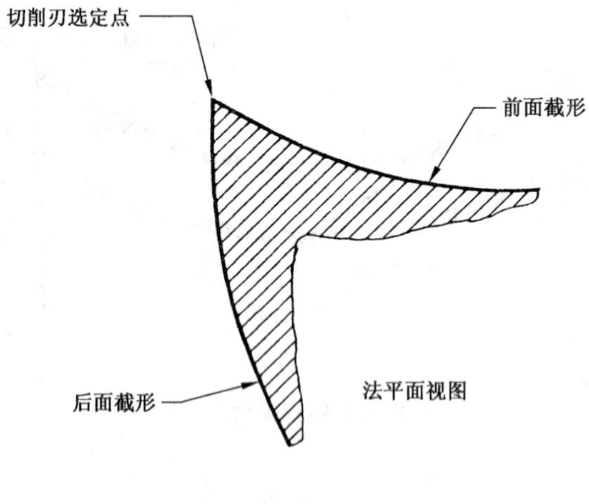

d）前面和后面的截形

图 2（续）

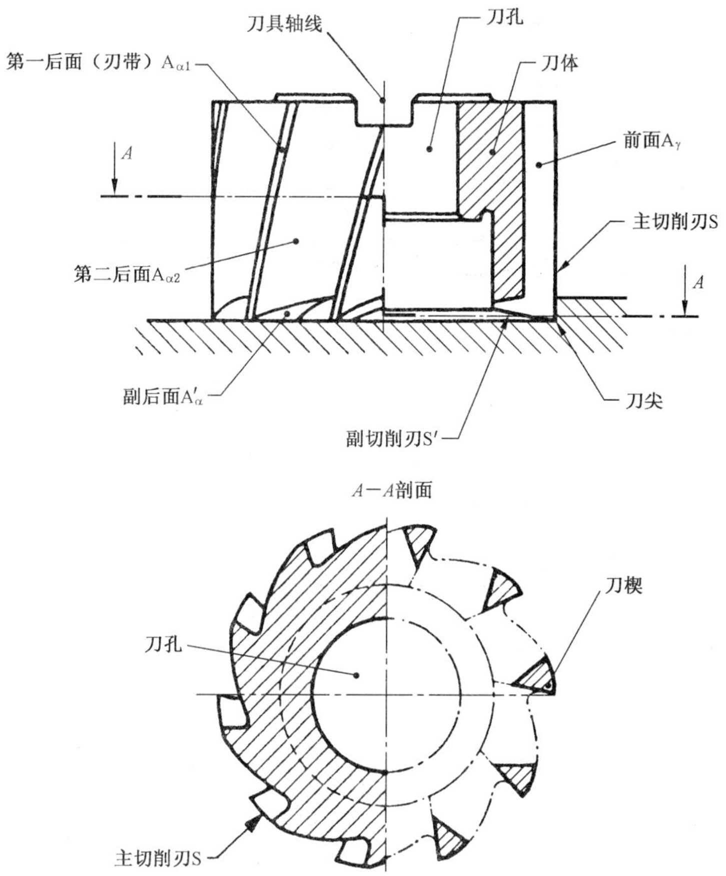

图 3　套式立铣刀切削部分上的切削刃和表面

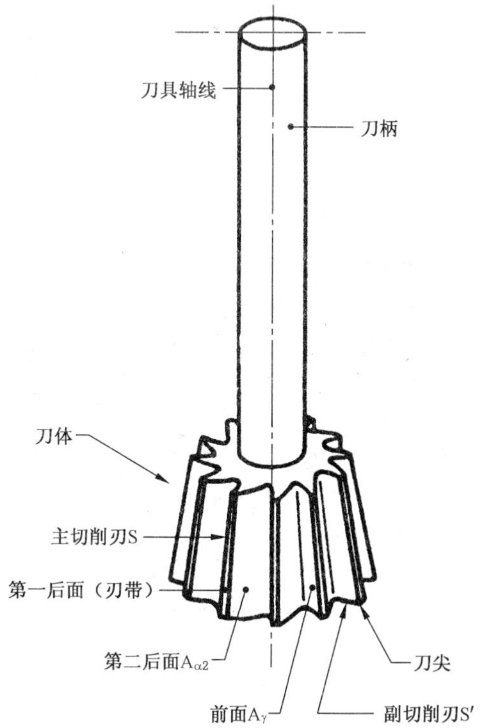

图 4　直柄单角铣刀切削部分上的切削刃和表面

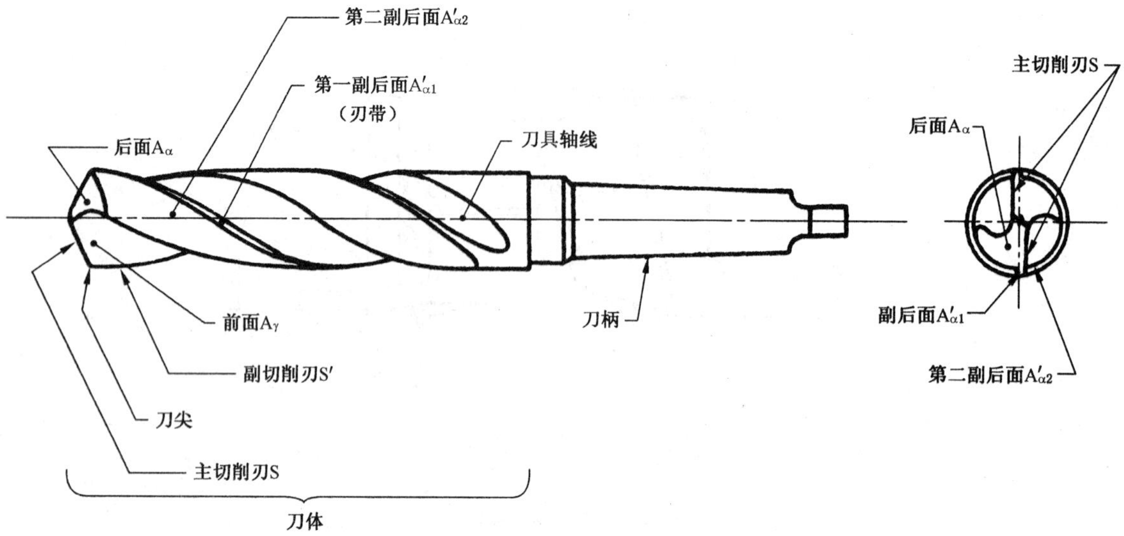

图 5　麻花钻切削部分上的切削刃和表面

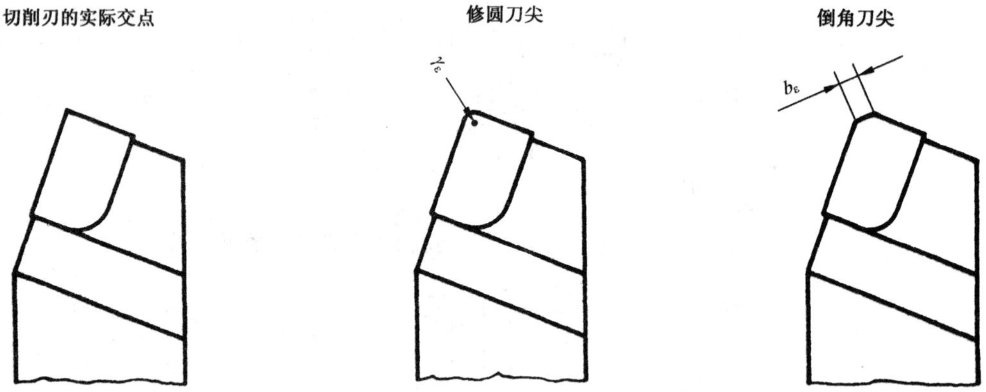

a）刀尖在基面上的视图

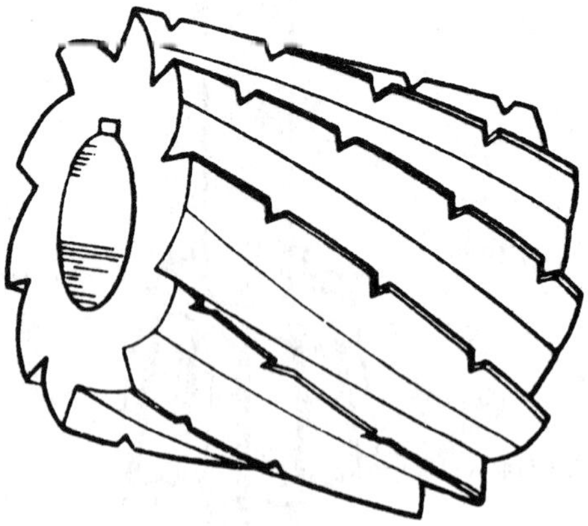

b）间断切削刃

图 6

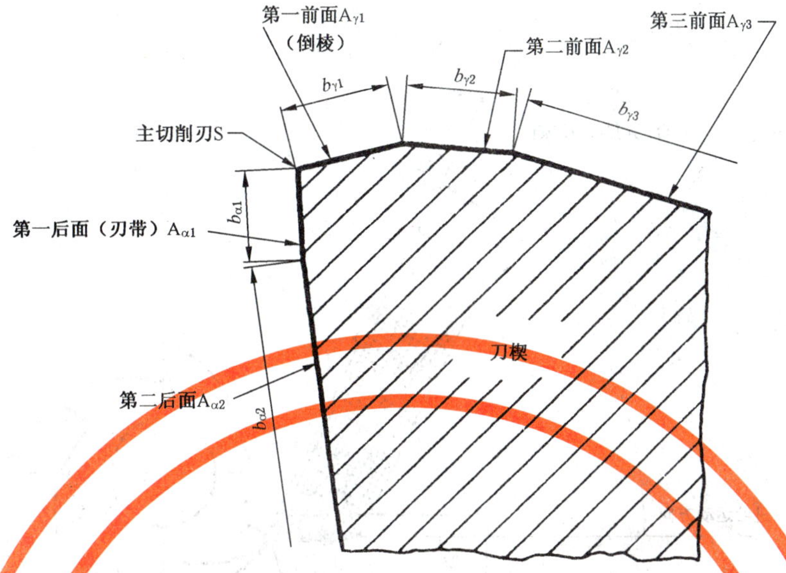

图 7　有倒棱或刃带的刀楔

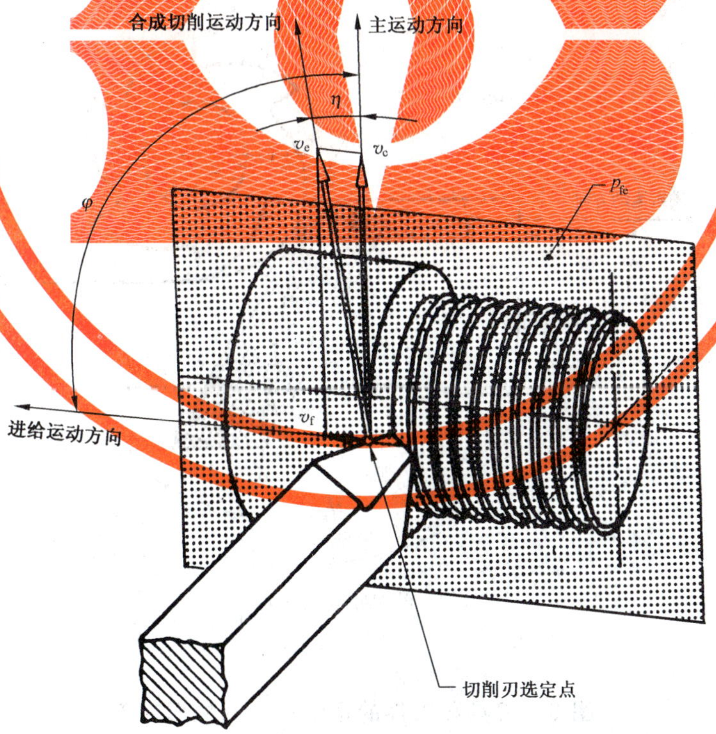

图 8　刀具和工件的运动——车刀

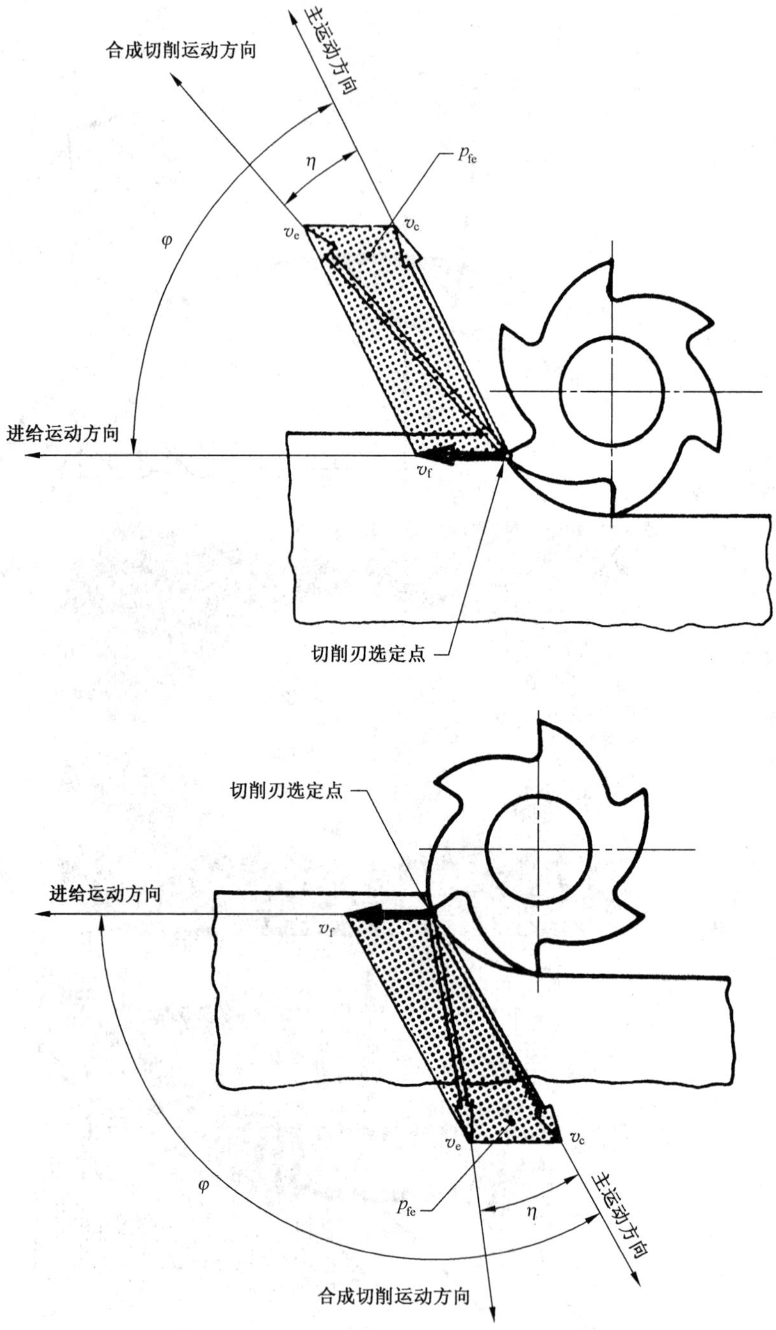

图 9　刀具和工件的运动——圆柱形铣刀

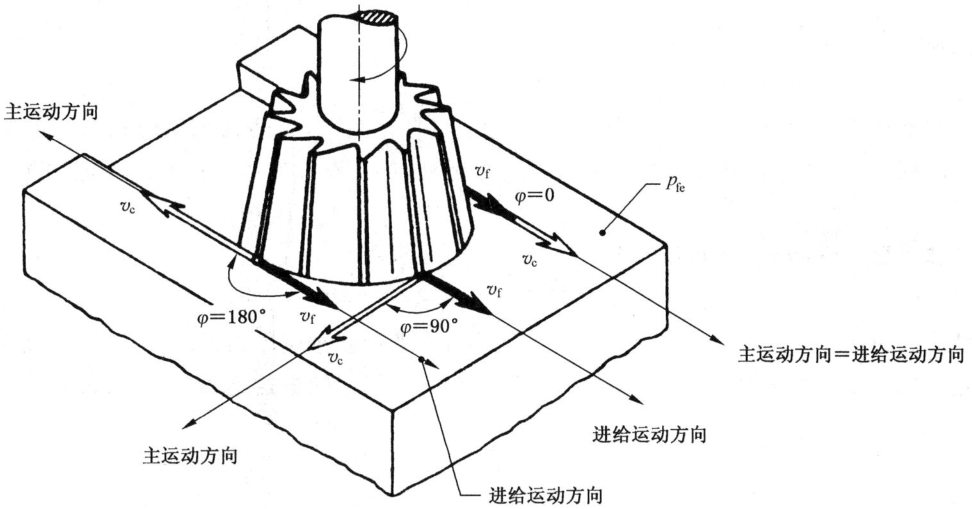

图 10 刀具和工件的运动——直柄单角立铣刀切削刃的三个选定点

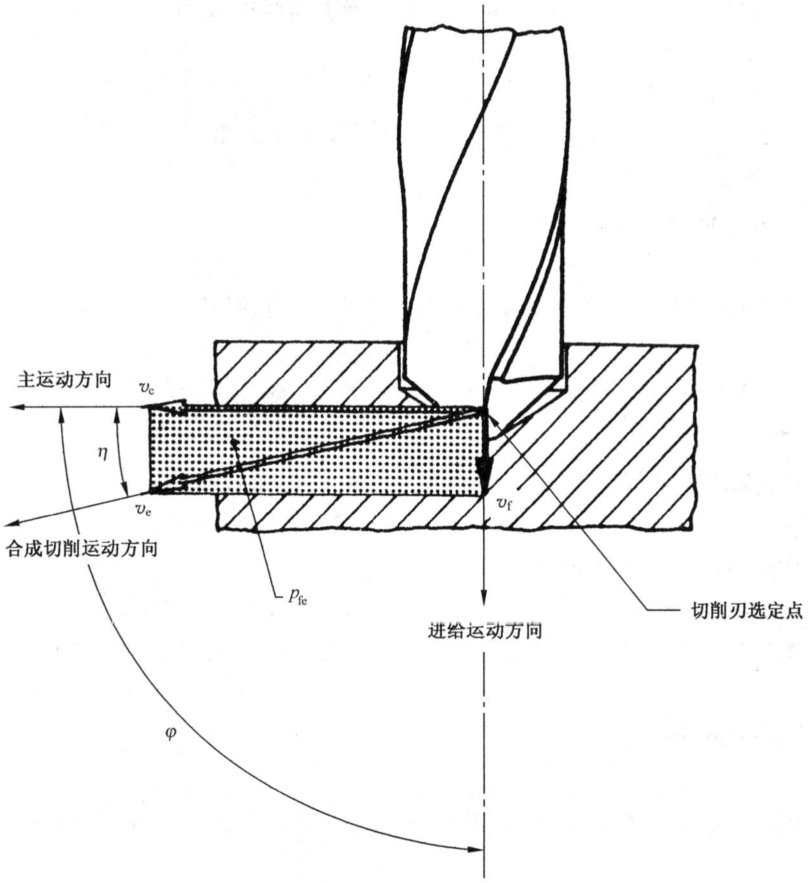

图 11 刀具和工件的运动——麻花钻

3 参考系的术语及其定义

3.1 静止参考系

3.1.1

刀具静止参考系 tool-in-hand system

用于定义刀具设计，制造，刃磨和测量时几何参数的参考系。

3.1.2

基面　tool reference plane

p_r

过**切削刃选定点**(2.4.3)的平面，它平行或垂直于刀具在制造，刃磨及测量时适合于安装或定位的一个平面或轴线，一般说来其方位要垂直于假定的**主运动方向**(2.6.1.1)(见图12至图17)。

3.1.3

假定工作平面　assumed working plane

p_f

通过**切削刃选定点**(2.4.3)并垂直于**基面**(3.1.2)，它平行或垂直于刀具在制造，刃磨及测量时适合于安装或定位的一个平面或轴线，一般说来其方位要平行于假定的**进给运动方向**(2.6.2.1)(见图12至图17)。

3.1.4

背平面　tool back plane

p_p

通过**切削刃选定点**(2.4.3)并垂直于**基面**(3.1.2)和**假定工作平面**(3.1.3)的平面(见图12至图17)。

3.1.5

切削平面　tool cutting edge plane

通过**切削刃选定点**(2.4.3)与**切削刃**(2.4.1)相切并垂直于**基面**(3.1.2)的平面(见图12至图17)。

3.1.5.1

主切削平面　tool major cutting edge plane

p_s

通过主切削刃选定点与**主切削刃**(2.4.1.1)相切并垂直于**基面**(3.1.2)的平面(见图12至图17)。

3.1.5.2

副切削平面　tool minor cutting edge plane

p'_s

通过副切削刃选定点与**副切削刃**(2.4.1.2)相切并垂直于**基面**(3.1.2)的平面。

3.1.6

法平面　cutting edge normal plane

p_n

通过**切削刃选定点**(2.4.3)并垂直于**切削刃**(2.4.1)的平面(见图12至图17)。

3.1.7

正交平面　tool orthogonal plane

p_o

通过**切削刃选定点**(2.4.3)并同时垂直于**基面**(3.1.2)和**切削平面**(3.1.5)的平面(见图12至图17)。

3.1.8

前面正交平面　tool face orthogonal plane

p_g

通过**切削刃选定点**(2.4.3)并同时垂直于**基面**(3.1.2)和**前面**(2.3.1)的平面(见图13)。

3.1.9

后面正交平面　tool flank orthogonal plane

p_b

通过**切削刃选定点**(2.4.3)并同时垂直于**基面**(3.1.2)和**后面**(2.3.2)的平面(见图13)。

3.2 工作参考系

3.2.1

刀具工作参考系　tool-in-use system

规定刀具进行切削加工时几何参数的参考系。

3.2.2

工作基面　working reference plane

p_{re}

通过**切削刃选定点**(2.4.3)并与**合成切削速度**(2.6.3.2)方向相垂直的平面(见图18至图23)。

3.2.3

工作平面　working plane

p_{fe}

通过**切削刃选定点**(2.4.3)并同时包含**主运动方向**(2.6.1.1)和**进给运动方向**(2.6.2.1)的平面，因而该平面垂直于**工作基面**(3.2.2)(见图18至图23)。

3.2.4

工作背平面　working back plane

p_{pe}

通过**切削刃选定点**(2.4.3)并同时与**工作基面**(3.2.2)和**工作平面**(3.2.3)相垂直的平面(见图18至图23)。

3.2.5

工作切削平面　working cutting edge plane

p_{se}

通过**切削刃选定点**(2.4.3)与**切削刃**(2.4.1)相切并垂直于**工作基面**(3.2.2)的平面(见图18至图23)。

3.2.6

工作法平面　working cutting edge normal plane

p_{ne}

通过**切削刃选定点**(2.4.3)并垂直于**切削刃**(2.4.1)的平面(见图18至图23)。

注：刀具工作参考系中的**工作法平面**(3.2.6)与刀具静止参考系中的**法平面**(3.1.6)相同。

3.2.7

工作正交平面　working orthogonal plane

p_{oe}

通过**切削刃选定点**(2.4.3)并同时与**工作基面**(3.2.2)和**工作切削平面**(3.2.5)相垂直的平面(见图18至图23)。

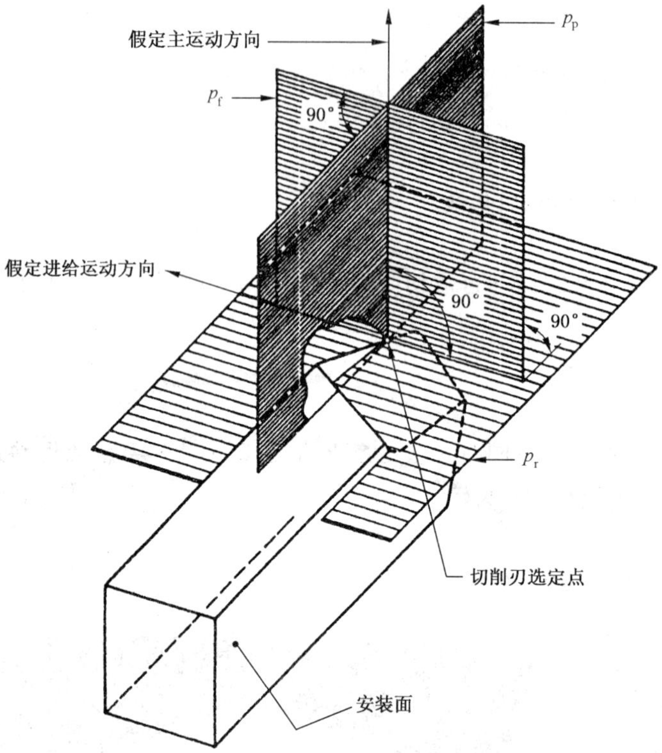

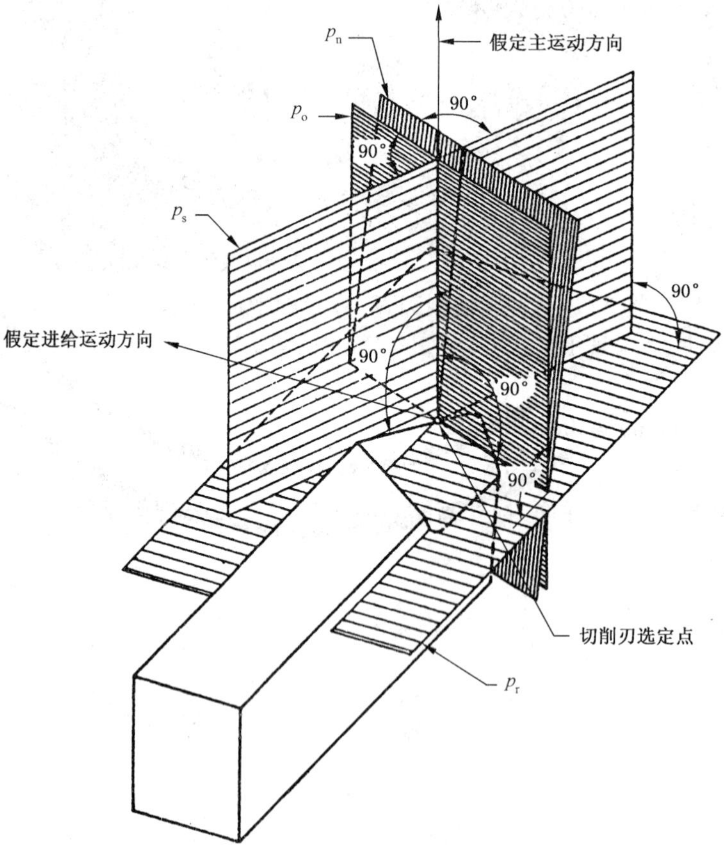

图 12　刀具静止参考系的平面

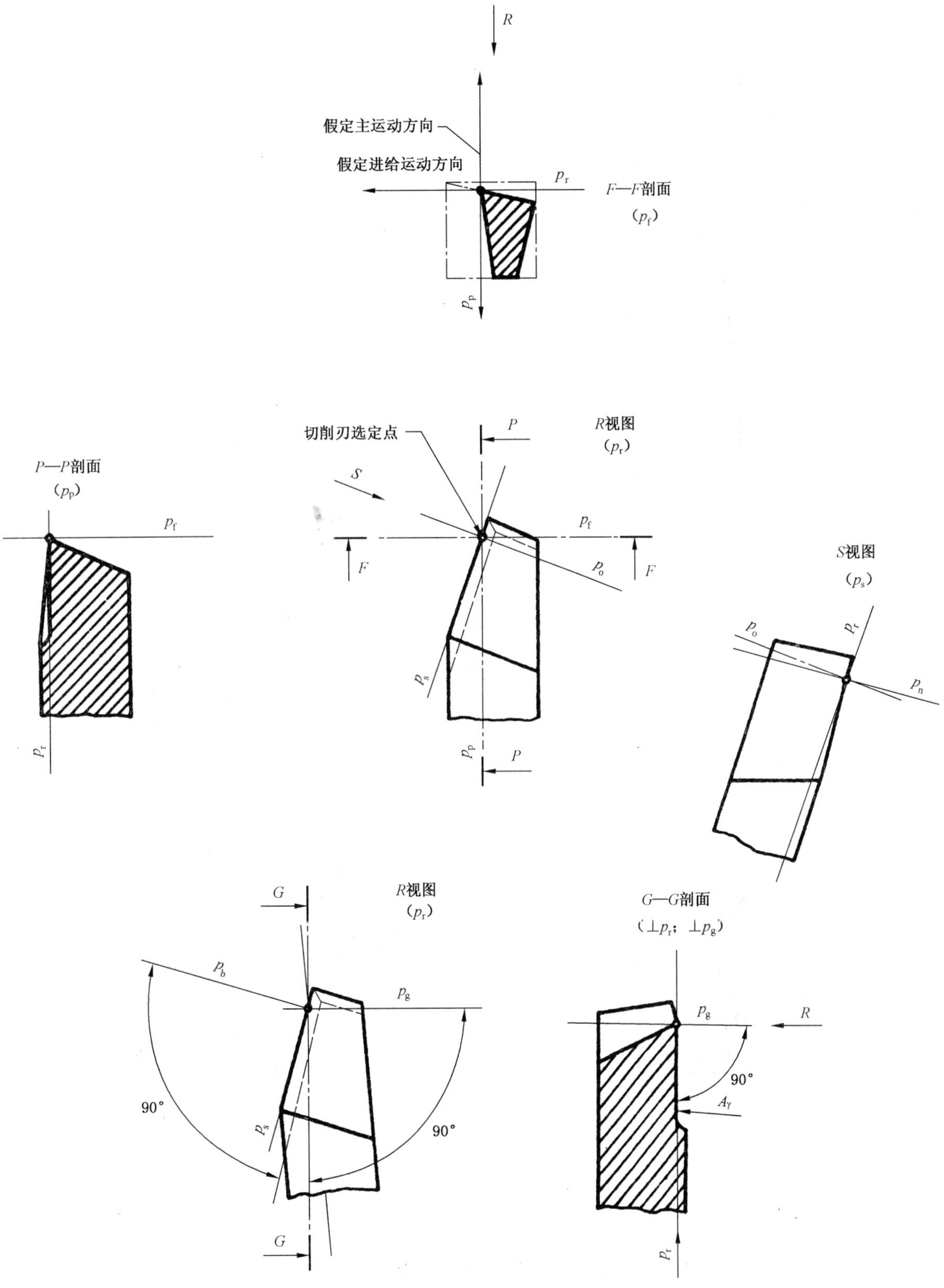

图 13　刀具静止参考系的平面——车刀

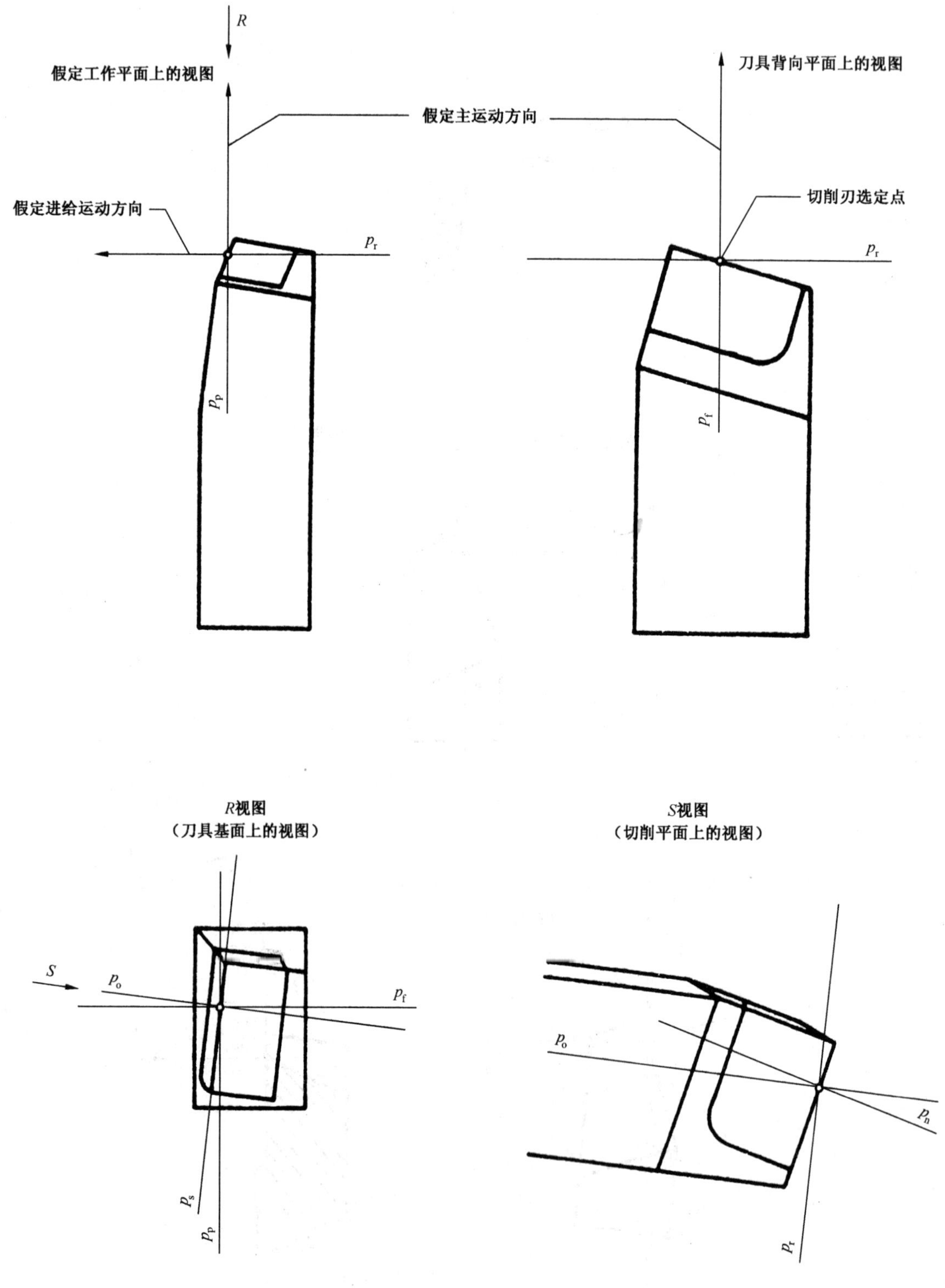

图 14 刀具静止参考系的平面——切向车刀

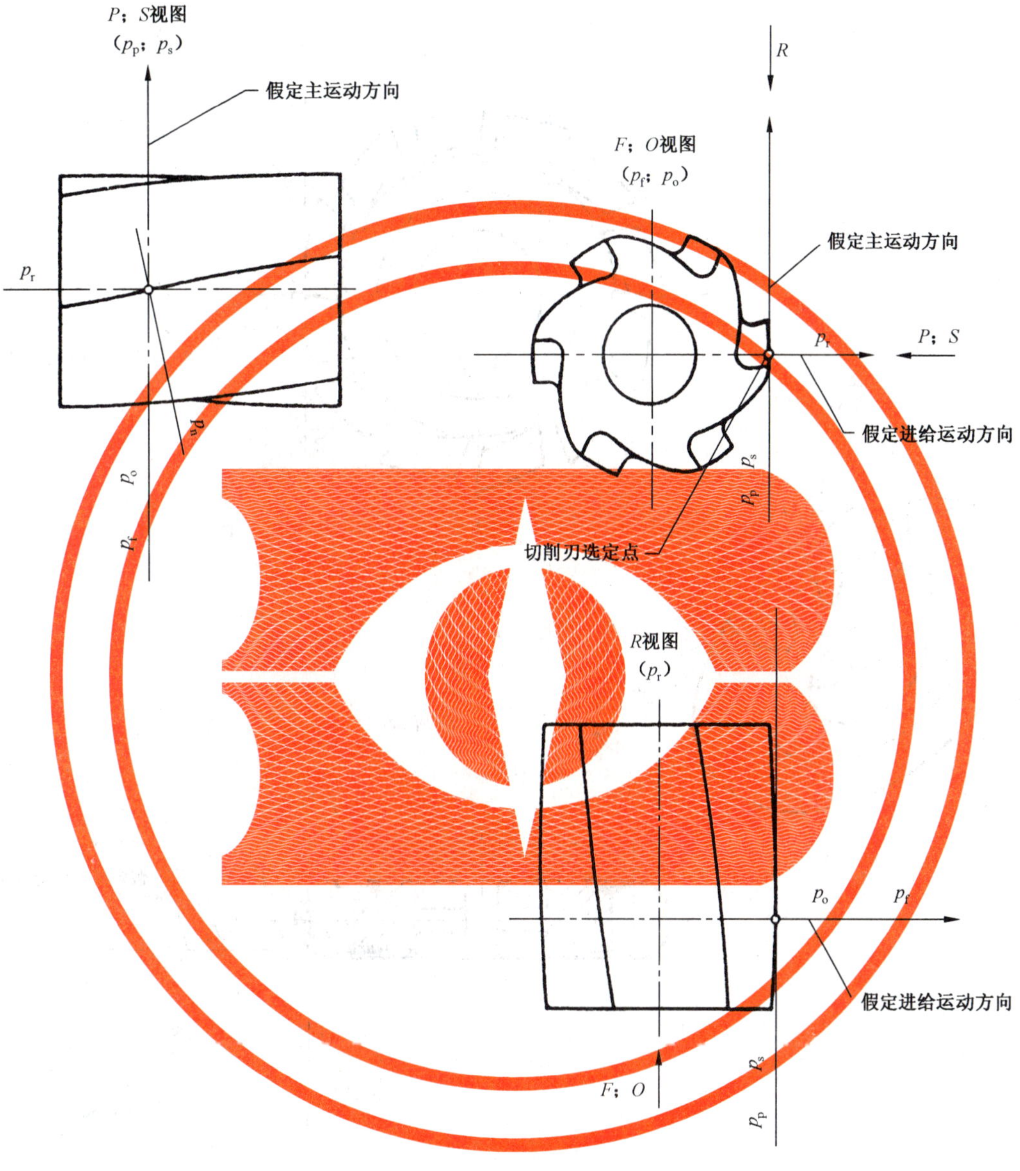

图 15　刀具静止参考系的平面——圆柱形铣刀

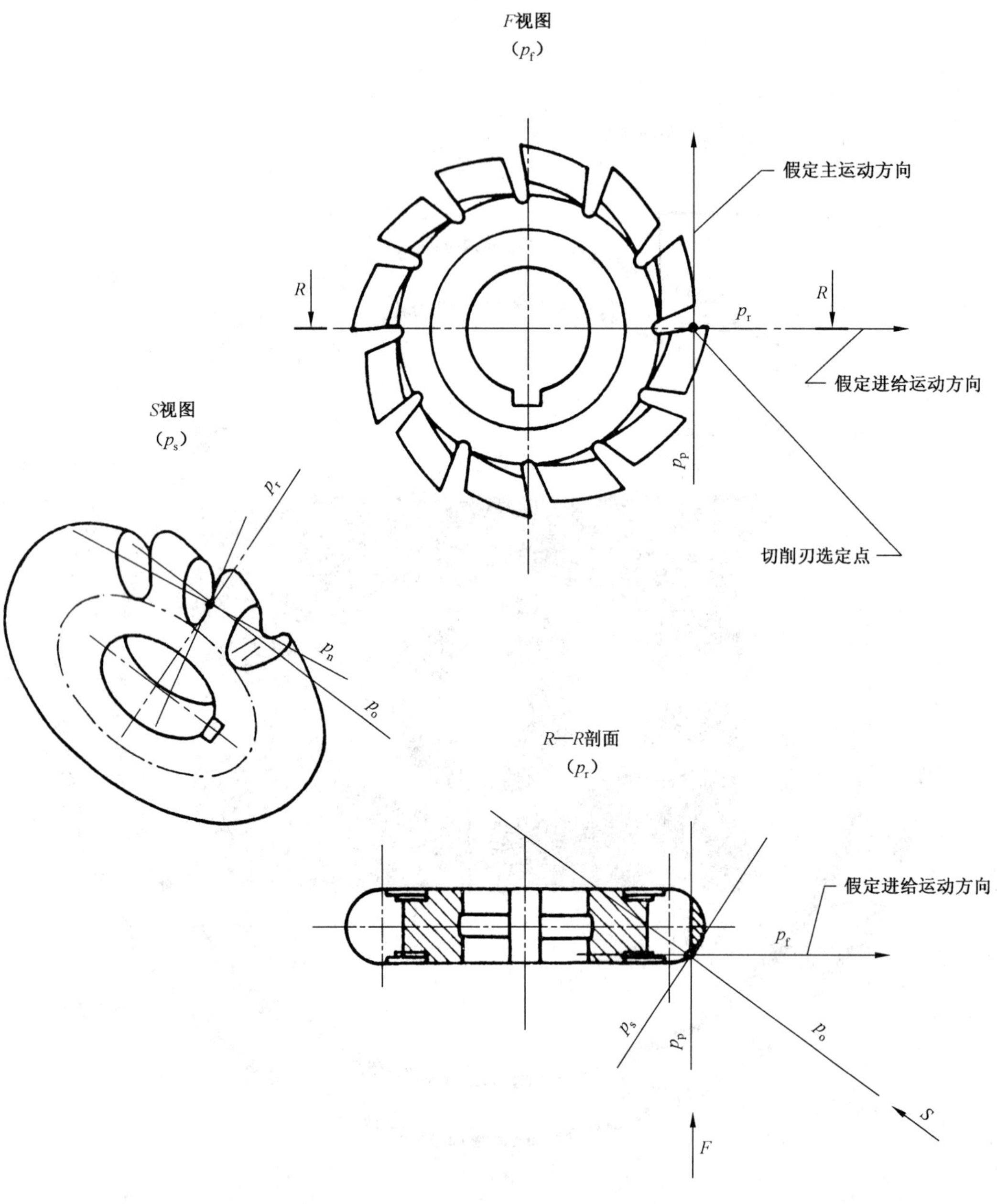

图 16　刀具静止参考系的平面——凸半圆铣刀

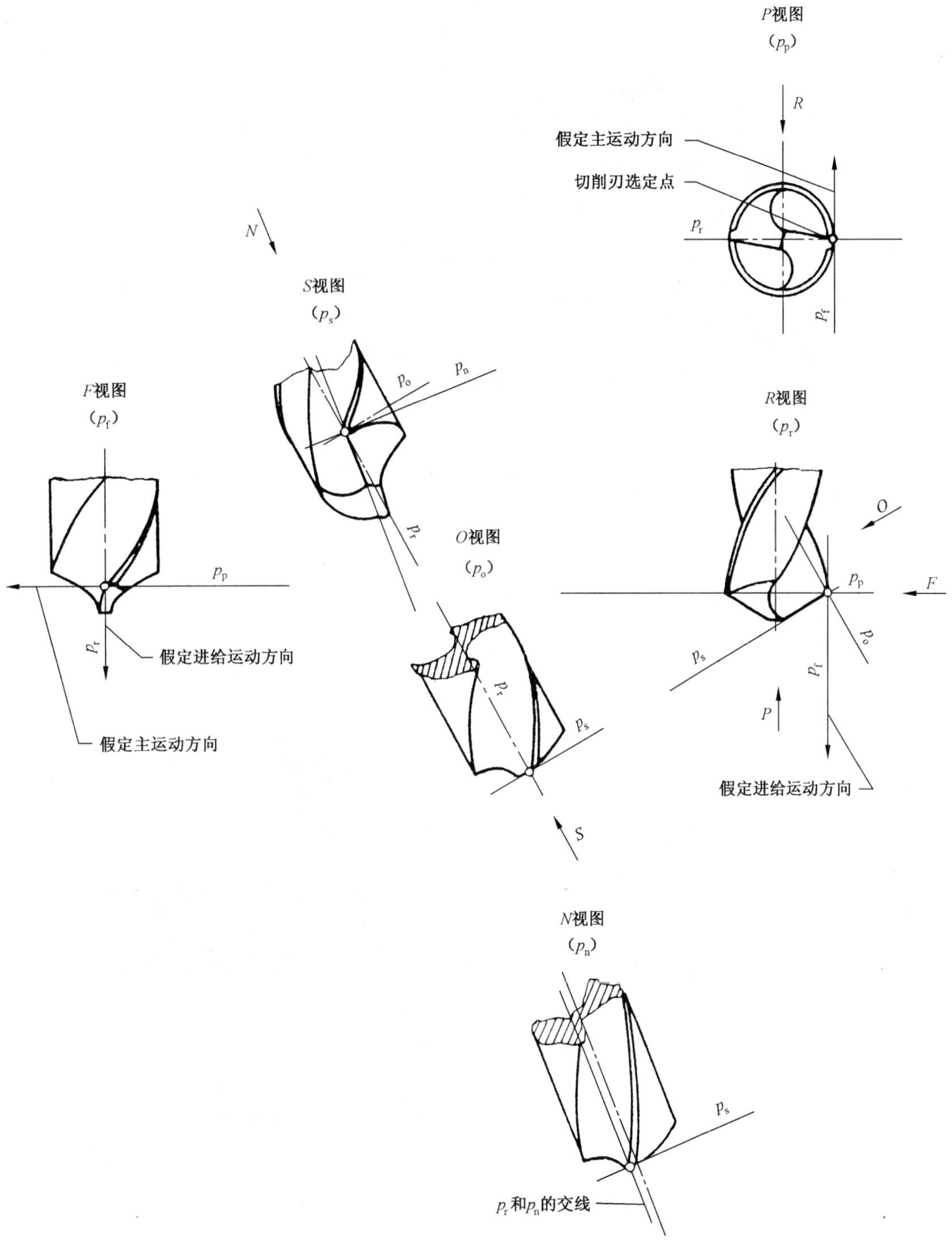

图 17　刀具静止参考系的平面——麻花钻

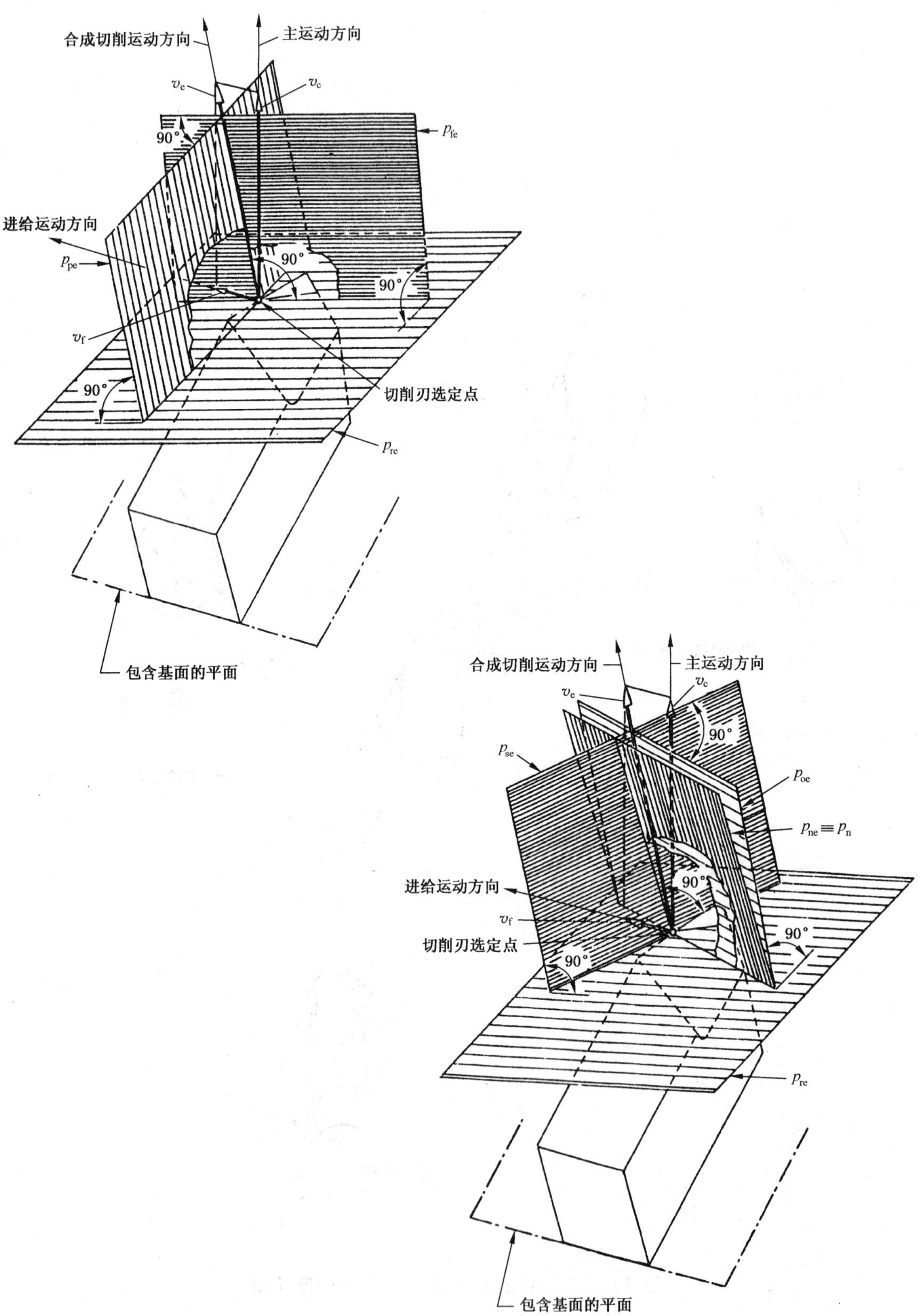

图 18　刀具工作参考系的平面

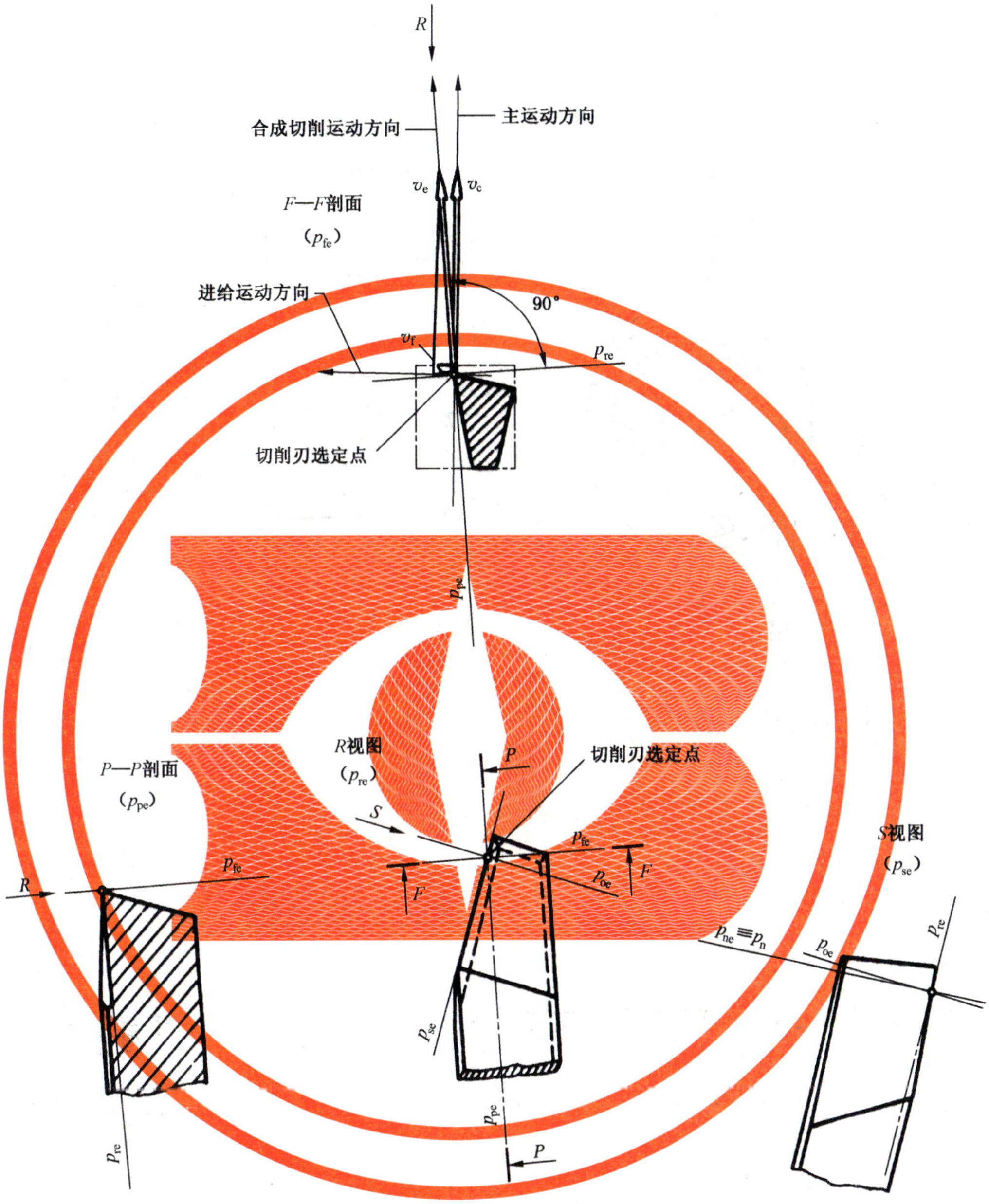

图 19　刀具工作参考系的平面——车刀

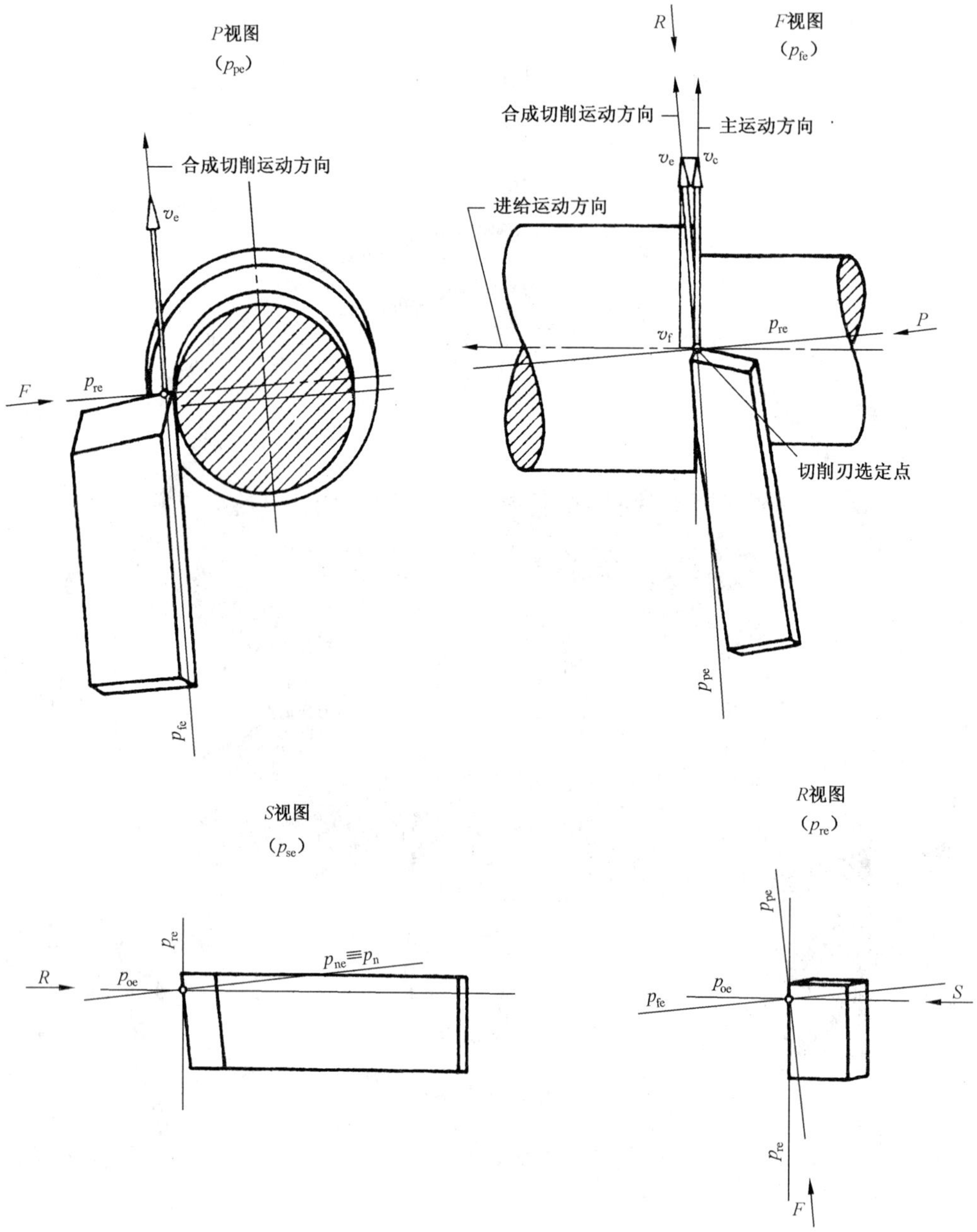

图 20　刀具工作参考系的平面——切向车刀

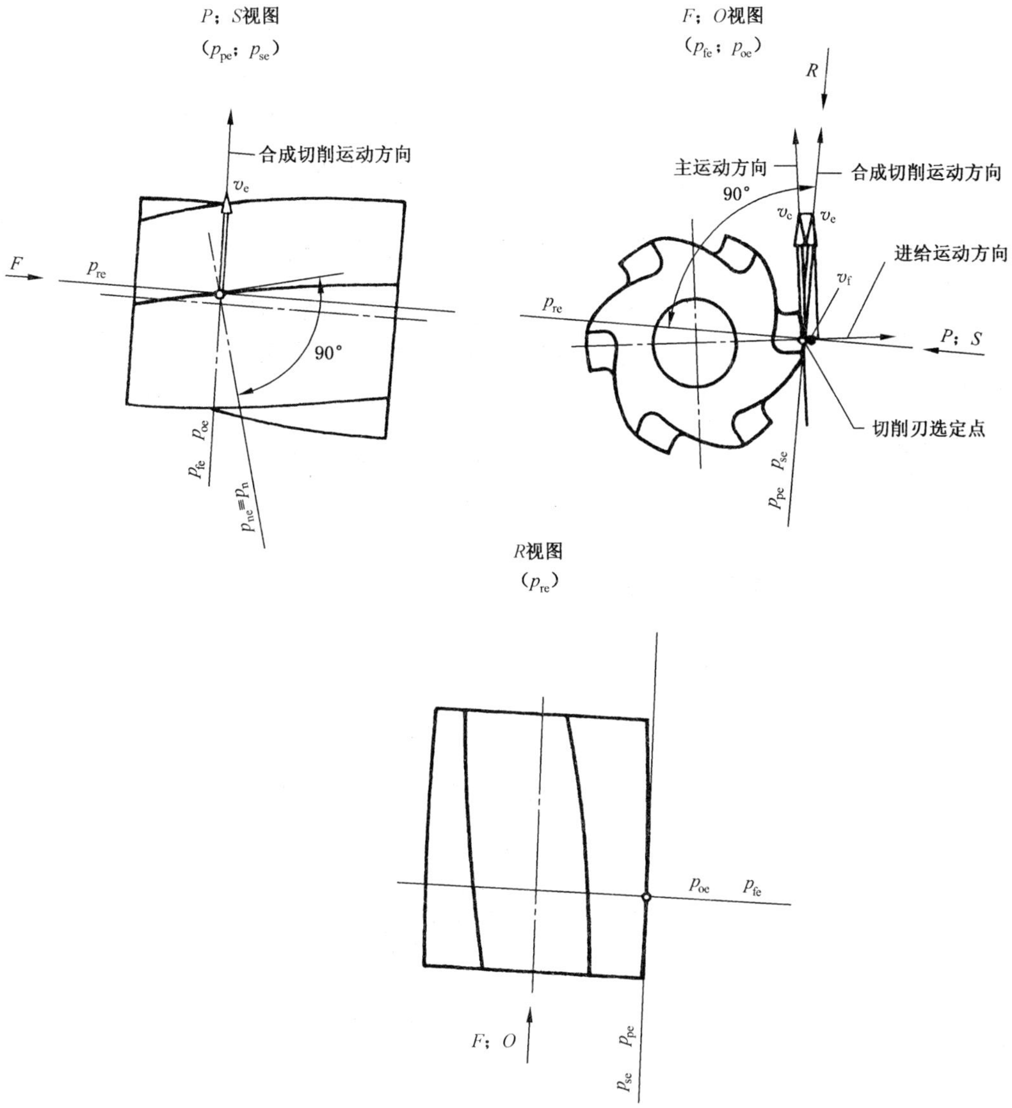

图 21　刀具工作参考系的平面——圆柱形铣刀

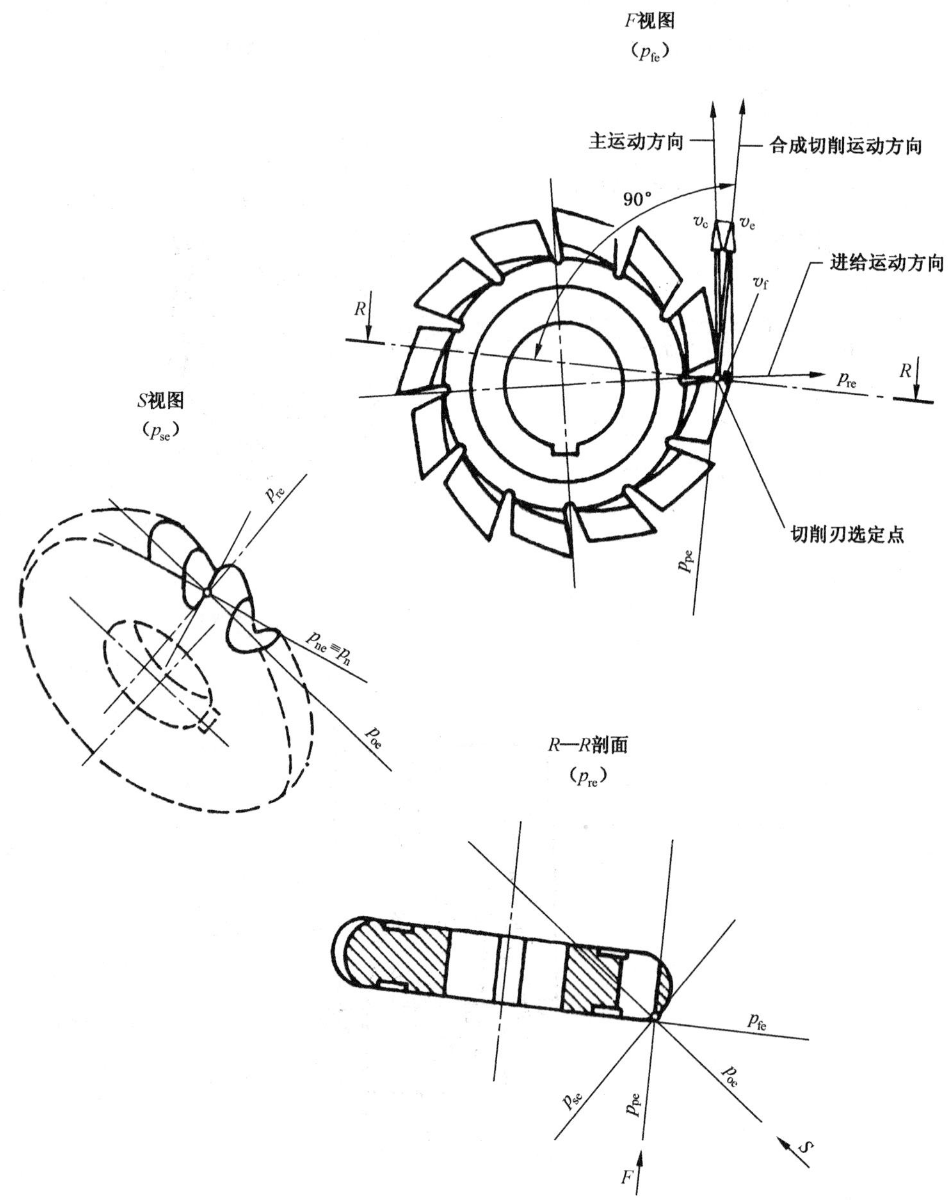

图 22 刀具工作参考系的平面——凸半圆铣刀

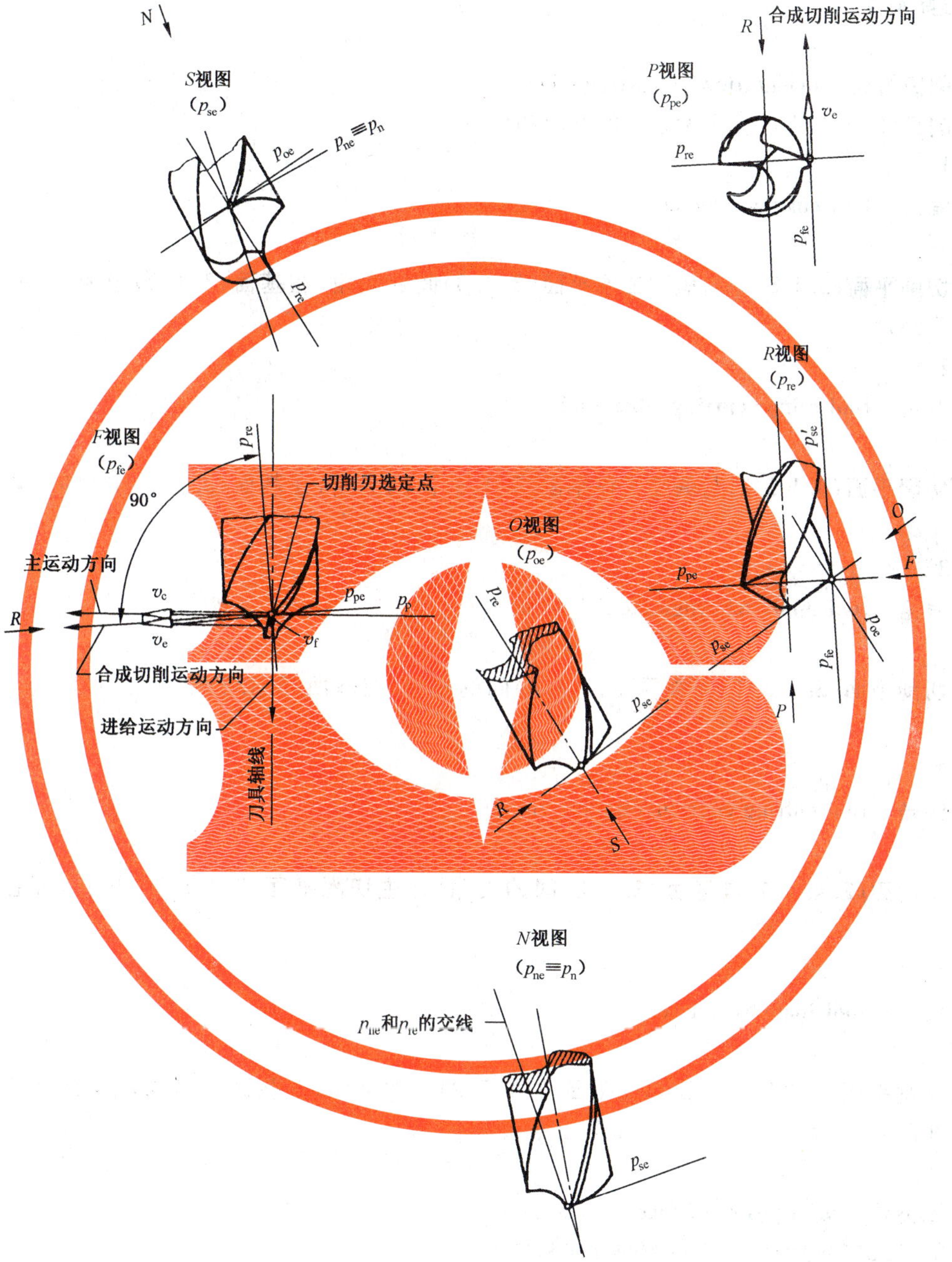

图 23 刀具工作参考系的平面——麻花钻

4 刀具角度和工作角度的术语及其定义

注：确定角度正负的约定是将切削刃上选定点定在刀尖处，并假定刀尖是锐尖，则根据该点所定义的平面和运动的方向来定义刀具切削刃各方位角度的正负。

4.1 刀具角度

4.1.1

切削刃方位 orientation of cutting edge

切削刃(2.4.1)在静止参考系中的方向和位置。

4.1.1.1

主偏角 tool cutting edge angle

κ_r

主切削平面(3.1.5.1)与**假定工作平面**(3.1.3)间的夹角，在**基面**(3.1.2)中测量(见图24，图26，图27，图28)。

4.1.1.2

副偏角 tool minor cutting edge angle

κ_r'

副切削平面(3.1.5.2)与**假定工作平面**(3.1.3)间的夹角，在**基面**(3.1.2)中测量(见图24，图26，图27，图28)。

4.1.1.3

余偏角 tool approach angle; tool lead angle

ψ_r

主切削平面(3.1.5.1)与**背平面**(3.1.4)间的夹角，在**基面**(3.1.2)中测量(见图24，图26，图27，图28)。

4.1.1.4

刃倾角 tool cutting edge inclination angle

λ_s

主切削刃(2.4.1.1)与**基面**(3.1.2)间的夹角，在**主切削平面**(3.1.5.1)中测量(见图24，图27，图28)。

4.1.1.5

刀尖角 tool included angle

ε_r

主切削平面(3.1.5.1)与**副切削平面**(3.1.5.2)间的夹角，在**基面**(3.1.2)中测量(见图24，图26，图27，图28)。

4.1.2

前面方位 orientation of face

前面(2.3.1)在静止参考系中的方向和位置。

4.1.2.1

法前角 tool normal rake

γ_n

前面(2.3.1)与**基面**(3.1.2)间的夹角，在**法平面**(3.1.6)中测量(见图24，图27，图28)。

4.1.2.2

侧前角 tool side rake

γ_f

前面(2.3.1)与**基面**(3.1.2)间的夹角，在**假定工作平面**(3.1.3)中测量(见图24，图27，图28)。

4.1.2.3

背前角 **tool back rake**

γ_p

前面(2.3.1)与基面(3.1.2)间的夹角,在背平面(3.1.4)中测量(见图24,图27,图28)。

4.1.2.4

前角 **tool orthogonal rake**

γ_o

前面(2.3.1)与基面(3.1.2)间的夹角,在正交平面(3.1.7)中测量(见图24,图27,图28)。

4.1.2.5

几何前角 **tool geometrical rake**

γ_g

前面(2.3.1)与基面(3.1.2)间的夹角,在前面正交平面(3.1.8)中测量,是前面(2.3.1)与基面(3.1.2)间的最大前角(见图25)。

4.1.2.6

前面正交平面方位角 **tool face orthogonal plane orientation angle**

δ_r

假定工作平面(3.1.3)与前面正交平面(3.1.8)间的夹角,在基面(3.1.2)中测量(见图25)。

4.1.3

楔角 **wedge angles**

前面(2.3.1)和后面(2.3.2)间的夹角的通称。

4.1.3.1

法楔角 **normal wedge angle**

β_n

前面(2.3.1)与后面(2.3.2)间的夹角,在法平面(3.1.6)中测量(见图24,图27,图28)。

4.1.3.2

侧楔角 **tool side wedge angle**

β_f

前面(2.3.1)与后面(2.3.2)间的夹角,在假定工作平面(3.1.3)中测量(见图24,图27,图28)。

4.1.3.3

背楔角 **tool back wedge angle**

β_p

前面(2.3.1)与后面(2.3.2)间的夹角,在背平面(3.1.4)中测量(见图24,图27,图28)。

4.1.3.4

正交楔角 **tool orthogonal wedge angle**

β_o

前面(2.3.1)与后面(2.3.2)间的夹角,在正交平面(3.1.7)中测量(见图24,图27,图28)。

4.1.4

后面方位 **orientation of flank**

后面(2.3.2)在静止参考系中的方向和位置。

4.1.4.1

法后角 **tool normal clearance**

α_n

后面(2.3.2)与切削平面(3.1.5)间的夹角,在法平面(3.1.6)中测量(见图24,图27,图28)。

4.1.4.2

侧后角　tool side clearance

α_f

后面(2.3.2)与切削平面(3.1.5)间的夹角，在假定工作平面(3.1.3)中测量(见图24,图27,图28)。

4.1.4.3

背后角　tool back clearance

α_p

后面(2.3.2)与切削平面(3.1.5)间的夹角，在背平面(3.1.4)中测量(见图24,图27,图28)。

4.1.4.4

后角　tool orthogonal clearance

α_o

后面(2.3.2)与切削平面(3.1.5)间的夹角，在正交平面(3.1.7)中测量(见图24,图27,图28)。

4.1.4.5

基后角　tool base clearance

α_b

后面(2.3.2)与切削平面(3.1.5)间的夹角，在后面正交平面(3.1.9)中测量(见图25)。

4.1.4.6

后面正交平面方位角　tool flank orthogonal plane orientation angle

θ_r

假定工作平面(3.1.3)和后面正交平面(3.1.9)间的夹角，在基面(3.1.2)中测量(见图25)。

4.2　工作角度

4.2.1

切削刃工作方位　orientation of the cutting edge

切削刃(2.4.1)在工作参考系中的方向和位置。

4.2.1.1

工作主偏角　working cutting edge angle

κ_{re}

工作主切削平面与工作平面(3.2.3)间的夹角，在工作基面(3.2.2)中测量(见图30,图31,图32)。

4.2.1.2

工作副偏角　working minor cutting edge angle

κ'_{re}

工作副切削平面与工作平面(3.2.3)间的夹角，在工作基面(3.2.2)中测量(见图30,图31,图32)。

4.2.1.3

工作余偏角　working approach angle;working lead angle

ψ_{re}

工作主切削平面与工作背平面(3.2.4)间的夹角，在工作基面(3.2.2)中测量(见图30,图31,图32)。

4.2.1.4

工作刃倾角　working cutting edge inclination angle

λ_{se}

工作切削刃(2.4.1.3)与工作基面(3.2.2)间的夹角，在工作主切削平面中测量(见图30,图31,图32)。

4.2.2

前面工作方位 **orientation of face**

前面(2.3.1)在工作参考系中的方向和位置。

4.2.2.1

工作法前角 **working normal rake**

γ_{ne}

前面(2.3.1)与**工作基面**(3.2.2)间的夹角,在**工作法平面**(3.2.6)中测量(见图30,图31,图32)。

4.2.2.2

工作侧前角 **working side rake**

γ_{fe}

前面(2.3.1)与**工作基面**(3.2.2)间的夹角,在**工作平面**(3.2.3)中测量(见图30,图31,图32)。

4.2.2.3

工作背前角 **working back rake**

γ_{pe}

前面(2.3.1)与**工作基面**(3.2.2)间的夹角,在**工作背平面**(3.2.4)中测量(见图24,图27,图28)。

4.2.2.4

工作前角 **working orthogonal rake**

γ_{oe}

前面(2.3.1)与**工作基面**(3.2.2)间的夹角,在**工作正交平面**(3.2.7)中测量(见图30,图31,图32)。

4.2.3

工作楔角 **wedge angles**

前面(2.3.1)与**后面**(2.3.2)间的工作夹角的通称。

4.2.3.1

工作法楔角 **normal wedge angle**

β_{ne}

前面(2.3.1)与**后面**(2.3.2)间的夹角,在**工作法平面**(3.2.6)中测量(见图30,图31,图32)。

注:工作角度中的工作法楔角与刀具角度中的**法楔角**(4.1.3.1)相同。

4.2.3.2

工作侧楔角 **working side wedge angle**

β_{fe}

前面(2.3.1)与**后面**(2.3.2)间的夹角,在**工作平面**(3.2.3)中测量(见图30,图31,图32)。

4.2.3.3

工作背楔角 **working back wedge angle**

β_{pe}

前面(2.3.1)与**后面**(2.3.2)间的夹角,在**工作背平面**(3.2.4)中测量(见图30,图31,图32)。

4.2.3.4

工作正交楔角 **working orthogonal wedge angle**

β_{oe}

前面(2.3.1)与**后面**(2.3.2)间的夹角,在**工作正交平面**(3.2.7)中测量(见图30,图31,图32)。

4.2.4

后面工作方位 **orientation of flank**

后面(2.3.2)在工作参考系中的方向和位置。

4.2.4.1

工作法后角　working normal clearance

α_{ne}

后面(2.3.2)与工作主切削平面间的夹角,在**工作法平面**(3.2.6)中测量(见图 30,图 31,图 32)。

4.2.4.2

工作侧后角　working side clearance

α_{fe}

后面(2.3.2)与工作主切削平面间的夹角,在**工作平面**(3.2.3)中测量(见图 30,图 31,图 32)。

4.2.4.3

工作背后角　working back clearance

α_{pe}

后面(2.3.2)与工作主切削平面间的夹角,在**工作背平面**(3.2.4)中测量(见图 30,图 31,图 32)。

4.2.4.4

工作后角　working orthogonal clearance

α_{oe}

后面(2.3.2)与工作主切削平面间的夹角,在**工作正交平面**(3.2.7)中测量(见图 30,图 31,图 32)。

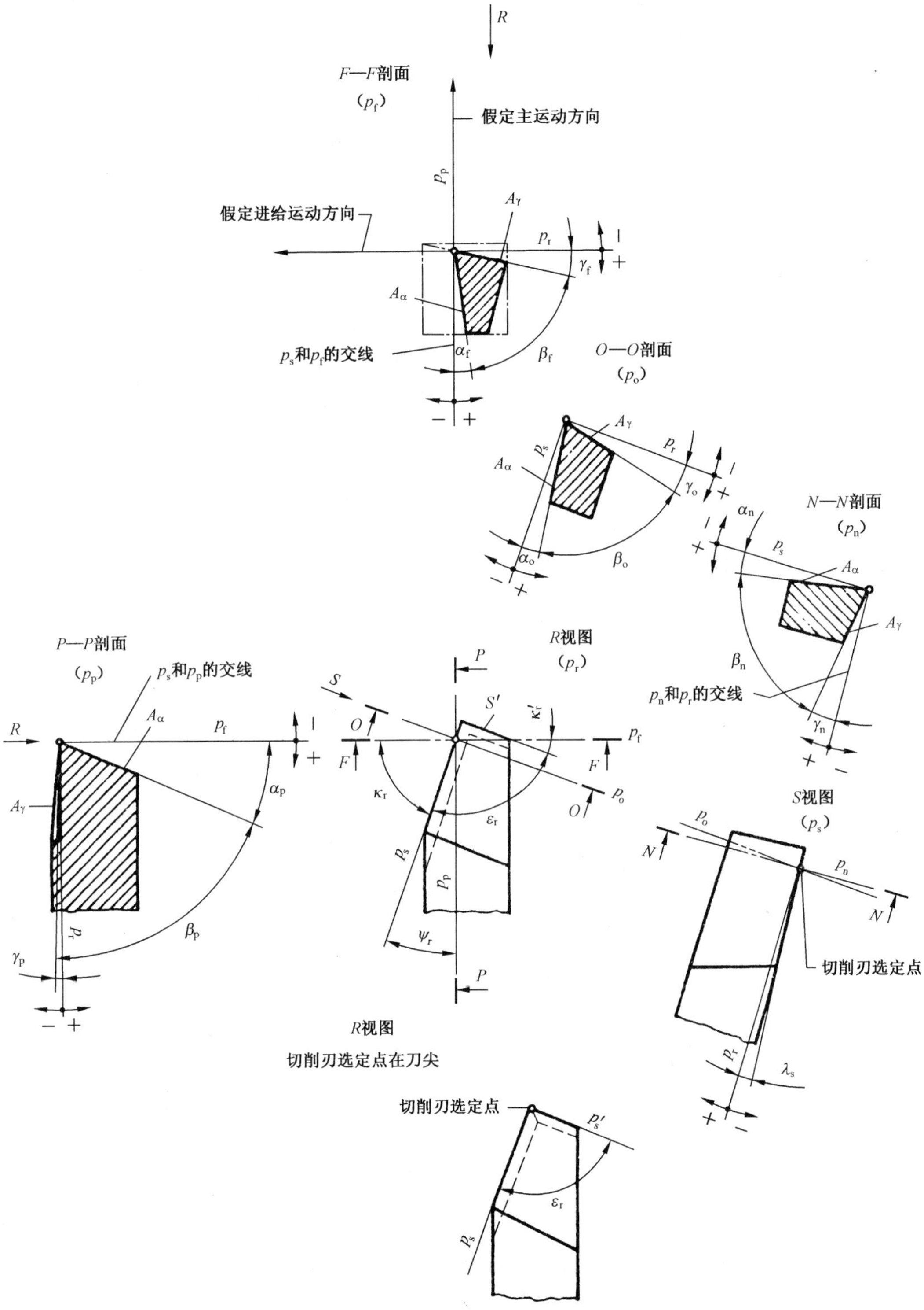
R
F—F剖面
(p_f)
假定主运动方向
p_p
假定进给运动方向
A_γ
p_r
γ_f
A_α
p_s和p_f的交线
α_f
β_f
O—O剖面
(p_o)
p_s
γ_o
α_o
β_o
N—N剖面
(p_n)
α_n
β_n
p_n和p_r的交线
γ_n
P—P剖面
(p_p)
p_s和p_p的交线
p_f
α_p
β_p
γ_p
R视图
(p_r)
S'
κ_r'
κ_r
ε_r
p_o
ψ_r
S视图
(p_s)
p_n
切削刃选定点
λ_s
R视图
切削刃选定点在刀尖
切削刃选定点
p_s'

图 24　刀具角度——车刀

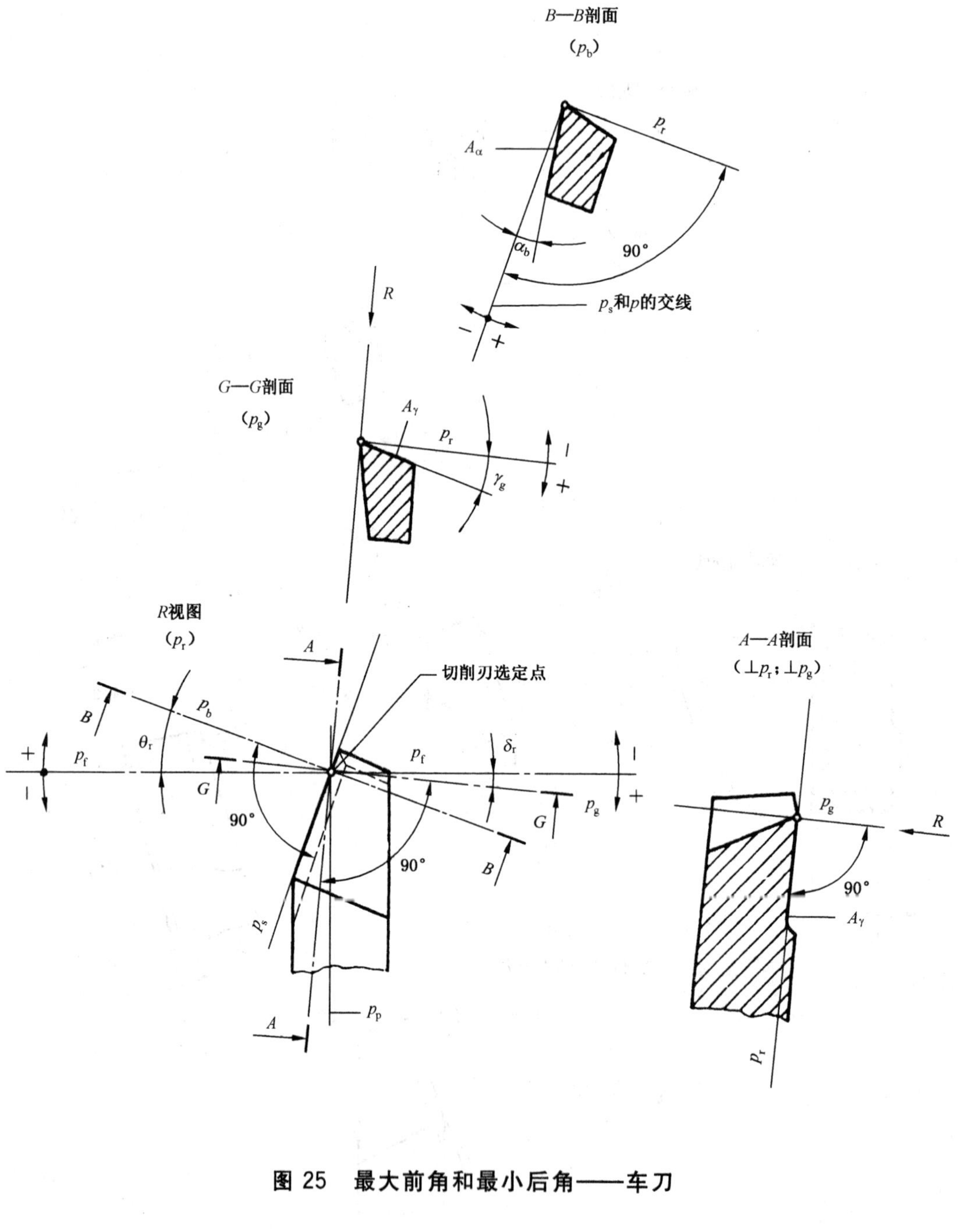

图 25　最大前角和最小后角——车刀

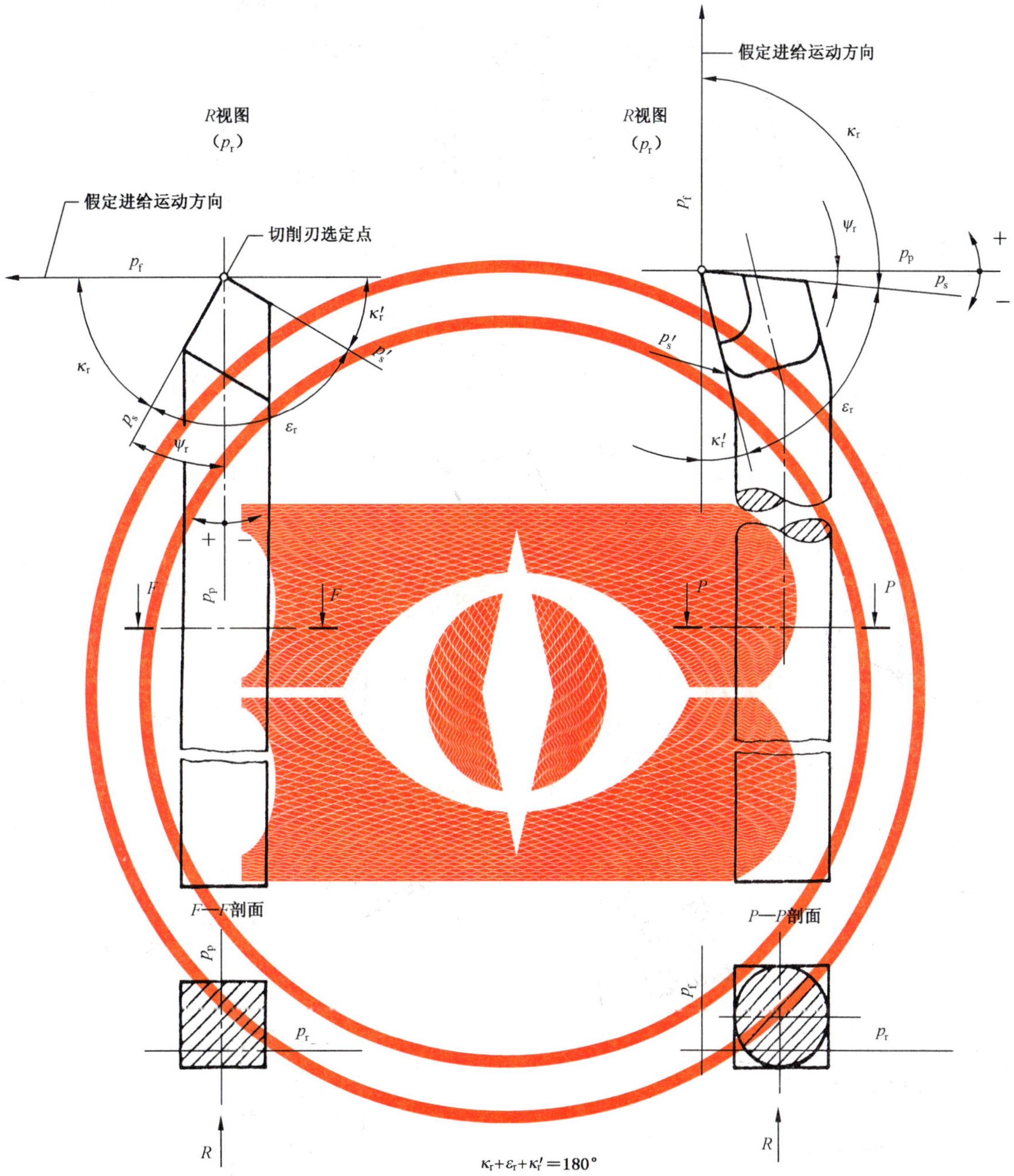

图 26　主偏角 κ_r 和余偏角 ψ_r

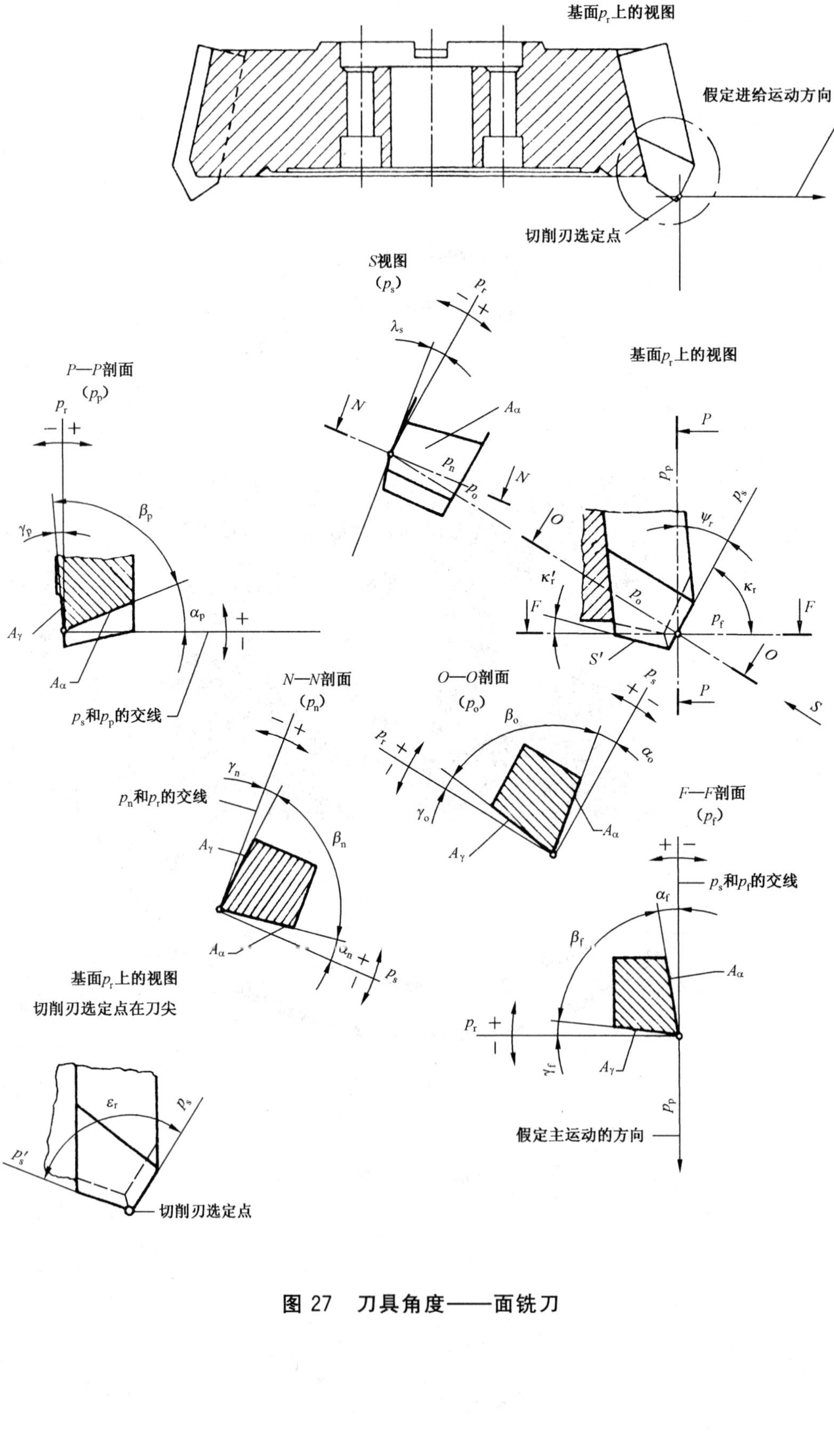

基面p_r上的视图
假定进给运动方向
切削刃选定点
S视图
(p_s)
p_r
λ_s
A_α
p_n
p_o
N
基面p_r上的视图
P—P剖面
(p_p)
β_p
γ_p
α_p
A_γ
p_s和p_p的交线
P
p_p
p_s
ψ_r
O
κ_r'
κ_r
F
p_f
S'
S
N—N剖面
(p_n)
O—O剖面
(p_o)
β_o
α_o
γ_o
γ_n
p_n和p_r的交线
β_n
α_n
F—F剖面
(p_f)
p_s和p_f的交线
α_f
β_f
γ_f
基面p_r上的视图
切削刃选定点在刀尖
ε_r
p_s'
切削刃选定点
假定主运动的方向

图 27 刀具角度——面铣刀

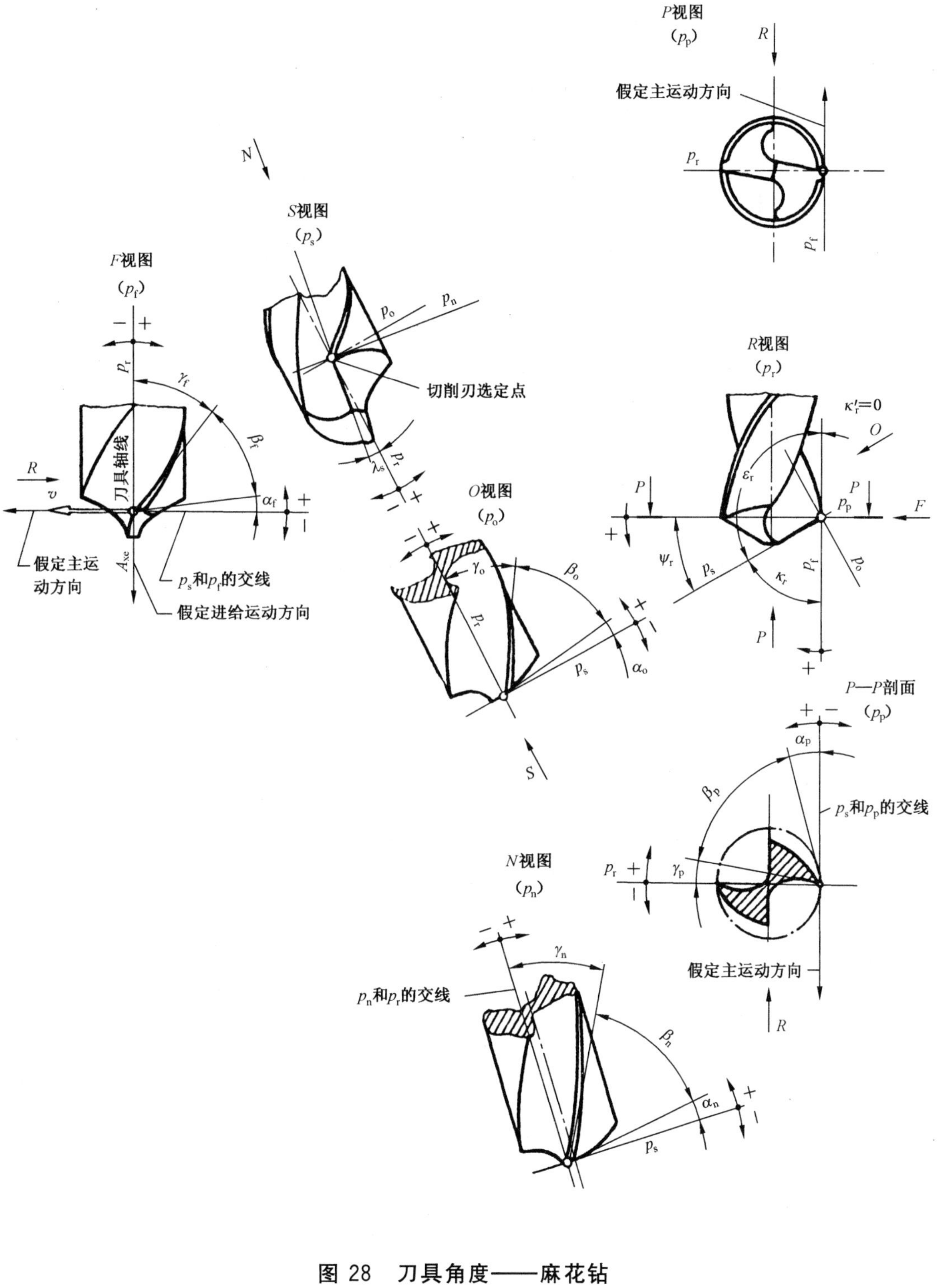
P视图
(p_p)
假定主运动方向
S视图
(p_s)
F视图
(p_f)
切削刃选定点
刀具轴线
假定主运动方向
p_s和p_f的交线
假定进给运动方向
O视图
(p_o)
R视图
(p_r)
$\kappa_r'=0$
P—P剖面
(p_p)
p_s和p_p的交线
N视图
(p_n)
p_n和p_r的交线
假定主运动方向

图 28 刀具角度——麻花钻

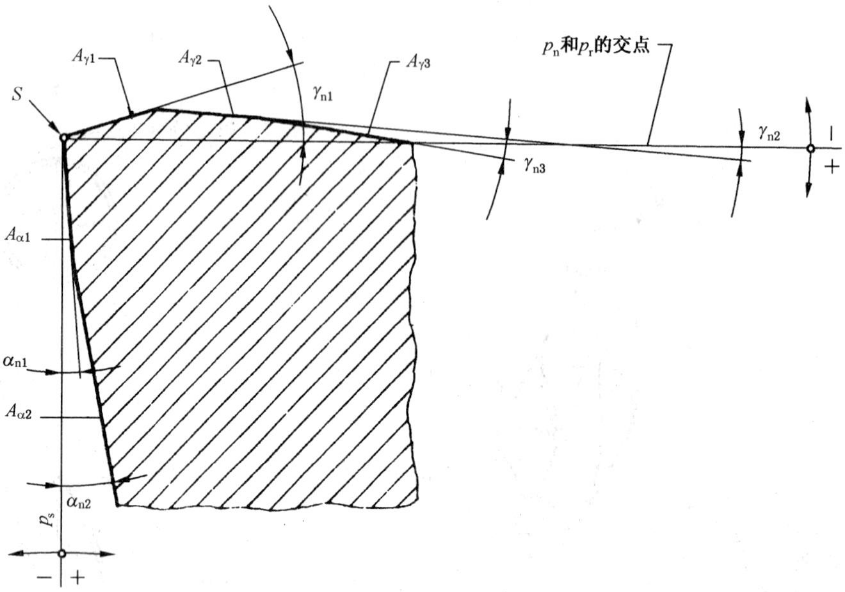

图 29　刀楔上的法前角和法后角

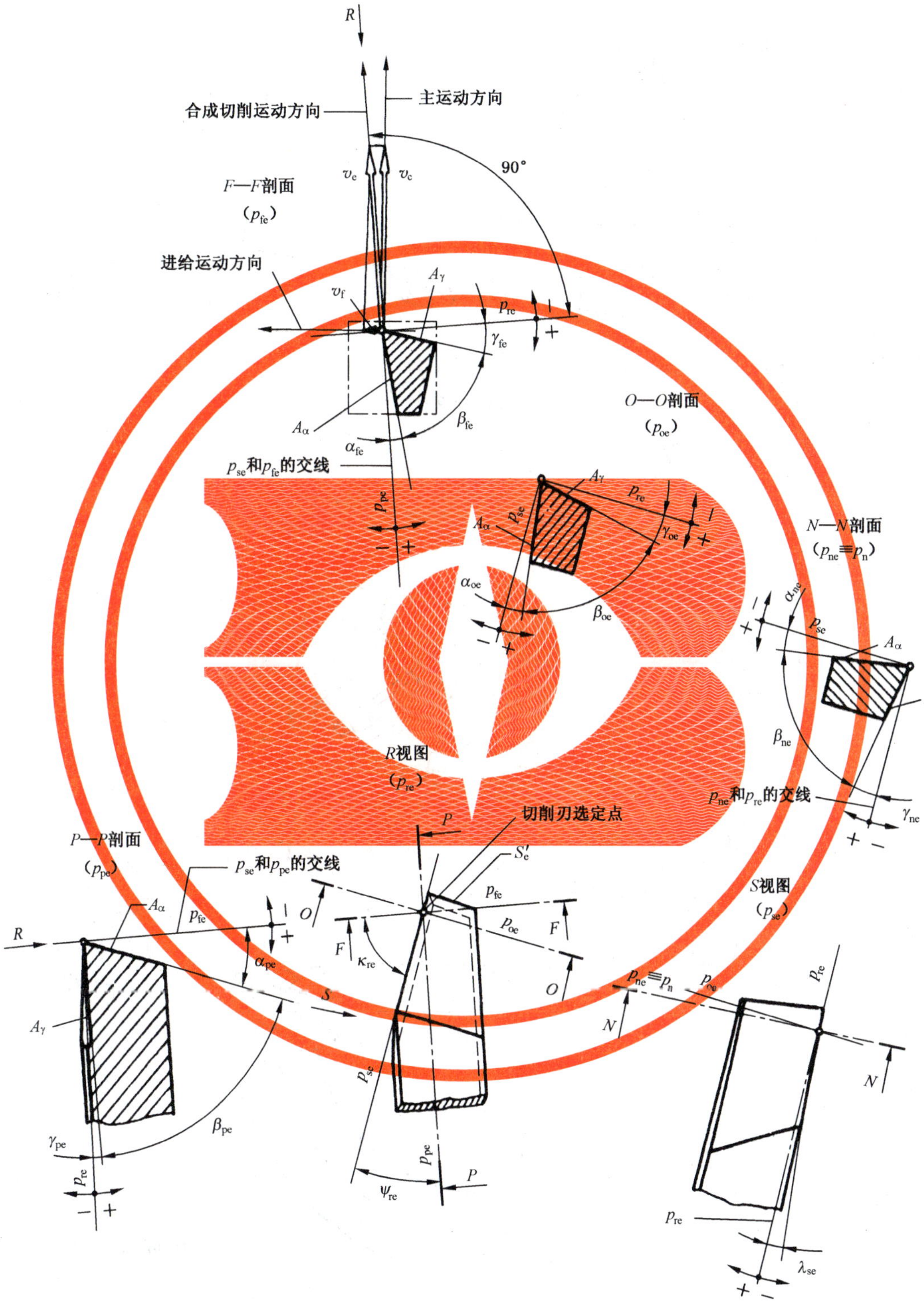
R
合成切削运动方向
主运动方向
90°
F—F剖面
(p_{fe})
进给运动方向
O—O剖面
(p_{oe})
p_{se}和p_{fe}的交线
N—N剖面
(p_{ne}≡p_n)
p_{ne}和p_{re}的交线
R视图
(p_{re})
切削刃选定点
P—P剖面
(p_{pe})
p_{se}和p_{pe}的交线
S视图
(p_{se})

图 30 工作角度——车刀

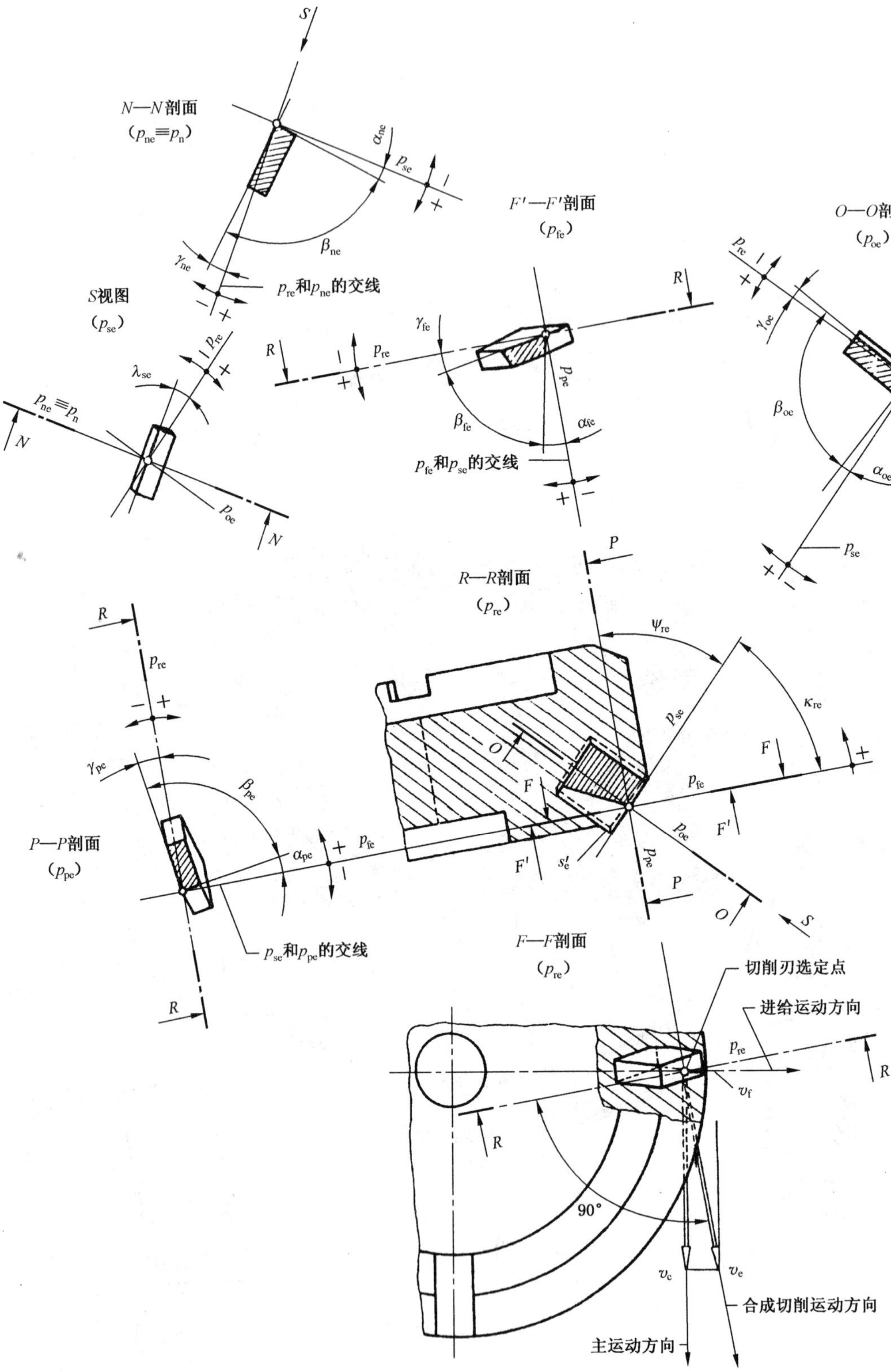
N—N剖面
(p_{ne}≡p_n)
S视图
(p_{se})
F′—F′剖面
(p_{fe})
O—O剖面
(p_{oe})
p_{re}和p_{ne}的交线
p_{fe}和p_{se}的交线
R—R剖面
(p_{re})
P—P剖面
(p_{pe})
p_{se}和p_{pe}的交线
F—F剖面
(p_{re})
切削刃选定点
进给运动方向
合成切削运动方向
主运动方向
90°

图 31 工作角度——面铣刀

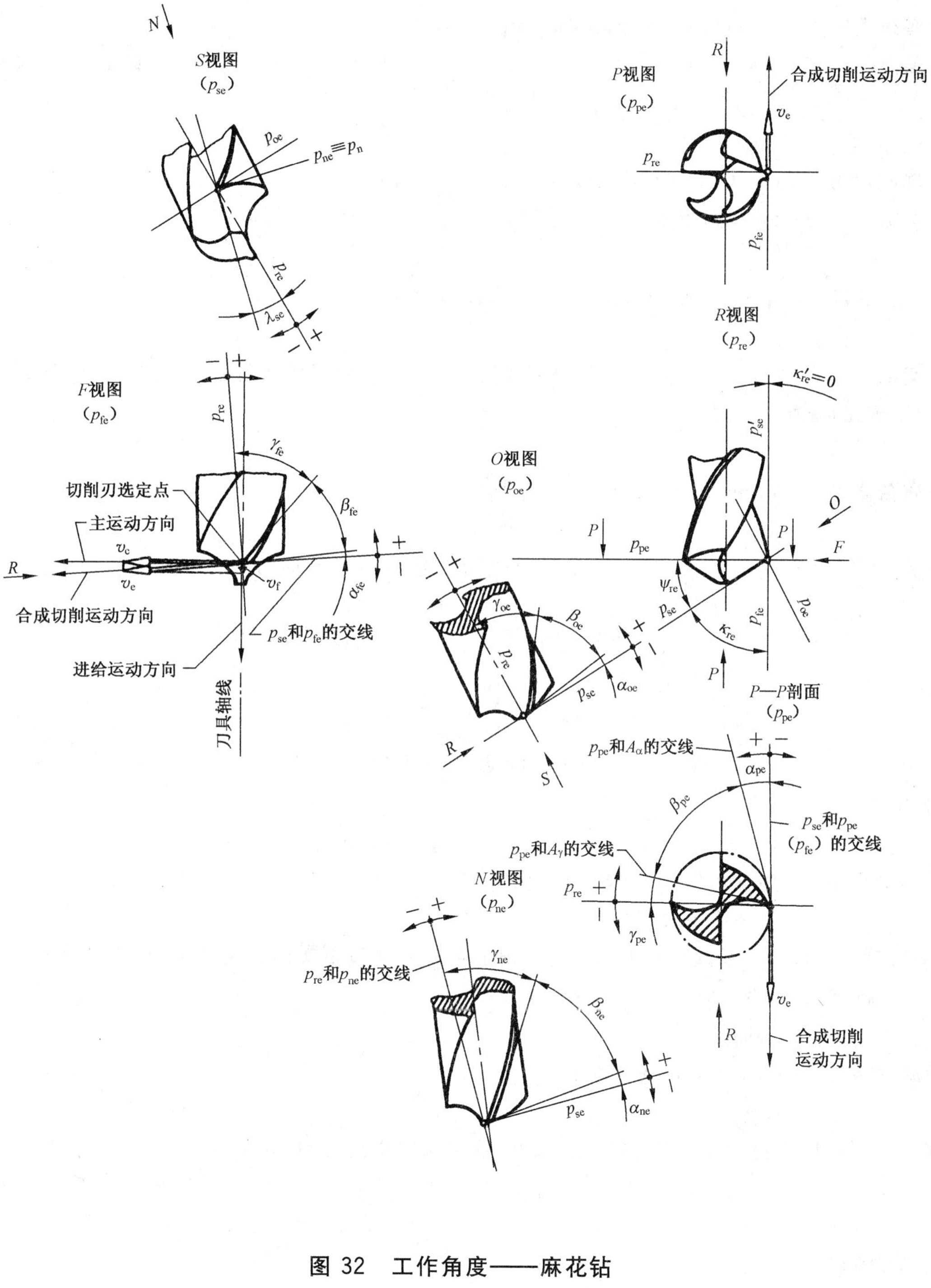

S视图
(p_{se})
P视图
(p_{pe})
合成切削运动方向
R视图
(p_{re})
F视图
(p_{fe})
切削刃选定点
主运动方向
合成切削运动方向
进给运动方向
p_{se}和p_{fe}的交线
刀具轴线
O视图
(p_{oe})
$\kappa'_{re}=0$
P—P剖面
(p_{pe})
p_{pe}和A_α的交线
p_{se}和p_{pe}
(p_{fe})的交线
p_{pe}和A_γ的交线
N视图
(p_{ne})
p_{re}和p_{ne}的交线
合成切削
运动方向

图 32 工作角度——麻花钻

5 断屑前面的术语及其定义

5.1

断屑前面定义点 defined point on the chip breaker

法平面(3.1.6)(通过主切削刃选定点)与断屑台顶棱或断屑槽后棱的相交点(见图 33,图 34,图 35)。

5.2

断屑作用面 active face of the chip breaker

断屑前面(2.3.1.4)上拟用来碰挡切屑的表面(见图 33,图 34,图 35)。

5.3

断屑台距离 chip breaker distance

l_{Bn}

主切削刃(2.4.1.1)上的选定点至**断屑前面定义点**(5.1)的距离在**前面**(2.3.1)上的投影,在**法平面**(3.1.6)中测量(见图 33,图 34,图 35)。

5.4

断屑台高度 chip breaker height

h_B

前面(2.3.1)至**断屑前面定义点**(5.1)的距离,在垂直于**前面**(2.3.1)的方向上测量(见图 33,图 34)。

5.5

断屑斜角 chip breaker angle

$\rho_{B\gamma}$

主切削刃(2.4.1.1)与断屑台顶棱或断屑槽后棱在**前面**(2.3.1)上的投影所夹的那个锐角,在**前面**(2.3.1)中测量(见图 33,图 34,图 35)。

5.6

断屑台楔角 chip breaker wedge angle

σ_B

刀具**前面**(2.3.1)与**断屑作用面**(5.2)所夹的锐角,在通过**断屑前面定义点**(5.1)并垂直于断屑台顶棱的平面中测量(见图 33,图 34)。

5.7

断屑台半径 chip breaker radius

r_B

圆弧断屑作用面的公称圆弧半径,在通过**断屑前面定义点**(5.1)并垂直于断屑台顶棱的平面中测量(见图 34)。

5.8

断屑槽半径 chip breaker groove radius

r_{Bn}

断屑槽的公称半径,在**法平面**(3.1.6)中测量(见图 35)。

5.9

断屑槽深度 chip breaker groove depth

c_{Bn}

断屑槽的槽底至**前面**(2.3.1)的最大深度,在**法平面**(3.1.6)中测量(见图 35)。

5.10

断屑前面棱带宽度　chip breaker land width

d_{Bn}

主切削刃(2.4.1.1)上选定点至断屑槽与**前面**(2.3.1)交线间的最近距离,在**法平面**(3.1.6)中测量(见图 35)。

5.11

断屑前面端距　chip breaker distance from corner of tool

$d_{B\gamma}$

一个相切于断屑槽端点的平面与另一个相切于**刀尖**(2.4.2)的平面间的距离,该两平面都垂直于**基面**(3.1.2)和**切削平面**(3.1.5),在**前面**(2.3.1)中和平行于**切削平面**(3.1.5)的方向上测量(见图 33,图 35)。

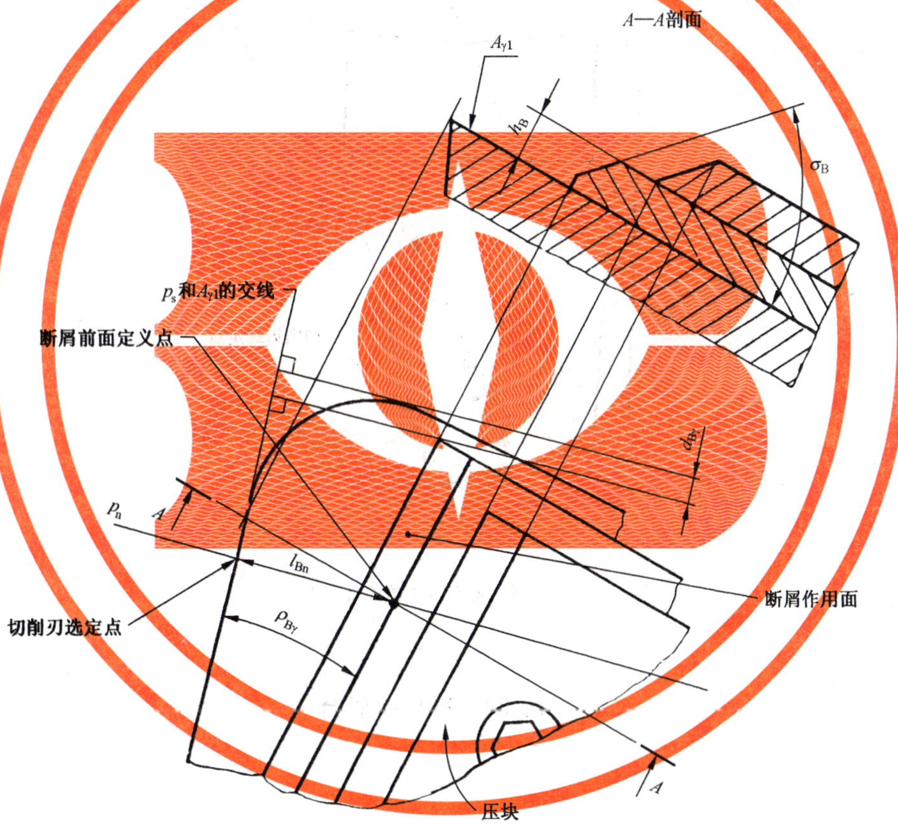

第一前面$A_{\gamma1}$上的视图

图 33　附加断屑台

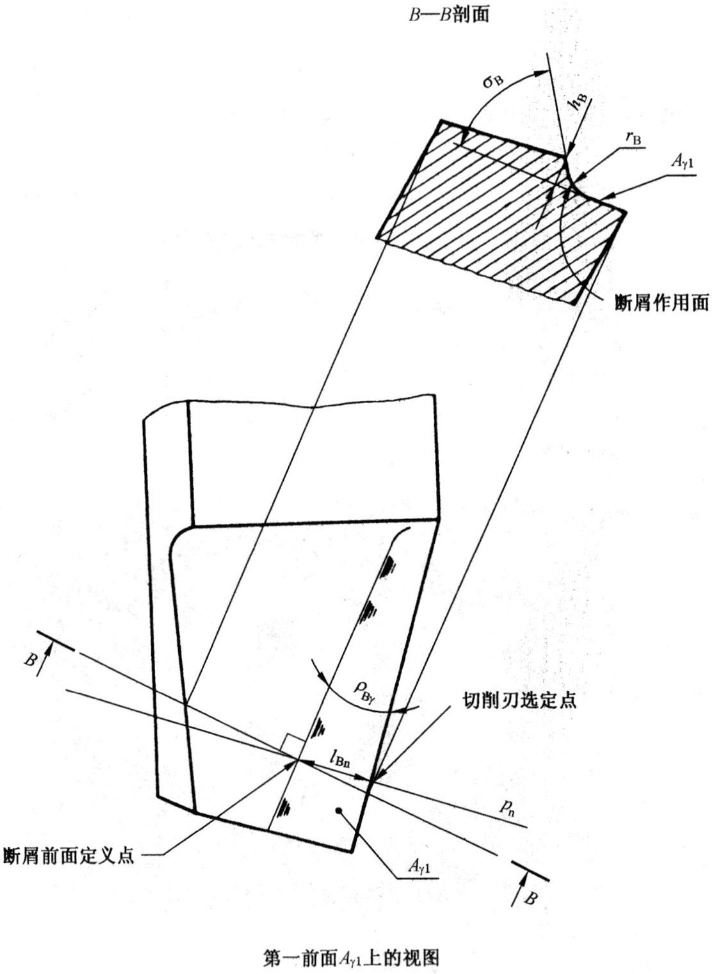
B—B剖面
σ_B
h_B
r_B
$A_{\gamma1}$
断屑作用面
B
$\rho_{B\gamma}$
切削刃选定点
l_{Bn}
p_n
断屑前面定义点
$A_{\gamma1}$
B
第一前面$A_{\gamma1}$上的视图

图 34 整体断屑台

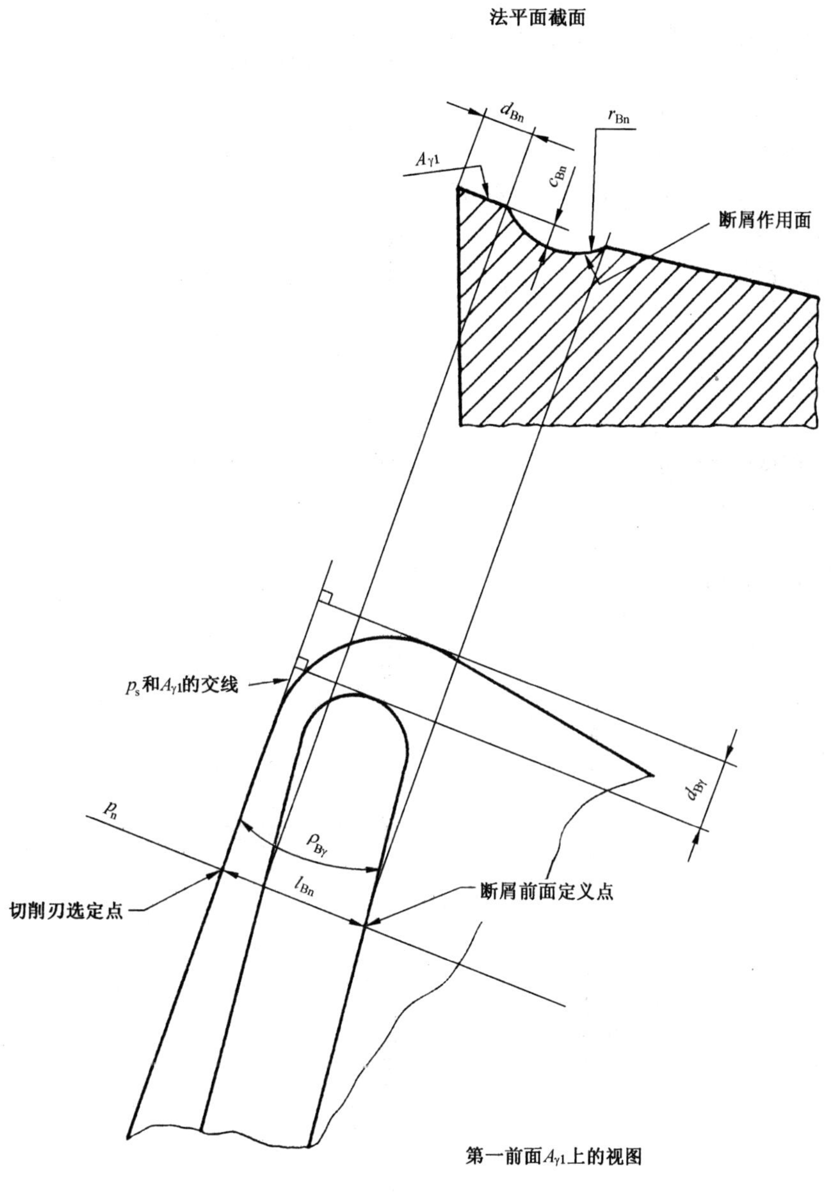
法平面截面
d_{Bn}
r_{Bn}
$A_{\gamma 1}$
c_{Bn}
断屑作用面
p_s和$A_{\gamma 1}$的交线
$d_{B\gamma}$
p_n
$\rho_{B\gamma}$
l_{Bn}
切削刃选定点
断屑前面定义点
第一前面$A_{\gamma 1}$上的视图

图 35　断屑槽

6 螺旋旋向和切削方向的术语及其定义

6.1

螺旋旋向　direction of the helix

带槽刀具在旋转切削时，螺旋的旋转方向(见图36，图37，图38，图41)。

注：错齿刀具除外。

6.1.1

右螺旋刀齿　right-hand helix

沿轴向察看时，螺旋刀齿顺时针方向旋离观察者(见图37，图41)。

注：刀具刃倾角(λ_s)为正时，为右螺旋刀齿。(见图37)

6.1.2

左螺旋刀齿　left-hand helix

沿轴向察看时，螺旋刀齿逆时针方向旋离观察者(见图36，图38，图41)。

注：刀具刃倾角(λ_s)为负时，为左螺旋刀齿。(见图38)

6.2

切削方向　cutting direction

刀具切削时的旋转方向(见图36，图39，图40，图41)。

6.2.1

右切刀具　right-hand tool

从驱动端观察，刀具顺时针方向切削(见图36，图39，图41)。

6.2.2

左切刀具　left-hand tool

从驱动端观察，刀具逆时针方向切削(见图40，图41)。

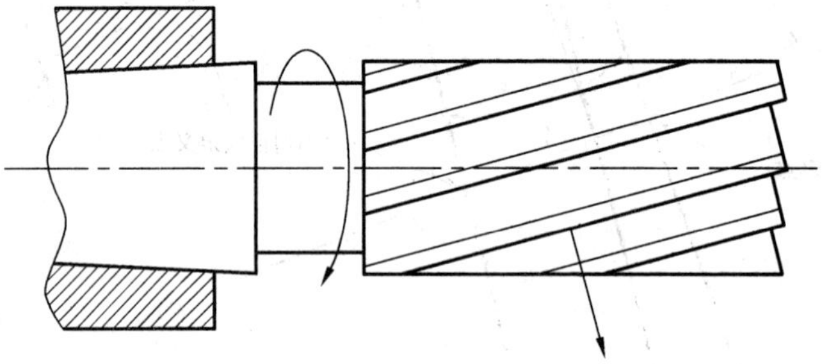

注：垂直于沟槽的箭头表示切削方向。

图36　装在机床上的左旋右切刀具

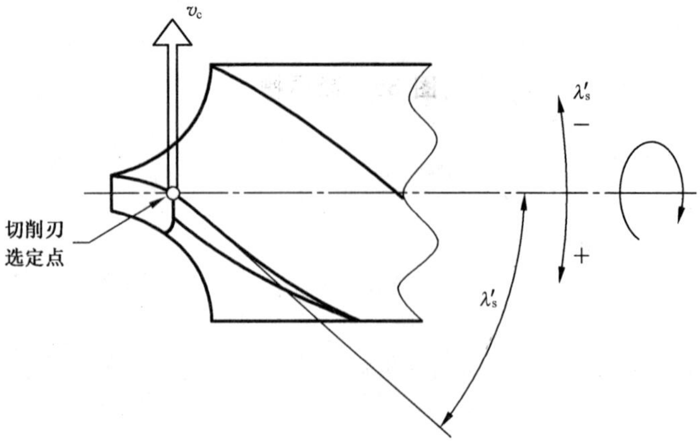

图37　右螺旋角麻花钻($\lambda'_s>0$)

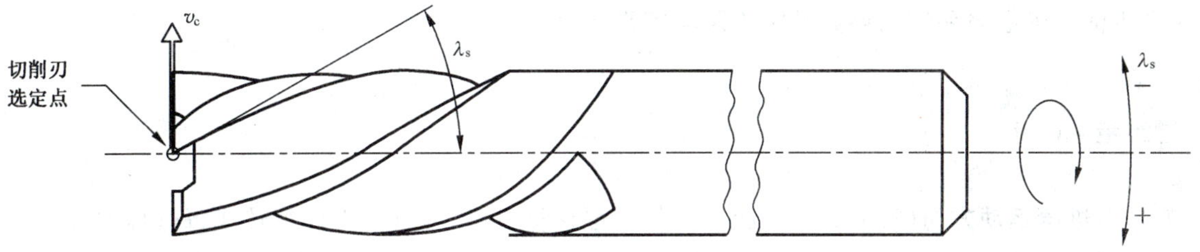

图 38　左螺旋角立铣刀($\lambda_s>0$)

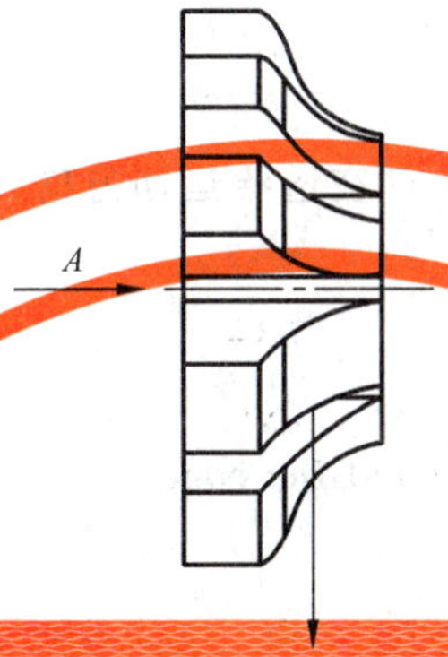

图 39　沿 A 向观察时右切的刀具

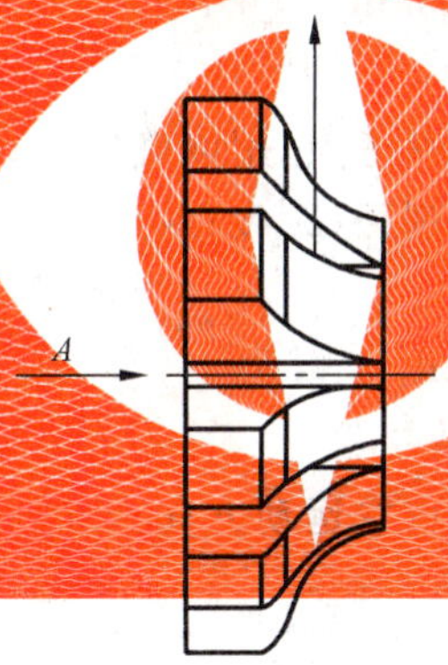

图 40　沿 A 向观察时左切的刀具

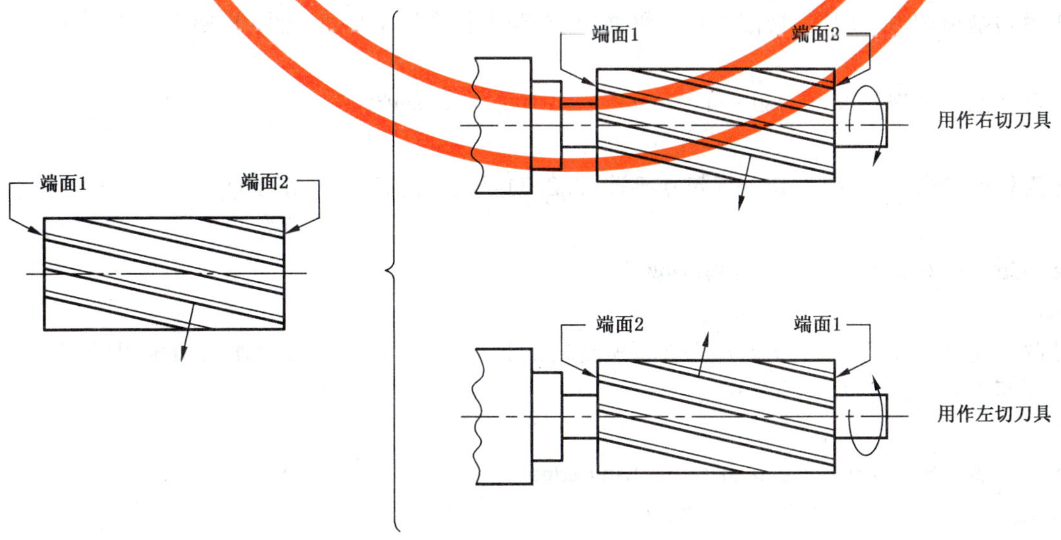

图 41　无切削方向的圆柱形螺旋角刀具

7 切削中的几何参量和运动参量的术语及其定义

7.1

进给量 feed

f

刀具在**进给运动方向**(2.6.2.1)上相对工件的位移量,可用刀具或工件每转或每行程的位移量来表述和度量(见图 42,图 50)。

7.1.1

每齿进给量 feed per tooth

f_z

多齿刀具每转或每行程中每齿相对工件在**进给运动方向**(2.6.2.1)上的位移量(见图 43,图 44)。

7.2 切削刃及相关量

7.2.1 作用切削刃

7.2.1.1

作用切削刃长度 length of the active cutting edge

l_{Sa}

作用切削刃(2.4.1.4)的实际长度。

7.2.2

切削刃基点 cutting edge principal point

D

作用主切削刃(2.4.1.4.1)上的特定参考点,用以确定如**作用切削刃截形**(7.2.4.1)和切削层尺寸等基本几何参数,通常把它定在将**作用切削刃**(2.4.1.4)分成两相等长度的点上(见图 50)。

7.2.3

切削层尺寸平面 cut dimension plane

p_D

通过**切削刃基点**(7.2.2)并垂直于该点**主运动方向**(2.6.1.1)的平面(见图 42 至图 44)。

7.2.4 切削刃截形

7.2.4.1

作用切削刃截形 active cutting edge profile

作用切削刃(2.4.1.4)在**切削层尺寸平面**(7.2.3)上投影所形成的曲线(见图 50)。

7.2.4.2

作用切削刃截形长度 length of the active cutting edge profile

l_{SaD}

作用切削刃(2.4.1.4)在**切削层尺寸平面**(7.2.3)上投影的长度(见图 50)。

7.3

吃刀量 engagement of a cutting edge

a_S;a

是两平面间的距离,该两平面都垂直于所选定的测量方向,并分别通过**作用切削刃**(2.4.1.4)上两个使上述两平面间的距离为最大的点。

7.3.1

背吃刀量 back engagement of the cutting edge

a_{Sp};a_p

在通过**切削刃基点**(7.2.2)并垂直于**工作平面**(3.2.3)的方向上测量的**吃刀量**(7.3)(图 42 至图 50)。

注：在一些场合，可使用“切削深度”(depth of cut 符号 a_p)来表示“背吃刀量”。

7.3.2

侧吃刀量　working engagement of the cutting edge

a_{Se}；a_e

在平行于**工作平面**(3.2.3)并垂直于**切削刃基点**(7.2.2)的**进给运动方向**(2.6.2.1)上测量的**吃刀量**(7.3)(图 44 至图 47，图 49)。

7.3.3

进给吃刀量　feed engagement of the cutting edge

a_{Sf}；a_f

在**切削刃基点**(7.2.2)的**进给运动方向**(2.6.2.1)上测量的**吃刀量**(7.3)(图 42，图 44 至图 50)。

7.4　切削层及尺寸

7.4.1

切削层　the cut

由**切削部分**(2.2.5)的一个单一动作(或指**切削部分**(2.2.5)切过工件的一个单程，或指只产生一圈**过渡表面**(2.1.3)的动作)所切除的工件材料层。

7.4.2

切削层公称横截面积　nominal cross-sectional area of the cut

切削面积

A_D

在给定瞬间，**切削层**(7.4.1)在**切削层尺寸平面**(7.2.3)里的实际横截面积(图 42，图 50)。

7.4.2.1

总切削层横截面积　total cross-sectional area of the cut

总切削面积

A_{Dtot}

若用多齿刀具切削时，在给定瞬间，所有同时参予切削的各**切削部分**(2.2.5)的切削层横截面积之总和。

7.4.2.2

切削层公称宽度　nominal width of cut

切削宽度

b_D

在给定瞬间，**作用主切削刃**(2.4.1.4.1)截形上两个极限点间的距离，在**切削层尺寸平面**(7.2.3)中测量(图 42，图 43a，图 50)。

7.4.2.3

切削层公称厚度　nominal thickness of cut

切削厚度

h_D

在同一瞬间的**切削层公称横截面积**(7.4.2)与其**切削层公称宽度**(7.4.2.2)之比。

7.4.2.4

切削层局部厚度　local thickness of cut

h_i

在给定瞬间和选定点，沿**法平面**(3.1.6)与**工作基面**(3.2.2)的交线所测量的切削层厚度。

7.5　通切层及尺寸

7.5.1

通切层　pass

刀具在一次进给行程中所切除的工件材料层。

7.5.2

通切层横截面积　cross-sectional area of the pass

A_T

通切层(7.5.1)的实际横截面在垂直于**进给运动方向**(2.6.2.1)的平面上的投影。

7.6

材料切除率　material removal rate

Q;Q_Z

在特定的瞬间,单位时间里所切除材料的体积。

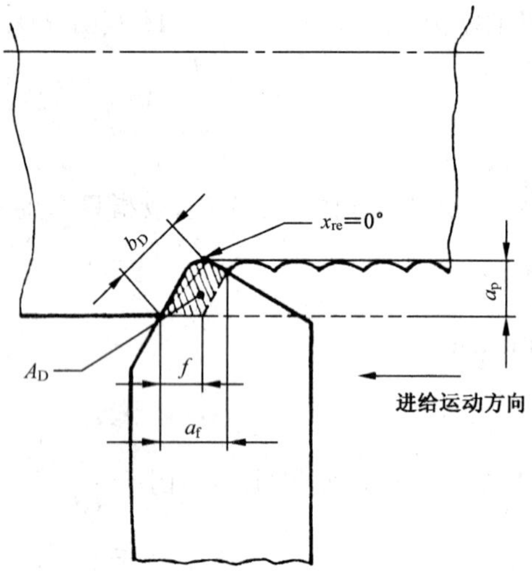

a) 切削层尺寸平面 p_D 上的视图

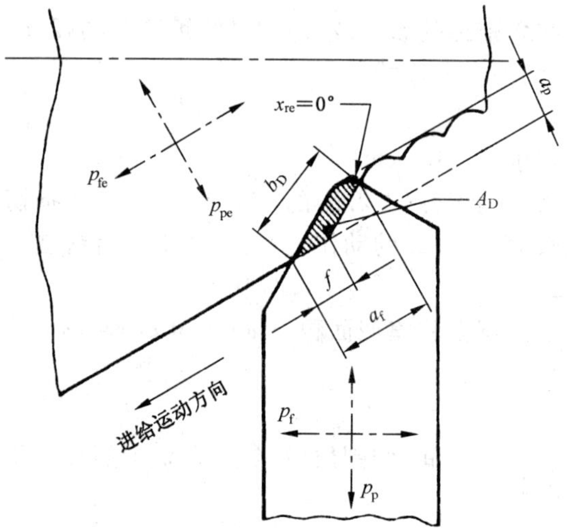

b) 切削层尺寸平面 p_D 上的视图

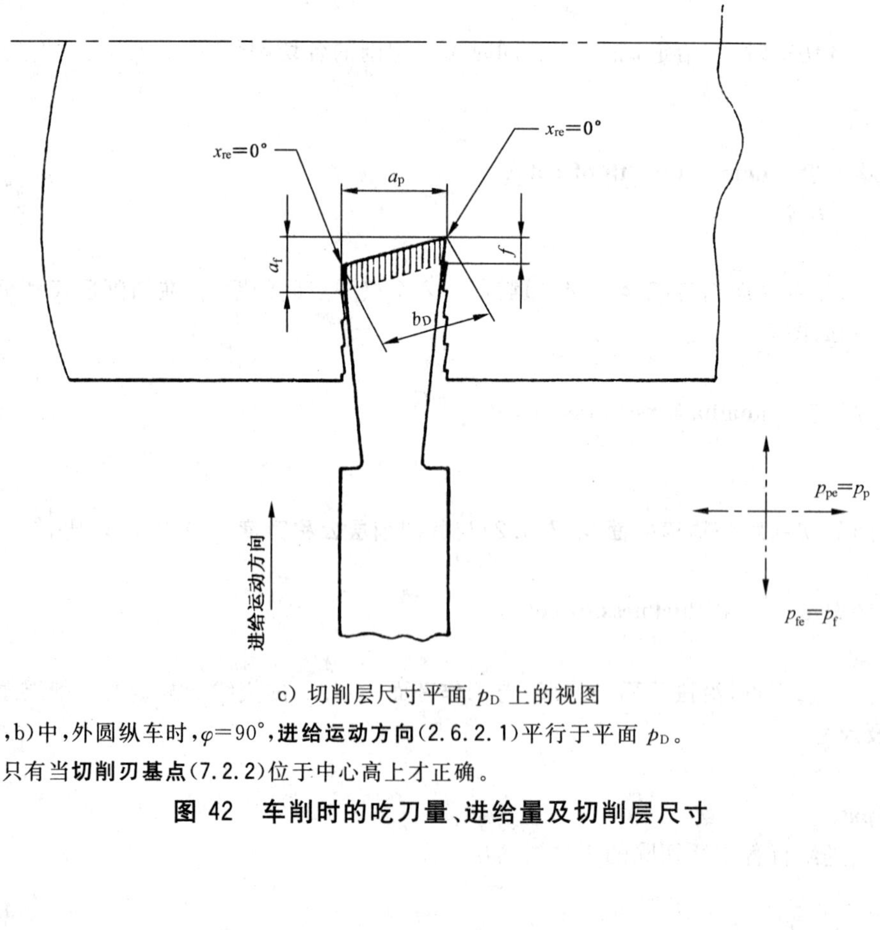

c) 切削层尺寸平面 p_D 上的视图

注 1：图 a),b)中,外圆纵车时,$\varphi=90°$,**进给运动方向**(2.6.2.1)平行于平面 p_D。

注 2：图 c)只有当**切削刃基点**(7.2.2)位于中心高上才正确。

图 42　车削时的吃刀量、进给量及切削层尺寸

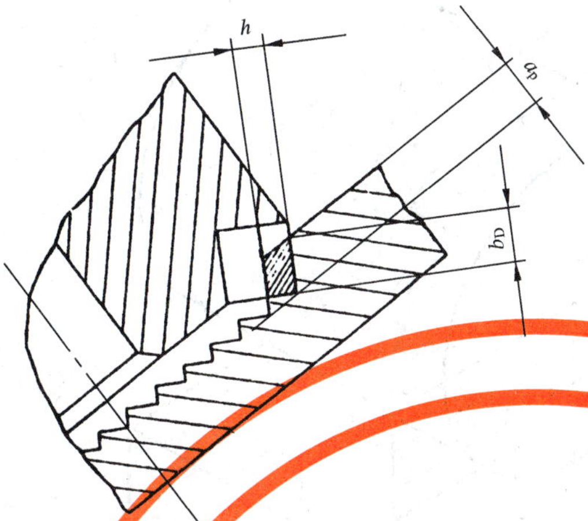

a）切削层平面p_D上的视图

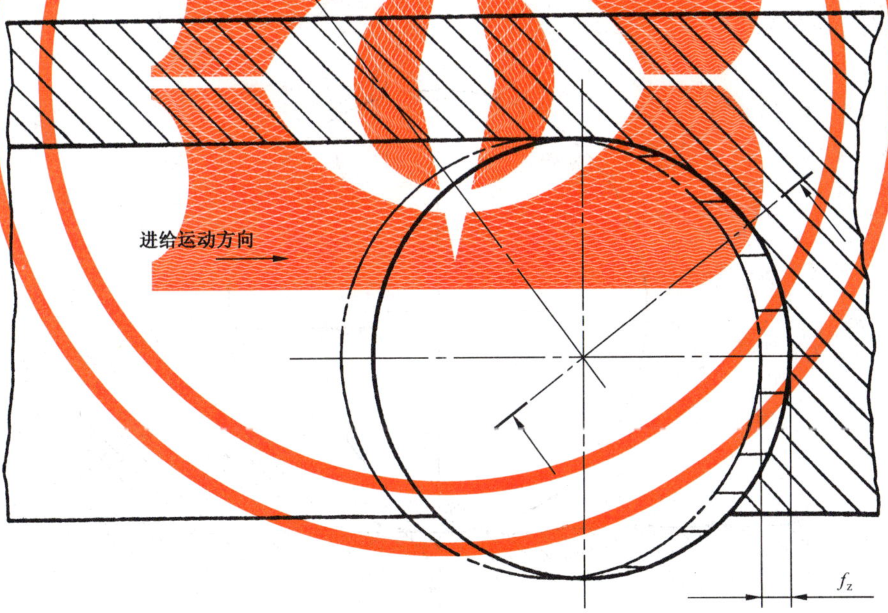

b）工作平面p_{fe}上的视图

图 43　铣削时的吃刀量、进给量及切削层尺寸

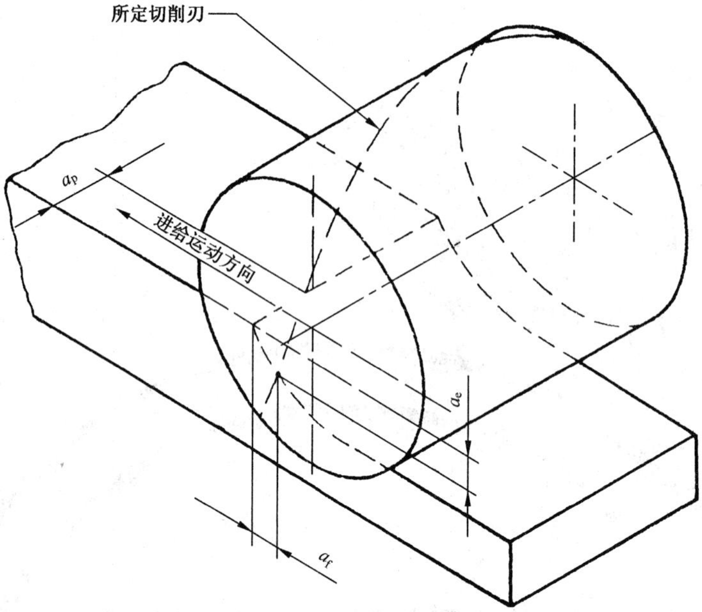

a）切削层尺寸平面 p_D 上的视图

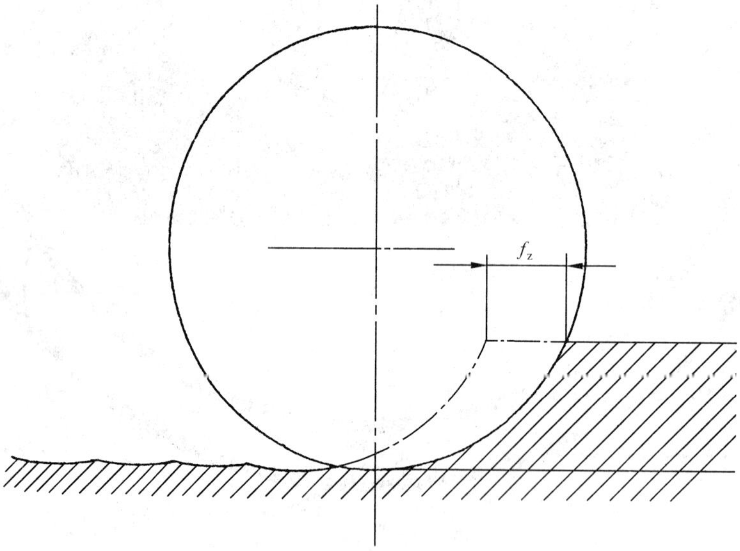

b）工作平面 p_{fe} 上的视图

图 44 铣削时的吃刀量、进给量及切削层尺寸

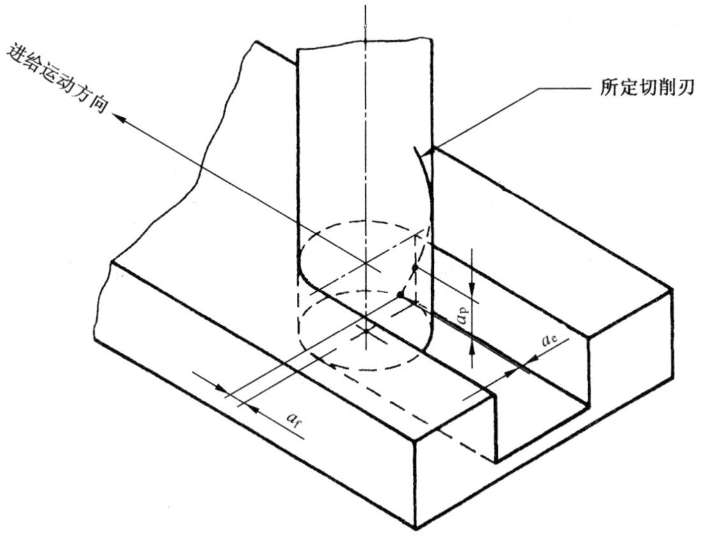

图 45　铣削时的吃刀量、进给量及切削层尺寸

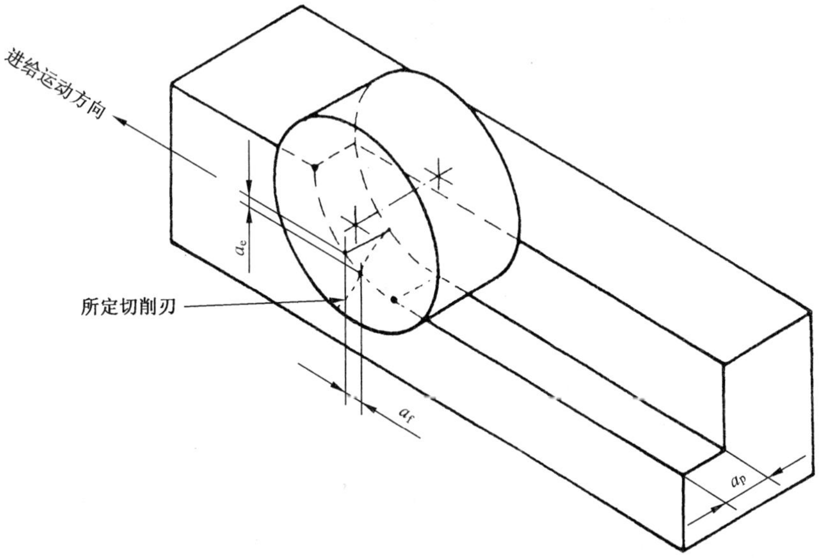

图 46　铣削时的吃刀量、进给量及切削层尺寸

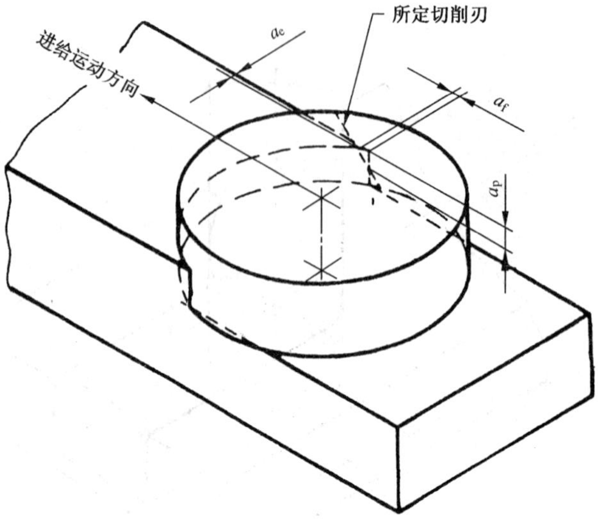

图 47 铣削时的吃刀量、进给量及切削层尺寸

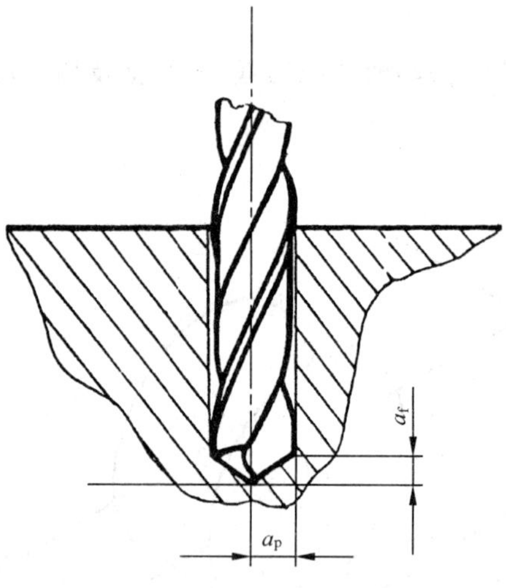

图 48 钻削时的吃刀量、进给量及切削层尺寸

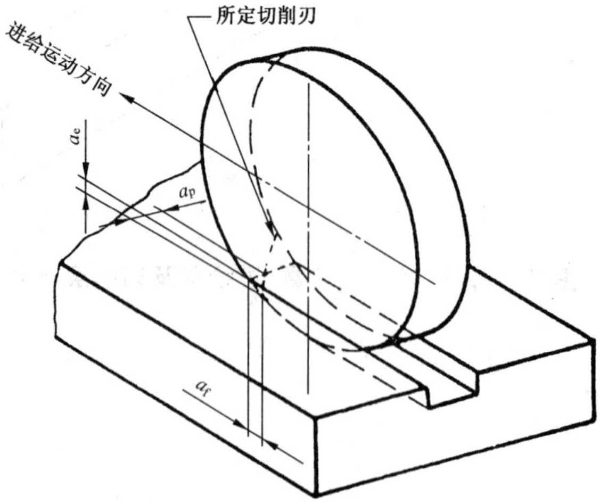

图 49 铣削时的吃刀量、进给量及切削层尺寸

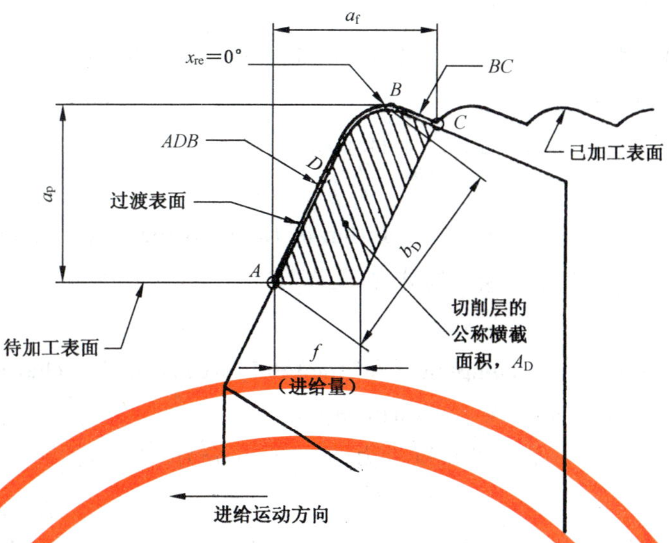

ADB＝作用主切削刃截形，S_a

ADBC＝作用切削刃截形的长度，l_{SaD}

BC＝作用副切削刃截形

图 50　车削时的切削层尺寸——切削层尺寸平面上的视图

8　力、能量和功率的术语及其定义

8.1　刀具切削时的切削力和扭矩

8.1.1

刀具总切削力　**total force exerted by the tool**

刀具上所有参与切削的各**切削部分**(2.2.5)所产生的总切削力的合力。

8.1.2

刀具总扭矩　**total torque exerted by the tool**

M

刀具总切削力(8.1.1)对某一规定轴线所产生的扭矩。

8.1.3

切削扭矩　**cutting torque**

M_c

刀具总切削力(8.1.1)对**主运动**(2.6.1)的回转轴线所产生的扭矩。

8.2　切削部分产生的切削力

8.2.1

切削合力　**total force exerted by a cutting part**

F

一个**切削部分**(2.2.5)切削工件时所产生的全部切削力。

8.2.2

切削合力几何分力　**geometrical components of the total force**

将**切削合力**(8.2.1)沿任何选定轴线作矢量分解所推导出的各分力。

8.2.2.1

运动方向和垂直运动方向上的分力　**geometrical resolution of the total force along directions of different motions and in directions perpendicular to these motions**

将**切削合力**(8.2.1)沿不同运动方向和与这些方向相垂直的方向作正投影而分解出的力。

8.2.2.2

平面和刀面相交线上的分力　geometrical resolution of the total force along the line of intersection of planes and tool surfaces

切削合力(8.2.1)在平面和刀面相交线上的分力。

8.2.2.3

机床参考轴线上的分力　geometrical resolution of the total force along machine reference axes

切削合力(8.2.1)在机床参考轴线上的分力(见图51)。

8.2.2.4

与工件特性方向有关的分力　components of the total force related to characteristic directions of the workpiece or to an axis connected with the workpiece

与工件特性方向或工件轴线有关的**切削合力**(8.2.1)的分力。

8.2.2.5

与刀具特性方向有关的分力　components of the total force related to characteristic directions of the tool

与刀具特性方向有关的**切削合力**(8.2.1)的分力。

8.2.3

切削合力的物理分力　physical components of the total force

在某些方向上有特殊物理作用并因此而形成**切削合力**(8.2.1),则这些方向上的力是**切削合力**(8.2.1)的物理分力。

8.2.3.1

与假定剪切面和切屑流动方向等有关的分力　components of the total force related to the assumed shear plane, assumed chip flow direction, etc.

与假定剪切面和切屑流动方向等有关的**切削合力**(8.2.1)的分力。

8.2.3.2

垂直于一平面或刀面的分力　components of the total force perpendicular to a plane or tool surface

垂直于一平面或刀面的**切削合力**(8.2.1)的分力。

8.3　切削合力的分力

8.3.1

作用力　active force

F_a

切削合力(8.2.1)在**工作平面**(3.2.3)上的投影(图52至图55)。

8.3.2

背向力　back force

F_p

切削合力(8.2.1)在垂直于**工作平面**(3.2.3)上的分力(图52)。

8.3.3　工作平面中合成切削运动方向上的分力

8.3.3.1

工作力　working force

F_e

切削合力(8.2.1)在**合成切削运动方向**(2.6.3.1)上的正投影,在**工作平面**(3.2.3)中定义(图52至图54)。

8.3.3.2

垂直工作力 working perpendicular force

F_{eN}

在工作平面(3.2.3)内,切削合力(8.2.1)在垂直于合成切削运动方向(2.6.3.1)上的分力(图 53)。

8.3.4 工作平面中与主运动方向有关的分力

8.3.4.1

主切削力 cutting force

F_c

切削合力(8.2.1)在主运动方向(2.6.1.1)上的正投影(图 52,图 53,图 55)。

8.3.4.2

垂直主切削力 cutting perpendicular force

F_{cN}

在工作平面(3.2.3)内,切削合力(8.2.1)在垂直于主运动方向(2.6.1.1)上的分力(图 53)。

8.3.5 工作平面中与进给运动方向有关的分力

8.3.5.1

进给力 feed force

F_f

切削合力(8.2.1)在进给运动方向(2.6.2.1)上的正投影(图 52,图 53,图 55)。

8.3.5.2

垂直进给力 feed perpendicular force

F_{fN}

工作平面(3.2.3)内,切削合力(8.2.1)在垂直于进给运动方向(2.6.2.1)上的分力(图 53)。

8.3.6

推力 thrust force

F_D

切削合力(8.2.1)在切削层尺寸平面(7.2.3)上的投影(图 52,图 55)。

8.4 简化二维正交切削模型中的分力

8.4.1

剪切平面 shear plane

p_{sh}

一个理想的平面,假定材料沿这个平面发生剪切变形(图 56)。

8.4.2

剪切角 shear plane angle

Φ

主运动方向(2.6.1.1)与剪切平面(8.4.1)和工作平面(3.2.3)的交线间的夹角(图 56)。

8.4.3

切屑厚度压缩比 chip thickness compression ratio

Λ_h

理想切屑厚度与切削层公称厚度(7.4.2.3)之比(图 56)。

8.4.4

剪切平面切向力 shear plane tangential force

F_{sh}

切削合力(8.2.1)在剪切平面(8.4.1)上的投影(图 55)。

8.4.5

剪切平面垂直力 **shear plane perpendicular force**

F_{shN}

切削合力(8.2.1)在垂直于**剪切平面**(8.4.1)方向上的分力(图55)。

8.4.6

前面切向力 **tool face tangential force**

F_{r}

工作平面(3.2.3)内,**切削合力**(8.2.1)在刀具**前面**(2.3.1)上的投影(图55)。

8.4.7

前面垂直力 **tool face perpendicular force**

F_{rN}

切削合力(8.2.1)在垂直于刀具**前面**(2.3.1)上的分力(图55)。

8.5 能量

8.5.1

切削能 **cutting energy**

E_{c}

为产生**主运动**(2.6.1)以切除材料所需要的能量。

8.5.2

进给能 **feed energy**

E_{f}

为产生**进给运动**(2.6.2)以切除材料所需要的能量。

8.5.3

工作能 **working energy**

E_{e}

切除材料所需要的能量,故为**切削能**(8.5.1)和**进给能**(8.5.2)之和。

8.6 功率

8.6.1

功率 **power**

P

对某个规定切削条件的工序,取同一瞬间和同一点的力矢量与速度矢量的纯量乘积。

8.6.2

工作功率 **working power**

P_{e}

同一瞬间**切削刃基点**(7.2.2)的**工作力**(8.3.3.1)与**合成切削速度**(2.6.3.2)的乘积。

8.6.3

切削功率 **cutting power**

P_{c}

同一瞬间**切削刃基点**(7.2.2)上的**主切削力**(8.3.4.1)与**切削速度**(2.6.1.2)的乘积。

8.6.4

进给功率 **feed power**

P_{f}

同一瞬间**切削刃基点**(7.2.2)上的**进给力**(8.3.5.1)与**进给速度**(2.6.2.2)的乘积。

8.7 相关量

8.7.1

切削层单位面积切削力　cutting force per unit area of cut

单位面积切削力

k_c

主切削力(8.3.4.1)与**切削层公称横截面积**(7.4.2)之比。

8.7.2

切削层单位宽度切削力　cutting force per unit width of cut

F'_c

主切削力(8.3.4.1)与公称切削层宽度之比。

8.7.3

单位体积材料切削能　cutting energy per unit material volume

e_c

切除单位体积材料所需要的能量。

8.7.4

单位材料切除率的切削功率　cutting power per unit material removal rate

单位切削功率

p_c

在单位时间内切除单位体积材料所需要的**切削功率**(8.6.3)。

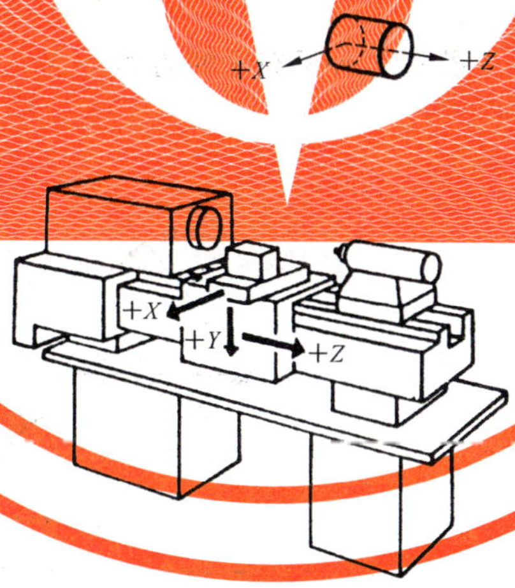

图 51　机床参考系——车床

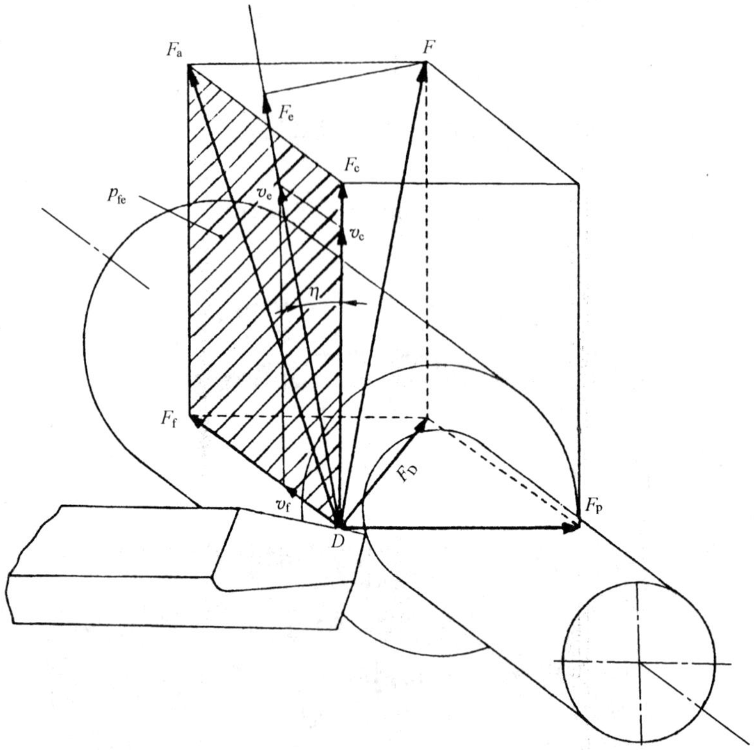

图 52　外圆车削时力的分解

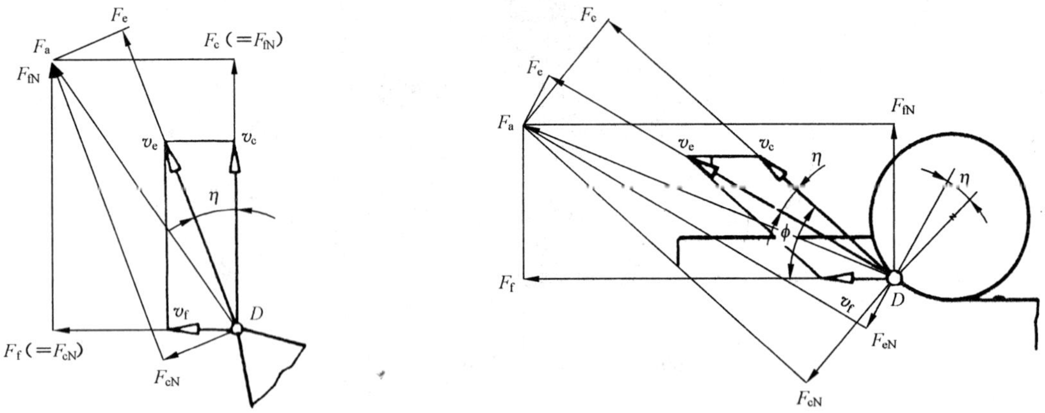

a) 车削(φ=90°)　　b) 圆柱铣削(φ<90°)

图 53　工作平面中 p_{fe} 力的分解

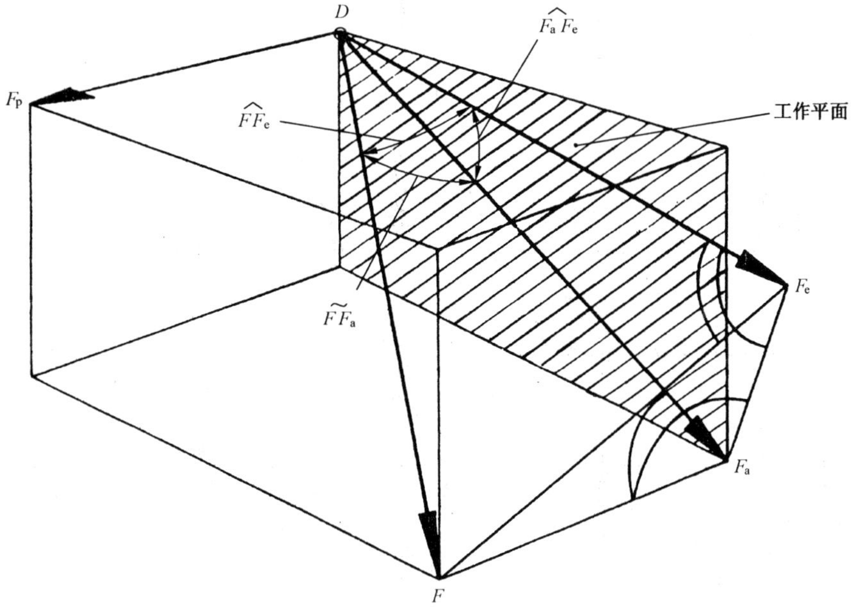

图 54　分力间的夹角

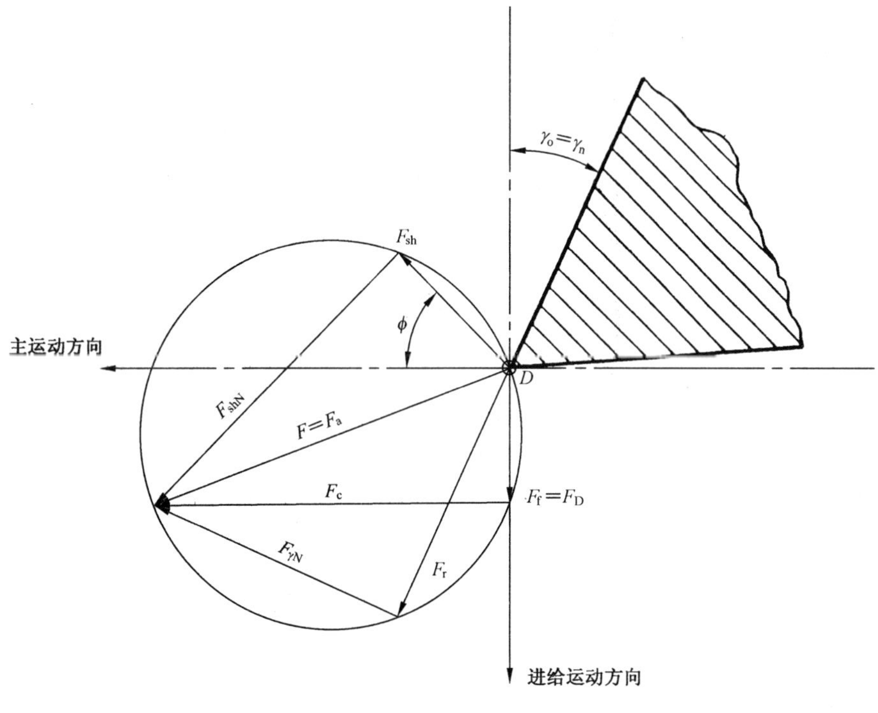

图 55　正交切削力的分解——通过切削刃基点 *D* 的工作平面上的视图

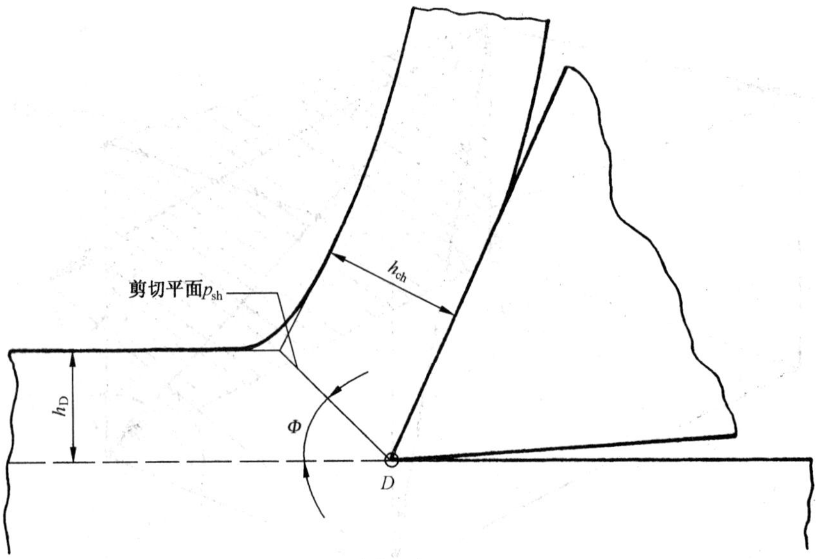

图 56 简化二维正交切削模型中的分力——通过切削刃基点 **D** 平面上的视图

汉语拼音索引

R

T

X

Y

Z

英 文 索 引

A

B

C

D

E

F

G

R

S

T

W

术语符号的索引

ICS 79.120.10
J 65

中华人民共和国国家标准

GB/T 12448—2010
代替 GB/T 12448—1990

木工机床　型号编制方法

Woodworking machines—Programming method for the types

2010-11-10 发布　　　　2011-03-01 实施

中华人民共和国国家质量监督检验检疫总局
中国国家标准化管理委员会　发布

前　言

本标准是对 GB/T 12448—1990《木工机床　型号编制方法》的修订。

本标准与 GB/T 12448—1990 相比有如下差异：

——增加了前言；

——在表 2 中增加了“加工中心”一栏；

——第 6 章中补充了部分机床的型号编制方法。

本标准代替 GB/T 12448—1990。

本标准的附录 A 是资料性附录。

本标准由中国机械工业联合会提出。

本标准由全国木工机床与刀具标准化技术委员会(SAC/TC 84)归口。

本标准起草单位：福州木工机床研究所、山东工友有限公司、南京林业大学、江苏江佳机械有限公司、威海齐全木工机械有限公司。

本标准起草人：陈崇诚、宋志敏、朱典想、朱志林、刘新本。

本标准所代替标准的历次版本发布情况为：

——GB/T 12448—1990。

木工机床　型号编制方法

1　范围

本标准规定了木工机床的类、组、系的划分及其型号表示方法。

本标准适用于各类木工机床。

2　型号划分原则

2.1　木工机床按其产品的工作原理、结构性能特点及使用范围划分为类。

2.2　在同一类木工机床中，其结构性能及使用范围基本相同的机床，即为同一组。

2.3　在同一组木工机床中，主参数名称相同，其数值按一定要求排列，工件及刀具本身的和相对的运动特点基本相同，而且基本结构及布局型式相同的机床，即为同一系。

2.4　木工机床型号是机床产品的代号，由汉语拼音字母及阿拉伯数字组成。型号中有固定含义的汉语拼音字母，如类代号及通用特性代号及有固定含义的结构特性代号，按其相应的汉字字意读音。没有固定含义的汉语拼音字母，如无固定含义的结构特性代号及重大改进顺序号，则按汉语拼音字母的名称读音。

3　通用木工机床型号

3.1　型号的表示方法

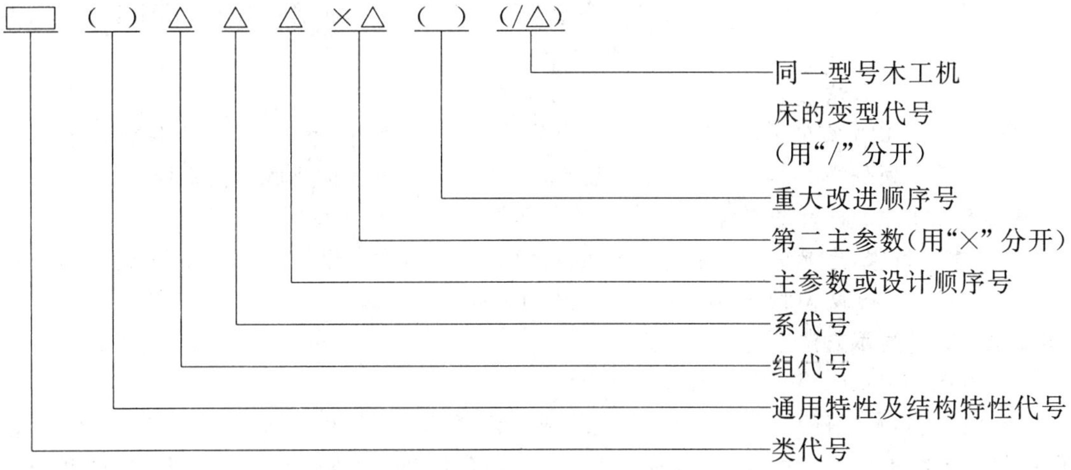

注1：有“□”符号者，为大写的汉语拼音字母。

注2：有“(　)”的为代号或数字，当无内容时，则不表示；若有内容时，不带括号。

注3：有“△”符号者，为阿拉伯数字。

3.2　木工机床的分类及其代号

木工机床分13类，用大写的汉语拼音字母表示如表1。

表 1

类别	木工锯机	木工刨床	木工铣床	木工钻床	木工榫槽机	木工车床	木工磨光机	木工联合机	木工接合组装和涂布机	木工辅机	木工手提机	木工多工序机床	其他木工机床
代号	MJ	MB	MX	MZ	MS	MC	MM	ML	MH	MF	MT	MD	MQ
读音	木锯	木刨	木铣	木钻	木榫	木车	木磨	木联	木合	木辅	木提	木多	木其

3.3 木工机床的特性代号

木工机床的特性代号，用大写的汉语拼音字母表示，位于类代号之后。

3.3.1 通用特性代号

当某种类型木工机床，除有普通型式外，还有下列某种通用特性时，则通用特性在类代号之后予以表示。若此类型木工机床仅有某种通用特性，而无普通型式者，则通用特性不予表示。一般在一个型号中只表示最主要的一个通用特性（少数特殊情况，可以表示两个），通用特性代号在各类木工机床型号中表示的意义相同。木工机床的通用特性代号如表2。

注：自动机床和半自动机床的术语参见附录A。

表 2

通用特性	自动	半自动	数控	加工中心（自动换刀）	数显	仿形	万能	简式
代号	Z	B	K	H	X	F	W	J
读音	自	半	控	换	显	仿	万	简

3.3.2 结构特性代号

为了区分主参数相同而结构不同的木工机床，在型号中加结构特性代号予以区分。结构特性代号用大写的汉语拼音字母表示，但“I”、“O”两个字母不能作为结构特性代号，例如端面普通木工车床，端面用“D”表示。当通用特性代号与结构特性代号的汉语拼音出现相同时，结构特性代号用带括号的汉语拼音字母表示，例如左式木工带锯机，左式用“(z)”表示。在型号中结构特性代号应排在通用特性代号之后。

3.4 木工机床的组、系代号及主参数

3.4.1 木工机床的组、系代号

每类木工机床分为九个组，每个组又划分为十个系，用两位阿拉伯数字组成，位于类代号或特性代号之后。

3.4.2 主参数的表示方法

型号中的主参数用折算值表示，位于组、系代号之后。当折算数值大于1时，则取整数，前面不加“0”。

机床的组、系的划分及主参数折算系数，见第6章中木工机床名称及类、组、系划分。

3.4.3 通用木工机床的设计顺序号

某些通用木工机床，当无法用一个主参数表示时，则在型号中用设计顺序号表示，设计顺序号由“1”起始，当设计顺序号少于两位时，则在设计顺序号之前一律加“0”。

3.5 第二主参数的表示方法

3.5.1 以长度单位表示的第二主参数

当木工机床的最大工件长度，工作台面长度，裁边长度等以长度单位表示的第二主参数的变化，将引起机床的结构、性能发生较大变化时，为了区分，可以将第二主参数列于主参数之后，并用“×”分开，读作“乘”。凡属于长度（包括跨距、行程）的，则采用“1/100”折算系数；凡属宽度、深度、齿距的则采用“1/10”的折算系数；属于工件厚度，则以实际的数值列入型号。

3.5.2 当需要以轴数（或联数）作为第二主参数列入型号时，其表示方法与长度单位表示的第二主参数相同，并以实际的数值列入型号。

3.6 木工机床重大改进的顺序号

当木工机床的性能及结构布局有重大改进，并按新产品重新试制和鉴定时，才在原型号之后按A、B、C等字母的顺序选用（但“I”及“O”两个字母不允许选用），以区别原型号。重大改进后的产品应代替原来的产品，是一种取代关系，两者不应长期并存。凡属局部改进，或增减某些附件，增减测量装置及改变装夹工件方法等，均不属于重大改进。

3.7 同一型号木工机床的变型代号

某类用途的通用木工机床。需要根据不同的加工对象，在基本型号的基础上，仅改变木工机床的部

分性能结构时，则加变型代号。这类变型代号可在原型号之后加1、2、3……等阿拉伯数字顺序号，并用“/”分开，读作“之”，以便与原型号区分。

3.8 通用木工机床型号示例

例1 最大锯片直径为400 mm的手动进给木工圆锯机，其型号为：MJ104。

例2 锯轮直径为1 060 mm的跑车木工带锯机，其型号为：MJ3210。

例3 锯轮直径为1 060 mm跑车(左式)木工带锯机，其型号为：MJ(Z)3210。

例4 锯轮直径为1 200 mm的双联对列木工带锯机，其型号为：MJ3812×2。

例5 加工最大宽度为500 mm带数显的单面木工压刨床，其型号为：MBX105。

例6 工作台面最大宽度为1 200 mm的立式万能木模铣床，其型号为：MX5212。

例7 钻孔最大直径为50 mm的立式单轴木工钻床，其型号为：MZ515。

例8 钻孔最大直径为50 mm，轴数为6的立式多轴木工钻床，其型号为：MZ415×6。

例9 钻孔最大直径为50 mm，排数为4的木工多排多轴钻床，其型号为：MZ745×4。

例10 最大榫槽宽度为20×20 mm的立式单轴榫槽机，其型号为：MS362。

例11 床面上最大车削直径为600 mm带端面车削又经第二次改进设计的普通木工车床，其型号为：MCD 616B。

例12 砂盘直径为800 mm的单盘磨光机，其型号为：MM118。

例13 最大加工宽度为400 mm的平压两用木工刨床，其型号为：ML324。

例14 焊接锯条最大宽度为200 mm的锯条焊接机，其型号为：MF4020。

例15 最大加工宽度为90 mm的手提平刨，其型号为：MT209。

例16 开榫榫头最大长度为160 mm的单头直榫开榫机，其型号为：MD2116。

4 专用木工机床编号

4.1 专用木工机床编号方法

4.2 设计单位代号

设计单位代号由木工机床生产企业或机床研究单位代号(位于型号之首)的大写汉语拼音字母组成。

4.3 专用木工机床的组代号

专用木工机床的组代号，用一位阿拉伯数字表示。数字由1起始，位于设计单位之后，并用“-”分开，读作“之”。

专用木工机床组，按产品的工作原理划分，由各单位按产品情况，自行确定。

4.4 专用木工机床的设计顺序号

专用木工机床的设计顺序号，按该单位的设计顺序排列，由“001”起始，位于专用木工机床的组代号之后。

5 木工组合机床及其流水线编号

5.1 编号方法

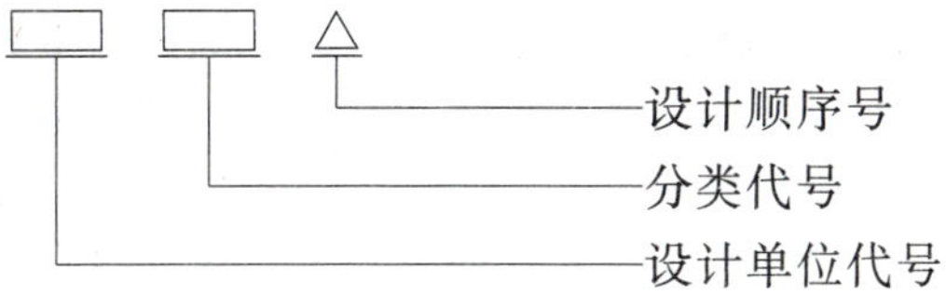

5.2　设计单位的代号

设计单位的代号与专用木工机床相同，如为若干单位联合设计的木工组合机床及流水线，在编号中则采用一个主要的设计单位的代号来表示。

5.3　分类代号及设计顺序号

分类代号由汉语拼音字母组成，位于设计单位代号之后，并用“-”分开，读作“之”。设计顺序号由“001”起始，位于分类代号之后。

分类代号如表3。

表3

分　类	代　号
木工组合机床	H
木工组合机床流水线	HX
木工机床流水线	MX

注：组成流水线的通用木工机床型号和专用木工机床的编号，分别按其编制方法编写。

6　木工机床名称及类、组、系划分

6.1　木工锯机类 MJ(见表4)

表4

组 名称	组 代号	系代号	木工机床名称	主参数折算系数	主参数	第二主参数
纵剖圆锯机	1	0	手动进给木工圆锯机	1/100	最大锯片直径	轴数
		1	锯轴倾斜木工圆锯机	1/100	最大锯片直径	
		2	双圆锯裁边机	1/100	最大锯片直径	
		3				
		4	多锯片纵剖木工圆锯机	1/100	最大锯片直径	
		5	自动进给木工圆锯机	1/100	最大锯片直径	
		6	自动修边木工圆锯机	1/100	最大锯片直径	
		7	纵向优选锯机	1/100	最大锯片直径	
		8	多锯片开榫机	1/100	最大锯片直径	
		9	台式木工圆锯机	1/100	最大锯片直径	
横截圆锯机	2	0	多锯片横截圆锯机	1/100	最大锯片直径	工作长度
		1	截断锯	1/100	最大锯片直径	
		2	摇臂式木工圆锯机	1/100	最大锯片直径	
		3	万能木工圆锯机	1/100	最大锯片直径	
		4	带移动工作台木工圆锯机	1/100	最大锯片直径	
		5	横向优选锯机	1/100	最大锯片直径	
		6	移动工作台木工圆锯机	1/100	最大锯片直径	
		7	锯片往复横截木工圆锯机	1/100	最大锯片直径	工件宽度
		8				
		9	圆榫截断机	1/1	最大圆榫直径	

表 4（续）

组 名称	组 代号	系代号	木工机床名称	主参数折算系数	主参数	第二主参数
带锯机	3	0				
		1	普通木工带锯机	1/100	锯轮直径	
		2	跑车木工带锯机	1/100	锯轮直径	
		3	卧式跑车木工带锯机	1/100	锯轮直径	
		4	细木工带锯机	1/100	锯轮直径	
		5	自动进给木工带锯机	1/100	锯轮直径	
		6				
		7	卧式木工带锯机	1/100	锯轮直径	
		8	(多)联对列木工带锯机	1/100	锯轮直径	
		9	台式木工带锯机	1/10	锯轮直径	
往复锯机	4	0				
		1				
		2	立式框锯机	1/100	最大加工宽度	
		3				
		4	线锯机	1/10	锯条最大行程	
		5				
		6				
		7				
		8	卧式框锯机	1/100	最大加工宽度	
		9	台式线锯机	1/10	锯条最大行程	
链锯机	5	0	链式横截锯	1/100	导板有效长度	
		1	移动链式横截锯	1/100	导板有效长度	
		2				
		3				
		4				
		5				
		6	链式纵剖锯	1/100	导板有效长度	
		7				
		8				
		9				
锯板机	6	0				
		1	带移动工作台木工锯板机	1/100	最大加工长度	
		2	锯片往复木工锯板机	1/100	最大加工长度	
		3	立式木工锯板机	1/100	最大加工长度	
		4				
		5				
		6				
		7	V 槽锯机	1/100	最大加工长度	
		8	切角锯机	1/100	最大加工长度	
		9				

表 4（续）

组名称	组代号	系代号	木工机床名称	主参数折算系数	主参数	第二主参数
	7	0				
		1				
		2				
		3				
		4				
		5				
		6				
		7				
		8				
		9				
	8	0				
		1				
		2				
		3				
		4				
		5				
		6				
		7				
		8				
		9				
其他锯机	9	0				
		1				
		2				
		3				
		4				
		5				
		6				
		7				
		8				
		9				

注：木工机床名称带有括号者，在名称中不允许出现。(多)字以具体数代替，不带括号。

6.2 木工刨床类 MB(见表 5)

表 5

组名称	组代号	系代号	木工机床名称	主参数折算系数	主参数	第二主参数
单面压刨床	1	0	单面木工压刨床	1/100	最大加工宽度	
		1	双工作台单面木工压刨床	1/100	最大加工宽度	
		2				
		3				
		4				
		5				
		6				
		7				
		8				
		9	台式单面木工压刨床	1/100	最大加工宽度	

表 5（续）

组 名称	组 代号	系代号	木工机床名称	主参数折算系数	主参数	第二主参数
二面刨床	2	0	平压双面木工刨床	1/100	最大加工宽度	
		1	直角二面木工刨床	1/100	最大加工宽度	
		2	压刨侧面刨二面木工刨床	1/100	最大加工宽度	
		3				
		4				
		5				
		6				
		7				
		8				
		9				
三面刨床	3	0	三面木工刨床	1/100	最大加工宽度	
		1				
		2				
		3				
		4				
		5				
		6				
		7				
		8				
		9				
四面刨床	4	0	四面木工刨床	1/100	最大加工宽度	
		1				
		2				
		3				
		4				
		5				
		6				
		7				
		8				
		9				
平刨床	5	0	木工平刨床	1/100	最大加工宽度	
		1				
		2	斜口木工平刨床	1/100	最大加工宽度	
		3				
		4				
		5				
		6				
		7	裁口木工平刨床	1/100	最大加工宽度	
		8				
		9	台式木工平刨床	1/100	最大加工宽度	

表 5（续）

组 名称	组 代号	系代号	木工机床名称	主参数折算系数	主参数	第二主参数
精光刨床	6	0	木工精光刨床	1/100	最大加工宽度	
		1	木工刨光机	1/100	最大加工宽度	
		2	双刃双面木工精光刨床	1/100	最大加工宽度	
		3				
		4				
		5				
		6				
		7				
		8				
		9				
刨切机	7	0				
		1	纵向刨切机	1/100	最大加工宽度	
		2	横向刨切机	1/100	最大加工长度	
		3				
		4				
		5				
		6				
		7				
		8				
		9				
	8	0				
		1				
		2				
		3				
		4				
		5				
		6				
		7				
		8				
		9				
其他刨床	9	0				
		1				
		2				
		3				
		4				
		5				
		6				
		7				
		8				
		9				

6.3 木工铣床类 MX(见表 6)

表 6

组 名称	组 代号	系代号	木工机床名称	主参数折算系数	主参数	第二主参数
	1	0				
		1				
		2				
		3				
		4				
		5				
		6				
		7				
		8				
		9				
	2	0				
		1				
		2				
		3				
		4				
		5				
		6				
		7				
		8				
		9				
接口铣床	3	0				
		1	立式单轴燕尾开榫机	1/1	最大铣刀直径	最大工件宽度
		2	立式多轴燕尾开榫机	1/1	最大铣刀直径	轴数
		3	双轴燕尾开榫机	1/10	最大加工宽度	
		4	卧式单轴燕尾开榫机	1/1	最大铣刀直径	最大工件宽度
		5	梳齿榫开榫机	1/10	最大加工高度	
		6	直角榫开榫机	1/100	最大加工宽度	
		7	长圆榫开榫机	1/10	最大榫头长度	
		8				
		9				
卧式铣床	4	0				
		1	修边机	1/10	最大修边刀直径	
		2	木线成型木工铣床	1/10	最大加工宽度	
		3				
		4				
		5				
		6				
		7				
		8				
		9				

表 6（续）

组 名称	组 代号	系代号	木工机床名称	主参数折算系数	主参数	第二主参数
立式铣床	5	0	镂铣机	1/100	工作台面宽度	工作台面长度
		1	单轴木工铣床	1/10	最大工件厚度	工作台面宽度
		2	立式万能木模铣床	1/100	工作台面宽度	工作台面长度
		3	双轴木工铣床	1/10	最大工件厚度	工作台面宽度
		4				
		5	带移动工作台木工铣床	1/10	最大工件厚度	工作台面宽度
		6	木线雕刻机	1/100	工作台面宽度	
		7				
		8				
		9				
双面、三面、四面铣床	6	0				
		1	双面可调双轴铣床	1/100	工作台面宽度	
		2	双面仿型铣床	1/100	工作台面宽度	
		3				
		4				
		5	三面铣床	1/100	工作台面宽度	
		6				
		7	四面铣床	1/100	工作台面宽度	轴数
		8				
		9				
仿形铣床	7	0				
		1	模型仿形木工铣床	1/10	最大仿形长度	
		2	模板仿形木工铣床	1/10	最大仿形长度	
		3	周边仿形木工铣床	1/10	最大仿形直径	
		4				
		5				
		6	自动内仿形铣床	1/10	最大仿形内径	
		7				
		8	双轴自动仿形铣床	1/10	最大仿形直径	
		9				
圆棒机	8	0				
		1	木工圆棒机	1/100	最大工件直径	
		2				
		3				
		4				
		5				
		6				
		7				
		8				
		9				

表 6（续）

组		系代号	木工机床名称	主参数折算系数	主参数	第二主参数
名称	代号					
其他铣床	9	0				
		1				
		2				
		3				
		4				
		5				
		6				
		7				
		8				
		9				

6.4 木工钻床类 MZ(见表 7)

表 7

组		系代号	木工机床名称	主参数折算系数	主参数	第二主参数
名称	代号					
	1	0				
		1				
		2				
		3				
		4				
		5				
		6				
		7				
		8				
		9				
	2	0				
		1				
		2				
		3				
		4				
		5				
		6				
		7				
		8				
		9				
	3	0				
		1				
		2				
		3				
		4				
		5				
		6				
		7				
		8				
		9				

表 7（续）

组		系代号	木工机床名称	主参数折算系数	主参数	第二主参数
名称	代号					
立式多轴钻床	4	0				
		1	立式多轴木工钻床	1/10	最大钻孔直径	轴数
		2	立式多轴可调木工钻床	1/10	最大钻孔直径	轴数
		3				
		4				
		5				
		6				
		7				
		8				
		9				
立式单轴钻床	5	0				
		1	立式单轴木工钻床	1/10	最大钻孔直径	
		2				
		3				
		4				
		5				
		6				
		7				
		8				
		9	台式木工钻床	1/10	最大钻孔直径	
卧式钻床	6	0	卧式单轴木工钻床	1/10	最大钻孔直径	
		1				
		2				
		3				
		4	卧式多轴木工钻床	1/10	最大钻孔直径	轴数
		5				
		6				
		7				
		8				
		9				
多轴排钻床	7	0				
		1	单排多轴木工钻床	1/1	排的最多轴数	
		2	双排多轴木工钻床	1/1	排的最多轴数	
		3	多排多轴木工钻床	1/1	排的最多轴数	排数
		4	万能排钻床	1/1	最多轴数	
		5				
		6				
		7				
		8				
		9				

表 7（续）

组 名称	组 代号	系代号	木工机床名称	主参数折算系数	主参数	第二主参数
专用钻床	8	0	节疤钻床	1/10	最大钻孔直径	
		1	单轴圆榫孔钻床	1/10	最大钻孔直径	
		2				
		3				
		4				
		5				
		6				
		7				
		8				
		9				
其他木工钻床	9	0				
		1				
		2				
		3				
		4				
		5				
		6				
		7				
		8				
		9				

6.5 木工榫槽机类 MS(见表 8)

表 8

组 名称	组 代号	系代号	木工机床名称	主参数折算系数	主参数	第二主参数
摆动式榫槽机	1	0				
		1				
		2				
		3				
		4				
		5				
		6				
		7	卧式摆动榫槽机	1/10	最大榫槽宽度	
		8	卧式双轴榫槽机	1/10	最大榫槽宽度	
		9				
链式榫槽机	2	0	立式单轴链式榫槽机	1/10	最大榫槽宽度	
		1	立式多轴链式榫槽机	1/10	最大榫槽宽度	
		2				
		3				
		4				
		5				
		6	卧式多轴链式榫槽机	1/10	最大榫槽宽度	
		7				
		8				
		9				

表 8（续）

组 名称	组 代号	系代号	木工机床名称	主参数折算系数	主参数	第二主参数
普通榫槽机	3	0	卧式单轴榫槽机	1/10	最大榫槽宽度	
		1	卧式多轴榫槽机	1/10	最大榫槽宽度	
		2	长槽榫槽机	1/10	最大榫槽宽度	
		3				
		4				
		5				
		6	立式单轴榫槽机	1/10	最大榫槽宽度	最大榫槽深度
		7	立式多轴榫槽机	1/10	最大榫槽宽度	
		8				
		9	台式单轴榫槽机	1/10	最大榫槽宽度	
	4	0				
		1				
		2				
		3				
		4				
		5				
		6				
		7				
		8				
		9				
	5	0				
		1				
		2				
		3				
		4				
		5				
		6				
		7				
		8				
		9				
	6	0				
		1				
		2				
		3				
		4				
		5				
		6				
		7				
		8				
		9				

表 8（续）

组 名称	组 代号	系代号	木工机床名称	主参数折算系数	主参数	第二主参数
	7	0				
		1				
		2				
		3				
		4				
		5				
		6				
		7				
		8				
		9				
	8	0				
		1				
		2				
		3				
		4				
		5				
		6				
		7				
		8				
		9				
其他榫槽机	9	0				
		1				
		2				
		3				
		4				
		5				
		6				
		7				
		8				
		9				

6.6 木工车床类 MC（见表 9）

表 9

组 名称	组 代号	系代号	木工机床名称	主参数折算系数	主参数	第二主参数
	1	0				
		1				
		2				
		3				
		4				
		5				
		6				
		7				
		8				
		9				

表 9（续）

组 名称	组 代号	系代号	木工机床名称	主参数折算系数	主参数	第二主参数
端面车床	2	0	端面木工车床	1/100	最大花盘直径	
		1				
		2				
		3				
		4				
		5				
		6				
		7				
		8				
		9				
仿形车床	3	0	仿形木工车床	1/10	最大车削直径	
		1	背刀仿形木工车床	1/10	最大车削直径	
		2				
		3	铣刀仿形木工车床	1/10	最大车削直径	
		4				
		5				
		6				
		7				
		8				
		9				
	4	0				
		1				
		2				
		3				
		4				
		5				
		6				
		7				
		8				
		9				
	5	0				
		1				
		2				
		3				
		4				
		5				
		6				
		7				
		8				
		9				

表 9（续）

组 名称	组 代号	系代号	木工机床名称	主参数折算系数	主参数	第二主参数
普通车床	6	0				
		1	普通木工车床	1/100	最大车削直径	最大工件长度
		2				
		3				
		4				
		5				
		6				
		7				
		8				
		9				
	7	0				
		1				
		2				
		3				
		4				
		5				
		6				
		7				
		8				
		9				
	8	0				
		1				
		2				
		3				
		4				
		5				
		6				
		7				
		8				
		9				
其他车床	9	0	木工圆棒机	1/1	最大工作直径	
		1				
		2				
		3				
		4				
		5				
		6				
		7				
		8				
		9				

6.7 木工磨光机类 MM(见表 10)

表 10

组名称	组代号	系代号	木工机床名称	主参数折算系数	主参数	第二主参数
盘式磨光机	1	0				
		1	单盘磨光机	1/100	砂盘直径	
		2	双盘磨光机	1/100	砂盘直径	
		3	仿形砂盘磨光机	1/100	砂盘直径	
		4				
		5				
		6				
		7				
		8				
		9	台式盘式磨光机	1/100	砂盘直径	
窄带式磨光机	2	0	卧带式磨光机	1/10	砂带宽度	
		1	立带式磨光机	1/10	砂带宽度	
		2	移动工作台卧带式磨光机	1/10	砂带宽度	
		3	侧立带式磨光机	1/10	砂带宽度	
		4				
		5	曲面振动磨光机	1/10	砂带宽度	
		6				
		7				
		8	双砂带圆棒磨光机	1/10	最大磨削直径	
		9	台式窄带磨光机	1/10	砂带宽度	
辊式磨光机	3	0	手动进给单支撑辊式磨光机	1/10	磨削辊宽度	
		1	自动进给单支撑辊式磨光机	1/10	磨削辊宽度	
		2				
		3				
		4				
		5	单辊磨光机	1/100	加工宽度	
		6	双辊磨光机	1/100	加工宽度	
		7	三辊磨光机	1/100	加工宽度	
		8	气鼓式磨光机	1/100	加工宽度	
		9				
联合磨光机	4	0	盘辊两用磨光机	1/100	砂盘直径	
		1	盘带两用磨光机	1/100	砂盘直径	
		2	木工刨砂机	1/100	加工宽度	
		3				
		4				
		5				
		6				
		7				
		8				
		9	台式盘带两用磨光机	1/100	砂盘直径	

表 10（续）

组 名称	组 代号	系代号	木工机床名称	主参数折算系数	主参数	第二主参数
宽带式砂光机	5	0				
		1	单砂架宽带砂光机	1/100	加工宽度	
		2	双砂架宽带砂光机	1/100	加工宽度	
		3	三砂架宽带砂光机	1/100	加工宽度	
		4	下砂式单砂架宽带砂光机	1/100	加工宽度	
		5	下砂式双砂架宽带砂光机	1/100	加工宽度	
		6	双砂架双面宽带砂光机	1/100	加工宽度	
		7	多砂架双面宽带砂光机	1/100	加工宽度	
		8				
		9				
抛光机	6	0				
		1	带式抛光机	1/100	加工宽度	
		2	辊式抛光机	1/100	加工宽度	
		3	鼓式抛光机	1/100	加工宽度	
		4				
		5				
		6				
		7				
		8				
		9				
	7	0				
		1				
		2				
		3				
		4				
		5				
		6				
		7				
		8				
		9				
专用磨光机	8	0				
		1				
		2				
		3				
		4				
		5				
		6				
		7				
		8				
		9				

表 10（续）

组 名称	组 代号	系代号	木工机床名称	主参数折算系数	主参数	第二主参数
其他磨光机	9	0				
		1				
		2				
		3				
		4				
		5				
		6				
		7				
		8				
		9				

6.8 木工联合机(多用机床)类 ML(见表 11)

表 11

组 名称	组 代号	系代号	木工机床名称	主参数折算系数	主参数	第二主参数
	1	0				
		1				
		2				
		3				
		4				
		5				
		6				
		7				
		8				
		9				
平刨床联合机	2	0				
		1				
		2	两用平刨木工联合机	1/100	平刨最大加工宽度	
		3	三用平刨木工联合机	1/100	平刨最大加工宽度	
		4	四用平刨木工联合机	1/100	平刨最大加工宽度	
		5				
		6				
		7				
		8				
		9	台式平刨木工多用机床	1/100	平刨最大加工宽度	
平压刨床联合机	3	0				
		1				
		2	平压两用木工刨床	1/100	平刨最大加工宽度	
		3	三用平压刨木工联合机	1/100	平刨最大加工宽度	
		4	四用平压刨木工联合机	1/100	平刨最大加工宽度	
		5	多用平压刨木工联合机	1/100	平刨最大加工宽度	
		6				
		7				
		8				
		9	台式平压刨木工多用机床	1/100	平刨最大加工宽度	

表 11（续）

组		系代号	木工机床名称	主参数折算系数	主参数	第二主参数
名称	代号					
锯机联合机	4	0				
		1	锯铣两用木工机床	1/100	推台锯行程	
		2	两用带锯木工联合机	1/100	锯轮直径	
		3	三用圆锯木工联合机	1/100	最大锯片直径	
		4				
		5	多用锯机联合机	1/100	推台锯行程	
		6				
		7				
		8				
		9				
	5	0				
		1				
		2				
		3				
		4				
		5				
		6				
		7				
		8				
		9				
	6	0				
		1				
		2				
		3				
		4				
		5				
		6				
		7				
		8				
		9				
	7	0				
		1				
		2				
		3				
		4				
		5				
		6				
		7				
		8				
		9				

表 11（续）

组 名称	组 代号	系代号	木工机床名称	主参数折算系数	主参数	第二主参数
	8	0				
		1				
		2				
		3				
		4				
		5				
		6				
		7				
		8				
		9				
其他联合机	9	0				
		1				
		2				
		3	双面刨锯机	1/100	刨刀长度	
		4				
		5				
		6				
		7				
		8				
		9				

6.9 木工接合、组装和涂布机类 MH(见表 12)

表 12

组 名称	组 代号	系代号	木工机床名称	主参数折算系数	主参数	第二主参数
胶拼机	1	0				
		1	薄木纵向胶拼机	1/100	最大拼接宽度	
		2	薄木横向胶拼机	1/100	最大拼接长度	
		3	高频拼板机	1/100	最大拼接宽度	
		4	单工序封边机	1/10	最大封边高度	
		5	梳齿榫对接机	1/100	最大拼接长度	
		6	木工纵向拼板机	1/100	最大拼接长度	
		7	木工横向拼板机	1/100	最大拼接长度	
		8	细木工芯板拼板机	1/100	最大拼接长度	
		9				
装配机	2	0				
		1	卧式装配机	1/100	最大工作长度	最大工作宽度
		2	立式装配机	1/100	最大工作长度	最大工作宽度
		3	框架组装机	1/100	最大工作长度	最大工作宽度
		4				
		5				
		6				
		7				
		8				
		9				

表 12（续）

组 名称	组 代号	系代号	木工机床名称	主参数折算系数	主参数	第二主参数
木工压机	3	0	木工热压机	1/300	加工幅面	总压力
		1	机械式木工冷压机	1/300	加工幅面	总压力
		2	液压式木工冷压机	1/300	加工幅面	总压力
		3	手工装料式薄木贴面压机	1/300	加工幅面	总压力
		4	自动装料周期式薄木贴面压机	1/300	加工幅面	总压力
		5	连续式薄木压机	1/300	加工幅面	总压力
		6	连续式辊压薄木压机	1/300	加工幅面	总压力
		7	成型压机	1/30	加工幅面	总压力
		8				
		9				
覆膜类机	4	0				
		1	贴膜机	1/100	工作宽度	
		2	贴纸机	1/100	工作宽度	
		3	涂胶覆膜机	1/100	工作宽度	
		4				
		5	冷包覆机	1/100	工作宽度	
		6	热包覆机	1/100	工作宽度	
		7				
		8	单面真空覆膜机	1/100	工作宽度	
		9	双面真空覆膜机	1/100	工作宽度	
钉钉机及五金件装入机	5	0				
		1	单头钉钉机	1/100	工作台宽度	
		2	单面多头钉钉机	1/100	工作台宽度	
		3	双面多头钉钉机	1/100	工作台宽度	
		4	单头钉 U 形钉机	1/100	工作台宽度	
		5	多头钉 U 形钉机	1/100	工作台宽度	
		6	螺丝插入机	1/100	工作台宽度	
		7	五金件装入机	1/100	工作台宽度	
		8				
		9				
涂胶机	6	0				
		1	单面涂胶机	1/100	加工宽度	
		2	双面涂胶机	1/100	加工宽度	
		3	侧面涂胶机	1/10	加工宽度	
		4	异形涂胶机	1/10	加工宽度	
		5				
		6				
		7				
		8				
		9				

表 12（续）

组 名称	组 代号	系代号	木工机床名称	主参数折算系数	主参数	第二主参数
涂漆机	7	0				
		1	辊子涂漆机	1/100	加工宽度	
		2	淋漆机	1/100	加工宽度	
		3				
		4	喷漆机	1/100	加工宽度	
		5	浸漆机	1/100	加工宽度	
		6	静电涂漆机	1/100	加工宽度	
		7				
		8				
		9				
腻子机	8	0	填腻机	1/100	加工宽度	
		1	辊式打腻机	1/100	加工宽度	
		2	刀式打腻机	1/100	加工宽度	
		3				
		4				
		5				
		6				
		7				
		8				
		9				
其他接合、组装、涂布机	9	0	打包机	1/100	工作宽度	
		1				
		2				
		3				
		4				
		5				
		6				
		7				
		8				
		9				

6.10　**木工辅机类 MF**(见表 13)

表 13

组 名称	组 代号	系代号	木工机床名称	主参数折算系数	主参数	第二主参数
磨锯机	1	0	木工圆锯磨锯机	1/100	最大圆锯片直径	
		1	自动进给木工带锯磨锯机	1/100	最大锯条宽度	
		2	木工硬质合金圆锯片刃磨机	1/100	最大圆锯片直径	
		3				
		4				
		5	自动进给木工万能磨锯机	1/100	圆锯片最大直径	
		6				
		7				
		8				
		9				

表 13（续）

组		系代号	木工机床名称	主参数折算系数	主参数	第二主参数
名称	代号					
刃磨机	2	0	木工磨刀机	1/100	最大磨削长度	
		1				
		2	木工成形刀刃磨机	1/100	最大磨削长度	
		3	木工刨刀刃磨机	1/100	最大磨削长度	
		4	木工钻头和镂铣刀刃磨机	1/1	最大刃磨刀具直径	
		5	自动进给木工磨刀机	1/100	最大磨削长度	
		6				
		7	木工万能刃磨机	1/10	最大回转直径	
		8	木工硬质合金镶齿刀具刃磨机	1/10	最大刃磨刀具直径	
		9				
圆锯片修整机	3	0	木工圆锯锯齿焊接机	1/100	最大圆锯片直径	
		1	木工圆锯片辊压机	1/100	最大圆锯片直径	
		2				
		3				
		4				
		5				
		6				
		7				
		8	木工圆锯片热张机	1/100	最大圆锯片直径	
		9				
锯条修整机	4	0	锯条焊接机	1/10	最大锯条宽度	
		1	锯条辊压机	1/10	最大锯条宽度	
		2	锯条开齿机	1/10	最大齿距	
		3	自动进给锯条挤齿机	1/1	挤柱直径	
		4	锯条挤齿机	1/1	挤柱直径	
		5	自动进给锯条挤齿整料机	1/10	最大锯条宽度	
		6				
		7	锯齿强化堆焊机	1/10	最大锯条宽度	
		8	锯条热张机	1/10	最大锯条宽度	
		9				
	5	0				
		1				
		2				
		3				
		4				
		5				
		6				
		7				
		8				
		9				

表 13（续）

组名称	组代号	系代号	木工机床名称	主参数折算系数	主参数	第二主参数
	6	0				
		1				
		2				
		3				
		4				
		5				
		6				
		7				
		8				
		9				
起重、输送、回转装置	7	0				
		1	液压升降台	1/300	装板幅面	提升重量
		2	移动升降台	1/300	装板幅面	提升重量
		3	提升机	1/100	工作宽度	
		4	辊筒输送装置	1/100	辊筒宽度	
		5	皮带输送装置	1/100	皮带宽度	
		6	链式输送装置	1/100	工作宽度	
		7				
		8	回转装置	1/100	工作台宽度	
		9				
进给装置	8	0	辊筒式自动进给装置	1/10	进给辊宽度	
		1	斜筒式自动进给装置	1/10	进给辊宽度	
		2	进给销式自动进给装置	1/10	进给销横排宽度	
		3				
		4				
		5				
		6				
		7				
		8				
		9				
其他辅机和辅助装置	9	0	袋式除尘器	1/100	平均风量	
		1	集成式除尘设备	1/100	平均风量	
		2	旋风分离器	1/100	平均风量	
		3				
		4	薄膜分切机(卧式)	1/100	薄膜宽度	
		5				
		6				
		7				
		8				
		9				

6.11 木工手提机类 MT(见表 14)

表 14

组 名称	组 代号	系代号	木工机床名称	主参数折算系数	主参数	第二主参数
手提式锯机	1	0	手提式往复锯机	1/10	最大锯条宽度	
		1	手提式圆锯机	1/10	最大锯片直径	
		2	手提式带锯机	1/10	锯轮直径	
		3	手提式链锯机	1/10	导板有效长度	
		4				
		5				
		6				
		7				
		8				
		9				
手提刨	2	0	手提式平刨	1/10	最大加工宽度	
		1				
		2				
		3				
		4				
		5				
		6				
		7				
		8				
		9				
手提式成型铣、镂铣机	3	0	手提式镂铣机	1/1	最大铣刀直径	
		1				
		2				
		3				
		4				
		5				
		6				
		7				
		8				
		9				
手提榫槽、钻孔机	4	0	手提式榫槽机	1/1	最大榫槽宽度	
		1				
		2				
		3				
		4				
		5				
		6				
		7				
		8				
		9				

表 14（续）

组 名称	组 代号	系代号	木工机床名称	主参数折算系数	主参数	第二主参数
手提式磨光、抛光机	5	0	手提振动式磨光机	1/10	砂带宽度	
		1	手提盘式磨光机	1/10	砂盘直径	
		2	手提带式磨光机	1/10	砂带宽度	
		3				
		4				
		5				
		6				
		7				
		8				
		9				
手提式连接机	6	0	手提式钉钉机	1/10	钉长度	
		1	手提式压钉机	1/1	U形钉宽度	
		2	手提式射榫机	1/1	圆榫直径	
		3				
		4				
		5				
		6				
		7				
		8				
		9				
手提式涂胶机	7	0	手提式涂胶枪	1	生产能力	
		1	手提式喷胶枪	1	生产能力	
		2				
		3				
		4				
		5				
		6				
		7				
		8				
		9				
切削头	8	0	锯削头	1/10	最大锯片直径	
		1	刨削头	1/10	最大刨削宽度	
		2	铣削头	1/10	最大铣刀直径	
		3	钻削头	1/10	最大钻孔直径	
		4	榫槽切削头	1/10	最大榫槽宽度	
		5	磨削头	1/10	砂带宽度	
		6				
		7				
		8				
		9				

表 14（续）

组 名称	组 代号	系代号	木工机床名称	主参数折算系数	主参数	第二主参数
其他手提式机械	9	0				
		1				
		2				
		3				
		4				
		5				
		6				
		7				
		8				
		9				

6.12 **木工多工序机床类 MD**(见表 15)

表 15

组 名称	组 代号	系代号	木工机床名称	主参数折算系数	主参数	第二主参数
原木加工多工序机床	1	0				
		1	带有附加工序框锯机	1/100	最大加工宽度	
		2	带有附加工序带锯机	1/100	锯轮直径	
		3	带有附加工序圆锯机	1/100	最大圆锯片直径	
		4				
		5				
		6				
		7				
		8				
		9				
直榫开榫机	2	0				
		1	单头直榫开榫机	1/10	最大榫头长度	
		2	双头直榫开榫机	1/10	最大榫头长度	
		3				
		4				
		5				
		6				
		7				
		8				
		9				
圆榫加工机	3	0				
		1	圆榫开榫机	1/1	圆榫直径	
		2				
		3	多工序圆榫钻床	1/1	圆榫直径	
		4	单面多工序圆榫连接机	1/100	最大工件长度	圆榫直径
		5	双面多工序圆榫连接机	1/100	最大工件长度	圆榫直径
		6	圆榫制榫装榫机	1/100	最大工件长度	圆榫直径
		7				
		8				
		9				

表 15（续）

组 名称	组 代号	系代号	木工机床名称	主参数折算系数	主参数	第二主参数
五金件位置加工机	4	0				
		1	五金件位置加工机	1/100	最大工件长度	
		2				
		3				
		4				
		5				
		6				
		7				
		8				
		9				
封边机	5	0				
		1	单面直线封边机	1/10	最大封边高度	
		2	双面直线封边机	1/10	最大封边高度	最大工作宽度
		3	曲直线封边机	1/10	最大封边高度	
		4	曲面封边机	1/10	最大封边高度	
		5				
		6				
		7	后成型封边机	1/10	最大封边高度	
		8				
		9				
机加工与涂胶接合多工序机	6	0	指形接合机	1/10	最大加工高度	
		1	梳齿榫接合机	1/10	最大加工高度	
		2				
		3	单板纵向接合机	1/10	最大加工高度	
		4				
		5				
		6				
		7				
		8				
		9				
机加工与紧固件接合多工序机	7	0				
		1				
		2				
		3				
		4				
		5				
		6				
		7				
		8				
		9				

表 15（续）

组 名称	组 代号	系代号	木工机床名称	主参数折算系数	主参数	第二主参数
	8	0				
		1				
		2				
		3				
		4				
		5				
		6				
		7				
		8				
		9				
其他作业多用途机	9	0				
		1	光敏涂料淋漆固化机	1/100	加工宽度	
		2				
		3				
		4				
		5				
		6				
		7				
		8				
		9				

6.13 其他木工机床类 MQ（见表 16）

表 16

组 名称	组 代号	系代号	木工机床名称	主参数折算系数	主参数	第二主参数
剥皮机	1	0				
		1				
		2				
		3				
		4				
		5				
		6				
		7				
		8				
		9				
削片机	2	0				
		1	鼓式削片机	1/10	刀辊直径	
		2	盘式削片机	1/10	刀盘直径	
		3	螺旋面削片机	1/10	刀盘直径	
		4				
		5				
		6				
		7				
		8				
		9				

表 16（续）

组 名称	组 代号	系代号	木工机床名称	主参数折算系数	主参数	第二主参数
劈木机	3	0				
		1	卧式劈木机	1/10	最大工件直径	
		2	立式劈木机	1/10	最大工件直径	
		3				
		4				
		5				
		6				
		7				
		8				
		9				
旋切机	4	0	机械夹紧有卡轴旋切机	1/100	最大工件长度	最大加工直径
		1	液压夹紧有卡轴旋切机	1/100	最大工件长度	最大加工直径
		2	无卡轴旋切机	1/100	最大工件长度	最大加工直径
		3				
		4				
		5				
		6				
		7				
		8				
		9				
变形机	5	0				
		1	木材弯曲机	1/10	最大工件宽度	
		2	高频弯曲机	1/10	最大工件宽度	
		3	压花机	1/10	最大工件宽度	
		4				
		5				
		6				
		7				
		8				
		9				
	6	0				
		1				
		2				
		3				
		4				
		5				
		6				
		7				
		8				
		9				

表 16（续）

组		系代号	木工机床名称	主参数折算系数	主参数	第二主参数
名称	代号					
	7	0 1 2 3 4 5 6 7 8 9				
	8	0 1 2 3 4 5 6 7 8 9				
	9	0 1 2 3 4 5 6 7 8 9				

附　录　A
（资料性附录）
有 关 术 语

A.1　自动机床

是指所有的工作运动和辅助运动全部自动化的机床，可以自动地进行各种运动的接通和停止，工作的加工循环可以连续进行，不需人工参与。

A.2　半自动机床

机床的工作循环可以自动进行，但不能连续进行，一个工件加工好之后，机床自动停止，需要人工取下工件，安装上另一毛坯，然后开动机床，才能进行一个工作循环。

ICS 27.010
F 01

中华人民共和国国家标准

GB/T 12455—2010
代替 GB/T 12455—1990

宾馆、饭店合理用电

The rationality of electricity usage in guesthouse and hotel

2010-11-10 发布　　2011-02-01 实施

中华人民共和国国家质量监督检验检疫总局
中国国家标准化管理委员会　发布

前　言

本标准代替 GB/T 12455—1990《宾馆、饭店合理用电》。

本标准与 GB/T 12455—1990 相比，主要变化如下：

——对原标准第 4 章的“空调系统”作了较多内容上的补充和完善，例如增加了“空调节能技术、空调系统的维护保养”等内容；

——增加了给排水系统的合理用电、包括维护保养等内容；

——增加了对宾馆饭店中厨房、游泳池、洗衣房等特殊场所的用电规定；

——删除了原标准中“冷库”这部分内容；

——增加了“楼宇自控”部分，包括“能源管理信息化及 BA 系统、冷热源及空调系统的监控”等内容；

——对原标准中的“用电计量考核分析”部分进行了较多的补充和完善。

本标准由全国能源基础与管理标准化技术委员会提出并归口。

本标准起草单位：同济大学、安徽建筑工程学院、广州市城市规划勘测设计研究院、山东省建筑设计研究院、中国标准化研究院、国家电网公司需求侧管理指导中心、中元国际工程设计研究院、广东省建筑设计研究院、上海同菲达能源科技有限公司、江森自控楼宇设备科技（无锡）有限公司、江苏知民通风设备公司、江苏省南京市建筑设计研究院、阿尔西空调系统服务有限公司。

本标准起草人：孟华、吴喜平、成建宏、翟克俊、戴健超、殷尧其、陈衷华、张虎、李刚、于晓明、陈江华、赵文成、洪学新、毛雯平、张建中、蒋长胜、陈伟民。

宾馆、饭店合理用电

1 范围

本标准规定了宾馆饭店的供配电系统、暖通空调、给排水系统、照明系统、能源管理信息化及楼宇自控(BA)系统、用电计量、分析及评价方法和要求。

本标准适用于既有的、正在运行中的一至五星级标准的旅游宾馆、饭店及其他宾馆、饭店、招待所，新设计的相应楼宇也可参照执行。

2 规范性引用文件

下列文件中的条款通过本标准的引用而成为本标准的条款。凡是注日期的引用文件，其随后所有的修改单(不包括勘误的内容)或修订版均不适用于本标准，然而，鼓励根据本标准达成协议的各方研究是否可使用这些文件的最新版本。凡是不注日期的引用文件，其最新版本适用于本标准。

GB/T 14549 电能质量 公用电网谐波

GB 19210 空调通风系统清洗规范

3 供配电系统

3.1 合理的供配电

3.1.1 变配电所宜具备两个进线电源供电，重要负荷应自备独立应急电源。其位置应接近负荷中心，根据负荷分布的情况，宜在高层建筑物中间层设置变配电所。

3.1.2 变配电所受电端的供电电压在额定电压允许偏差的正常范围内，用电设备的电压偏移值不应大于额定电压±5%。

3.2 单相用电设备应均匀地接在三相网络上，供电网络的电压不平衡度应小于2%。

3.3 受电端至用电设备的线损率，对于一级变压的供配电系统，其线损率不应大于3.5%。

3.4 变压器的选择、配置及运行

3.4.1 根据实际用电负荷，选用低损耗节能变压器，合理配置变压器的容量和台数。

3.4.2 按变压器总损耗最小的原则，优化变压器运行方式，合理经济地分配用电负荷。

3.5 合理配置无功补偿设备，提高用电功率因数，用电功率因数应补偿到0.9以上。

3.6 变配电所内的设备，应配备相应的测量和计量仪表。监测并记录电压、电流、功率、功率因数和有功电量、无功电量，电能计量仪表准确度等级为1.0～0.5级。

3.7 用电设备的非线性负荷是谐波源，易引起电网电流及电压的波形畸变，产生谐波污染，应采取抑制谐波的措施，达到GB/T 14549规定的要求。

4 暖通空调

4.1 采暖通风空调系统

4.1.1 空调系统在运行时的室内温、湿度控制值见表1。

表1 暖通空调系统运行时的室内温、湿度控制值

参数	场所	五、四星级		三星级		一、二星级	
		夏季	冬季	夏季	冬季	夏季	冬季
温度/℃	客房、宴会厅、餐厅	26	20	≥26	≤20	26～28	16～20
	门厅、休息厅	26～28	16～18	26～28	16～18	26～28	14～18
	工作人员用房	≥26	≤18	26～28	16～28		
相对湿度/%	客房、宴会厅、餐厅	50～60	40～50	50～60	40～50	55～65	>30
	门厅、休息厅	55～65	30～40	55～65	30～40	60～65	>30
	工作人员用房	60～65	30～40	60～65	30～40	60～65	>30
注：应随季节变更调整设定温、湿度值，夏季宜取上限，冬季宜取下限。							

4.1.2 空调系统在运行时的室内新风量控制值见表2。

表2 空调与采暖系统运行时的室内新风量控制值 $m^3/(h \cdot 人)$

场所	五星级	四星级	三星级及以下
客房	50	40	30
宴会厅、餐厅	30	25	≤20

4.1.3 对于间歇运行的空调系统，在过渡季节采用室外空气进行预冷或预热时，应尽量开大新风风阀，最大限度利用新风。

4.1.4 为保持空调运行期间建筑物内部风平衡，应合理控制新风机组和排风机的运行，防止外窗开启，减少无组织新风，同时防止楼梯间、电梯间等非空调空间与空调空间的不合理空气流动。

4.1.5 当空调系统所负担区域与厨房、车库等需长时间大量排风的空间相连时，应通过自动闭门器等装置切断相连空间。对与空调空间相连的厨房、车库等空间，应设置送风机，保持与排风机联动，维持厨房、车库等微负压。

4.1.6 排风热回收装置应正常运转，空调系统运行时应开启热回收装置，保证新、排风道风阀开关位置正确。过渡季节利用新风降温时，应采取旁通运行。

4.1.7 对于改造的宾馆、饭店，应根据国家现行有关规范要求，对冷热源选用性能系数(COP值)、综合部分负荷性能系数(IPLV)、能效比(EER)、额定热效率高的节能产品。

4.1.8 对于空调负荷变化大且部分负荷运行时间长的宾馆、饭店，宜考虑对循环水泵或冷水机组的冷冻水泵加装变频控制系统的节能改造。

4.1.9 当采暖、空气调节系统部分负荷运行时，应合理调整冷水(热泵)机组的运行台数和机组的供回水温度，以保证机组在较高的效率状态下运行。

4.1.10 对于具有冷水池的系统，在冷机供冷能力有余且冷水池也有一定容量的条件下，可利用谷电时段在水池中蓄冷，供峰电时段的建筑需要。

4.1.11 应根据室外气温条件、每日时段、季节以及建筑内系统负荷的变化，经常自动或人工调节冷水供水温度的设定值。

4.1.12 采用机械通风的停车库，可根据使用情况对通风机设置定时启停(台数)间隙运行或根据车库内的 CO_2 浓度自动控制。

4.1.13 宾馆、客房内的风机盘管机组，当客人离开时，风机盘管机组的风机宜自动停机或低速运转(对于五星级宾馆)。

4.1.14 对于空调区域内有较大发热源的场所(如洗衣房、厨房等)，可考虑采用局部排风、岗位送风、周围隔离等方式进行节能改造。对排风设备宜设置温控启、停装置。

4.1.15 对于空调系统，应当对风道阀门、风机入口导叶片或者风机转速等进行调整，以保证空调房间保持微正压状态，避免大量冷、热空气散失。

4.1.16 对于宾馆和饭店的外门，应根据进出人流情况，选择空气幕、自动门或旋转门等方式，以有效隔断室内外的冷、热交换。

4.1.17 集中采暖系统的每个热力入口处，应根据水力平衡要求设置水力平衡装置，并设置热量计量装置。

4.1.18 尽量采用密闭式冷凝水回收装置。在所有疏水点都安装合适的疏水器，应定期检查疏水器动作是否正常，尽量提高锅炉蒸汽冷凝水回收率。

4.1.19 应根据使用锅炉的具体特点，通过安装空气预热器和热水加热器等余热回收装置，实现锅炉高温烟气热回收。

4.2 风机、水泵

4.2.1 当系统局部水压不平衡时，可在产生水力不平衡的管道上加装压力平衡装置进行调节，以降低水泵电耗。

4.2.2 运行中的风机、水泵，其规格型号应与风管、水管的管网特性相匹配，可采用变频调速控制；应使其处于高效区范围内运行。

4.2.3 合理选择、改进管网布置，减少管网多余的阀门和弯头，降低管网阻力；运行时宜全开启主干管及最不利环路上的风阀、水阀，降低风机、水泵能耗。

4.2.4 一次泵定流量和二次泵变流量空调水系统中，一次冷水泵和冷却水泵开启台数应与开启制冷机的台数相等，并实行“相互对应”的连锁控制启停。

4.2.5 当有几台冷却水泵并联运行时，应根据冷却水进出口温差大小来控制水泵的运行台数；若几台并联泵是大小搭配时，应根据需求负荷变化而运行不同规格的水泵。

4.2.6 在冬季和过渡季节，冷却塔风机负荷较小，室外环境温度也较低，一般情况下不需要强制冷却，应根据实际情况，关闭冷却塔风机或对其进行变频控制。

4.3 空调节能技术

4.3.1 在室外温度适宜时，如春秋季、夏季夜间，应充分利用新风降温、蓄冷，减少机械制冷运行时间。

4.3.2 以空调为主的建筑物外窗，尤其是东、西朝向的外窗，应优先采用活动的或固定的建筑外遮阳设施。

4.3.3 宾馆、饭店建筑的屋顶和外墙宜采用以下节能措施：

a) 浅色饰面；

b) 屋顶内设置贴铝箔的封闭空气间层；

c) 屋面蓄水；

d) 屋面有土或无土栽培；

e) 东西外墙采用爬藤植物遮阳。

4.3.4 应加强门窗的密封性；如将单层玻璃窗改为隔热双层玻璃窗或中空玻璃，以加强保温和隔音，节省空调电耗。

4.3.5 对于夏季同时有空调和热水需求的宾馆、饭店，在经技术经济分析比较后，宜采用冷凝热回收技术制取生活热水。

4.3.6 在峰谷电价差较大的地区，宜采用低谷电价时段运行的蓄能设备。

4.3.7 炎热高温季节，可在风冷式空调的室外机上增设喷淋蒸发装置，提高换热效果。

4.3.8 在冬季需要供冷的场所，当开启全新风系统仍无法满足需求时，可采用板式高效换热器将冷却水的冷量传递给冷水用于空调制冷。

4.4 空调系统的维护保养

4.4.1 冷、热水机组

4.4.1.1 电制冷冷水机组(离心式、容积式)、热泵冷水机组的维护保养:

a) 经常检查机组运行参数;定期校准传感器显示值,定期检查控制器设定值;

b) 定期检查和试验自控装置,并保持在完好状态;

c) 经常检查机组运行中是否出现异常振动和异常声响,若发现应及时排除;

d) 定期检测润滑油,发现品质变异应及时更换;

e) 经常检查润滑油液位,应定期清洗油滤芯、油冷却器;

f) 经常检查制冷剂液位,应定期更换干燥过滤器芯;

g) 定期采用机械或化学方法清洗保养蒸发器和冷凝器;

h) 经常检查制冷系统中的阀杆、软管、法兰、接头等部位,及时维修泄漏点;

i) 定期检测机组的运行电流,发现问题应及时查明原因并加以排除;

j) 定期检查电气和控制接线的连接情况并予以紧固。

4.4.1.2 吸收式冷热水机组(蒸汽式机组、直燃式机组)的维护保养:

a) 经常检查机组运行参数;定期校准传感器显示值,定期检查控制器设定值;

b) 定期检测机组的真空度,做好气密性试验;

c) 定期保养真空泵和溶液泵,使之处于完好状态;

d) 定期采用机械或化学方法清洗保养蒸发器、吸收器、发生器和冷凝器;

e) 经常检查燃烧器工作状况,定期清洁油头或喷嘴上的结炭;

f) 定期监测溶液浓度及主要化学成分。

4.4.2 冷却水及冷水系统

4.4.2.1 冷却塔(逆流式、横流式、蒸发式)的维护保养:

a) 经常检查冷却塔风机运行中有无异常振动和异常声响,及时发现及时解决;

b) 定期保养布水器;清洁喷水孔,清洁集水盘;

c) 定期清洁填料,及时更换或补充缺损的填料。

4.4.2.2 冷却水泵和冷水泵的维护保养:

a) 经常检查水泵运行中的异常振动和异常声响,如果发现要及时排除;

b) 定期检测水泵电机的运行电流;检测电机绝缘,紧固电机接线点;发现问题应及时查明原因加以排除;

c) 经常检查水泵轴封的密封性,保持在合理的范围;

d) 定期检测水泵连轴器的同轴度。

4.4.2.3 冷却、冷水管及管阀件的维护保养:

a) 经常检查水管连接件的泄漏情况,特别关注如软管、法兰、阀件、仪表接口等处,发现泄漏及时修复;

b) 定期检查并保养水阀,保持水阀随时处于可操作状态;

c) 经常检查自动放气阀,定期清洁水过滤器和排污装置;

d) 采用化学或物理方式做好水质处理,定期抽检水质,及时补充化学药剂,维持适当的药剂含量;

e) 经常检查冷水管管系的保温,发现有损坏应及时修复;

f) 采用电子水除垢仪,应定期做好维护保养工作,保持电子水除垢仪的有效性。

4.4.3 空气处理设备及风系统

4.4.3.1 空气处理机(组合式、柜式)的维护保养:

a) 经常检查风机运行中的异常振动和异常声响,如果发现要及时排除;

b) 定期检测风机电机的运行电流;检测电机绝缘,紧固电机接线点;发现问题应及时查明原因加以排除；

c) 经常检测传动皮带的张紧度，检查皮带轮的平行度，检查传动皮带的磨损，发现不良及时更换或调整；

d) 经常清洁空气滤器；定期清洁空气表冷器和集水盘；

e) 定期检查和试验自控装置，并保持在完好状态；

f) 定期试验送风风机与消防联控，并使之在完好状态；

g) 定期检查空气处理设备的保温状况，发现问题及时解决。

4.4.3.2 风机盘管机组的维护保养：

a) 经常检查风机运行中的异常振动和异常声响，如果发现及时排除；

b) 定期检测风机电容器，发现损坏及时更换；

c) 经常清洁空气滤器；定期清洁空气表冷器和集水盘；

d) 定期检查风机盘管机组接管过滤器，并及时清除杂物。

4.4.3.3 风系统的维护保养及清洁消毒：

a) 经常检查送风管系统的保温，发现有损坏应及时修复；

b) 定期检查风管系统连接件的漏风情况，特别关注如柔性接管、法兰、阀件等接口处，发现漏风及时修复；

c) 定期检查并保养风阀，保持风阀随时处于可操作状态；

d) 采用 VAV 送风系统，应定期保养执行机构；定期试验控制部件，使之保持在完好状态；

e) 空调风系统应定期清洗和消毒，具体实施时应遵循 GB 19210；

f) 空调通风系统初次运行和停止运作较长时间后再次运行之前，应对其空气处理设备的过滤器、表冷器、加热器、加湿器、冷凝水盘等部位进行全面检查、清洗或更换；

g) 应经常检查空气调节风系统的土建风道，确保其具有可靠的防漏风和绝热措施；

h) 应定期检查空气过滤器的前后压差，如压差不能直接显示或远程显示，宜增设仪表；

i) 有排风热回收装置的系统，应定期对能量回收装置进行清洁和维护保养，发现问题及时处理。

4.4.4 其他

4.4.4.1 对于使用分体空调和多联机的宾馆饭店：

a) 应定期清洗室内机过滤网；定期清洗室内和室外机的换热翅片；

b) 定期检查空调室外机的进、排风口不被遮挡；运行时避免多台相邻室外机排风气流相互干扰。

4.4.4.2 应定期检查采暖制冷系统中冷、热媒管道的保温层、隔汽层和保护层，发现损坏及时补修。

4.4.4.3 注重蒸汽管道、冷水管中阀门及接头等的保温、保冷，严格管理，定期巡视检查，发现问题及时处理。

5 给排水系统

5.1 运行中的加热设备应符合热效率、换热效果好、节能及生活热水侧阻力损失小的要求。

5.2 运行中的生活给水系统加压水泵，应采用低噪声、高效节能型水泵，严禁采用淘汰产品。尽量使用变频水泵，且水泵应在高效区运行。

5.3 应尽量减少水箱、水塔提升泵的运行台数，以一用一备为宜；当一台运行能满足要求时，不宜采用多台泵并联方式；若必须采用多台并联运行或大小泵搭配方式时，其型号一般不宜超过两种，泵的扬程范围应相近；并联运行时每台泵宜仍在高效区范围内运行。

5.4 变频调速给水泵系统应符合下列条件：

a) 电源可靠，应为双电源或双回路供电方式；

b) 运行最不利工况点应在水泵特性曲线高效区段的右端点，水泵调速工作范围能尽量在水泵高效区段内；

c) 水泵调速范围宜在0.75～1.0范围内；

d) 用水不均匀，流量变化大时宜采用多台水泵组合供水(一般不超过3～4台，可按1台调速其余为恒速的方式运行)，宜配小流量水泵和小型气压罐；

e) 设备应具有水位控制功能。超最高水位时报警，降至设计的下限水位时，自动停机；恢复到启泵水位时，自动启动；

f) 应设备用泵，备用泵的供水能力不应小于最大的一台运行水泵的供水能力，水泵宜自动切换，交替运行。

5.5 污水水泵应是低噪声、高效节能型水泵。应利用自动控制装置控制启停，多台水泵可并联交替或分段投入运行。

5.6 根据建筑中给水系统和空调系统的实际特点，可考虑采用生活给水泵作为空调冷却水补水的备用泵。

5.7 在高层建筑的供水系统中，应充分利用市政给水管网的可用水头，不宜将管网进水直接引入贮水池、尤其是位于地下层的贮水池中。

5.8 在高层建筑供水系统中，应将生活、消防给水系统分开设置，以便合理确定各给水系统的竖向分区压力值，避免造成能量浪费。

5.9 应采用节水型卫生器具，在减少用水量的同时降低加压能耗。

5.10 宾馆、饭店类建筑在节能改造时，对于水温超过40 ℃的锅炉、水加热器等加热设备的排水，宜考虑将所含热量回收利用。

5.11 宾馆、饭店类建筑在经技术经济分析比较后，宜考虑采用太阳能热水供应系统或空气源热泵热水供应系统。

5.12 清洗维护与保养

5.12.1 定期检查生活水泵、消防泵、喷洒泵、补压泵、排污泵、潜水泵、空调水泵等，使之处于良好的运行或备用状态。

5.12.2 定期对水泵补充润滑油，老油质变色、有杂质，应予更换。

5.12.3 水泵应运转平稳、无明显振动和异声，压力表指示正常，控制柜各电器无不良噪声。

5.12.4 定期检查热水锅炉、热水机组、水加热设备、贮水器、分(集)水器、热水输(配)水管、循环回水干(立)管的保温层，发现破损及时修补。

6 照明系统

6.1 根据使用房间或场所和周围环境对照明的要求，保证照明方式的合理性。在保证照明质量的前提下，优先选用光效高、显色性好的节能环保光源及配光合理、效率高的灯具。

6.2 宾馆、饭店建筑实际运行照度标准值应达到表3的规定。

表3 宾馆、饭店建筑照度标准值

房间或场所		参考平面及其高度	照度标准值/lx	UGR	R_a
客房	一般活动区	0.75 m水平面	75	—	80
	床头	0.75 m水平面	150	—	80
	写字台	台面	300	—	80
	卫生间	0.75 m水平面	150	—	80
中餐厅		0.75 m水平面	200	22	80
西餐厅、酒吧间、咖啡厅		0.75 m水平面	100	—	80

表 3（续）

房间或场所	参考平面及其高度	照度标准值/lx	UGR	R_a
多功能厅	0.75 m 水平面	300	22	80
门厅、总服务台	地面	300	—	80
休息厅	地面	200	22	80
客房层走廊	地面	50	—	80
厨房	台面	200	—	80
洗衣房	0.75 m 水平面	200	—	80
注：UGR——炫光；R_a——显色指数。				

6.3 宾馆、饭店建筑照明功率密度值应不大于表 4 的规定。

表 4 宾馆、饭店建筑照明功率密度值

房间或场所	照明功率密度/(W/m²)		对应照度值/lx
	现行值	目标值	
客房	15	13	
中餐厅	13	11	200
多功能厅	18	15	300
客房层走廊	5	4	50
门厅	15	13	300
注：当房间或场所的照度值高于或低于本表规定的对应照度值时，其照明功率密度值应按比例提高或折减。			

6.4 合理利用天然光，应与自动调光人工辅助照明相结合，随室外天然光的变化自动调节人工照明照度。

6.5 室内照明应采用光源分路控制、节能调光控制、微机自动控制、客房钥匙开关等不同的控制方式。

6.6 对于采取分路控制的公共区域，下班后应降低其照明亮度，根据具体情况可考虑仅采用应急照明，以保证大楼人员的进出安全。

6.7 光源与灯具应定期清扫积尘，依各种光源的有效寿命，制定更换周期，维持高效水平。

6.8 室外道路照明，应随季节变化及时调整开关时间，宜采用光控或时控和光控相结合的方式。

7 其他

7.1 电梯

7.1.1 制定合理的电梯使用规则：

a) 无特殊情况下员工空手跨越区域小于 3 层时，不得乘坐电梯；

b) 控制货梯的空载运行，加强货梯的集中运货，运行时间避开高峰用电段；

c) 客梯可根据宾馆实际情况实行分区、分时、群控等方式运行；

d) 根据宾馆运行规律，制定电梯运行时间表，确定电梯开启数量，夜间客人出入低谷时，可关闭部分电梯；

e) 自动扶梯应选用具备空载停机或慢速运行功能。

7.1.2 根据设备运行情况定期对电梯设备进行保养，同时清洁电梯控制柜，检查、紧固接线桩。

7.1.3 机房环境温度控制在 35 ℃以下，环境温度低于 30 ℃关闭机房空调，空调停止运行期间应切断空调电源。

7.2 厨房

7.2.1 厨房内应保持一定的负压值，确保厨房气味不外泄。

7.2.2 厨房排烟罩宜使用温度传感器，当炉灶停用时可以自动停止运行。

7.2.3 制定厨房设备使用管理规则，设备使用完毕后应关闭电源、燃气，严禁空载运行，全部设备停用时应停止空调供应。

7.3 游泳池

7.3.1 应确保游泳池区围护结构良好的热工性能，避免内壁结露。

7.3.2 确保游泳池区吊顶的保温状况良好。确保室内游泳池池体的外保温状况良好。水管宜采用低吸水率的保温材料，减少池水的热损失。

7.3.3 游泳池水温冬季不宜高于 28 ℃，夜间无人使用时可用防腐游泳池盖膜遮盖。

7.3.4 游泳池循环水泵应根据游泳池使用实际情况运行，确保水质达标。

7.3.5 游泳池加热设备如采用蒸气加热应考虑冷凝水回收；如采用电加热设备应考虑低谷电价时加热和蓄热。

7.4 洗衣房

7.4.1 根据宾馆实际运行情况制定洗衣房设备运行规定：

a) 根据宾馆日常的布草洗涤量调整洗衣房作息时间，让设备在平价电和低谷电时间段运行；
b) 根据设备运行时间，制定锅炉供汽压力时间表，确保平烫机等用汽压力要求较高设备的正常运行；
c) 对需要洗涤的布草进行预检、分类，清除布草内杂物，并按布草类别及污汁情况进行去汁、洗涤。

7.4.2 设备保养维护：

a) 设备保养时间宜安排在峰价电时间段；
b) 定期对电控柜、配电柜进行检查、紧固，定期对易积灰部位进行清理；
c) 定期检查热水、蒸汽管道保温层，及时修复破损部位；
d) 定期检查管道阀门，避免跑、冒、滴、漏现象的发生；
e) 洗衣房应配置软水装置，并保持设备运行正常；
f) 空压机应设置在隔音、干燥、相对温度较低的区域。定期检查空压机运行情况，定期排水并检查压缩空气含水情况。

7.4.3 余热利用：

a) 应回收利用洗衣房设备所产生的蒸汽冷凝水；
b) 宜回收利用洗衣房的排风热量；
c) 洗衣房在夜间和冬季运行时应尽可能利用新风来调节环境温度；
d) 洗衣房的空调供应设备应独立设置运行。

7.5 其他设施

7.5.1 正确合理使用吸尘装置：

a) 使用吸尘装置时应根据不同情况选择适当功率档；定期清除过滤袋中灰尘；
b) 使用吸尘装置前，认真检查吸尘装置的风道、吸嘴、软管及进风口有无杂物堵塞，发现堵塞应立即清除。

7.5.2 优化车库通风机的开机时间，避免 24 小时常开：

a) 宜使用 CO 和 CO_2 浓度测量仪；
b) 研究车库每天不同时段车辆的进出规律，找出风机运行时间以及开机数量的最优控制方法。

7.5.3 应采取切断电源、睡眠等措施减少设备在非使用时段的待机功率。

7.5.4 加强分体空调的使用管理：

a） 避免一面开空调，一面开门窗，减少空调冷量的流失；

b） 合理控制空调的使用时间，尽量避开用电高峰时段；

c） 合理设置空调区域的空调温度；

d） 经常清洗室内机过滤网和室外机散热器。

8 能源管理信息化及楼宇自控（BA）系统

8.1 能源管理信息化

8.1.1 建立能源信息化管理制度。

8.1.2 定期收集、发布最新能源信息，节能新产品信息。

8.1.3 对适用的节能新产品进行试用、评估、推广使用。

8.1.4 建立能耗数据库，并定期对数据进行分析比较，及时发现节能潜力。

8.2 楼宇自控（BA）系统

8.2.1 对整个管辖区域的照明、空调、采暖、通风、给排水、电梯、自动扶梯、消防等用电设施统一监测。

8.2.2 按系统、分区域对公共区域照明、空调末端设备、送排风系统等实施控制。

8.2.3 室外泛光照明、广告照明、庭院灯等可采用照度、时间双重控制。

8.2.4 车库送排风可采用废气传感器及时间双重控制。

8.2.5 厨房排烟罩可采用温度传感器及时间双重控制。

8.2.6 未纳入BA系统控制的可采用定时开关，感光开关等智慧型节能控制器。

8.2.7 BA系统设计时，除夏季模式、冬季模式以外，应再制作多个运行模式供春、秋季节空调供给时使用。

8.3 冷热源及空调系统的监控

8.3.1 对有2台以上冷热源机组的系统宜设置群控控制系统。

8.3.2 冷热源及空调水系统的监控范围应包括：冷热源设备、冷却塔、水泵、电动调节阀等的远程启动、关闭，设备的运行、关闭、故障状态显示，冷水、冷却水的供、回水温度设定等。

8.3.3 末端设备的控制范围应包括：末端设备的启停、运行控制，设备故障监测显示，供、回水温度显示及环境温度控制等。

8.3.4 系统运行相关数据的记录并自动生成图表。

8.3.5 室外环境向阳面、背阴面的温度记录。

8.3.6 主机房内应单独设置设备控制机房，并配置独立空调。

9 用电计量、分析及评价

9.1 用电计量设备的安装

9.1.1 根据管辖区域实际情况制定计量仪表安装方案。

9.1.2 计量仪表宜使用远传仪表，便于数据的自动摘录及智能化能源管理系统的配套使用。

9.1.3 计量仪表应按规定定期进行检测及校验，保证表具计量的准确性。

9.1.4 照明和动力应分别装表计量。

9.1.5 内部宜分层、分区、分功能、分用户装表计量。

9.1.6 各耗电环节宜分项计量。

9.2 参数记录

9.2.1 设计记录表格，记录项目应包括影响能耗的各类相关数据；尤其要做好大容量设备的投运监控和调整工作，避免用电负荷的不平衡。

9.2.2 设定记录频次，定时记录，记录单位应使用国际标准计量单位。

9.2.3 条件成熟的项目宜使用智能化能源管理系统，确保摘录数据的准确性、及时性，以及能源分析的科学性。

9.2.4 室外环境温度(高、低、平均),湿度,风速。

9.2.5 入住率。

9.2.6 营业额。

9.2.7 公共设施开放时间。

9.2.8 各耗电量数据。

9.2.9 日最高用电负荷。

9.3 用电分析评价

9.3.1 根据不同季节合理申请用电负荷,控制好功率因数。平衡用电负荷,防止超越用电量。

9.3.2 及时掌握电力公司对季节性、时段性等方面的特殊管理规定,避免不必要的付出。

9.3.3 根据宾馆、饭店的实际特点,定期对员工进行节能意识宣传、节能管理方案培训。

9.3.4 根据宾馆、饭店的实际运行情况每年制定能耗预算。

9.3.5 根据国家相关规定,制定空调运行管理方案。

9.3.6 逐步建立宾馆、饭店能源管理数据库。

9.3.7 在能源管理基本落实的情况下进行能耗对比分析,本年度内相邻月份进行比较,同时本月与去年同期进行比较;年末可根据数据库积累同其他年度进行分析比较。

9.3.8 月末、年末出具能耗分析报告。

9.3.9 合理制定用电消耗指标:

a) 考虑由于气候变化、入住率、特殊活动项目安排等因素影响所造成的电耗水平变化;

b) 根据历史耗电数据进行回归分析,求得耗电量与主要影响因素的关系,据此制定合理的用电指标。

9.3.10 定期对日、周、月、季、年的耗电量数据进行分析比较,找出各耗电环节的节能潜力。

9.3.11 可以通过实际用电水平和合理用电水平的比较进行评价,评价的范围可以是整个宾馆饭店,也可以是一个区域、一个部门等。也可以通过和其他宾馆饭店的电耗水平的比较进行评价。

9.3.12 评价标准

按照式(1)计算:

$$K=(Q_a-Q_r)/Q_r \qquad \cdots\cdots(1)$$

式中:

Q_a——实际耗电量,单位为千瓦时(kW·h);

Q_r——参照耗电量,单位为千瓦时(kW·h);

K——合理用电评价值。

参照耗电量可以用式(2)表述如下:

$$Q_r=Q_b+Q_a \qquad \cdots\cdots(2)$$

式中:

Q_b——基准耗电量,单位为千瓦时(kW·h);

Q_a——调整量,单位为千瓦时(kW·h)。

注1:调整量分为常规调整量和非常规调整量。

注2:常规调整量是由确定影响用电量的参数变化而引起的耗电量,例如入住率、日平均温度等。

注3:非常规调整量是指对耗电量有显著影响而又不可预测的参数变化所影响的耗电量,如耗电设备数量的变化。

注4:可以选取典型日、周、月、季、年的电能消耗作为基准耗电量。

9.3.13 每年对能耗预算进行审核,确保其合理性;定期对实际能耗进行分析,确保能源管理制度的有效落实。

9.3.14 不断提高员工节能意识和技能,将管理节能和技术节能有机结合;制定切实可行的能源节约奖励方案。

9.3.15 通过能耗数据的收集和分析挖掘节能潜力：

a） 对楼宇中的终端耗能设备进行归类和分析，掌握其耗能量和耗能时间，并作好记录；

b） 从月耗能量分析入手，进一步细化到每日的耗能变化，从用电量的分析归纳出日最高用电负荷的构成状况，并总结本大楼影响能耗的主要因素；

c） 根据记录分析数据回归出相应的能耗数学模型，据此不断总结节能节钱的方法；

d） 根据分析结果，完善节能管理制度。对不同部门、不同区域的能耗数据进行展示，使员工知晓用能情况，从中发现自身差距，激励员工在日常工作中处处注意节能。

9.3.16 能耗目标考核制度和计量收费：

a） 各地区的宾馆、饭店在聘用物业管理公司时应对其提出节能目标的要求；

b） 宾馆、饭店物业管理公司应在基于深入调查研究的基础上，对各部门甚至各人员提出具体的节能目标要求，并配以奖惩措施激励员工主动节能，目标考核和奖惩措施要以书面形式确定。

9.3.17 提高宾馆、饭店入住客人的节能意识：

a） 向客人详细说明该建筑的节能承诺，介绍节能措施及产生的经济、社会效益，倡议客人参与降低能耗的活动；

b） 在电梯、走廊或公告栏中张贴宣传节能技巧的海报，通过电子邮件发给各位宾馆、饭店入住客人；

c） 定期公示能源消耗状况和分析报告、改进计划、本楼宇业已完成或在建的节能改造项目、节能投入与产出状况；

d） 昭示入住客人节能的合理化建议，开通新知识、新技术通讯稿件。

ICS 29.260.20
K 35

中华人民共和国国家标准

GB 12476.2—2010/IEC 61241-14:2004
代替 GB 12476.2—2006

可燃性粉尘环境用电气设备 第2部分:选型和安装

Electrical apparatus for use in the presence of combustible dust—Part 2:Selection and installation

(IEC 61241-14:2004,IDT)

2010-08-09 发布　　2011-08-01 实施

中华人民共和国国家质量监督检验检疫总局
中国国家标准化管理委员会　发布

前　　言

本部分的全部技术内容为强制性。

GB 12476《可燃性粉尘环境用电气设备》分为若干部分：

——第1部分：通用要求；

——第2部分：选型和安装；

——第3部分：可燃性粉尘存在或可能存在的危险场所分类；

——第4部分：本质安全型“iD”；

——第5部分：外壳保护型“tD”；

——第6部分：浇封保护型“mD”；

——第7部分：正压保护型“pD”；

——第8部分：试验方法　确定粉尘最低点燃温度的方法；

——第9部分：试验方法　粉尘层电阻率的测定方法；

——第10部分：试验方法　粉尘与空气混合物最小点燃能量的测定方法。

……

本部分是GB 12476的第2部分，等同采用IEC 61241-14:2004《可燃性粉尘环境用电气设备　第14部分：选型和安装》(英文版)，是对GB 12476.2—2006中的选型和安装部分的修订。与GB 12476.2—2006中的选型和安装部分相比主要变化有：

——删除了对电气设备的设计、结构和试验要求；

——增加了20条术语；

——增加了对所有防爆型式的通用要求；

——增加了防止危险火花的要求；

——增加了电气保护的要求；

——增加了插头和插座的要求；

——增加了对“ExtD”的补充要求；

——增加了对“ExpD”的补充要求；

——增加了对“ExiD”的补充要求；

——增加了“规范性附录B　轻金属及其合金的摩擦火花危险”；

——“检查与维护的要求”见IEC 61241-17。

本部分对IEC 61241-14:2004进行了下列编辑性修改：

——删除了7.7中的注：“在没有阴极保护的相关IEC标准时，宜遵循国家标准或其他标准。”

本部分的附录B是规范性附录，附录A是资料性附录。

本部分由中国电器工业协会提出。

本部分由全国防爆电气设备标准化技术委员会(SAC/TC 9)归口。

本部分主要起草单位：南阳防爆电气研究所。

本部分主要参加单位：国家防爆电气产品质量监督检验中心、常州裕华电子设备有限公司、华荣集团有限公司、深圳市锦铭科技有限公司、创正防爆电器有限公司。

本部分主要起草人：李书朝、张刚、陈瑞、李江、周金良、吴旭东、张海鸥、黄建锋。

本部分所代替标准的历次版本发布情况为：

——GB 12476.2—2006。

引　言

在生产、加工、运输和存贮中产生的许多粉尘是可燃性的。如果粉尘与空气混合成适当比例，当点燃时粉尘能够迅速地燃烧产生巨大的爆炸压力。在可能出现这类可燃性物料的场所中，通常需要使用防爆电气设备，因此必须采取适当的预防措施，以确保所有这类电气设备得到足够地保护，以减少点燃外部爆炸性环境的可能性。在电气设备中，潜在点燃源包括电弧和火花、热表面和摩擦火花。

在空气中出现危险数量的粉尘、纤维和飞絮的场所被划分为危险场所，并且按照危险等级被分成3个危险区域。

一般情况下，用下列两种方法之一来确保电气设备的电气安全，即：一种方法（只要切实可行）应将电气设备安装在危险场所外，另一种方法按照电气设备使用场所推荐的方法进行设计、安装和维护。

电气设备可能会通过下列几种主要途径点燃可燃性粉尘：

——电气设备表面温度高于有关粉尘的最低点燃温度。粉尘点燃的温度与粉尘特性、粉尘存在状态、粉尘层的厚度和热源的几何形状有关。

——电气部件（如开关、触头、整流器、电刷及类似部件）产生的电弧或火花。

——聚积的静电电荷放电。

——辐射能量（如电磁辐射）。

——与设备有关的机械火花、摩擦火花或发热。

为了避免点燃危险应做到以下几点：

——可能堆积粉尘或可能与粉尘云接触的电气设备表面的温度保持在本部分规定的温度极限以下；

——任何产生电火花的部件或温度高于本部分规定温度极限的部件应：

- 安装在一个能足以防止粉尘进入的外壳内；或
- 限制电路的能量以避免产生能够点燃可燃性粉尘的电弧、火花或温度；

——避免任何其他点燃源。

如果电气设备在其额定条件下运行，并且按照相应的实施规程或要求安装和维护，例如防止过电流和内部短路故障及其他电气故障，那么本部分规定的保护方法就能达到要求的安全水平。尤其重要的是将内部或外部故障的严重程度和持续时间限制在能够维持电气设备不损坏的数值。

危险场所中的电气设备使用几种防爆技术。本部分说明了这些防爆型式的安全技术特点，规定了采取的安装程序。为确保电气设备在危险场所的使用安全，遵守符合标准的选型和安装程序最为重要。

在本部分中，对外壳保护型“tD”规定了两种不同的型式：A型和B型，这两种型式具有相同的保护水平。

A型和B型两种型式通用，采用哪种要求均不会混淆这两种型式对设备的要求和选型/安装的要求。它们使用了不同的方法，主要差别是：

A　型	B　型
主要根据性能要求编写	主要根据规范性要求编写
最高表面温度是在相关粉尘层厚度为5 mm的情况下测定，而且安装规程要求在粉尘表面温度和点燃温度之间的安全裕度为75 K	最高表面温度是在相关粉尘层厚度为12.5 mm的情况下测定，而且安装规程要求在粉尘表面温度和点燃温度之间的安全裕度为25 K
测定粉尘进入的方法根据GB 4208中IP代码	测定粉尘进入的方法是按照热循环试验

可燃性粉尘环境用电气设备
第2部分:选型和安装

1 范围

GB 12476 的本部分规定了用于可燃性粉尘存在量可能导致火灾或爆炸危险场所的电气设备、仪器和关联设备,确保其安全使用的选型、安装的通用要求,是对基本电气安全方面要求的补充。

注:GB 12476 的不同部分规定了电气设备的设计、制造和试验。本部分范围中的设备也符合其他标准中的附加要求。

在含有爆炸性气体和可燃性粉尘的环境中使用,无论是同时使用或单独使用,均要求本部分范围内未包括的附加保护措施。

本部分包括几种防爆型式,它们是或者从粉尘入口采取保护,或者能量不足以引起点燃和限制表面温度。

可燃性纤维或飞絮引起的危险也遵循本部分的原则。

如果要求设备符合其他环境条件,例如,防止水的进入和耐腐蚀,可需要附加保护措施。采取的措施不宜对外壳的完整性产生不利影响。本部分的要求仅适用于处于正常或接近正常大气条件下的电气设备。对于其他情况,可需要附加预防措施。例如,大多数可燃性物质和很多通常被认为是非可燃性的物质在富氧条件下可剧烈燃烧。在极端温度和压力下对电气设备也可采取其他必要的预防措施,这些预防措施不在本部分规定之内。

本部分不适用于不需要氧就能燃烧的火炸药粉尘,也不适用于自燃物质。

本部分不适用于煤矿井下用电气设备,或甲烷和/或可燃性粉尘可危及的这些矿用装置的表面部件。本部分不考虑由于粉尘中可燃性或毒性气体泄漏产生危险。

本部分规定的要求是对非危险场所用装置和设备要求必不可少的补充。

2 规范性引用文件

下列文件中的条款通过 GB 12476 的本部分的引用而成为本部分的条款。凡是注日期的引用文件,其随后所有的修改单(不包括勘误的内容)或修订版均不适用于本部分,然而,鼓励根据本部分达成协议的各方研究是否可使用这些文件的最新版本。凡是不注日期的引用文件,其最新版本适用于本部分。

GB 4208—2008 外壳防护等级(IP 代码)(IEC 60529:2001,IDT)

GB/T 6919—1986 空气质量 词汇(eqv ISO 4225:1980)

GB 12476.1 可燃性粉尘环境用电气设备 第1部分:通用要求[1)]

GB 12476.3—2007 可燃性粉尘环境用电气设备 第3部分:存在或可能存在可燃性粉尘的场所分类(IEC 61241-10:2004,IDT)

GB 12476.4—2010 可燃性粉尘环境用电气设备 第4部分:本质安全型"iD"(IEC 61241-11:2005,IDT)

GB 12476.6—2010 可燃性粉尘环境用电气设备 第6部分:浇封保护型"mD"(IEC 61241-18:2004,IDT)

GB/T 12476.7—2010 可燃性粉尘环境用电气设备 第7部分:正压保护型"pD"(IEC 61241-4:

1) 本部分所引用的 GB 12476.1 是指按 IEC 61241-0:2004 修订的版本。

2001,IDT)

GB 12476.8—2010　可燃性粉尘环境用电气设备　第8部分:试验方法　确定粉尘最低点燃温度的方法(IEC 61241-2-1:1994,IDT)

GB 16895(所有部分)　建筑物电气装置(IEC 60364系列,IDT)

GB 16895.21—2004　建筑物电气装置　第4-41部分:安全防护　电击防护(IEC 60364-4-41:2001,IDT)

GB 19212.1—2008　电力变压器、电源、电抗器和类似产品的安全　第1部分:通用要求和试验(IEC 61558-1:2005,IDT)

IEC 61024-1　建筑物抗雷电保护　第1部分:通用规则

IEC 61024-1-1　建筑物抗雷电保护　第1部分:通用规则　第1节:指南A——雷电保护系统保护等级的选择

IEC 61241-0:2004　可燃性粉尘环境用电气设备　第0部分:通用要求

IEC 61241-1:2004　可燃性粉尘环境用电气设备　第1部分:外壳保护型"tD"

IEC 61241-17　可燃性粉尘环境用电气设备　第17部分:电气装置的检查与维护

3　术语和定义

下列术语和定义适用于本部分。

3.1

场所　area

三维的区域或空间。

3.2

绝缘套管　bushing

用于将一根或多根导体穿过外壳壁的绝缘部件。

3.3

证书　certificate

确认设备符合要求、型式试验和标准涉及的例行试验(适用时)的文件。

注1:一张证书可针对一台Ex设备或Ex元件。

注2:证书可由国家授权的检验机构出具。

3.4

可燃性粉尘　combustible dust

在大气和正常温度条件下可在空气中燃烧或生热,并可能与空气形成爆炸性混合物的粉尘、纤维或飞絮。

3.5

导电性粉尘　conductive dust

电阻率等于或小于 10^3 Ω·m的粉尘、纤维或飞絮。

3.6

粉尘　dust

在大气中依靠自身重量可沉淀下来,但有时也可悬浮在空气中的微小固体颗粒(包括GB/T 6919中定义的粉尘和砂砾)。

3.7

防尘外壳　dust-protected enclosure

不完全阻止粉尘进入但其进入量不足以影响设备安全运行的外壳。

注:粉尘不宜积聚在外壳内容易引起点燃危险的部位。

3.8

尘密外壳 dust-tight enclosure

能防止所有可见粉尘颗粒进入的外壳。

3.9

外壳保护型"tD" protection by enclosures "tD"

电气设备的一种防爆型式。能防止所有可见粉尘颗粒进入的尘密外壳或不完全阻止粉尘进入但其进入量不足以影响设备安全运行的外壳。

注：粉尘不宜积聚在外壳内容易引起点燃危险的部位。

3.10

电气设备 electrical apparatus

全部或部分利用电能的设备。

注：包括发电、输电、配电、蓄电、电测、调节、变流、用电设备和通讯设备。

3.11

浇封保护型"mD" encapsulation "mD"

电气设备的一种防爆型式。这种型式是将可能产生点燃爆炸性环境的火花或发热部件封入复合物中，使它们在运行或安装条件下避免点燃粉尘层或粉尘云。

3.12

等电位联结 equipotential bonding

在正常或故障条件下使裸露金属部分电压完全相同的电气连接。

3.13

Ex 元件 Ex component

不能单独使用并带有符号"U"，当与电气设备或系统一起使用时，需附加认证的爆炸性环境用电气设备的部件或组件。

3.14

爆炸防护 explosion protection

应用于设备或设备部件以防止危险区域内可燃性粉尘发生点燃的防护技术。

3.15

爆炸性粉尘环境 explosive dust atmosphere

在大气条件下可燃性物质以粉尘、纤维或飞絮的形式与空气形成混合物，被点燃后，燃烧将在未燃混合物中继续扩散的环境。

[IEV 60426-02-4，修订]

3.16

危险场所 hazardous area

可燃性粉尘以粉尘云的形式大量出现或预期可能大量出现，以致要求对设备的结构和使用采取特殊措施，防止爆炸性粉尘/空气混合物被点燃的场所。

注：危险场所根据其出现爆炸性粉尘/空气混合物的频次和持续时间来进行分区。

3.17

点燃源 ignition source

包括明火、热表面、光热材料、火花或炽热颗粒等在内的足够点燃爆炸性环境的能源。

3.18

本质安全型"iD" intrinsic safety "iD"

电气设备的一种防爆型式。通过限制设备内部和暴露于爆炸性环境中的连接导线所产生的任何电火花或热效应，使其产生的能量低于可引起点燃的能量。

注：由于用此方法实现本质安全，所以须保证暴露于潜在爆炸性环境的电气设备以及其他相互连接的设备具有合适的结构。

3.19

仪器　instrument

用于测量、控制、计算物理或化学量的设备。

3.20

粉尘层的最低点燃温度　minimum ignition temperature of a dust layer

规定厚度的粉尘层在热表面上发生点燃的热表面的最低温度。

[GB 12476.8—2010，定义 3.3]

3.21

粉尘云最低点燃温度　minimum ignition temperature of a dust cloud

炉内空气中所含粉尘云发生点燃时炉子内壁的最低温度。

[GB 12476.8—2010，定义 3.5]

3.22

最高表面温度　maximum surface temperature

在规定的最高环境温度条件下，当在规定的无粉尘或粉尘层条件下试验时，电气设备表面任何部件所达到的最高温度。

注：该温度在试验条件下获得，由于粉尘具有隔热作用，该温度随粉尘层厚度的增加而升高。

3.23

最高允许表面温度　maximum permissible surface temperature

实际工作条件下为避免产生点燃的电气设备表面允许达到的最高温度。

注：无论是粉尘云或粉尘层，其最高允许表面温度取决于粉尘类型，如果是粉尘层，取决于其厚度和施加的安全系数。详见 6.3。

3.24

正压保护型"pD"　pressurization "pD"

电气设备的一种防爆型式。保持外壳内部高于周围环境的过压，以避免在外壳内部形成爆炸性粉尘环境的方法。

3.25

自燃物质　pyrophoric substance

暴露于空气(例如：磷)或水(例如：钾或钠)中自然着火的物质。

3.26

释放源　source of release

可向大气中释放可燃性物质而形成爆炸性环境的部位或地点。

3.27

防爆型式　type of protection

为防止点燃周围爆炸性环境而对电气设备采取各种特定措施。

3.28

验证档案　verification dossier

显示电气设备和装置符合性的一套文件。

3.29

开放式布线　wiring, open

无护套电缆安装其中不需要进一步保护的布线系统。

3.30

符号“X”　symbol “X”

用于表示安全使用特殊条件的符号。

注：符号“X”和符号“U”不能同时使用。

3.31

符号“U”　symbol “U”

用于表示 Ex 元件的符号。

注：符号“X”和符号“U”不能同时使用。

3.32

区　zones

根据爆炸性粉尘/空气环境出现的频次和持续时间对爆炸性粉尘环境划分的区域。

3.33

20 区　zone 20

空气中可燃性粉尘云长期连续出现或经常出现形成爆炸性环境的区域。

3.34

21 区　zone 21

正常运行时，空气中可能偶尔出现的可燃性粉尘云形成爆炸性环境的区域。

3.35

22 区　zone 22

正常运行时，空气中的可燃性粉尘云不可能出现，如果出现，仅是短时间存在形成爆炸性环境的区域。

4　对所有防爆型式的通用要求

作为对 GB 16895 无可燃性粉尘危险场所装置的补充，下列规定是对用于可燃性粉尘场所装置的附加要求。

当电气设备安装在 20 区时，应对设备的选择进行特殊考虑。

4.1　检查途径

装置的设计、设备和材料的安装宜为检查与维护提供便于安全达到的途径(见 IEC 61241-17)。

4.2　非危险场所的相关设备

应考虑与危险场所设备相关设备的技术要求和安装要求，但非危险场所的相关设备除外，例如，保护装置、调速装置、熔断器等。

4.3　隔离

只有在危险物料被隔离后才能确保最终的安全等级。电气设备，特别是开关和控制装置，如果可行，通常宜安装在非危险场所。

设备可安装在户外的非危险场所，也可被隔离在非危险的房间内或隔离间内，或安装在某些情况下使设备与危险场所分隔的障碍物后。

4.4　电气定额

电气设备和材料应在其电气定额值内安装、使用和维护。这些定额包括功率、电压、电流、频率、负载和温度。

4.5　机械损害与环境危害的保护

所有电气设备在选型、安装时应防止或适当承受可能出现的环境影响和机械损害，物料导致场所划分为危险场所的影响和环境影响均应考虑。

4.6　文件

必须保证所有装置符合相应的合格证明文件和防爆合格证，此外还要符合本部分中包含的对装置的其他专用要求。

注：为了符合这一要求，宜为每套装置准备验证档案并将其保存在工作现场，或将其存放于其他地方。如果存放在其他地方，可在工作现场留存一份说明，指明上述文件的持有者、保存在何处等，以便需要时拷贝副本。验证档案宜包含 GB 12476 系列中对应部分相关防爆型式的详细信息。

通常要求的最新信息如下：

a) 适用时，装置或其中部件的合法持有者的身份说明和验证档案的位置。

b) GB 12476.3 规定的危险场所分类及范围的平面图，包括区域划分和最大允许粉尘层厚度。

c) 物料特性，包括电阻率、可燃性粉尘云的最低点燃温度、可燃性粉尘层的最低点燃温度和可燃性粉尘云的最小点燃能量宜做记录。

d) 设备安装说明书。

e) 电气设备的文件和/或证书，包括特殊使用条件，例如防爆合格证号后带符号“X”的设备。

f) 本质安全系统的描述性系统文件。

g) 与设备暴露的区域和环境相适应的相关文件，如：温度范围、防爆型式、防护等级、防腐蚀。

h) 正常运行时设备施加电压和频率的相关文件。

i) 安装单位证明设备安装符合本部分要求的声明。

j) 足以能够使防爆设备与其防爆型式保持一致的记录（例如：设备清单和安装位置、备件、技术资料）。

k) 布线系统和类型详细信息的平面图。

l) 选择符合特定防爆型式要求的电缆引入装置的依据记录。

m) 与电路标识相关的图纸和一览表。

保证形成相关信息是装置或其中部件合法持有者的责任，但文件的准备可委托专门机构/组织进行。

验证档案可以硬拷贝或电子格式保存。

可根据法律可接受的方式改变文件的格式以便被合法接受。

4.7 人员资格

本部分中包含装置的设计和施工应仅由受过不同防爆型式、安装实践、相关法规和场所划分通用原理培训的可胜任人员进行。人员的资质应与从事的工种相关。

安装人员应进行经常性的适当的继续教育或培训。

4.8 附加考虑事项

4.8.1 轻金属作为结构材料

外部结构含轻金属的设备的位置应作特殊考虑，因为已经确定轻金属在摩擦时易产生火花危险。

应采取适当的预防措施保证避免摩擦性接触（见附录 B）。

4.8.2 非电气点燃源

在任何不考虑尺寸的装置上，可能存在许多电气设备之外点燃源，在这种情况下宜采取适当的预防措施来保证安全。此类预防措施不在本部分范围之内。

4.8.3 电磁辐射

在设计电气装置时，应采取措施将电磁辐射的不利影响降至安全水平。

4.8.4 便携式设备和测试设备

只有在无法避免时，才能在危险场所使用便携式设备。

便携式设备在某区适用时宜有相应的防爆型式。在使用时不宜将此类设备从危险程度低的区域带至危险程度高的区域，除非在危险程度高的区域有适当的保护措施。这样的限制实际上很难强制执行，所以建议所有的便携式设备都符合较高危险等级要求。同样，对于所有其中可能使用便携式设备的可燃性粉尘，宜适当要求设备的表面温度。

普通工业用便携式设备不宜用于危险场所，除非对具体使用地点已经进行过评定，确保在使用期间不会出现潜在的可燃性粉尘（“无尘”状态）。如果插头和插座用于危险场所，则它们宜适用于特殊区域，并具有机械和/或电气连锁，防止插拔时产生点燃源。或者，它们仅宜在“无尘”状态下使用。

如果危险场所电气设备安装需要电气测试，如连续性试验，宜谨慎确保测试操作对危险场所是安全的。可以通过多种方式实现这一点,包括证明测试设备适用于危险场所。或者,仅应在"无尘"状态下进行测试。

注 1:当便携式电气设备用于危险场所时,宜特别小心避免不必要的危险,除非有文件明确证明允许使用,或采取了其他适当的预防措施,备用电池不宜被带入危险场所。

注 2:由电池或太阳能提供动力的个人设备(如电子腕表、助听器、车用报警遥控器、钥匙环手电筒、计算器等),有时会被人员无意间带入或留在危险场所。电子表的危险很小,它们在危险场所使用通常是安全的。

其他的个人电池或太阳能设备(包括带计算器的电子腕表)宜对其是否可在危险场所使用进行评定,或只能被带入证明确保是在无尘状态下的危险场所,或其他程序控制或使用说明充分地控制风险。使用锂电池作个人电气设备电源时危险增加,在使用时宜按照上述规定进行评定。

4.9 爆炸预防

4.9.1 总则

针对消除同时出现的点燃源和场所中的爆炸性环境可采取一些预防措施。

可以通过以下的任一种方式,每种方式都各有所长:

a) 抑制或避免危险环境;

b) 使用防爆电气设备;

c) 采用程序的、自动的或手动的控制方式,防止爆炸性环境与点燃源同时出现。

虽然每种预防措施都能完全独立解决某个特定问题,但有时允许采用综合的方法得到要求的安全等级会更有利。

4.9.2 抑制和避免

4.9.2.1 防爆电气设备

为了保证安全,可对设备或设备的部件采用多种防爆措施。本部分考虑的防爆型式详见 6.1。

当使用一种以上防爆型式时,设备或系统每个相关的部件应保持防爆型式的特性。

4.9.2.2 控制条件

在某些情况下,只有通过附加的方法或控制条件才能达到要求的安全等级,此类方法可包括使用程序和/或监控装置,如压力、温度或流量监控装置。根据包含的危险程度和危险形式,由监控装置启动的相关控制条件可包括下列之一:

a) 自动断开电源;

b) 自动启动报警,随后用手动程序来恢复系统正常状态;

c) 手动程序或爆炸产生条件所需的其他参数仍在继续控制。

5 场所分类

设备的粉尘保护等级须与可能遇到的环境相匹配,采用三个区域划分。

场所分类详见 GB 12476.3 存在或可能存在可燃性粉尘的场所分类。

6 电气设备的选择

6.1 允许的设备

为保证电气设备的使用安全,用于可燃性粉尘危险场所的电气设备应由下列一种防爆型式或多种防爆型式的组合进行保护:

a) 外壳保护型(Ex tD);符合 IEC 61241-1 的要求;

b) 浇封保护型(Ex mD);符合 GB 12476.6 的要求;

c) 本质安全型(Ex iD);符合 GB 12476.4 的要求;

d) 正压保护型(Ex pD);符合 GB 12476.7 对粉尘危险场所要求的正压外壳。

6.2 根据粉尘特性和区域选择

为了选择适合用于危险场所 20 区、21 区和 22 区的电气设备,需要下列信息:

a） 危险场所分类，即：区域划分。

与可燃性粉尘有关的粉尘层的点燃温度，或如果可能出现一种以上可燃性粉尘物料时粉尘层的最低点燃温度。如果装置上出现过厚的粉尘层，则要求可燃性粉尘的最大厚度的点燃温度。超厚粉尘层的示例可见附录 A。

b） 与可燃性粉尘有关的粉尘云的点燃温度，或如果可能出现一种以上的可燃性粉尘物料时粉尘云的点燃温度最低值。

c） 适用时，与粉尘有关的最小点燃能量，或如果可能出现一种以上的可燃性粉尘物料时的最小点燃能量（见 6.3.3）。

d） 电阻率（电导率）。

应根据场所分类选择防爆型式（见 GB 12476.3）。

6.3 根据温度选择

6.3.1 环境温度范围

用于 20 区、21 区和 22 区电气设备适用的环境温度范围为－20 ℃～＋40 ℃，另有标志时除外。

6.3.2 环境温度考虑

当设备安装于环境温度可能超出－20 ℃～＋40 ℃范围的场所时，应采取预防措施来保证设备在指定的温度范围内正常运行。此类来源可能包括太阳能加热、电加热或锅炉加热。

当设备安装于环境温度不在指定范围内的地方时，这种决定的理由应形成文件。这种决定宜考虑元件的定额、外壳可能出现的损坏、绝缘失效和对保护措施产生不利影响的其他因素。为了做出通告决定，通常情况下须咨询制造商和授权的设备检验机构（适用时）。

6.3.3 温度极限

粉尘层在其厚度增加时会表现出两个特征：最低点燃温度降低和增加隔热。

设备的最高允许表面温度是由相关粉尘的最低点燃温度减去安全裕度确定的，当按照 GB 12476.8 规定的方法对粉尘云和厚度不大于 5 mm 的粉尘层中的“tD”防爆型式进行试验时，采用 A 型；对其他所有防爆型式和 12.5 mm 厚度中的“tD”防爆型式采用 B 型。

当装置的粉尘层厚度大于上述给出值时，应根据粉尘层厚度和使用物料的所有特性确定其最高表面温度。超厚粉尘层的示例见附录 A。

6.3.3.1 外壳保护：A 型和 B 型

对于防爆型式“tD”，本部分中有两种不同的方案，它们均能对点燃提供等效的保护水平（见引言和第 12 章）。

6.3.3.1.1 A 型和所有其他设备的外壳

温度要求如下：

——按照 GB 12476.8 的规定确定粉尘层最低点燃温度；

——应在无尘状态下依据 GB 12476.1 中 23.4.4.1 的规定确定最高表面温度；

——粉尘层厚度不大于 5 mm 的设备最高允许表面温度应按照 6.3.3.3.1 的规定计算。

注：附加规定详见 12.2。

6.3.3.1.2 B 型专用外壳

温度要求如下：

——按照 GB 12476.8 的规定确定粉尘层最低点燃温度；

——粉尘覆盖条件下最高表面温度按照 IEC 61241-1:2004 中 8.2.2.2 进行测定；

——粉尘层厚度不大于 12.5 mm 的设备的最高允许表面温度按照 6.3.3.3.2 的规定进行计算。

注：附加规定详见 12.3。

6.3.3.2 存在粉尘云情况下的极限温度

设备的最高表面温度不应超过相关粉尘/空气混合物最低点燃温度的 2/3，$T_{max} \leqslant 2/3\ T_{CL}$，单位：℃。

式中 T_{CL} 为粉尘云的最低点燃温度。

6.3.3.3 存在粉尘层情况下的极限温度

6.3.3.3.1 A 型和其他粉尘层用设备外壳

——厚度不大于 5 mm：

用 GB 12476.1 中 23.4.4.1 规定的无尘试验方法试验的最高表面温度不应超过 5 mm 厚度粉尘层的最低点燃温度减 75 ℃：$T_{max}=T_{5\ mm}-75$ ℃。

式中 $T_{5\ mm}$ 是 5 mm 厚度粉尘层的最低点燃温度。

——5 mm～50 mm 厚度：

当在 A 型设备上有可能形成超过 5 mm 粉尘层时，最高允许表面温度应降低。图 1 是在设备最低点燃温度超过 250 ℃时 5 mm 粉尘层不断加厚情况下最高允许表面温度降低的示例，作为指南。

超过 50 mm 的粉尘层厚度见 6.3.3.4。

注：在使用图中的信息之前宜首先参考 GB 12476.8。

当 5 mm 厚粉尘层的点燃温度低于 250 ℃，或对图中应用有疑问时，应对设备进行试验验证确认，见 6.3.3.4。

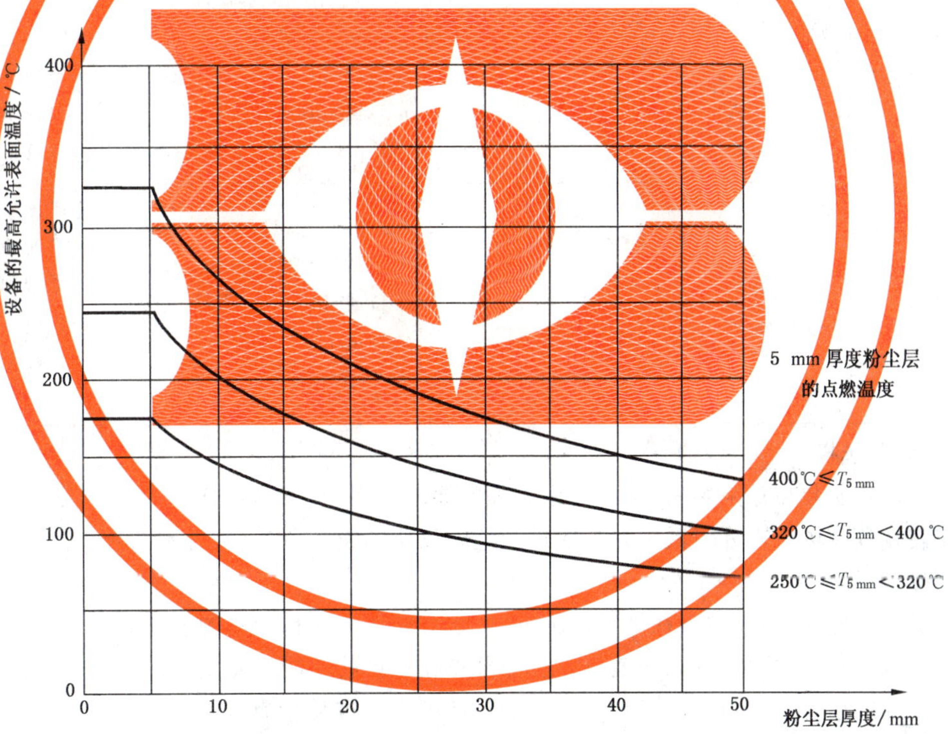

图 1 最高允许表面温度与粉尘层厚度之间的关系

6.3.3.3.2 粉尘层厚度 12.5 mm 以下 B 型设备专用外壳

当设备按照 IEC 61241-1:2004 中 8.2.2.2 的规定试验时，对于 12.5 mm 粉尘层厚度来说，设备最高表面温度不应超过粉尘层最低点燃温度减 25 ℃：$T_{max}=T_{12.5\ mm}-25$ ℃。

式中 $T_{12.5\ mm}$ 是 12.5 mm 厚度粉尘层的最低点燃温度。

注：根据本款和从 6.3.3.3.1 得到的 T_{max} 值被视为具有同等安全水平。

6.3.3.4 不可避免的粉尘层

当设备侧面和底部上不可避免地形成粉尘层或设备完全湮没于粉尘中时，因受绝缘的影响可需要较低的表面温度。可通过系统能量限制、带或不带内在温度控制符合这一特殊要求，内在温度控制应按照 GB 12476.1 确定。

对粉尘层厚度超过 50 mm 的 A 型外壳和所有其他设备，或仅对粉尘层厚度为 12.5 mm 的 B 型外壳，其设备最高表面温度可用最高表面温度 T_L 来标志，作为粉尘层允许厚度的参照。当设备以粉尘层 T_L 标志时，应使用粉尘层 L 上的可燃性粉尘的点燃温度代替 $T_{5\,mm}$。粉尘层 L 上设备的最高表面温度 T_L 应从可燃性粉尘的点燃温度中减去 75 ℃。超厚粉尘层的示例见附录 A。

6.3.3.5 最高允许表面温度

从 6.3.3.2 和 6.3.3.3.1A 型中和 6.3.3.2 和 6.3.3.3.2B 型中得到的最低值，将决定所用设备的最高表面温度。

如果设备在 6.3.3.4 中包含的条件下使用，则应使用较低值。

6.4 设备选择

6.4.1 根据防爆型式选择设备

如 6.1 中所述，设备的设计和试验应符合 GB 12476 多个部分的相关要求。最高表面温度应在 6.3.3.5所给出的限定之内，取决于可能堆积的粉尘层，对于防爆型式“tD”，则取决于 A 型或 B 型。

表 1 根据防爆型式选择设备

粉尘类型	20 区	21 区	22 区
非导电性粉尘	tD A20 tD B20 iaD maD	tD A20 或 tD A21 tD B20 或 tD B21 iaD 或 ibD maD 或 mbD pD	tD A20；tD A21 或 tD A22 tD B20；tD B21 或 tD B22 iaD 或 ibD maD 或 mbD pD
导电性粉尘	tD A20 tD B20 iaD maD	tD A20 或 tD A21 tD B20 或 tD B21 iaD 或 ibD maD 或 mbD pD	tD A20 或 tD A21 或 tD A22 IP6X tD B20 或 tD B21 iaD 或 ibD maD 或 mbD pD

6.4.2 辐射设备选择

若光辐射设备安装在危险场所，本部分中相关的要求适用，包括本条款。

对于安装在危险场所以外但其辐射光线进入危险场所的设备，仅应符合本款规定。

6.4.2.1 点燃过程

光学光谱范围内的辐射，尤其在聚焦情况下，可成为粉尘云或粉尘层的点燃源。

例如，太阳光若被某些物体（如凹镜、透镜等）聚焦在一点就可能引发点燃。

高强度光源的辐射，如照相机的闪光灯，在某些环境中会被粉尘颗粒大量吸收，而这些粉尘颗粒又会成为粉尘云或粉尘层的点燃源。

当激光辐射（如信号传输设备、光学测距仪等测量仪器）的能量或功率密度很高时，即使未聚焦的长距离光束也可能成为点燃源。这里的加热主要由激光束照在粉尘层上或环境中的粉尘颗粒吸收激光束引起。极强的聚焦可在聚焦点形成远远超过 1000 ℃的温度。

应考虑自身产生辐射（如灯、电弧、激光等）可能形成点燃源的设备。

6.4.2.2 20 区或 21 区的安全措施

如果对产生辐射的电气设备按照本部分对 20 区或 21 区的规定进行试验并允许用于该区域，则可以使用。除此之外，还应保证可进入或在 20 区或 21 区产生的辐射功率或辐射能量，即使在极少出现干扰的情况下，在 20 区或 21 区产生的全部辐射功率和辐射面的任何一点的能量，均不应超过下列值：

——对持续激光波和其他持续波源：5 mW/mm² 或 35 W；和

——脉冲激光或脉冲间隔不小于 5 s 的脉冲光源：0.1 mJ/mm^2。

脉冲间隔小于 5 s 的辐射源这里被视为持续光源。

6.4.2.3 22 区的安全措施

产生辐射的设备可以使用。在正常运行时辐射强度或辐射能量不应超过 10 mW/mm^2 或 35 mW（持续的）或 0.5 mJ/mm^2（脉冲）。

6.4.3 超声波设备的选择

对于安装在危险场所以外，但辐射进入危险场所的设备，仅应符合本款要求。

安装于危险场所的超声波传输设备，应符合本部分中所有相关的要求，包括本条款。

6.4.3.1 点燃过程

当使用超声波时，由声音转换器释放的大部分能量被固体或液体物料吸收。受影响的物料会被加热，在某些极端情况下将物料加热至超过其最低点燃温度。

6.4.3.2 安全措施

以下考虑的事项仅涉及由音速能量产生的点燃危险，就安全而言应给予考虑。在其他事项中应考虑电荷已经通过适当的电路元件从压电陶瓷（在超声波设备中通常被用作转换器）中安全消除。

6.4.3.2.1 20 区或 21 区的安全措施

在 20 区或 21 区，只有当在该区域内的工作方式因音速功率低而被视为很适合使用时才能使用超声波设备，且其声场内的功率密度不应超过 0.1 W/cm^2，持续声源频率不应超过 10 MHz，脉冲源能量不应超过 2 mJ/cm^2。平均功率密度不应超过 0.1 W/cm^2。

6.4.3.2.2 22 区的安全措施

在 22 区，工作过程中使用普通超声波设备（例如，超声波治疗仪、诊断仪、脉冲芯片测试仪），由于它们自身使用超声波，如果声场内产生的功率密度不超过 0.1 W/cm^2，且设备频率不超过 10 MHz，则不需要采取特殊的安全措施防止点燃危险。

6.4.4 环境影响

当电气设备可能受意外的外部影响时（如：化学作用、机械作用和热应力）应附加保护。

7 防止危险火花

7.1 带电部件的危险

为了避免可能点燃可燃性粉尘环境的火花形成，应防止与非本质安全的裸露带电部件可能无意中接触。

7.2 裸露的外部导体部件的危险

与安全有关的基本原则是限制结构支架或外壳中的接地故障电流（包括幅值和/或持续时间），防止等电位联结导体电位升高。

注：因为没有对高于 1 000 V（交流有效值）/1 500 V（直流）电气系统协调一致的要求，所以宜遵照相应的国家标准。

尽管包含所有可能的系统不可行，但下列规则适用于 20 区、21 区、22 区电压为 1 000 V（交流有效值）/1 500 V（直流）以下的、除本质安全电路之外的电源系统。

7.2.1 TN 型系统

如使用 TN 型电源系统，则在危险场所应为 TN-S 型（具有单独的中性体 N 和保护线 PE），即在危险场所中，中性线与保护线不应连在一起或合并成一根导线。从 TN-C 型向 TN-S 转换的任何部位，保护线应在非危险场所与等电位联结系统相连接。

注：应考虑危险场所内中性线与 PE 保护线之间的漏电监视。

7.2.2 TT 型系统

如果在 20 或 21 区使用 TT 型电源系统（电源接地与裸露导体部件分开接地），则电源应使用剩余漏电电流动作保护装置保护。

注：接地电阻率高的地方，不允许使用该系统。

7.2.3 IT 型系统

如果使用 IT 型电源系统(中性线与接地隔离或经阻抗接地),应提供绝缘监视装置以指示第一次接地故障。

注:局部等电位联结,通常称为附加等电位联结是必要的(见 GB 16895.21)。

7.2.4 SELV 和 PELV 系统

特低压系统 SELV 应符合 GB 16895.21—2004 中 411.1.1~411.1.4 的要求,SELV 电路的带电部件不应对地连接,或与构成其他电路部分的保护导体连接。

特低压系统 PELV 应符合 GB 16895.21—2004 中 411.1.1~411.1.3 及 411.1.5 的要求,其电路可以是接地的或非接地的。如果电路接地,接地电路和裸露的导电部件与共用的等电位系统应连接。如电路未接地,裸露导体部件可以是接地的(如电磁兼容)或不接地。SELV 和 PELV 的安全隔离变压器应符合 GB 19212.1—2008 要求。

7.2.5 电气隔离

对仅向设备的一个项目供电来说,电气隔离应符合 GB 16895.21 中的有关要求。

7.3 等电位

7.3.1 总则

危险场所装置要求的等电位联结,对于 TN、TT 和 IT 系统,所有裸露的外部导体部件应与等电位系统连接。等电位联结系统包括保护线、金属导管、电缆金属外皮、钢丝铠装和结构的金属部件,但不包括中性导线。连接应安全可靠,以防自动松脱。

如果裸露带电导体用金属相连的方式固定在结构件或管道上,且结构件或管道与等电位系统相连,则该导体不需要再与等电位系统相连。不属于本结构或安装件的外部导体,例如门、窗,如果没有电压转移,则亦不需要与等电位系统相连。

其他附加信息见 GB 16895.21—2004 中的 413 章。

本质安全设备的金属外壳不需要与等电位系统相连接,但设备文件或为防止静电电荷堆积要求时除外。具有阴极保护的装置不应与等电位系统相连接,系统为此目的专门设计时除外。

注:运输工具和固定装置之间的等电位联结可采用特殊的方法,如使用绝缘法兰连接管线的地方。

如果外壳用金属相连的方式固定在结构件或管道上,且结构件或管道与等电位系统相连,则该外壳不需要再与等电位系统相连。

运输工具和固定设备之间的等电位联结可采用特殊的方法,例如使用绝缘法兰连接管线时船与岸之间。

应采取适当的预防措施使等电位联结导体之间连接点的腐蚀降至最低。

7.3.2 临时等电位联结

建议临时等电位联结的最终连接宜符合下列条件之一:

——处于非危险场所;

——使用适合危险场所的连接;或

——使用文件化的程序使火花危险降至最低。

对于临时等电位联结,金属部件间的电阻可大于相当于 10 mm^2 横截面铜线的电阻。

注:临时等电位联结的实例包括对便携式磁鼓或运输工具进行的等电位联结。

7.3.3 金属外壳、导管、金属外皮和钢丝铠装的等电位联结

金属外壳与导管之间,或金属外壳与铠装之间,或电缆金属外皮和金属铠装之间,或穿过导管或铠装接点之间,或电缆金属外皮和铠装之间的电气连续性应由自身接合处的完整性保证。如果需要外部等电位联结,则应直接连接接合处以避免产生高浪涌阻抗。

7.4 静电

在电气装置的设计中,应采取措施将静电影响降至安全水平。

7.5 电磁辐射

在电气装置的设计中，应采取措施将电磁辐射影响降至安全水平。

7.6 雷电保护

在电气装置的设计中，应采取措施将雷电影响降至安全水平(见 IEC 61024-1 和 IEC 61024-1-1)。

第 14 章给出了用于 20 区的 Ex i 型设备的雷电保护要求的详细规定。

7.7 阴极保护金属部件

安装在危险场所中的阴极保护金属部件，是一些外部带电的导电部件，尽管它们是较低的负电位，也被视为具有潜在危险(尤其使用外加电流时)。20 区场所的金属部件不应采用阴极保护，除非为它们的使用进行过特殊设计。

阴极保护所要求的绝缘元件，例如导管和线路中的绝缘元件，如果可能，宜安装在危险场所之外，如果不可能，宜符合国家标准要求。

8 电气保护

8.1 总则

本款要求不适用于本质安全电路。

应对线路进行保护，防止过载、短路和接地故障造成有害的影响。所有电气设备应进行保护，防止短路和接地故障造成有害的影响。

当电气设备自动断开产生的安全危险会比由单纯点燃引起的危险更大时，可使用报警装置代替自动断开，只要报警装置的动作能直接明显地提示迅速采取纠正措施。

8.2 保护和控制装置的位置

保护和控制装置应安装在非危险场所，有适当的防爆型式保护时除外。

8.3 短路和接地故障保护装置复位

短路和接地故障保护装置应在故障排除时自动复位。

8.4 旋转电机的保护

旋转电机应采取附加的过载保护，除非它能承受额定电压和额定频率下的持续启动电流，或者对于发电机来说，能承受短路电流出现允许的发热。过载保护装置应是：

a) 监控所有三相过电流时间延迟保护装置，设定值不超过电机额定电流，它将在 1.20 倍额定电流下 2 h 内动作，在 1.05 倍额定电流下 2 h 内动作；或

b) 通过嵌入的温度传感器来直接控制温度的装置；或

c) 其他等效的安全装置。

8.5 电源缺相

应采取措施防止电气设备(如三相电机)在电源缺相时运行，此类情况易发生过热。

8.6 变压器的保护

变压器应采取附加的过载保护，除非它能承受原边额定电压和频率下的持续次级短路电流而出现允许的发热，或者对于连接负载预期不发生过载。

9 紧急断电和电气隔离

9.1 紧急断电

为处理紧急情况，在危险场所外合适的地点或位置应采取一种或多种措施对危险场所电气设备断电。

为防止增加危险，必须连续运行的电气设备不应包括在紧急断电电路中，而应安装在单独的电路上。

9.2 电气隔离

为保证作业安全，应对每一电路或电路组采取适当方法进行隔离（例如隔离开关、熔断器和保险丝），包括所有电路导体，也包括中性线。

应直接采取与隔离措施一致的标签对被控制电路和电路组进行标识。

注：当裸露非保护导体对爆炸性环境产生危险仍持续时，宜有有效措施（如能够被锁止在 OFF 位置的隔离）或程序来阻止对电气设备恢复供电。

10 布线系统

10.1 总则

10.1.1 布线系统

10.1.1.1 20 区的电缆系统

本质安全系统电缆的要求在 GB 12476.4 中规定。

导管中的电缆和场所中具有适当保护方法的装置用电缆，须经特殊批准。

10.1.1.2 21 区和 22 区的电缆系统

10.1.1.2.1 固定式设备用电缆

热塑护套电缆，热固护套电缆，合成橡胶护套电缆或矿物绝缘金属护套电缆可用于固定式线路。

10.1.1.2.2 软电缆

危险场所用软电缆应选用下列电缆：

——普通橡胶护套软电缆；

——普通氯丁护套软电缆；

——加厚橡胶护套软电缆；

——加厚氯丁护套软电缆；

——与加厚橡胶护套软电缆结构相当的塑料绝缘电缆。

对于需要经常短距离移动的固定式设备（如导轨上的电机）的终端连接，电缆的部置宜在不损伤电缆的情况下允许必要的移动，或者采用适合可移动式设备使用的电缆类型。当固定布线本身类型不适宜必要的移动时，应采用适当保护的接线盒连结固定布线与设备布线。若使用挠性金属管，金属管及其附件的结构应能避免损坏随后使用的电缆。宜保持充分的接地和等电位联结，挠性管不宜作为唯一的接地方法。挠性管不应有粉尘进入，且不应削弱其连接设备外壳的完整性。

10.1.1.2.3 手提式和可移动式设备用电缆

手提式和可移动式设备应使用含有加厚的氯丁橡胶或其他与之等效的合成橡胶护套电缆、含有加厚的坚韧橡胶护套电缆或含有同等坚固结构护套的电缆。导线横截面积最小为 1.0 mm^2。如需要电气保护导线，应与其他导线绝缘方式相同，并且应与其他导线并入电源电缆护套中。

对地电压不超过 250 V，额定电流不超过 6 A 的手提式电气设备可采用普通橡套电缆、普通氯丁橡胶护套电缆，或具有同等耐用结构的电缆。对于承受强机械力作用的手提式或移动式电气设备，例如：手灯、脚踏开关则不允许采用这些电缆。

如果电缆中使用金属柔韧性铠装或屏蔽，则铠装或屏蔽不应单独作为保护导线使用。电缆宜适合电路保护装置，例如，当使用接地监控时，宜包括所需的导线数量。当设备需要接地时，电缆可包括接地的柔韧性金属屏蔽作为 PE 导线的补充。

10.1.1.3 未使用的芯线

在危险场所中多芯电缆中未使用的芯线应接地，或通过适当的端接充分绝缘，不得仅用胶布缠裹。

10.1.1.4 电缆保护

电缆及其附件在安装时，根据实际情况其位置宜能防止受外来机械损伤、腐蚀或化学影响（例如溶剂的影响），以及高温作用或 UV 辐射的影响。如果上述情况不能避免，应采取适当的保护措施或选择合适的电缆。

使机械损伤危险最小化的保护实例包括使用铠装电缆、屏蔽线、无缝铝护套线、矿物绝缘金属护套或半刚性护套电缆，或将电缆安装在导管中，或保护其免受阳光照射的遮阳罩。

当电缆或导管系统将承受震动时，它们应设计成能承受震动或损害的结构。

注：在-5 ℃安装时，PVC 电缆应采取措施防止电缆护套或绝缘材料受损害。

10.1.2 20 区、21 区和 22 区用导管系统

当没有针对导管的国家标准时，应遵照行业标准或其他标准。

当电路由熔断器或开关保护时，采用导管系统作保护导体的地方，其螺纹的结合应适合于故障电流通过。

如果导管安装在腐蚀性场所，导管材料应能耐腐蚀或应具有足够的防腐蚀保护措施。

应避免可导致产生电流腐蚀的金属接合。

导管中可采用无护套的绝缘单芯或多芯电缆。但当导管含有三根或多根电缆时，电缆的总截面积，包括绝缘层不应超过导管截面积的 40%。

长距离布线的外壳应有排液装置，用于排放冷凝水，另外电线绝缘应有防水特性。

为了满足外壳防护等级要求，导管和外壳间应有密封措施(例如密封垫圈或螺纹密封剂)。

注：如果导管是唯一的接地措施，螺纹密封剂不宜影响接地路径的有效性。

10.1.2.1 金属导管系统

如使用金属导管系统，应防止粉尘进入并符合 10.1.2.3 的规定。

10.1.2.2 塑料导管系统

在机械损伤危险较低的场所，可使用符合 GB 12476.1 中 23.4.2 规定的刚性塑料导管和附件。系统应防粉尘进入，接合处应符合 10.1.2.3 的规定或熔焊。

10.1.2.3 导管系统的接合

接线盒与可移动部件之间的接合，如盖子、检查板等应为衬垫接合、螺纹接合、止口接合、法兰接合或它们的组合。

当使用衬垫或平面法兰接合时，应采用足够数量的安全螺栓或螺钉或其他形式的夹紧装置来保证整个接合区域的法兰结合在一起。

导管与设备接线盒的接合应符合设备技术规范的要求，而且作为最低要求应为衬垫接合、螺纹接合、止口接合、法兰接合或它们的组合。

螺纹接合应有足够的螺纹数量来保持外壳的防护等级。如果为等电位联结系统的连续性备用，则可以使用密封剂。

10.1.3 静电积聚

粉尘通过时的摩擦作用能产生静电，因此电缆线路不宜暴露排列，应采取措施以防止电缆表面的静电积聚。

10.1.4 粉尘堆积

电缆线路排列宜使电缆上的粉尘层堆积量最小化且易于吹扫。在将电缆装入电缆箱内、嵌入电缆槽中或将其埋入电缆沟时，宜采取措施防止可燃性粉尘通过或堆积在这些地方。如果在电缆表面易形成粉尘层并使空气自由流通减弱，尤其是在低点燃温度粉尘出现时，应考虑降低电缆的载流能力。受粉尘层影响的布线系统应符合 6.3.3.5 的温度要求。

10.2 电缆和导管引入装置

10.2.1 允许的引入装置

根据 GB 12476.1 中 23.2 的规定，制造商应在提交的文件中规定电缆或导管拟使用的引入装置、它们在设备上的位置以及允许的最大数量。

10.2.2 引入装置的选择

根据电缆引入装置制造商规定的电缆安装尺寸范围，电缆和导管引入装置的结构和固定不应改变

电气设备防爆型式的性能。

10.2.3 导管安装

当具备以下条件时，导管引入装置应拧入螺纹孔或固定到光孔中：

——在外壳壁上；或

——安装在外壳壁上或外壳表面的适配板上；或

——装入与外壳壁构成整体或附于外壳上适当的填料盒内。

10.2.4 封堵件

用于封堵电气设备外壳壁上电缆或导管引入装置多余引入装置孔的封堵件，与设备外壳壁一起应符合相关专用防爆型式的要求。封堵件只有用工具才能拆除。

10.3 附件

用于连接电缆和设备的附件(如接线盒)，按照其所使用的区域应采用适当的防爆形式保护。

10.4 布线过程

当电路从非危险场所穿过危险场所到另一场所时，危险场所中的布线系统应适合于该区域。

10.5 阻挡层

当电缆穿过形成粉尘屏障的地板、墙壁、间隔或天花板时，穿过的开孔应密封以防止可燃性粉尘的通过或积聚。

10.6 软连接

对于需要经常短距离移动的固定式设备(如导轨上的电机)的终端连接，电缆的布置宜在不损伤电缆的情况下允许必要的移动，或者采用适合可移动式设备使用的电缆类型。当固定布线本身类型不适宜必要的移动时，应采用适当保护的接线盒连结固定布线与设备布线。若使用挠性金属连接管，金属管及其附件的结构应能避免损坏随后使用的电缆。宜保持充分的接地和等电位联结，挠性连接管不宜作为唯一的接地方法。挠性连接管不应有粉尘进入，且不应削弱其连接设备外壳的完整性。

10.7 电缆引入装置

10.7.1 无论是整体或单独的电缆引入装置均应符合 GB 12476.1 中第 27 章的相关规定。

10.7.2 电缆引入装置应符合相关防爆型式特定的防尘保护等级要求。

10.8 未经授权的方法

10.8.1 未经授权的具体方法

10.8.1.1 危险场所内

下列布线系统不应安装在可燃性粉尘场所：

——裸露导体；

——无其他保护的单个绝缘导体；

——未达到双重绝缘的护套接地回路(ESR)布线系统；

——布线通路系统；

——架空布线系统；

——单线接地回路系统；

——低压和特低压线路系统；

——抗拉强度低于下列数值的护套电缆：

i) 热塑性材料

- 聚氯乙烯(PVC)：12.5 N/mm^2
- 聚乙烯：10.0 N/mm^2

ii) 弹性材料

- 氯丁橡胶
- 氯磺化聚乙烯或类似聚合物：10.0 N/mm^2

安装在导管中时除外。

注：这些电缆通常被称为“易撕裂”电缆。

10.8.1.2 危险场所之上

应采取措施保证防止任何危险场所之上的点燃源对危险场所产生不利影响。

注1：下列布线系统不宜安装于危险场所之上：

——裸露导体；

——开口线路；

——架空布线系统；

——低压和特低压线路系统。

注2：如电气设备安装于危险场所之上，宜防止所有的点燃源落入危险场所内。

10.9 通讯电路

通讯电路应符合本部分的要求，作为其他相关通讯标准的补充。

10.10 未使用的通孔

电气设备的电缆或导管引入装置未使用的通孔，应采用适合于相关防爆型式的封堵件进行堵封。除本质安全设备外，封堵件只有用工具才能拆除。

用于封堵电气设备外壳壁上电缆或导管引入装置多余引入装置孔的封堵件，与设备外壳壁应符合相关专用防爆型式的要求。封堵件只有用工具才能拆除。

11 插头和插座

插头和插座不允许用于20区。

用于21区和22区的插头和插座应符合GB 12476.1及下列要求。

注：用“Ex iD”保护的连接器不属于插头和插座。

11.1 总则

插头和插座应通过适当的软连接合并使用，见10.6的规定。

11.2 安装

插座的安装应保证在插头插入或拔出的情况下均无粉尘进入，在防粉尘帽意外脱落情况下要使粉尘的进入量最少。插座应倾斜安装，与垂直线的夹角不超过60°，且插孔朝下方向。

11.3 位置

插座安装的位置应使要求的软电缆尽可能短。

12 对外壳保护型“ExtD”的补充要求

12.1 A型和B型

在本部分中，对外壳保护规定了两种不同的型式，这两种型式具有相同的保护水平。

12.2 A型

除6.3.3.3.1的要求之外，下列详细设计要求和试验方法适用。

外壳结构应符合IEC 61241-1中的规定。

表2 A型尘密外壳

20区 21区 带有导电性粉尘的22区	22区
IP 6X	IP 5X

12.3 B型

除6.3.3.3.2的要求之外，下列详细设计要求和试验方法适用。

外壳结构应符合 IEC 61241-1 中的规定。

表 3 B型尘密外壳

20 区	21 区和带有导电性粉尘的 22 区	22 区
IEC 61241-1:2004 中 8.2.1.4 规定的尘密外壳。 IEC 61241-1:2004 第 7 章规定的附加要求。	IEC 61241-1:2004 中 8.2.1.4 规定的尘密外壳。 IEC 61241-1:2004 第 7 章规定的附加要求。	IEC 61241-1:2004 中 8.2.1.5 规定的防尘外壳。 IEC 61241-1:2004 第 7 章不适用。

12.4 由变频和调压电源供电的电机

由变频和调压电源供电的“ExtD”型电机应符合 a)或 b)的规定：

a) 按照电机有关标准规定埋入温度传感器，对温度进行直接控制或采用其他有效限制电机外壳表面温度的措施。保护装置动作应能使电机断电。电机和变频器不需一起进行试验；或

b) 电机作为一个工作单元应和描述性文件中规定的变频器、保护装置一起进行型式试验。

13 对正压保护型“pD”的补充要求

13.1 保护气源

在某些情况下，如必须保持电气设备正常运行，应准备两种气源，以备在前一种气体失效时有可替代的气源。每一种气源都应能独立保持保护气体要求的压力和供气量。

表 4 外壳保护要求摘要

场所分类	外壳内的设备类型	
	有点燃能力的设备	正常运行没有点燃源的设备
20 区	“pD”不适用	“pD”不适用
21 区	13.2 适用	13.2 适用
22 区	13.2 适用	不要求“pD”

如果外壳内的设备不适用于可燃性粉尘环境，出现失压时，应执行表 4 的规定。

13.2 自动断电

当过压和/或保护气体低于最小规定值时，自动装置应能切断设备的供电电源并启动声音或可视报警。当自动切断电源可能危害装置的安全和由其他方式保证的安全时，持续的声音或可视报警应直到压力恢复或采取其他适当的措施为止，包括通常的延迟断电。

13.3 报警

当内部压力或保护气体低于规定值时，应给操作人员一个直接明显的信号显示失压。正压保护系统应尽可能快地恢复，否则应手动切断供电电源。

13.4 共用保护气源

当一个保护气源为多个单独的外壳共用时，只要最终保护考虑了整个组件可能出现的最不利情况，就可以采取共用的保护措施。

如果保护装置共用，则在下列情况下打开门或盖不需要切断整个组件的供电电源或启动警报：

——在上述打开之前切断特定设备的供电电源，部件由适当防爆型式保护时除外；

——共用保护装置继续监控本组内其他所有外壳内的压力；和

——在给特定设备随后接通供电电源之前进行适当的吹扫。

13.5 接通电源

a) 在接通处于启动状态设备的供电电源之前或关闭电源之后，操作人员有责任确认粉尘未渗透进入设备外壳，或相关粉尘的浓度可能产生潜在粉尘危险。操作人员应考虑就下列

内容进行评定：

1） 是否需要足够的安全裕度；和

2） 如果适用，形成危险所需的可用爆炸性粉尘在空气中的浓度等级；和

3） 由于发热而可能发生潜在点燃的粉尘层厚度。

b） 不用工具可打开的门或盖应有连锁装置，当自动打开时切断所有没有其他保护方式部件的供电电源。在门或盖再次关合之前应防止电源再次接通。

13.6 由变频和调压电源供电的电机

由变频和调压电源供电的“Ex pD”型电机应符合 a)或 b)的要求：

a） 按照电机有关标准规定埋入温度传感器，对温度进行直接控制或采用其他有效限制电机外壳表面温度的措施。保护装置动作应能使电机断电。电机和变频器不需一起进行试验；或

b） 电机作为一个工作单元应和描述性文件中规定的变频器、保护装置一起进行型式试验。

14 对本质安全型“iD”的补充要求

和设备标准一起，本章要求在考虑中。

15 对浇封保护型“mD”的补充要求

和设备标准一起，本章要求在考虑中。

16 安装的检查

16.1 总则

在装置或设备投入使用前，应进行初始检查。为保证装置在危险场所内保持持续良好状态，参照 IEC 61241-17。

16.2 检测

应按照一定的例行试验进行一些初始检测，对这些检测应进行记录并包含在验证档案中，检测时应无可燃性粉尘存在。

作为试运行一部分所做的检测应包括：

——绝缘电阻；

——按照 7.3 规定的接地和接地连续性电阻，包括特殊接地；

——保护装置的设置和操作；

——绝缘电阻的检测不宜使低能量设备和电路使用的装置和绝缘的安全因过电压而受损。

附　录　A
（资料性附录）
超厚粉尘层示例

本附录提供了超厚粉尘层的四个示例[见图 A.1a)至 A.1d)]。

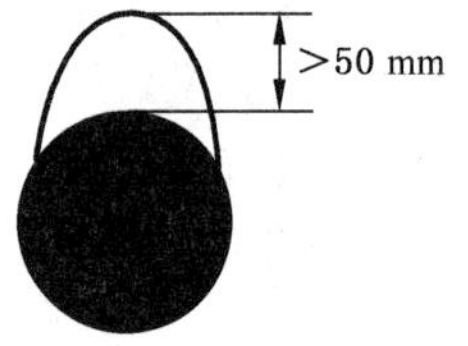	图 A.1a)设备顶部超厚粉尘层
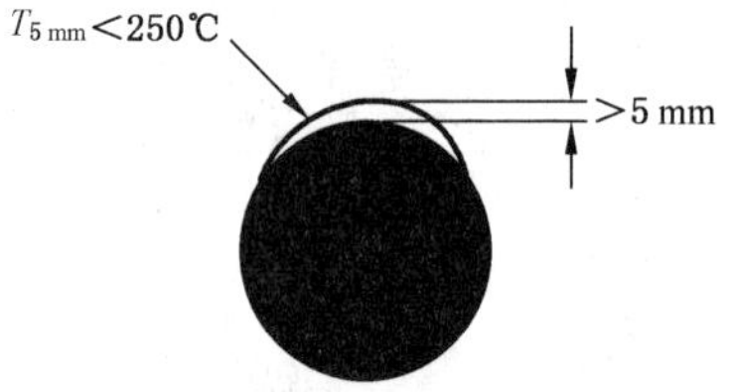	图 A.1b)设备顶部低点燃温度粉尘形成的超厚粉尘层
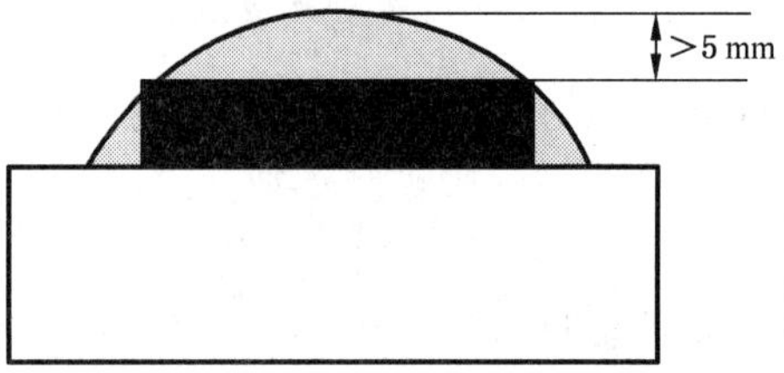	图 A.1c)设备侧面的超厚粉尘层
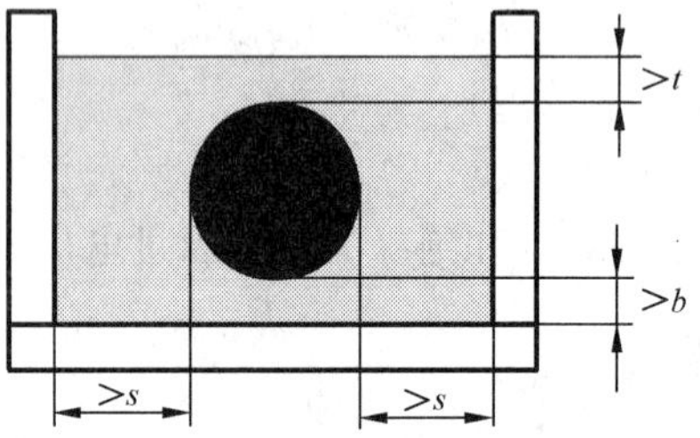	图 A.1d)完全湮没的设备 通过实验室试验来限制尺寸 b、s 和 t

图 A.1　符合实验室试验要求的超厚粉尘层示例

附　录　B
（规范性附录）
轻金属及其合金的摩擦火花危险

B.1　总则

当轻金属或其合金与其他材料，尤其是与金属氧化物（如铁锈）接触时，可产生具有点燃能力的摩擦火花，因此在爆炸性环境可能存在的场所应采取适当的保护措施，防止出现此类摩擦性接触，因为两种情况（爆炸性环境和摩擦火花）同时出现很可能引起点燃。

只要可行，应避免爆炸性环境的形成，或设备应安装在爆炸性环境不大可能形成的场所。

B.2　固定安装的设备

对固定安装的轻金属外壳电气设备和22区场所内的铠装铝或铝护套电缆，除非巨大冲击的同时可能出现可燃性物质释放，可不考虑摩擦火花危险。这也同样适用于21区场所，除非有高的冲击危险，这时应避免使用轻金属外壳或铝护套电缆。此类设备和电缆不应用于20区。

B.3　手提式和可移动式设备

除非采取特殊的预防措施保证安全，轻金属或轻金属合金外壳的没有防摩擦接触保护措施的手提式和可移动式设备不应被带入危险场所，这些预防措施可包括在保证无爆炸性环境出现时的特殊许可工作，尽管已经采取了其他更满意的保护措施，例如，给设备涂覆一层合适的抗摩擦材料。

如果使用涂覆层，则应接受定期的仔细检查，当检查发现保护材料受损程度达到可以看到保护层下的材料时，设备不应继续使用。

即使设备只用于22区也应采取预防措施，因为在实际中很难防止将未保护的手提式设备带入更危险的场所。

B.4　风扇

若轻金属风扇的保护罩（如电机上）设计的不易变形，则在其他故障条件下（如轴承损坏，很可能成为点燃源）此类保护罩可用于21区和22区危险场所。若使用塑胶风扇或风扇罩作为替换，则应采用防静电材料。

ICS 29.260.20
K 35

中华人民共和国国家标准

GB 12476.4—2010/IEC 61241-11:2005

可燃性粉尘环境用电气设备 第4部分：本质安全型“iD”

Electrical apparatus for use in the presence of combustible dust—
Part 4: Protection by intrinsic safety “iD”

(IEC 61241-11:2005,IDT)

2010-08-09 发布 2011-08-01 实施

中华人民共和国国家质量监督检验检疫总局
中国国家标准化管理委员会 发布

前　言

本部分的全部技术内容为强制性。

GB 12476《可燃性粉尘环境用电气设备》分为若干部分：

——第 1 部分：通用要求

——第 2 部分：选型和安装

——第 3 部分：可燃性粉尘存在或可能存在的危险场所分类

——第 4 部分：本质安全型"iD"

——第 5 部分：外壳保护型"tD"

——第 6 部分：浇封保护型"mD"

——第 7 部分：正压保护型"pD"

——第 8 部分：试验方法　确定粉尘最低点燃温度的方法

——第 9 部分：试验方法　粉尘层电阻率的测定方法

——第 10 部分：试验方法　粉尘与空气混合物最小点燃能量的测定方法

……

本部分是 GB 12476 的第 4 部分，等同采用 IEC 61241-11:2005《可燃性粉尘环境用电气设备　第 11 部分：本质安全型"iD"》(2005 年英文版)。

本部分对 IEC 61241-11:2005 进行了下列编辑性修改：

——删除了 IEC 61241-11:2005 的前言；

——增加了国家标准的前言。

本部分的附录 A 和附录 C 是规范性附录，附录 B 是资料性附录。

本部分由中国电器工业协会提出。

本部分由全国防爆电气设备标准化技术委员会(SAC/TC 9)归口并负责解释。

本部分主要起草单位：南阳防爆电气研究所、上海工业自动化仪表研究所。

本部分主要参加单位：国家防爆电气产品质量监督检验中心、深圳特安电子有限公司、华荣集团有限公司、煤科总院抚顺分院、创正防爆电器有限公司。

本部分主要起草人：徐建平、张刚、付淑玲、王平、刘姮云、李江。

引　言

在生产、加工、运输和存贮中产生的许多粉尘是可燃性的。如果粉尘与空气混合成适当比例，当点燃时粉尘能够迅速地燃烧产生巨大的爆炸压力。在可能出现这类可燃性物料的场所中，通常需要使用防爆电气设备，因此必须采取适当的预防措施，以确保所有这类电气设备得到足够地保护，以减少点燃外部爆炸性环境的可能性。在电气设备中，潜在点燃源包括电弧和火花、热表面和摩擦火花。

在空气中出现危险数量的粉尘、纤维和飞絮的场所被划分为危险场所，并且按照危险等级被分成3个危险区域。

一般情况下，用下列两种方法之一来确保电气设备的电气安全，即：一种方法（只要切实可行）应将电气设备安装在危险场所外，另一种方法按照电气设备使用场所推荐的方法进行设计、安装和维护。

电气设备可能会通过下列几种主要途径点燃可燃性粉尘：

——电气设备表面温度高于有关粉尘的最低点燃温度。粉尘点燃的温度与粉尘性能、粉尘存在状态、粉尘层的厚度和热源的几何形状有关。

——电气部件（如开关、触头、整流器、电刷及类似部件）的电弧或火花。

——聚积的静电荷放电。

——辐射能量（如电磁辐射）。

——与电气设备有关的机械火花、摩擦火花或摩擦发热。

为了避免点燃危险应做到以下几点：

——可能堆积粉尘或可能与粉尘云接触的电气设备表面的温度须保持在本部分所规定的温度极限以下；

——任何产生电火花的部件或温度高于 GB 12476.2 规定的温度极限的部件应：

- 安放在一个能足以防止粉尘进入的外壳内，或
- 限制电路的能量以避免产生能够点燃可燃性粉尘的电弧、火花或温度；

——避免任何其他点燃源。

危险场所中的电气设备使用几种防爆技术。本部分描述了该防爆型式的安全技术特点，规定了采取的要求。为确保电气设备在危险场所的使用安全，遵守符合标准的选型和安装程序最为重要。

如果电气设备在其额定条件下运行，且根据有关守则或规定进行安装和维护（如防止过电流，内部短路及其他电路故障），则遵守 GB 12476 本部分的要求仅具备需要的安全等级。特别来说，将内部或外部故障的持续时间及严重程度限制在电气设备可以承受且不会损坏的范围内是最重要的，例如应符合 IEC 60079-25 的原则进行设计，并按照 GB 12476.2 的要求进行安装。

必须遵从以下原则：

——电路必须满足 GB 3836.4 中对于ⅡB 类别的要求，以避免火花点燃危险。

——要求 IP6X 或采用浇封技术以避免粉尘影响电气间隙和爬电距离。因此，对于外壳或浇封来说，其整体完整性的耐久性和重要性远高于 GB 3836.4 的要求。

——无外壳或无浇封保护的电气设备或电气设备的部件（如非绝缘探头），宜进行限能保护以避免由于能量耗散直接进入堆积的粉尘层（通过与导电性粉尘的能量匹配）引起的点燃，或部件表面的热点燃。

——对于超过功率限制极限的所有设备或设备的部件，按照 IEC 61241-0 的规定限制其暴露表面的温度。表面可以是外壳的表面或浇封的表面。

可燃性粉尘环境用电气设备 第4部分：本质安全型“iD”

1 范围

GB 12476 的本部分规定了存在粉尘云或粉尘层的潜在爆炸性环境中使用的本质安全型电气设备，及相应环境下本质安全电路所连接的关联设备的设计和试验要求。

本部分是对 IEC 61241-0:2004[1] 的补充，表 1 中的排除条款除外。

系统中使用的设备将满足 GB 3836.18—2010《爆炸性环境　第 18 部分：本质安全系统》的要求。

如果关联设备采用 IEC 61241-0:2004 或 GB 3836.1—2000 中的防爆型式，则 IEC 61241-0:2004 或 GB 3836.1—2000 中针对相应防爆型式的要求和 IEC 61241-0:2004 或 GB 3836 中相应部分的要求也适用于关联设备。表 1 排除条款主要针对在非爆炸性危险环境中使用的关联设备，在其他情况下使用的关联设备宜与其他防爆型式的要求合并使用。

表 1　IEC 61241-0:2004 适用的具体条款

IEC 61241-0:2004 条款或分条款		本质安全设备	关联设备
4.1	总则	是	是
4.2	20 区用设备的设计与试验准则	是	否
4.3	开启式外壳	是	否
4.4	环境条件	是	否
5.1	最高表面温度	是	否
5.2	粉尘层厚度超过 50 mm 的最高表面温度	是	否
5.3	环境温度	是	是
6.1	非金属外壳和外壳的非金属部件	是	否
6.1.1	材料规格	是	否
6.1.2	塑料材料	是	否
6.1.3	符合性验证	是	否
6.1.4	热稳定性	是	否
6.1.5	静电电荷	是	否
6.2	含轻金属的外壳	是	否
6.2.1	成分	是	否
6.2.2	螺纹孔	否	否
7	紧固件	否	否
8	联锁装置	否	否
9	绝缘套管	否	否

1）即将转化为国家标准 GB 12476.1《可燃性粉尘环境用电气设备　第 1 部分：通用要求》。

表 1（续）

IEC 61241-0:2004 条款或分条款		本质安全设备	关联设备
10	粘接材料	是	否
11	Ex 元件	是	否
12	连接件和接线空腔	否	否
13	接地连接件和等电位导体	否	否
14	电缆和导管引入装置	是	否
15	辐射设备	是	否
16	旋转电机的补充规定	否	否
17	开关的补充规定	否	否
18	熔断器的补充规定	否	否
19	插接装置的补充规定	否	否
20	灯具的补充规定	否	否
21	手提灯和帽灯的补充规定	否	否
22	带有电池的设备的补充规定	是	否
23.1～23.3	型式检查和试验	是	是
23.4.1	总则	是	否
23.4.2.1	冲击试验	是	否
23.4.2.2	跌落试验	是	否
23.4.2.3	判定准则[a]	是	否
23.4.3	防粉尘试验(外壳防护等级)	是	否
23.4.4	20 区和 21 区使用的外壳绝缘套管扭转试验	否	否
23.4.5.1	最高表面温度的测定	是	否
23.4.5.2	超厚粉尘层下最高表面温度的测定	是	否
23.4.5.3	温度控制	是	否
23.4.6	热剧变试验	是	否
23.4.7.1～23.4.7.5	20 区和 21 区使用的非金属外壳及外壳的非金属部件试验	否	否
23.4.7.6	机械试验	是	否
23.4.7.7	表面电阻试验	是	否
27	非铠装电缆和无编织物覆盖层的电缆夹紧试验	否	否
28	铠装电缆的电缆夹紧试验	否	否
29	标志	是	是
30	标志示例	是	是

[a] 采用 IEC 61241-0:2004 的判定准则。

GB 12476 的本部分内容适用于其本身电路不能引起周围可燃性粉尘环境爆炸的电气设备。在其他环境下，关联设备宜与 IEC 61241-0:2004 中列出的其他防爆型式的要求合并使用。

2 规范性引用文件

下列文件中的条款通过 GB 12476 的本部分的引用而成为本部分的条款。凡是注日期的引用文件,其随后所有的修改单(不包括勘误的内容)或修订版均不适用于本部分,然而,鼓励根据本部分达成协议的各方研究是否可使用这些文件的最新版本。凡是不注日期的引用文件,其最新版本适用于本部分。

GB 3836.1—2000 爆炸性气体环境用电气设备 第 1 部分:通用要求(eqv IEC 60079-0:1998)

GB 3836.4—2000 爆炸性气体环境用电气设备 第 4 部分:本质安全型"i"(eqv IEC 60078-11:1999)

GB 3836.18—2010 爆炸性环境 第 18 部分:本质安全系统(IEC 60079-25:2003,IDT)

GB 4208—2008 外壳防护等级(IP 代码)(IEC 60529:2001,IDT)

IEC 61241-0:2004 可燃性粉尘环境用电气设备 第 0 部分:通用要求

IEC 61241-1:2004 可燃性粉尘环境用电气设备 第 1 部分:外壳保护型"tD"

3 术语和定义

IEC 61241-0、GB 3836.1—2000 和 GB 3836.4—2000 的术语和定义适用于本部分,需要注意的是,用于本部分时以上标准中"爆炸性气体环境"应用"可燃性粉尘环境"代替。

4 本质安全设备和关联设备的分组与分级

本质安全设备和关联设备应按照 IEC 61241-0 的要求进行分组与分级。

5 电气设备的等级

电气设备的分级应满足 GB 3836.4—2000 中第 5 章及以下要求:

设备至少应满足ⅡB 等级设备的火花点燃能量要求。

6 设备结构

6.1 外壳

一般来说,由于已经对电路本身采取了保护措施,所以本质安全设备不需要将外壳作为保护措施。但是,由于导电部件可能削弱本质安全性能,如任何类型的粉尘都可能减小可靠的爬电距离,所以根据 IEC 61241-0:2004 要求,设备外壳应满足 GB 4208—2008 所规定的至少 IP6X 防护等级要求。其他情况下,设备需达到的外壳防护等级由设备的具体使用条件决定。没有 IP6X 外壳防护等级的设备部件,如果对其进行有效浇封,且浇封厚度不小于 1 mm,则应视为其可以有效地防止粉尘进入。对于既没有外壳保护,也没有进行浇封的电路部件,例如,与爆炸性粉尘环境直接接触的非绝缘探头,应在假定其爬电距离和电气间隙均不满足 6.4 规定的条件下进行评定或试验。

外壳结构和浇封情况应记录在最终设计文件中(见第 13 章)。

6.2 湮没粉尘中的设备温度

6.2.1 总则

无论在什么情况下,粉尘环境用本质安全设备都宜尽可能地采用外壳防护。本款适用于无外壳保护,且正常工作条件下需湮没粉尘的设备,如温度传感器或其他测量元件等。所有的温度测定均须在最不利的故障条件下进行,但不必考虑电流、电压和功率的安全系数。

以下要求适用于粉尘层厚度为 5 mm 时点燃温度不低于 210 ℃的粉尘环境中使用的电气设备。

对于电位计来说,考核的表面应为电阻元件的表面,而不是设备的外表面。在测试过程中还应考虑电位计整体结构的安装方式、散热性能及冷却效果。测量印制导线上的温度时,应分别通入符合"iaD"

或“ibD”要求的电流。如果这会导致实际电阻小于印制导线电阻的10%，则在10%印制导线电阻的情况下进行测量。

6.2.2 设备和元件温度

如果设备满足以下任一条件，则认为其可以适用于完全湮没或无法控制粉尘层厚度的粉尘环境：

a) 任何部件的匹配耗散功率满足表2要求。

表2 允许的部件耗散功率

最高环境温度/℃	40	70	100
允许耗散功率/mW	750	650	550

b) 对于暴露在粉尘环境中，或湮没在可燃性粉尘中，且粉尘层的焖燃温度高于200 ℃的本质安全电路，如果其触点的功率小于750 mW，短路电流小于250 mA，则不需要进行温升试验。

c) 设备满足6.2.3规定的标准粉尘湮没试验要求。满足该要求的设备被认为可在规定的最高环境温度下适用于任何点燃温度不低于210 ℃的可燃性粉尘环境。

6.2.3 标准粉尘湮没温度试验

具体的试验条件和相关要求仍在进一步讨论中。

6.2.4 设备内部导线

应符合GB 3836.4—2000中6.2.2的规定。

6.2.5 印制电路导线

应符合GB 3836.4—2000中6.2.3的规定。

6.2.6 无外壳防护电路

与爆炸性粉尘环境直接接触的本质安全设备电路至少应达到火花点燃试验中对于ⅡB设备的要求。在此情况下，应假定所有的电气间隙和爬电距离均不满足6.4的要求。

6.3 与外电路连接的装置

6.3.1 端子

应符合GB 3836.4—2000中6.3.1的规定。

6.3.2 插头和插座

应符合GB 3836.4—2000中6.3.2的规定。

6.3.3 用电阻来限制电源能量时最大外部电感与电阻比（L_o/R_o）的确定

应符合GB 3836.4—2000中6.3.3的规定。

6.3.4 永久连接的电缆

应符合GB 3836.4—2000中6.3.4的规定。

6.4 间距

应符合GB 3836.4—2000中6.4的规定。

6.5 防止极性接反保护

应符合GB 3836.4—2000中6.5的规定。

6.6 接地导体、连接及端子

应符合GB 3836.4—2000中6.6的规定。

6.7 用于隔离爆炸性环境的浇封

应符合GB 3836.4—2000中6.7的规定。

7 与本质安全性能有关的元件

7.1 额定值

应符合GB 3836.4—2000中7.1的规定。

7.2 内部连接用连接装置、插接板及元件

应符合 GB 3836.4—2000 中 7.2 的规定。

7.3 熔断器

应符合 GB 3836.4—2000 中 7.3 的规定。

7.4 原电池和蓄电池

应符合 GB 3836.4—2000 中 7.4 的规定。

7.5 半导体

应符合 GB 3836.4—2000 中 7.5 的规定。

7.6 元件和连接的故障

应符合 GB 3836.4—2000 中 7.6 的规定。

7.7 压电器件

应符合 GB 3836.4—2000 中 7.7 的规定。

8 可靠元件、可靠组件和可靠连接

应符合 GB 3836.4—2000 中第 8 章的规定。

9 二极管安全栅

应符合 GB 3836.4—2000 中第 9 章的规定。

10 型式试验

10.1 火花点燃试验

如需进行试验，则宜满足 GB 3836.4—2000 中对ⅡB组别设备的要求。

10.2 温度试验

应符合 GB 3836.4—2000 中 10.5 的规定。

10.3 电压试验

应符合 GB 3836.4—2000 中 10.6 的规定。

10.4 小元件点燃试验

应符合 GB 3836.4—2000 中 10.7 的规定。

10.5 规定不严密的元件参数的测定

应符合 GB 3836.4—2000 中 10.8 的规定。

10.6 电池和电池组试验

应符合 GB 3836.4—2000 中 10.9 的规定。

10.7 机械试验

10.7.1 浇封复合物

采用直径为 6 mm 的平头金属试棒对浇封复合物表面垂直施以 30 N 的力，并保持 10 s。浇封复合物不应出现损坏、永久性变形或试棒的位移大于 1 mm。

当浇封复合物存在自由表面时，为了保证浇封复合物的强度，又要使其不易碎裂，应在(20±10)℃的条件下，使用 GB 3836.1—2000 附录 G 中的试验装置对浇封复合物进行冲击试验。在任何情况下，冲击能量不应小于 2 J。

试验后浇封复合物应保持完好且没有出现永久性变形。表面的微小不透裂纹可以忽略。

10.7.2 隔板

应符合 GB 3836.4—2000 中 10.10.2 的规定。

10.8 装有压电器件的电气设备试验

若设备的任何部分在正常工作中有可能受到外界冲击，则应采用 GB 3836.1—2000 附录中的试验设备，按照 GB 3836.1—2000 中规定的高能量在(20±10)℃的条件下对设备进行冲击试验，并测量压电器件的电容及器件两端的电压。

若含有压电器件的设备安装有避免设备直接受到外界冲击的保护装置，则应按照制造商预期的压电器件安装方式加上保护装置后进行试验。

在最高实测电压下，压电晶体电容的最大储存能量不应超过 0.25 mJ。当压电器件的电气输出由保护元件(包括保护设备)进行限制时，冲击试验不应出现使保护措施失效的损坏。

当需要对压电器件采取保护以防止外部物理冲击产生超过元件规定值的能量时，则应对要求的细节进行规定，并将其作为安全使用的特殊条件，且应在设备上标志符号 X。

10.9 二极管安全栅及安全分流器的型式试验

应符合 GB 3836.4—2000 中 10.12 的规定。

10.10 电缆拔脱试验

应符合 GB 3836.4—2000 中 10.13 的规定。

11 例行检查和试验

应符合 GB 3836.4—2000 中第 11 章的规定。

12 标志

12.1 总则

本质安全设备及关联设备应至少具有 IEC 61241-0:2004 及本部分 12.2 所要求的标志。产品序列号可使用日期或一系列数字代码代替，这足以保证质量控制的可追溯性。

注 1：产品序列号可独立于其他标志。

对于关联设备，标志 Ex iaD 或 Ex ibD 应用方括号括起来。

如果可行，应将所有相关参数都标注出来，如 U_m、L_i、C_i、L_o、C_o。

注 2：标志及文件的标准符号均由 GB 3836.4—2000 中的第 3 章给出。

考虑实际应用，可限制或不使用斜体字或角注，且可以使用简化形式，如使用 Uo 代替 U_o。

12.2 连接件标志

本质安全设备及关联设备的连接件、接线盒及插头与插座应进行明确标示且易于区分。若要使用颜色对其进行标识，则应为浅蓝色。

当设备的各部件或不同设备之间采用插头与插座的连接方式时，用于本质安全电路的插头与插座应能明确识别。若要使用颜色对其进行标识，则应为浅蓝色。

此外，为了使整个系统都能达到本质安全性能，应对正确的连接方式进行充分、详细的标识。

注：为了达到上述目的，可能需要在靠近插头与插座处或相邻处增加标志牌。如果要标识清楚，则电气设备可以用标签。

标志示例如下：

a) 独立的本质安全设备

××××有限公司 3 型信号接收器 Ex iaD 20 T135 −25 ℃<Ta<+50 ℃ 防爆合格证编号：ACB Ex01**** 序列号：××××

b） 与其他设备连接的本质安全设备

××有限公司	
12 型变频器	
Ex ibD 21 T120	
防爆合格证编号:ACB No:Ex01****	
L_i:10 μH	C_i:1 200 pF
U_i:28 V	I_i:250 mA
P_i:1.3 W	

c） 关联设备

××有限公司	
TYP 4 型设备	
[Ex ibD]	
防爆合格证编号:ACB No:Ex01*.***	
U_m:250 V	P_o:0.9 W
I_o:150 mA	U_o:24 V
L_o:14.2 mH	C_o:0.93 μF

13 文件

应符合 GB 3836.4—2000 中第 13 章的规定。

此外,文件应规定设备的最高表面温度和测得该最高表面温度的条件,如“按照 6.2.3 进行谷类粉尘湮没温度试验得到其最高表面温度为 135 ℃”。

当设备设计用于超出－20 ℃～＋40 ℃环境温度范围时,其认可的使用环境温度应在文件中注明。

设备等级(iaD 或 ibD)也应注明。

其他确保设备安全使用所需要的信息也应包括在文件中。

附　录　A
（规范性附录）

见 GB 3836.4—2000 附录 B。

附　录　B
（资料性附录）

见 GB 3836.4—2000 附录 C。

附　录　C
（规范性附录）

见 GB 3836.4—2000 附录 D。

ICS 29.260.20
K 35

中华人民共和国国家标准

GB 12476.6—2010/IEC 61241-18:2004

可燃性粉尘环境用电气设备 第6部分:浇封保护型“mD”

Electrical apparatus for use in the presence of combustible dust—Part 6:Protection by encapsulation “mD”

(IEC 61241-18:2004,IDT)

2010-08-09 发布 2011-08-01 实施

中华人民共和国国家质量监督检验检疫总局
中国国家标准化管理委员会 发布

前　言

本部分的全部技术内容为强制性。

GB 12476《可燃性粉尘环境用电气设备》分为若干部分：

——第1部分：通用要求

——第2部分：选型和安装

——第3部分：可燃性粉尘存在或可能存在的危险场所分类

——第4部分：本质安全型"iD"

——第5部分：外壳保护型"tD"

——第6部分：浇封保护型"mD"

——第7部分：正压保护型"pD"

——第8部分：试验方法　确定粉尘最低点燃温度的方法

——第9部分：试验方法　粉尘层电阻率的测定方法

——第10部分：试验方法　粉尘与空气混合物最小点燃能量的测定方法

……

本部分是GB 12476的第6部分，等同采用IEC 61241-18:2004《可燃性粉尘环境用电气设备　第18部分：浇封保护型"mD"》(英文版)。

本部分对IEC 61241-18:2004进行了下列编辑性修改：

——删除了IEC 61241-18:2004的前言；

——增加了国家标准的前言。

本部分的附录A是资料性附录；附录B、附录C是规范性附录。

本部分由中国电器工业协会提出。

本部分由全国防爆电气设备标准化技术委员会(SAC/TC 9)归口。

本部分主要起草单位：南阳防爆电气研究所。

本部分主要参加单位：国家防爆电气产品质量监督检验中心、华荣集团有限公司、常州裕华电子设备有限公司、创正防爆电器有限公司。

本部分主要起草人：李书朝、李江、张海鸥、周金良、刘绮映。

引　言

在生产、加工、运输和存贮中产生的许多粉尘是可燃性的。如果粉尘与空气混合成适当比例，当点燃时粉尘能够迅速地燃烧产生巨大的爆炸压力。在可能出现这类可燃性物料的场所中，通常需要使用防爆电气设备，因此必须采取适当的预防措施，以确保所有这类电气设备得到足够的保护，以减少点燃外部爆炸性环境的可能性。在电气设备中，潜在点燃源包括电弧和火花、热表面和摩擦火花。

在空气中出现危险数量的粉尘、纤维和飞絮的场所被划分为危险场所，并且按照危险等级被分成3个危险区域。

一般情况下，用下列两种方法之一来确保电气设备的电气安全：一种方法（只要切实可行）应将电气设备安装在危险场所外，另一种方法按照电气设备使用场所推荐的方法进行设计、安装和维护。

电气设备可能会通过下列几种主要途径点燃可燃性粉尘：

——电气设备表面温度高于有关粉尘的最低点燃温度。粉尘点燃的温度与粉尘特性、粉尘存在状态、粉尘层的厚度和热源的几何形状有关；

——电气部件（如开关、触头、整流器、电刷及类似部件）的电弧或火花；

——聚积的静电荷放电；

——辐射能量（如电磁辐射）；

——与电气设备有关的机械火花、摩擦火花或摩擦发热。

为了避免点燃危险应做到以下几点：

——可能堆积粉尘或可能与粉尘云接触的电气设备表面的温度须保持在本部分所规定的温度极限以下；

——任何产生电火花的部件或温度高于GB 12476.2规定的温度极限的部件应：

- 安放在一个能足以防止粉尘进入的外壳内，或
- 限制电路的能量以避免产生能够点燃可燃性粉尘的电弧、火花或温度；

——避免任何其他点燃源。

如果电气设备在其额定条件下进行操作，并且按照相应的实施规程或要求安装和维护，能防止过电流和内部短路故障及其他电气故障，那么本部分规定的保护方法就能达到要求的安全水平。尤其重要的是将内部或外部故障的严重程度和持续时间限制在能够维持电气设备不损坏的数值。

危险场所中的电气设备使用几种防爆技术。本部分描述了浇封保护型的安全技术特点，规定了采取的要求。为确保电气设备在危险场所的使用安全，遵守符合标准的选型和安装程序最为重要。

可燃性粉尘环境用电气设备 第6部分:浇封保护型“mD”

1 范围

本部分应与GB 12476的通用要求一起使用,这些要求适用于浇封保护和限制表面温度的电气设备,另有规定时除外。

本部分适用于在可燃性粉尘环境中用浇封型“mD”和限制表面温度保护的电气设备。在该环境中,可燃性粉尘存在的数量能够导致火灾或爆炸危险。本部分规定了额定电压不超过10 kV的电气设备、电气设备部件及Ex元件的设计、结构和试验要求。

注1:实际工作电压最高可超过上述规定值的10%。

注2:GB 12476.2《可燃性粉尘环境用电气设备 第2部分:选型和安装》给出了电气设备的选型和安装指南。本部分范围内规定的电气设备也可遵守其他标准,如GB 3836.1《爆炸性环境 第1部分:设备 通用要求》的补充要求。

在可能同时出现或分别出现可燃性气体和可燃性粉尘的环境中使用的电气设备,要求增加一些附加保护措施。

本部分不适用于那些不需要大气中的氧即可燃烧的火炸药粉尘或自燃物质。

本部分不适用于瓦斯和/或可燃性煤尘引起危险的煤矿井下以及煤矿地面装置用电气设备。

本部分未考虑由粉尘散发出来的可燃性或毒性气体引起的危险。

本部分不包括其他防爆型式,仅适用于浇封型。

2 规范性引用文件

下列文件中的条款通过GB 12476的本部分的引用而成为本部分的条款。凡是注日期的引用文件,其随后所有的修改单(不包括勘误的内容)或修订版均不适用于本部分,然而,鼓励根据本部分达成协议的各方研究是否可使用这些文件的最新版本。凡是不注日期的引用文件,其最新版本适用于本部分。

GB/T 1034—2008 塑料 吸水性的测定(ISO 62:2008,IDT)

GB/T 1408.1—2006 绝缘材料电气强度试验方法 第1部分:工频下试验(IEC 60243-1:1998,IDT)

GB 3836.3—2010 爆炸性环境 第3部分:由增安型“e”保护的设备(IEC 60079-7:2006,IDT)

GB 3836.4—2010 爆炸性环境 第4部分:由本质安全型“i”保护的设备(IEC 60079-11:2006,IDT)

GB/T 8897.1—2003 原电池 第1部分:总则(IEC 60086-1:2000,IDT)

GB 9364(所有部分) 小型熔断器(IEC 60127系列,IDT)

GB 9816—2008 热熔断体的要求和应用导则(IEC 60691:2002+A1:2006,IDT)

GB 12476.4—2010 可燃性粉尘环境用电气设备 第4部分:本质安全型“iD”(IEC 61241-11:2005,IDT)

GB/T 16855.1—2005 机械安全 控制系统有关安全部件 第1部分:设计通则(ISO 13849-1:1999,MOD)

---

1) 即将转化为国家标准:GB 12476.1《可燃性粉尘环境用电气设备 第1部分:通用要求》(IEC 61241-0:2004,MOD)。

GB/T 16935.1—2008 低压系统内设备的绝缘配合 第1部分：原理、要求和试验(IEC 60664-1:2007,IDT)

GB 19212.7—2006 电力变压器、电源装置和类似产品的安全 第7部分：一般用途安全隔离变压器的特殊要求(IEC 61558-2-6:1997,MOD)

IEC 60285 碱性蓄电池：密封式圆柱形可充电镍-镉单体电池

IEC 60622 碱性或非酸性电解质蓄电池：密封式棱形的可充电镍-镉单体电池

IEC 60664-1:1992 低压系统内设备的绝缘配合 第1部分：原则、要求和试验

1号修改单(2000)

2号修改单(2002)

IEC 61150 碱性蓄电池：密封式可再充电镉-镍单元电池组扣式电池设计

IEC 61241-0:2004 可燃性粉尘环境用电气设备 第0部分：通用要求

IEC 61241-1:2004 可燃性粉尘环境用电气设备 第1部分：外壳保护型"tD"

IEC 61436 碱性或非酸性电解质蓄电池：密封式可充电镍-氢化金属单个单体电池

IEC 61960-1 便携式锂蓄电池 第1部分：锂蓄电池

IEC 62326-4-1 印制电路板 第4部分：层间连接的刚性多层电路板 分规范 第1章：性能详细规范性能水平A、B和C

ANSI/UL 248-1 低压熔断器标准 第1部分：通用要求

ANSI/UL 746B 聚合材料：持久性能评定

3 术语和定义

本部分使用下列浇封保护型"mD"的专用术语和定义，它们是对通用要求给出定义的补充。

3.1

浇封保护型 "mD"encapsulation "mD"

电气设备的一种防爆型式。这种型式是将可能产生点燃爆炸性环境的火花或发热部件封入复合物中，使它们在运行或安装条件下避免点燃粉尘层或粉尘云。

3.2

复合物 compounds

热固性的、热塑性的环氧树脂或有、无填充剂和/或添加剂的弹性物质的固化状态。

3.3

复合物的温度范围 temperature range of the compound

无论运行或是贮存，复合物的性能都能符合本部分要求的温度范围。

3.4

复合物的连续运行温度(COT) continuous operating temperature (COT) of the compound

根据复合物制造商的资料，在设备预计寿命周期内运行时，复合物能满足本部分要求的温度范围。

3.5

浇封 encapsulation

采用适合的方法将电气装置用复合物封闭起来的工艺过程。

3.6

自由表面 free surface

暴露于爆炸性环境的复合物表面。

3.7

正常运行 normal operation

设备在电气和机械方面的运行符合其设计规范，并且在制造商规定的限制范围内使用。

注1：制造商规定的限制可以包括持续的运行条件，如工作制周期运行的电机。

注2：在规定限制范围内，电源的变化及其他一些操作容差都属于正常运行。

3.8

孔隙 void

浇封过程中无意产生的空间。

3.9

净空间 free space

有意设计的元件周围的空间或元件内部的空间。

3.10

开关触点 switching contact

用来接通和断开电路的机械触点。

4 总则

4.1 设备分类及温度组别

“mD”型设备应按照 IEC 61241-0:2004 的第 5 章的要求进行分组。

4.2 保护等级

粉尘浇封型“mD”电气设备应分为“maD”保护等级或“mbD”保护等级。

除非另有说明，本部分的要求适用于这两种保护等级。

如果使用符合 GB 9364 或 GB 9816—2008 的非自动复位保护装置进行保护，则对于这两种保护等级，仅需一只保护装置即可。

4.3 “maD”保护等级

在下列每一种条件下，“maD”保护等级的设备应不能引起点燃：

a) 正常操作和安装；

b) 任何规定的异常条件；

c) 规定的故障条件。

对于“maD”保护等级，浇封电路中任意一点的工作电压不应超过 1 kV。

对于“maD”保护等级，仅当元件在故障条件会对设备产生机械的或热的破坏时，才应对它们采取附加的保护。

或者，当内部元件的故障导致的温度升高可能使浇封系统失效时，应符合 6.2 的要求。

注：按照本部分“mbD”保护等级的要求允许使用的某些元件，由于内部作用的结果产生机械的或热的损坏能使保护措施“浇封”失效。对于“maD”保护等级的设备，这种危险宜被排除。

4.4 “mbD”保护等级

在下列每一种条件下，“mbD”保护等级的设备应不能引起点燃：

a) 正常运行和安装；

b) 规定的故障条件。

4.5 电源要求

应规定电源限值(额定电压和预期的短路电流)以确保在相关的“maD”或“mbD”保护等级下不超过限制的温度。所使用的保护装置应符合 7.7 的要求。

5 对复合物的要求

5.1 总则

符合 IEC 61241-0:2004 中 23.2 要求的文件应规定所使用的复合物和浇封的工艺方法。

至少应提供用于浇封型“mD”的复合物的特性。

选择浇封材料应作出适宜的考虑，以允许在正常操作和出现允许的故障时复合物的变形。

5.2 技术说明

制造商应对保证材料符合复合物的技术说明承担责任。

技术说明应包括：

a) 复合物制造商的名称和地址；

b) 材料的资料应准确完整，如果包括填充剂和其他添加剂，则应标明其百分比、混合物比例及牌号；

c) 如果适用，复合物表面的任何处理方法，如涂漆；

d) 如果适用，为使复合物与元件正确粘接，对元件进行预处理的要求，如清洁、酸洗；

e) 如果适用，按照 8.1 要求进行的吸水性试验的试验结果。如没有进行吸水性试验，设备上应根据 IEC 61241-0:2004 的 29.2 项 i)标记符号“X”，指明特殊使用条件；

f) 在设备根据 8.2.2 测定的最高温度下，GB/T 1408.1—2006 所规定的绝缘介电强度；

g) 复合物的温度范围(连续运行的上限和下限温度)；

h) 对于“mD”型设备，在复合物是外壳的一部分的情况下，IEC 61241-0:2004 中 6.1.2 项 d)所定义的温度指数 TI。作为 TI 的另外一种选择，也可根据 ANSI/UL 746B《聚合材料：长期性能评价》确定相对热指数(RTI-机械冲击)；

i) 当颜色的变化将影响复合物性能时，用作试验样品的复合物的颜色。

6 温度

6.1 总则

在正常运行期间，温度不应超过允许的最高表面温度和复合物连续运行温度的最大值。“mD”型设备应采取保护措施，使在规定的故障条件下，“mD”型设备的浇封不受影响。

6.2 温度极限

基于安全考虑要求采用保护装置限定温度时，保护装置应是一种内部的或外部的、电的或热的非自动复位装置。“mbD”保护等级要求一个保护装置，“maD”保护等级要求两个保护装置。保护装置与被监控部件之间应充分热耦合。出于功能的原因，“mD”型设备也可以安装一个附加的自动复位保护装置。

如果非自动复位保护装置符合 GB 9364 或 GB 9816—2008，则对于“maD”和“mbD”两种保护等级仅需一个保护装置。

当设备可能出现故障(见 7.2.1)，或存在温度上升的可能性时，例如，根据 7.2.1 输入的不利电压或不适合的负载时，应考虑确定极限温度。

6.3 极限温度的测定

6.3.1 最高表面温度

最高表面温度应根据 4.5 规定的电源条件，采用 8.2.2 规定的试验方法测定。

6.3.2 复合物中部件的温度

应测定最热的部件。靠近最热部件的复合物中的最高温度应使用 8.2.2 规定的对于正常运行的试验方法测定。

注：可以通过计算或参考制造商技术说明或浇封部件之前的实际测试确定最热的部件。

7 结构要求

7.1 总则

当浇封是外部壳体的一部分时，应符合对非金属外壳和外壳的非金属部件的要求。

如果用户为满足本部分要求需要辅助保护措施，如辅助机械保护，应根据 IEC 61241-0:2004 的 29.2 项 i)对该设备加“X”符号，并且提供必要的说明。

应采取适当的措施，调节部件在正常运行和出现7.2所述的故障时产生膨胀现象。

在7.2～7.7中，对复合物是否粘附在外壳上有不同要求。进行粘接的目的是阻止可燃性粉尘和潮气进入界面（如：外壳与复合物的界面，复合物与未完全埋入复合物的部件，例如印制电路板和接线端子等的界面）。如果要求对界面进行附加处理以确保粘接，则应将该要求写在制造商的文件中。

如果粘接要求保持防爆型式，则在完成所有规定试验之后粘接应保持防爆型式完好。

注：具体应用的复合物的选择与每种复合物所起的作用有关。通常，对复合物进行一次试验不能满足浇封“mD”的全面应用。

7.2 可能故障的确定

7.2.1 故障检查

即使在不利的输入条件（但是在额定参数的90%和110%之间）和不利的输出负载及任何内部电气故障（对于“maD”保护等级为两个故障，对于“mbD”保护等级为一个故障）情况下，应保证浇封的防爆性能，例如在发生了下述情况时：

——部件短路；

——部件出故障；

——印制电路出故障。

可靠部件和可靠隔离的距离应视为不会发生故障。

如果一个故障导致一个或多个后续故障的发生，例如，由于部件过载，则初始故障和后续故障应认为是一个故障。

7.2.2 可靠部件

下列部件按本部分要求浇封，当其运行在规定的温度范围内，并且不超过制造商对每个部件规定的额定电压、额定电流和额定功率的2/3时，应视为是可靠的：

- 电阻器，如果它们符合GB 3836.4—2010的相关规定；
- 螺旋形单层线圈绕组；
- 塑料金属箔电容器；
- 纸质电容器；
- 陶瓷电容器；
- 半导体，如果按GB 3836.4—2010的相关要求使用。

当用半导体装置限制电流时，单个装置适用于“mbD”保护等级，两个装置适用于“maD”保护等级。

注：与GB 12476.4中规定的带“iaD”保护等级的本质安全型设备要求相反，没有必要禁止使用有源的半导体调节电路，因为短期暂态波动对浇封设备的影响可忽略不计。

下列隔离不同回路的部件应认为是可靠的：

a) 光耦合器和继电器，如果额定绝缘耐压强度符合（$2U$+1 000 V）或1 500 V(a.c.)，取两者之间较大值，（U为两回路额定均方根电压之和）；

b) 符合GB 19212.7—2006或GB 12476.4—2010要求的变压器；

c) 符合GB 3836.3—2010要求的线圈、变压器和电动机绕组，包括具有直径小于0.25 mm的导线，如果能防止产生不允许的内部温度，被视为是可靠的。

7.2.3 可靠隔离距离

如果出现下列情况之一的裸露带电部件之间的距离符合7.2.3.1的要求，则没有必要考虑发生7.2.1所述的电压击穿故障的可能性，并且也适用于符合7.2.3.2的情况：

——同一回路；或

——回路和接地的金属零件；或

——两个独立回路（电压之和作为表1的电压；如一个电压小于另一个电压的20%，则此电压可忽略)。

7.2.3.1 通过复合物的间距

如果在浇封之前机械安装的间距符合表1数值,则应认为通过复合物的间隔距离是可靠的。

表1 通过复合物的间距

电压 U(r.m.s 或 d.c.)(见注) V	最小间距 mm
≤63	0.5
≤400	1
≤500	1.5
≤630	2
≤1 000	2.5
≤1 600	4
≤3 200	7
≤6 300	12
≤10 000	20
注:所示电压来自 GB/T 16935.1—2008。对于所有电压,实际工作电压可以大于表中规定值的10%,这是根据 GB/T 16935.1—2008表3b规定的电源电压的合理处理。	

7.2.3.2 通过固体绝缘的间距

如果固体绝缘的最小厚度为0.1 mm,并且满足8.2.4的绝缘介电强度试验,则通过固体绝缘的间距应认为不出故障。

7.2.4 复合物的层厚

如果复合物的表面全部或部分被外壳包围,并且外壳是保护措施的一部分,则外壳或外壳部件应符合 IEC 61241-1:2004 的要求。

如果适用,带或不带包围外壳的复合物的最小厚度应符合7.2.5~7.2.7的要求。

在任何情况下,浇封材料还需另外承受8.2.4的介电强度试验。

7.2.5 有自由表面的"mD"型设备

复合物的自由表面和浇封中部件或导线之间的复合物的厚度应符合表2规定,如图1所示。

表2 复合物的自由表面与部件或导体之间的复合物厚度

"maD"保护等级	"mbD"保护等级
b≥3 mm	自由表面<2 cm^2 b≥表1间距,但不小于1 mm
	自由表面>2 cm^2 b≥表1间距,但不小于3 mm
c≥表1间距	c≥表1间距
d≥3 mm	d≥1 mm
注:b 是部件和自由表面之间的间距; c 是部件与浇封内部非载流部件之间的间距; d 是非载流部件和自由表面之间的间距。	

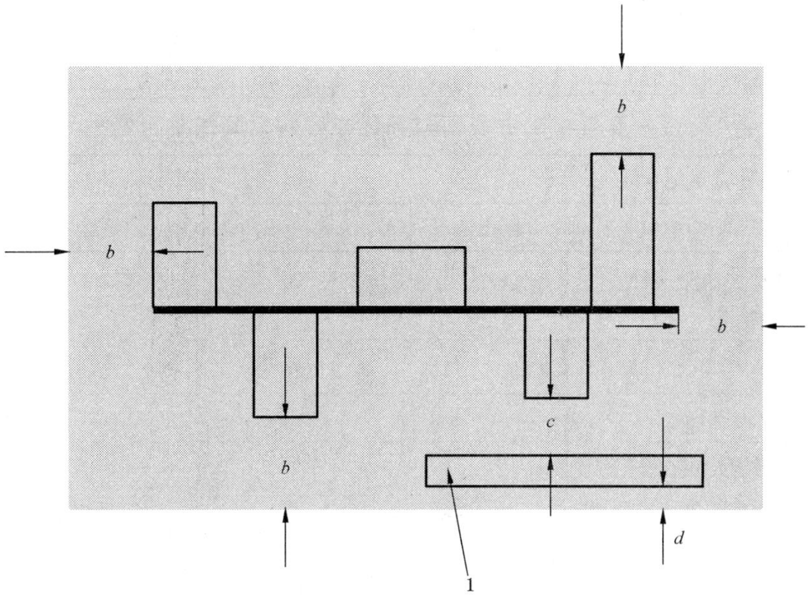

1——非载流部件。

图 1　复合物自由表面与部件或导体之间的距离

7.2.6　带金属外壳的"mD"型设备

壳壁或复合物自由表面与浇封中的部件或导体之间的复合物的厚度应符合表 3 的规定，如图 2 所示。

表 3　壳壁或复合物自由表面与部件或导体之间的复合物的厚度

"maD"保护等级	"mbD"保护等级
$a \geqslant 3$ mm	$a \geqslant 1$ mm
$b \geqslant 3$ mm	$b \geqslant$ 表 1 间距，但不小于 3 mm
注：a 是部件和外壳之间的间距； b 是部件和自由表面之间的间距。	

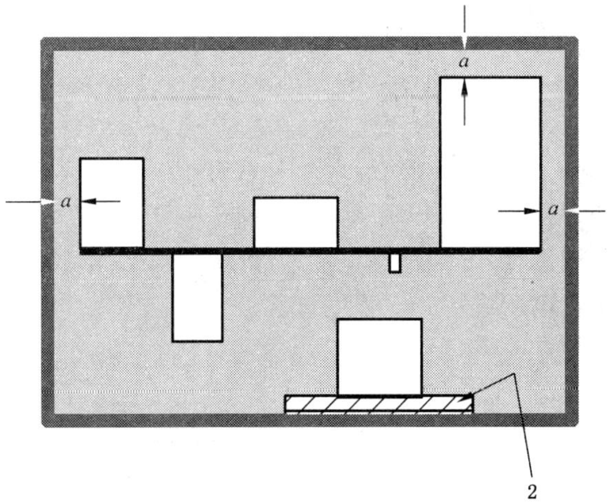

封闭的金属外壳

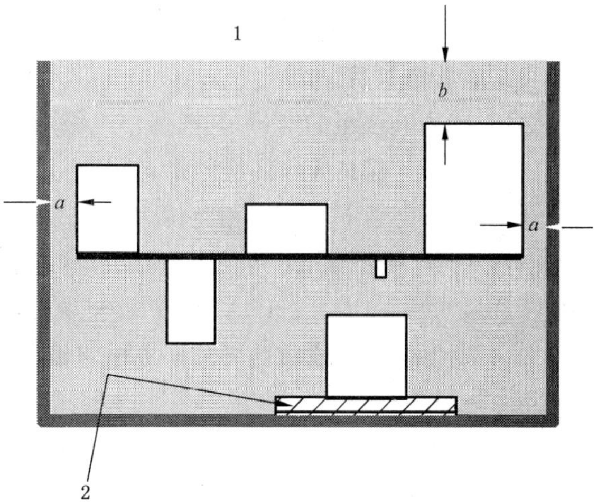

非封闭的金属外壳

1——自由表面；

2——固体绝缘材料（见 7.2.3.2）。

图 2　壳壁或复合物自由表面与部件或导体之间的距离

7.2.7 带塑料外壳的"mD"型设备

壳壁或复合物自由表面与浇封中的部件或导体之间的复合物的厚度应符合表4的规定,如图3所示。

表4 壳壁或复合物自由表面与部件或导体之间的复合物的厚度

粘接外壳至复合物				未粘接外壳至复合物			
$t<1$ mm		$t\geq1$ mm		$t<1$ mm		$t\geq1$ mm	
"maD"保护等级	"mbD"保护等级	"maD"保护等级	"mbD"保护等级	"maD"保护等级	"mbD"保护等级	"maD"保护等级	"mbD"保护等级
$a\geq3$ mm	$a\geq1$ mm	$a+t\geq3$ mm	$a+t\geq1$ mm	$a\geq3$ mm	$a\geq3$ mm	$a\geq3$ mm	$a\geq1$ mm
$b\geq$表1间距,但不小于3 mm							
注:a是部件和外壳之间的间距; b是部件和自由表面之间的间距; t是壁厚。							

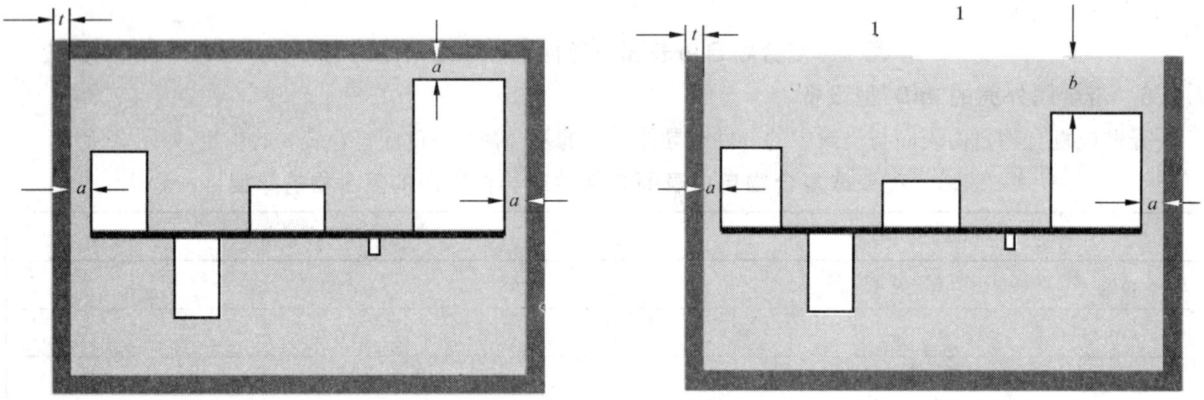

封闭塑料外壳　　　　非封闭塑料外壳

1——自由表面。

图3 壳壁或复合物自由表面与部件或导体之间的距离

7.2.8 旋转电机用绕组

对于槽中有绕组的电机,其固体槽绝缘应具有:

a) "maD"保护等级的槽绝缘,其最小厚度应有0.1 mm,并且伸出槽外至少5 mm。

b) "mbD"保护等级的槽绝缘,对最小厚度或延伸不作要求。

对于"maD"与"mbD"两种保护等级,槽的端部和绕组端部应用符合7.2.4要求的最小厚度的复合物进行保护并通过$U=(2U+1\ 000\ V)$至少1 500 V的交流电压进行介电强度试验。

7.2.9 刚性的、贯穿连接的多层印制电路板

7.2.9.1 总则

符合IEC 62326-4-1要求,性能指标为C,具有7.2.9.2规定的最小间距,工作电压小于或等于500 V的多层印制电路板,应考虑被浇封以符合7.2.9.2的要求。

7.2.9.2 最小间距

敷铜板(芯)和覆膜的绝缘应符合7.2.3.2的要求。

印刷电路导体和多层印制电路板边缘或其中任何孔之间的最小间距应至少为3 mm。如果边缘/孔利用从边沿/孔沿板表面延伸至少1 mm的金属或绝缘材料保护,则印刷电路导体的间距可以缩短到

1 mm。绝缘材料应符合 GB 12476.4—2010 保护涂层要求。金属镀层最小厚度应为 35 μm,见图 4 和表 5。

表 5　多层印制电路板的最小距离

距　离	"maD"保护等级	"mbD"保护等级
a	3 mm	0.5 mm
b	3 mm	3 mm
c	3 mm	1 mm
d	0.1 mm(见 7.2.3.2)	0.1 mm(见 7.2.3.2)
e	符合表 1 的距离	符合表 1 的距离

注: *a* 是载流部件与外表面之间通过覆盖层的距离;
b 是载流部件与外表面之间沿着覆盖层的距离;
c 是从边缘或孔沿板的表面延伸的金属或绝缘的长度;
d 是覆膜或芯的厚度;
e 是多层(印制电路板)内侧两电路间的距离。

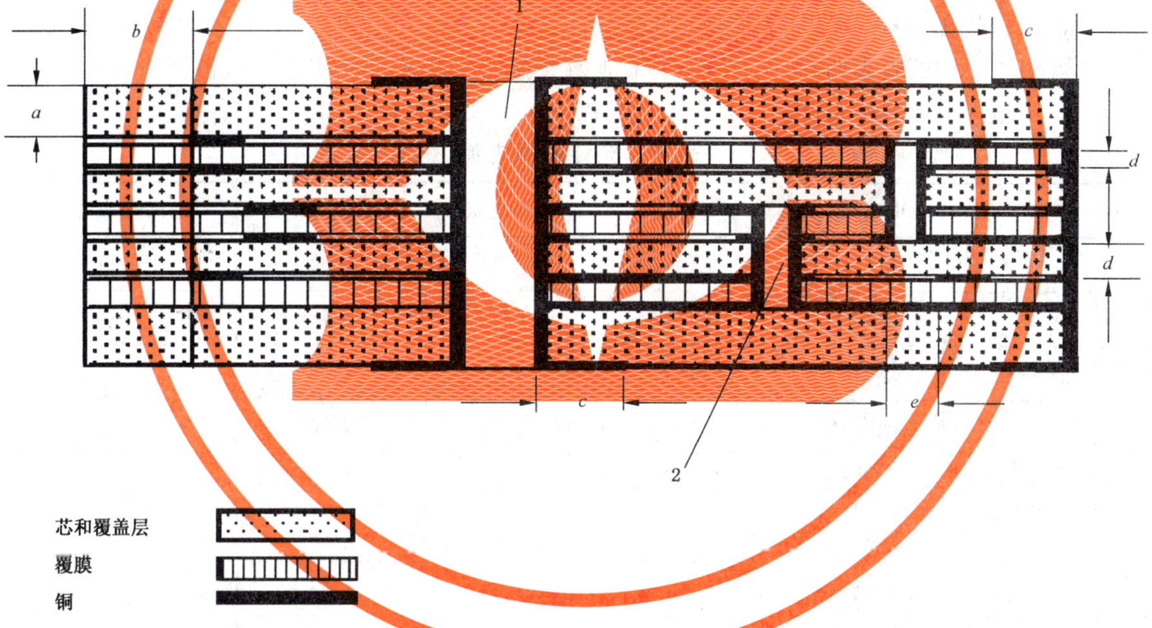

1——通过触点端接;
2——通过触点将印制导体连接到涂层上。

图 4　多层印制电路板的最小距离

7.3　开关触点

浇封之前,开关触点应配置一附加外壳。如果开关电流大于元件制造商声明的额定电流的 2/3,或电流超过 6 A,附加外壳应用无机材料制成。

7.4　外部连接

如果复合物坚硬,应采用适当的方式对连接电缆的护套进行保护,防止受到损害。如果引入装置为电缆形式与"mD"型设备永久性连接,则应按照 8.2.5 的要求进行拔脱试验。

7.5　对裸露带电部件的保护

穿过复合物表面的裸露带电部件应采用 IEC 61241-0:2004 所列出的其他防爆型式进行保护。

7.6 电池

7.6.1 总则

根据可能产生的气体评定电池控制方案时，应考虑全部运行温度范围、内部电阻和电压。应假定电池能够变得不平衡，对电阻和电压可忽略不计的单体电池可不予考虑。

对于"maD"保护等级，只允许使用符合 GB 12476.4—2010 的电池。

7.6.2 防止气体外逸

在正常运行过程中会释放气体的电化学系统不允许使用。如果不能排除在故障状态下出现气体，应采用符合 7.6.9 要求的安全装置减少气体外溢。用蓄电池时，采用的安全装置不仅在充电时起作用，在放电时也应起作用，这也适用于在危险场所之外的充电。

特别注意：

a） 不应使用排气式电池；

b） 不应使用阀控式密封电池；

c） 在电气设备的环境温度范围内，正常运行条件下或故障条件下不泄漏气体的气密式电池，可不采用符合 7.6.9 要求的安全装置；

d） 不满足 7.6.2 项 c)要求的气密式电池应有符合 7.6.9 的安全装置。

7.6.3 允许的电化学系统

本款要求应代替 IEC 61241-0:2004 中的 22.3。

只有经过充分的试验表明在运行过程中不泄漏气体的系统才可使用。一般情况下，只有表 6 和表 7 列举的电池才满足这些要求。

表 6 允许的原电池

IEC 60086-1 类型	正电极	电解液	负电极	额定电压/V	最高开路电压/V
—	二氧化锰	氯化铵	锌	1.50	1.73
A	氧	氯化铵	锌	1.40	1.55
B	氟化碳	有机物	锂	3.00	3.70
C	二氧化锰	有机物	锂	3.00	3.70
L	二氧化锰	碱金属氢氧化物	锌	1.50	1.65
P	氧	碱金属氢氧化物	锌	1.40	1.68
S	氧化银	碱金属氢氧化物	锌	1.55	1.63
T	氧化银	碱金属氢氧化物	锌	1.55	1.87

表 7 允许的蓄电池

IEC 类型	类型	电解液	额定电压/V	最高开路电压/V
K 型 IEC 60285 IEC60622 IEC 61150	镍-镉	钾/钠溶液	1.20	1.55
IEC 61436	镍-金属-氢化物	钾溶液	1.20	1.50
IEC 61960-1	锂	有机盐	3.60	a
注：a 数据在准备中。				

7.6.4 防止出现不允许的温度和对单体电池造成损害

在最不利负载下的电池组应符合项a)或b)的要求。

a) 在正常使用条件下,单体电池的表面温度不应超过电池制造商规定的温度,或在设备最高环境温度时,不超过80 ℃,最大充电和放电电流不应超过制造商规定的安全值;或

b) 为了防止浇封内部出现不允许的过热或气体外逸,电池应配置7.6.5~7.6.9规定的一个或多个安全装置。

7.6.5 反向电流

如果在同一个外壳内有另一个电压源,应对浇封电池及其相关电路进行保护,防止电压源被设计规定的电路以外的电路反向充电。例如,对于能够造成反向电流的最高电压,采用表1规定的间隔距离,把电池及其关联电路与所有其他电压源隔离开。

7.6.6 电流限值

应使用设备制造商规定的最大负载下所允许的最大放电电流,或由保护装置规定的最大放电电流,来确定最高表面温度,见7.7,例如用1.7倍熔断器的额定值来确定。如果没有规定的负载或保护装置时,最高表面温度应采用在短路状态下的最大放电电流来确定。

对于电池制造商规定的安全电流,可用符合GB 9364或等效标准的电阻、限流装置或熔断器限制,如果用可更换的熔断器,应标志出额定值和功能。

7.6.7 防止电池极性转换和过度放电

3个以上的单体电池串联时,需要监控电池电压。在放电过程中,如果电压低于电池制造商规定的电池电压限值,安全装置应断开电池。

注1:如果几个单体电池串联连接,由于电池中每一单体电池的容量各不相同,在放电过程中单体电池会改变极性。这些“转换了”极性的单体电池会产生不允许的气体外溢。

如果安装有过度放电保护电路,防止在放电过程中单体电池反极性充电,最小断开电压应为电池制造商规定的值。负载断开后,电流应不大于1 000 h额定放电容量。

注2:如果太多电池串联连接,由于单个电池电压和过放电保护电路的差别,可能是无安全保护。通常串联单体电池不超过6个,并且宜用一个过放电保护电路加以保护。

7.6.8 电池充电

充电电路应完全视为设备的一部分。充电系统应满足下列要求:

a) 在充电系统出现一个故障条件下,充电器的电压和电流不应超过制造商规定的限值;或

b) 如果在充电过程中可能超过电池制造商规定的电池电压或放电电流的限值,则应提供一符合7.7规定的单独安全装置,防止气体泄露和超过制造商规定的电池最高额定温度。

7.6.9 对单体电池和电池安全装置的要求

如果有要求,安全装置应成为控制系统的安全关联部件。制造商负责提供保持控制系统的安全整体性所必要的信息。

注:满足GB/T 16855.1—2005《机械安全　控制系统有关安全部件　第1部分:设计通则》第3类要求的安全关联部件满足上述规定。

7.7 保护装置

7.7.1 总则

如果“mD”设备不能承受“mbD”保护等级的一个故障或“maD”保护等级的二个故障,但没有超过浇封剂的连续运行温度(COT)或设备的温度组别,那么在设备外部应有一个保护装置,或者保护装置直接安装在设备内部。

保护装置提供安全技术,限制“mD”型设备中不允许的发热。保护装置应能断开其安装电路的最大故障电流。保护装置的额定电压应至少相当于工作电压。

对电池及安全装置进行浇封以防止过热(见7.6.6),也可将安全装置作为保护装置,防止相同浇封

内部的所有其他元件温度超过浇封剂连续运行温度(COT)或设备的温度组别。

7.7.2 电气保护装置

7.7.2.1 总则

熔断器的额定电压应不小于电源电路的额定电压,并且分断电流应不小于电路的短路电流。

除非另有规定,应假定熔断器能够承受连续通过 1.7 倍的标称电流,熔断器的电流—时间特性曲线应保证不能超过浇封剂的连续运行温度(COT)或设备的最高表面温度。按照 GB 9364 或 ANSI/UL248-1 的规定,熔断器的电流—时间特性值应由熔断器制造商规定。

注:对于 U_n 不超过 250 V 的电源网络,预期的短路电流通常是 1 500 A。

7.7.2.2 与"mD"型设备连接的保护装置

如果浇封不能承受 1 个故障,则"mD"型设备可以连接到单独的保护装置上。在这种情况下设备应按照 IEC 61241-0:2004 的 29.2 项 i)标志符号"X"。

如果使用外部保护装置或保护电路控制,把电压、电流和电源正确施加到"maD"等级设备上,外部保护装置或保护电路的性能应等效于符合 GB 12476.4—2010 的"ibD"的限制装置或电路的性能。允许的电源、电流和电源由浇封设备的热特性确定,而不是由本质安全的要求确定。

7.7.3 热保护装置

6.2 的要求适用于热保护装置。应用热保护装置保护浇封剂不受局部加热,如由故障部件和/或由超过最高表面温度(温度组别)造成的损坏。

只能使用非自动复位的热保护装置。这种保护装置不能自动复位,并且在暴露于高于给定的额定值后能永久地断开电路。被监控的部件和热保护装置之间应用充分的热导连接。应规定保护装置的断开能力,并且不能小于电路最大可能的负载。

注:由于功能方面的原因,可使用自动复位装置。如果使用这样的装置,它宜在低于热保护装置运行温度下动作。

7.7.4 内置保护装置

与"mD"型设备制成一体的保护装置,其封闭型式应做到浇封过程中复合物不能进入。

预定目的保护装置的适用性由下列条件确定:

a) 制造商声明;或

b) 样品的试验。

注:用玻璃、塑料、陶瓷或其他方式密封的装置被视为封闭型式。

8 型式试验

8.1 复合物吸水性试验

只有在潮湿环境运行的浇封型电气设备才应在复合物的样品上进行该试验。

应在 3 个干燥的复合物样品上进行该试验,见 GB/T 1034—2008。样品应为直径为 50 mm±1 mm、厚度为 3 mm±0.2 mm 的圆形。样品在称重后浸入温度为 23 ℃±2 K 的水中 24 h,然后从水中取出擦干,再称其重量,增加的重量不应超过 1%。

8.2 对设备的试验

8.2.1 试验顺序

试验顺序和样品数量见附录 B。

8.2.2 最高温度

"mD"型电气设备样品应承受型式试验以保证:

——在正常运行时的温度不超过 6.1 规定的极限温度;

——在 7.2.1 规定的故障条件下不超过最高表面温度。

对于无外部负载的"mD "型电气设备,则按 IEC 61241-0:2004 中 23.4.4.1 的规定进行试验,但应考虑 4.5 给出的供电规定。对于有外部负载的"mD"型电气设备,应把电流调整到不会引起保护装置动作的最大值进行试验。

当温升速率不超过 2 K/h 时,认为达到了最终温度。

8.2.3 热稳定试验

8.2.3.1 耐热试验

该试验应按 IEC 61241-0:2004 中 23.4.6.3 的要求进行。

用于试验的温度应为:

a) 试验样品的最高表面温度加至少 20 K,见 8.2.2;或

b) 复合物中元件表面的最高温度加至少 20 K,见 6.3.2。

如果使用项 a)的温度,试验样品经受耐热试验和热循环试验,见 8.2.3.3;对项 b),没有热循环试验要求。

8.2.3.2 耐寒试验

应按 IEC 61241-0:2004 的 23.4.6.4 进行。

8.2.3.3 热循环试验

样品应配置一个或多个温度传感器,传感器放置在复合物中最热点上。如果样品有线圈,温度可根据这些线圈的电阻变化测定。

注:下列试验程序在附录 C 中用图解表示。

试验应在样品断电状态下开始。该样品应处于温度 21 ℃±2 K 的环境中。

将样品置于($T_{a\ max}$+10)℃±2 K 的条件下最短持续时间为 1 h,其中 $T_{a\ max}$ 是规定的样品运行中的最高环境温度,直至样品内外部之间温差小于 2 K。然后样品按照 4.5 的规定供电,电压为给出的最不利条件,除非样品内有一个或多个内部热保护装置。在这种情况下,给样品通电以在非自动复位的热保护装置上产生一个不高于最高跳闸温度 2 K 的温度。试验时,内部热保护装置可以跨接。

观察内部温度变化,直到达到稳定的温度分布为止,此时样品内部温度变化率小于 2 K/h。

内部温度应不超过复合物的连续工作温度。

样品断电,从($T_{a\ max}$+10)℃的环境移出,并冷却到 21 ℃±2 K。然后样品置于($T_{a\ min}$−5)℃±2 K 的条件下,其中 $T_{a\ min}$ 是规定的最低环境温度。直到样品内外部之间的温差小于 2 K 为止。

然后样品按照 4.5 的规定供电,电压为电气设备最不利条件下给出的电压。

观察内部温度变化,直至达到稳定的温度分布为止,此时内部温度变化率小于 2 K/h。

然后样品断电,冷却到($T_{a\ min}$−5)℃±2 K。冷却的最短持续时间为 30 min,除非 2 K 温度差要求较长的时间。

重复进行通电和断电循环。进行三个完整周期试验后,将样品从($T_{a\ min}$−5)℃环境中取出,并使其温度达到室温。

8.2.3.4 合格判据

完成试验之后,应对每个试验样品进行目测,肉眼观察样品复合物不得有明显影响防爆性能的损坏,例如:复合物的裂缝、浇封件的暴露、粘着性损坏、不允许的收缩、变色、膨胀、分解或软化。复合物的表面变色是允许的(例如:环氧树脂氧化)。

此外,涉及安全的电气保护装置,其功能验证应在运行到规定的参数范围内时进行。

8.2.4 绝缘介电强度试验

8.2.4.1 试验程序

试验应在下列电路间进行:

a) 与设备外部有连接的独立电路之间;

b) 与设备外部有连接的每一电路和所有对地部件之间;

c) 与设备外部有连接的每一电路和复合物表面或塑料外壳之间,必要时可用导电金属箔覆盖浇封表面。

对于项 a)，所采用的电压 U 应是两个被试电路额定电压的总和，对于项 b)和项 c)应为被试验电路的额定电压。

对于电源电压总和不超过 90 V 峰值的设备，试验电压为 500 V(r. m. s)；如果电源电压超过 90 V 峰值，试验电压为 $2U$＋1 000 V，但最低为 1 500 V、48 Hz～62 Hz 交流电压；如果交流试验电压将会损坏浇封中的电子元件，则试验电压应为 $2U$＋1 400 V d. c，但最低为 2 100 V d. c。

试验电压应在不小于 10 s 时间内稳定升高直至达到规定值，然后维持至少 60 s。

注：如果电气设备由于电磁兼容原因含有连接到外壳的元件以抑制干扰脉冲，并且在试验时可能损坏，则可考虑进行局部放电试验。

8.2.4.2 合格判据

如果在试验时没有出现闪络或击穿，则认为试验合格。

8.2.5 电缆拔脱试验

8.2.5.1 总则

该试验不在“Ex”元件上进行。

8.2.5.2 试验程序

试验应在一个没有预应力的样品上且温度在 21 ℃±2 K 时进行。

另一个试验样品应在按照 8.2.3.1 试验测得的引入电缆的最高温度下进行电缆拔脱试验。

施加电缆直径(mm)的 20 倍或“mD”型电气设备重量 5 倍的拉力(牛顿)，两者取较小值。在永久安装的情况下，该值可降低到要求值的 25%。应在电缆引入复合物的轴向施加拉力，最小拉力 1 N，持续时间最短应为 1 h。应在最合适的方向施加拉力。

8.2.5.3 合格判据

在进行拔脱试验时，目视观察不能有影响防爆性能的位移。试验后，样品应进行目视检查并且观察复合物或电缆不得有削弱防爆性能的损坏，例如复合物裂缝、浇封元件的暴露、粘着性损坏。

8.2.6 压力试验

8.2.6.1 试验程序

对于具有任何单独净空间在 1 cm^3 和 10 cm^3 之间的“maD”保护等级的电气设备和具有任何单独净空间在 10 cm^3 和 100 cm^3 之间的“mbD”保护等级的电气设备，应准备带有压力连接的试验样品。如果要求试验的净空间多于 1 个，则所有的净空间应同时加压。

压力试验应在已经经受耐热试验的样品上进行。

应用表 8 压力进行至少 10 s 的试验。

表 8 试验压力

最低环境温度/℃	试验压力/kPa
≥－20(见注)	1 000
≥－30	1 370
≥－40	1 450
≥－50	1 530
≥－60	1 620
注：包括 IEC 61241-0:2004 规定的标准环境温度范围用设备。	

8.2.6.2 合格判据

试验之后应目视检查样品，目视检查复合物不得有明显削弱防爆性能的损坏，例如：复合物裂缝、浇封元件的暴露、粘着性损坏。

9 例行检查和试验

9.1 目检

“mD”型设备的每一个部件应目视检查。样品没有明显损坏，例如：复合物裂缝、浇封部件暴露、剥落、不允许的收缩、膨胀、分解、粘着性受损或软化。

9.2 绝缘介电强度试验

用介电强度试验来测定独立电路之间、独立电路和外表面或外壳之间的介电性能。该试验应采用8.2.4规定的电压等级进行。

施加试验电压的时间应至少为1 s。

作为替代，可以施加1.2倍的试验电压，并且保持至少100 ms。

注：在某些情况下，当具有大的分布电容的样品可能需要一些补充时间来达到实际的试验电压时，实际试验时间可能明显地比100 ms时间长。

如果试验时未出现击穿或闪络，则认为试验合格。

与上述相反，电池的介电强度试验应按GB 3836.3—2010的相关要求进行。

10 标志

除应符合IEC 61241-0:2004要求外，标志还应包括：

——额定电压；

——额定电流或额定功率(功率因数不同的设备，二者都应标出)；

——外部电源的预期短路电流(如果电流不是1 500 A)；

——特殊设备安全运行所需的其他必要信息。

附 录 A
（资料性附录）
“mD”型设备用复合物的基本要求

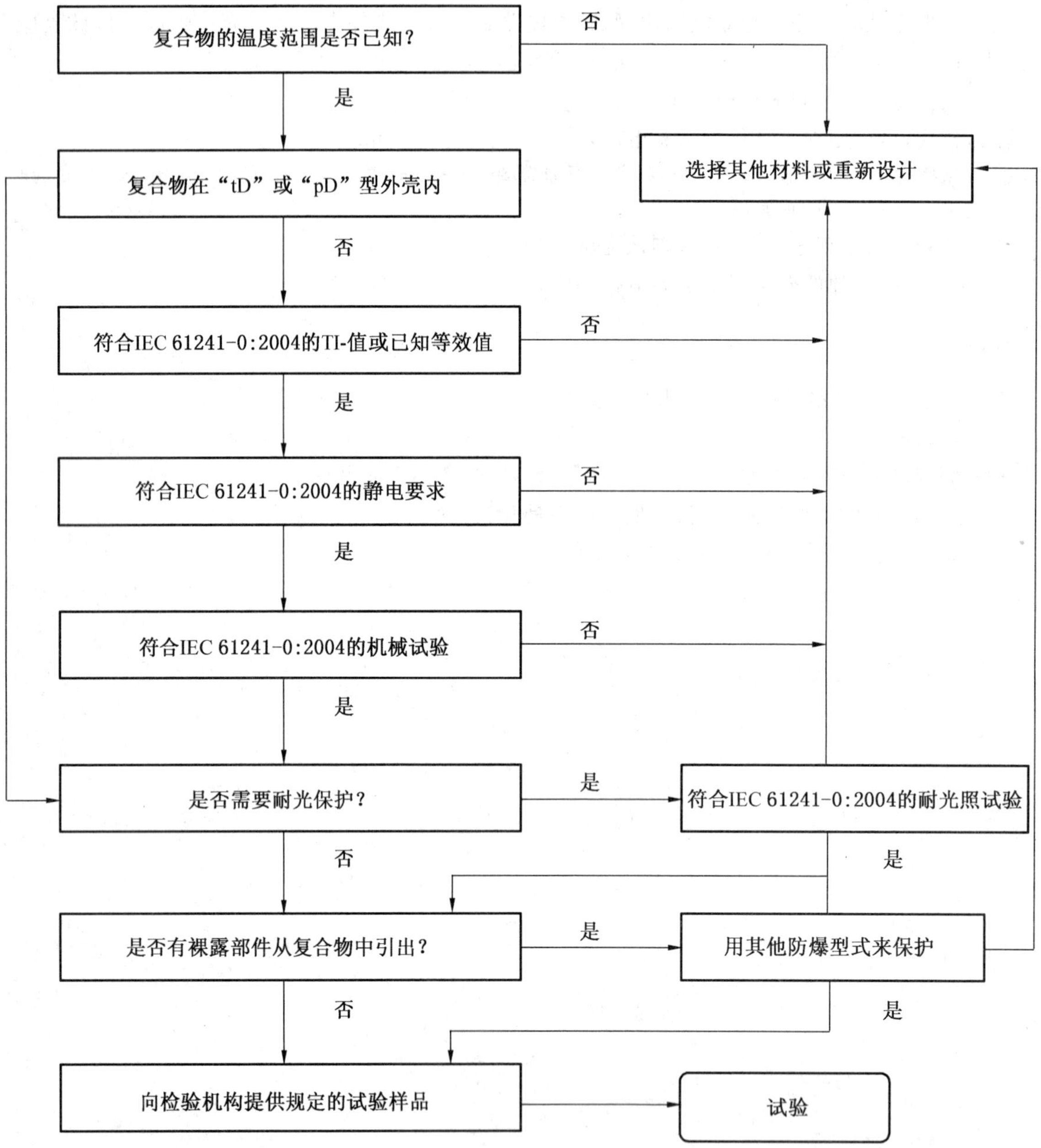

图 A.1 “mD”型设备用复合物的基本要求

附 录 B
（规范性附录）
试样分配

表 B.1 试样分配

标准试验		补充试验	
试样 1	试样 2	试样 3	试样 4
确定符合 6.3 的温度限制			
		在室温条件下在新试样上进行符合 8.2.5 的电缆拔脱试验(如有要求)	在电缆进线口测量的最高温度下贮存,时间按照 8.2.3.3(如有要求)
符合 8.2.3.1 的耐热试验	符合 8.2.3.1 的耐热性		
符合 8.2.3.2 的耐寒试验	符合 8.2.3.2 的耐寒性		
符合 8.2.3.3 的热循环试验(如有要求)	符合 8.2.3.3 的热循环试验(如有要求)		符合 8.2.5 的电缆拔脱试验
符合 8.2.4 的介电强度试验	符合 8.2.4 的介电强度试验		
符合 8.2.6 的压力试验(如有要求)	符合 8.2.6 的压力试验(如有要求)		
符合 IEC 61241-0:2004 的机械试验(如有要求)	符合 IEC 61241-0:2004 的机械试验(如有要求)		

注：各试样按表中所列顺序进行试验。

附 录 C
（规范性附录）
热循环试验期间的试验程序

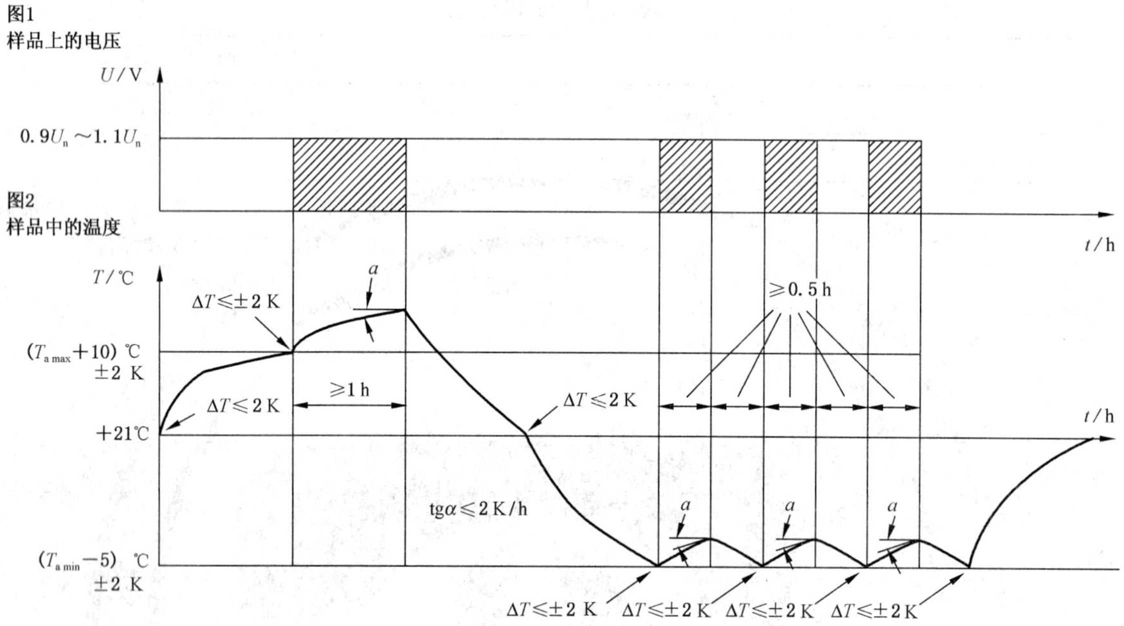

$T_{a\,max}$——运行中规定的最高环境温度；

$T_{a\,min}$——运行中规定的最低环境温度；

U_n——额定电压；

tgα——温度梯度；

ΔT——样品内外之间的温度差。

图 C.1 热循环试验期间的试验程序

ICS 29.260.20
K 35

中华人民共和国国家标准

GB 12476.7—2010/IEC 61241-4:2001

可燃性粉尘环境用电气设备 第7部分:正压保护型“pD”

Electrical apparatus for use in the presence of combustible dust—Part 7:Type of protection “pD”

(IEC 61241-4:2001,IDT)

2010-08-09 发布　　2011-08-01 实施

中华人民共和国国家质量监督检验检疫总局
中国国家标准化管理委员会　发布

前　言

本部分的全部技术内容为强制性。

GB 12476《可燃性粉尘环境用电气设备》分为若干部分：

——第1部分：通用要求

——第2部分：选型和安装

——第3部分：可燃性粉尘存在或可能存在的危险场所分类

——第4部分：本质安全型“iD”

——第5部分：外壳保护型“tD”

——第6部分：浇封保护型“mD”

——第7部分：正压保护型“pD”

——第8部分：试验方法　确定粉尘最低点燃温度的方法

——第9部分：试验方法　粉尘层电阻率的测定方法

——第10部分：试验方法　粉尘与空气混合物最小点燃能量的测定方法

……

本部分是GB 12476的第7部分，等同采用IEC 61241-4:2001《可燃性粉尘环境用电气设备　第4部分：正压保护型“pD”》(英文版)。

本部分对IEC 61241-4:2001进行了下列编辑性修改：

——删除了IEC 61241-4:2001的前言；

——增加了国家标准的前言。

本部分的附录A是规范性附录。

本部分由中国电器工业协会提出。

本部分由全国防爆电气设备标准化技术委员会(SAC/TC 9)归口。

本部分主要起草单位：南阳防爆电气研究所。

本部分主要参加单位：国家防爆电气产品质量监督检验中心、江苏欧瑞防爆电气有限公司、创正防爆电器有限公司、沈阳亿佳三丰电气有限公司、华荣集团有限公司。

本部分主要起草人：李书朝、高峰、吴建国、陈瑞、周京、刘绮映。

可燃性粉尘环境用电气设备 第7部分:正压保护型“pD”

1 范围

GB 12476的本部分规定了可燃性粉尘环境用电气设备的设计、结构、试验和标志的要求,规定在设备外壳内充入一定的保护气体(空气或惰性气体),使其压力高于外部环境压力,以防止粉尘进入不含可燃性粉尘释放源的外壳,避免在外壳内形成可燃性粉尘环境。

本部分还规定了结构和试验的具体要求,包括拟用于可燃性粉尘环境中正压保护型“pD”电气设备的防护要求。

本部分适用于外壳及其关联部件的结构要求,如果有的话,还包括保护气体用进气管道和排气管道,以及为保证形成正压和保持正压保护型“pD”的安全措施和安全装置所必需的要求。

本部分不适用于具有内部粉尘释放源的正压外壳的要求。

本部分不适用于具有或不具有内部粉尘释放源的正压房间。

本部分不适用于那些不需要大气中的氧即可燃烧的火炸药粉尘或自燃物质。

本部分不涉及可燃性气体和粉尘混合物的危险。

2 规范性引用文件

下列文件中的条款通过GB 12476的本部分的引用而成为本部分的条款。凡是注日期的引用文件,其随后所有的修改单(不包括勘误的内容)或修订版均不适用于本部分,然而,鼓励根据本部分达成协议的各方研究是否可使用这些文件的最新版本。凡是不注日期的引用文件,其最新版本适用于本部分。

GB 755—2008 旋转电机 定额和性能(IEC 60034-1:2004,IDT)

GB 12476.2—2010 可燃性粉尘环境用电气设备 第2部分:选型和安装(IEC 61241-14:2004,IDT)

IEC 61241-0:2004 可燃性粉尘环境用电气设备 第0部分:通用要求[1)]

3 术语和定义

本部分使用IEC 61241-0:2004确定的以及下列术语和定义。

3.1

正压保护型 “pD” type of protection “pD”

一种防爆型式,为向外壳内充以保护气体,保持外壳内部高于周围环境的过压,以避免在外壳内部形成爆炸性粉尘环境。

3.2

过压 overpressure

高于环境压力的正压外壳内压力。

3.3

正压保护 pressurization

保持外壳内部保护气体的压力高于外部大气压力,以阻止外部可形成爆炸的粉尘环境进入外壳内的方法。

---

1) 即将转化为国家标准:GB 12476.1《可燃性粉尘环境用电气设备 第1部分:通用要求》(IEC 61241-0:2004,MOD)。

3.4

保护气体　protective gas

用于保持过压的空气或惰性气体。

注：本部分中的惰性气体是指氮、二氧化碳、氩或类似气体，当它同氧按 4：1 的比例在空气中形成混合物时不会引起点燃和形成可燃特性及更严重的情况，如爆炸极限。

3.5

外壳　enclosure

包容电气设备带电部件和保护电气设备的整个壳壁，包括门、盖、电缆引入装置、操纵杆、芯轴和转轴。

3.6

正压外壳　pressurized enclosure

保持内部保护气体的压力高于外部大气压力的外壳。

注：正压外壳可能是也可能不是包容带电部件和保护电气设备其他部件的外壳。

3.7

静态正压保护　static pressurization

设备运行中，不再添加保护气体而保持危险场所中正压外壳内过压值的保护方法。

3.8

具有泄漏补偿的正压保护　pressurization with leakage compensation

在外壳出气口(如果有)封闭时，保护气体源足以补偿正压外壳及其管道中的任何泄漏而保持其内过压的保护方法。

3.9

具有保护气体连续流动的正压保护　pressurization with continuous flow of the protective gas

用保护气体通过在外壳内连续流动保持正压外壳内过压的保护方法。

3.10

电气设备　electrical apparatus

全部或部分利用电能的设备，这些设备包括发电、输电、配电、蓄电、电测、调节、变流、用电设备和通讯设备。

3.11

有点燃能力的设备　ignition-capable apparatus

在正常运行条件下，对规定的可燃性粉尘环境形成有效点燃源的设备，包括未用可燃性粉尘环境用电气设备的防爆型式保护的电气设备。

3.12

自显故障　self-revealing fault

将引起设备错误动作且在设备再运行之前必须调整的，可以通过声音或可视信号明示的故障。

3.13

开口　opening

孔、门、观察窗或非气密安装的面板。

3.14

保护装置　protective device

对系统提供保护防止导致着火或爆炸的装置。

3.15

报警器　alarm

产生可视或声音信号，以引起注意的设备部件。

3.16

测量仪表 indicator

测量显示流量或压力是否适当，并且定期校准以满足使用要求的设备器件。

3.17

被保护设备 protected apparatus

安装在正压外壳内的电气设备。

3.18

正压保护系统 pressurization system

用于增压和监控正压外壳的元件组合。

3.19

替代(或辅助)的保护气源 alternate (or auxiliary) source of supply of protective gas

在主保护气体源失效的情况下用来起保护作用的气体源。

3.20

区 zones

根据爆炸性粉尘/空气环境出现的频次和持续时间对爆炸性粉尘环境划分的区域。

3.21

20 区 zone 20

空气中可燃性粉尘云长期连续出现或经常出现形成爆炸性环境的区域。

3.22

21 区 zone 21

正常运行时，空气中可能偶尔出现的可燃性粉尘云形成爆炸性环境的区域。

3.23

22 区 zone 22

正常运行时，空气中的可燃性粉尘云不可能出现，如果出现，仅是短时间存在形成爆炸性环境的区域。

4 正压原理

正压保护型是一种防爆型式，当外壳内电气设备接通电源时，外壳内部承受保护气源的连续过压。

在设计正压保护系统时，采用下列基本原理。

4.1 保护气体

有适当的能保持压力高于预定压力值的保护气源，第 7 章规定的静态正压除外。

4.2 自动断开或报警

正压保护发生故障时自动断开系统电源和/或启动报警器。

4.3 吹扫

外壳应在电源接通之前进行吹扫，以便清除正压保护系统故障之后或正常停机之后偶然聚集在外壳内的剩余可燃性粉尘。

4.4 保护气体的排放

最好是将保护气体排到非危险场所。在连续流动正压保护的情况下，如果保护气体被排到危险场所，应提供在正常或故障条件下避免炽热颗粒或其他点燃源从设备进入危险场所的方法。

5 通用结构要求

5.1 设备的电气性能

外壳内装设备的电气性能应能使设备的功能达到其全部额定值，并且认可的过载(如果有)不会对外壳造成损害或不使表面温度上升超过规定极限。

注：应考虑防止潜在电弧故障可能导致外壳故障的安全措施，考虑故障水平时同时将配置的保护和安全装置考虑在内。

5.2 机械强度

在正常运行时和在所有排气孔封闭的状态下，正压外壳管道和它们的连接部件应能承受制造商规定的1.5倍最大正压的压力，最低压力至少为200 Pa。

如果运行中产生的压力可能引起外壳管道或连接部件变形，制造商应设置安全装置，将最大内部正压限制到低于对防爆型式可能产生不利影响的水平。

注：对于承受压力超过1 kPa的表面积大的设备(例如，金属板外壳)，可能要求压力容器的法定授权机构认可。

5.3 进(出)气口

5.3.1 对于静态压力保护的外壳，应有一个或多个进气口。充气正压达到正压保护后，所有的进气口应关闭。

5.3.2 对于泄漏补偿正压保护的外壳，应有一个或多个进气口。

5.3.3 对于用连续流动保护气体正压保护的外壳，应有一个或多个进气口和一个或多个出气口，用于连接保护气体的进风道和出风道。

5.4 外壳的电气连接件

导线的引入应采用电缆引入装置或导管直接引入外壳内并能保持保护功能的方法，或采用符合可燃性粉尘环境用电气设备的防爆型式之一保护的独立接线盒。

5.5 门和盖

由于存在外部爆炸性粉尘环境，如果因设备内部零件的表面温度或部件上的剩余能量(大于0.2 mJ)可能带来爆炸危险而必须延迟打开外壳时，则门和盖应设置警告，给出在断开电源之后遵守的延迟时间。

不使用工具就能打开的门和盖应与电源联锁以便切断电气设备的所有电源。

在静态正压的情况下，门和盖只能用工具才能打开，并且应设警告语：

正压外壳应在非危险场所打开！

如果为了能够在使用中进行检查而设置门和盖，则应在其上设警告语或等效警告语：

严禁带电打开！

除非在运行期间针对调整采取措施，在这种情况下警告语应写明：

打开前阅读使用说明书。

为有效吹扫，外壳应提供适当数量的开口。开口的数量应按设备的设计和分布来选择，特别要考虑电气设备可能被分成一个个小空腔吹扫的需要。

6 温度极限

设备应按IEC 61241-0:2004要求进行分组，并按下列温度较高者进行确定：

a) 外壳的最高外表面温度；

b) 用符合可燃性粉尘环境用电气设备的防爆型式保护的内部零件以及当用于正压的保护气源取消或失效时仍保持带电的内部零件(例如，电加热器)的最高表面温度。

在正常运行期间，可能暴露于爆炸性粉尘环境的内表面的温度超过IEC 61241-0:2004针对设备温度组别规定的最高值，当正压保护中断时应采取适当措施，在内表面冷却到低于允许的最高值之前防止可能出现的任何爆炸性粉尘环境与该表面接触。以上要求可通过正压外壳和管道接头的设计和结构或其他的方法来达到,例如:替换(或辅助)保护气源进入工作状态或将正压外壳内的热表面安装在尘密或浇封外壳内。

在确定旋转电机温度时,还应考虑符合制造商按 GB 755—2008 规定的工作制。

7 安全措施和安全装置(静态正压保护除外)

7.1 概述

应采取保护措施避免安装在正压外壳中的电气设备在形成正压之前通电。所有安全装置应

a) 用符合可燃性粉尘环境用电气设备的某一种防爆类型保护;或

b) 是非电气的并且不能引起点燃;或

c) 位于非危险场所。

本部分要求的安全元件构成控制系统的安全相关的部件。制造商和用户负责评定控制系统的安全和整体性是否合理。

安全装置应由设备制造商或用户设置。如果由用户设置安全装置,设备上应标志"X",并且在使用说明书中应包括用户必要的保证符合本部分规定的所有要求的内容。

外壳应在系统供电的电源接通或再接通之前进行吹扫,以便清除正压保护系统故障之后或正常停机之后偶然聚集在外壳内的剩余可燃性粉尘。制造商应向用户提供必要的详述吹扫外壳要求的说明书。

制造商应该规定安全装置的最大和最小动作值及公差。适当考虑对正常运行所规定的最恶劣的条件,安全装置应按制造商的规定在正常工作范围内使用。

7.2 压力或流量响应装置

为报警器和电气脱扣装置运行而设置的压力响应装置应在外壳内压力低于允许最小值或超过允许最大压力时动作。

为报警器和电气脱扣装置运行而设置的流量监控装置应在外壳内压力低于允许最小值或超过允许最大值时动作,并且流量监控装置应位于出口处。

风扇电动机或控制器上的电气联锁不适合显示正压故障,当发生风扇皮带滑动、风扇在转轴上松动或风扇反转时,电气联锁不显示正压故障。

7.3 电源

如果没有提供正压保护系统停机或故障之后避免粉尘进入的保护,则应设置警告牌,标明在接通电源之前清除内部粉尘。

7.4 切断电源

如果本部分要求切断电源,按照 GB 12476.2 的规定应要求切断所有带电导线,包括中性线。

7.5 正压故障

正压保护系统的设计原理是,正压故障自动断开系统电源和/或启动报警器。

为避免正压保护的电气设备在保护气体供应中断的情况下可能引起爆炸,应采取下列措施,这些措施应考虑设备的性能、当时的环境条件及监控装置和警告的使用。

7.5.1 保护要求

对正压保护设备的要求随下列有关的危险等级不同而不同:

——所用设备的类型;和

——场所的分类;和

——具体安装和工艺要求。

这些条件要求断开电源和报警,或只要求报警。

无论采取什么保护措施,还应采取下列措施:

a) 所有的在无正压的情况下通电的电气设备应适用于所处位置的爆炸性粉尘环境。

b） 应设置可视或声音报警设备，在负责人员直接看到或听到报警信号时立即采取必要的行动。

c） 应使用压力监控装置、流量监控装置或两种装置来监控正压功能是否符合要求。

表 1 对正压保护故障的要求

区域类别	外壳中设备的类型	
	有点燃能力的电气设备	正常运行中无点燃源的设备
20 区	不适用[a]	不适用[a]
21 区	7.5.1.1	7.5.1.2
22 区	7.5.1.2	不要求内部正压

[a] 对 20 区用所有设备的要求仍在考虑之中。

7.5.1.1 切断电源

下列要求适用：

a） 应设置自动装置以切断所有保护设备的电源，除非设备由可燃性粉尘环境用电气设备的一个或多个防爆型式保护，且在正压和/或保护气体流量低于最小规定值时，启动声音和/或可视的报警器。在特殊情况下，当设备用于意外断电可危及装置或人员安全的装置中时，则可要求调整，重新设置一个连续的声音的或可视的报警器直到恢复正压或采取另外一适当的措施为止。

b） 不使用工具就能打开的门和盖应联锁，以便在开启任何门或盖时关掉所有的由可燃性粉尘环境用电气设备的一个或多个防爆型式保护的部件的电源，如有时，包括所有相的电源和中性线。必须防止电源在所有的门和盖重新关闭之前再次接通。

c） 警告语应固定在设备明显处，写明下列警告语或等效警告语：

警告：吹扫后送电

7.5.1.2 仅报警

下列要求适用：

a） 应设置自动装置，在正压和/或保护气体流量低于最小规定值时，向操作者提供声音和/或可视报警，以便能采取适当的措施。

b） 所有不用工具就能打开的门和盖应设警告语：

警告：在可燃性粉尘环境，严禁带电打开。

c） 警告语应固定在设备明显处，写明下列警告语或等效警告语：

警告：吹扫后送电

7.6 过压等级

相对于外部大气压力，在可能产生漏泄的正压外壳及其管道内的各点的压力应保持 50 Pa 的最低过压。

外壳和管道不同系统中的压力分布实例见图 A.1～图 A.2。

注：旋转电机宜采用封闭式结构。如设备具有通过内风扇加速循环的内部封闭冷却回路，应考虑使用增压设备，因为这些风扇作用可以在壳体部件上产生负压，如果正压保护失效会发生外部粉尘随后进入的危险（见图 A.2）。

7.7 潜在点燃源

当被保护的设备内装带点燃源的部件（例如，电池）时，在设计设备时应采取适当的措施，保证这些部件设计成带有适合于外部和内部环境特征的防爆型式，以避免火花偶然产生。这些部件应清晰地标识。

7.8 内装部件

外壳内在没有保护气体的情况下继续运行的任何部件，如，在未运行期间加热设备的装置，应用符合可燃性粉尘环境用电气设备的防爆型式之一加以保护，以适用于具体危险场所。

7.9 独立外壳

如果设备是用来构成多个外壳装置的一部分，共用同一个保护气源，设计时应考虑整个装置的最不利条件。

如果共用保护装置，在下列情况下打开门或盖时不必切断全部电源或启动报警器：

a) 打开门或盖之后无保护措施的设备，在打开门或盖之前，应断开其电源，或为达到共同的目的，将门与电源联锁；和

b) 共用保护装置继续用于监测其他设备。

8 静态正压用安全措施和安全装置

8.1 静态正压的附加要求

正压外壳应采用制造商规定的方法在非危险场所充入惰性气体。

应提供一个或多个自动安全装置，以便在正压外壳内的过压下降至低于制造商规定的最低值时动作。当设备运行时应能检查这些安全装置是否正确动作。这些自动装置只能使用工具或钥匙才能重新复位。

注 1：使用自动装置(即：断电或声音报警或用其他方法来保证设施的安全)是用户的责任。

最低过压值应大于正常运行时一周期内所测得的最大压力损失，此周期不小于内装元件冷却到所涉及的粉尘最高允许的表面温度以下所需时间的 100 倍，至少为 1 h。在正常运行规定的最恶劣的条件下，最低过压值至少应高于外部压力 50 Pa。

注 2：如果正压降低至规定的最小值，用户负责在重新充气之前，将正压外壳移到非危险场所。

9 保护气体的供给

9.1 保护气体类型

保护气体应用于保持外壳中的正压。保护气体不应由本身的化学特性或因其可能所含的杂质而降低至保护等级低于规定的等级，或严重影响正常运行和设备的整体性。必要时应提供从保护气体中消除任何油或水分或其他不符合要求的杂质的方法。

制造商应规定保护气体和允许使用的其他气体。

注 1：保护气体也可以用作其他目的，例如设备冷却。

注 2：当使用惰性气体时，有窒息的危险，因此合适的警告牌宜固定在外壳上。

9.2 第二供气源

如果在主保护气源失效的情况下要求第二保护气源，则每一气源均应能独立维持保护气体规定的压力等级或送气流量。

注：第二供气源在必须保持电气设备运行的情况下是可行的。

9.3 温度

在外壳进气口处，保护气体的温度通常不超过 40 ℃。但在特殊情况下，允许较高的温度或可要求较低的温度。在这种情况下，应在外壳上标出温度。

注：如果需要，应采取措施避免凝露和结冰。

10 检查和试验

10.1 总则

除 IEC 61241-0:2004 规定的型式检查和试验以及例行试验之外，正压型外壳还应承受下列 10.2～

10.5，适用时，10.6和10.7规定的试验。如果适用，在进行所有其他的试验之前应进行10.6的冲击试验。

10.2 型式检查和试验

下列情况应通过对技术文件的检查或必要时通过试验来验证。

a) 对于外壳的结构和保护措施，具有泄漏补偿的正压和通过连续流动保护气体的正压应符合本部分的规定。

b) 在制造商规定的最低保护气体供给情况下，能够维持最低的过压(见7.6)。对于旋转电机，静止和旋转两种状态都应检验。

c) 辅助装置，如开关和阻火器，适用于危险场所。

10.3 过压试验

与正压有关的外壳和装置应承受内部压力至少为在正常使用中规定的最大压力的1.5倍或200 Pa，两者取较大值，而不出现损坏或严重的变形。压力应逐渐施加并且保持2 min±10 s。

如果不发生使防爆性能失效的永久性变形，则认为试验合格。

10.4 最低过压试验

10.4.1 试验条件

应将外壳和与正压有关的关联装置组装在一起，在正常运行条件下使用和运行5 min，最低保护气体供给按制造商的规定。在运行期间和运行完成之后，外壳的最低过压应不低于7.6的规定值。

10.4.2 试验次数

对于内部无运动部件设备的外壳，应进行一次试验。

对于内装有运动部件的设备外壳，如，在设备运行期间可能移动的转轴、芯轴或其他穿透外壳壁的构件，应在设备处于静止状态和足以代表正常使用的运行状态两种情况下进行试验。

10.5 泄漏试验

正压外壳和相关管道和它们的连接件(当它们是外壳的整体部件时)内的压力应调整到正常运行时规定的最大过压，至少为200 Pa。

所测的流量应不大于制造商规定的最大泄漏流量。

在静态正压情况下，正压外壳内的压力应调整到正常运行时能够出现的最大过压值。封闭各开口，按第8章的要求监测内部压力一段时间。压力的改变应不低于正常运行时规定的最低过压值。

10.6 冲击试验

符合IEC 61241-0:2004规定的冲击试验仅要求用于可能承受机械损伤的正压外壳。无须承受冲击试验的外壳应标志“X”，并且在试验报告中详细注明。

应在检验报告和防爆合格证中规定安全使用的特殊条件。

10.7 例行试验

10.7.1 过压试验

应按10.3的规定进行要求的过压试验。

10.7.2 泄漏试验

应按10.5的规定进行最大泄漏流量试验。

11 标志

11.1 正压外壳

外壳应标志如下内容，但用静态正压保护的正压外壳除外：

——制造商名称或注册商标；

——制造商规定的产品型号；

——正压保护型“pD”；

——符合第6章规定的最高表面温度；
——用于21区时数字“21”；
——用于22区时数字“22”；
——如果要求，产品序列号；
——电气设备制造标准要求的正常标志；
——本部分要求的警告标志；
——检验机构的名称或标志以及防爆合格证编号。

11.2 附加标志

下列情况（必要时，根据防爆合格证申请单位和检验机构之间的协议）作为补充。

a) 适用时，运行期间的最低、最高压力或保护气体的最低流量；
b) 保护气体类型（不是空气时）；
c) 影响设备安全使用的其他限制；
d) 应在设备外壳上或在技术手册中标明监控压力和流量的位置；
e) 对于照明灯具，可能使用的不超过外壳最高表面温度的灯泡的最大功率。

11.3 用静态正压保护的正压外壳

警告牌应带有下列警告语：

a) **该外壳由静态正压保护**
b) **该外壳按制造商说明书的要求只能在非危险场所充气**

11.4 其他要求的标志

必要时，根据防爆合格证申请单位和检验机构之间协议执行。

附 录 A
（规范性附录）
保护气体源的管道

保护气体进入供气管道的位置应设在非危险场所。

正压设备和与正压设备连接的进气管道的结构和安装不得使可燃性粉尘进入系统(见图 A.1 例 a)。

管道通常应将保护气体排到非危险场所(见图 A.1 例 c)。

但是,如果通过有效装置阻挡火花或炽热颗粒射出(见图 A.1 例 b),在内表面温度会引起可燃性粉尘点燃危险的情况下,用适当的装置阻止外部粉尘快速吸入外壳内,则可以将保护气体排到危险场所。

所有管道应保持正压外壳规定的防护等级(IP 等级)。正压设备和与正压设备连接的进气管道的结构和安装不得使可燃性粉尘进入系统(见图 A.1 例 a)。

注:图 A.1 中压缩机位于 22 区时,应考虑相应防爆要求。

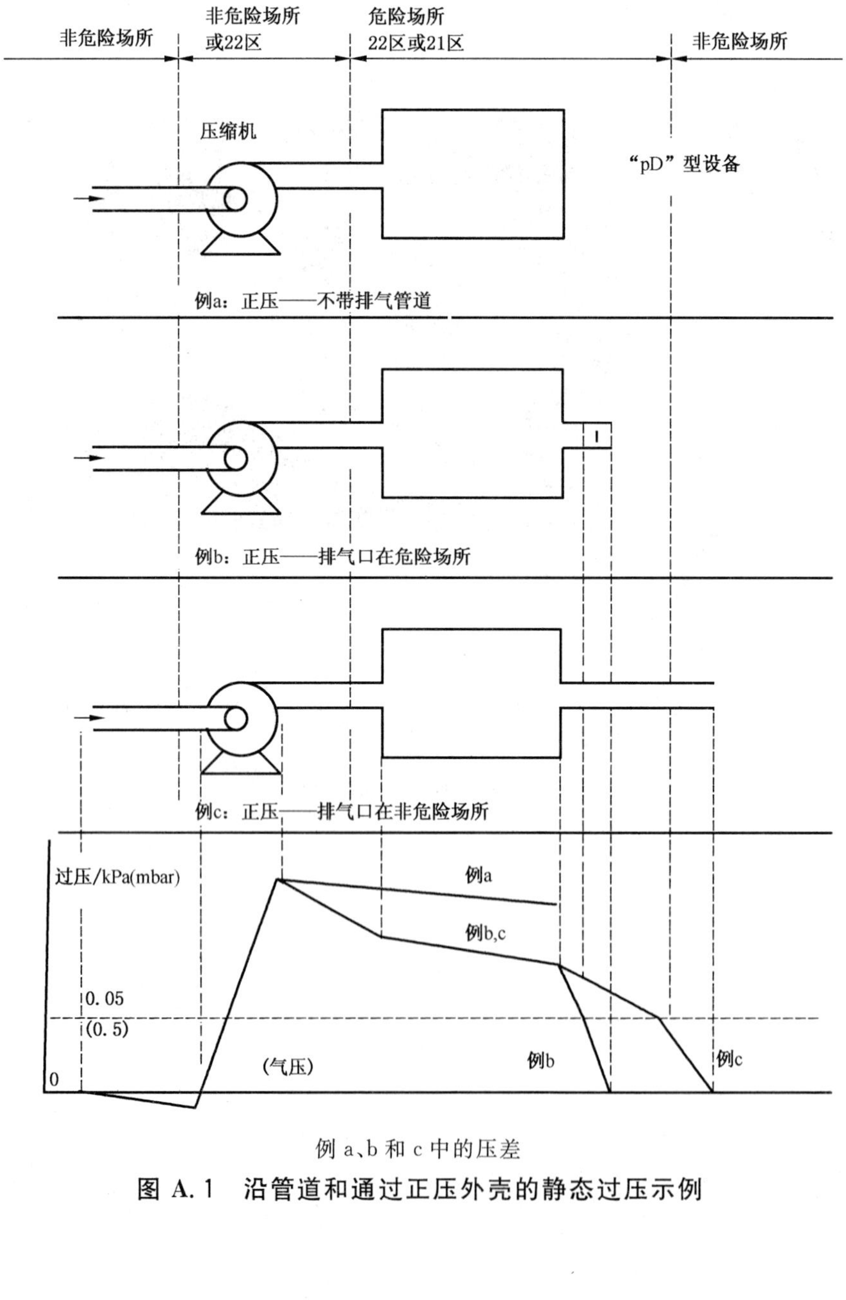

例 a、b 和 c 中的压差

图 A.1 沿管道和通过正压外壳的静态过压示例

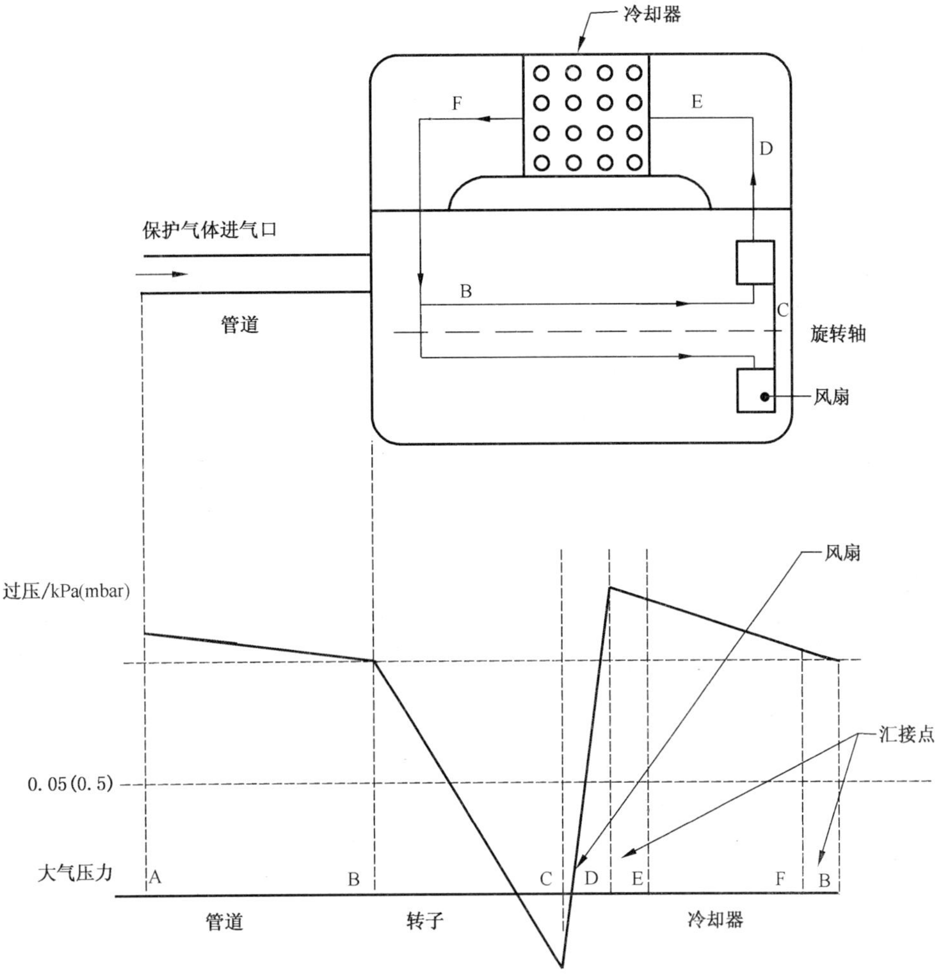

图 A.2 带风扇的正压型旋转电机中的静态过压示例

ICS 29.260.20
K 35

中华人民共和国国家标准

GB 12476.8—2010/IEC 61241-2-1:1994

可燃性粉尘环境用电气设备 第8部分:试验方法 确定粉尘最低点燃温度的方法

Electrical apparatus for use in the presence of combustible dust—Part 8: Test methods—Methods for determining the minimum ignition temperatures of dust

(IEC 61241-2-1:1994,IDT)

2010-08-09 发布　　2011-08-01 实施

中华人民共和国国家质量监督检验检疫总局
中国国家标准化管理委员会　发布

前　言

本部分的全部技术内容为强制性。

GB 12476《可燃性粉尘环境用电气设备》分为若干部分：

——第 1 部分：通用要求

——第 2 部分：选型和安装

——第 3 部分：可燃性粉尘存在或可能存在的危险场所分类

——第 4 部分：本质安全型“iD”

——第 5 部分：外壳保护型“tD”

——第 6 部分：浇封保护型“mD”

——第 7 部分：正压保护型“pD”

——第 8 部分：试验方法　确定粉尘最低点燃温度的方法

——第 9 部分：试验方法　粉尘层电阻率的测定方法

——第 10 部分：试验方法　粉尘与空气混合物最小点燃能量的测定方法

……

本部分是 GB 12476 的第 8 部分，等同采用 IEC 61241-2-1:1994《可燃性粉尘环境用电气设备　第 2 部分：试验方法　第 1 节：确定粉尘最低点燃温度的方法》（英文版）。

本部分对 IEC 61241-2-1:1994 进行了下列编辑性修改：

——删除了 IEC 61241-2-1:1994 的前言；

——增加了国家标准的前言。

本部分的附录 A 和附录 B 是规范性附录。

本部分由中国电器工业协会提出。

本部分由全国防爆电气设备标准化技术委员会（SAC/TC 9）归口。

本部分主要起草单位：南阳防爆电气研究所。

本部分主要参加单位：国家防爆电气产品质量监督检验中心、创正防爆电器有限公司、煤科总院抚顺分院。

本部分主要起草人：李书朝、陈在学、陈瑞、刘绮映、李长录、黄建锋。

引　言

GB 12476 的本部分规定了确定粉尘最低点燃温度的方法：

——方法 A：受热表面上恒温时的粉尘层(第 4 章)；

——方法 B：炉内恒温时的粉尘云(第 5 章)。

方法 A 确定的是规定受热表面上粉尘层的最低点燃温度。

方法 B 确定的是规定受热恒温炉内粉尘云的最低点燃温度。

试验方法具有通用性，可以用于比对，但是，在某些工业场合可能需要进一步试验。

确定最低点燃温度的方法不适用于公认的火炸药，例如，黑火药、黄色炸药或在某些环境下可能具有类似特性的混合物。

如果因爆炸特性而怀疑危险存在，可将少量上述粉尘放到设备的表面上，温度加热到 400 ℃或更高来得到指标，试验时操作者应远离。

可燃性粉尘环境用电气设备
第8部分:试验方法
确定粉尘最低点燃温度的方法

1 范围

GB 12476 的本部分规定了两种确定粉尘最低点燃温度的试验方法。

本方法不适用于具有火炸药特性的物质。

方法 A(第 4 章)适用于确定会导致沉积在规定热表面上、规定粉尘层厚度的分解最低温度和/或点燃最低温度。本方法特别适合暴露于环境中的工业设备的热表面上以薄粉尘层形式存在的粉尘。

方法 B(第 5 章)适用于确定会导致规定样品的粉尘云或其他固体颗粒样品点燃的最低温度。本试验为在采用本部分方法 A 确定的粉尘层的最低点燃温度之后进行的附加试验。

关于方法 B 的注:

注 1:由于恒温炉的操作方法决定了粉尘颗粒在炉内停留的时间短,本试验方法适用于粉尘短时间以粉尘云存在的工业设备。本试验方法规模小,其结果不一定代表所有的工业条件。

注 2:本方法不适用于超过本试验方法中规定的时间可能从高温分解或焖燃期间形成的集聚气体形成的粉尘。

2 规范性引用文件

下列文件中的条款通过 GB 12476 的本部分的引用而成为本部分的条款。凡是注日期的引用文件,其随后所有的修改单(不包括勘误的内容)或修订版均不适用于本部分,然而,鼓励根据本部分达成协议的各方研究是否可使用这些文件的最新版本。凡是不注日期的引用文件,其最新版本适用于本部分。

GB/T 6005—2008 试验筛 金属丝编织网、穿孔板和电成型薄板 筛孔的基本尺寸(ISO 565:1990,MOD)

GB/T 6919 空气质量 词汇(GB/T 6919—1986,eqv ISO 4225:1980)

3 术语和定义

GB 12476 的本部分使用下列术语和定义。

3.1

粉尘 dust

在大气中依靠自身重量可沉淀下来,但也可持续悬浮在空气中一段时间的固体微小颗粒(包括 GB/T 6919 中定义的粉尘和颗粒)。

3.2

粉尘层的点燃 ignition of a dust layer

如果物料开始无焰燃烧或有焰燃烧,或在试验中测得的温度为 450 ℃或以上,或温度高于规定的热表面温升的 250 K 或更高,则应视为发生了点燃。

3.3

粉尘层的最低点燃温度 minimum ignition temperature of a dust layer

规定厚度的粉尘层在热表面上发生点燃的热表面的最低温度。

注 1:由于在工业过程中的工艺流程范围较广,粉尘层的点燃可能取决于局部条件。本试验方法不一定代表所有的工业条件,这里可能需要考虑一些诸如存在粉尘层厚度和环境中温度分布等因素。

注2：在进行试验时，要采取一些必要的预防措施保护人员的健康，例如防止火灾、爆炸、吸入烟雾和有毒燃烧物产生的危害。

3.4

粉尘云的点燃　ignition of a dust cloud

能量向空气中粉尘云转移的初始爆炸。

3.5

粉尘云的点燃温度　ignition temperature of a dust cloud

炉内空气中所含粉尘云发生点燃时炉子内壁的最低温度。

注：在进行该试验时，要采取一些必要的预防措施保护人员的健康，例如防止火灾、爆炸、吸入烟雾和有毒燃烧物产生的危害。

4　方法A：温度恒定受热表面上的粉尘层

4.1　粉尘样品的制备

样品应经过制备，目的是将均匀的有代表性的粉尘用于试验。

通常，被试的粉尘样品应能够通过标称尺寸为200 μm孔的金属丝编织网筛或方孔孔心试验筛(附加尺寸见GB/T 6005)。如有必要对通过孔的标称尺寸为500 μm的试验筛的较粗粉尘进行试验，试验报告中应说明实际情况。

样品制备期间粉尘有关特性的任何明显变化，如采用的筛子或温度或粉尘的含水量，均应在试验报告中说明。

4.2　试验装置

试验装置的示意图见图A.1，其主要的细部特征和性能要求在下文的分条款中给出。能够满足这些要求的制作方法在附录A中规定。

4.2.1　受热表面

受热表面应由一圆形金属板构成，并且应能提供直径至少为200 mm和厚度至少为20 mm的工作区。金属板应被电加热，金属板的温度应通过一个敏感元件为热电偶的装置来控制，热电偶固定在金属板上靠近中心的部位，其接点在金属板的上表面1 mm±0.5 mm范围内并与金属板有良好的热接触。

类似的热电偶应以类似的方式固定在温控热电偶附近，并应与温度记录仪相连，记录试验期间金属板表面的温度。受热表面及其控制装置应满足下列性能要求：

a)　受热表面在无粉尘层形成的情况下应能够达到400 ℃的最高温度；

b)　在整个试验期间，受热表面的温度波动应稳定在±5 K范围内；

c)　当受热表面达到稳定状态，用附录B中规定的程序通过直角上的两个直径测量时，通过该表面的温度波动应始终在±5 K的范围内。应满足标称表面温度为200 ℃和350 ℃时的要求；

d)　应进行温度控制，以便在粉尘层形成期间记录的表面温度波动不超过±5 K，且在形成5 mm粉尘层时表面温度的波动应能恢复到上述数值±2 K的范围内；

e)　温度控制和测量设备应经过校准，偏差限制在±3 K的范围内。

4.2.2　粉尘层热电偶

铬铝合金或其他合适材料制成的灵敏热电偶(直径为0.20 mm～0.25 mm)应穿过受热表面被拉紧，并与受热表面平行，高度在距离受热表面2 mm～3 mm之间，接点在板的中心上方。该热电偶应与温度记录仪相连，以确定试验期间粉尘层的特性。

4.2.3　温度测量

使用热电偶测量温度，应在固定的基准接点上进行或使用自动冷端接点补偿，无论哪种情况，校准应满足4.2.1e)的要求。

4.2.4 环境温度测量

环境温度应使用安插在距受热表面不超过 1 m、热对流和热辐射不受该表面影响的温度计来测量。环境温度应在 15 ℃～35 ℃范围内。

4.2.5 粉尘层

粉尘层的制备应通过充填安装在受热表面具有适当高度的金属环的空腔进行，粉尘层与环的顶部高度一致。金属环的标称内径应为 100 mm，位于金属环直径两端设有通过试验热电偶的槽（见图 A.2）。在试验期间应将该环安装就位。

规定的粉尘应在 5.0 mm±0.1 mm 的层厚进行试验。为了进行预测（见 4.6），可使用第二厚度（如 12.5 mm±0.1 mm 或 15.0 mm±1 mm），这样要求金属环的高度要适当。

4.2.6 粉尘层的形成

粉尘层的形成不应使其过度挤压，即用刮刀将粉尘加入金属环中，刮刀主要横向移动，分撒粉尘直到环略满溢为止，然后用直尺横过金属环的顶部拖动，多余的粉尘宜被扫除。

每种类型粉尘的粉尘层均应以上述方式形成在质量已知的纸上，然后称出其重量，应根据粉尘的质量和环的填充体积计算得出密度，并做记录。

4.3 程序

4.3.1 总则

暴露于高温中的颗粒或多孔固体颗粒的点燃通常会提前，提前的时间大于或小于自身放热（由于空气中的氧化作用）持续的时间。在没有产生燃烧传播的固体颗粒内，根据暴露温度的高低，自身放热仅可产生暂时的温升（尽管有时很明显）。另外，在接近要求的最低点燃温度时，点燃的“潜伏期”通常超过在粉尘云中或气体和蒸气中点燃时间的许多倍（分钟或小时而不是秒）。鉴于上述这两种原因，公认粉尘层的最低点燃温度明显要比粉尘云或气体和蒸气的最低点燃温度低。因此，在规定的温度上未出现点燃不仅仅是因为试验提前终止。

热表面上粉尘层在规定温度上出现点燃的关键取决于粉尘层中的生热速率（“自身放热”）和周围环境的热损失率之间的平衡。因此，规定材料出现点燃的温度取决于粉尘层的厚度，对规定粉尘两个以上厚度测得的数值可用于预测（见 4.6）。

按照建议的程序，如果出现下列情况，则应视为发生点燃：

a) 可视的发光或燃烧（图 A.3 中 3a））；或

b) 测量到 450 ℃的温度；或

c) 测量到温度高于加热板温度 250 K（图 A.3 中 3c））。

对于上述项 b）和项 c），如果可以证明该反应没有发展成发光或燃烧，则应不认为发生点燃。应使用热电偶进行温度测量（见 4.2.2）。通常情况下将表明，只要受热表面的温度足够高，粉尘层中的温度便会缓慢地上升至可能超过受热表面温度的最大值，然后慢慢降到低于受热表面温度的稳定值（图 A.3 中 3b））。该特性为粉尘层中自身放热现象，通常可能伴随有粉尘变色，但是无快速的和可视的粉尘层燃烧。如果受热表面的温度稍高些，则粉尘层中测得的温度便会继续上升而不是达到一个最高值。某些材料的自身放热阶段多于一个，因此有时可能有必要延长试验以便充分研究这种可能性。有机粉尘的燃烧通常会呈烧焦状态，随之将会出现通过粉尘层扩大的并留下粉尘残渣的带发光的焖燃。由某些分割金属形成的粉尘层，点燃的特点在于比较突然地出现粉尘层迅速扩大的异常炽热焖燃燃烧。

在对规定厚度粉尘层进行最低点燃温度测定时，每次使用新鲜的粉尘层进行重复试验。试验时上下调节受热表面的温度直到发现温度高到足以导致粉尘层点燃为止，且仅高于不能导致点燃的温度 10 K。不能发生点燃的最高温度应通过继续的试验来验证，时间要足够长以确定任何自身放热的差率正在降低，即在粉尘层中测量点的温度降低到低于受热表面温度的稳定值。

4.3.2 方法

设备应安装在没有气流的地方，最好是在能吸烟雾和烟尘的防护罩下。

受热表面的温度应调整到要求值，并且应使其稳定在4.2.1b)规定的限值内。要求高度的金属环应对准受热表面的中心放置，将该环充满被试粉尘，并在2 min的时间内弄平，然后开启粉尘层热电偶用记录仪。

试验应继续进行，直到有可视燃烧或热电偶记录的数据确定粉尘层已经被点燃，或者确定出现自身放热但没发生点燃，且随后温度下降为止。

如果在30 min的时间后没有出现自身放热，则试验宜停止，且提高温度重复进行。如果发生点燃或自身放热，则试验应降低温度重复进行。必要时，延长试验时间超过30 min，继续进行试验，直到出现温度高到足以导致粉尘层点燃或自身放热为止，但仅高于不能导致点燃或自身放热的温度10 K。

4.3.3 结果

试验应用新鲜粉尘层重复进行，直到测定最低点燃温度为止。该温度应约整至在规定厚度的粉尘层中发生点燃时的最接近10 ℃整倍数的最低温度。如果根据试验热电偶的读数认为发生了点燃(见4.3.1)，则最低点燃温度应比约整至最接近10 ℃整倍数的最低温度至少低10 K。

没有发生点燃或被认为不发生点燃时的最高温度值也应做记录。该温度应比发生点燃或被认为发生点燃时的最低温度低，低的温度不超过10 K，而且该温度应至少经三次试验验证。

对于本部分，如果温度在400 ℃的受热表面温度以下没有出现粉尘层点燃，则试验应中断。该情况应作为试验结果记录下来。

为了获取点燃时间或不出现点燃时达到最高温度的时间，应从在受热表面上制备粉尘层大约5 min后进行测量，并记录下来。

如果在温度低于400 ℃时粉尘层没有出现点燃，则应记录最长持续时间。

4.4 试验合格判据

同一个操作者在不同的时间所得到的试验结果和在不同的试验室所得到的试验结果，如果给出的点燃温度相差超过10 K，则应认为不合格。

由于粉尘物理特性和试验期间粉尘层状态的原因，有时试验结果的有效性可能不确切。如果出现这种情况，记录该情况(见4.5)，并且所有的结果均应视为同等有效。

试验记录应包括简要说明点燃之后的燃烧特性，尤其写明燃烧的状态，例如，异常快速地燃烧或剧烈地分解。可能影响结果有效性的因素也应做记录，这些因素包括粉尘层制备中的难度，在加热、爆裂、熔化期间粉尘层的变形以及在粉尘加热期间形成的可燃性气体的证据。

4.5 结果报告

试验报告应包括试验材料的名称、来源和种类(如果名称中不含)、试验日期和标识、环境温度以及被试验材料的密度(见4.2.6)。

报告应写明已经按照本部分的规定进行了粉尘层最低点燃温度的测定。

点燃试验应以下表所示的格式(结果要以表面温度递减排列的方式而非按进行试验的顺序显示)进行记录。

粉尘层的厚度 mm	表面温度 ℃	试验结果	点燃或达到未点燃最高温度值的时间 min
5	180	点燃	16
	170	点燃	36
	160	未点燃	40
	160	未点燃	38
	160	未点燃	42
	150	未点燃	62

应按照4.3.3的规定记录每一粉尘层厚度的点燃温度。

在上表给出的示例中，5 mm 厚粉尘层的最低点燃温度记录为 170 ℃。

受热表面温度与记录的最低点燃温度相差超过±20 K 的试验不必记录。

4.6 结果应用

将按照本部分方法 A 确定的最低点燃温度值施加到试验中所使用厚度的粉尘层上。对于某些材料来说，尽管可采用试验结果的线性内插法或线性外推法绘制厚度的对数与最低点燃温度（单位：开氏温度 K）的倒数的关系曲线，来评价受热表面对厚度居中或超厚粉尘层的最低点燃温度，但最好还是用要求的厚度做试验。

注 1：以上是最简单的预测程序，在理论上具有一定的合理性。以热爆炸理论为基础的更完善的分析将会对其他形状粉尘层（如，在弯曲表面上的粉尘层）的点燃进行评定。然而，如果要想在相差悬殊的暴露条件下的，尤其是暴露于均匀的高温环境而非不均匀的环境（如，在一个加热板上）中进行点燃的准确预测，最好使用与不同环境更接近的试验程序（如，在烘箱中点燃）而获得的结果。

注 2：如果打算进行彻底的预测，最好用两种以上粉尘层的厚度确定点燃温度，且着重于更厚的厚度。

5 方法 B：炉内恒温时的粉尘云

5.1 粉尘样品的制备

样品应经过制备，目的是将均匀的和有代表性的粉尘用于试验。

通常，被试的粉尘样品应能通过标称尺寸为 71 μm 孔的金属丝编织的筛布或方孔的多孔板试验筛（附加的尺寸见 GB/T 6005—2008）。如有必要对通过标称尺寸为 500 μm 试验筛的较粗粉尘颗粒进行试验，试验报告中应写明实际情况。

在样品制备期间的有关粉尘特性的任何明显变化，如采用的筛子或温度或粉尘的含水量，均应在试验报告中写明。

5.2 试验装置

试验装置的结构详图见图 B.1～图 B.10 和表 B.1。恒温炉的加热石英管垂直安装，通向大气的开口在恒温炉的下端。炉的上端通过玻璃导管与粉尘容器连接。打开从储存器释放压缩空气的电磁阀将粉尘吹入恒温炉。恒温炉被固定在试验台上，这样能够方便观测炉管的下端。

反光镜低于炉管安装以便能够观察炉管的内部。

定期校准所使用的热电偶，以便保持温度超过 500 ℃时测量结果偏差为±1%，低于 300 ℃时为±3%。

在试验装置组装后，装置的精度要与在其他地方用粉末获得的结果（如石松子）进行比较。

5.3 程序

5.3.1 安装

试验装置应安装在能够吸取粉尘和烟尘并且无气流的外壳中。

5.3.2 最低点燃温度的测定

在粉尘容器中放入大约 0.1 g 的粉尘，将恒温炉的温度调至 500 ℃，恒温炉中的空气压力调至高于大气压力 10 kPa，将粉尘喷撒到恒温炉内。如果没有出现点燃，调高炉温，用新鲜的粉尘重复进行试验，温度以 50 K 为一级提高直到出现点燃，或直到达到 1 000 ℃的炉温为止。

一旦出现点燃，改变粉尘质量和空气的喷撒压力直到出现最强列的点燃为止。然后，使用同样的粉尘量和喷撒压力进一步试验，温度以 20 K 为一级降低直到经过 10 次尝试不出现点燃为止。

如果在 300 ℃时仍出现点燃，则温度以 10 K 为一级降低。

如果没有出现点燃，按照该温度降低程序，用较低值和较高值的粉尘质量和喷撒空气压力，在下一个较低温度上再次进行试验。必要时，再降低温度直到经过 10 次尝试之后不出现点燃为止。

5.3.3 粉尘的质量

粉尘的质量值应从下列数值选取，公差为±5%：

0.01 g、0.02 g、0.03 g、0.05 g、0.10 g、0.20 g、0.30 g、0.50 g、1.0 g……

5.3.4 空气压力

喷撒粉尘容器中高于常压的空气压力值从下列数值中选取，公差为±5%：

2.0、3.0、5.0、10、20、30 和 50 kPa。

5.4 判断点燃的依据

当看到了在炉管下端出现火焰时，视为发生点燃。点燃在时间上的延迟是允许的。无焰火花不视为点燃。

5.5 粉尘云的最低点燃温度

记录的最低点燃温度作为在使用规定程序出现点燃时恒温炉的最低温度，炉温高于 300 ℃时减去 20 K，炉温等于或低于 300 ℃时减去 10 K。

如果在 1 000 ℃炉温时仍没有出现点燃，这种情况应在试验报告中写明。

5.6 结果报告

试验报告应包括试验材料的名称、来源和种类（如果名称中不含）、粉尘的含水量（如果已经测量）、试验的日期和标识。

报告应写明已经按照本部分的规定进行了粉尘云的最低点燃温度测定。

点燃温度应按照 5.5 的规定做记录。

附 录 A
（规范性附录）
方法 A:受热表面的结构和表面上温度分布的测量

只要满足 4.2.1 的要求,受热表面的具体构造并不重要。例如,受热表面可以由一个带"侧板"的合适金属,如铝或不锈钢的圆形板组成(见图 A.1),且可以被固定在任何适宜的市场上买得到的电加热器上。

有两种方法可以通过加热板获得十分均匀的温度分布,选择哪种方法主要取决于供选择的加热器。如果加热器由炽热运行时无保护的螺旋形电阻丝组成,则在加热器和板之间宜形成一个大约 10 mm 的气隙,这样借助于辐射和对流进行热传导。但是,如果直接接触加热器,主要通过导热进行热传导,以避免出现热点,就需要厚一点的板,按照 4.2.1 的规定板厚不少于 20 mm。

图 A.1 所示安装图可一目了然。虽然,如图 A.1 中 G 和 H 所示可以将显示热电偶和调温热电偶插入加热板中,但是,最好将它们插入距离板的边缘径向钻成的螺孔中,并且按 4.2.1 的规定汇接点设在表面以下 1 mm±0.5 mm 的适宜深度处与表面平行。加热板的底座宜设置底脚以使通过表面拉紧热电偶的支撑物清洁。这些热电偶固定在直立式螺纹操纵杆上由弹簧加压的托架之间,热电偶的高度能够通过螺母调节。

图 A.4 中例举了通过受热表面进行温度分布测量用的适用装置。

测量元件由灵敏热电偶组成,热电偶的汇接点展平并钎焊到标称直径为 5 mm 的盘形的紫铜或黄铜薄片上。热电偶被安插在测量点,用一片厚 5 mm 和直径为 10 mm～15 mm 的适当隔热的材料覆盖,用一个垂直的能在管形导轨中自由移动并且施加有固定负载的玻璃棒支持。

温度测量沿相隔 20 mm 成直角的两个直径方向上的点进行,并如图 A.5 做记录。应使热电偶在每个点上达到稳定温度。

测得的表面温度通常低于已安装板的表面温度,程度取决于热电偶的具体构造。这个差值不重要,可以忽略。基本的要求是对温度变化的精确测量而非实际温度值。

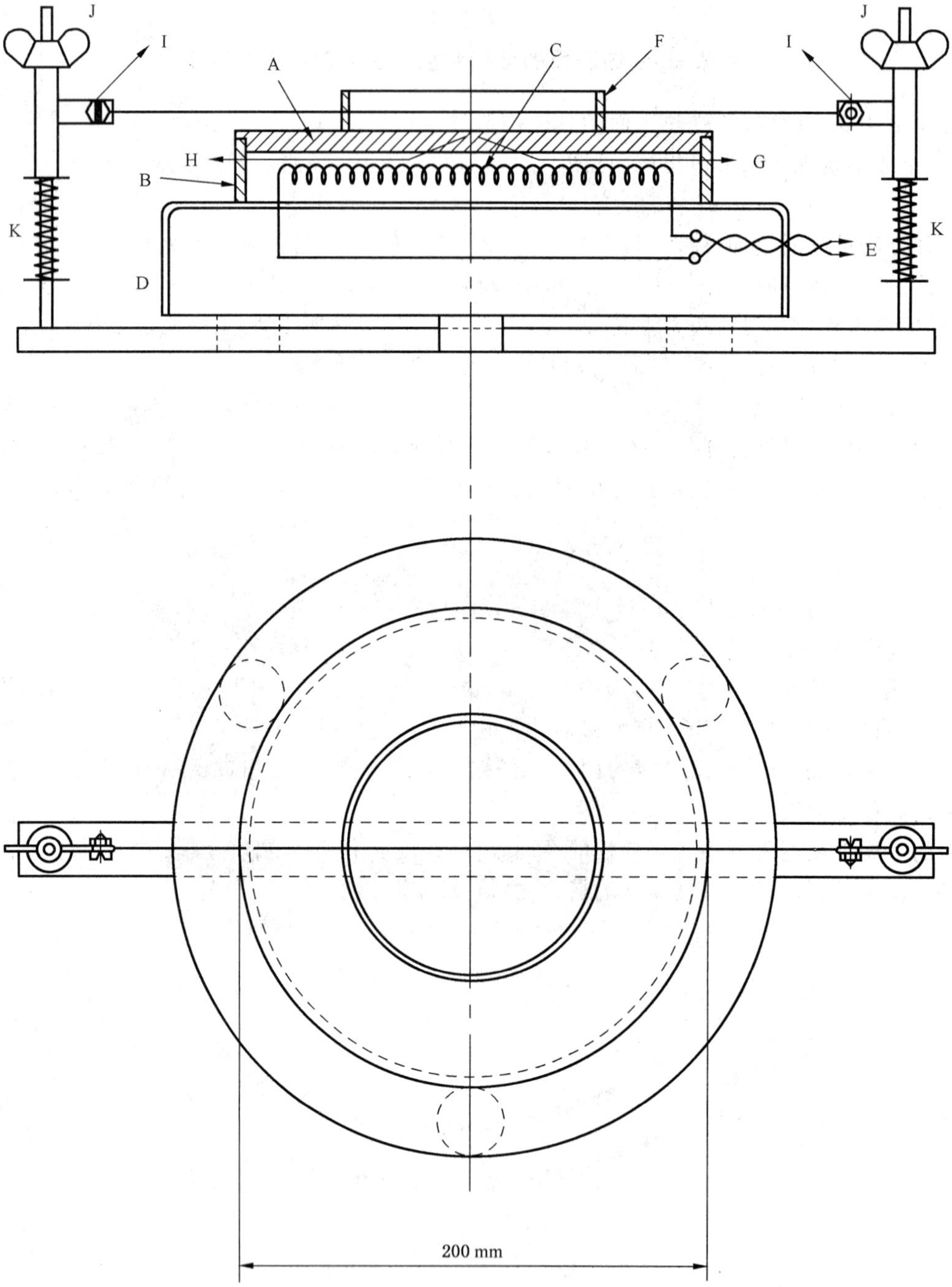

A——加热板；

B——侧板；

C——加热器；

D——加热器底座；

E——加热器与电源和调节器的连接件；

F——用于形成粉尘层的金属环；

G——连接调节器的板式热电偶；

H——连接记录仪的板式热电偶；

I——连接记录仪的粉尘层热电偶；

J——热电偶高度调解螺钉；

K——螺旋弹簧。

图 A.1 加热板简图(方法 A)(未按比例绘制)

单位为毫米

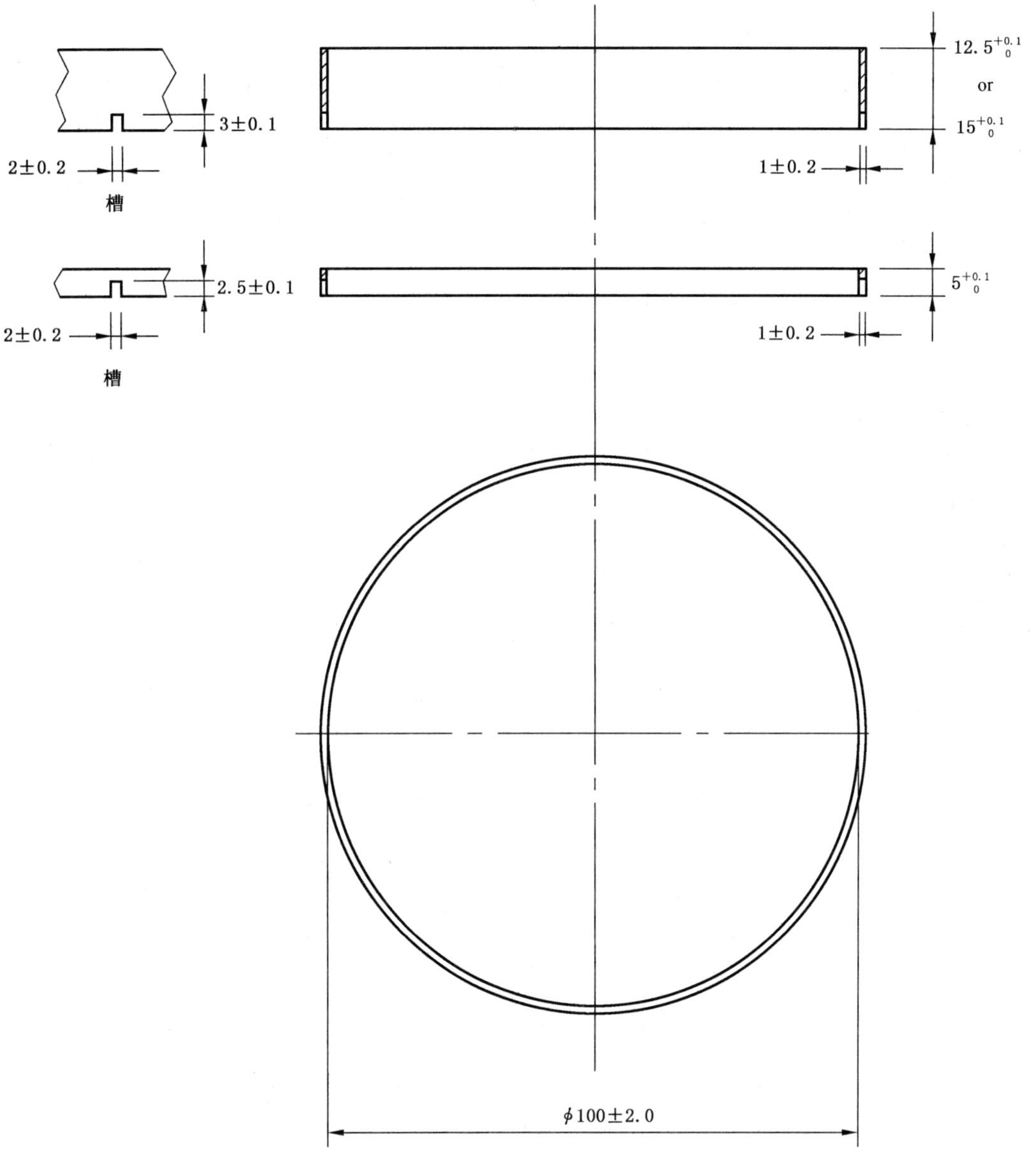

图 A.2 用于形成粉尘层的金属环(方法 A)

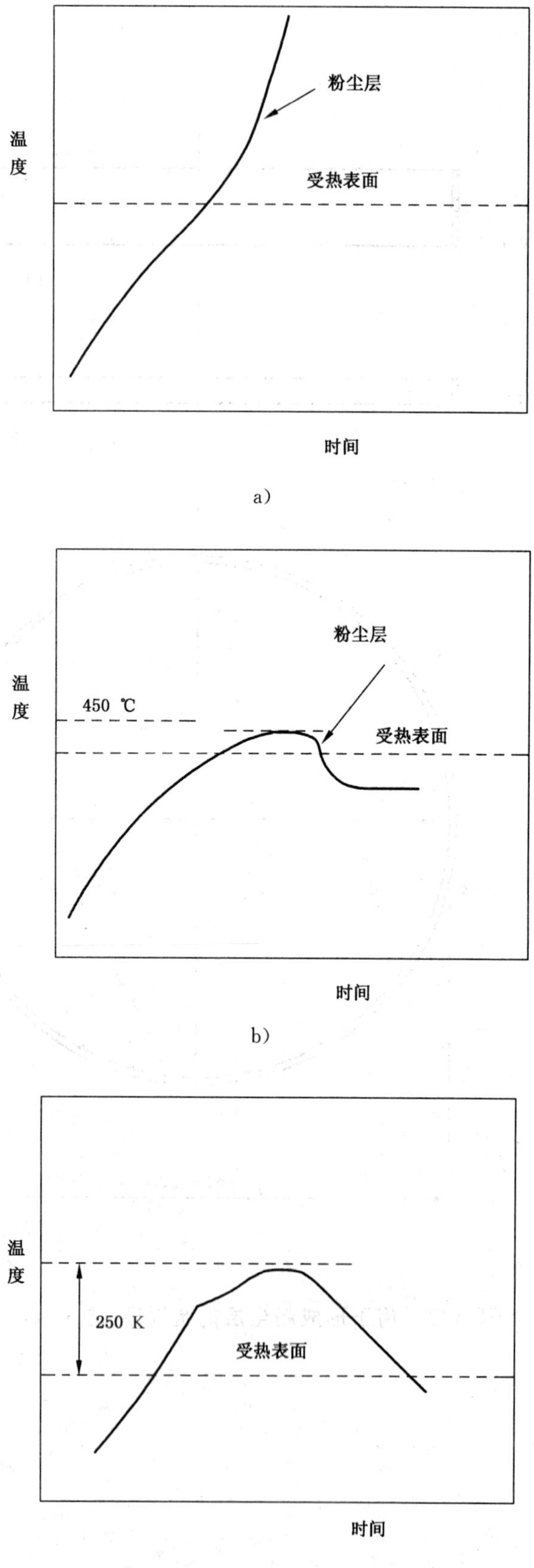

图 A.3 受热表面上粉尘层点燃的典型温度/时间曲线(方法 A)

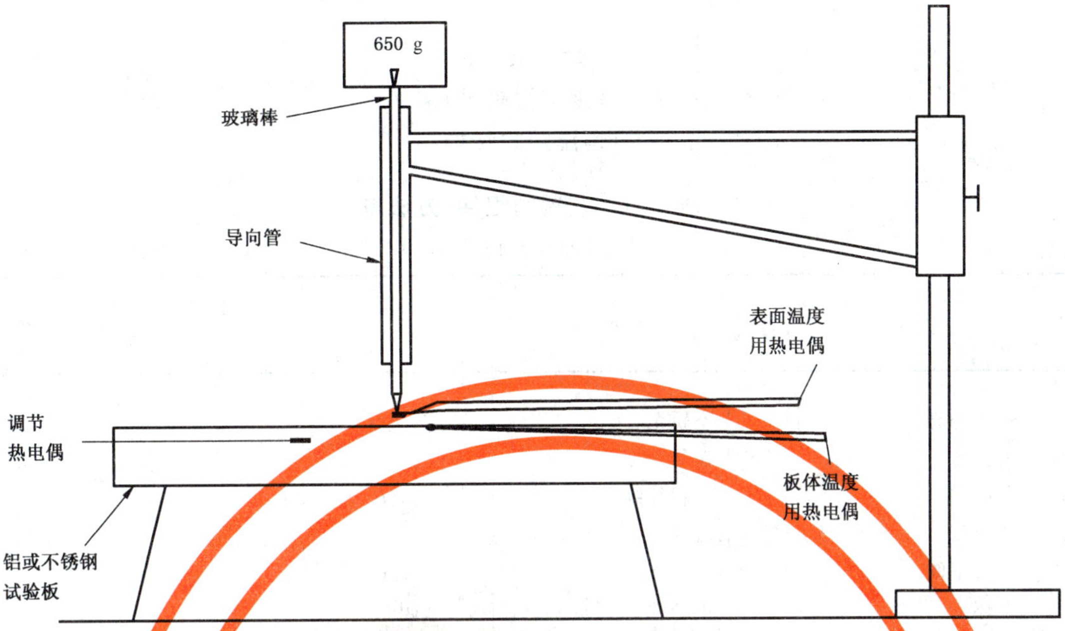

图 A.4 表面温度的测量(附录 A 的方法 A)

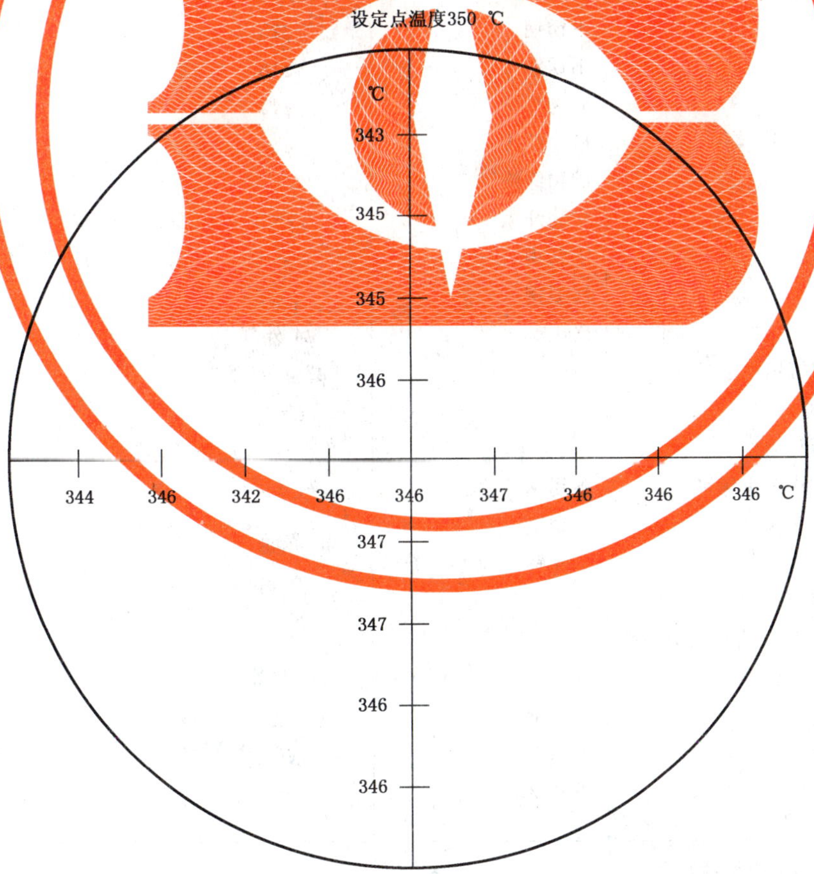

整块板上的最高温度差值为5 K

(距离设定点温度最大偏差为8 K)

图 A.5 典型的表面温度分布(方法 A)

附 录 B
（规范性附录）
恒温炉的结构

表 B.1 装置的组件（方法 B）
（见图 B.1～图 B.10）

部件	说 明	材 质	截面 mm	长度 mm	数量
1	炉外壳	不锈钢	0.9 厚	228	1
2	顶盖	矿物纤维	ϕ150	12	1
3	底盖	矿物纤维	ϕ150	12	1
4	导管	玻璃	—	—	1
5	管子筒	石英	ϕ44	216	1
6	环	不锈钢	ϕ90	8	1
7	垫圈	矿物纤维	ϕ90	2 厚	1
8	热电偶固定件	不锈钢	20×40	26	1
9	热电偶固定件	不锈钢	30×50	23	1
10	按钮	不锈钢	ϕ25	6	1
11	按钮	不锈钢	ϕ18	4	1
12	垫圈	矿物纤维	ϕ45	2 厚	1
13	垫圈	矿物纤维	ϕ80	2 厚	1
14	垫圈	矿物纤维	20×40	2 厚	1
15	垫圈	矿物纤维	30×50	2 厚	1
16	支撑环	不锈钢	ϕ80	4 厚	1
17	销钉	镀银钢	ϕ1.5	6	4
18	套管	矾土	ϕ4 外部	60	2
19	M4 铆钉螺母	—	ϕ2.4 内部	—	4
20	热电偶	[a]	—	90	1
21	热电偶	[a]	—	126	1
22	M4×10 沉头螺钉	不锈钢	—	—	12
23	M4 圆头螺母	不锈钢	—	—	3
24	垫圈	不锈钢	—	—	3
25	接线端子	—	—	—	2
26	钢丝铬铝钴耐热钢 A	[b]	—	—	按要求
27	弹簧，压力	钢	ϕ3.18 外部	12.7	2
28	炉架	不锈钢	—	—	1
29	固定环	不锈钢	ϕ60	28	1
30	粉尘托	不锈钢	—	—	1

[a] 镍铬合金/镀铬镍铝锰合金。

[b] 含铝、钴和铬的铁合金。

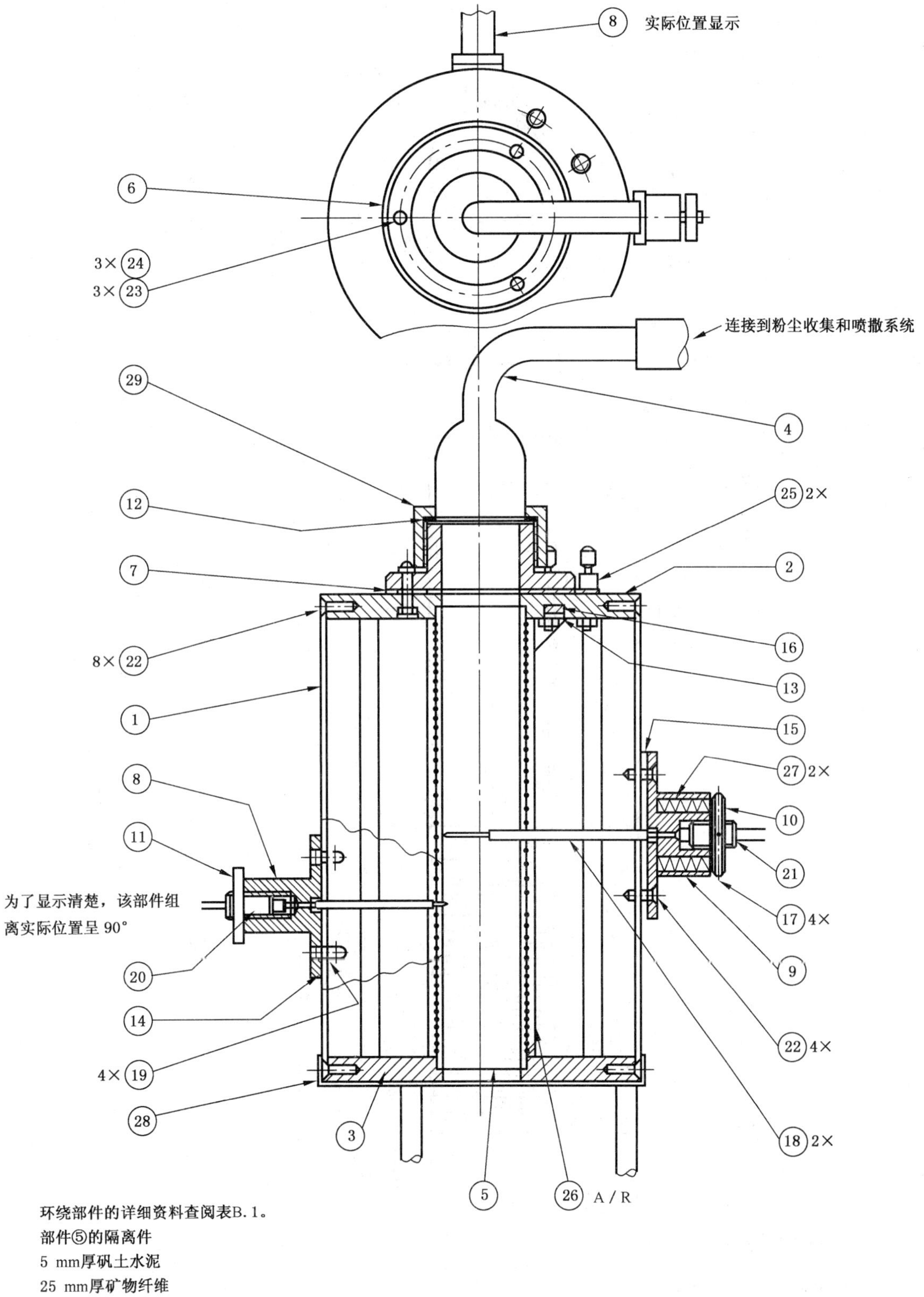

环绕部件的详细资料查阅表B.1。

部件⑤的隔离件

5 mm厚矾土水泥

25 mm厚矿物纤维

10 mm厚矾土水泥

硅藻土残渣

图 B.1 恒温炉装置组件(方法 B)

单位为毫米

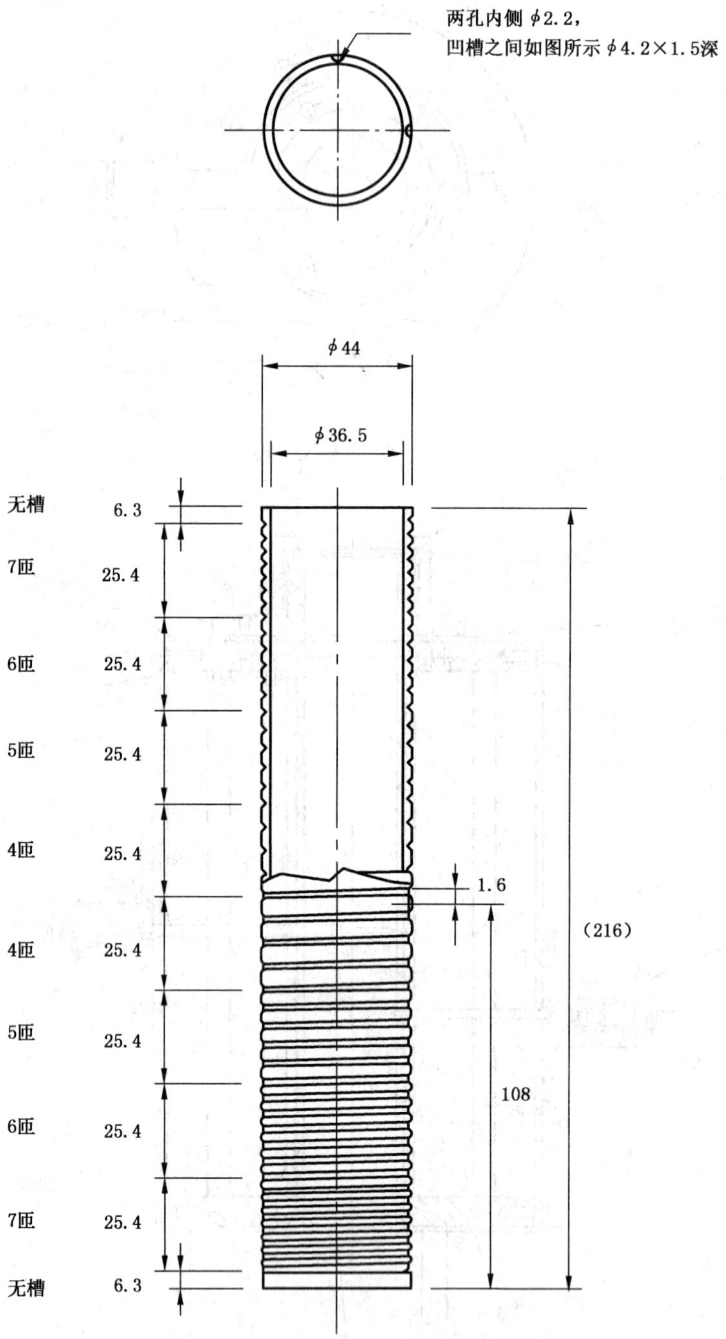

环绕部件的详细资料查阅表B.1。

⑤ 外表面带螺旋槽的石英管。

承接发热元件的凹槽，发热元件为铬铝钴耐热钢“A”的20 SWG导线，总电阻13 Ω。

图 B.2　石英管(方法 B)

单位为毫米

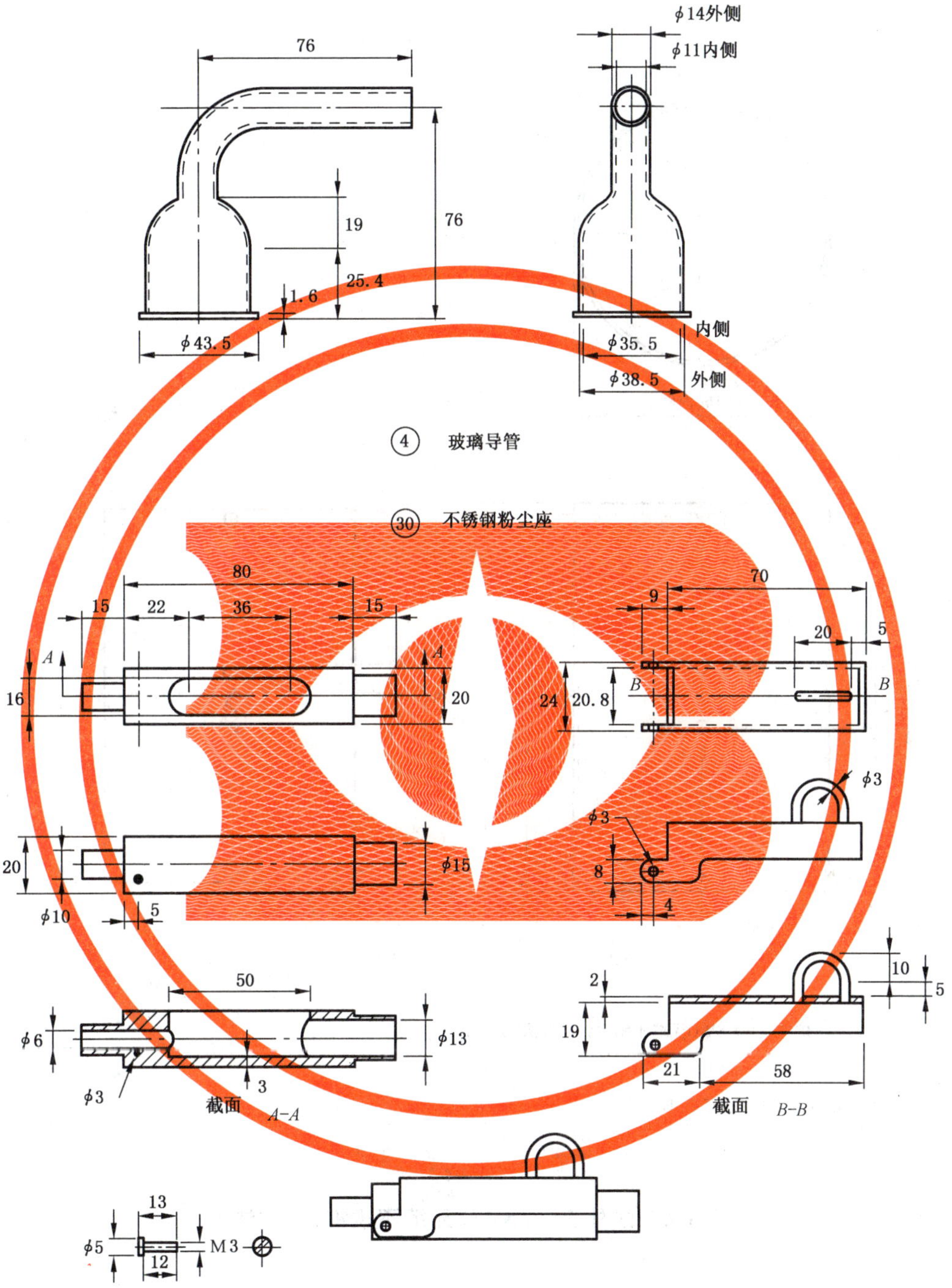

环绕部件的详细资料查阅表B.1。

注：机盖与机身精密配合
铰接插脚压力配合

图 B.3 玻璃导管和粉尘座(方法 B)

单位为毫米

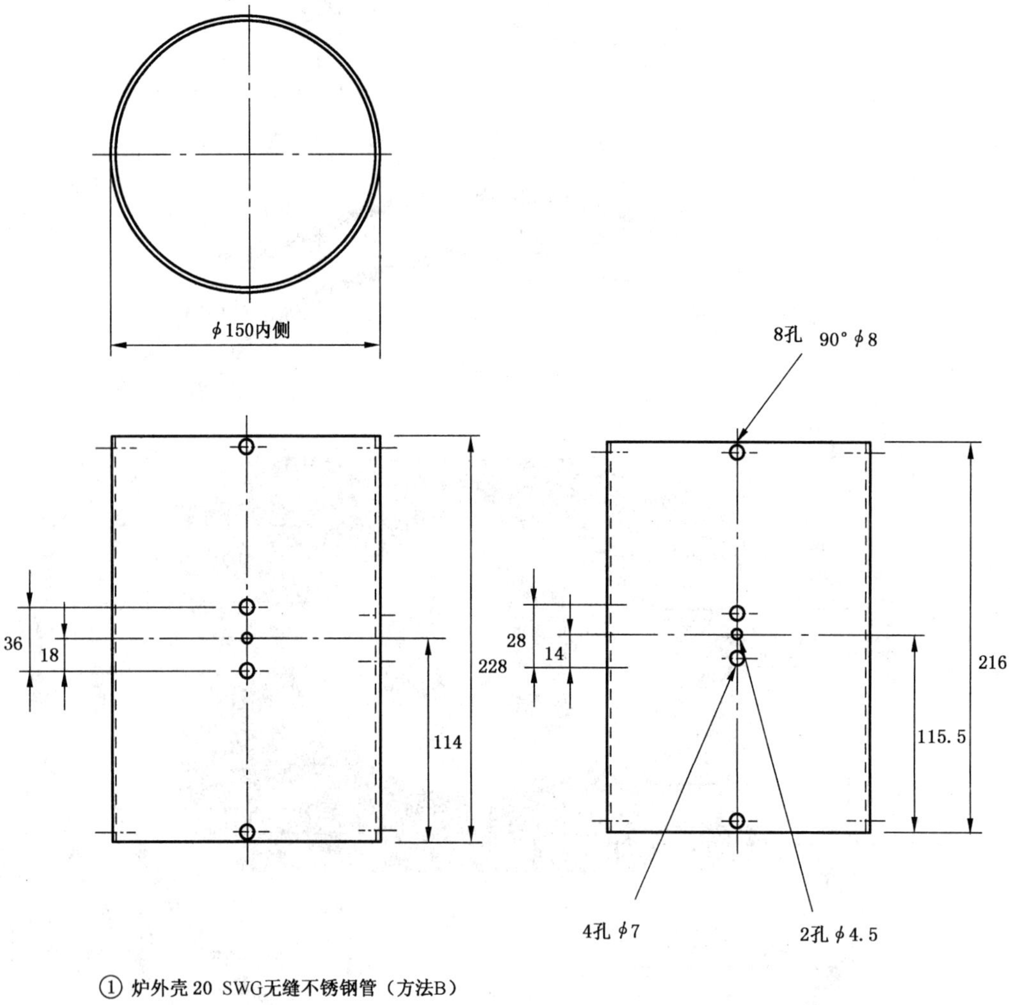

环绕部件的详细资料查阅表B.1。

图 B.4 炉外壳 20 SWG 无缝不锈钢管(方法 B)

单位为毫米

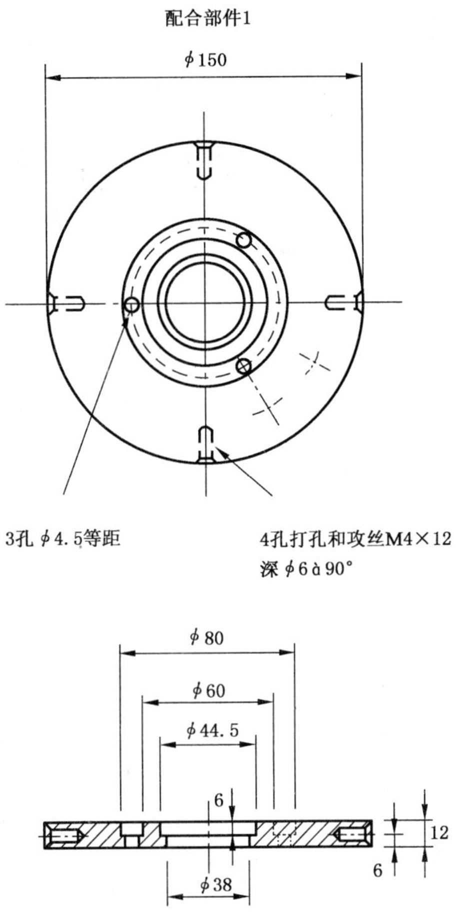

② 矿物纤维顶盖，1件

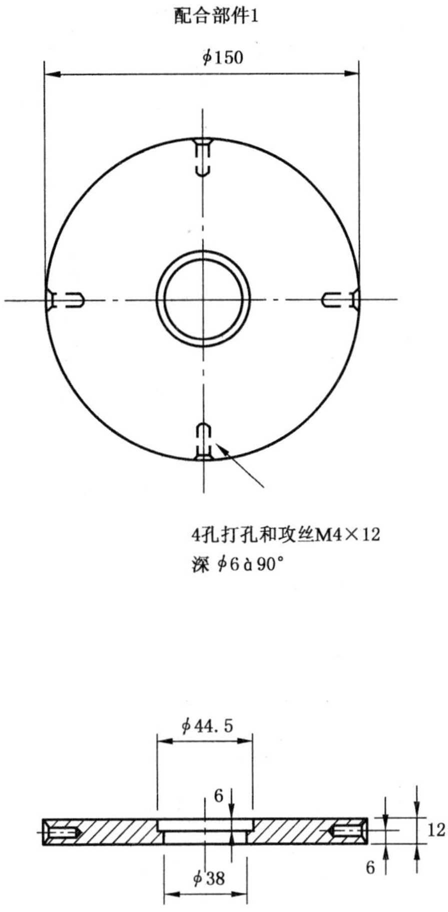

③ 矿物纤维底盖，1件

环绕部件的详细资料查阅表B.1。

图 B.5　顶盖和底盖(方法 B)

单位为毫米

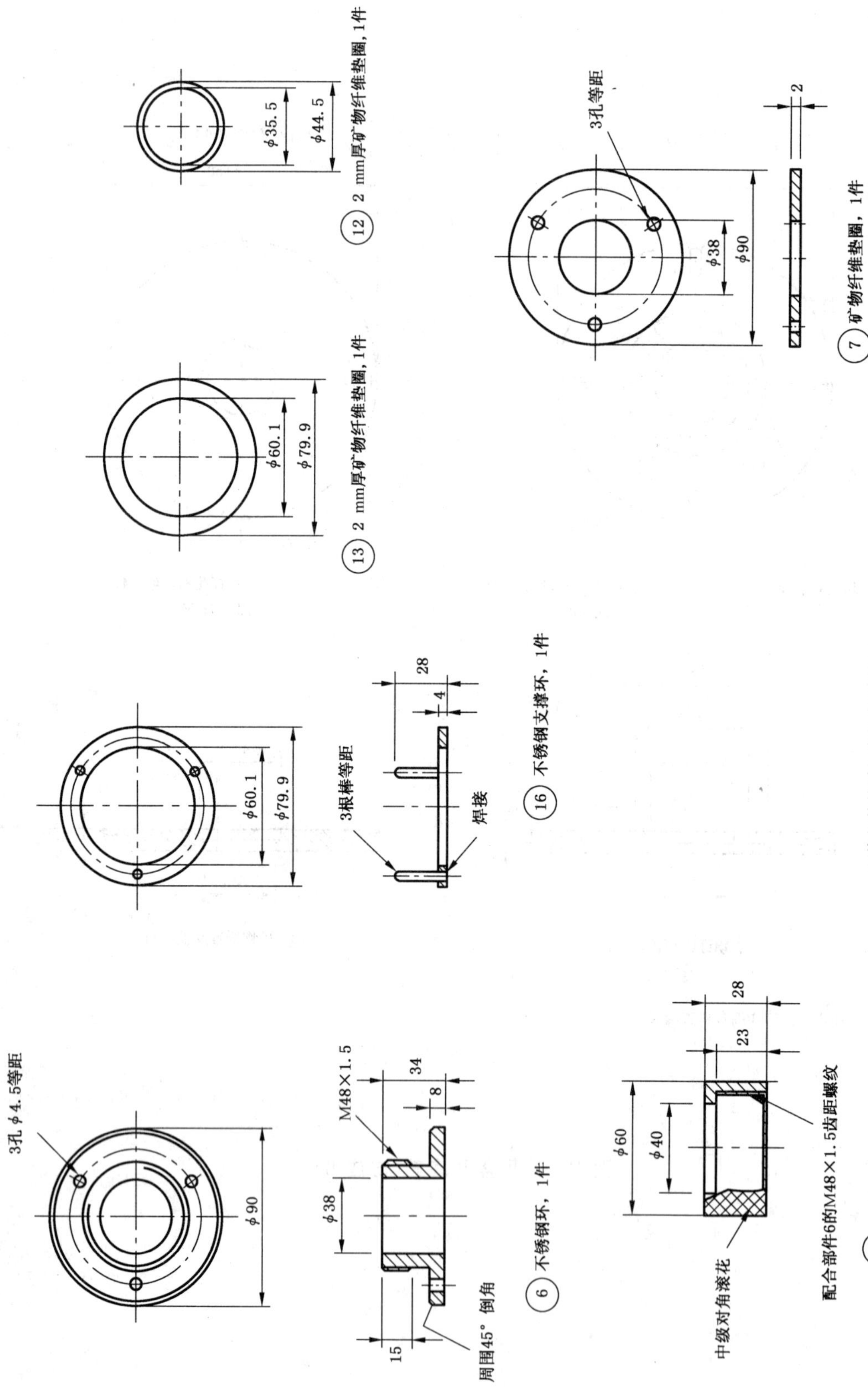

环绕部件的详细资料查阅表B.1。

图 B.6

单位为毫米

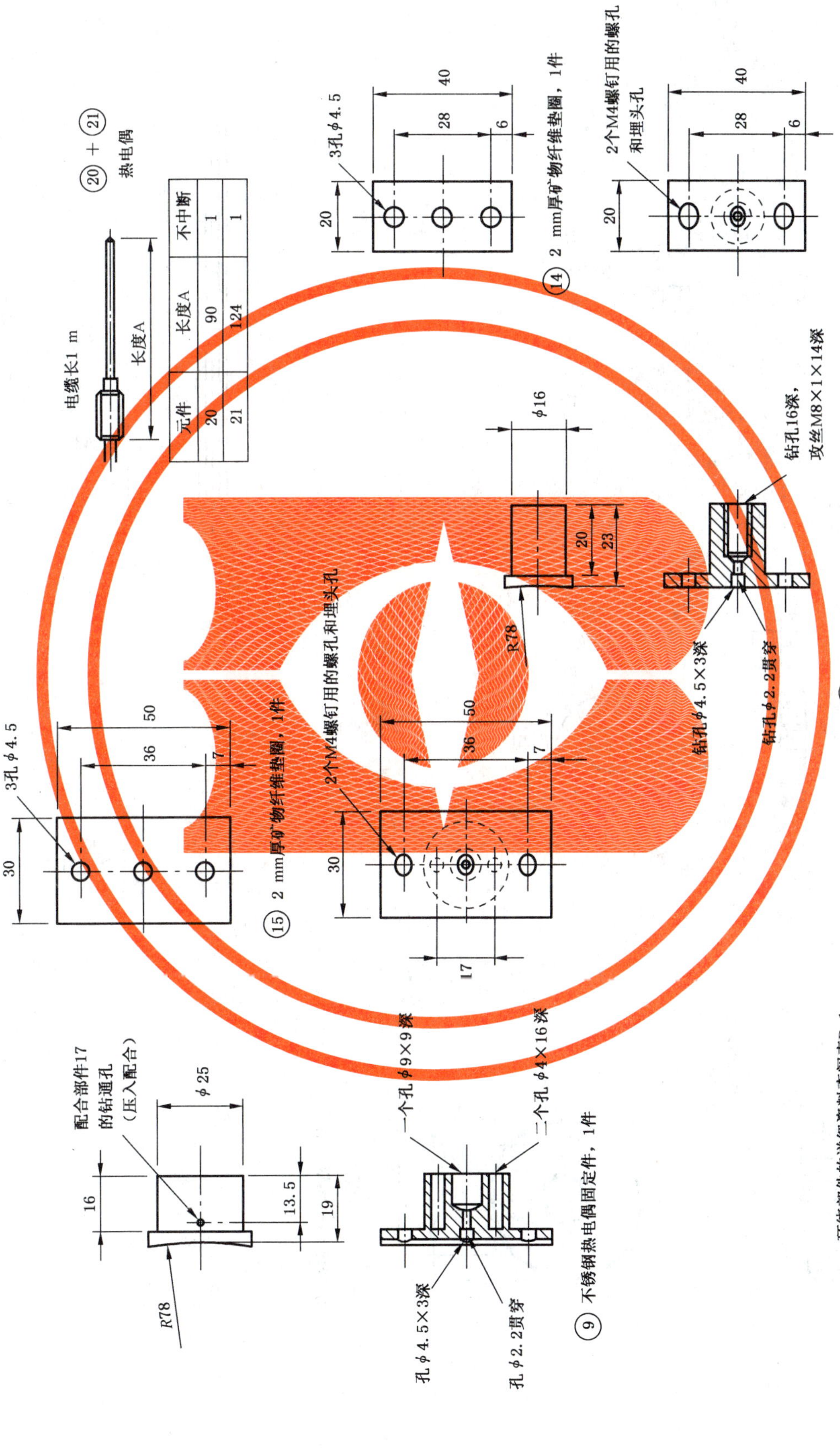

元件	长度A	不中断
20	90	1
21	124	1

环绕部件的详细资料查阅表B.1。

图 B.7

单位为毫米

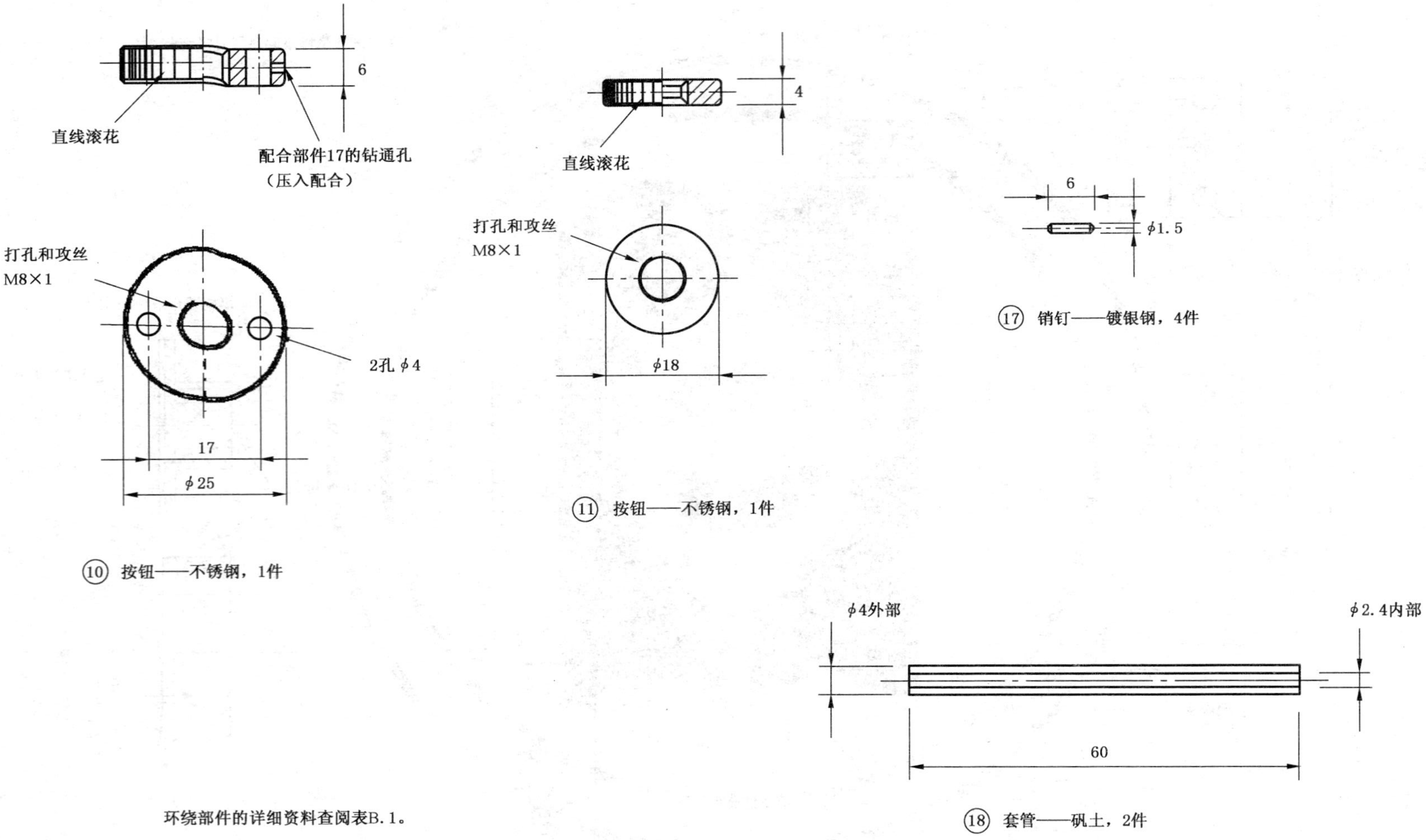

环绕部件的详细资料查阅表B.1。

图 B.8

单位为毫米

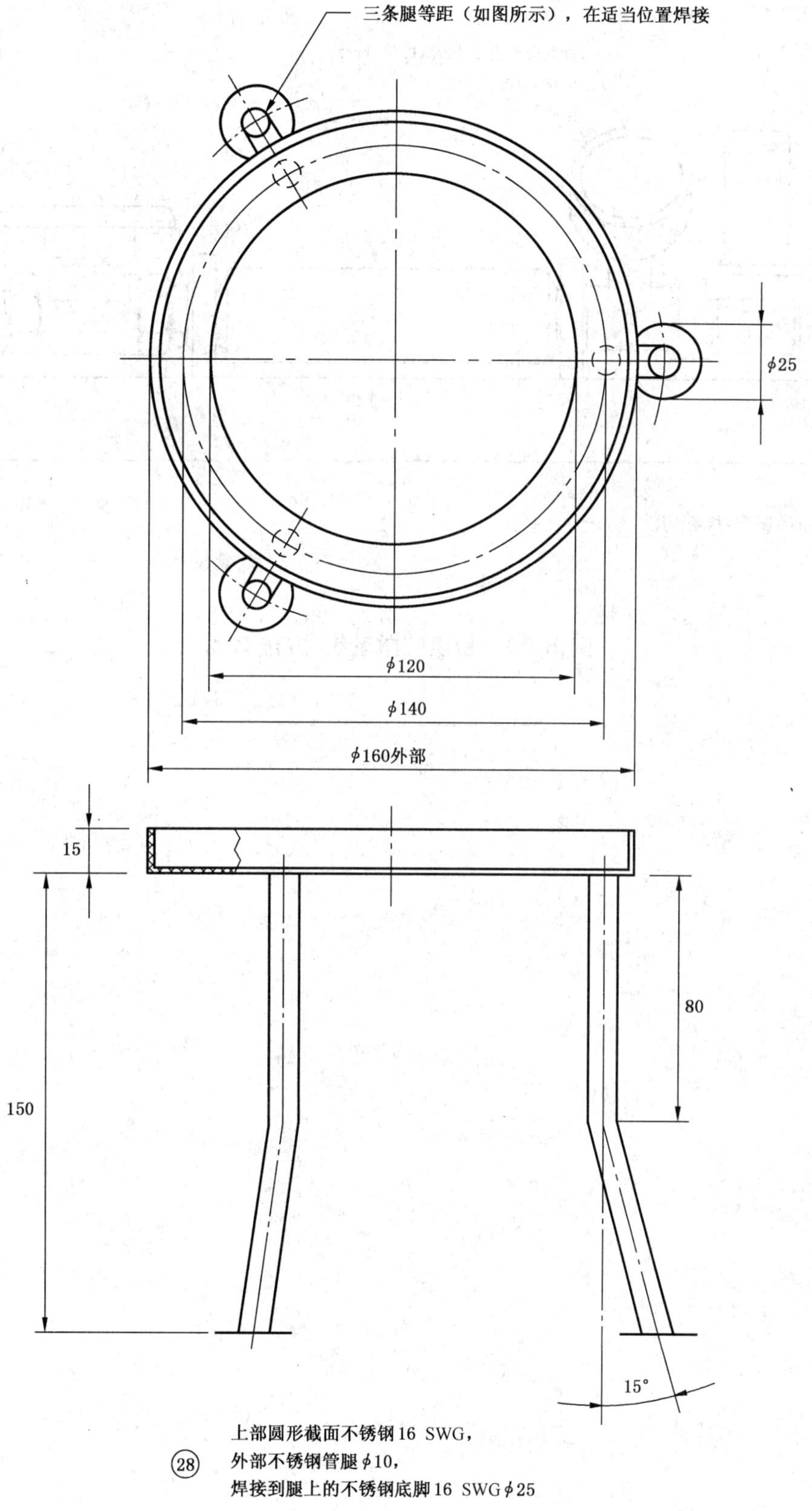

图 B.9 炉架底座

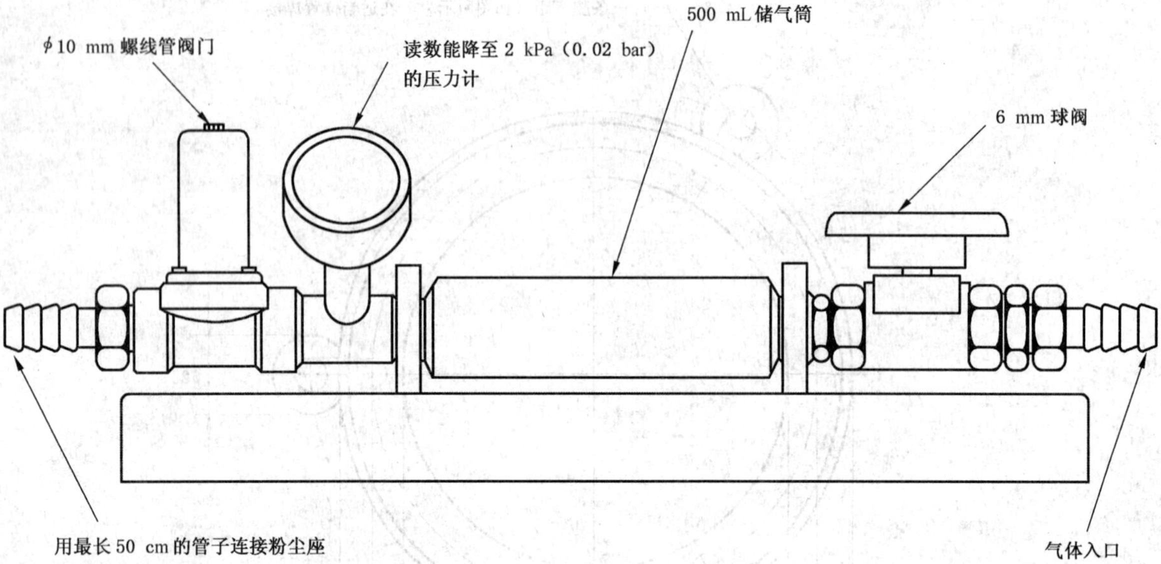

图 B.10　粉尘喷撒系统（方法 B）

ICS 29.260.20
K 35

中华人民共和国国家标准

GB 12476.9—2010/IEC 61241-2-2:1993

可燃性粉尘环境用电气设备 第9部分:试验方法 粉尘层电阻率的测定方法

Electrical apparatus for use in the presence of combustible dust—Part 9:Test methods—Method for determining the electrical resistivity of dust in layers

(IEC 61241-2-2:1993,IDT)

2010-08-09 发布 2011-08-01 实施

中华人民共和国国家质量监督检验检疫总局
中国国家标准化管理委员会 发布

前　言

本部分的全部技术内容为强制性。

GB 12476《可燃性粉尘环境用电气设备》分为若干部分：

——第1部分：通用要求

——第2部分：选型和安装

——第3部分：可燃性粉尘存在或可能存在的危险场所分类

——第4部分：本质安全型“iD”

——第5部分：外壳保护型“tD”

——第6部分：浇封保护型“mD”

——第7部分：正压保护型“pD”

——第8部分：试验方法　确定粉尘最低点燃温度的方法

——第9部分：试验方法　粉尘层电阻率的测定方法

——第10部分：试验方法　粉尘与空气混合物最小点燃能量的测定方法

……

本部分是GB 12476的第9部分，等同采用IEC 61241-2-2:1993《可燃性粉尘环境用电气设备　第2部分：试验方法　第2节：粉尘层电阻率的测定方法》(英文版)。

本部分对IEC 61241-2-2:1993进行了下列编辑性修改：

——删除了IEC 61241-2-2:1993的前言；

——增加了国家标准的前言。

本部分由中国电器工业协会提出。

本部分由全国防爆电气设备标准化技术委员会(SAC/TC 9)归口。

本部分主要起草单位：南阳防爆电气研究所。

本部分主要参加单位：国家防爆电气产品质量监督检验中心、煤科总院抚顺分院、创正防爆电器有限公司。

本部分主要起草人：刘姮云、陈在学、陈瑞、李长录。

引　言

本试验方法适用于确定粉尘层的电阻率。

本试验方法不适用于公认的火炸药、黑火药、黄色炸药或在某些环境下具有类似特征的物质或混合物。如果因爆炸特性而怀疑危险存在，可将少量上述粉尘放到 GB 12476.8 中描述的设备的加热表面上，加热到 400 ℃来得到指标。

爆炸性试验不会总能反映粉尘能够引起“危险故障”情形的爆炸特性。

注：宜采取预防措施保护试验人员的人身安全，防止火灾、爆炸和/或燃烧产生的影响，包括有毒气体产生的危害。

本试验方法适用于可燃性粉尘环境用电气设备的制造和使用。

可燃性粉尘环境用电气设备
第9部分:试验方法
粉尘层电阻率的测定方法

1 范围

本部分规定了运用直流电压测定粉尘层电阻率的试验方法。该方法适用于可燃性粉尘环境用电气设备的设计、制造、试验和使用。

该方法不适用于公认的火炸药或类似物质。

2 规范性引用文件

下列文件中的条款通过 GB 12476 的本部分的引用而成为本部分的条款。凡是注日期的引用文件,其随后所有的修改单(不包括勘误的内容)或修订版均不适用于本部分,然而,鼓励根据本部分达成协议的各方研究是否可使用这些文件的最新版本。凡是不注日期的引用文件,其最新版本适用于本部分。

GB/T 6005—2008 试验筛 金属丝编织网、穿孔板和电成型薄板 筛孔的基本尺寸(ISO 565:1990,MOD)

GB/T 6919 空气质量 词汇(GB/T 6919—1986,eqv ISO 4225:1980)

3 术语和定义

本部分使用下列术语和定义。

3.1

粉尘 dust

在大气中依靠自身重量可沉淀下来,但也可持续悬浮在空气中一段时间的固体微小颗粒。

注:包括 GB/T 6919 中定义的粉尘和颗粒。

3.2

导电粉尘 conductive dust

电阻率等于或小于 10^3 Ω·m 的可燃性粉尘。

3.3

非导电粉尘 non-conductive dust

电阻率大于 10^3 Ω·m 的可燃性粉尘。

3.4

电阻率 electrical resistivity

单位面积与粉尘接触的电极,以单位距离分隔,两电极之间测得的电阻最小值。

注:在本部分中,电阻率的测量单位是 Ω·m。

4 试验装置

图 1 和图 2 给出了试验装置的具体结构。试验电极(见图 1)是开启式结构,由二个不锈钢棒组成,标称尺寸为:长度(W),100 mm;高度(H),10 mm;宽度(B),20 mm~40 mm。这些试棒放置在厚度 5 mm~10 mm 的基座上,以公称距离(L)10 mm 分开。

注:已发现玻璃或聚四氟乙烯(PTFE)是作为基座的合适材料。

二个标称高度为10 mm的玻璃棒，穿过电极端部放置，以保持应有的粉尘层。

图2所示为适合测量电阻率的电路示例。含有一个10 kΩ的电阻，用于在最高直流电压为2 000 V时把击穿电流限制在最大0.2 A。其他具有特性和精度的电路也可使用。

电流-电压转换器具有6个范围，处理供电电压和电阻率的不同值。用电压转换器提供正极输出，所有电阻精度为5%、0.5 W高稳定性碳膜电阻。

5 试验样品

样品宜均匀，并能代表收集的试验用粉尘。粉尘被收集后，宜存放在密闭容器内，或进行预处理，或宜直接用于试验，同时测量含湿量并作记录。

通常，被试的粉尘样品应能通过标称尺寸为71 μm孔的金属丝编织的筛布或方孔的多孔板试验筛(附加的尺寸见GB/T 6005—2008)。如果必须对较粗粉尘颗粒进行试验，可使用标称尺寸最大500 μm的试验筛，试验报告中应写明筛网尺寸。

在试验报告中说明粉尘试验样品的含湿量，并说明测量方法。

在试验报告中说明粉尘特性的任何明显变化，例如准备样品时(例如，筛粉尘时)造成的含湿量或颗粒形状的变化。

6 程序

6.1 首次测量

用二只安装好的玻璃棒测量空试验电极的电阻 R_0。

6.2 电阻测量

把称量的试验样品倒进试验电极内。沿不锈钢电极的顶部用直尺旋转抹平，去掉多余的粉尘。收集多余的粉尘并称重。计算试验电极内粉尘的质量。

通过施加下列直流电压值，测量充满粉尘的试验电极的电阻 R_s：

110、220、300、500、1 000、1 500、2 000 V

每个电压值至少施加10 s，如果极性明显，时间长一些。

施加每一个电压值时，可使用试验电极内同样的粉尘样品进行全部试验。

6.3 电阻率计算

通常情况下，R_0 大于 $10R_s$，用下列公式计算粉尘的电阻率：

$$\rho = 0.001R_s[H \times W/L]$$

如果 R_0 小于 $10R_s$，用下列公式计算粉尘的电阻率：

$$\rho = 0.001R_s \times R_0/[R_0 - R_s] \times H \times W/L$$

其中：

ρ——电阻率，Ω·m；

R_0——空试验电极的电阻，Ω；

R_s——充满粉尘的试验电极的电阻，Ω；

H——电极的高度，mm；

W——电极的长度，mm；

L——电极之间的距离，mm。

计算每个施加电压值的电阻率。

7 试验报告

试验报告中应包括测量的结果，试验粉尘的名称、来源和种类(如果名称中不含)，试验样品的颗粒规格和含湿量，试验日期和试验编号。试验电极中的粉尘质量、试验时的环境温度也应记录。

报告应说明粉尘电阻率的测定是按照本技术报告进行的。

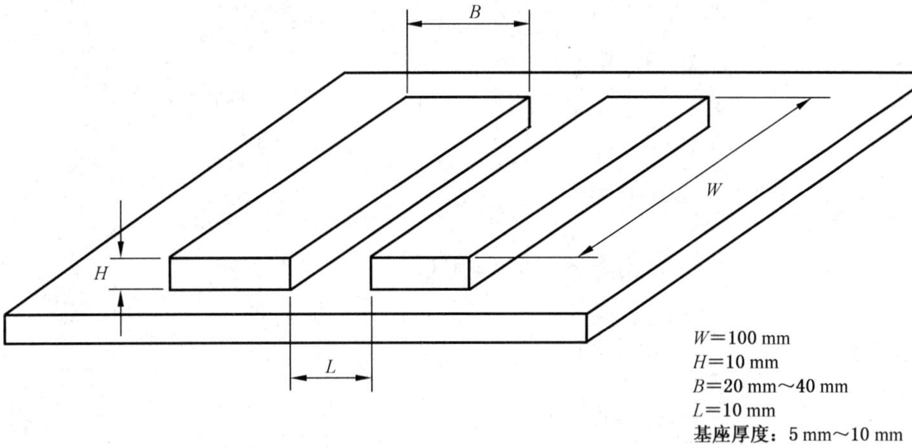

图 1　试验电极

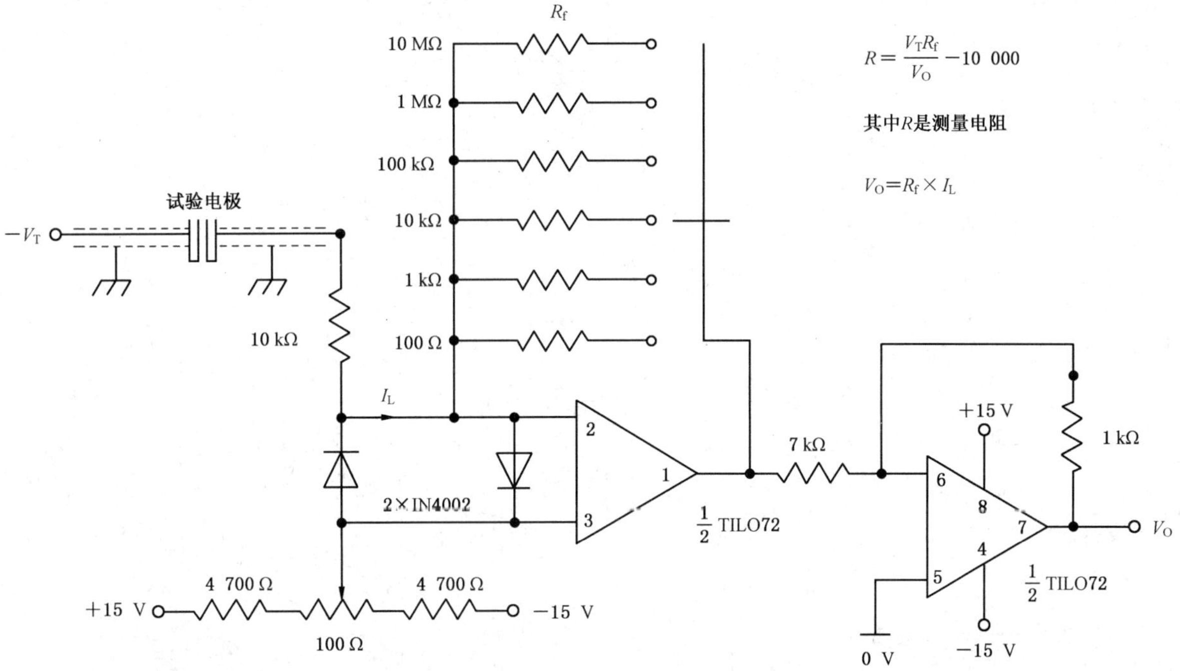

图 2　电路示意图

ICS 29.260.20
K 35

中华人民共和国国家标准

GB 12476.10—2010/IEC 61241-2-3:1994

可燃性粉尘环境用电气设备 第10部分:试验方法 粉尘与空气混合物最小点燃能量的测定方法

Electrical apparatus for use in the presence of combustible dust—Part 10:Test methods—Method for determining minimum ignition energy of dust/air mixtures

(IEC 61241-2-3:1994,IDT)

2010-08-09 发布　　　　2011-08-01 实施

中华人民共和国国家质量监督检验检疫总局
中国国家标准化管理委员会　发布

前言

本部分的全部技术内容为强制性。

GB 12476《可燃性粉尘环境用电气设备》分为若干部分：

——第1部分：通用要求

——第2部分：选型和安装

——第3部分：可燃性粉尘存在或可能存在的危险场所分类

——第4部分：本质安全型“iD”

——第5部分：外壳保护型“tD”

——第6部分：浇封保护型“mD”

——第7部分：正压保护型“pD”

——第8部分：试验方法　确定粉尘最低点燃温度的方法

——第9部分：试验方法　粉尘层电阻率的测定方法

——第10部分：试验方法　粉尘与空气混合物最小点燃能量的测定方法

……

本部分是GB 12476的第10部分，等同采用IEC 61241-2-3:1994《可燃性粉尘环境用电气设备　第2部分：试验方法　第3节：粉尘与空气混合物最小点燃能量的测定方法》(英文版)。

本部分对IEC 61241-2-3:1994进行了下列编辑性修改：

——删除了IEC 61241-2-3:1994的前言；

——增加了国家标准的前言。

本部分的附录A和附录B是资料性附录。

本部分由中国电器工业协会提出。

本部分由全国防爆电气设备标准化技术委员会(SAC/TC 9)归口。

本部分主要起草单位：南阳防爆电气研究所。

本部分主要参加单位：国家防爆电气产品质量监督检验中心、煤科总院抚顺分院、创正防爆电器有限公司。

本部分主要起草人：李书朝、陈在学、张海鸥、黄建锋、李长录。

可燃性粉尘环境用电气设备
第10部分:试验方法　粉尘与空气
混合物最小点燃能量的测定方法

1　范围

GB 12476的本部分规定了粉尘与空气混合物被高压直流电火花点燃所需最小点燃能量的测定方法。这一试验方法旨在建立确定电气放电对可燃性粉尘与空气混合物是否具有点燃能力的数据。被试粉尘呈现的状态(颗粒尺寸、含湿量等)应代表实际使用状态,以便能对实际产生的危险进行评定。本方法测定的点燃能量可与其他粉尘的点燃能量进行比较,用以评定电气或静电放电引起的相应点燃危险,从而确定电气设备能否适合安装于可燃性粉尘存在的场所。

本试验方法不适用于公认的火炸药、黑火药、黄色炸药、无氧燃烧的炸药、自燃物质,或在某些条件下有类似表现形式的物质或这些物质的混合物。如果因爆炸特性而怀疑危险存在,可将少量上述粉尘放到GB 12476.8—2010中描述的设备的加热表面上,加热到400 ℃来得到指标。

注:宜采取一些措施,保护试验人员免受火灾、爆炸的危险和/或燃烧的影响,包括燃烧形成的有毒气体。符合本国家标准并不免除其应负的法律责任。

本部分附录B包括相关静电放电最小有效点燃能量的指南。

2　规范性引用文件

下列文件中的条款通过GB 12476的本部分的引用而成为本部分的条款。凡是注日期的引用文件,其随后所有的修改单(不包括勘误的内容)或修订版均不适用于本部分,然而,鼓励根据本部分达成协议的各方研究是否可使用这些文件的最新版本。凡是不注日期的引用文件,其最新版本适用于本部分。

GB/T 2900.77　电工术语　电工电子测量和仪器仪表　第1部分:测量的通用术语(GB/T 2900.77—2008,IEC 60050(300-311):2001,IDT)

GB/T 2900.79　电工术语　电工电子测量和仪器仪表　第3部分:电测量仪器仪表的类型(GB/T 2900.79,IEC 60050(300-311):2001,IDT)

GB/T 6919—1986　空气质量　词汇(eqv ISO 4225:1980)

GB 12476.8—2010　可燃性粉尘环境用电气设备　第8部分:试验方法　确定粉尘最低点燃温度的方法(IEC 61241-2-1:1994,IDT)

3　术语和定义

GB 12476的本部分使用GB/T 2900.77、GB/T 2900.79中确立的以及下列术语和定义。

3.1

粉尘　dust

在大气中依靠自身重量可沉淀下来,但也可持续悬浮在空气中一段时间的固体微小颗粒。

注:在GB/T 6919中,本定义包括"粉尘"和"砂砾"。

3.2

可燃性粉尘　combustible dust

与空气混合后能燃烧的粉尘。

注1:可燃性粉尘混合物只有在某一浓度范围内才能燃烧。

注2:可燃性粉尘能被外部点燃源点燃,在环境温度下继续燃烧,但他们仅是在其最低点燃温度之上自行燃烧。

3.3

火花放电　spark discharge

两个存在电位差的导体之间发生的瞬间电气放电。火花是跨越两个导体间隙之间的离子以单个电离通道的形式不连续释放。

3.4

最小点燃能量(可燃性粉尘与空气混合物的)　minimum ignition energy (of a combustible dust/air mixture)

能够点燃最易燃烧粉尘与空气的混合物,并使其持续燃烧的火花(按本部分程序测量)的最低能量。

3.5

点燃　ignition

试验过程中,当出现下列情况时被视为点燃:

——压力上升超过在密闭容器(即 20 L 球形容器)内测得的点燃火花产生的压力至少 20 kPa;或

——火焰从开启式试管(即:哈脱曼管 Hartmann tube)内出现火花的位置传播至少 6 cm。

3.6

点燃延迟时间　ignition delay time

粉尘喷撒与出现火花放电之间的时间。

4 试验装置

4.1 火花发生电路

附录 A 列举了一些适当的电路形式,所有这些电路应具备下列特性。以下仅涉及电路:

——放电电路电感:1 mH～2 mH,当该数据用于评定电感不超过 25 μH 放电电路的静电危险时除外;

——放电电路电阻(Ω):尽可能低,且不超过 5 Ω;

——电极材料;不锈钢,黄铜、紫铜或钨;

电极直径和形状:2.0 mm±0.5 mm。使用圆球形电极能降低尖形电极上产生的电晕影响,尖形电极可产生错误的火花能量值。如果使用尖形电极,宜慎重考虑电晕影响。

——电极间隙:6 mm(最小);

——电容:低电感电容,耐浪涌电流;

——电极分布电容量:尽可能低;

——电极间的绝缘材料:足以阻止漏电电流。

注:通常,对于 1 mJ 的最小点燃能量要求的电极间的最小电阻为 10^{12} Ω,100 mJ 的最小点燃能量要求的最小电阻为 10^{10} Ω。

4.2 试验容器

建议的试验容器为 20 L 的球形容器或哈脱曼管。这些容器在参考文献[6]和[7]中有描述。只要符合 6.2 的校准要求,也可使用其他容器。

5 试验样品

试验应在建立的相当于工厂实际条件的样品上进行。最小点燃能量随颗粒尺寸的减少而降低。试验应在与实际使用中颗粒尺寸一致的,或比实际使用更细的,或最细的样品材料上进行。

对于比对试验,样品应通过固定的方法准备,其颗粒尺寸和含湿量固定。

注:如果材料的颗粒尺寸未知,试验宜在尺寸小于 63 μm 的颗粒上进行。

最小点燃能量随颗粒尺寸的减小而降低。宜检查样品的颗粒尺寸是否代表可出现在工厂中最细的颗粒材料,试验宜在尺寸小于 63 μm 的颗粒上进行。

6 程序

6.1 简述

在大气和环境温度下，将被试可燃性粉尘均匀地喷撒到合适的装置内，使粉尘与空气混合物承受充电电容产生的火花放电。

放电能量由下列公式计算：

$$W = 0.5C \times U^2$$

式中：

W——储存的能量，J；

C——总放电电容量，F；

U——充电电容电压，V。

注1：当火花能量超过 100 mJ 时，火花电阻会变得很小，与火花电阻相比，电路电阻就不可忽视，尤其当电路带有 1 mH 量级的电感线圈时。在此情况下，火花的静能量可由下式得到：

$$W = I(t)U(t)\mathrm{d}t$$

式中：

$I(t)$——火花电流；

$U(t)$——火花电压。

二者均由测量得出。

注2：火花能量计算的更多信息见附录 A。

需要考虑下列可能对试验产生影响的因素：

——粉尘与空气混合物的气动(即点燃延迟时间、喷撒压力)；

——粉尘浓度；

——对电容充电的电压；

——电容的电容量；

——放电电路电感；

——放电电路电阻(Ω)；

——电极的材料和尺寸，电极间隙。

为降低试验费用，每一试验装置使用标定尺寸和最小电极间隙的含有特定材料的电极。放电电路电阻应保持尽可能小(见第 4 章)。

由实际引起被试粉尘点燃的火花能量开始，调整粉尘浓度和粉尘喷撒参数(即点燃延迟时间和喷撒压力)，使其形成最易燃烧的粉尘云。利用最佳点燃时机，通过调整电容的电容量和/或对其充电的电压，使火花能量陆续减少一半，直到在连续 20 次试验中没有出现点燃为止。

注：当使用 20 L 球形容器进行试验时，点燃延迟时间宜采用 120 ms。

最小点燃能量 W_{min} 介于连续 20 次尝试点燃粉尘与空气混合物未发生点燃的最高能量 W 和连续 20 次尝试点燃出现点燃的最低能量 W_2 之间。

$$W_1 < W_{min} < W_2$$

6.2 校准

校准试验宜在三种参照粉尘中进行。测量之前，三种粉尘应在大气条件下以 50 ℃ 的温度干燥 24 h。

结果应在以下范围内：

石松子：$W_{min} = 5$ mJ～15 mJ，平均颗粒直径为 31 μm；

烟华石：$W_{min} = 2$ mJ～6 mJ，平均颗粒直径为 18 μm；

聚丙烯腈：$W_{min} = 2$ mJ～6 mJ，平均颗粒直径为 27 μm。

对每一样品均应注明粉尘喷撒参数，包括点燃延迟时间。

6.3 试验报告

在按照本部分规定进行试验后应提供试验报告，记录6.3.1、6.3.2和6.3.3列出的信息。尽管涉及最小点燃能量范围极限的粉尘浓度值宜由试验室记录，但粉尘总重量除以爆炸容器的值通常不包括在试验报告内。

6.3.1 产品特性

——样品牌号(名称和化学种类，如果名称不含)；

——样品来源或出处；

——样品的预处理；

——如果可以得到，为颗粒尺寸分配的、预处理过程不再给出的特性数据和含湿量。

6.3.2 试验装置特性

——放电；

——爆炸容器；

——粉尘喷撒系统；

——放电电路总电感；

——充电电压，电极材料和优化的放电电路间隙长度。

6.3.3 结果

——不再出现点燃时的最高能量 W_1；

——出现点燃时的最低能量 W_2。

6.3.4 报告式样

合适的报告格式示例见图A.1。

附 录 A
(资料性附录)
火花发生系统示例

A.1 概述

A.2、A.3、A.4 和 A.5 列举了四种用于该试验的火花发生电路图。不同的爆炸容器均可使用这些示例,只要粉尘喷撒达到最佳状态,同时采取适当的措施防止在较大容器内粉尘喷撒时因静电电荷现象而出现的边界效应,这些现象包括对电容器辅助充电/放电。

如果充电过程中储能电容器与电极处于分离状态,那么当它与电极连接时,因电容量增加而出现的电压降低的影响在火花能量计算中宜加以考虑。在计算能量时,放电电路的总电容和放电时的电压宜加以考虑。

A.2 通过使用三极系统产生的辅助火花放电

试验装置的总体布置见图 A.2。

基本元件是一只三极火花放电器,其中的二极形成直径为 3.2 mm 的主火花放电器(1),越过长 20 mm 的末端后直径降至 2 mm。辅助电极(2)的末端向主火花放电器弯曲,弯曲部分的长度为 20 mm。该电极的布置是安装于开口的哈脱曼管内,同时也适合安装于其他爆炸容器内。

随后,在向混合物搅拌装置内加入预定量的粉尘,让试管就位。用高压充电器(HVCU),通过充电电阻 R 向储存有点燃能量的试验电容 C(20 pF～10 000 pF)充电,充电电流限制为 1 mA。用控制装置 CF 放电尝试点燃粉尘与空气的混合物。每次尝试放电之前,首先是放电将粉尘喷撒成悬浮状的装置,在预定的时间间隔之后,使辅助火花放电主火花通过试验电容放电。

辅助电路的能量限制在不超过主放电电路能量的十分之一。

A.3 通过电极移动放电

试验装置的总体布置见图 A.3。

在聚四氟乙烯限动块(2)中穿入二极,二极的安装孔在开启式哈脱曼管(1)内。限动块上设有孔,穿过电极(3),使电极能移动。其中一只在地电位上的电极与测微螺旋(4)的测杆相连,千分尺的轭缩短,夹紧经过改进的哈脱曼管。接入高电压的另一只电极与可调的、往复式风动活塞(6)(活塞标称直径为 35 mm、工作压力为 600 kPa)的压杆相连,活塞的工作量程为 10 mm,附着一只聚四氟乙烯绝缘件(5)。高压电极与电容(7)有电气连接,电容容量在 26 pF～311 μF 之间。给电容充电的电压由静电电压表(8)显示。在从电容电路断开高压发电机(9)之后,从压力容器(10)中以电—气动的方式释放空气,压力容器内的压力低于喷撒粉尘使其悬浮的压力。经过定时器(11)设定的延时之后,将高压电极射入规定火花间隙长度的位置,电器中储存的能量随后在火花放电器中释放出来。

A.4 升压放电(涓流充电电路)

试验装置的总体布置见图 A.4。

涓流充电电路是最简单的制造已知能量火花的方法之一,该能量用于测定粉尘与空气混合物的最小点燃能量。

高压直流供电电源使电容电势缓慢上升,直到出现火花。然后重复上述操作产生一串火花,每一火花的能量相同。该电路中装有一只电阻值在 $10^8\ \Omega$～$10^9\ \Omega$ 之间的限流电阻。用带去耦合阻值在 $10^8\ \Omega$～$10^9\ \Omega$ 之间的串连电阻的静电电压表测量电容的电势。使用该电路,通过改变电容,必要时改变放电电压能很容易制造成 1 mJ 以上的任何量级的火花。

在粉尘装入点燃容器之前确定所需能量火花的整定值，选择合适参数的电容，电压范围在 10 kV～30 kV 之间选择。试着调节电压和电极间隙至所需能量的火花出现在电极上，该能量由 $0.5CU^2$ 确定。式中，U 是出现火花的电压，C 是高压电极上的总电容量，可用常规交流电桥测量。为进行点燃试验，将高压电极接地，所需数量的备用粉尘置入喷撒杯中，直流电源接入电路。当火花开始通过电极时，用气流使粉尘喷撒。记录是否出现点燃，是否有燃烧从火花放电器中传播。

第一次试验通常形成 500 mJ 高火花能量，如果出现点燃，随后逐步降低火花能量，重复试验直至 6.1 规定的无点燃出现为止。

A.5 使用标准二极系统通过辅助火花放电

试验装置总体布置见图 A.5。

该电路在试验时无电感不能使用。C 是带初始电压 U 的放电电容。电容范围从 40 pF 向下以 10 的倍数逐步减少，可变电压从 1 000 V 向下变化(400 V～500 V 是实际上的最小级别)，即可得到 $0.5CU^2$ 的较大选择范围。火花在预定时刻开始放电，如果这一时刻对要求火花放电与瞬时粉尘云同步形成很重要，那么就通过构成主要元件的电容 C_{Tr}，开关 S 和放电变压器 T 原边线圈的放电电路来完成火花的起始放电。关闭开关，在变压器副边线圈中产生大约 15 kV 峰值的高压脉冲，击穿火花放电器 G，从而使主电容 C 放电。试验显示，通过低于 2 mJ～5 mJ 的放电火花使输入火花放电器中的能量降低非常困难。因此，该放电方法仅适用于火花能量超过 5 mJ 的情况。

用常规的方法，通过测量火花放电器上的电流和电压确定不同的 C 和 U 组合时产生的火花净能量，作为时间-功率时间曲线积分的函数。二极管的作用是产生单向放电，放电变压器副边线圈中的自感宜为 1 mH～2 mH。

按照 GB 12476.10 测定的粉尘与空气混合物的最小点燃能量

1) 产品特性

样品牌号:……………………………………

样品编号:……………………………………

样品来源或出处:……………………………………

样品的预处理:……………………………………

颗粒尺寸(即:中值、范围、最大):……………………………………

含湿量:……………………………………

2) 试验装置

放电:……………………………………

爆炸容器:……………………………………

粉尘喷撒系统:……………………………………

总电感:……………………………………

电极放电间隙:……………………………………

充电电压:……………………………………

结果

$< W_{min} <$

日期:…………………………… 签字:……………………………

图 A.1 试验报告格式

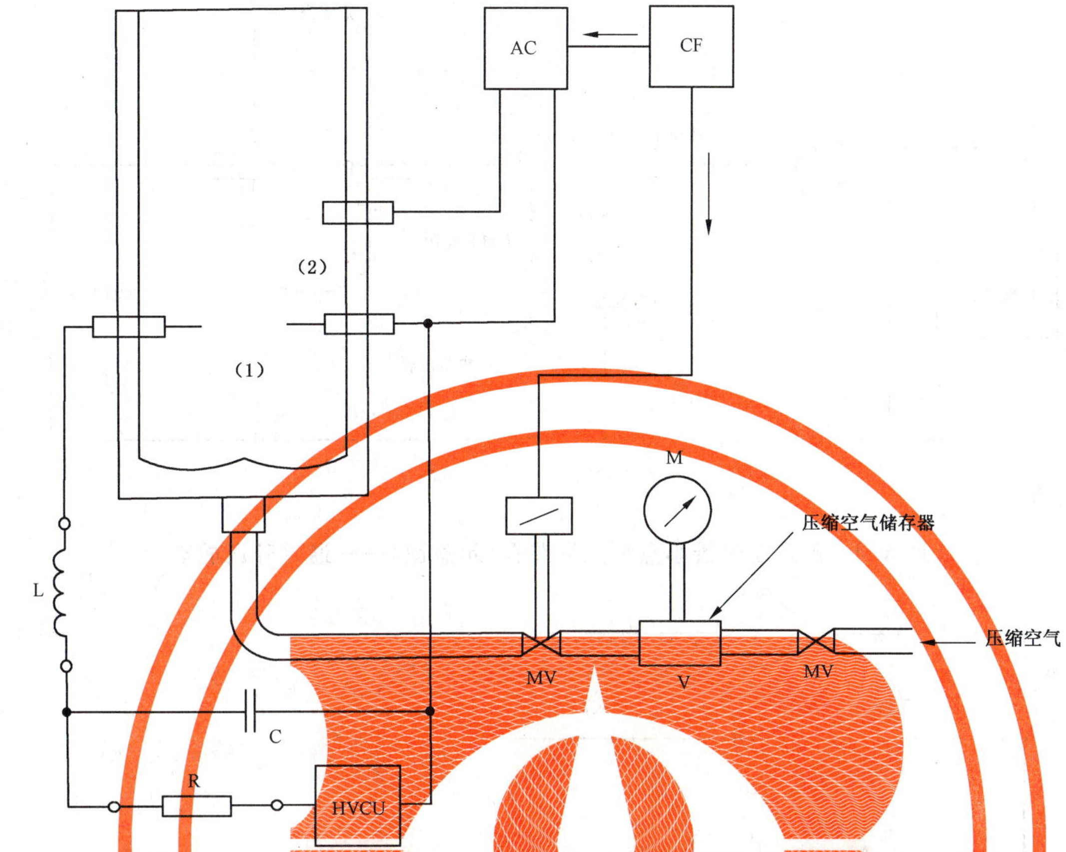

AC——辅助电路；
CF——控制装置；
M——压力表；
MV——电磁阀；
V——截流阀；
C——试验电容；
HVCU——充电器；
L——电感；
R——充电电阻。

图 A.2　测定粉尘最小点燃能量装置(示意图)——通过使用三极系统的辅助火花放电

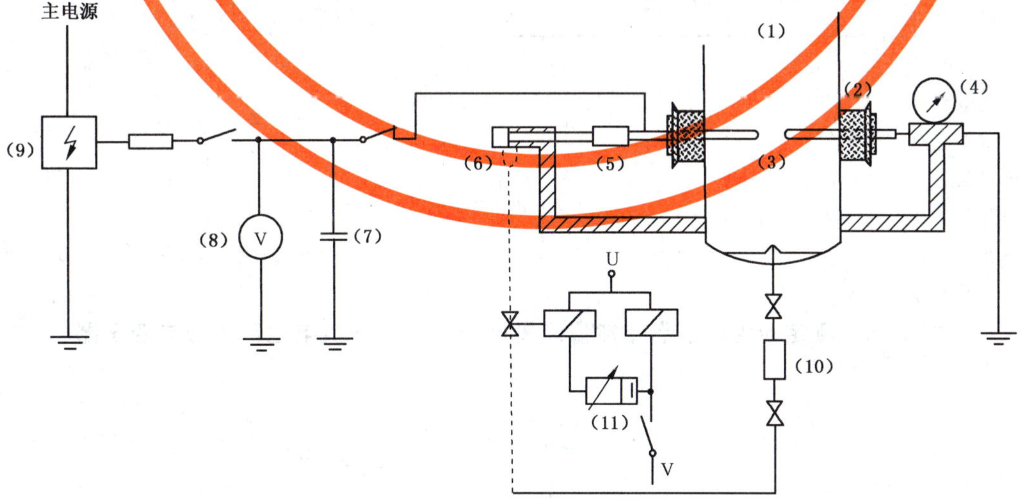

(1)——开启式哈脱曼管；
(2)——聚四氟乙烯限动块；
(3)——电极；
(4)——测微螺旋；
(5)——聚四氟乙烯绝缘件；
(6)——往复式风动活塞；
(7)——电容；
(8)——静电电压表；
(9)——高压发电机(8 至 10 kV)；
(10)——压力容器；
(11)——定时器。

图 A.3　测定粉尘最小点燃能量装置(示意图)——通过电极运动放电

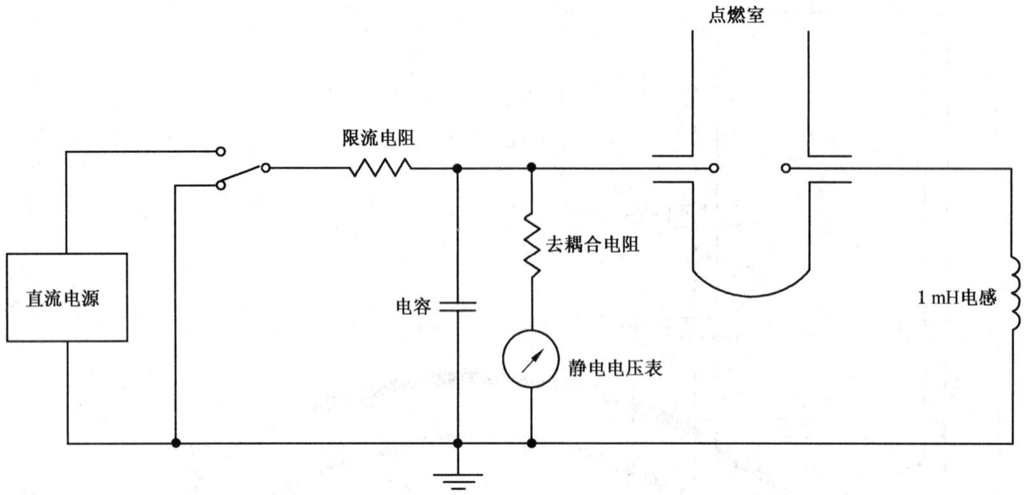

图 A.4 测定粉尘最小点燃能量装置(示意图)——通过升压放电

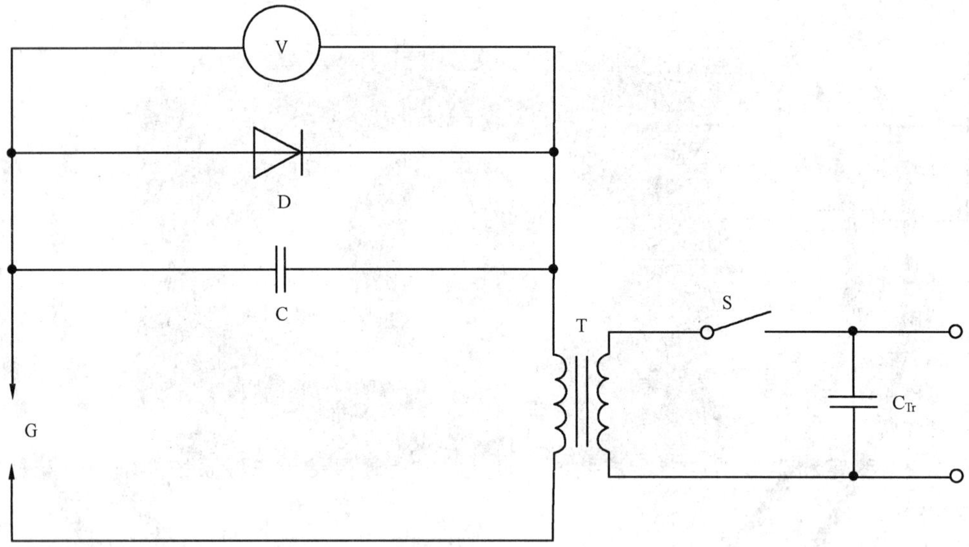

C——主电容；
C_{Tr}——激发电路中的电容；
D——二极管；
S——开关；
T——变压器；
G——火花发生器。

图 A.5 测定粉尘最小点燃能量装置(示意图)——放电电路中放电变压器

附　录　B
（资料性附录）
最小点燃能量的意义

测量最小点燃能量的作用尽管不在本部分规定的限值或安全措施范畴之内，但测量的值对工业装置的安全仍有一些指导意义。

有几种放电类型需要考虑，它们是：

——电晕，来自尖形的或小圆球形导体；

——刷形，来自散装粉末或固体绝缘颗粒；

——锥形，来自高绝缘颗粒；

——传播形刷形，来自极化的绝缘表面；

——火花。

这些放电的详细描述及其形成可见参考文献[11]，它们的点燃能力见表B.1中用本方法测定的最小点燃能量。

表B.1　不同类型静电的点燃能力

放电类型	点燃能力	最小点燃能量/mJ
电晕	除火炸药外的粉尘云的点燃	0.1以下
刷形	可点燃异态混合物和高敏感粉尘	3以下
锥形	可点燃最易燃烧粉尘	随材料体积而增大
传播形刷形	可点燃最易燃烧粉尘	通常在数焦以下
火花	可点燃任何可燃性粉尘	无限值

火花是静电放电的最强类型，能点燃可燃性混合物的范围较广。防止出现易燃火花放电的基本措施是保证装置或设备的导电部件有效接地。

为了给出一个较大的安全裕度，允许电阻的变化超过一定时间，建议导电部件的接地电阻小于10^8 Ω。

导电部件对地间的最大安全电阻(R)可通过系统中最大静电充电电流(I)测定。

已经确定100 V及以下时出现的火花放电不会形成点燃，主要是因为火花通过放电器中的距离要远远小于其熄灭的距离。

使用欧姆定律和100 V的最高电压，由下列公式确定最大安全电阻：

$$R=\frac{100\ \text{V}}{I}$$

大多数操作类型的最大充电电流为10^{-6} A，在这些情况下最大安全接地电阻为1×10^8 Ω。在高能操作时充电电流可达10^{-4} A，此时，最大安全接地电阻为1×10^6 Ω。

当合适的接地无法实现时，最小点燃能量可用于确定接地是否必需。根据电荷率、电容量、操作持续时间和漏电电阻可计算出储存的最大能量，然后将计算的能量与装置中处理材料最低的最小点燃能量进行比较。或者，如果出现的最大电势被限制在固定的窄的火花发生器（例如，在某些旋转电机的球形阀中）内，可进行类似的计算，并与测量的最小点燃能量进行比较。在这些情况下，处理或加工材料产生的最低的最小点燃能量用于比较很有必要。

对其他类型的放电进行评定和控制需要专业知识，通用指南见参考文献[11]。

装置或设备充电的、非接地的金属部件的火花放电是电容性放电，为评定这些火花点燃放电危险，可使用简单的电容性放电电路确定最小点燃能量值。在有些情况下，这样电路中可重复性和可再现性的结果可通过包含 1 mH 电感的放电电路得到改善。但应注意这一改变通常会产生比简单电容性放电电路更强的点燃火花，造成最小点燃能量值降低，这将导致要采取一些并非严格意义上必须的措施而增加费用。

使用除电火花之外的点燃源对粉尘进行大量试验研究表明，使用现有最小点燃能量试验方法得到的粉尘云着火的分级对其他点燃源类型也有效。能量释放上的不同特性是造成各种点燃源点燃规定混合物所需总能量不同的主要原因。在比较总能量的基础上得出结论，仅是尝试评定出现粉尘云情况下刷形放电强度的已知实例。此前的试验显示，刷形放电能点燃仅需 4 mJ 最小点燃能量的爆炸性气体混合物。然而，迄今为止还不能证明低于 4 mJ 最小电火花点燃能量的粉尘云能被刷形放电产生的能量点燃，原因之一是在刷形放电情况下的放电时间不同。

使用电火花测定点燃粉尘云所需的绝对能量是可行的，只要测量方法满足早期的规定要求即可。一般来说，放电能量在空间和时间上的分配形成任何放电是否具有点燃能力的基本特性，但使这些放电与一个放电时产生相同点燃能力的火花放电产生的能量相等，可将这些放电归于等效能量。

测定机械火花产生等效能量的问题在参考文献[1]和[2]中讨论。

以上情况仅适用于可燃性粉尘，当在粉尘云与爆炸性气体形成的混合物中火花放电达到点燃能力时，宜查阅参考文献[3]、[4]、[5]和[6]的技术报告，拿不准时宜单独使用气体值。

参考文献

[1] Ritter K. 机械产生的火花作为点燃源. VDI 报告 494,VDI 出版社,Düsseldorf,1984.

[2] Ritter K. 机械产生的火花对气体与空气混合物和粉尘与空气混合物的点燃作用. Dissertation,1984.

[3] Franke H. VDI 报告 304,VDI 出版社,Düsseldorf(69-72).

[4] Pellmont G. 可燃性粉尘和可燃性气体异态混合物爆炸和燃烧特性. Diss. ETH Zürich,No. 6498,1979.

[5] Bartknecht W. 可燃性粉尘和可燃性异态混合物爆炸和燃烧特性研究.《人性化工作》论文集,64 卷,VDI 出版社,Düsseldorf,1985.

[6] Siwek R. 在 20 L 试验设备中准确测定的爆炸技术参数. 学术讨论会论文集《安全利用可燃性粉尘》,Nürnberg 1988. VDI 报告 701,VDI 出版社,Düsseldorf.

[7] Field P. 粉末技术粉尘爆炸手册,64 卷,Elservier Amsterdam,1982.

[8] Eckhoff R K. 加工工业的粉尘爆炸,5. 3 部分,pp. 411-426. Butterworth-Heinemann, Oxford,1991.

[9] Alvestad B. 确定粉尘云最小点燃能量的电火花发生器. Chr. Michelsen 学院研究报告 No. 803301-3,1980 年 11 月.

[10] BeRthold w. (Hrsg),粉尘与空气混合物的最小点燃能量测定,VDI 成果报告,Reigh 3, No. 134.

[11] Luettgens G,Glor M. 对静电控制的理解. Expert 出版社,Ehningen bei Böblingen,1989.

中华人民共和国国家标准

GB 12487—2010

食品安全国家标准
食品添加剂　乙基麦芽酚

2010-12-21 发布　　　　2011-02-21 实施

中华人民共和国卫生部　发布

前 言

本标准代替 GB 12487—2004《食品添加剂　乙基麦芽酚》。

本标准与 GB 12487—2004 相比，主要变化如下：

——取消了铅项目及相应的试验方法；

——乙基麦芽酚含量指标由≥99.2%修改为≥99.5%（以干基计），砷指标由≤2 mg/kg 修改为≤1 mg/kg。

本标准的附录 A 和附录 B 为规范性附录。

本标准所代替标准的历次版本发布情况为：

——GB 12487—1990、GB 12487—2004。

食品安全国家标准

食品添加剂　乙基麦芽酚

1　范围

本标准适用于以糠醛为原料经化学合成法生产的食品添加剂乙基麦芽酚。

2　规范性引用文件

本标准中引用的文件对于本标准的应用是必不可少的。凡是注日期的引用文件，仅所注日期的版本适用于本标准。凡是不注日期的引用文件，其最新版本（包括所有的修改单）适用于本标准。

3　化学名称、分子式、结构式和相对分子质量

3.1　化学名称

3-羟基-2-乙基-4-吡喃酮

3.2　分子式

$C_7H_8O_3$

3.3　结构式

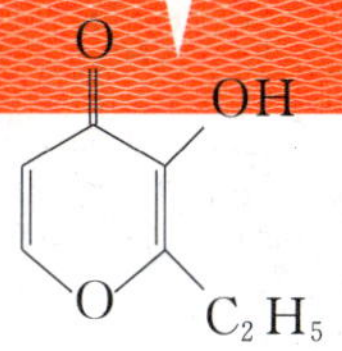

3.4　相对分子质量

140.14（按 2007 国际相对原子质量）

4　技术要求

4.1　感官要求：应符合表 1 的规定。

表 1　感官要求

项目	要　　求	检验方法
色泽	白色	取适量实验室样品，置于清洁干燥的玻璃培养皿内，在自然光线下，目视观察
组织状态	粉末状、针状或粒状结晶	取适量实验室样品，置于清洁干燥的玻璃培养皿内，在自然光线下，目视观察
气味	具有水果样焦甜香气，无杂气	GB/T 14454.2

4.2 理化指标:应符合表2的规定。

表2 理化指标

项目		指标	检验方法
乙基麦芽酚($C_7H_8O_3$,以干基计),w/%	≥	99.5	附录A中A.4
熔点范围/℃		89.0~92.0	附录A中A.5
水分,w/%	≤	0.30	附录A中A.6
灼烧残渣,w/%	≤	0.10	附录A中A.7
砷(As)/(mg/kg)	≤	1	附录A中A.8
重金属(以Pb计)/(mg/kg)	≤	10	附录A中A.9

附 录 A
（规范性附录）
检 验 方 法

A.1 警示

试验方法规定的一些试验过程可能导致危险情况。操作者应采取适当的安全和防护措施。

A.2 一般规定

除非另有说明，在分析中仅使用确认为分析纯的试剂和 GB/T 6682—2008 中规定的三级水。

试验方法中所用制剂及制品，在没有注明其他要求时，按 GB/T 603 之规定制备。

A.3 鉴别试验

A.3.1 试剂和材料

A.3.1.1 乙醇(95%)。

A.3.1.2 盐酸溶液：1+1。

A.3.1.3 三氯化铁($FeCl_3 \cdot 6H_2O$)溶液：10 g/L。称取 1.0 g 三氯化铁($FeCl_3 \cdot 6H_2O$)，用盐酸溶液溶解并稀释至 100 mL，摇匀备用。

A.3.2 分析步骤

称取约 20 mg 实验室样品，精确至 0.1 mg，溶于 10 mL 乙醇(95%)中，加入三氯化铁溶液 2 滴，盐酸溶液 3～5 滴，摇匀，溶液应呈紫罗兰色。

A.4 乙基麦芽酚的测定

A.4.1 方法提要

在选定的工作条件下，使样品气化后经色谱柱分离，用火焰离子化检测器检测，用面积归一化法定量。

A.4.2 试剂和材料

A.4.2.1 无水乙醇。

A.4.2.2 氢气：体积分数不低于 99.8%。使用前需用脱水装置、硅胶、分子筛或活性炭等进行净化处理。

A.4.2.3 氮气：体积分数不低于 99.999%。使用前需用脱水装置、硅胶、分子筛或活性炭等进行净化处理。

A.4.2.4 空气：无腐蚀性杂质。使用前进行脱油、脱水处理。

A.4.3 仪器和设备

A.4.3.1 气相色谱仪：配有火焰离子化检测器，整机灵敏度和稳定性应符合 GB/T 9722 的规定。

A.4.3.2 色谱数据处理仪器:色谱数据处理机或色谱工作站。

A.4.3.3 进样器:自动进样器或1 μL 微量进样器。

A.4.4 色谱柱和典型操作条件

推荐的色谱柱和典型色谱操作条件见表A.1。典型色谱图见附录B中图B.1,各组分的相对保留时间见附录B中表B.1。其他能达到同等分离程度的色谱柱和色谱操作条件均可使用。

表 A.1 推荐的色谱柱及典型操作条件

色谱柱	5%苯基二甲基吡唑啉酮(phenyldimethyl polysilooxane)毛细管柱
柱长×柱内径×液膜厚度	30 m×0.32 mm×0.25 μm
柱温度/℃	110
气化室温度/℃	250
检测器温度/℃	250
载气(氮气)流量/(mL/min)	30
燃气(氢气)流量/(mL/min)	30
助燃气(空气)流量/(mL/min)	300
分流比	50∶1
进样量/μL	0.5

A.4.5 分析步骤

A.4.5.1 样品制备

称取1.25 g实验室样品,精确至0.001 g,转移至25 mL容量瓶中,以无水乙醇溶解并稀释至刻度,摇匀备用。

A.4.5.2 测定

根据仪器说明书,调节仪器至表A.1所示的操作条件,待仪器稳定后即可开始测定。用微量进样器或自动进样器进样,用色谱数据处理机或工作站处理计算结果,以面积归一化法定量。

A.4.6 结果计算

乙基麦芽酚(以干基计)的质量分数 w_i,数值以%表示,按公式(A.1)计算:

$$w_i = A \times 100 / \sum A_i \qquad \text{(A.1)}$$

式中:

A——乙基麦芽酚组分的峰面积;

A_i——组分 i 的峰面积。

取两次平行测定结果的算术平均值为报告结果。两次平行测定结果的绝对差值不大于0.02%。

A.5 熔点范围的测定

按照GB/T 14457.3的规定进行。实验室样品直接进行测定。

A.6 水分的测定

按照 GB/T 6283 的规定进行。

取两次平行测定结果的算术平均值为报告结果。两次平行测定结果的绝对差值不大于 0.02%。

A.7 灼烧残渣的测定

按照 GB/T 7531 进行。测定时称取 10.0 g 实验室样品，精确至 0.000 2 g，灼烧温度为 850 ℃±25 ℃，灼烧时间为 15 min。

A.8 砷的测定

按 GB/T 5009.76 进行。按湿法消解处理样品；测定时量取 10.0 mL 试样消化液(相当于 1.0 g 实验室样品)。

限量标准液的配制：用移液管移取 1.0 mL 砷(As)标准溶液(相当于 1.0 μg As)，与试样同时同样处理。

A.9 重金属的测定

按 GB/T 5009.74 进行。按湿法消解处理样品；测定时量取 10.0 mL 试样消化液(相当于 1.0 g 实验室样品)；量取 1.0 mL 铅(Pb)标准溶液(相当于 10.0 μg Pb)制备限量标准溶液。

附 录 B
（规范性附录）
毛细管柱气相色谱法测定乙基麦芽酚含量典型色谱图及各组分相对保留时间

B.1 毛细管柱典型色谱图

乙基麦芽酚含量毛细管柱典型色谱图见图 B.1。

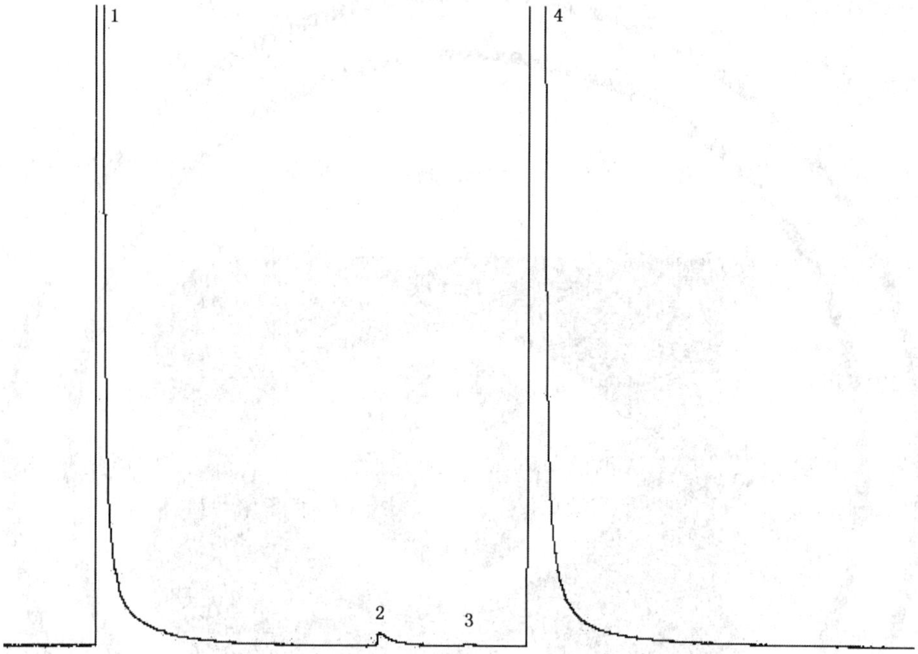

1——乙醇(溶剂)；
2——麦芽酚；
3——未知物；
4——乙基麦芽酚。

图 B.1 乙基麦芽酚含量毛细管柱典型色谱图

B.2 各组分相对保留时间

各组分相对保留时间见表 B.1。

表 B.1 各组分相对保留时间

峰 序	组分名称	相对保留时间
1	乙醇(溶剂)	0.25
2	麦芽酚	0.73
3	未知物	0.88
4	乙基麦芽酚	1.00

GB

中华人民共和国国家标准

GB 12489—2010

食品安全国家标准

食品添加剂　吗啉脂肪酸盐果蜡

2010-12-21 发布　　2011-02-21 实施

中华人民共和国卫生部　发布

前言

本标准代替 GB 12489—1990《食品添加剂　吗啉脂肪酸盐果蜡》。

本标准与 GB 12489—1990 相比，主要变化如下：

——增加了 pH、铅项目及相应的试验方法；

——取消了重金属项目及相应的试验方法；

——固形物的质量分数由 12%～13%修改为 12%～20%，黏度由 0.000 4 Pa・s～0.001 Pa・s 修改为≤0.018 Pa・s，灼烧残渣的质量分数由≤0.2%修改为≤0.3%；

——增加了动植物胶作为成膜剂的吗啉脂肪酸盐果蜡鉴别试验方法。

本标准的附录 A 为规范性附录。

本标准所代替标准的历次版本发布情况为：

——GB 12489—1990。

食品安全国家标准
食品添加剂　吗啉脂肪酸盐果蜡

1　范围

本标准适用于以食品添加剂吗啉脂肪酸盐为乳化剂，以天然动植物蜡（如棕榈蜡）或天然动植物胶（如紫胶）为成膜剂，在一定温度下反应制成的食品添加剂吗啉脂肪酸盐果蜡（简称食品添加剂 CFW 果蜡）。

2　规范性引用文件

本标准中引用的文件对于本标准的应用是必不可少的。凡是注日期的引用文件，仅所注日期的版本适用于本标准。凡是不注日期的引用文件，其最新版本（包括所有的修改单）适用于本标准。

3　技术要求

3.1　感官要求：应符合表1的规定。

表1　感官要求

项　目	要　求	检　验　方　法
色泽	黄棕色、棕褐色	取适量实验室样品置于清洁、干燥的烧杯中，在自然光线下，目视观察
组织状态	透明或半透明水溶性乳液	

3.2　理化指标：应符合表2的规定。

表2　理化指标

项　目		指　标	检验方法
固形物，w/%		12～20	附录A中A.4
黏度/Pa·s	≤	0.018	附录A中A.5
灼烧残渣，w/%	≤	0.3	附录A中A.6
pH		8.8±0.3	GB/T 9724
砷(As)/(mg/kg)	≤	1	附录A中A.7
铅(Pb)/(mg/kg)	≤	2	GB 5009.12
耐冷稳定性试验		通过试验	附录A中A.8

附 录 A
（规范性附录）
检验方法

A.1 警示

试验方法规定的一些试验过程可能导致危险情况。操作者应采取适当的安全和防护措施。

A.2 一般规定

除非另有说明，在分析中仅使用确认为分析纯的试剂和 GB/T 6682—2008 规定的三级水。

试验方法中所用制剂及制品，在没有注明其他要求时，均按 GB/T 603 之规定制备。

A.3 鉴别试验

A.3.1 方法提要

样品中的吗啉与水形成的共沸物应呈碱性，动植物蜡溶于四氯化碳以及动植物胶在硫酸介质中与钼酸铵反应应呈绿色。

A.3.2 试剂和材料

A.3.2.1 钼酸铵。

A.3.2.2 四氯化碳。

A.3.2.3 硫酸。

A.3.2.4 盐酸溶液：1+1。

A.3.2.5 氢氧化钠溶液：200 g/L。

A.3.2.6 酚酞指示液：10 g/L。

A.3.3 分析步骤

A.3.3.1 动植物蜡作为成膜剂的鉴别方法

A.3.3.1.1 称取约 10 g 实验室样品，精确至 0.1 g，加 20 mL 盐酸溶液，在水浴上加热 10 min。冷却至室温，分离出固形物 A。在残液中加氢氧化钠溶液，使其呈碱性后进行蒸馏。收集 102 ℃～104 ℃馏分，加 1 滴酚酞指示液，应呈现粉红色。

A.3.3.1.2 称取约 1 g A.3.3.1.1 中固形物 A 于烧杯中，加 5 mL 四氯化碳，在水浴上加热，固形物 A 溶解。

A.3.3.2 动植物胶作为成膜剂的鉴别方法

A.3.3.2.1 操作同 A.3.3.1.1。

A.3.3.2.2 称取约 1 g A.3.3.2.1 中固形物 A 于烧杯中，加 1 g 钼酸铵和 3 mL 硫酸的溶液数滴后应呈绿色。

A.4 固形物的测定

A.4.1 分析步骤

称取约 2 g 实验室样品，精确至 0.000 2 g，置于在 500 ℃～600 ℃灼烧至质量恒定的 50 mL 瓷坩埚中，放在电热干燥箱中，于(95±2)℃干燥至质量恒定。保留固形物 B 用于灼烧残渣的测定。

A.4.2 结果计算

固形物的质量分数 w_1，数值以%表示，按公式(A.1)计算：

$$w_1 = \frac{m_2}{m_1} \times 100\% \qquad \text{(A.1)}$$

式中：

m_1——试料质量的数值，单位为克(g)；

m_2——固形物的质量的数值，单位为克(g)。

取两次平行测定结果的算术平均值为报告结果。两次平行测定结果的绝对差值不大于 0.8%。

A.5 黏度的测定

A.5.1 仪器和设备

旋转式黏度计：适用范围 0.001 Pa·s～10 Pa·s。

A.5.2 分析步骤

将约 400 mL 实验室样品置于直径不小于 70 mm 的烧杯中，将玻璃杯放入恒温水浴(20±0.2)℃下 1 h，取出，使用测定低黏度的最小号转子，调整黏度计的转速为 60 r/min。开动黏度计的电动机，20 s～30 s 后，依照仪器操作说明读数。取三次读数的平均值为报告结果。

A.6 灼烧残渣的测定

A.6.1 分析步骤

在 A.4.1 中的固形物 B 中加入 1 滴硫酸，缓缓加热至完全炭化。冷却至室温，加 1 mL 硫酸使样品润湿，缓缓加热至硫酸蒸气逸尽。于 500 ℃～600 ℃灼烧至质量恒定。

A.6.2 结果计算

灼烧残渣的质量分数 w_2，数值以%表示，按公式(A.2)计算：

$$w_2 = \frac{m_3}{m_1} \times 100\% \qquad \text{(A.2)}$$

式中：

m_1——同 A.4.2 m_1；

m_3——灼烧残渣的质量的数值，单位为克(g)。

取两次平行测定结果的算术平均值为报告结果。两次平行测定结果的绝对差值不大于 0.03%。

A.7 砷的测定

A.7.1 样品溶液的制备

A.7.1.1 称取 3 g 实验室样品，精确至 0.000 2 g，置于 50 mL 锥形瓶中，加入玻璃珠防止爆沸，在电热板上蒸至挥发性物质挥发完毕，加入 10 mL 硝酸和高氯酸的混合溶液(4+1)，盖上表面皿，放置过夜。次日于电热板上消解至无色透明冒白烟时止，当消解液发黑时，补加 5 mL 硝酸和高氯酸的混合溶液(4+1)，消解至 1 mL～2 mL。

A.7.1.2 冷却，用水将内容物转入 50 mL 容量瓶中，加入 10 mL 硫脲溶液(100 g/L)和抗坏血酸溶液(100 g/L)的混合溶液(1+1)，用盐酸溶液(1+19)稀释至刻度，摇匀。

A.7.2 空白溶液的制备

不加试料，按与 A.7.1 相同的步骤进行。

A.7.3 测定

按 GB/T 5009.11 氢化物原子荧光光度法进行。

A.8 耐冷稳定性试验

在两个 50 mL 比色管中，分别加入实验室样品至刻度。一个放入低温浴槽内，于(−2±0.2)℃保持 4 h 后取出，回升到室温。另一个于室温放置。

目测两个比色管中的试验溶液，其透明度应无明显差异。

ICS 71.040.01
N 53

中华人民共和国国家标准

GB/T 12519—2010
代替 GB/T 12519—1990

分析仪器通用技术条件

General specification of analytical instruments

2010-12-01 发布　　　　2011-05-01 实施

中华人民共和国国家质量监督检验检疫总局
中国国家标准化管理委员会　发布

前　言

本标准修订并代替 GB/T 12519—1990《分析仪器通用技术条件》。

本标准在技术内容上与原标准的主要区别如下：

——引用标准均采用了最新版本；

——增加了术语；

——增加了仪器型号和分类命名；

——增加了仪器功能要求；

——增加了仪器电磁兼容性要求；

——增加了仪器接口、兼容性和相互配合要求；

——更改了仪器安全要求和试验方法；

——删除了原附录 A 内容，增加了现附录 A 内容。

本标准附录 A 为资料性附录。

本标准由中国机械工业联合会提出。

本标准由全国工业过程测量和控制标准化技术委员会(SAC/TC 124)归口。

本标准负责起草单位：北京分析仪器研究所、上海精密科学仪器有限公司、上海棱光技术有限公司、北京瑞利分析仪器公司、佛山分析仪有限公司、重庆川仪分析仪器有限公司、南京分析仪器厂有限公司、大连依利特分析仪器有限公司、上海市计量测试技术研究院、北京市计量检测科学研究院。

本标准主要起草人：马雅娟、殷传新、钱光蓓、王京凤、李沛生、胡体宝、徐淮明、张学云、张敏、沈正生。

本标准所替代标准的历次版本发布情况为：

——GB/T 12519—1990。

分析仪器通用技术条件

1 范围

本标准规定了分析仪器的要求，试验方法，检验规则及标志、包装、运输、贮存等。

本标准适用于各种类型分析仪器（简称仪器）。

本标准也适用于与仪器配用或形成独立产品的样品处理、制备、信号处理传输和辅助分析的装置等。

2 规范性引用文件

下列文件中的条款通过本标准的引用而成为本标准的条款。凡是注日期的引用文件，其随后所有的修改单（不包括勘误的内容）或修订版均不适用于本标准。然而，鼓励根据本标准达成协议的各方研究是否可使用这些文件的最新版本。凡是不注日期的引用文件，其最新版本适用于本标准。

GB/T 191—2008 包装储运图示标志（ISO 780:1997,MOD）

GB/T 2828.1—2003 计数抽样检验程序 第1部分：按接收质量限（AQL）检索的逐批检验抽样计划（ISO 2859-1:1999,IDT）

GB/T 2829—2002 周期检验计数抽样程序及表（适用于对过程稳定性的检验）

GB 4793.1—2007 测量、控制和实验室用电气设备的安全要求 第1部分：通用要求（IEC 61010-1:2001,IDT）

GB/T 6592—1996 电工和电子测量设备性能表示（idt IEC 60359:1987）

GB/T 11606—2007 分析仪器环境试验方法

GB/T 13384—2008 机电产品包装通用技术条件

GB/T 13966 分析仪器术语

GB/T 18403.1—2001 气体分析器的性能表示 第1部分：总则（eqv IEC 61207-1:1994）

GB/T 20245.1—2006 电化学分析器性能表示 第1部分：总则（IEC 60746-1:2003,IDT）

JB/T 6241 分析仪器 产品分类、命名及型号编制方法

3 术语

GB/T 13966确立的及以下术语和定义适用于本标准。

3.1

质量特性 quality property

对仪器技术状态的描述。一般由功能、技术参数、性能特性三部分组成。

3.2

技术参数 technical parameter

对仪器主要特征的描述。如仪器的测量对象、测量范围、最小检测量、输入量、输出量等。

当对仪器的某技术参数有定量考核要求时，该参数为性能特性。

3.3

性能特性 performance characteristic

对仪器使用性能的定量的描述。它是仪器检验、交收时的定量考核依据。如仪器的灵敏度、准确度、重复性、稳定性等。在仪器的技术标准中，每一项性能特性都应有对应的试验方法。

3.4

功能　function

对仪器实现规定性能特性的途径、方式的描述。如仪器的操作软件、校准方式、数据处理方法、报警方式、信号传输方式等。

当对仪器某功能有定量考核要求时，该功能为性能特性。

3.5

产品标准　product standard

固化产品技术状态的文件。它是制造、检验、评价产品的依据。产品标准的对象可以是一个产品，也可以是一类产品。

4　仪器分类与型号命名

见 JB/T 6241。

5　要求

5.1　仪器的工作条件

仪器的工作条件包括：参比工作条件、正常工作条件、极限工作条件。

使用条件如下：

a)　应根据仪器的设计使用条件，参照 GB/T 11606—2007 中表 1 给出的环境条件，选定所有对仪器质量特性将产生不可忽略的影响量及其参比值或参比范围作为正常工作条件。当不能全部按照 GB/T 11606—2007 规定时，应在文件中指明与其不相同之处；

b)　当对仪器某些质量特性的评价需要排除环境因素的影响时，应给出参比工作条件(见 GB/T 11606—2007表 2)；

c)　必要时，给出极限工作条件。

5.2　外观

仪器的外观应满足如下要求：

a)　仪器的外观整齐、清洁，表面涂、镀层无明显剥落、擦伤、露底及污垢；

b)　所有铭牌及标志应耐久和清楚，内容符合相关法规、标准的要求；

c)　所有紧固件不得松动、各种调节件灵活，功能正常；

d)　零件表面不得锈蚀；

e)　仪器可拆部分应能无障碍地拆装。

5.3　功能

仪器测量、显示、记录或控制等功能要求应在产品标准中规定。

5.4　性能特性

仪器实现其技术参数和功能量化的指标。根据仪器类型按 GB/T 6592—1996、GB/T 18403.1—2001、GB/T 20245.1—2006 要求在产品标准中规定。若有其他特殊要求时，可在产品标准中另行规定。

5.5　接口、兼容性或相互配合

仪器实现其功能的输入和输出接口、兼容性或相互配合要求应在产品标准中规定。如果仪器的某部分的连接尺寸、接口部件是仪器使用的保证，则仪器的连接尺寸和接口部件应在产品标准中规定。

对于数字接口，有规定时，应提供一个或多个通用标准接口，并规定接口类型、功能及所传递的信息。

5.6　安全性

5.6.1　标志和文件

应符合 GB 4793.1—2007 中第 5 章的有关规定。

5.6.2 防电击要求

5.6.2.1 接触电流

由交流电网供电的仪器，其接触电流应符合 GB 4793.1—2007 中 6.3 的有关规定。

5.6.2.2 保护接地

由交流电网供电的仪器，其保护接地应符合 GB 4793.1—2007 中 6.5.1 的有关规定。

5.6.2.3 介电强度

由交流电网供电的仪器，电源输入端与可触及导电零部件之间施加规定的试验电压，历时 1 min，不应出现击穿或重复飞弧现象。

注：仪器设计时，可参考附录 A 确定试验电压值。

5.6.3 其他要求

如果仪器存在 GB 4793.1—2007 所规定的涉及安全的机械性危险；机械冲击和撞击；火焰蔓延；温度和耐热；液体危险；辐射、声压力和超声压力；有释放气体、爆炸或内爆；涉及安全的元器件；有连锁装置等情况，则应满足 GB 4793.1—2007 的相关规定。

5.7 环境适应性

5.7.1 一般要求

除非另有规定，仪器的环境适应性要求，根据仪器使用条件在 GB/T 11606—2007 表 1 中Ⅰ、Ⅱ、Ⅲ、Ⅳ组中选取。

注：在极限工作条件下工作时，只考核仪器的功能正常性，不考核其性能特性的不确定度。

5.7.2 特殊要求

必要时，低气压、霉菌、盐雾、防爆等特殊环境要求由产品标准规定。

5.7.3 运输、运输贮存

应在产品标准中规定流通条件，按照 GB/T 11606—2007 中第 8 章、第 15 章、第 16 章、第 17 章和第 18 章方法试验后，包装箱不应有较大变形和损伤，受试仪器不应有变形松脱、涂覆层剥落等机械损伤，其性能特性应符合产品标准规定。

5.8 可靠性

必要时应规定可靠性指标，如平均故障间隔时间(MTBF)。

5.9 电磁兼容性

必要时应规定电磁兼容性要求。

5.10 成套性

仪器的成套性及附件应在产品标准中规定。

6 试验方法

6.1 试验条件

6.1.1 试验工作条件

a) 应明确规定试验时的各项环境条件的名义值、范围或允差。

b) 有特殊要求时，应规定参比条件。

6.1.2 试验用器具

6.1.2.1 试验时使用的测量设备、标准物质(或实物标样、工作标准样品)等的准确度应不大于仪器规定的准确度的三分之一。这时，测量试验产生的误差是可忽略的。

6.1.2.2 当试验使用的测量设备、标准物质(或实物标样、工作标准样品)等的准确度大于仪器规定的准确度的三分之一时，测量试验产生的误差不可忽略，应按下列原则处理：

a) 制造厂实际使用的误差极限是±(e−n)；

b) 用户验收实际使用的的误差极限是±(e+m)。

其中 e 为标准规定的仪器性能特性的允差;n 为制造厂检验使用的测量设备、标准物质等以及方法的误差的总和;m 为用户试验使用的测量设备、标准物质等以及方法的误差的总和。

上述误差的总和可以使用方和根的公式计算。

试验使用的测量设备、标准物质(或实物标样、工作标准样品)等的准确度应优于受试仪器的准确度,并在检定或校准数据的有效期内。

6.1.3 受试仪器状态

对于接通电源后有预热要求或稳定周期要求的仪器,正式的测量和观察应在规定的时间间隔(预热时间)后进行。

6.1.4 试验顺序

当试验顺序对试验结果有不可忽略的影响,应予规定。若没有影响,则可不规定。

6.2 外观

目测和手动进行检查。

6.3 功能检验

按产品标准规定,可在性能特性的试验过程中,检查各功能的实现情况。

6.4 性能特性测试

按相应产品标准规定执行。

注:性能特性的试验方法可参考相应类型仪器的技术标准的规定。

6.5 接口、兼容性或相互配合

按产品标准规定执行。

6.6 安全性试验

6.6.1 标志和文件

按 GB 4793.1—2007 的第 5 章有关规定进行检查。

6.6.2 防电击试验

6.6.2.1 接触电流

6.6.2.1.1 试验豁免条件

在正常工作条件下,当可触及零部件与参考地之间,或在同一台上在 1.8 m(沿表面或通过空气)的距离内的任意两个可触及零部件之间电压值不超过 33 V(交流有效值)或直流 70 V,可以不进行该项试验。

6.6.2.1.2 试验方法

按 GB 4793.1 2007 的有关规定进行试验。

6.6.2.2 保护接地

按 GB 4793.1—2007 附录 F 的有关规定进行试验。

6.6.2.3 介电强度

6.6.2.3.1 试验要求

潮湿预处理按 GB 4793.1—2007 中 6.8.2 规定进行(该项试验仅在需要时进行)。

在正常工作条件下,仪器处于非工作状态,电源开关置于接通位置,按表 1 规定的试验电压值对受试仪器进行试验。

可任选交流、直流或峰值脉冲试验,仪器能通过三者之一即可。但在产品标准中应明确一种试验方法。

脉冲试验在每个极上至少进行三个脉冲,最小间隔时间为 1 s。

6.6.2.3.2 试验方法

电网电源电路,用耐电压测试仪,在一端为连接在一起的电源线插头的相线和中线,另一端为连接在一起的所有可触及导电零部件之间,在 5 s 内升至规定的试验电压值,并保持 1 min。电源线与可接触导电件间的抗干扰电容不应开路；若这些电容不能用于进行试验，则可以用一个数值为交流电压1.4倍的直流电压试验。

其他电路参照 GB 4793.1—2007 附录 F 的有关规定进行试验。

表 1 试验电压

单位为伏特

相线-中线电压交流有效值或直流值	交流有效值	直流或交流峰值	脉冲电压峰值(1.2/50 us)
0～≤60	500	707	806
60～≤130	1 000	1 420	1 950
130～≤250	1 500	2 120	2 890
250～≤660	2 000	2 830	3 600

6.6.2.3.3 施加试验电压应遵循的基本规定

试验电压(交流有效值)不超过 2 000 V 时，仪器在 100%试验电压下可进行多次重复试验。

试验电压(交流有效值)超过 2 000 V 时，仪器在 100%试验电压下只允许进行二次试验，若要再进行试验，则只应施加 80%的试验电压。

6.6.3 其他安全试验

按 GB 4793.1—2007 对应的方法进行。

6.7 环境适应性试验

按 GB/T 11606—2007 对应的方法进行。

6.8 可靠性试验

根据仪器的特点和失效规律确定试验方案，可参考 JB/T 6214—1992《仪器仪表　可靠性验证试验及测定试验(指数分布)导则》。也可根据用户要求设计试验方案。

6.9 电磁兼容性试验

根据用户要求参照相关标准实施。

6.10 成套性

目测检查。

7 检验规则

7.1 检验分类

检验分为：

a) 出厂检验；

b) 型式检验。

7.2 出厂检验

7.2.1 每台仪器须经检验部门检验合格后方能出厂，并附有产品合格证书。

7.2.2 出厂检验通常实施全检，但对于检验方法复杂、成本高，对产品寿命有影响的项目可采用 GB/T 2828.1—2003逐批抽样方法进行。

7.2.3 出厂检验的项目在产品标准中规定。

7.2.4 质量特性的不合格类别应在产品标准中规定。

7.3 型式检验

7.3.1 在下列情况之一时，进行型式检验：

a) 仪器设计定型或生产定型时；

b) 仪器转厂或转移生产地时；

c) 仪器正式生产后，如结构、材料、工艺有较大改变，可能影响仪器性能时；

d） 仪器长期停产，恢复生产时；

e） 仪器正常生产时，定期或积累一定产量后，应周期进行一次检验，一般为1年～3年；

f） 国家各级质量监督检验要求时；

g） 出厂检验结果与上次型式检验有较大差异时。

7.3.2 型式检验的样本应从出厂检验合格的批次中随机抽取，检验的样本量一般不少于三台（大型或贵重仪器允许一台）。

7.3.3 型式检验的抽样应按GB/T 2829—2002第5.9的规定。关于抽样方案、检验的不合格分类、检验项目及对应的条目、不合格质量水平、判别水平、样本量和判定数组等要求应在产品标准中规定。

7.3.4 合格与不合格的判定应按GB/T 2829—2002第5.11的规定进行。

7.3.5 若型式检验不合格，应分析原因，采取纠正措施，验证有效后，重新提交检验。若型式检验再次不合格，则对进行抽样的该批产品应停止出厂，再重复上述分析、纠正、验证、重新提交的步骤，直至合格为止。

7.3.6 若型式检验合格，对进行抽样的该批产品可以提交鉴定、定型或出厂、入库。

8 标志、包装、运输、贮存

8.1 仪器的标志

仪器在适当的明显位置固定铭牌，其上应有如下标志：

a） 制造厂名称、地址；

b） 仪器名称、型号规格；

c） 出厂编号；

d） 制造日期；

e） 必须标志的技术参数；

f） 有关法规规定的其他信息。

8.2 包装

8.2.1 仪器包装应执行GB/T 13384—2008。

8.2.2 包装箱的标志应清晰、牢固，内容如下：

a） 制造厂名称、地址；

b） 仪器名称、型号规格；

c） 体积：长×宽×高，单位为毫米(mm)；毛重和净重，单位为千克(kg)；

d） 出厂编号、包装箱序号、数量及出厂日期；

e） 包装储运图示标志：“易碎物品”、“向上”、“怕雨”等应符合GB/T 191—2008规定。

8.2.3 随机文件

包括：

a） 装箱单；

b） 产品合格证；

c） 使用说明书（关于安全的要求应符合GB 4793.1—2007第5章有关规定）；

d） 备件清单等。

8.3 运输

在运输方面有特殊要求的仪器，应规定其运输要求，一般应防止强烈地冲击、雨淋及曝晒。

8.4 贮存

仪器贮存的温度为0 ℃～40 ℃、相对湿度不大于85%、室内无酸、碱及腐蚀性气体，必要时可在产品标准中特殊规定。

9 质量保证期

在用户遵守保管和使用规则的条件下，从制造厂发货之日起若干个月内，产品因制造质量不良而发生损坏或不能正常工作时，制造厂应无偿为用户修理仪器或更换零部件。

具体时间应在产品标准中规定。

附 录 A
（资料性附录）
介电强度试验电压值的确定

A.1 目的

通过仪器电路的电气间隙限值、爬电距离限值确定介电强度试验电压值，确保达到 GB 4793.1—2007 的相关要求。

A.2 确定防电击要求的步骤

A.2.1 基本步骤

认定基本情况——落实电气间隙、爬电距离限值——确定介电强度的试验电压值。

A.2.2 认定仪器的基本情况

根据仪器设计工况（供电方式、电压、工作海拔高度等）、结构（型式、材料、微区环境等），结合设计图纸等认定下列状态：

绝缘类别：共有基本绝缘，双重绝缘（基本绝缘 ＋ 附加绝缘），加强绝缘等三类。

电路类别：共有电网电源电路，非电网电源电路，测量电路（含Ⅰ、Ⅱ、Ⅲ、Ⅳ四种）等三类。

污染等级：共有 1、2、3 等三级。

材料等级：共有Ⅰ、Ⅱ、Ⅲa、Ⅲb 等四级。

A.2.3 按所认定的仪器基本情况落实电气间隙、爬电距离限值

A.2.3.1 电网电源电路的电气间隙、爬电距离下限值（查 GB 4793.1—2007 表 4）。

如：供电电源为交流 220 V，污染等级 1，材料等级Ⅲb，得电气间隙 1.5 mm、爬电距离 1.5 mm。

供电电源为直流 30V，污染等级 1，材料等级Ⅲb，得电气间隙 0.1 mm、爬电距离 0.1 mm。

以上数值适用于基本绝缘或附加绝缘。对加强绝缘，则电气间隙、爬电距离是其两倍。

A.2.3.2 由电网电源电路供电的电路的电气间隙下限值（查 GB 4793.1—2007 表 5）。

如：供电电源为交流 220V，污染等级 1，材料等级Ⅲb，得电气间隙 0.84 mm。

供电电源为直流 30 V，污染等级 1，材料等级Ⅲb，得电气间隙 0.05 mm。

A.2.3.3 由电网电源电路供电的电路的爬电距离下限值（查 GB 4793.1—2007 表 7）。

如：工作电压为交流 50 V，污染等级 1，材料等级Ⅲb，得印制板爬电距离 0.025 mm/非印制板爬电距离 0.18 mm。

工作电压为直流 30 V，污染等级 1，材料等级Ⅲb，得印制板爬电距离 0.025 mm/非印制板爬电距离 0.14 mm。

A.2.3.4 测量电路（Ⅱ、Ⅲ、Ⅳ类）的电气间隙下限值（查 GB 4793.1—2007 表 8）、爬电距离（查 GB 4793.1—2007 表 7）。

如：工作电压为交流或直流 100 V，基本绝缘、污染等级 1，材料等级Ⅲb，测量类别Ⅱ，得电气间隙爬电距离 0.1 mm；得印制板爬电距离 0.1 mm/非印制板爬电距离 0.25 mm。

A.2.4 确定介电强度的试验电压值

A.2.4.1 基本绝缘类型的试验电压值（查 GB 4793.1—2007 表 9）

如：电气间隙为 0.1 mm，则试验电压为交流有效值 500 V、或直流 700 V、1.2/50 μs 脉冲 806 V。

电气间隙为 0.5 mm，则试验电压为交流有效值 840 V、或直流 1 200 V、1.2/50 μs 脉冲 1 550 V。

电气间隙为 1.0 mm，则试验电压为交流有效值 1 060 V、或直流 1 500 V、1.2/50 μs 脉冲 1 950 V。

电气间隙为 1.4 mm，则试验电压为交流有效值 1 330 V、或直流 1 880 V、1.2/50 μs 脉冲 2 440 V。

A.2.4.2 双重绝缘或加强绝缘类型，则试验电压是基本绝缘的1.6倍。

A.2.4.3 已采取限制电源脉冲电压措施，且由电网电源电路供电的电路的脉冲试验电压值(查GB 4793.1—2007表17)。

如：电网电源电压为交流/直流150 V时，对Ⅱ类测量电路(其他电路与此类等同)的脉冲试验电压是1 500 V。

电网电源电压为交流/直流300 V时，对Ⅱ类测量电路(其他电路与此类等同)的脉冲试验电压是2 500 V。

ICS 67.040
X 04

中华人民共和国国家标准

GB/T 12529.5—2010
代替 GB/T 12529.5—1990

粮油工业用图形符号、代号 第5部分：仓储工业

Graphic symbols and codes for grain and oil industry—Part 5: Storing and handling

2010-09-26 发布 2011-03-01 实施

中华人民共和国国家质量监督检验检疫总局
中国国家标准化管理委员会 发布

前　言

GB/T 12529《粮油工业用图形符号、代号》分为 5 个部分：

——第 1 部分：通用部分；

——第 2 部分：碾米工业；

——第 3 部分：制粉工业；

——第 4 部分：油脂工业；

——第 5 部分：仓储工业。

本部分是 GB/T 12529 的第 5 部分。

本部分代替 GB/T 12529.5—1990《粮油工业用图形符号、代号　仓储工业》。

本部分与 GB/T 12529.5—1990 的主要技术差异如下：

——将标准名称改为《粮油工业用图形符号、代号　第 5 部分：仓储工业》；

——修订了散装车（侧翻）、散装车（后翻）、移动吸粮机、固定吸粮机、翼轮式扒谷机、螺旋扒谷机、螺旋清仓机、刮板清仓机等 8 项；

——增加了移动胶带输送机、水平胶带输送机、倾斜胶带输送机、挡边胶带输送机、立式螺旋输送机、散粮火车、卸船机、地坑格栅、散粮汽车卸车装置、装车溜管、装船机、电动葫芦、抓斗等 13 项；

——删除了架高胶带输送机、双气带输送机、板式输送机、裸式输送机、移动斗式提升机、悬吊斗式提升机、带式抛运机、油桶搬运车、叶轮抛运机、桅杆起重机、轻便起重机、回转起重机、液压倾卸机、铲粮车、固定旋转堆包机、悬臂式堆包机、折叠式堆包机、四连杆堆包机、网住烘干机、粉袋清理机、洗桶机、油罐等 22 项。

本部分自实施之日起代替 GB/T 12529.5—1990。

本部分由国家粮食局提出。

本部分由全国粮油标准化技术委员会归口。

本部分起草单位：国家粮食储备局郑州科学研究设计院。

本部分主要起草人：唐学军、王蓉、张卓青、陈宏斌。

本部分所代替标准的历次版本发布情况为：

——GB/T 12529.5—1990。

粮油工业用图形符号、代号
第5部分:仓储工业

1 范围

GB/T 12529 的本部分规定了粮油仓储设备的图形符号和代号。

本部分适用于粮油仓储领域及其他有关领域绘制工艺流程图。

本部分不规定工艺流程图中一般不作表达的项目以及已列入 GB/T 12529.1 的项目。

2 规范性引用文件

下列文件中的条款通过 GB/T 12529 的本部分的引用而成为本部分的条款。凡是注日期的引用文件,其随后所有的修改单(不包括勘误的内容)或修订版均不适用于本部分,然而,鼓励根据本部分达成协议的各方研究是否可使用这些文件的最新版本。凡是不注日期的引用文件,其最新版本适用于本部分。

GB/T 4457.4 机械制图 图样画法 图线

GB/T 12529.1 粮油工业用图形符号、代号 第1部分:通用部分

GB/T 16900 图形符号表示规则 总则

GB/T 16901.1 技术文件用图形符号表示规则 第1部分:基本规则

LS/T 1101 粮油仓储设备名词术语

3 一般规定

3.1 本部分规定的图形符号及代号涉及粮油仓储生产线的各个环节,也包括生产线以外的各种单机。

3.2 本部分规定的图形符号遵循 GB/T 16900 和 GB/T 16901.1 的规定要求,采用 0.5 M 网格系统设计。

3.3 本部分规定的图形符号使用时可根据需要对现有图形符号在不同方向按相同比例或不同比例做适当调整,调整后的图形符号应能完全传递原图形的信息。

3.4 本部分规定的图形符号的方向,按需要可旋转某一角度或成镜像配置,但文字不能倒置。

3.5 本部分规定的图形符号的图线,采用 GB 4457.4 的有关规定绘制,必要时配以其他有关线型。用计算机绘图仪绘制或由打印机打印时,各类线型的粗细可以随之变动。

3.6 本部分及 GB/T 12529.1 均未规定的图形符号,按有关的国家标准或行业标准执行。国家标准及行业标准未作规定时,可遵循简单明了、反映实物主要特征的原则,自行绘制。

3.7 本部分名词术语按 LS/T 1101 执行。

3.8 本部分按照粮食行业对专业分类赋予各专业相应代号,代号用专业名称中的一个反映特征的一个字母表示,字母用大写。各专业代号为:通用 T;碾米 M;制粉 F;油脂 Y;仓储 C。

4 仓储工业图形符号、代号的分类

仓储工业图形符号、代号的分类如下:

a) 输送:C101～C116;

b) 装卸:C201～C216;

c) 堆包:C301～C303;

d） 干燥：C401～C412；

e） 储粮：C501～C505；

f） 粮仓：C601～C608。

5 仓储工业图形符号

见表1。

表1 仓储工业图形符号

编号	图形符号及代号	中、英文名称	说 明
C101	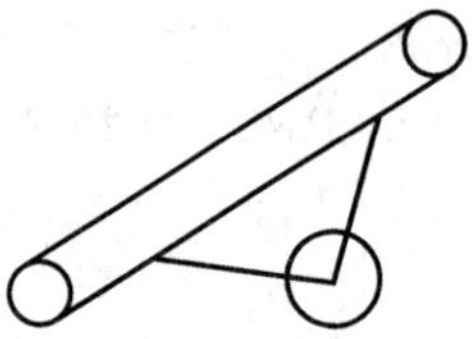	移动胶带输送机 mobile rubber belt conveyor	
C102		水平胶带输送机 horizontal rubber belt conveyor	
C103	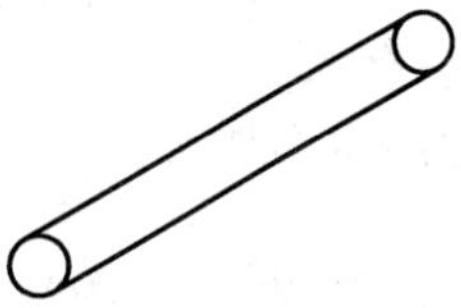	倾斜胶带输送机 inclined rubber belt conveyor	
C104	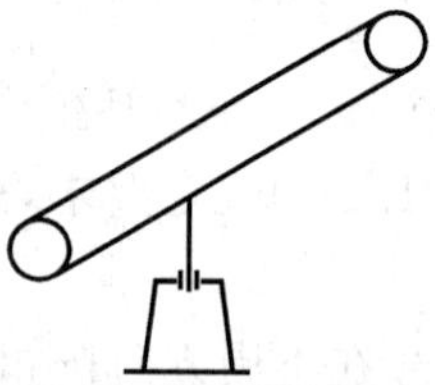	转向胶带输送机 rotating rubber belt conveyor	
C105	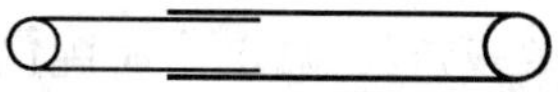	伸缩胶带输送机 telescopic rubber belt conveyor	
C106	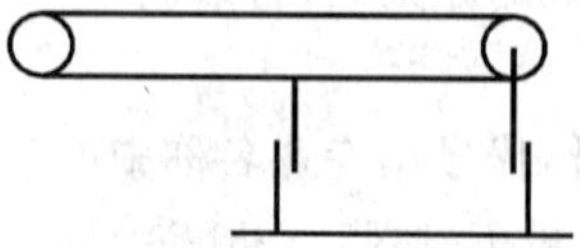	架高胶带输送机 lift belt conveyor	
C107	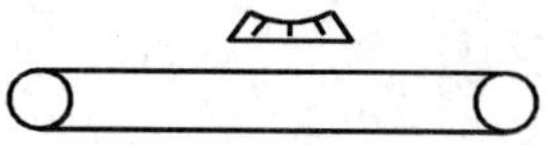	气垫胶带输送机 air cushion conveyor, jet rubber belt conveyor	

表 1（续）

编号	图形符号及代号	中、英文名称	说 明
C108		平型胶带输送机 flat rubber belt conveyor	
C109	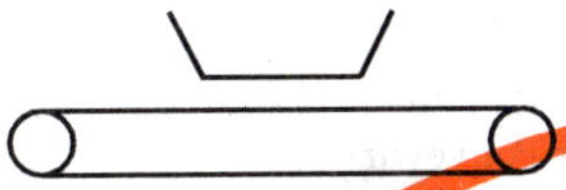	槽型胶带输送机 troughed rubber belt conveyor	
C110		挡边胶带输送机 walled rubber belt conveyor, raised edge rubber belt conveyor	
C111		立式螺旋输送机 vertical screw conveyor, vertical screw elevator	
C112	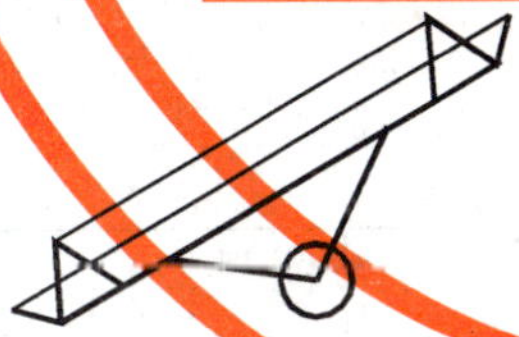	移动螺旋输送机 mobile screw conveyor, movable screw conveyor	
C113	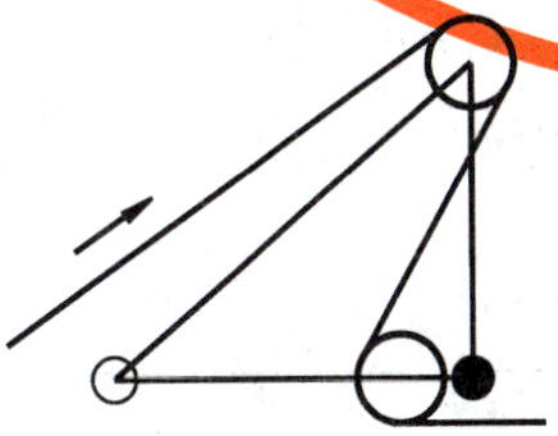	卸料小车 tripper	
C114	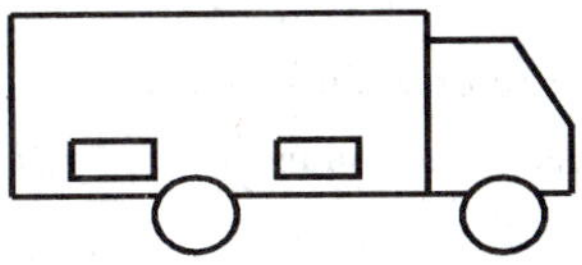	散粮汽车 bulk vehicle	

表 1（续）

编号	图形符号及代号	中、英文名称	说 明
C115		散粮火车 bulk waggon	
C116	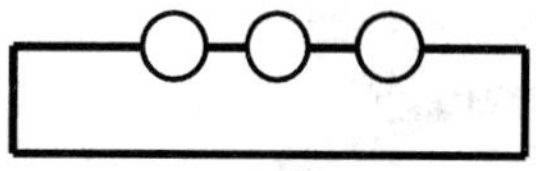	辊道 roller conveyor	
C201	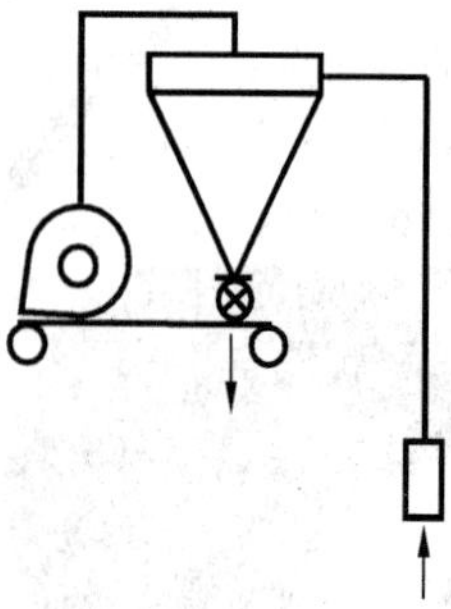	移动吸粮机 mobile pneumatic grain handling machine	
C202	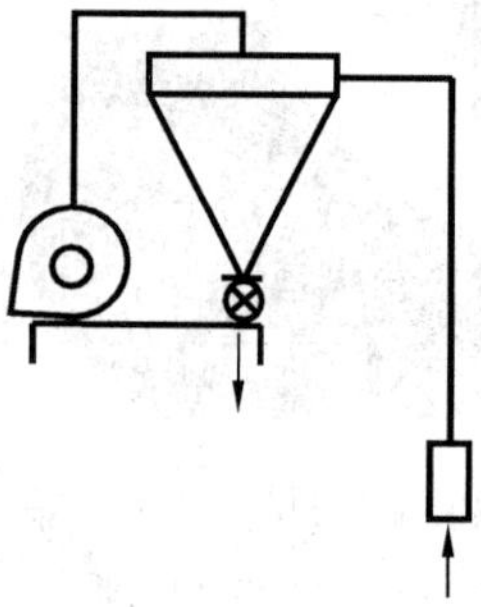	固定吸粮机 fixed pneumatic grain handling machine	
C203	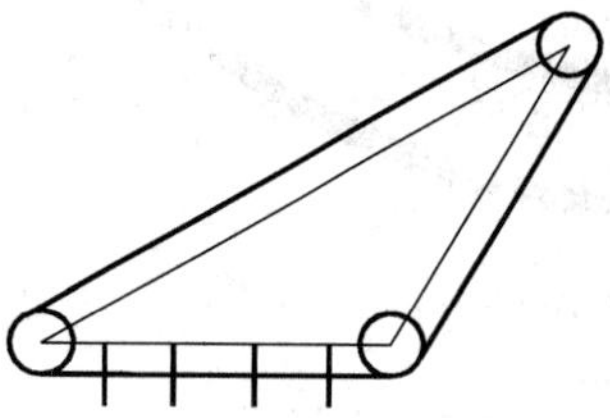	刮板式扒谷机 scraper	
C204	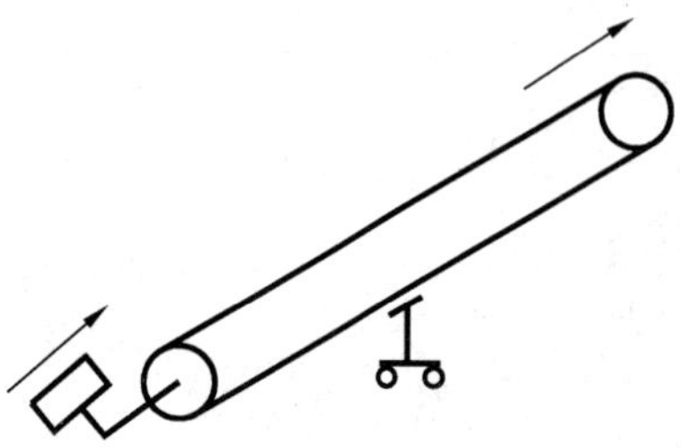	翼轮式扒谷机 wheel rotor grain scraper, winged wheel scraper	

表 1（续）

编号	图形符号及代号	中、英文名称	说 明
C205	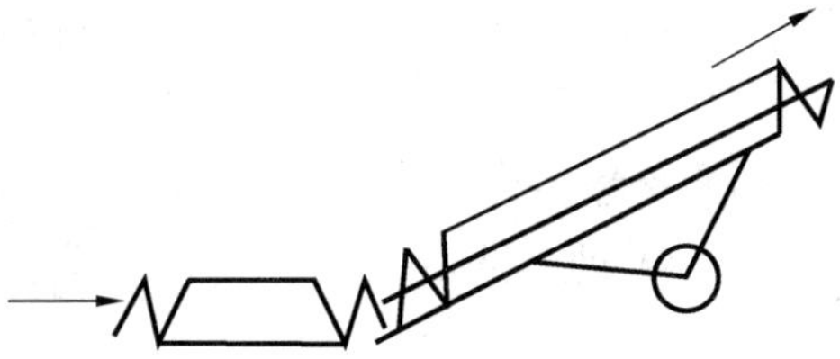	螺旋扒谷机 screw grain scraper	
C206	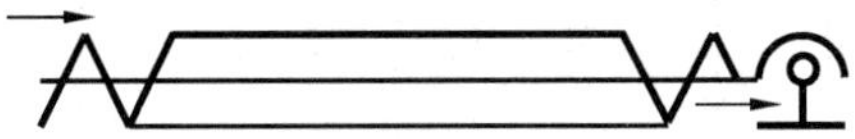	螺旋清仓机 fixed screw bin discharger	
C207	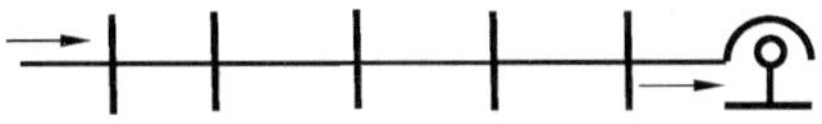	刮板清仓机 movable scraper bin discharger	
C208	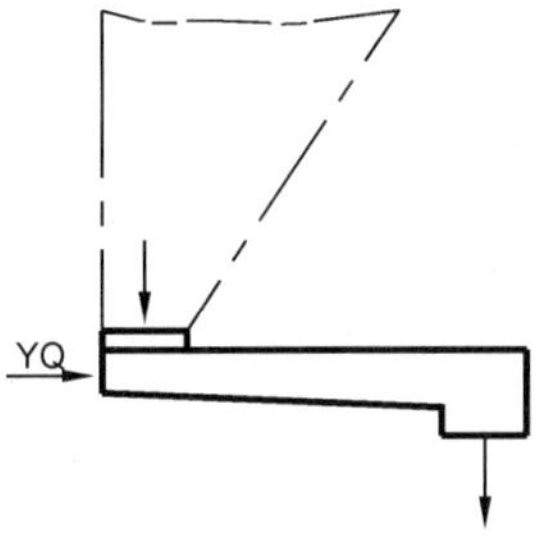	流化仓底卸料器 fluidizing bin discharger	
C209	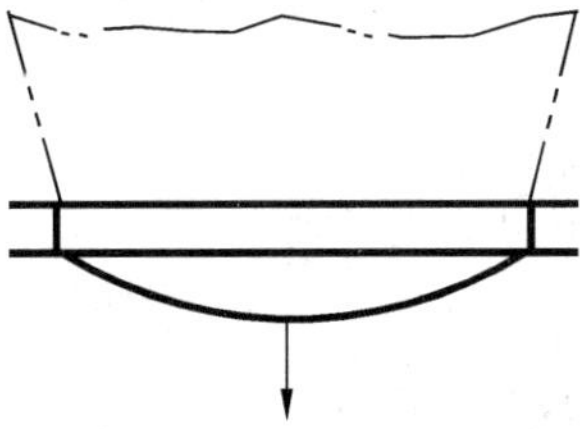	振动仓底卸料器 vibrating hopper discharger	
C210	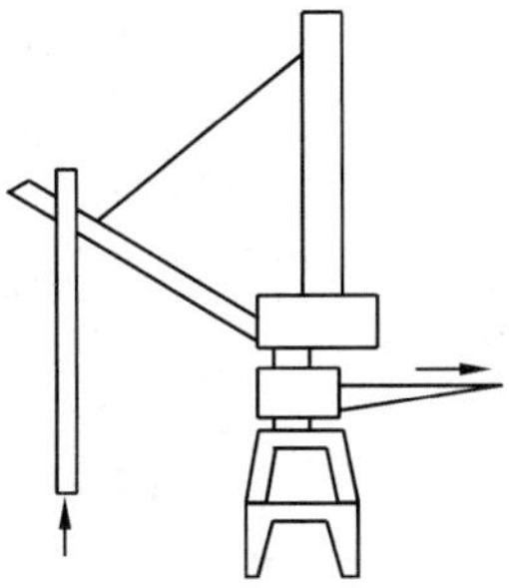	卸船机 ship unloader	

表 1（续）

编号	图形符号及代号	中、英文名称	说 明
C211	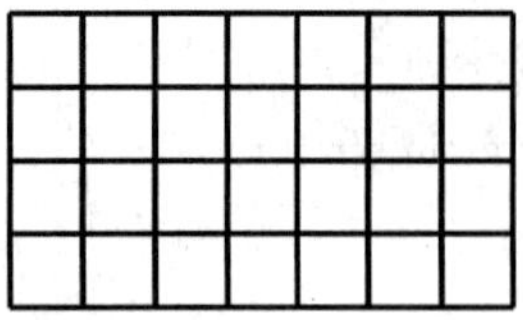	地坑格栅 receival pit grid	
C212	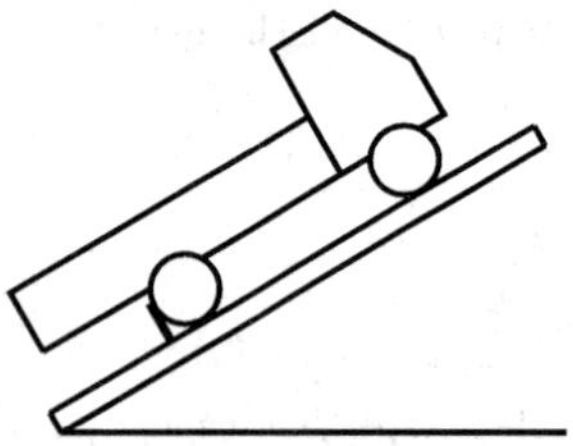	散粮汽车卸车装置 truck dumper	
C213	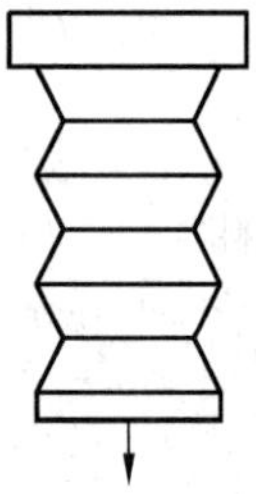	装车溜管 bulk grain loader	
C214	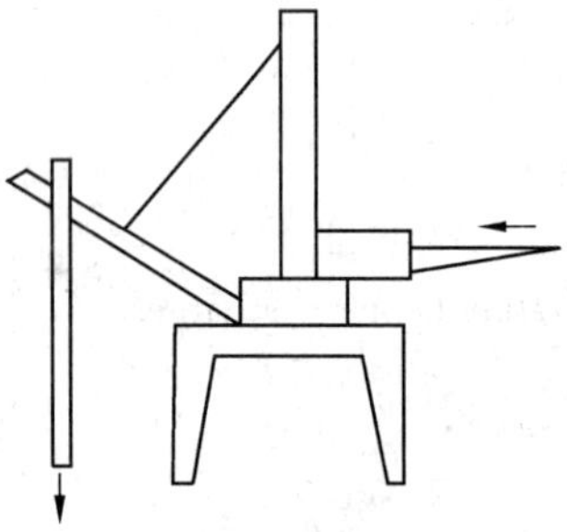	装船机 shiploader	
C215	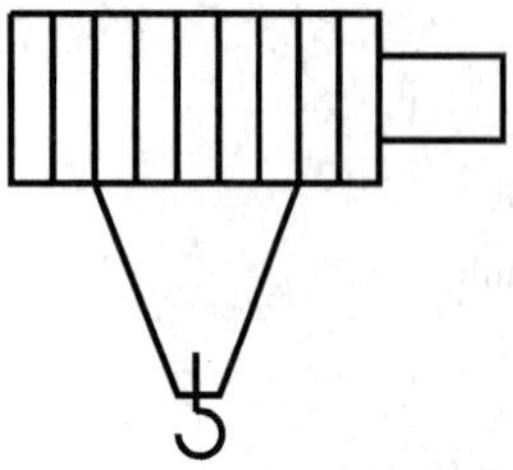	电动葫芦 electric hoist	

表 1（续）

编号	图形符号及代号	中、英文名称	说 明
C216	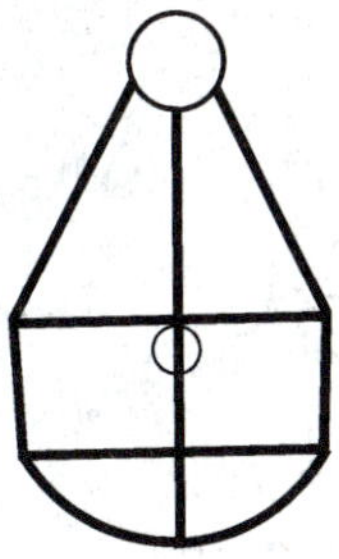	抓斗 grab	
C301	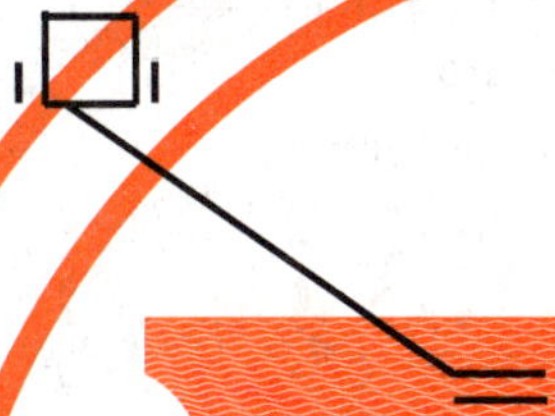	桥式堆包机 overhead travalling stacker	
C302	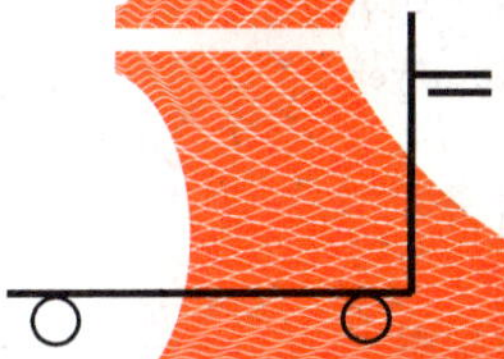	门架式堆包机 gantry travalling stacker	
C303	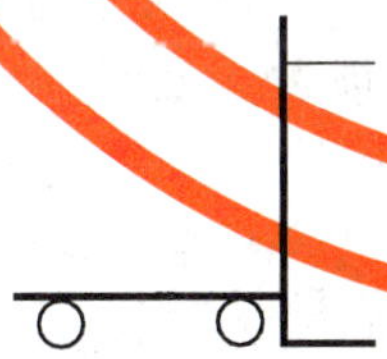	叉车堆包机 fork lift stacker	
C401	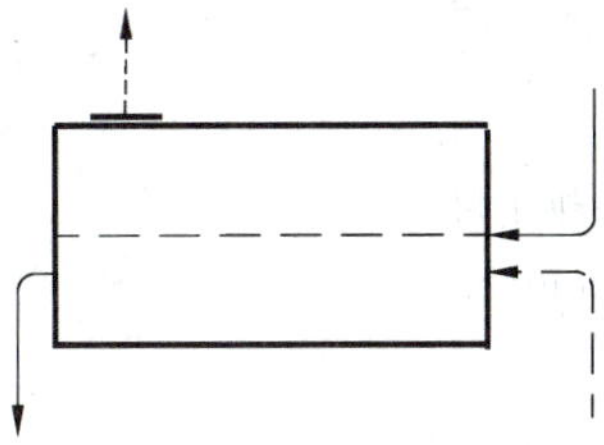	流化烘干机 fluidized-bed dryer 沸腾烘干机 boiled-bed dryer	

表 1（续）

编号	图形符号及代号	中、英文名称	说 明
C402	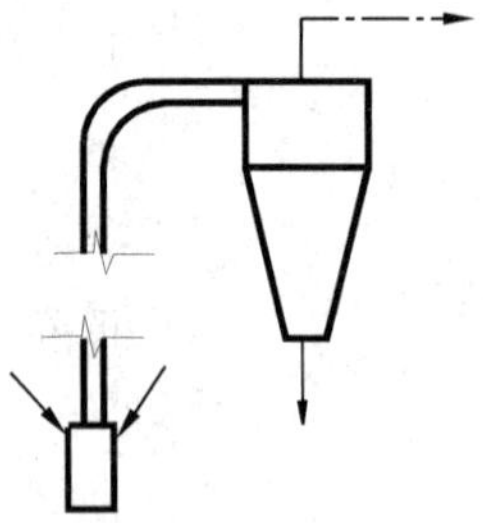	气流烘干机 air flow dryer	
C403	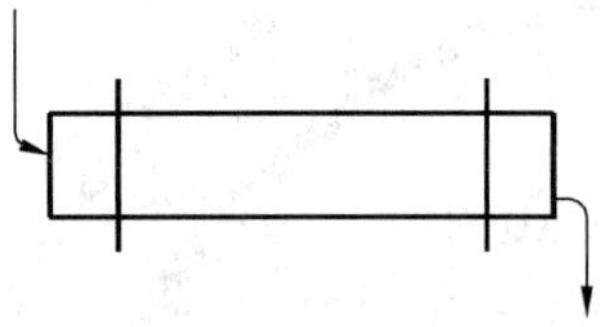	圆筒烘干机 rotary drum dryer	
C404		红外线干燥机 infrared dryer	
C405	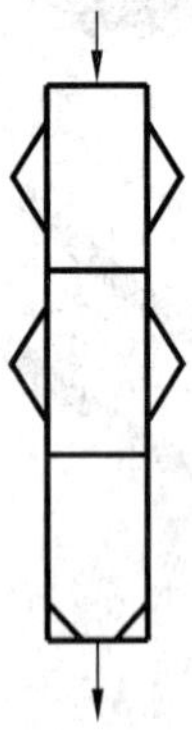	塔式烘干机 tower type dryer	
C406	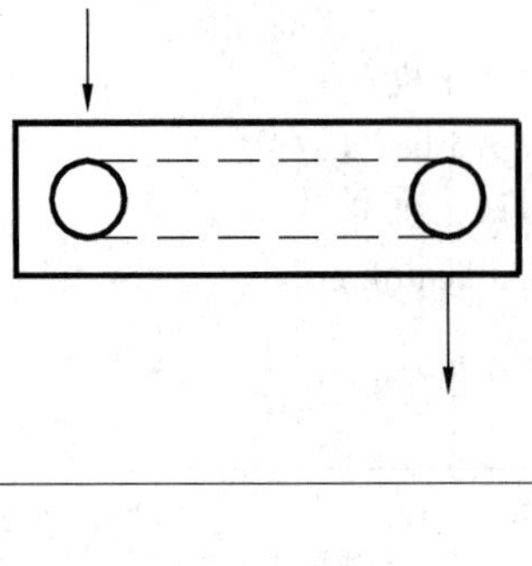	链式烘干机 chain dryer	

表 1（续）

编号	图形符号及代号	中、英文名称	说 明
C407	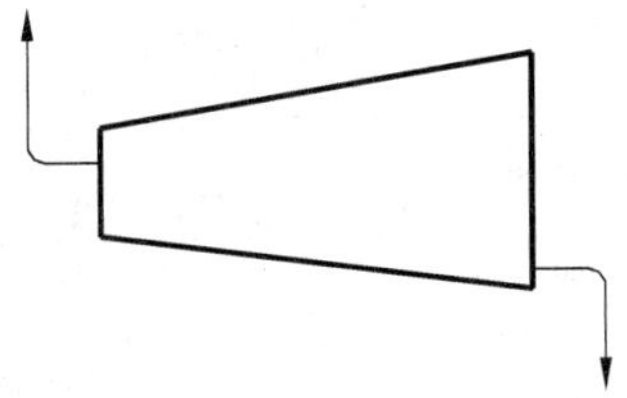	锥筒烘干机 cut cone dryer, conical dryer	
C408	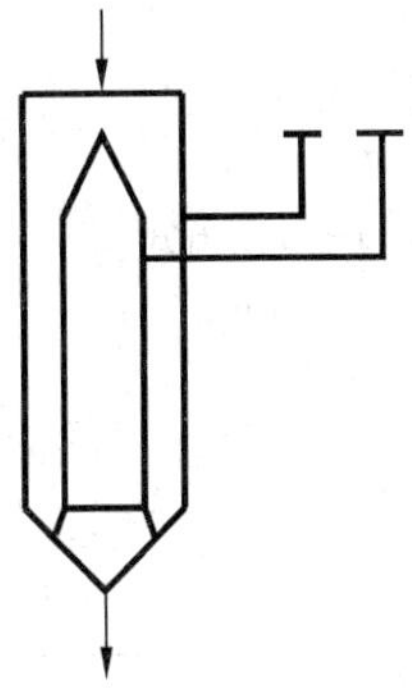	高频干燥机 high-frequency dryer	
C409	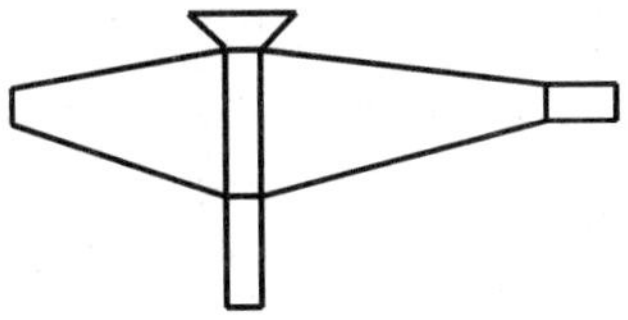	微波干燥机 microwave dryer	
C410	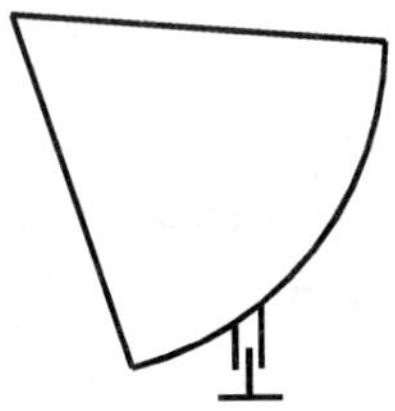	太阳能烘干机 solar energy dryer	
C411	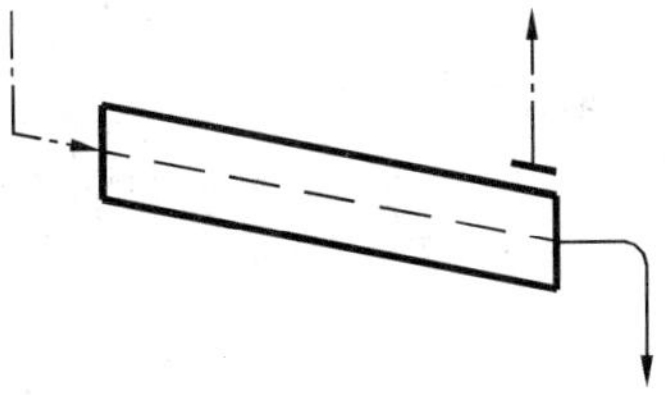	流槽式冷却器 cooling chute	

表 1（续）

编号	图形符号及代号	中、英文名称	说 明
C412	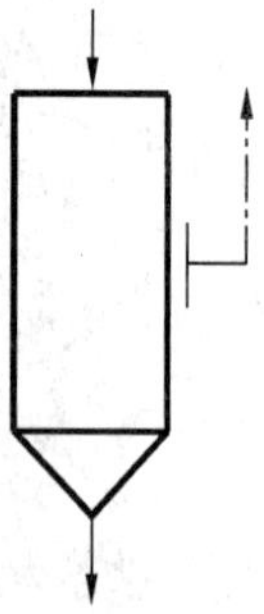	塔式冷却器 cooling tower	
C501		单管通风设备(吸出式) single tube ventilation set (suction type)	
C502	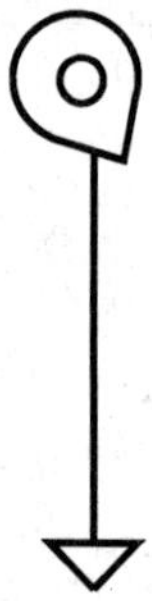	单管通风设备(压入式) single tube ventilation set (pressure type)	
C503	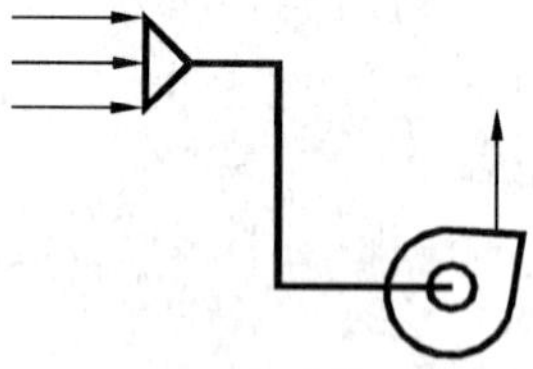	多管通风设备 multi-tube ventilation set	
C504	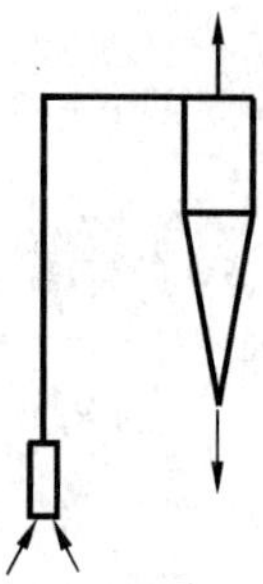	深层取样器 sampler from deep grain layer, deep layer grain sampler	

表 1（续）

编号	图形符号及代号	中、英文名称	说 明
C505	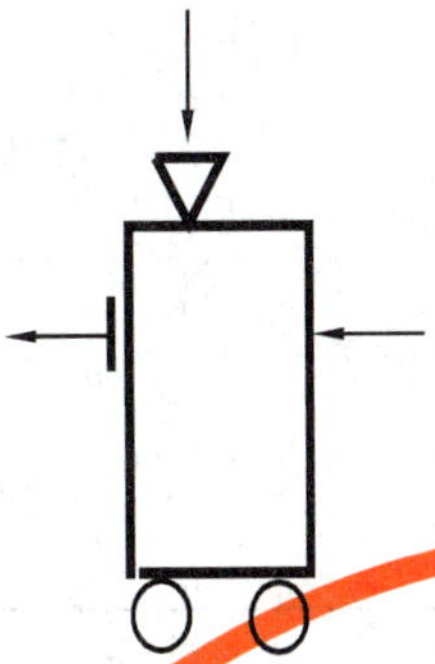	仓外投药机 pesticide disperser from outside of bin, outside bin pesticide disperser	
C601		平房仓 horizontal warehouse, flat warehouse	
C602	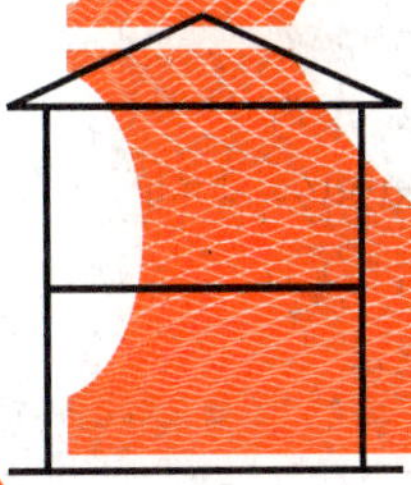	楼房仓 multi-storied warehouse	
C603	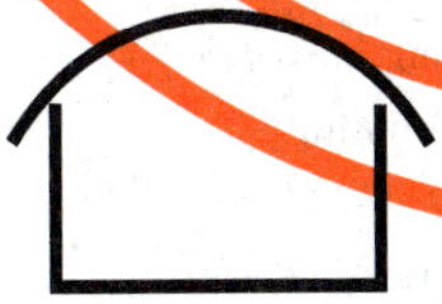	拱型仓 dome shaped warehouse	
C604	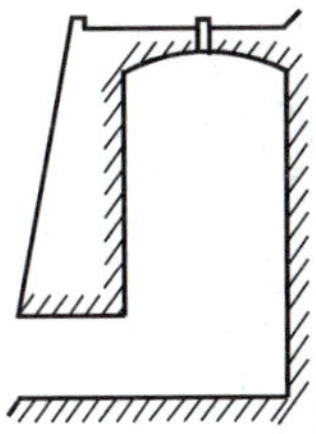	地下仓 underground bin	

表 1（续）

编号	图形符号及代号	中、英文名称	说 明
C605	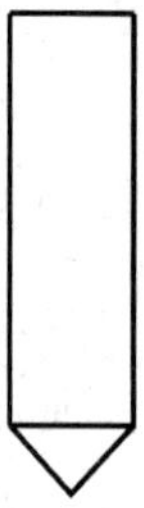	筒仓 silo	
C606	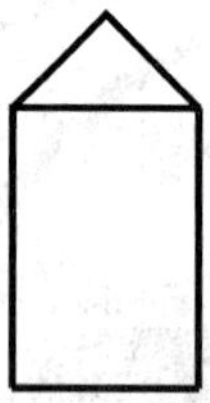	圆仓 dumpy silo with domed top	
C607	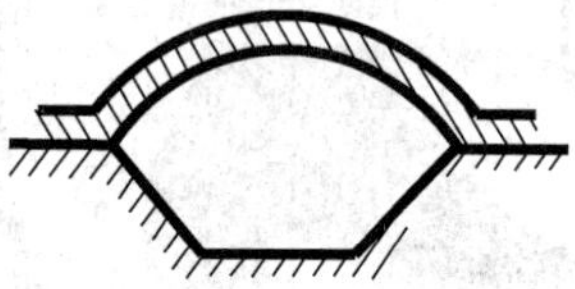	半地下仓 semiunder-ground bin	
C608	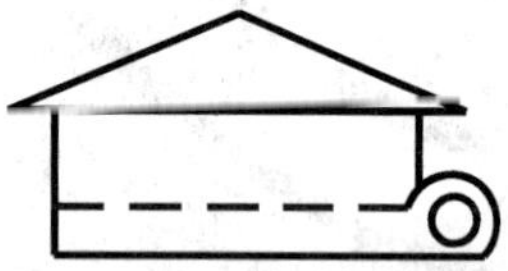	通风冷却仓 air cooling bin, cool ventilating bin	

中 文 索 引

Y

Z

英 文 索 引

H

I

J

L

M

O

P

R

S

ICS 79.120.10
J 65

中华人民共和国国家标准

GB 12557—2010
代替 GB 12557—2000

木工机床　安全通则

Woodworking machines—Safety code

2010-12-01 发布　　2011-10-01 实施

中华人民共和国国家质量监督检验检疫总局
中国国家标准化管理委员会　发布

前　言

本标准的第3章、5.2.3及附录A、附录B是推荐性的，其余为强制性的。

本标准是对GB 12557—2000《木工机床　安全通则》的修订。

本标准与GB 12557—2000相比，主要差异如下：

——增加了3.2,3.7,3.8,3.9,3.10,3.11。删除原标准中的3.2,3.9；

——增加了5.2.11；

——增加了5.3.8.1、5.3.8.2、5.3.8.3、5.3.8.4对各类防护装置的具体要求；

——对表4进行了修改；

——删除了原标准的附录A；

——将原标准的附录B调整到附录A；

——增加了附录B“吸尘口设计原则”；

——增加了图1～图16。

本标准代替GB 12557—2000。

本标准的附录A、附录B是资料性附录。

本标准由中国机械工业联合会提出。

本标准由全国木工机床与刀具标准化技术委员会(SAC/TC 84)归口。

本标准起草单位：福州木工机床研究所。

本标准起草人：郑宗鉴、郑莉、肖晓晖。

本标准所代替标准的历次版本发布情况为：

——GB 12557—2000。

木工机床　安全通则

1　范围

本标准规定了木工机床的安全技术要求。

本标准适用于除木工手提机外的所有木工机床(以下简称机床)。

2　规范性引用文件

下列文件中的条款通过本标准的引用而成为本标准的条款。凡是注日期的引用文件,其随后所有的修改单(不包括勘误的内容)或修订版均不适用于本标准,然而,鼓励根据本标准达成协议的各方研究是否可使用这些文件的最新版本。凡是不注日期的引用文件,其最新版本适用于本标准。

GB/T 2893.1—2004　图形符号　安全色和安全标志　第1部分:工作场所和公共区域中安全标志的设计原则(ISO 3864-1:2002,MOD)

GB 2894—2008　安全标志及其使用导则

GB/T 3766—2001　液压系统通用技术条件(eqv ISO 4413:1998)

GB/T 3767—1996　声学　声压法测定噪声源声功率级　反射面上方近似自由场的工程法(eqv ISO 3744:1994)

GB/T 3768—1996　声学　声压法测定噪声源声功率级　反射面上方采用包络测量表面的简易法(eqv ISO 3746:1995)

GB 4208—2008　外壳防护等级(IP代码)(IEC 60529:2001,IDT)

GB 5226.1—2008　机械电气安全　机械电气设备　第1部分:通用技术条件(IEC 60204-1:2005,IDT)

GB/T 6881.1—2002　声学　声压法测定噪声源声功率级　混响室精密法(ISO 3741:1999,IDT)

GB/T 6881.2—2002　声学　声压法测定噪声源声功率级　混响场中小型可移动声源工程法　第1部分:硬壁测试室比较法(ISO 3743-1:1994,IDT)

GB/T 6881.3—2002　声学　声压法测定噪声源声功率级　混响场中小型可移动声源工程法　第2部分:专用混响测试室法(ISO 3743-2:1994,IDT)

GB 7247.1—2001　激光产品的安全　第1部分:设备分类、要求和用户指南(IEC 60825-1:1993,IDT)

GB/T 7932—2003　气动系统通用技术条件(ISO 4414:1998,IDT)

GB/T 8196—2003　机械安全　防护装置　固定式和活动式防护装置设计与制造一般要求(ISO 14120:2002,MOD)

GB/T 9239.1—2006　机械振动　恒态(刚性)转子平衡品质要求　第1部分:规范与平衡允差的检验(ISO 1940-1:2003,IDT)

GB/T 10961—2010　木工机床　操作指示形象化符号

GB/T 14384—2010　木工机床　通用技术条件

GB/T 14775—1993　操纵器一般人类工效学要求

GB/T 15706.1—2007　机械安全　基本概念与设计通则　第1部分:基本术语和方法(ISO 12100-1:2003,IDT)

GB/T 15706.2—2007 机械安全 基本概念与设计通则 第2部分:技术原则(ISO 12100-2:2003,IDT)

GB/T 15379—1994 木工机床术语 基本术语

GB/T 16404—1996 声学 声强法测定噪声源的声功率级 第1部分:离散点上的测量(eqv ISO 9614-1:1993)

GB 16754—2008 机械安全 急停 设计原则(ISO 13850:2006,IDT)

GB/T 16855.1—2008 机械安全 控制系统有关安全部件 第1部分:设计通则(ISO 13849-1:2006,IDT)

GB 17888.1—2008 机械安全 进入机械的固定设施 第1部分:进入两级平面之间的固定设施的选择(ISO 14122-1:2001,IDT)

GB 17888.2—2008 机械安全 进入机械的固定设施 第2部分:工作平台和通道(ISO 14122-2:2001,IDT)

GB 17888.3—2008 机械安全 进入机械的固定设施 第3部分:楼梯、阶梯和护栏(ISO 14122-3:2001,IDT)

GB 17888.4—2008 机械安全 进入机械的固定设施 第4部分:固定式直梯(ISO 14122-4:2004,IDT)

GB 18955—2003 木工刀具安全 铣刀、圆锯片(EN 847-1:1997,MOD)

JB 6113—1992 木工机用刀具安全技术条件

JB/T 9953—1999 木工机床 噪声声压级测量方法

EN 982:1996 机械安全 对流体系统及其部件的安全要求 液压装置

EN 983:1996 机械安全 对流体系统及其部件的安全要求 气动装置

3 术语和定义

以下术语和定义适用于本标准。

3.1

木工机床 woodworking machines

见 GB/T 15379—1994 中 2.1。

3.2

刀具 tool

是指所有用于切削的独立的刀具或刀组。例如圆锯片、带锯条、链刀、刀片、钻头、分离式刀体、整体式刀具。也包括成型、砂光或无屑加工的刀具。

3.3

手动进给 hand feed

是指手动夹持和/或手动导向工件配合刀具的机床元件。手动进给包括用手动操作的溜板或移动工作台(溜板或移动工作台上手动定位工件或夹紧工件)和使用可拆卸的机动进给装置。

3.4

可拆卸的机动进给装置 demountable power feed unit

是一种安装在机床上的进给机构,不用扳手或类似的辅助装置就能将其移出工作位置(见图1)。

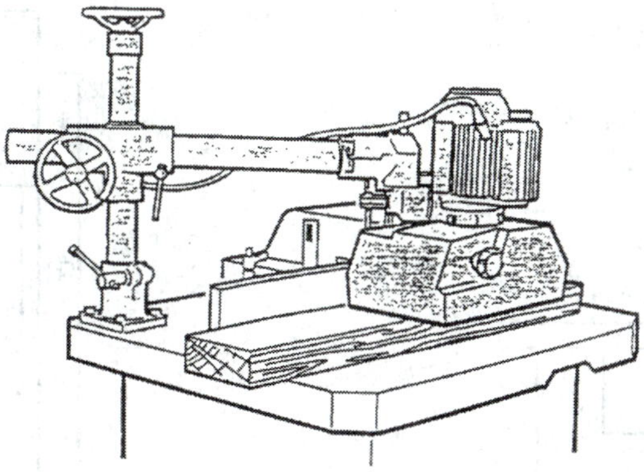

图 1

3.5

机械进给 integrated feed

是一种工件的进给机构，其与机床连成一体，在加工运转中机械地控制工件或机床部分以配合刀具（见图 2）。

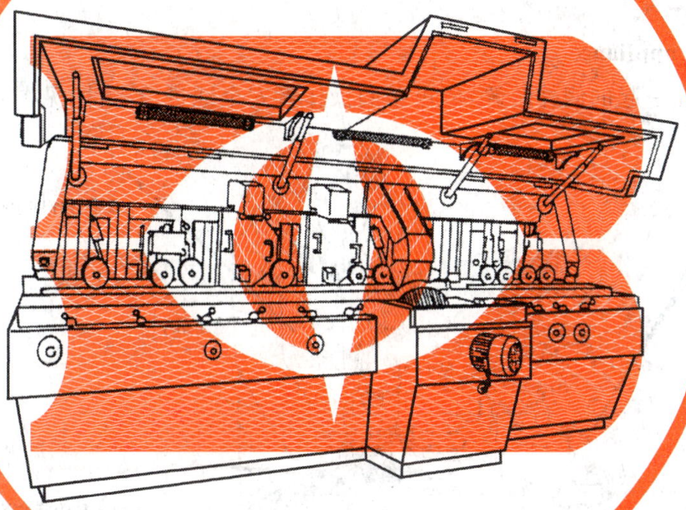

图 2

3.6

上料 loading the machine

手动或自动地将工件提供给溜板、料仓、提升装置、装料仓、可移动支架、输送机或将工件提供给机械进给装置。

3.7

转速范围 speed range

刀具主轴或刀具额定最大转速与最小转速的区间。

3.8

机床的切削区域 cutting area of the tool

是指在加工中有切削的范围，见图 3。

3.9

机床的无切削区域 non-cutting area of the tool

是指在加工中无切削的范围，见图 3。

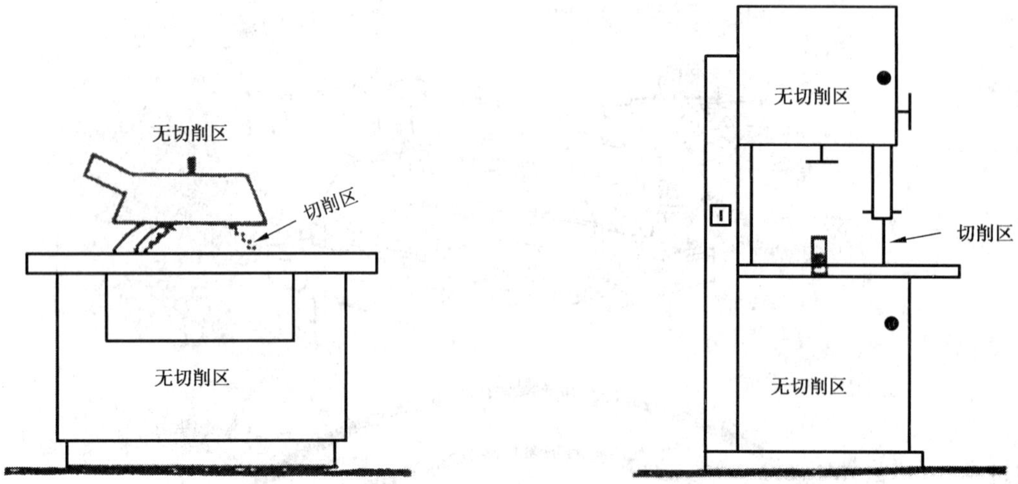

a)　　　　　　　　　　　　　　　　b)

图 3

3.10

安全附件　safety appliance

是指不和机床连在一起的例外装置，但可帮助操作者安全地进给工件，见图 4。

a）模块和夹具

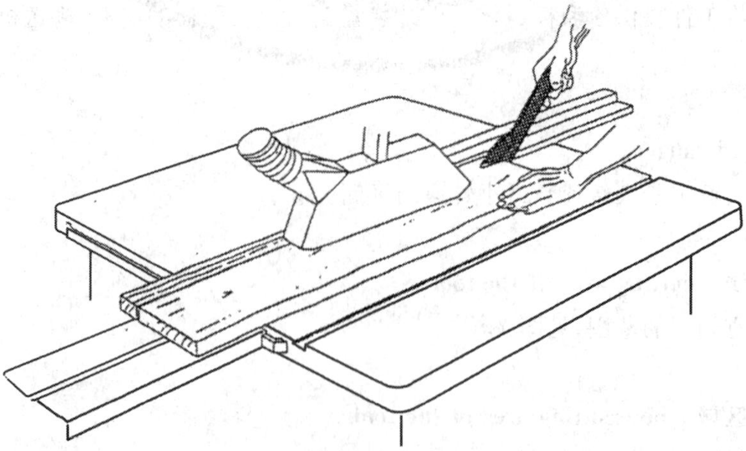

b）推棒(圆锯机)

图 4

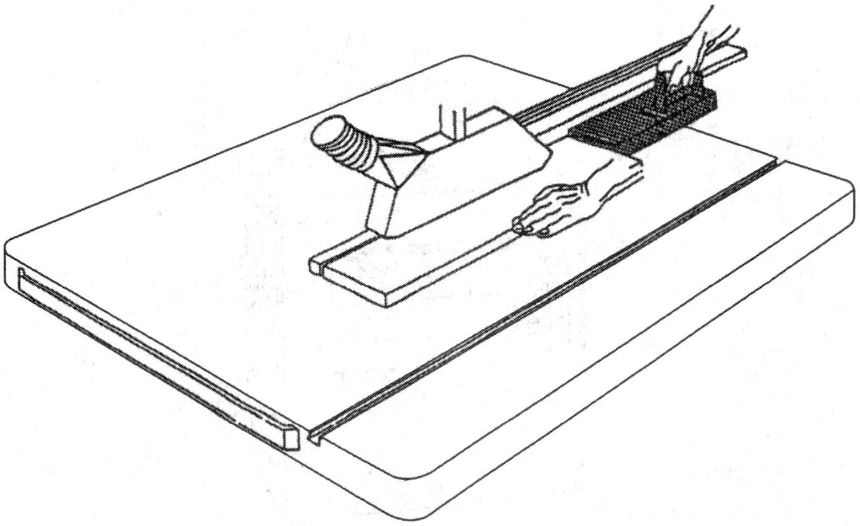

c）推块（圆锯机）

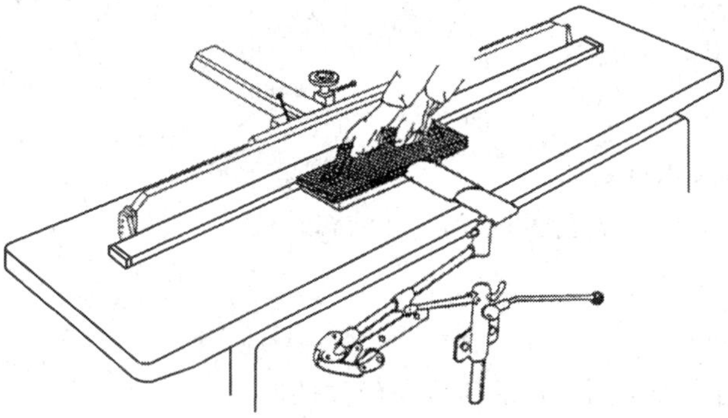

d）推块（平刨床）

图 4（续）

3.11

抛射　ejection

工件、工件的零件或机床的零件在加工中被意外抛出机床。

3.12

返弹　kickback

是抛射的一个特殊形式。指在加工中工件、工件的零件或机床的零部件与进给方向相反意外运动出机床（见图 5）。

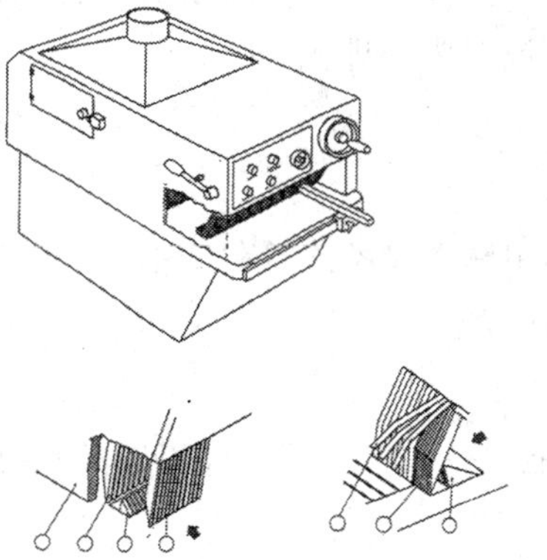

a）

图 5

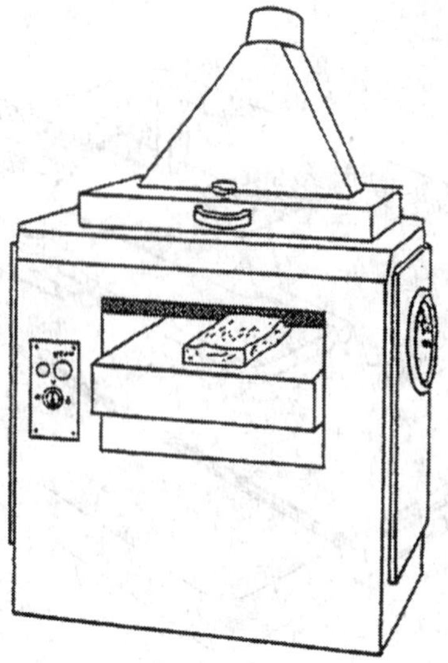

b)

图 5(续)

3.13

止逆器 anti-kickback device

见 GB/T 15379—1994 中 6.7.2.2。

3.14

起动时间 run-up time

从操作起动操纵器到主轴达到预定的速度所经过的时间。

3.15

惯性运动时间 run-down time

从操作停止操纵器到主轴停止运转所经过的时间。

3.16

木工联合机 combined machine for woodworking

见 GB/T 15379—1994 中 2.9。

3.17

多工序机床 multi-station machines

是指工件在一次装夹后进行多步加工，由机械进给机构将工件在一个工位加工后移动至另一个工位进行加工，例如四面刨床和铣床或双头开榫机，如图 2。

3.18

生产线 complex installation

是指单一功能的机床的结合，由输送设备连接起来形成一个加工单元。

3.19

保证书 confirmation

是制造者(或供应者)申报性能、材料、产品等符合相应标准的报告书、销售文献或其他文件。

4 危险一览表

本危险一览表见表 1，涉及了机床的所有危险：

——对于重要的危险通过规定安全要求和/或措施，或者通过指示相应的B类标准；

——对于不重要的危险，例如一般的、从属的或次要的危险，通过指示相应的A类标准，特别是GB/T 15706.1～GB/T 15706.2。

表1中所列危险均是根据GB/T 15706.1—2007第4章提出的。

表1 危险一览表

序号	危　　险	符合本标准的条文
1	**机械危险，如由机器或工件的下列要素引起的：** 形状； 相对位置； 质量和稳定性(各零件的位能)； 质量和速度(各零件的动能)； 机械强度不足； 由以下原因引起的位能积累： 弹性零件(弹簧)或压力下的液体或气体； 真空。	
1.1	挤压危险	5.2.9，5.3.9，5.3.10
1.2	剪切危险	5.3.2
1.3	切割或切断危险	5.3.2，5.3.7，5.3.12，5.3.9，5.3.4
1.4	缠绕危险	5.3.7，5.3.12
1.5	引入或卷入危险	5.3.7，5.3.9，5.3.12
1.6	冲击危险	5.3.5
1.7	刺伤或扎伤危险	5.3.3
1.8	摩擦或磨损危险	不适合
1.9	高压流体喷射危险	不适合
1.10	(机械或被加工的材料或工件)部件抛射危险	5.3.5，5.3.3
1.11	机械或机械零部件不稳定	5.3.1
1.12	与机械有关的滑倒、倾倒、跌倒危险	5.3.1，5.3.6
2	**电气危险，诸如下列因素引起的：**	
2.1	电接触(直接或间接)	5.4.5
2.2	静电现象	5.4.14
2.3	热辐射或其他现象；如熔化粒子的喷射、短路、过载等引起的化学效应	5.4.9
2.4	电气设备外部影响	5.4.4
3	**由下列各因素引起的热危险：**	
3.1	人们可接触的火焰或爆炸及热源辐射的烧伤和烫伤	5.4.1，5.4.10
3.2	由于热或冷的工作环境对健康的影响	不适合
4	**由噪声产生的危险导致：**	
4.1	听力损失，生理失常(如失去平衡、意识损失)	5.4.2
4.2	干扰语言通讯、听觉信号等	不适合
5	**由振动产生的危险**	5.4.11

表 1（续）

序号	危　　险	符合本标准的条文
6	**由辐射等产生的危险(例如离子辐射源)**	5.4.12
7	**由机械加工时,使用的或排出的材料和物质产生的危险,例如:**	
7.1	由于接触或吸入有害的液体、气体、烟雾和灰尘导致的危险	5.4.3
7.2	火或爆炸危险	5.4.1
7.3	生物和微生物(病毒或细菌)危险	不适用
8	**在设计中忽略人类工效学产生的危险(机械与人的特征和能否匹配),例如:**	
8.1	不利于健康的姿态或过分用力	5.2.3;5.4.5
8.2	不适当考虑人的手/手臂或脚/构造	5.2.3;5.4.5
8.3	忽略了使用个人防护装备	5.4.6
8.4	照明区不足	5.4.6
8.5	精神过分紧张或准备不足,受力等	不适合
8.6	人的差错	6.3
9	**各种危险的组合**	不适合
10	**由于能源故障、机械零件损坏或其他功能故障产生的危险;例如:**	
10.1	能源故障(能源或控制电路)	5.2.12
10.2	机械零件或流体意外抛射	5.3.3
10.3	控制系统的失效、失灵(意外起动、意外过流)	5.2.2
10.4	装配错误	5.4.15
10.5	机械翻倒、意外失去稳定性	5.3.1
11	**由于安全防护措施中止(短时的)或防护措施设置不正确产生的危险,例如:**	
11.1	各类防护装置	5.3.7, 5.3.8
11.2	各类安全有关的(防护)装置	5.3.7,5.3.8,5.4.3
11.3	起动装置和停机装置	5.2.4, 5.2.5
11.4	安全信号和信号装置	6.1, 6.2
11.5	各类信息和报警装置	6.1, 6.2, 6.3
11.6	能源切断装置	5.2.1
11.7	急停装置	5.2.6
11.8	工件的进给/取出装置	5.2.9,5.3.7,5.3.9
11.9	安全调整和/或维修的主要设备和附件	5.3.12
11.10	气体等的排送设备	5.4.3

5　安全要求和/或措施

5.1　安全技术原则

在机床的设计和结构上,应考虑最大限度地除去危险和限制风险,并符合 GB/T 15706.1—2007 中 5.1 的规定。

5.2　控制和指令装置

5.2.1　能源的切断

机床上应有能与动力源断开的技术措施和释放残余能量的措施。切断机床能量的装置应能清楚地识别。如果重新闭合能源与机床的连接会对有关人员造成危险,则该装置在断开位置上应是能锁住的。如果机床的能源是由一插头/插座提供,必须切断该插头/插座。其他要求还应符合 GB/T 15706.2—2007 中 5.5.4 的规定。电源的切断开关型式应符合 GB 5226.1—2008 中 5.3.2 的要求。

残余能量的释放,必须对操作者没有危险。

作为上述要求的例外:某一回路还需要与动力源保持联接,以夹持工件,保持信息,内部照明等,则必须采取专门措施保证操作者的安全。

5.2.2 控制装置的安全性和可靠性

控制装置必须能安全可靠地工作,不能存在危险,应按 GB/T 15706.2—2007 中 4.11 的要求,尤其必须保证:

——能承受预料的工作应力和外来影响;

——逻辑上的失效不应导致危险情况。

控制系统有关安全部件的类别应按 GB/T 16855.1 选用。

若具体机床安全标准中对控制系统安全部件的类别未作规定,则一般应遵守下列要求:

——至少应采用 1 类;

——在机床的调整、设定、安装、改变工序、故障查找、清理或保养等工作中,阻止危险的安全部件的最低类别是 2 类;

——在危险区手动上下料,阻止危险的安全部件的最低类别是 3 类。

5.2.3 操纵器的一般要求

5.2.3.1 操纵器应按 GB/T 15706.2—2007 中 4.8.7,4.8.8 和 4.11.8 的要求进行设计和制作。

5.2.3.2 手动操纵器应使用方便、不应夹手,操作时不应使手与其他零部件相碰。操作变位机构应设有可靠的定位器,以防止其自行移动。

5.2.3.3 圆周速度超过 50 m/min 或转速超过 20 r/min,旋转轴上的手柄或手轮,必须通过离合器与旋转轴脱开。

5.2.3.4 操纵器的一般人类工效学要求,还应符合 GB/T 14775 的要求。

5.2.3.5 操纵器的操作功能与调节动作的方向应按 GB/T 14775—1993 中 5.3.5 的规定。手轮手柄的操作运动方向还应按 5.2.3.5.1～5.2.3.5.2 规定:

5.2.3.5.1 手柄操作

手柄操作按卜列规定:

a) 运动件作直线运动:手柄两极限位置的连线大致平行于运动件的移动轨迹,手柄的操作方向应与运动件的运动方向一致;

b) 运动件作回转运动:手柄的回转平面应与运动件的回转平面平行、手柄的操作方向应与运动件的回转方向一致。

5.2.3.5.2 手轮操作

手轮操作按下列规定:

a) 运动件作直线运动:顺时针转动手轮(操作者面对手轮轴端)时,运动件的运动方向应为向右、离开(离开操作者)或向上;

b) 运动件作回转运动:顺时针转动手轮(操作者面对手轮轴端)时,运动件应作顺时针方向回转;

c) 运动件作径向运动:顺时针转动手轮(操作者面对手轮轴)时,运动件应向中心方向。

5.2.3.6 除台式机床或站在专用踏板上操作的机床外,操纵手柄、手轮离地面的高度(按手柄、手轮中间位置计算)推荐于表 2 中。

表 2

使用情况	操纵手柄、手轮离地高度/ m
>25 次/每班	0.5～1.6
>(5～25)次/每班	0.3～1.8
≤5 次/每班	≤2

5.2.3.7 操纵手柄位置高于 2 m 的机床，应设置操作台、脚踏板等。

5.2.3.8 操纵手轮、手柄操纵力建议不应超过表 3 的规定，液压系统的操纵力应符合 GB/T 3766 的规定。

表 3

使用情况	操纵力/ N
>25 次/每班	40
>(5～25)次/每班	60
≤5 次/每班	120
注 1：对于夹紧、锁紧、顶紧及增加阻尼等特殊要求的手轮、手柄的操纵力按设计规定。 注 2：机床变形的手轮、手柄操纵力按基型要求。	

5.2.3.9 操纵用脚踏板表面应粗糙或带网纹，推荐其宽度应不小于 80 mm，移动行程为(45～70)mm。起动机床的脚踏板的操纵力应不超过 40 N，并必须采取能防止偶然踏到产生动作的防护措施。

5.2.3.10 经常观察的读数机构，安装高度推荐为(0.5～1.7)m；不经常观察的读数机构，安装高度推荐为(0.3～2.5)m(台式机床除外)。

5.2.3.11 电气控制板的按钮距地面或操作台的高度推荐为：下排按钮不低于 0.6 m；上排按钮不高于 1.6 m。下排按钮低于 0.9 m 的控制板，按钮数不超过 7 个的控制板，允许垂直安置；按钮数超过 7 个的控制板，建议应相对于水平面大于 120° 倾斜安置。

5.2.3.12 操纵机构应装上表示功能、用途的标牌。标牌上的操作指示形象化符合应按 GB/T 10961 的要求，并应保证在距离 500 mm 范围内能读出。

5.2.3.13 不允许同时动作的运动部件，其操纵机构应联锁。在特殊情况下不能联锁时，则应在靠近操纵机构的部位固定有说明标牌，并在机床使用说明书中加以说明。

5.2.3.14 对低速或移动部件停止时才允许转换的操纵机构应有联锁装置，如不能安装联锁装置，则应在靠近操纵机构的部位固定有警告标牌。

5.2.3.15 自动化机床和程序控制机床，必须装有辅助的手动操纵件。

检验方法：检查相应图样(包括电路图)，在机床上作相应的功能试验。

5.2.4 起动

5.2.4.1 起动机床应能通过主动操作相应的起动操纵器来实现。脚踏起动操纵器必须符合 5.2.3.9 的规定。这适合于：无论何种原因(包括运行状态发生本质变化，例如速度、压力等)，应停止后再起动；除非此再起动，对操作人员完全不会导致危险。

这些必要的要求不适用于由一个自动循环程序引起的机床的再起动。

5.2.4.2 机床的起动应符合 GB/T 5226.1—2008 中 9.2.5.2 的规定。

5.2.4.3 机床主运动起动的接通应不迟于进给运动。在具体机床的标准中应规定机床各部分起动的顺序，并应采取相应措施以保证按起动顺序进行。

5.2.4.4　有多个起动操纵器的机床上，若相互操作可能产生危险，必须设有附加装置，使得有一处起动操纵器起作用时，其他处的起动操纵器就不能起作用，以排除危险。

5.2.4.5　自动设备在自动运行中，当断开并安全操作实现后，应能容易地再起动。

检验方法：检查相应图样和/或电路图，在机床上进行相应的功能试验。

5.2.5　正常停止

5.2.5.1　机床应装有使机床所有传动正常停止的操纵装置。

5.2.5.2　机床的正常停止应根据具体情况按 GB/T 5226.1—2008 中 9.2.2 和 9.2.5.3 选取并符合其要求。

5.2.5.3　机床停止装置的操作应在机床运行周期中不会引起危险的阶段进行。具体机床正常停止的顺序应根据具体情况确定，并应采取保证这种顺序的措施。机床进给运动的断开应不迟于主运动的断开。

5.2.5.4　机床或它的危险零件被停止后，应切断其传动的能量。

5.2.5.5　在机床的每个操作位置上应安装一个使机床相应的危险运动件停止的操纵装置。具体机床标准另有规定时按具体机床标准的规定。

5.2.6　紧急停止

5.2.6.1　应按 GB/T 15706.2—2007 中 5.5.2 和 GB 16754 的要求设置紧急停止装置。

5.2.6.2　急停装置还应按 GB/T 5226.1—2008 中 9.2.5.4 的要求。

5.2.6.3　具体机床应按具体情况确定操作急停装置的切断顺序。

5.2.7　工作模式选择

工作模式的选择应按 GB/T 15706.2—2007 中 4.11.9、4.11.10 要求。

当工作模式从一种转变到另一种时，机床不应引起起动。

5.2.8　转速改变

如果机床能使用不同的刀具且存在超过刀具许用最高转速的风险，则应优先改变刀轴的转速。

如果机床的转速不止一种时，则变速装置的结构应能安全可靠地选用转速。例如：当改换皮带时应停止运动部件的运动。

——带运转中可改变转速装置的机床，且刀具在高转速运转中可能超过许用转速，则该机床应以最低转速起动。特殊情况见 5.2.3.14。

——带改变刀具转速或运转方向装置的机床上，应能防止在危险状态下的偶然接通。例如通过一开关锁。

——经选择的转速必须在运行前后能清楚地显示，并能在操作位置上能读出。

——通过变频器无级变速的机床，应能显示特殊危险，例如速度失控等。

——其他要求，在具体机床的安全标准中给出。

5.2.9　机械进给

当工件通过机械进给至刀具，则进给运动的起动和停止与主运动的起动和停止的顺序应按5.2.4.3 和 5.2.5.3 的规定。

5.2.10　双倍指令

如果一台机床上有多套操纵装置，例如一套在隔声罩内，另一套在隔声罩外，则应保证其中一套操纵装置起作用时，另一套（除急停装置外）不起作用。在主操纵台上，应有若干个用于各操纵器完全切断的装置，完全切断应优先于其他控制措施。

5.2.11　生产线

应在每台机床或中心控制台上装有独立的控制装置，但在每台机床的操作位置至少应有一个急停装置。中心控制台也应有一个急停装置。

停止控制装置（包括急停装置）的设计应使其不仅能停止机床本身，也能停止如果继续操作出现危险的机床上、下游的所有设备。

5.2.12 动力源故障或控制电路故障

应对机床的电源中断、电源中断后重新起动或者是电压的波动等导致的危险进行适当防护。

电源中断或电压降落随后复原的重新起动应按 GB 5226.1—2008 中 7.5 的第 1 段和第 3 段进行防护。

控制逻辑电路的错误，或者电路故障或损坏也都不应导致危险。

5.3 机械危险的防护

5.3.1 稳定性

按 GB/T 15706.2—2007 中 5.2.6 的规定。

检验方法：检查相应图样，在机床上作检验。

5.3.2 运转中的断裂危险

按 GB/T 15706.2—2007 中 4.3。

检验方法：检查相应图样和设计计算文件，在机床上作检验。

5.3.3 刀夹和刀具的结构

所有刀具、刀轴及它们的联接部分应用与其使用情况相适应的材料制造，即必须能承受最高转速的许用应力、切削应力和制动过程的应力。

旋转的刀具，除钻头外应作出最高许用工作转速的标记。

旋转刀具应按产品安全标准的要求进行平衡，平衡品质按 GB/T 9239.1 选定和评定。

刀具、刀夹和刀体应可靠地固定在机床上，当起动、运转和制动时不会松脱。

在手动进给的机床上应限制刀片伸出刀体的伸出量。在安装、调整刀具时，可能引起转动而造成伤害的刀具主轴；制造者必须规定安全措施对此进行防护。

刀具应符合 GB 18955 的规定。GB 18955 适用范围以外的刀具应符合 JB 6113 的要求。

检验方法：检查相应图样，在机床上作相应功能试验等检验。

5.3.4 制动系统

5.3.4.1 一般要求

若刀具主轴的惯性运转过程中存在与刀具的接触危险，则机床上应装有一个自动制动器，使刀具主轴在足够短的时间内停止运动。足够短的时间是指：

a) 小于 10 s；
b) 小于起动时间，但不得超过具体机床标准中规定的时间(对于起动时间大于 10 s 的刀具主轴)。

若具体机床的标准无规定试验的条件和方法，则按 5.3.4.2 和 5.3.4.3 的规定进行。

5.3.4.2 试验条件

主轴部件应按制造者的使用说明书安装(例如皮带的张紧)。

选择速度和刀具时，应选择产生按制造者使用说明书上主轴设计允许的最大动能的条件。

检验前，机床主轴应空运转不少于 15 min，使主轴部件升温。

验证主轴的实际转速偏差不超过额定转速的 10%。

当试验有手动星三角起动器的机床时，应阅读制造者关于起动的说明。

速度测量仪器的精度至少为全读数的±1%。

时间测量仪器的精度至少为±0.1 s。

5.3.4.3 试验

5.3.4.3.1 不制动的惯性运转时间

应按下列要求测量不制动的惯性运转时间：

a) 切断主轴驱动电机的动力，测量不制动的惯性运转时间；

b) 重新起动主轴驱动电机，使其达到预定的转速；

c) 重复步骤 a)和 b)2 次。

上述 3 次测量的平均值为主轴不制动的惯性运转时间。

5.3.4.3.2 **起动时间**

a) 切断主轴驱动电机的动力，使主轴完全停止；

b) 重新起动主轴驱动电机，测量起动时间；

c) 重复步骤 a)和 b)2 次。

上述 3 次测量的平均值为起动时间。

5.3.4.3.3 **制动时间**

应按下列要求测量制动时间：

a) 切断主轴驱动电机的动力，制动时间从操作切断操纵器开始，至主轴停止时结束；

b) 主轴在$\left(\frac{P}{7.5}\right)^2$ min(式中，P=电机额定输入功率，kW)后重新起动，到重新起动用去的时间应不少于 1 min；

c) 重新起动主轴驱动电机，空运转$\left(\frac{P}{7.5}\right)^2$ min，空运转时间应不少于 1 min；

d) 再重复步骤 a)至 c)9 次。

上述 10 次测量的平均值为主轴制动时间。

5.3.5 **将抛射的可能性和影响降低到最小的装置**

在存在抛射风险的机床上，必须设有相应的安全防护装置，例如：

——在单轴铣床上采用横向进给挡块进行开槽加工；

——在圆锯机上采用分料刀；

——在多锯片圆锯机和压刨床上采用止逆器，见图 5；

——分料刀或工件导向装置，及一个止逆装置或夹紧装置，见图 6。

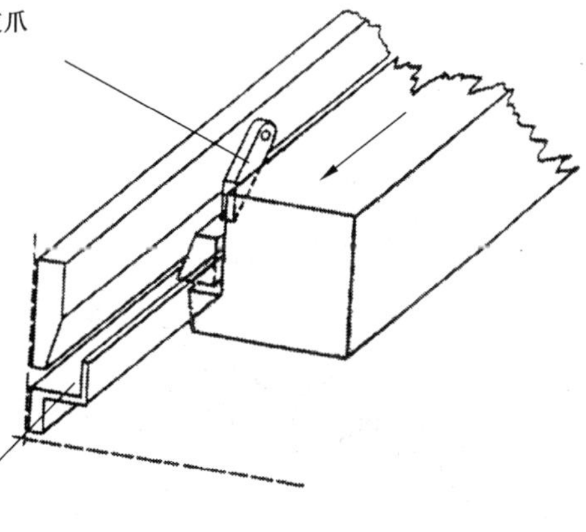

图 6

这些装置应是：

——保证能防护机床的整个工作范围(高度、宽度)；

——能承受材料的冲击力；

——当包含有活动的零件，例如爪，则必须能在工作范围内自由活动以及易于保养。

注：这些装置需特别注意保养，制造者在使用说明书中考虑这些问题。

5.3.6 **工件的支承和导向**

对于手推工件进给的机床，工件的加工必须通过工作台，导向板等来支撑和定位。必须考虑机床的加工能力和预定使用(见图 7)。

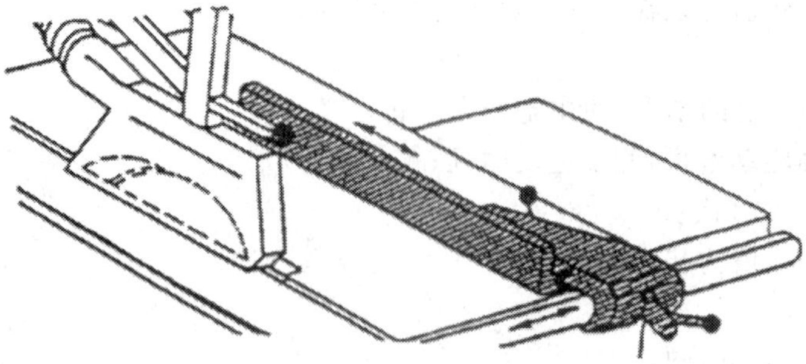

a)

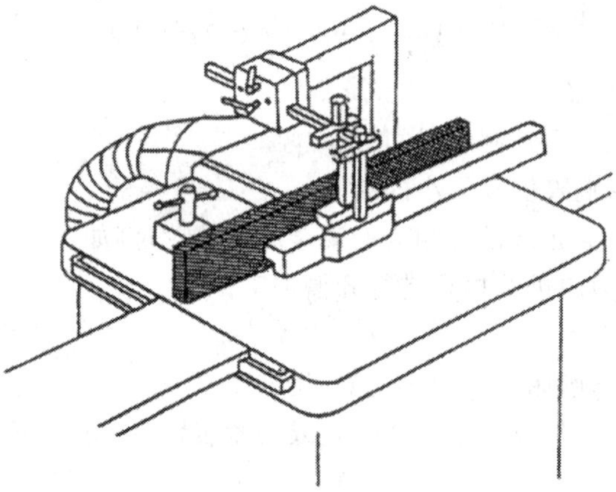

b)

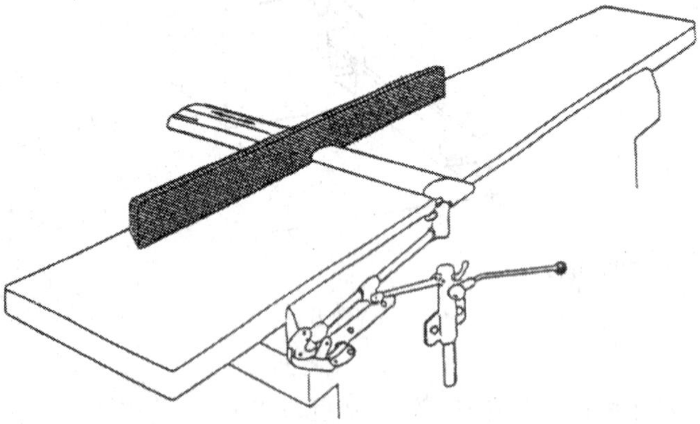

c)

图 7

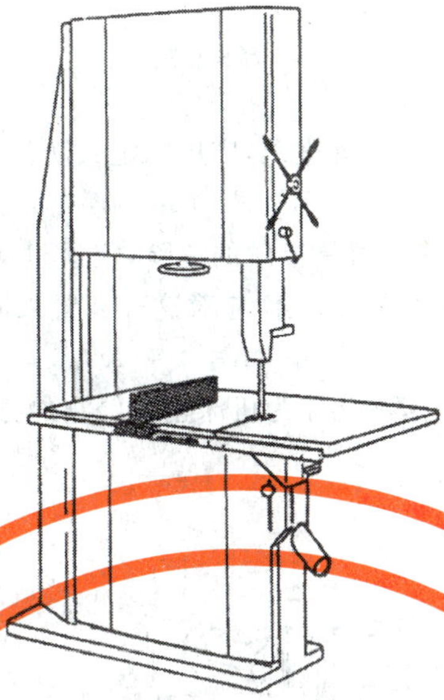

d)

图 7（续）

注：预定使用见 GB/T 15706.1—2007 中 3.22。

工作台必须能保证工件的安全进给，具体机床安全标准应规定保证安全进给的尺寸和其他有关技术要求(可提供如图 8 所示可保证其稳定性的延伸工作台或提供其他合适的方法)。

图 8

导向板(导向装置)应能保证工件进给中的正确位置，并应符合具体机床安全标准规定的尺寸要求和其他有关技术要求。

为了避免工件导向的中断，工作台和导向板的工作面应光滑，且缺陷和凹坑尽量少，表面的平面度应按具体机床精度标准的规定。

检验方法：检查相应图样及在机床上作检验。

5.3.7 进入机床运动零部件的防护

当没有具体机床的安全标准时，下列的规则可作为具体机床设置此类安全防护装置的辅助及指南。

各种类型的安全防护装置的定义和要求见 GB/T 15706.1 和 GB/T 15706.2。

5.3.7.1 手动进给机床上防止与刀具接触的防护装置

在刀具的切削范围内应加以防护。适合的防护装置应采用：

a) 可调式防护装置；

b) 自调式防护装置；

c) 触发装置；

d) 刀具的无切削区，若不要求操作者进入，应用固定式防护装置来保证安全；

e) 可拆卸的进给装置：

手推工件进给的机床若存在与刀具接触的危险，应通过使用一附加的进给装置来降低或排除危险(见图 9)；在使用这种装置的场合，应对这种装置采取紧固的措施。

风险分析认为：

a) 活动式联锁防护装置的打开，不能作为机床正常停止的方法；

b) 吸尘口不能靠近刀具。

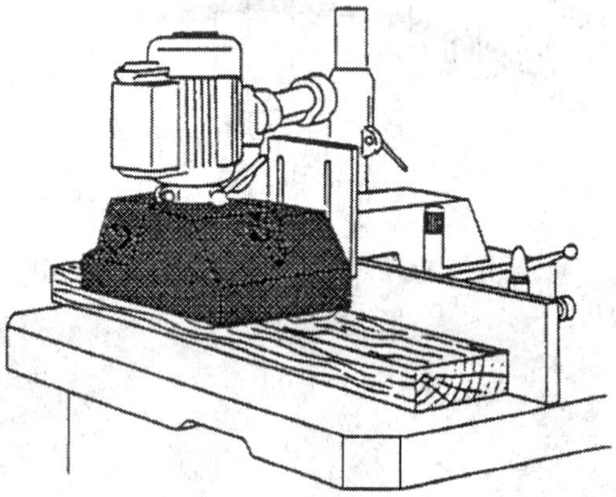

图 9

5.3.7.2 机械进给的机床上的安全措施

刀具和进给辊、输送链、移动工作台等进给机构必须被安全防护。

安全防护装置可以是下列的一种或几种组合：

——固定式防护装置；

——活动式防护装置；

——可调式防护装置或自调式防护装置；

——其他安全装置(电子图象系统、触发装置、压敏系统等)；

——全封闭的防护(见图 10)，或栅栏式防护装置(见图 11)。

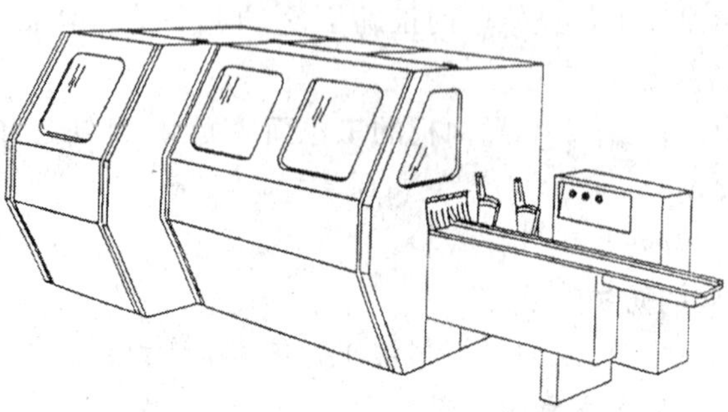

图 10

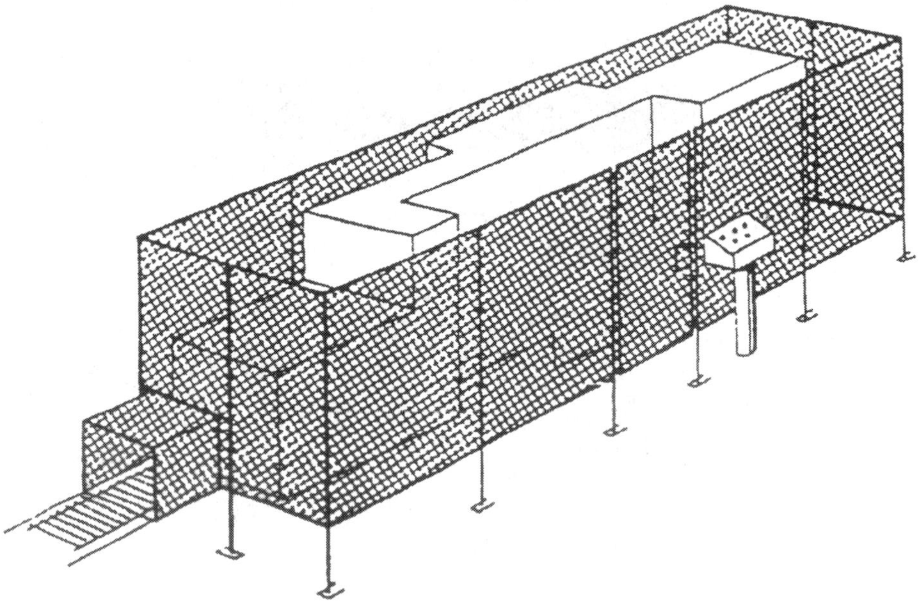

图 11

在使用全封闭的或栅栏式的防护装置时，如操作者必须进入封闭罩或栅栏中去，必须规定附加的安全措施，例如带联锁装置的封闭罩或上述的适合的防护装置。

工作模式的选择应符合 5.2.7 的要求。

5.3.7.3 传动装置的防护(刀具主轴、进给等)

传动装置(如带和带轮、链和链轮、变速齿轮等)若不是装在机体内(由机床外壳来防护)，则应采用固定式防护装置来防护；若操作者需进入这范围，则应用活动式防护装置来防护。

经常开启的遮盖运动部件的门，打开时若存在一定危险，应将门内涂成黄色，门外按 GB 2894—2008 图 2-1 作一警告标志。打开遮盖运动部件的门或活动式防护装置若存在较大危险，则防护装置应与机床工作循环联锁并带防护锁定。上述的防护措施的采用应由风险分析来确定。

注：在风险分析时，注意：一个活动或联锁防护装置的打开不能作为机床停止合适的方法。

5.3.8 安全防护装置的要求

应符合 GB/T 15706.2 和 GB/T 8196 的要求。

5.3.8.1 固定式防护装置

应按 GB/T 15706.2—2007 中 5.3.2.2 要求。

5.3.8.2 活动式防护装置(联锁的防护装置)

应按 GB/T 15706.2—2007 中 5.3.2.3 要求(见图 12)。

在惯性运转时间超过 30 s 的机床上，不能用带防护锁的联锁防护装置来代替制动装置。

注：制动系统见 5.3.4。

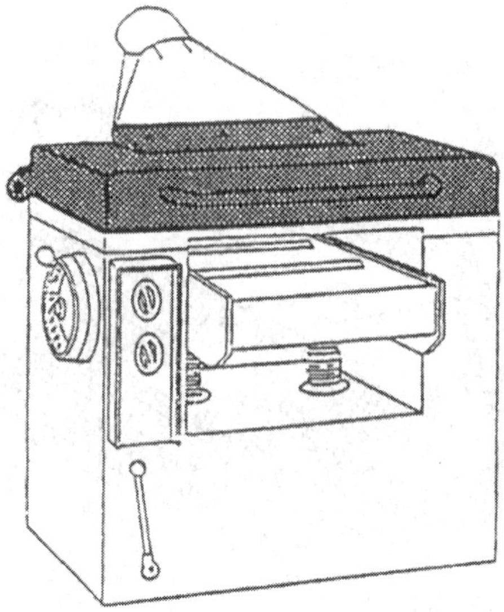

a)

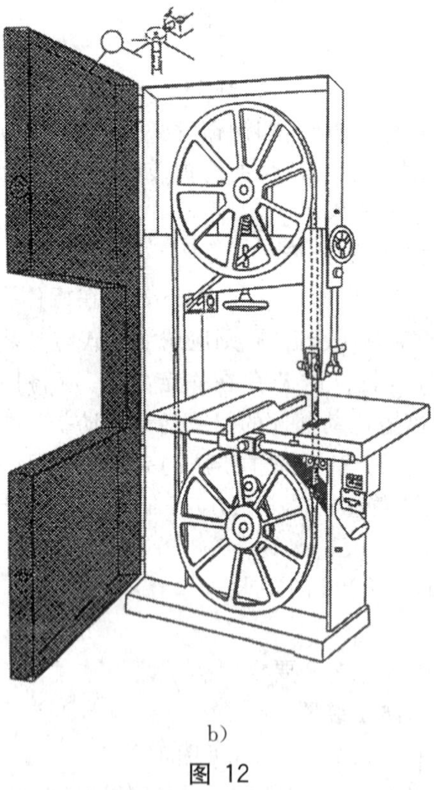

b)

图 12

5.3.8.3 可调式防护装置

应符合 GB/T 15706.2—2007 中 5.3.2.4 的要求(见图 13)。

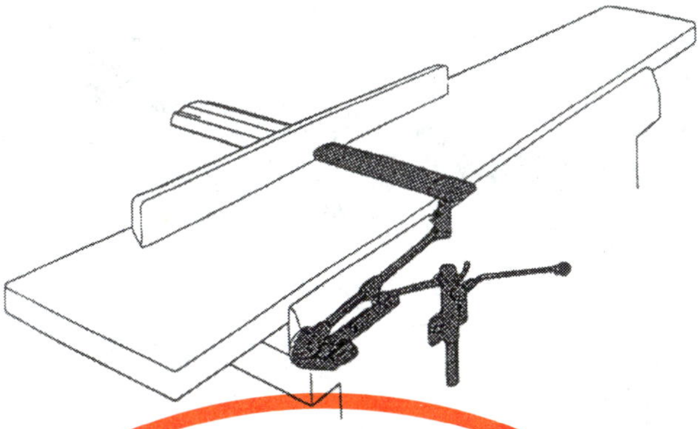

a)

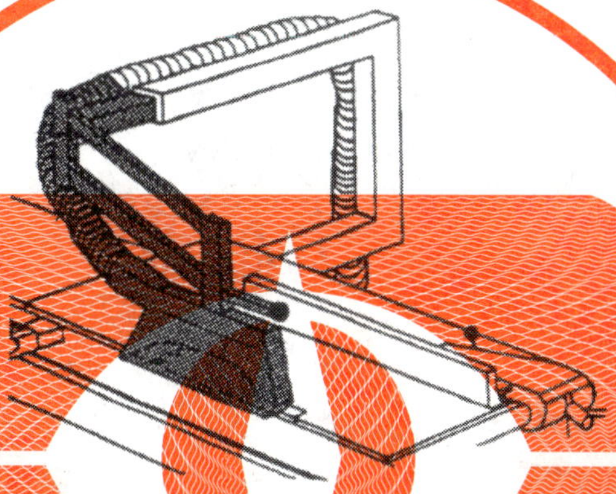

b)

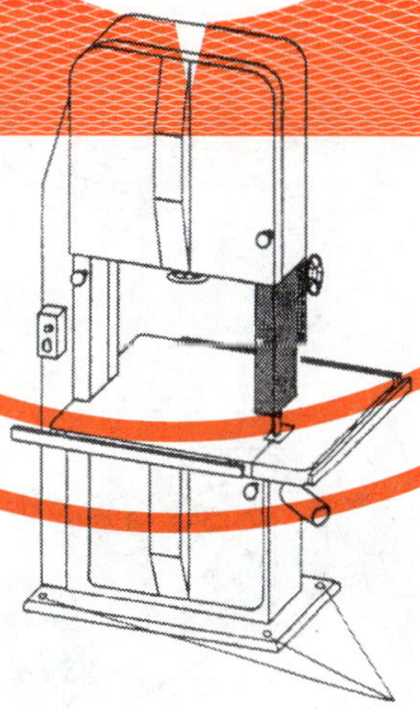

c)

图 13

5.3.8.4 自调式防护装置

该防护装置必须保证工件加工之前和加工之后均能自动封闭危险区，其在工件进给时被打开，并由工件或工件的夹具等来控制。在加工中危险区可由防护装置和工件或单纯由工件来封闭，在工件输出时，该防护装置应自动关闭(见图 14)。

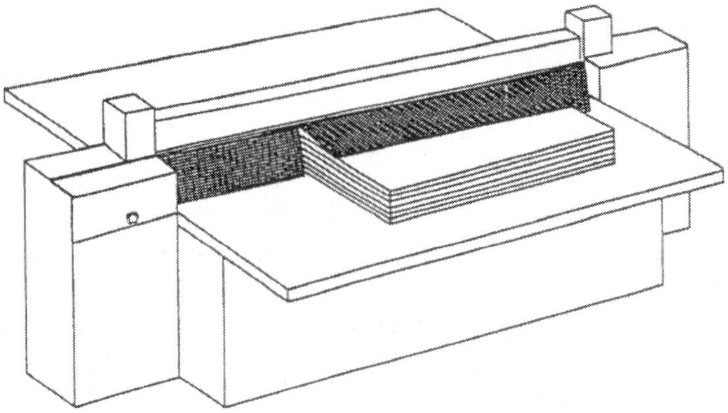

a)

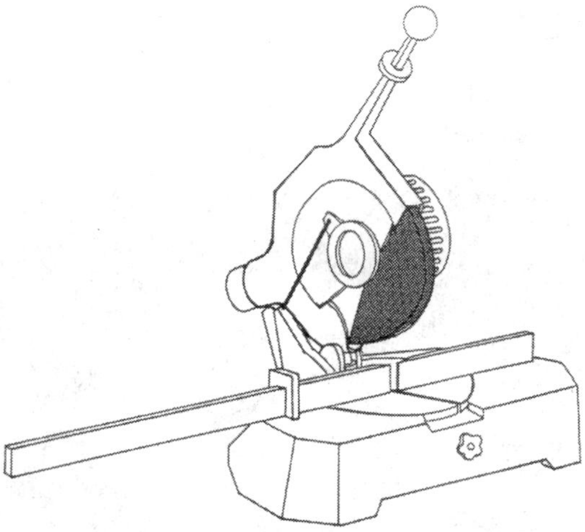

b)

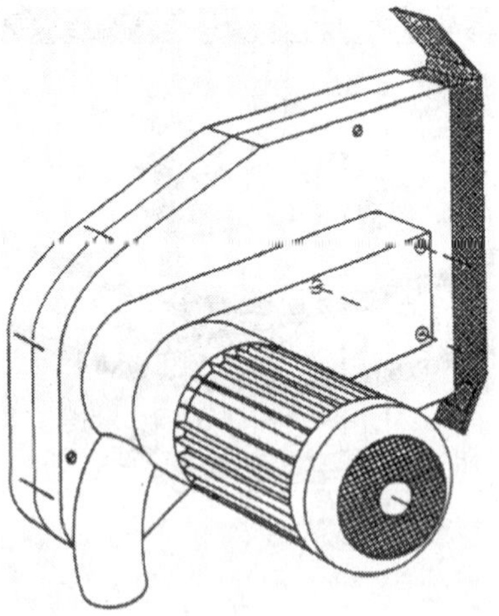

c)

图 14

5.3.9 自动化和机械化

在一些合适的场合(尤其是进给系统),或有助于安全的场合,应采用自动化和机械化。如机械手、料仓等供料和取料装置、输送装置和类似的装置(见图 15)。注意这些装置的使用,应保证在加工中,机床各零部件及工件之间不能增加卷入危险。若运动部件可能产生危险则应提供合适的防护装置。

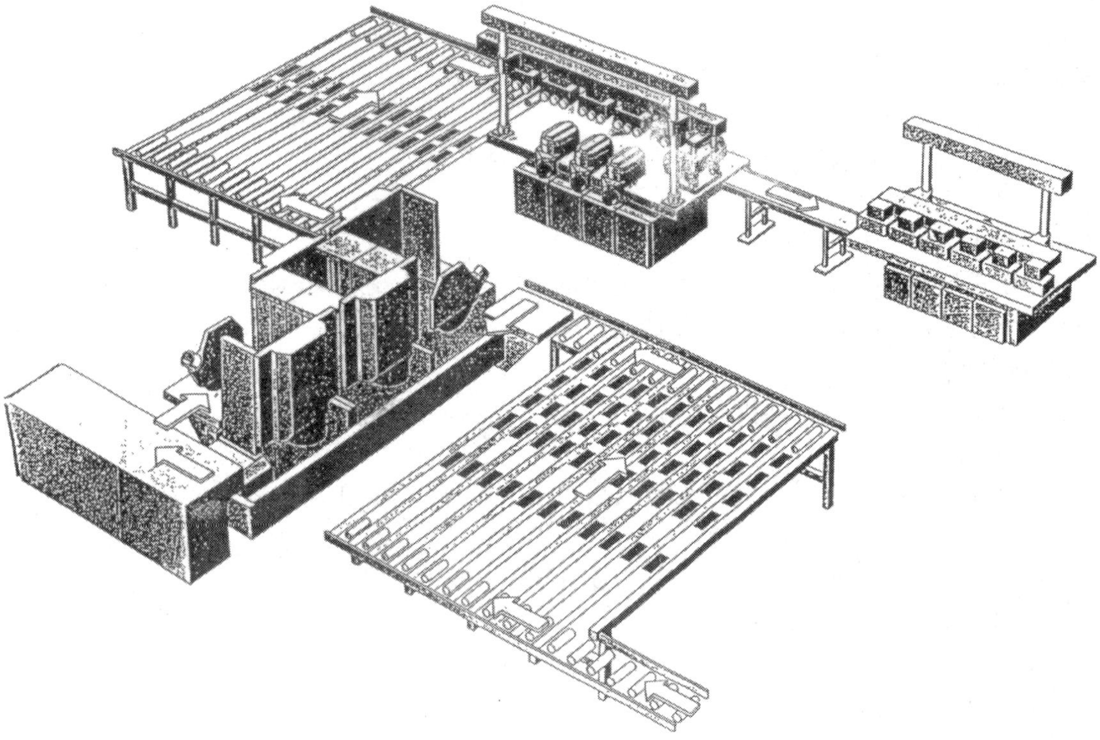

图 15

由传送带、传送机构等输送装置带来的附加危险也应加以防护。可通过固定式防护装置和按照5.3.7.2采用联锁的防护装置等措施。其他安全防护装置也可选择性使用。

如果操作者必须进入危险区，则用于操纵件的位置和用于防护装置的控制装置的结构必须是这样的：

——在进入危险区之前使所有导致危险的运动停止；

——当危险区外的一个控制装置启动时(例如带锁的转换开关)，才可能重新起动机床(见图11)。

检验方法：检查相应图样，在机床上作测量和功能试验等检验。

5.3.10 夹紧装置

如果需要，应对工件的夹紧采取防护措施，例如机动夹紧(包括真空夹紧)。

机动的夹紧装置应保证在能量供应出现故障时，还能保持夹紧状态。

在机械进给的机床上，控制系统必须保证能量保持在夹紧装置中。夹紧工件后，机床加工部分才能开始工作。

在气动或液压夹紧系统上，如果存在抛射危险，必须提供足够的压力，活塞不能使用至最大行程，以保证工件的夹紧。

减少冲击，降低挤压危险，例如通过：

——带压力降低的二次夹紧装置；

——夹紧件与工件之间的距离不大于6 mm；

——夹紧速度不大于10 mm/s；

——对夹紧零件进行防护及采用适当的控制系统(见GB/T 15706.2—2007中4.11.5)。

检验方法：检查相应图样，在机床上作测量和功能试验等检验。

5.3.11 多工序机床

刀具、机械进给和可编程的自动运行都必须有防护装置。

机械进给的安全要求见5.3.7.2。

5.3.12 安全工作装置

当机床的设计者和制造者采取所有可能的防护措施,以排除危险或降低危险,那么,对于操作者最后的安全性则取决于所采取的安全工作方法和措施,及安全工作装置的使用。

安全工作装置实例:

如在手动进给木工圆锯机上采用的推棒或推块[见图 4b)、图 4c)];

在木工平刨床上使用的推块[见图 4d)];

在单轴木工铣床上使用的进给夹具等[见图 4a)]。

具体的机床标准中应提供这些安全装置的规定和信息。

安全工作方法在具体机床安全标准中给出。

5.4 非机械危险的防护

符合具体机床的危险,在具体机床的标准中明确地规定。

5.4.1 火和爆炸

由于出现加工材料和粉尘的堆集,而导致燃烧和爆炸的危险。阻碍和降低这种危险的预防措施应是:

——阻止和减少粉尘和木屑堆集在机床上或机罩内,见 5.4.3;

——使用符合 5.4.4 规定的电气装置;

——采用适当的容器装易燃流体;

——减小与热表面的接触。

5.4.2 噪声

5.4.2.1 一般要求

机床的结构应使用降低噪声的方法,尤其在声源上,考虑技术进步和可用性的情况下,将噪声的危险降低到最小的限值。降低噪声的方法参见附录 A。

具体机床的降噪方法在具体机床标准中规定。

5.4.2.2 噪声声压级的限值与测量

5.4.2.2.1 机床噪声声压级的限值

在空运转条件下,机床的噪声最大声压级不得超过表 4 和各类木工机床安全标准的规定。

表 4

机床类型	最大声压级限值/dB(A)
二、三、四面木工刨床和铣床	≤90
木工宽带砂光机	
木工刨砂机	
锯片直径大于等于 400 mm 的木工开榫机	
制材用木工带锯机	
多锯片木工圆锯机	
多轴多面木工铣床	
木工多排钻床(6 排以上,含 6 排)	
锯片直径大于等于 630 mm 的单锯片木工圆锯机	
最大加工宽度大于等于 630 mm 的单面木工压刨床	
最大加工宽度大于等于 630 mm 的木工平刨床	
布袋式吸尘器	

表 4（续）

机床类型	最大声压级限值/dB(A)
最大加工宽度等于(400～630)mm(不含 630 mm)的单面木工压刨床	≤85
最大加工宽度(400～630)mm(不含 630 mm)的木工平刨床	
锯片直径小于 630 mm 的单锯片木工圆锯机	
锯片直径小于 400 mm 的木工开榫机	
刨床最大加工宽度大于等于 315 mm 的木工多用机床	
转速大于等于 12 500 r/min 的木工镂铣机	
木工多排钻床(6 排以下)	
木工辅机(不含布袋式吸尘器)	≤78
其余木工机床	≤83

具体机床的安全标准中，应根据本标准规定，进一步规定其噪声限值。超过表 4 规定的噪声限值的机床，若与国际同类型产品相符，则在该机床的标准中，允许超过表 4 规定的噪声限值。并应附有下列资料：

a） 按 JB/T9953 对有代表性的机床进行噪声测量的结果；

b） 国外生产有代表性的同类机床的噪声数值。

5.4.2.2.2 **工作(运转)条件和噪声测量方法**

测量机床噪声时，机床应按制造者提供的产品使用说明书规定的方法进行安装，并应保证从机床各侧能接近机床。若制造者没有提供这样的安装方法，则应将这情况和安装方法写入试验报告。

测量机床噪声时的工作(运转)条件还应符合具体产品安全标准中的相应规定和有关工作(运转)条件标准的规定。测量机床噪声声压级时，机床的安装和工作(运转)条件与测量机床噪声声功率级时的安装和工作(运转)条件相同。

机床空运转噪声声压级的测量方法按 JB/T 9953 的规定，但环境修正系数 K_{2A} 或局部环境修正系数 K_{3A} 应小于等于 4 dB。

机床噪声声功率级的测定应按 GB/T 3768 的规定，并作下列修正：

——环境修正值 K_{2A} 应小于等于 4 dB；

——背景噪声声压级与各测量点上测出的机床声压级之差应大于等于 6 dB，这个差值的修正公式可用于差值小于等于 10 dB 的情况(见 GB/T 3768—1996 中 8.2)；

——在离基准表面 1 m 处只能用平行六面体测量表面；

——从机床到辅助装置的距离小于 2 m 的，辅助装置包含在基准表面中；

——删除 GB/T 3768—1996 的 7.5.3 中观察周期 30 s 的规定；

——检验方法的精度应高于 3 dB；

——传声器的位置按具体机床标准和有关工作(运转)条件标准的规定。

另法：当有可能和必要时，机床声功率级的测量也可按(见 GB/T 3767)。GB/T 6881.1～GB/T 6881.3 进行测定。

用声强法确定机床噪声声功率级的方法按 GB/T 16404(由用户和制造者的协议决定)。

5.4.3 **木屑、粉尘和有害气体的排放**

5.4.3.1 **一般要求**

机床的结构应能避免机床上的木屑、粉尘和有害气体等生产性废料所产生的危险。如果存在这样的危险，则机床上应设置能将上述列举的材料采集或吸收的装置。

如果在正常工作中，机床不能封闭，则上述列举的吸收和采集装置应设在与排放源尽量接近之处。

粉尘(和其他危险物质)产生的危险，可通过采用适当的措施来降低和控制。

机床的粉尘浓度不应超过 GB/T 14384—2010 中表 4 的规定。

检验方法：检查相应图样，在机床上作检验。

5.4.3.2 **控制措施**

应采取措施有效地从机床上收取粉尘和木屑。或是装入一个吸尘系统和收集系统；或是通过充分考虑和适当安排排放口，使机床能与用户的吸尘系统连接。

吸尘罩、导风板、输送管和机床吸尘系统中的其他零件应处于安全的位置，使粉尘和木屑能输送到吸收连接管中去(见图 16)。吸尘口的设计原则参见附录 B。

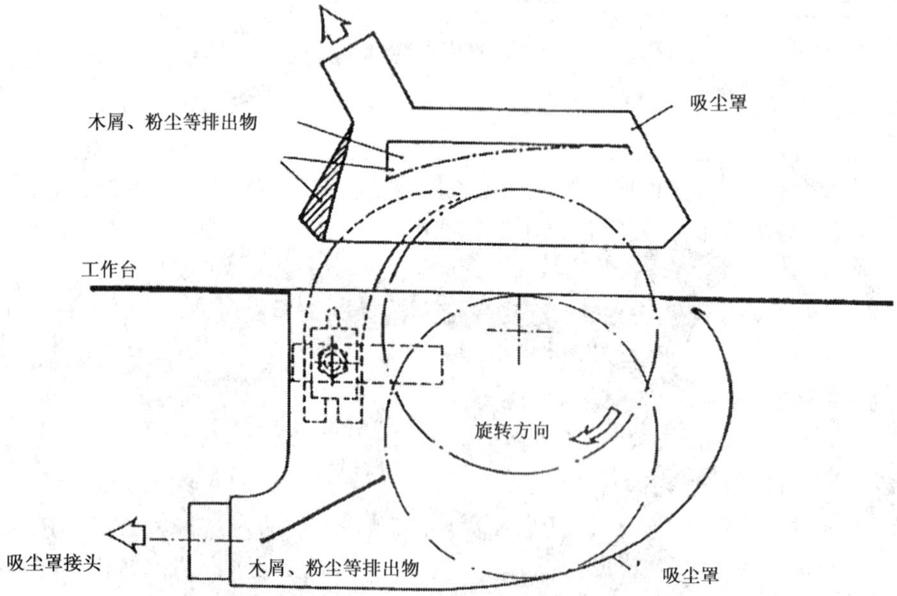

图 16

5.4.3.3 **吸尘空气速度**

为了保证木屑和粉尘从其形成位置被输送到采集系统，建议吸尘罩、输送管、导风板的结构基于抽出气体在导管中的速度为 20 m/s(对于含水率小于等于 18%的木屑)和 28 m/s(对于含水率大于 18%的木屑)来设计和安装。

5.4.4 **电气设备**

所有电气设备应符合 GB 5226.1 的要求。

尤其：电击防护要求应按 GB 5226.1—2008 第 6 章，短路保护和过载保护应按 GB 5226.1—2008 中第 7 章的规定。保护接地应按 GB 5226.1—2008 中第 8 章的规定。除非具体机床的标准中另有规定，控制装置的外壳和电动机的防护等级应符合 GB 4208—2008 中 IP54。

检验方法：检查相应图样(包括电路图)和制造者的保证书，在机床上按 GB 5226.1 作相应检验。

5.4.5 **人类工效学和操作要求**

5.4.5.1 **人类工效学要求**

5.4.5.1.1 操纵器的人类工效学应符合 5.2.3 的要求。

应提供机床操作部件(例如刀具、可拆式的榫槽部件或 15 kg 以上的导向板)的安全措施。操纵器的人类工效学要求应符合 5.2 的有关规定。

5.4.5.1.2 机床工作台面离地高度应按具体机床标准和表 5 的规定(台式机床除外)。

表 5

机床名称	工作台面离地高度/mm
木工平刨床[a]	≤800
单锯片手动进给木工圆锯机[b]	≤850
单轴木工铣床	
木工多用机床	
细木工带锯机	≤900

[a] 在后工作台面上测量。

[b] 工作台高度可调时，按最小高度计算。

5.4.5.1.3 提升或移动加工区活动式防护装置和可调防护装置是活动部分的操纵力不应超过60 N。用手推动的移动工作台的操纵力不应超过25 N。

5.4.5.2 **机床及零部件的安全搬运**

5.4.5.2.1 质量大于12 kg抓举不方便的机床零件和单独装配的部件应设置有手柄、吊钩、吊孔、凸耳、吊环、螺钉用孔等起吊设施，其布局应考虑零部件的重心位置。

5.4.5.2.2 在整体或分部运输的机床上应设置吊钩、吊孔和挂绳的凸台等，以确保安全装载、移位和安置。

5.4.5.3 **安全进入机器的措施**

安全进入机床的措施按GB/T 15706.2—2007中5.5.6的规定。安全进入机床的固定设施应符合GB 17888.1～GB 17888.4的要求。

5.4.6 **照明**

按GB/T 15706.2—2007中4.8.6的规定。

5.4.7 **气动装置**

按GB/T 7932和EN 983:1996的规定。

5.4.8 **液压装置**

按GB/T 3766和EN 982:1996的规定。

5.4.9 **热危险**

必须采取措施消除由于接触或接近高温的机床零件或材料所引起的任何伤害的危险。

5.4.10 **危险材料**

危险材料的防护应见5.4.3。

5.4.11 **振动**

建议机床上应尽量采取减振措施，以降低机床的振动。

5.4.12 **辐射**

对辐射的防护应符合有关标准的规定。

5.4.13 **激光**

激光产品应按GB 7247.1—2001的要求。

5.4.14 **静电**

应能防止或限制有静电危险的电荷。

5.4.15 **装配错误**

按第6章提供相关信息。

5.4.16 **维修**

机床的调整、维护和润滑点应在危险区外。

应按 GB/T 15706.2—1995 中 5.2.4 的要求。

难以实现手工润滑或危险区内工作期间需要润滑的部件，应能实现自动润滑。

检验方法：检查相应图样、手册；在机床上作功能试验等检验。

6 使用信息

6.1 警告装置

应按 GB/T 15706.2—2007 中 6.3 的要求。

6.2 标志

应按 GB/T 15706.2—2007 中 6.4 的要求。

机床的操作指示形象化符号应按 GB/T 10961 的规定。

机床上使用的安全色和安全标志应符合 GB 2893.1 和 GB 2894 的规定。

检验方法：检查相应图样；在机床上的检查。

6.3 使用说明书

应按 GB/T 15706.2—2007 中 6.5 的要求提出使用说明，至少应包括下列信息：

——与机床标记相同的说明(见 6.2)和必要时重要的保养指南(例如产品供应公司的通讯处、维修车间的通讯处等)。

——操作者的工作位置。

——必要时应提供降低噪声和振动的装配规程(例如阻尼器的使用、地基块的类型和数量等)；

应经过机床的使用、调整和操作方面充分培训的警告，这包括任何工件夹紧装置的调整，防护装置和刀具的选择以及防护耳朵和眼睛的个人人体防护设施的使用。

——有关遗留风险的警告。

——下列数值应在使用说明书中指出：

a) 若操作者工作位置上等效连续声压级超过 70 dB(A)，则应说明机床的声压级数值；

b) 若操作者工作位置上等效连续声压级超过 85 dB(A)，则应说明机床的声功率级数值。

——当机床的尺寸很大时(长度或宽度大于 7 m，或高度大于 3 m)，可用若干确定位置(例如在控制台或固定的操作位测量)距离机床表面 1 m 处测量等效连续声压级代替声功率级。

——测量方法和机床的工作(运转)条件按 5.4.2.2.2 的规定。这些结果应与下列文字一起在使用说明书中写出：

"这里给出的数值只是排放值而不是安全工作数值。尽管在排放值和暴露值之间存在修正关系，但这不能可靠地作为确定是否需要进一步防护措施。影响实际工作力暴露的实际数值的因素包括工作间的特性、其他噪声源等，例如机床的数量，其他的邻近加工。然而这些信息能使机床使用者较好地评价危险和风险。"

——安全装置和设备维护的相关要求。

——具体机床的特殊安全工作方法应在具体机床的安全标准中给出。

——在安全方面，机床的销售信息不能与使用信息相矛盾。

附 录 A
（资料性附录）
降噪措施的实例

A.1 减少振动

a) 使用平衡的刀具；
b) 充分支承工件，尤其是工件接近切削点的位置。其他相关部位也应支承，如加工大型工件时。

A.2 振动的传递

振动阻断器能有效降低振动，并减少机床面板上的噪声排放。在设计上周密地考虑如安装元件的尺寸、联合安装的方法、材料的密度等。

A.3 降低主轴转速

应最大程度地降低主轴转速，直至进一步降低转速或因其他安全或操作因素。

A.4 部分包围

应考虑使用机床外罩、防护罩、吸尘装置等作为机床的隔声部分。

A.5 吸音材料

在噪声源内表面的周围，例如在部分包围处，使用吸音材料，能降低噪声排放。

A.6 隔声罩

机床的隔声罩能降低如机械进给机床的噪声排放。
隔声罩应：
——由隔音材料制作，其内表面（里衬）由吸音材料制成。
——所有必要的开口，其尺寸均减至最小。
——对所有开口进行静音处理，如添加通道。

A.7 隔音材料

机床面板易发生振动，应采用片状隔音材料。
——降低机床上面板的噪声排放，在结构上减少振动传递至面板。
——减小镶板中高频噪声排放（应充分考虑镶板受其他噪声辐射的路径）

A.8 气流

围绕刀具进行的气动设计，如采用开槽或钻孔的工作台唇部，能减小噪声。

A.9 刀具

选用静音刀具进行加工能降噪。例如圆形刀具能减少刀具抛射、用螺旋状刀具取代直线型刀具、非整体式组合铣刀，减振如片状/层压刀片等，能降低噪音。

A.10 优化吸尘罩

当刀具旋转产生的气流方向与吸尘气流的方向不一致时，就会产生噪声。

可以在设计上降低噪声，应考虑：

——刀具的通风效果；

——引入第二股空气。在必要时，第二股空气入口应采用静音；

——吸尘罩采用气动设计。

附　录　B
（资料性附录）
吸尘口设计原则

B.1　利用刀具通风：

B.1.1　吸尘管的接合面应与粉尘（木屑）流向一致。

B.1.2　引导尘屑朝着与刀具旋转方向相切的角度流动。

B.1.3　避免直角连接。

B.1.4　吸尘口应尽可能靠近刀具。

B.1.5　必要时安装隔板。

B.2　开口间隙降到最小。

B.3　避免空气在吸尘管道内部受阻，例如：

B.3.1　确保平稳转换，如从圆形区转换成四边形区。

B.3.2　使用弯曲的圆形管道等。

B.3.3　确保管道内表面紧密连接，如采用法兰连接。

ICS 77.120.99
H 14

中华人民共和国国家标准

GB/T 12687.1—2010
代替 GB/T 12687.3—1990、GB/T 12687.4—1990、GB/T 12687.6—1990

硝酸稀土植物生长调节剂化学分析方法 第1部分:砷、汞、铅、镉、铬量的测定 电感耦合等离子体质谱法

Chemical analysis methods of rare earth nitrate for growth regulator for plant— Part 1: Determination of arsenic, mercury, lead, cadmium and chromium contents— Inductively coupled plasma mass spectrometry method

2011-01-14 发布　　2011-11-01 实施

中华人民共和国国家质量监督检验检疫总局
中国国家标准化管理委员会　发布

前　言

GB/T 12687《硝酸稀土植物生长调节剂化学分析方法》共分3个部分：

——第1部分：砷、汞、铅、镉、铬量的测定　电感耦合等离子体质谱法；

——第2部分：氯量的测定；

——第3部分：水不溶物量的测定　重量法。

本部分为第1部分。

本部分是对GB/T 12678.3—1990、GB/T 12678.4—1990、GB/T 12678.6—1990的修订。

本部分与GB/T 12678.3—1990、GB/T 12678.4—1990、GB/T 12678.6—1990相比，主要变化如下：

——采用电感耦合等离子体质谱法代替发生氢化物火焰原子吸收光谱法测定砷量；

——采用电感耦合等离子体质谱法代替火焰原子吸收光谱法测定汞量；

——采用电感耦合等离子体质谱法代替二苯氨基脲分光光度法测定铬量，测定范围由0.000 3%～0.010%调整为0.000 1%～0.010%；

——采用电感耦合等离子体质谱法代替火焰原子吸收光谱法测定铅、镉含量，铅的测定范围由0.001 0%～0.010%调整为0.000 1%～0.010%，镉的测定范围由0.000 1%～0.001 0%调整为0.000 1%～0.010%；

——增加了精密度(重复性)条款；

——增加了质量保证和控制条款。

本部分由全国稀土标准化技术委员会(SAC/TC 229)归口。

本部分由北京有色金属研究总院、中国有色金属工业标准计量质量研究所负责起草。

本部分由北京有色金属研究总院起草。

本部分由包头稀土研究院、包钢稀土高科股份有限公司参加起草。

本部分主要起草人：王长华、李继东、杨萍。

本部分参加起草人：张翼明、张立峰、魏晓鸥、常瑞敏、郑昆。

本部分所代替标准的历次版本发布情况为：

——GB/T 12678.3—1990，GB/T 12678.4—1990，GB/T 12678.6—1990。

硝酸稀土植物生长调节剂化学分析方法
第1部分：砷、汞、铅、镉、铬量的测定
电感耦合等离子体质谱法

1 范围

GB/T 12687 的本部分规定了硝酸稀土植物生长调节剂中砷、汞、铅、镉、铬量的测定方法。

本部分适用于硝酸稀土植物生长调节剂中砷、汞、铅、镉、铬量的测定，测定范围见表1。

表 1

元 素	质量分数/%
砷	0.000 02～0.002 0
汞	0.000 02～0.001 0
铅、镉、铬	0.000 1～0.010

2 方法原理

试料以稀硝酸溶解，在稀硝酸介质中，以氩等离子体为离子化源，直接测定汞、铅、镉和铬；以草酸沉淀钕基体后进行砷的质谱测定，溶液中氯和残留钕产生的干扰分别采用校正方程和干扰系数法校正。以内标法校正基体的影响。

3 试剂与材料

3.1 过氧化氢（ρ 1.44 g/mL），优级纯。

3.2 硝酸（1+1），优级纯。

3.3 硝酸（1+19），优级纯。

3.4 氨水（ρ 0.90 g/mL），优级纯。

3.5 氢氧化钠溶液（100 g/L），优级纯。

3.6 草酸溶液（80 g/L），优级纯。

3.7 砷标准贮存溶液：准确称取 1.320 0 g 烘干至恒重并冷却至室温的三氧化二砷（优级纯），置于 250 mL 烧杯中，加入 20 mL 氢氧化钠溶液（3.5）溶解，以酚酞作指示剂，用硝酸（3.2）中和至溶液呈无色，再过量 2 滴。将溶液移入 1 000 mL 容量瓶中，用水稀释至刻度，混匀。此溶液 1 mL 含 1 000 μg 砷。

3.8 汞标准贮存溶液：准确称取 1.000 0 g 金属汞［w(Hg)≥99.99%］于 250 mL 烧杯中，加入 40 mL 硝酸（3.2），低温加热溶解，冷却，移入 1 000 mL 容量瓶中，用水稀释至刻度，混匀。此溶液 1 mL 含 1 000 μg 汞。

3.9 铅标准贮存溶液：准确称取 1.000 0 g 金属铅［w(Pb)≥99.99%］于 250 mL 烧杯中，加入 40 mL 硝酸（3.2），加热溶解，冷却，移入 1 000 mL 容量瓶中，用水稀释至刻度，混匀。此溶液 1 mL 含 1 000 μg 铅。

3.10 镉标准贮存溶液：准确称取 1.000 0 g 金属镉［w(Cd)≥99.99%］于 250 mL 烧杯中，加入 40 mL 硝酸（3.2），加热溶解，冷却，移入 1 000 mL 容量瓶中，用水稀释至刻度，混匀。此溶液 1 mL 含 1 000 μg 镉。

3.11 铬标准贮存溶液：准确称取 3.735 0 g 预先于 105 ℃～110 ℃烘干恒重并在干燥器中冷至室温的铬酸钾（优级纯），置于 250 mL 烧杯中，加少量水溶解。移入 1 000 mL 容量瓶中，用水稀释至刻度，混

匀。此溶液 1 mL 含 1 000 μg 铬。

3.12 氧化钕标准贮存溶液:准确称取 1.000 0 g 经 900 ℃灼烧 1 h 的氧化钕[$w(REO)>99.5\%$,$w(Nd_2O_3/REO)\geqslant 99.99\%$],置于 250 mL 烧杯中,加 20 mL 硝酸(3.2),低温加热至溶解完全,取下冷却,移入 1 000 mL 容量瓶中,用水稀释至刻度,混匀。此溶液 1 mL 含 1 000 μg 氧化钕。再将此溶液用硝酸(3.3)逐步稀释成 1 mL 含 1 μg 氧化钕的标准溶液。

3.13 铑内标溶液:准确称取 3.856 0 g 氯铑酸铵[$w((NH_4)_3RhCl_6)\geqslant 99.99\%$]于 250 mL 烧杯中,加入 40 mL 硝酸(3.2),加热溶解,冷却,移入 1 000 mL 容量瓶中,用水稀释至刻度,混匀。此溶液 1 mL 含 1 000 μg 铑。再将此溶液用硝酸(3.3)逐步稀释成 1 mL 含 0.5 μg 铑的内标溶液。

3.14 混合标准溶液:分别移取 1.00 mL 铬标准贮存溶液(3.11)于 1 000 mL 容量瓶中,加入 20 mL 硝酸(3.2),加入几滴过氧化氢(3.1),摇晃使黄色褪去,继续加入 1.00 mL 标准贮存溶液(3.7～3.10),用水稀释至刻度,混匀。此溶液 1 mL 分别含砷、汞、铅、镉、铬各 1 μg。

3.15 甲酚红指示剂乙醇溶液(1 g/L)。

3.16 氩气[$w(Ar)\geqslant 99.99\%$]。

4 仪器

电感耦合等离子体质谱仪:质量分辨率优于(0.8±0.1)amu。

5 试样

试样开封后立即称量。

6 分析步骤

6.1 试料

6.1.1 汞、铅、镉、铬的测定,按表 2 称取试样,精确至 0.000 1 g。

6.1.2 砷的测定,按表 3 称取试样,精确至 0.000 1 g。

表 2

待测元素质量分数/%	试料量/g
0.000 02～0.002 0	0.50
>0.002 0～0.010	0.25

表 3

待测元素质量分数/%	试料量/g
0.000 02～0.000 5	0.50
>0.000 5～0.002 0	0.25

6.2 测定次数

称取两份试料进行平行测定,取其平均值。

6.3 空白试验

随同试料做空白试验。

6.4 分析试液的制备

6.4.1 汞、铅、镉、铬分析试液的制备

6.4.1.1 将试料(6.1)置于 100 mL 烧杯中,加 5 mL 水、2 mL 硝酸(3.2),低温加热至溶解完全。冷却,转入 50 mL 容量瓶中,用水稀释至刻度,混匀。

6.4.1.2 分取 5.00 mL 试液(6.4.1.1)于 50 mL 容量瓶中,加入 1.00 mL 内标溶液(3.13),加 1 mL

硝酸(3.2),用水稀释至刻度,混匀,待测。

6.4.2 砷分析试液的制备

6.4.2.1 将试料(6.1)置于100 mL烧杯中,加15 mL水、2 mL硝酸(3.2),低温加热至溶解完全。趁热加入6 mL草酸溶液(3.6),加入1滴甲酚红指示剂(3.15),滴加氨水(3.4)至溶液刚变为橙黄色(pH1.5～2.0),冷却,将溶液和沉淀一起移入50 mL容量瓶中,用水稀释至刻度,混匀,静置1 h。

6.4.2.2 用慢速定量滤纸干过滤试液(6.4.2.1),分取20.00 mL滤液于25 mL比色管中,加入0.5 mL硝酸(3.2)和0.50 mL内标溶液(3.13),用水稀释至刻度,混匀,待测。

6.5 标准系列溶液的配制

6.5.1 分别移取0 mL、0.20 mL、1.00 mL、2.00 mL、5.00 mL、10.00 mL混合标准溶液(3.14)于一系列100 mL容量瓶中,加入2.00 mL内标溶液(3.13),加入2 mL硝酸(3.2),用水稀释至刻度,混匀。此标准系列溶液砷、汞、铅、镉和铬的质量浓度分别为0 ng/mL、2.0 ng/mL、10.0 ng/mL、50.0 ng/mL和100.0 ng/mL。

6.5.2 分别移取0 mL、0.20 mL、1.00 mL、2.00 mL、5.00 mL、10.00 mL氧化钕标准溶液(3.12)于一系列100 mL容量瓶中,加入2.00 mL内标溶液(3.13),加入2 mL硝酸(3.2),用水稀释至刻度,混匀。此标准系列溶液氧化钕的质量浓度分别为0 ng/mL、2.0 ng/mL、10.0 ng/mL、50.0 ng/mL和100.0 ng/mL。

6.6 测定

6.6.1 测定元素同位素质量数及校正方程见表4。

表4

元素	同位素质量数	校正方程
Cr	52,53	
As	75	
Cd	111	
Hg	202	$I_{75As}=I_{75As}-3.132\times I_{Se77}+2.736\times I_{Se82}$
Pb	208	
Nd	146	
Rh	103	

6.6.2 将空白试液(6.3)、分析试液(6.4)与标准系列溶液(6.5)同时进行氩等离子体质谱测定。

7 分析结果的计算与表述

将标准系列溶液(6.5)的质量浓度直接输入计算机,用内标法进行校正,由计算机计算并输出空白试液(6.3)、分析试液(6.4)中待测元素的质量浓度。

按式(1)计算试料中待测元素的质量分数(%)。当计算汞、铅、镉、铬的质量分数时ρ_2值为零。按式(2)计算ρ_2。

$$w_x=\frac{(\rho_1-\rho_0-\rho_2)\cdot V_2\cdot V_0\times 10^{-9}}{m\cdot V_1}\times 100 \quad\cdots\cdots(1)$$

$$\rho_2=k\cdot\rho_3 \quad\cdots\cdots(2)$$

式中:

ρ_1——计算机输出的分析试液中待测元素的质量浓度,单位为纳克每毫升(ng/mL);

ρ_0——计算机输出的空白试液中待测元素的质量浓度,单位为纳克每毫升(ng/mL);

ρ_2——分析试液中残留氧化钕对 As 产生的干扰质量浓度，单位为纳克每毫升(ng/mL)，按式(2)计算；

V_2——试液的测定体积，单位为毫升(mL)；

V_0——试液总体积，单位为毫升(mL)；

V_1——分取试液的体积，单位为毫升(mL)；

m——试料的质量，单位为克(g)；

k——干扰校正系数，即单位质量浓度氧化钕对砷产生的干扰质量浓度；

ρ_3——分析试液中残留氧化钕质量浓度，单位为纳克每毫升(ng/mL)。

8 精密度

8.1 重复性

在重复性条件下获得的两次独立测试结果的测定值，在以下给出的平均值范围内，这两个测试结果的绝对差值不超过重复性限(r)，超过重复性限(r)的情况不超过5%，重复性限(r)按表5数据采用线性内插法求得。

表 5

元素	质量分数/%	重复性限(r)/%
砷	0.000 11	0.000 03
	0.000 65	0.000 10
	0.001 1	0.000 2
	0.002 0	0.000 3
汞	0.000 09	0.000 04
	0.000 47	0.000 10
	0.001 0	0.000 2
铅	0.000 05	0.000 02
	0.000 26	0.000 06
	0.002 1	0.000 3
	0.009 6	0.000 6
镉	0.000 20	0.000 05
	0.001 9	0.000 3
	0.009 4	0.000 5
铬	0.000 06	0.000 02
	0.000 25	0.000 06
	0.002 0	0.000 3
	0.009 4	0.000 6

注：重复性限(r)为 $2.83\times S_r$，S_r 为重复性标准差。

8.2 允许差

实验室之间分析结果的差值应不大于表6所列允许差。

表 6

元素	质量分数/%	允许差/%
砷	0.000 02～0.000 1	0.000 02
	>0.000 1～0.000 3	0.000 1
	>0.000 3～0.001 0	0.000 3
	>0.001 0～0.002 0	0.000 5
汞	0.000 02～0.000 1	0.000 02
	>0.000 1～0.000 3	0.000 1
	>0.000 3～0.001 0	0.000 3
铅	0.000 1～0.000 3	0.000 1
	>0.000 3～0.001 0	0.000 3
	>0.001 0～0.003 0	0.000 6
	>0.003 0～0.008 0	0.000 8
	>0.008 0～0.010	0.001 0
镉	0.000 1～0.000 3	0.000 1
	>0.000 3～0.001 0	0.000 3
	>0.001 0～0.003 0	0.000 6
	>0.003 0～0.008 0	0.000 8
	>0.008 0～0.010	0.001 0
铬	0.000 1～0.000 3	0.000 1
	>0.000 3～0.001 0	0.000 3
	>0.001 0～0.003 0	0.000 6
	>0.003 0～0.008 0	0.000 8
	>0.008 0～0.010	0.001 0

9 质量保证和控制

每周用自制的控制标样(如有国家级或行业级标样时,应首先使用)校核一次本标准分析方法的有效性。当过程失控时,应找出原因,纠正错误,重新进行校核。

ICS 77.120.99
H 14

中华人民共和国国家标准

GB/T 12687.2—2010
代替 GB/T 12687.2—1990

硝酸稀土植物生长调节剂化学分析方法 第2部分：氯量的测定

Chemical analysis methods of rare earth nitrate for growth regulator for plant—Part 2: Determination of chlorine content

2011-01-14 发布　　　　2011-11-01 实施

中华人民共和国国家质量监督检验检疫总局
中国国家标准化管理委员会　发布

前　言

GB/T 12687《硝酸稀土植物生长调节剂化学分析方法》共分3个部分：
——第1部分：砷、汞、铅、镉、铬量的测定　电感耦合等离子体质谱法；
——第2部分：氯量的测定；
——第3部分：水不溶物量的测定　重量法。

本部分为第2部分。

本部分代替GB/T 12687.2—1990《农用硝酸稀土化学分析方法　汞量法测定氯含量》。

本部分与GB/T 12678.2—1990相比，主要有如下变化：
——采用硝酸银比浊法和电位滴定法代替汞量法；
——测定范围由0.10%～5.00%调整为0.005 0%～10.00%；
——增加了精密度条款；
——增加了质量保证和控制条款。

本部分由全国稀土标准化技术委员会(SAC/TC 229)归口。

本部分由北京有色金属研究总院、中国有色金属工业标准计量质量研究所负责起草。

本部分方法1由北京有色金属研究总院起草。

本部分方法1由赣州虔东稀土集团股份有限公司、宜兴新威利成稀土有限公司参加起草。

本部分方法1主要起草人：杨萍、陈云红。

本部分方法1参加起草人：姚南红、陈婕、忻明龙、顾国军。

本部分方法2由北京有色金属研究总院起草。

本部分方法2由赣州虔东稀土集团股份有限公司、包头稀土研究院参加起草。

本部分方法2主要起草人：童坚、李艳芬。

本部分方法2参加起草人：姚南红、陈婕、张慧珍、王东杰。

本部分所替代标准的历次版本发布情况为：
——GB/T 12687.2—1990。

硝酸稀土植物生长调节剂化学分析方法
第2部分:氯量的测定

1 范围

GB/T 12687 的本部分规定了硝酸稀土植物生长调节剂中氯量的测定方法。

本部分适用于硝酸稀土植物生长调节剂中氯量的测定。方法1测定范围:0.005 0%~0.50%;方法2测定范围:>0.50%~10.00%。

方法1 硝酸银比浊法

2 方法原理

试料以稀硝酸溶解,在稀硝酸介质中,氯离子与银离子形成氯化银胶体,在稳定剂丙三醇的存在下,于分光光度计波长 430 nm 处测定。在工作曲线上查得相应的氯量。

3 试剂和材料

3.1 硝酸(1+1)。

3.2 硝酸(1+3)。

3.3 硝酸银(5 g/L)。

3.4 丙三醇(1+1)。

3.5 二次去离子交换水:使用前需进行氯离子(Cl^-)检验。量取 20 mL 水于比色管中,加入 2 mL 硝酸银(3.3),轻轻摇动,在 60 ℃水浴中保温 10 min,目视不混浊方可使用。

3.6 氯标准贮存溶液:称取 1.648 5 g 经 400 ℃~450 ℃灼烧过并在干燥器中冷却至室温的氯化钠(优级纯)于 500 mL 烧杯中,加 200 mL 水溶解。移入 1 000 mL 容量瓶中用水稀释至刻度,混匀。此溶液 1 mL 含 1 mg 氯。

3.7 氯标准溶液:移取 10.00 mL 氯标准贮存溶液(3.6)于 500 mL 容量瓶中,用水稀释至刻度,摇匀。此溶液 1 mL 含 20.00 μg 氯。

4 仪器

分光光度计。

5 试样

试样开封后立即称量。

6 分析步骤

6.1 试料

按表1称取试样(5),精确至 0.000 1 g。

表 1

氯质量分数/%	试料量/g	溶液总体积/mL	分取体积/mL	补加硝酸(3.1)体积/mL
0.005 0~0.010	2.00	50	10.00	—
>0.010~0.050	1.00	50	5.00	1
>0.050~0.20	0.50	100	5.00	2

6.2 测定次数

称取两份试料(6.1)进行平行测定,取其平均值。

6.3 空白试验

随同试样做空白试验。

6.4 测定

6.4.1 将试料(6.1)置于150 mL锥形瓶中,加入20 mL硝酸(3.2)低温加热溶解至清亮。按表1移入相应的容量瓶中,以水稀释至刻度,混匀。

6.4.2 分取两份试液(6.4.1)于25 mL比色管中,按表1补加硝酸(3.1),加入2 mL丙三醇(3.4),其中一份用水稀至刻度,此溶液为补偿溶液;另一份加入2 mL硝酸银(3.3),每加一种试剂需轻轻混匀。用水稀释至刻度,混匀。将比色管放入60 ℃～80 ℃的水浴中保温15 min。冷却至室温。

6.4.3 将部分试液(6.4.2)移入3 cm比色皿中,用补偿溶液(6.4.2)作参比,于分光光度计波长430 nm处,测量其吸光度。在工作曲线上查出溶液(6.4.2)的氯量。

6.5 工作曲线的绘制

6.5.1 移取0 mL、0.50 mL、1.00 mL、2.00 mL、3.00 mL、4.00 mL标准溶液(3.7)于6个25 mL比色管中,分别加入2 mL硝酸(3.1),以下按6.4.2进行。

6.5.2 移取部分试液(6.5.1)于3 cm比色皿中,以试剂空白溶液为参比,于分光光度计波长430 nm处测量其吸光度,以氯浓度为横坐标,吸光度为纵坐标,绘制工作曲线。

7 分析结果的计算与表述

按式(1)计算氯量的质量分数(%):

$$w(\mathrm{Cl}^-)=\frac{(m_1-m_0)V_0\times10^{-6}}{mV_1}\times100 \quad \cdots\cdots(1)$$

式中:

m_1——在曲线上查得的试液(6.4.2)的氯量,单位为微克(μg);

m_0——在曲线上查得的空白试液的氯量,单位为微克(μg);

V_0——试液总体积,单位为毫升(mL);

m——试料的质量,单位为克(g);

V_1——移取试液的体积,单位为毫升(mL)。

8 精密度

8.1 重复性

在重复性条件下获得的两次独立测试结果的测定值,在以下给出的平均值范围内,这两个测试结果的绝对差值不超过重复性限(r),超过重复性限(r)的情况不超过5%。重复性限(r)按表2数据采用线性内插法求得。

表2

氯质量分数/%	重复性限(r)/%
0.030	0.004
0.34	0.03
0.43	0.05
注:重复性限(r)为$2.8\times S_r$,S_r为重复性标准差。	

8.2 允许差

实验室之间分析结果的差值应不大于表3所列允许差。

表 3

氯含量范围(质量分数)/%	允许差/%
0.005 0～0.015	0.002 5
>0.015～0.030	0.004
>0.030～0.060	0.009
>0.060～0.12	0.015
>0.12～0.30	0.03
>0.30～0.50	0.05

9 质量保证和控制

每周用自制的控制标样(如有国家级或行业级标样时,应首先使用)校核一次本标准分析方法的有效性。当过程失控时,应找出原因,纠正错误,重新进行校核。

方法 2 电位滴定法

10 测定范围

氯量的测定范围为>0.50%～10.00%。

11 方法原理

试料以水溶解,加入一定量的银溶液,在稀硝酸介质中,用氯离子选择性电极作响应电极,饱和甘汞电极为参比电极,氯化钠返滴定水溶液中的过量银离子。

12 试剂和材料

12.1 纯银[$w(Ag)\geqslant 99.99\%$]。

12.2 硝酸(1+1)。

12.3 氯化钠标准滴定溶液:称取 2.922 g 经 400 ℃～450 ℃灼烧过并在干燥器中冷却至室温的氯化钠(优级纯)于 500 mL 烧杯中,加 200 mL 水溶解。移入 1 000 mL 容量瓶中用水稀释至刻度,混匀。此溶液浓度为 0.050 0 mol/L。

13 仪器

13.1 自动电位滴定仪。

13.2 氯离子选择性电极。

13.3 饱和甘汞电极。

14 试样

试样开封后立即称量。

15 分析步骤

15.1 试料

按表 4 称取试样(14),精确至 0.000 1 g。

表 4

氯质量分数/%	试料量/g	纯银加入量/g
>0.50～2.50	1.00	0.10
>2.50～10.00	0.50	0.20

15.2 测定次数

称取两份试料(15.1)进行平行测定,取其平均值。

15.3 空白试验

随同试料做空白试验。

15.4 测定

15.4.1 将试料(15.1)置于150 mL烧杯中,用20 mL水溶解。

15.4.2 按表4称取纯银(12.1)于100 mL烧杯中,加入5 mL硝酸(12.2),低温溶解完全,加入20 mL水。

15.4.3 将试液(15.4.2)移入烧杯(15.4.1)中,用水洗净烧杯并以水稀释至100 mL,加入搅拌子,将烧杯置于磁力搅拌器上,插入氯离子选择性电极(13.2)和饱和甘汞电极(13.3),搅拌下用氯化钠标准滴定溶液(12.3)滴定至终点,记下消耗氯化钠标准滴定溶液(12.3)的体积。

16 分析结果的计算

按式(2)计算氯的质量分数(%):

$$w(\mathrm{Cl^-})=\left(\frac{m_1}{107.868}-\frac{cV}{1\,000}\right)\times\frac{35.453}{m_0}\times100 \qquad \cdots\cdots(2)$$

式中:

m_1——加入纯银的质量,单位为克(g);

107.868——银的摩尔质量,单位为克每摩尔(g/mol);

c——氯化钠标准滴定溶液的浓度,单位为摩尔每升(mol/L);

V——消耗氯化钠标准滴定溶液的体积,单位为毫升(mL);

35.453——氯的摩尔质量,单位为克每摩尔(g/mol);

m_0——试料的质量,单位为克(g)。

17 精密度

17.1 重复性

在重复性条件下获得的两次独立测试结果的测定值,在以下给出的平均值范围内,这两个测试结果的绝对差值不超过重复性限(r),超过重复性限(r)的情况不超过5%,重复性限(r)按表5数据采用线性内插法求得。

表 5

氯质量分数/%	重复性限(r)/%
0.50	0.02
2.50	0.05
10.00	0.13
注:重复性限(r)为2.83×S_r,S_r为重复性标准差。	

17.2 允许差

实验室之间分析结果的差值应不大于表6所列允许差。

表 6

氯含量范围(质量分数)/%	允许差/%
>0.50～2.50	0.03
>2.50～5.00	0.06
>5.00～10.00	0.15

18 质量保证和控制

每周用自制的控制标样(如有国家级或行业级标样时,应首先使用)校核一次本标准分析方法的有效性。当过程失控时,应找出原因,纠正错误,重新进行校核。

ICS 77.120.99
H 14

中华人民共和国国家标准

GB/T 12687.3—2010
代替 GB/T 12687.8—1990

硝酸稀土植物生长调节剂化学分析方法 第3部分：水不溶物量的测定 重量法

Chemical analysis methods of rare earth nitrate for growth regulator for plant—
Part 3: Determination of the water insoluble matter content—
Gravimetry

2011-01-14 发布　　2011-11-01 实施

中华人民共和国国家质量监督检验检疫总局
中国国家标准化管理委员会　发布

前　言

GB/T 12687《硝酸稀土植物生长调节剂化学分析方法》共分3个部分：

——第1部分：砷、汞、铅、镉、铬量的测定　电感耦合等离子体质谱法；

——第2部分：氯量的测定；

——第3部分：水不溶物量的测定　重量法。

本部分为第3部分。

本部分代替GB/T 12687.8—1990《农用硝酸稀土化学分析方法　重量法测定水不溶物含量》。

本部分与GB/T 12687.8—1990相比，主要有如下变动：

——测定范围上限由1.0%调整至0.3%；

——增加了精密度条款；

——增加了质量保证和控制条款；

——对标准文本进行了编辑性修改。

本部分由全国稀土标准化技术委员会(SAC/TC 229)归口。

本部分由北京有色金属研究总院、中国有色金属工业标准计量质量研究所负责起草。

本部分由包钢稀土高科技股份有限公司、江阴加华新材料资源有限公司参加起草。

本部分主要起草人：刘兵、刘鹏宇。

本部分参加起草人：张桂梅、姚京璧。

本部分所替代标准的历次版本发布情况为：

——GB/T 12687.8—1990。

硝酸稀土植物生长调节剂化学分析方法
第3部分：水不溶物量的测定　重量法

1　范围

GB/T 12687的本部分规定了硝酸稀土植物生长调节剂中水不溶物量的测定方法。

本部分适用于硝酸稀土植物生长调节剂中水不溶物量的测定。测定范围：0.10%～0.30%。

2　方法原理

试料用水溶解，过滤分离其不溶物，用干燥后的质量值计算水不溶物量。

3　仪器

3.1　电热恒温干燥箱：200 ℃±2 ℃。

3.2　分析天平：感量0.1 mg。

3.3　玻璃砂漏斗(耐酸过滤漏斗)：P16。

4　试样

试样开封后立即称量。

5　分析步骤

5.1　试料

称取试样(4)20 g，精确至0.000 1 g。

5.2　测定次数

称取两份试料(5.1)进行平行测定，取其平均值。

5.3　测定

5.3.1　将试料(5.1)置于600 mL烧杯中，加入500 mL约60 ℃热水，盖上表皿。加热至微沸，于60 ℃～80 ℃保温45 min，中间应搅拌数次，使可溶性盐类完全溶解，冷却。

5.3.2　用已恒重的玻璃砂漏斗(3.3)抽滤。以温水洗烧杯3～5次，水不溶物7～8次。

5.3.3　将玻璃砂漏斗(3.3)连同水不溶物置于干燥箱中(3.2)，于105 ℃～110 ℃干燥1 h，移入干燥器内冷却至室温，称重。

5.3.4　重复操作5.3.3，直至相邻两次质量差不超过1 mg。

6　分析结果的计算与表述

按式(1)计算水不溶物的质量分数(%)：

$$w(\text{水不溶物})=\frac{m_1-m_0}{m}\times 100 \qquad \cdots\cdots(1)$$

式中：

m_1——玻璃砂漏斗与水不溶物的质量，单位为克(g)；

m_0——玻璃砂漏斗质量，单位为克(g)；

m——试料的质量，单位为克(g)。

7 精密度

7.1 重复性

在重复性条件下获得的两次独立测试结果的测定值，在以下给出的平均值范围内，这两个测试结果的绝对差值不超过重复性限(r)，超过重复性限(r)的情况不超过5%。重复性限(r)按表1数据采用线性内插法求得。

表 1

水不溶物质量分数/%	重复性限(r)/%
0.11	0.02
0.20	0.03
注：重复性限(r)为$2.8\times S_r$，S_r为重复性标准差。	

7.2 允许差

实验室间分析结果的差值应不大于表2所列的允许差：

表 2

水不溶物质量分数/%	允许差/%
0.10～0.30	0.04

8 质量保证和控制

每周用自制的控制标样(如有国家级或行业级标样时，应首先使用)校核一次本标准分析方法的有效性。当过程失控时，应找出原因，纠正错误，重新进行校核。

ICS 77.120.60
H 13

中华人民共和国国家标准

GB/T 12689.1—2010
代替 GB/T 12689.1—2004

锌及锌合金化学分析方法 第1部分:铝量的测定 铬天青S-聚乙二醇辛基苯基醚-溴化十六烷基吡啶分光光度法、CAS分光光度法和EDTA滴定法

Methods for chemical analysis of zinc and zinc alloys—Part 1: Determination of aluminum content—Chromazurol S-polyethylene glycol octyl phenylether-cetylpyridine bromine spectrophotometry, Chromeazurol S spectrophotometric method and EDTA titrimetry

(ISO 1169:2006(E), Zinc alloys—Determination of aluminum content—Titrimetric method, MOD)

2011-01-14 发布　　2011-11-01 实施

中华人民共和国国家质量监督检验检疫总局
中国国家标准化管理委员会　发布

前　言

GB/T 12689—2010《锌及锌合金化学分析方法》分为13个部分：

——第1部分：铝量的测定　铬天青S-聚乙二醇辛基苯基醚-溴化十六烷基吡啶分光光度法、CAS分光光度法和EDTA滴定法；

——第2部分：砷量的测定　原子荧光光谱法；

——第3部分：镉量的测定　火焰原子吸收光谱法；

——第4部分：铜量的测定　二乙基二硫代氨基甲酸铅分光光度法、火焰原子吸收光谱法和电解法；

——第5部分：铁量的测定　磺基水杨酸分光光度法和火焰原子吸收光谱法；

——第6部分：铅量的测定　示波极谱法；

——第7部分：镁量的测定　火焰原子吸收光谱法；

——第8部分：硅量的测定　钼蓝分光光度法；

——第9部分：锑量的测定　原子荧光光谱法和火焰原子吸收光谱法；

——第10部分：锡量的测定　苯芴酮-溴化十六烷基三甲胺分光光度法；

——第11部分：镧、铈含量的测定　三溴偶氮胂分光光度法；

——第12部分：铅、镉、铁、铜、锡、铝、砷、锑、镁、镧、铈量的测定　电感耦合等离子体　发射光谱法；

——第13部分：光电发射光谱法。

本部分为第1部分。

本部分按照GB/T 1.1—2009给出的规则起草。

本部分采用三种化学分析方法测定锌及锌合金中的铝量。其中方法3修改采用ISO 1169:2006(E)《锌合金铝量的测定——滴定法》(英文版)，在主要技术内容上与ISO 1169:2006(E)相同，编写结构不完全对应，在附录A中列出了本部分章条编号与ISO 1169:2006(E)章条编号的对照一览表，在附录B中列出了本部分与ISO 1169:2006 (E)的技术性差异及其原因一览表。有关技术性差异已编入正文中并在它们所涉及的条款的页边空白处用垂直单线标识。

本部分代替GB/T 12689.1—2004《锌及锌合金化学分析方法　铝量的测定》，本部分与原标准相比，主要变化如下：

——对方法1和方法2的文本格式及文字进行了修改；

——方法3：分析范围的上限由13%扩展到30%；

——增加了提示性条款；

——增加了试验报告条款。

本部分由全国有色金属标准化技术委员会(SAC/TC 243)归口。

本部分负责起草单位：中冶葫芦岛有色金属集团有限公司、中国有色金属工业标准计量质量研究所。

本部分方法1起草单位：株洲冶炼集团公司有限公司。

本部分方法1参加起草单位：白银公司西北铅锌冶炼厂、中冶葫芦岛有色金属集团有限公司、深圳市中金岭南有色金属股份有限公司韶关冶炼厂、水口山有色金属集团有限公司。

本部分方法1主要起草人：黎益群、向德磊、陶明、郭月芳、戴瑶、卓毓瑞、谢丽。

本部分方法2起草单位：株洲冶炼集团公司有限公司。

本部分方法 2 参加起草单位：白银公司西北铅锌冶炼厂、中冶葫芦岛有色金属集团有限公司、水口山有色金属集团有限公司、深圳市中金岭南有色金属股份有限公司韶关冶炼厂。

本部分方法 2 主要起草人：钟勇、向德磊、郭月芳、石镇泰、崔安芳、胡桂英、卓毓瑞。

本部分方法 3 起草单位：中冶葫芦岛有色金属集团有限公司。

本部分方法 3 参加起草单位：株洲冶炼集团股份有限公司、深圳市中金岭南有色金属股份有限公司韶关冶炼厂、河南豫光金铅股份有限公司、陕西东岭冶炼有限公司。

本部分方法 3 主要起草人：刘丽敏、李遵义、赵丹、姜晴、何宗蒲、张泽儒、周伟、周文英。

本部分所代替标准的历次版本发布情况为：

——GB/T 12689.1—2004；

——GB/T 12689.1—1990、GB/T 12689.13～12689.14—1990；

——GB 473—1976。

锌及锌合金化学分析方法 第1部分:铝量的测定 铬天青 S-聚乙二醇辛基苯基醚-溴化十六烷基吡啶分光光度法、CAS分光光度法和EDTA滴定法

1 方法1 铬天青S-聚乙二醇辛基苯基醚-溴化十六烷基吡啶分光光度法

1.1 范围

本方法规定了锌及锌合金中铝量的测定方法。

本方法适用于锌及锌合金中铝量的测定。测定范围:0.000 3%～0.010%。

1.2 方法原理

试料用盐酸-过氧化氢溶解,在微酸性介质中,铝与铬天青S(CAS)、聚乙二醇辛基苯基醚(OP)、溴化十六烷基吡啶(CPB)生成有色胶束络合物,于分光光度计波长620 nm处测量吸光度。

1.3 试剂

除非另有说明,在分析中仅使用确认为分析纯的试剂和蒸馏水或相当纯度的水。

1.3.1 盐酸(ρ1.19 g/mL),优级纯。

1.3.2 过氧化氢(30%)。

1.3.3 盐酸(1+19)。

1.3.4 乙酸钠溶液(300 g/L)。

1.3.5 硫脲溶液(100 g/L)。

1.3.6 抗坏血酸(100 g/L):用时现配。

1.3.7 盐酸羟胺溶液(100 g/L):用时现配。

1.3.8 铬天青S(CAS)溶液(0.67 g/L):称取0.30 g铬天青S溶于30 mL无水乙醇中,用水稀释至450 mL。显色溶液的摩尔吸光系数(ε)应大于5.0×10^{4} L·mol^{-1}·cm^{-1}。

1.3.9 聚乙二醇辛基苯基醚(OP)溶液(2+998)。

1.3.10 溴化十六烷基吡啶(CPB)溶液(0.050 g/L):称取0.050 g溴化十六烷基吡啶溶解于50 mL无水乙醇中,用水稀释至1 000 mL。

1.3.11 乙酸-乙酸钠缓冲溶液:称取无水乙酸钠300 g溶于500 mL水中,加入36 mL冰乙酸,调节溶液的pH值为6.0～6.4(用pH计测量),用水稀释至1 000 mL。

1.3.12 锌基体溶液(0.020 g/mL):称取10.00 g金属锌($w_{Zn}\geqslant$99.999%且$w_{Al}\leqslant$0.000 1%)于300 mL烧杯中,盖上表皿,分次加入30 mL盐酸(1.3.1),1 mL～2 mL过氧化氢(1.3.2),低温加热至溶解完全,煮沸冒大气泡2 min～3 min。取下稍冷,补加盐酸(3.1)至50 mL,移入500 mL容量瓶中,用水稀释至刻度,混匀。

1.3.13 铝标准贮存溶液:称取0.100 0 g金属铝($w_{Al}\geqslant$99.99%)于300 mL烧杯中,加入50 mL盐酸

(1.3.1)，低温加热溶解完全，冷却，移入 1 000 mL 容量瓶，用水稀释至刻度，混匀。此溶液 1 mL 含 100 μg 铝。

1.3.14 铝标准溶液：移取 10.00 mL 的铝标准贮存溶液(1.3.13)于 1 000 mL 容量瓶中，加入 10 mL 盐酸(1.3.1)，用水稀释至刻度，混匀。此溶液 1 mL 含 1 μg 铝。

1.3.15 麝香草酚蓝溶液(1 g/L)：称取 0.1 g 麝香草酚蓝溶解于 50 mL 无水乙醇中，用水稀释至 100 mL。

1.4 仪器

分光光度计。

1.5 分析步骤

1.5.1 试料

称取 1.000 g 试样，精确至 0.000 1 g。

1.5.2 空白试验

称取与试料相同量的金属锌(w_{Zn}≥99.999%且 w_{Al}≤0.000 1%)，随同试料做空白试验。

1.5.3 测定

1.5.3.1 将试料(5.1)置于 100 mL 烧杯中，盖上表皿，加入约 8 mL 盐酸(1.3.1)，1 滴～2 滴过氧化氢(1.3.2)，低温加热至溶解完全，煮沸冒大气泡 1 min～2 min，取下稍冷。吹洗表皿及杯壁，冷却。按表 1 移入相应的容量瓶中，用水稀释至刻度，混匀。

表 1 试液体积及加入锌基体溶液体积

铝的质量分数/%	试液体积/mL	标准系列溶液中加入锌基体溶液体积(3.12)/mL
0.000 3～0.002 0	50	5.0
>0.002 0～0.010	250	1.0

1.5.3.2 分取 5.00 mL 试液于 50 mL 容量瓶中，吹洗瓶壁至体积约 10 mL。

1.5.3.3 加入 2 滴麝香草酚蓝溶液(1.3.15)，用乙酸钠溶液(1.3.4)调至溶液呈橙红色(pH 值约为 2)，依次加入 0.5 mL 盐酸(1.3.3)、2.0 mL 硫脲溶液(1.3.5)、3.0 mL 抗坏血酸(1.3.6)、3.0 mL 盐酸羟胺溶液(1.3.7)、4.5 mL 铬天青 S 溶液(1.3.8)，沿瓶壁加入 5.0 mL 聚乙二醇辛基苯基醚溶液(1.3.9)、4.0 mL 溴化十六烷基吡啶溶液(1.3.10)、7.0 mL 乙酸-乙酸钠缓冲溶液(1.3.11)(每加一种试剂均需轻轻摇匀)，用水稀释至刻度，混匀。

1.5.3.4 将部分溶液移入 3 cm 吸收池中，以试料空白溶液为参比，于分光光度计波长 620 nm 处测量吸光度。从工作曲线上查出相应的铝量。

1.5.4 工作曲线的绘制

1.5.4.1 分别移取 0.00 mL、0.40 mL、0.80 mL、1.20 mL、1.60 mL、2.00 mL 铝标准溶液(1.3.13)置于一组 50 mL 容量瓶中，按表 1 加入锌基体溶液(1.3.12)，吹洗瓶壁至体积约 10 mL，以下按 1.5.3.3 进行。

1.5.4.2 以试剂空白溶液为参比，在与试料测定相同条件下测量系列标准溶液的吸光度，以铝量为横坐标，吸光度为纵坐标，绘制工作曲线。

1.6 分析结果的计算

按式(1)计算铝的质量分数 w_{Al},数值以%表示：

$$w_{Al}=\frac{m_1\cdot V_0\times 10^{-6}}{m_0\cdot V_1}\times 100 \qquad \cdots\cdots(1)$$

式中：

m_1——自工作曲线上查得铝量,单位为微克(μg)；

V_0——试液体积,单位为毫升(mL)；

V_1——分取试液体积,单位为毫升(mL)；

m_0—— 试料的质量,单位为克(g)。

所得结果保留四位小数。

1.7 精密度

1.7.1 重复性

在重复性条件下获得的两次独立测试结果的测定值,在以下给出的平均值范围内,这两个测试结果的绝对差值不超过重复性限(r),超过重复性限(r)的情况不超过5%,重复性限(r)按表2数据采用线性内插法求得：

表2 重复性限

w_{Al}/%	0.000 6	0.002 3	0.005 2	0.010
r/%	0.000 2	0.000 6	0.000 8	0.002

1.7.2 再现性

在再现性条件下获得的两次独立测试结果的绝对差值不大于再现性限(R),超过再现性限(R)的情况不超过5%,再现性限(R)按表3数据采用线性内插法求得：

表3 再现性限

w_{Al}/%	0.000 6	0.002 3	0.005 2	0.010
R/%	0.000 3	0.000 8	0.001 0	0.002

1.8 质量保证和控制

分析时,用标准样品或控制样品进行校核,或每年至少用标准样品或控制样品对分析方法校核一次。当过程失控时,应找出原因。纠正错误后,重新进行校核。

1.9 试验报告

a) 试样；

b) 使用的标准；

c) 使用的方法；

d) 分析结果及其表示；

e) 与基本分析步骤的差异；

f）测定中观察到的异常现象；

g）试验日期。

2 方法2 CAS分光光度法

2.1 范围

本方法规定了锌及锌合金中铝量的测定方法。

本方法适用于锌及锌合金中铝量的测定。测定范围：>0.010%～0.500%。

2.2 方法原理

试料用盐酸-过氧化氢溶解，在微酸性介质中，铝与铬天青S生成有色络合物，于分光光度计波长557.5 nm处测量吸光度。

2.3 试剂

除非另有说明，在分析中仅使用确认为分析纯的试剂和蒸馏水或相当纯度的水。

2.3.1 盐酸（ρ1.19 g/mL），优级纯。

2.3.2 过氧化氢（30%）。

2.3.3 盐酸（1+19）。

2.3.4 氨水（1+6）。

2.3.5 氨水（1+139）。

2.3.6 铬天青S（CAS）溶液（2 g/L）：称取1.0 g铬天青S溶于50 mL无水乙醇中，用水稀释至500 mL。显色溶液的摩尔吸光系数（ε）应大于2.0×10^4 L·mol^{-1}·cm^{-1}。

2.3.7 乙酸-乙酸钠缓冲溶液（160 g/L）：称取无水乙酸钠160 g溶于500 mL水中，加56 mL冰乙酸，调节溶液的pH值为4.6～5.0（用pH计测量），用水稀释至1 000 mL。

2.3.8 抗坏血酸（20 g/L）：用时现配。

2.3.9 硫脲溶液（100 g/L）。

2.3.10 锌基体溶液（5 mg/mL）：称取2.50 g金属锌（$w_{Zn}\geqslant$99.999%且$w_{Al}\leqslant$0.000 1%）置于200 mL烧杯中，盖上表皿，加20 mL盐酸（2.3.1）、数滴过氧化氢（2.3.2），低温加热至溶解完全，取下稍冷，移入500 mL容量瓶中，用水稀释至刻度，混匀。

2.3.11 铝标准贮存溶液：称取0.100 0 g金属铝（$w_{Al}\geqslant$99.99%）于300 mL烧杯中，加入50 mL盐酸（2.3.3），低温加热溶解完全，冷却，移入1 000 mL容量瓶，用水稀释至刻度，混匀。此溶液1 mL含100 μg铝。

2.3.12 铝标准溶液：移取25.00 mL铝标准贮存溶液（2.3.11）于500 mL容量瓶中，加入10 mL盐酸（1+1），用水稀释至刻度，混匀。此溶液1 mL含5 μg铝。

2.3.13 麝香草酚蓝溶液（1 g/L）：称取0.1 g麝香草酚蓝溶解于50 mL无水乙醇中，用水稀释至100 mL。

2.4 仪器

分光光度计。

2.5 分析步骤

2.5.1 试料

称取1.000 g试样，精确至0.000 1 g。

2.5.2 空白试验

称取与试料相同量的金属锌(w_{Zn}≥99.999%且 w_{Al}≤0.000 1%),随同试料做空白试验。

2.5.3 测定

2.5.3.1 将试料(2.5.1)置于 200 mL 烧杯中,盖上表皿,加入 20 mL 盐酸(2.3.1),数滴过氧化氢(2.3.2),低温加热至溶解完全,取下稍冷,吹洗表皿及杯壁,冷却。

2.5.3.2 按表 4 移入容量瓶中,以水稀释至刻度,混匀。

表 4 试液体积和分取试液体积

铝的质量分数/%	试液体积/mL	分取试液体积/mL
0.010~0.100	250	5.00
0.100~0.300	250	2.00
0.300~0.500	500	2.00

2.5.3.3 按表 4 分取试液于 100 mL 容量瓶中,加水至约 10 mL。

2.5.3.4 加入 2 滴麝香草酚蓝溶液(2.3.13),用盐酸(2.3.3)和氨水(2.3.4 和 2.3.5)调至溶液呈微红色(pH 值约为 2),依次加入 1.0 mL 盐酸(2.3.3)、1.0 mL 抗坏血酸(2.3.8)、2.0 mL 硫脲溶液(2.3.9)、2.5 mL 铬天青 S 溶液(2.3.6)、5.0 mL 乙酸-乙酸钠缓冲溶液(2.3.7)(每加一种试剂均需摇匀)。用水稀释至刻度,混匀。

2.5.3.5 将部分溶液移入 1 cm 或 2 cm 吸收池中,以试料空白溶液为参比,于分光光度计波长 557.5 nm 处测量吸光度,从工作曲线上查出相应的铝量。

2.5.4 工作曲线的绘制

2.5.4.1 分别移取 0.00 mL、1.00 mL、2.00 mL、3.00 mL、4.00 mL、5.00 mL 铝标准溶液(2.3.12)置于一组 100 mL 容量瓶中,加入与试料相当量的锌基体溶液(2.3.10),依次加水至约 10 mL,以下按 2.5.3.4 进行。

2.5.4.2 以试剂空白溶液为参比,在与试料测定相同条件下测量标准溶液的吸光度,以铝量为横坐标,吸光度为纵坐标绘制工作曲线。

2.6 分析结果的计算

按下式(2)计算铝的质量分数 w_{Al},数值以%表示:

$$w_{Al}=\frac{m_1 \cdot V_0 \times 10^{-6}}{m_0 \cdot V_1}\times 100 \qquad \cdots\cdots (2)$$

式中:

m_1——自工作曲线上查得铝量,单位为微克(μg);

V_0——试液体积,单位为毫升(mL);

V_1——分取试液体积,单位为毫升(mL);

m_0——试料的质量,单位为克(g)。

所得结果保留三位小数。

2.7 精密度

2.7.1 重复性

在重复性条件下获得的两次独立测试结果的测定值，在以下给出的平均值范围内，这两个测试结果的绝对差值不超过重复性限(r)，超过重复性限(r)的情况不超过5%，重复性限(r)按表5数据采用线性内插法求得：

表5 重复性限

w_{Al}/%	0.011	0.100	0.279	0.396	0.500
r/%	0.002	0.010	0.016	0.017	0.020

2.7.2 再现性

在再现性条件下获得的两次独立测试结果的绝对差值不大于再现性限(R)，超过再现性限(R)的情况不超过5%，再现性限(R)按表6数据采用线性内插法求得：

表6 再现性限

w_{Al}/%	0.011	0.100	0.279	0.396	0.500
R/%	0.002	0.015	0.020	0.023	0.030

2.8 质量保证和控制

分析时，用标准样品或控制样品进行校核，或每年至少用标准样品或控制样品对分析方法校核一次。当过程失控时，应找出原因。纠正错误后，重新进行校核。

2.9 试验报告

a) 试样；
b) 使用的标准；
c) 使用的方法；
d) 分析结果及其表示；
e) 与基本分析步骤的差异；
f) 测定中观察到的异常现象；
g) 试验日期。

3 方法3 EDTA滴定法

3.1 范围

本方法规定了锌及锌合金中铝量的测定方法。

本方法适用于锌及锌合金中铝量的测定。测定范围：>0.50%～30.00%。

3.2 方法原理

试料用盐酸、过氧化氢溶解，加入过量的EDTA溶液，在乙酸钠缓冲溶液中，以锌标准溶液滴定过量的 EDTA,用氟化钠分解铝 EDTA 络合物,再以锌标准溶液滴定释放的 EDTA。

3.3 试剂

除非另有说明,在分析中仅使用确认为分析纯的试剂和蒸馏水或相当纯度的水。

3.3.1 盐酸(ρ1.19 g/mL)。

3.3.2 氨水(ρ0.89 g/mL)。

3.3.3 过氧化氢(30%)。

3.3.4 盐酸(1+1)。

3.3.5 盐酸羟胺溶液(200 g/L):用时现配。

3.3.6 EDTA 溶液(90 g/L):称取 90g 乙二胺四乙酸二钠($Na_2C_{10}H_{16}O_8N_2 \cdot 2H_2O$),溶于 800 mL 温水中,冷却至室温,以水稀释至 1 000 mL,混匀。

3.3.7 乙酸钠缓冲溶液(270 g/L):称取 135 g 乙酸钠($CH_3COONa \cdot 3H_2O$)溶于 300 mL 温水中,过滤,再加 15 mL 冰乙酸,调节溶液的 pH 值在 5~5.5 范围内(用 pH 计测定),以水稀释至 500 mL,混匀。

3.3.8 氟化钠溶液(100 g/L):称取 100 g 氟化钠,溶于 1 000 mL 沸水中,冷却至室温,用快速滤纸过滤,滤液贮存于聚乙烯塑料瓶中。

3.3.9 锌标准滴定溶液(0.05 mol/L)

称取 3.269 0 g 金属锌($w_{Zn} \geq 99.99\%$),置于 250 mL 烧杯中,盖上表皿,加入 40 mL 盐酸(3.3.4),加热溶解后,用 100 mL 水稀释,加入 2 滴甲基红乙醇溶液(3.3.10),用氨水(3.3.2)中和,逐滴加盐酸(3.3.4)至溶液变为红色,移入 1 000 mL 容量瓶中,加入 5 mL 盐酸(3.3.4),以水稀释至刻度,混匀。

3.3.10 甲基红乙醇溶液(0.2 g/L):称取 0.02 g 甲基红溶于 100 mL 乙醇中,混匀。

3.3.11 二甲酚橙溶液(10 g/L):称取 1 g 二甲酚橙溶于 100 mL 水中,混匀。

3.4 分析步骤

3.4.1 试料

称取 5.000 g 试样,精确至 0.000 1 g。

3.4.2 测定

3.4.2.1 将试料(3.4.1)置于 500 mL 烧杯中,盖上表皿,加入 50 mL 盐酸(3.3.4)溶解。

3.4.2.2 加几滴过氧化氢(3.3.3),加热煮沸使其溶解完全,加入 5 mL 盐酸羟胺溶液(3.3.5)使过量的过氧化氢分解,冷却至室温。

3.4.2.3 按表 7 定容于相应的容量瓶中,并分取相应体积的溶液于 500 mL 锥形瓶中。

3.4.2.4 加入相应的 EDTA 溶液(3.3.6),用水稀释至 250 mL,混匀。

表 7 试液体积、分取试液体积及加入 EDTA 量

铝的质量分数/%	试液体积/mL	分取试液体积/mL	加入 EDTA 量/mL
0.50~1.00	100	50.00	180
1.00~3.00	100	20.00	80
3.00~6.00	200	20.00	55
6.00~15.00	200	10.00	30
15.00~30.00	1 000	25.00	25

3.4.2.5 加入5滴甲基红乙醇溶液(3.3.10),混匀,用氨水(3.3.2)调至颜色变成黄色,加入25mL缓冲溶液(3.3.7),煮沸2 min~3min,冷却。

3.4.2.6 加入2~3滴二甲酚橙溶液(3.3.11),用锌标准滴定溶液(3.3.9)滴定过量的EDTA至溶液变成紫色。

注:此处不计[可先加入几滴浓度高的锌标准溶液,再用锌标准滴定溶液(3.3.9)滴定过量的EDTA至溶液变成紫色]。

3.4.2.7 加入25 mL氟化钠溶液(3.3.8),煮沸2 min~3 min,冷却至室温。

3.4.2.8 以锌标准滴定溶液(3.3.9)滴定被释放的EDTA,直至溶液变成紫色,记下所消耗的锌标准滴定溶液(3.3.9)的体积V_2。

3.5 分析结果的计算

按式(3)计算铝的质量分数w_{Al},数值以%表示:

$$w_{Al}=\frac{c\cdot V_2\cdot V_0\cdot 26.98\times 10^{-3}}{m_0\cdot V_1}\times 100 \qquad (3)$$

式中:

c ——锌标准滴定溶液的浓度,单位为摩尔每升(mol/L);

V_0 ——试液体积,单位为毫升(mL);

V_1 ——分取试液的体积,单位为毫升(mL);

V_2 ——滴定试液消耗的锌标准滴定溶液的体积,单位为毫升(mL);

m_0 ——试料的质量,单位为克(g);

26.98——铝的摩尔质量,单位为克每摩尔(g/mol)。

所得结果保留三位小数。

3.6 精密度

3.6.1 重复性

在重复性条件下获得的两次独立测试结果的测定值,在以下给出的平均值范围内,这两个测试结果的绝对差值不超过重复性限(r),超过重复性限(r)的情况不超过5%,重复性限(r)按以下表8数据采用线性内插法求得:

表8 重复性限

w_{Al}/%	0.50	1.20	5.00	10.18
r/%	0.02	0.03	0.08	0.15
w_{Al}/%	14.79	21.72	28.44	
r/%	0.34	0.40	0.50	

3.6.2 再现性

在再现性条件下获得的两次独立测试结果的绝对差值不大于再现性限(R),超过再现性限(R)的情况不超过5%,再现性限(R)按表9数据采用线性内插法求得:

表 9 再现性限

w_{Al}/%	0.50	1.20	5.00	10.18
R/%	0.03	0.04	0.10	0.20
w_{Al}/%	14.79	21.72	28.44	
R/%	0.40	0.50	0.70	

3.7 质量保证和控制

分析时，用标准样品或控制样品进行校核，或每年至少用标准样品或控制样品对分析方法校核一次。当过程失控时，应找出原因。纠正错误后，重新进行校核。

3.8 试验报告

a) 试样；

b) 使用的标准；

c) 使用的方法；

d) 分析结果及其表示；

e) 与基本分析步骤的差异；

f) 测定中观察到的异常现象；

g) 试验日期。

附 录 A
（资料性附录）
本部分第3章中章条编号与ISO 1169:2006(E)章条编号对照

表A.1给出了本部分第3章中章条编号与ISO 1169:2006(E)章条编号对照一览表。

表A.1 本部分第3章中章条编号与ISO 1169:2006(E)章条编号对照

本部分章条编号	ISO 1169:2006章条编号
3.1	1
3.2	4
3.3	5
3.4	8
3.5	9.1
3.6	9.2
3.7	—
3.8	10

附 录 B
（资料性附录）
本部分第3章与ISO 1169:2006(E)技术性差异及其原因

表B.1给出了本部分第3章与ISO 1169:2006(E)技术性差异及其原因一览表。

表B.1 本部分第3章与ISO 1169:2006(E)技术性差异及其原因

本部分的章条编号	技术性差异	原 因
3.1	增加了适用于锌	使标准适用性更强
3.1	对标准的使用范围进行了扩展	使标准更科学、实用
3.2	将方法原理进行重新编写和叙述	更加详细和具体
3.3	提高了EDTA的浓度	提高实用性
3.4	样品分段、定容体积和加入EDTA量更细化	提高实用性和可操作性
3.5	分析结果的计算与表述	更清晰、明了、计算方便
3.6	重复性和再现性的表述及计算方法略有不同	标准规范要求、计算方便
3.7	增加了质量保证条款	标准规范要求

ICS 77.120.60
H 13

中华人民共和国国家标准

GB/T 12689.7—2010
代替 GB/T 12689.7—2004

锌及锌合金化学分析方法 第7部分:镁量的测定 火焰原子吸收光谱法

Methods for chemical analysis of zinc and zinc alloys—Part 7: Determination of magnesium content—Flame atomic absorption spectrometric method

(ISO 3750:2006(E), Zinc alloys—Determination of magnesium content—Flame atomic absorption spectrometric method, MOD)

2011-01-14 发布　　2011-11-01 实施

中华人民共和国国家质量监督检验检疫总局
中国国家标准化管理委员会　发布

前　言

GB/T 12689—2010《锌及锌合金化学分析方法》分为13个部分：

——第1部分：铝量的测定　铬天青S-聚乙二醇辛基苯基醚-溴化十六烷基吡啶分光光度法、CAS分光光度法和EDTA滴定法；

——第2部分：砷量的测定　原子荧光光谱法；

——第3部分：镉量的测定　火焰原子吸收光谱法；

——第4部分：铜量的测定　二乙基二硫代氨基甲酸铅分光光度法、火焰原子吸收光谱法和电解法；

——第5部分：铁量的测定　磺基水杨酸分光光度法和火焰原子吸收光谱法；

——第6部分：铅量的测定　示波极谱法；

——第7部分：镁量的测定　火焰原子吸收光谱法；

——第8部分：硅量的测定　钼蓝分光光度法；

——第9部分：锑量的测定　原子荧光光谱法和火焰原子吸收光谱法；

——第10部分：锡量的测定　苯芴酮-溴化十六烷基三甲胺分光光度法；

——第11部分：镧、铈合量的测定　三溴偶氮胂分光光度法；

——第12部分：铅、镉、铁、铜、锡、铝、砷、锑、镁、镧、铈量的测定　电感耦合等离子体　发射光谱法；

——第13部分：光电发射光谱法。

本部分为第7部分。

本部分按照GB/T 1.1—2009给出的规则起草。

本部分修改采用ISO 3750:2006(E)《锌合金　镁量的测定　火焰原子吸收光谱法》(英文版)。

本部分在主要技术内容上与ISO 3750:2006(E)相同，编写结构不完全对应，在附录A中列出了本部分章条编号与ISO 3750:2006(E)章条编号的对照一览表，在附录B中列出了本部分与ISO 3750:2006(E)的技术性差异及其原因一览表。有关技术性差异已编入正文中并在它们所涉及的条款的页边空白处用垂直单线标识。

本部分代替GB/T 12689.7—2004《锌及锌合金化学分析方法　镁量的测定　火焰原子吸收光谱法》。本部分与原标准相比，主要变化如下：

——测定范围的下限由0.010%下延到0.002 0%；

——增加了试验报告条款；

——增加了附录A和附录B。

本部分由全国有色金属标准化技术委员会(SAC/TC 243)归口。

本部分负责起草单位：中冶葫芦岛有色金属集团有限公司、中国有色金属工业标准计量质量研究所。

本部分起草单位：深圳市中金岭南有色金属股份有限公司韶关冶炼厂。

本部分参加起草单位：中冶葫芦岛有色金属集团有限公司、株洲冶炼集团股份有限公司、湖南水口山有色金属集团有限责任公司、陕西东岭冶炼有限公司。

本部分主要起草人：刘莹晶、涂小红、唐红、杨越、王洪刚、王军学、向德磊、闫慧。

本部分所代替标准的历次版本发布情况为：

——GB/T 12689.7—2004；

——GB/T 12689.7—1990。

锌及锌合金化学分析方法
第7部分:镁量的测定
火焰原子吸收光谱法

1 范围

本部分规定了锌及锌合金中镁含量的测定方法。

本部分适用于锌及锌合金中镁含量的测定。测定范围:0.002 0%～0.20%。

2 方法原理

试料用盐酸-硝酸混合酸溶解,在稀盐酸介质中,以镧盐抑制铝的干扰,用空气-乙炔火焰,于原子吸收光谱仪波长285.2 nm处,测量镁的吸光度。

3 试剂

除非另有说明,在分析中仅使用确认为分析纯的试剂和二级水。

3.1 盐酸(ρ1.19 g/mL),优级纯。

3.2 硝酸(ρ1.42 g/mL),优级纯。

3.3 盐酸-硝酸混合酸:将180 mL盐酸(3.1)和4 mL硝酸(3.2)混合。

3.4 镧溶液(50 g/L):称取29.5 g氧化镧,置于400 mL烧杯中,加入25 mL盐酸(3.1),加热溶解完全,冷却至室温,移入500 mL容量瓶中,以水稀释至刻度,混匀。

3.5 锌基体溶液(10 g/L):称取10 g金属锌(w_{Zn}≥99.99%且w_{Mg}≤0.000 2%),置于400 mL烧杯中,加入100 mL水、60 mL盐酸-硝酸混合酸(3.3),加热溶解完全,冷却至室温,移入1 000 mL容量瓶中,以水稀释至刻度,混匀。

3.6 铝基体溶液(1 g/L):称取1.00 g金属铝(w_{Al}≥99.99%且w_{Mg}≤0.000 2%),置于400 mL烧杯中,加入少量盐酸(3.1),加热溶解完全,冷却至室温,移入1 000 mL容量瓶中,以水稀释至刻度,混匀。

3.7 镁标准贮存溶液:准确称取1.000 0 g金属镁(w_{Mg}≥99.99%),置于400 mL烧杯中,加入20 mL水、5 mL盐酸(3.1),加热溶解完全,冷却至室温,移入1 000 mL容量瓶中,以水稀释至刻度,混匀。此溶液1 mL含1 mg镁。

3.8 镁标准溶液:移取10.00 mL镁标准贮存溶液(3.7),置于1 000 mL容量瓶中,加入5 mL盐酸(3.1),以水稀释至刻度,混匀。此溶液1 mL含10 μg镁。

4 仪器

原子吸收光谱仪,附镁空心阴极灯。

在仪器最佳工作条件下,凡能达到下列指标者均可使用:

——特征浓度:在与测量溶液的基体相一致的溶液中,镁的特征浓度应不大于0.005 μg/mL;

——精密度:用最高浓度的标准溶液测量10次吸光度,其标准偏差应不超过平均吸光度的1.0%;

用最低浓度的标准溶液(不是“零”浓度标准溶液)测量10次吸光度,其标准偏差应不超过最高浓度标准溶液平均吸光度的0.5%;

——工作曲线线性:将工作曲线按浓度等分成五段,最高段的吸光度差值与最低段的吸光度差值之比,应不小于0.8。

原子吸收光谱仪的参考工作条件:波长285.2 nm;灯电流3.0 mA;贫燃火焰。

5 分析步骤

5.1 试料

按表1称取试样,精确至0.000 1 g。

表1 试料量与分取试液体积

镁的质量分数/%	试料/g	分取试液体积/mL
0.002 0~0.010	5.000	25.00
>0.010~0.025	5.000	10.00
>0.025~0.050	2.500	10.00
>0.050~0.10	1.000	10.00
>0.10~0.20	0.500	10.00

5.2 空白试验

称取与试料相同的基体锌和铝,随同试料做空白试验。

5.3 测定

5.3.1 将试料(5.1)置于400 mL烧杯中,加入20 mL水、40 mL盐酸-硝酸混合酸(3.3),加热溶解完全,冷却至室温,移入250 mL容量瓶中,以水稀释至刻度,混匀。

5.3.2 按表1分取试液于100 mL容量瓶中,补加4 mL盐酸(3.1)和5 mL镧溶液(3.4),以水稀释至刻度,混匀。

5.3.3 使用空气-乙炔火焰,于原子吸收光谱仪波长285.2 nm处,以水调零,测量镁的吸光度,减去试料空白溶液的吸光度,从工作曲线上查出相应的镁浓度。

5.4 工作曲线的绘制

5.4.1 移取0.00 mL、1.00 mL、2.00 mL、3.00 mL、4.00 mL、5.00 mL镁标准溶液(3.8),置于一组100 mL容量瓶中,各加入与试料相应的锌基体溶液(3.5)与铝基体溶液(3.6),并分别加入4 mL盐酸(3.1)和5 mL镧溶液(3.4),以水稀释至刻度,混匀。

5.4.2 使用空气-乙炔火焰,于原子吸收光谱仪波长285.2 nm处,以水调零,测量系列标准溶液的吸光度,减去系列标准溶液中“零”浓度溶液的吸光度,以镁的浓度为横坐标,吸光度为纵坐标绘制工作曲线。

6 分析结果的计算

镁含量以镁的质量分数w_{Mg}计,数值以%表示,按式(1)计算:

$$w_{Mg}=\frac{\rho \cdot V_2 \cdot V_0 \times 10^{-6}}{m \cdot V_1}\times 100 \qquad \cdots\cdots (1)$$

式中：

ρ ——自工作曲线上查得的镁浓度，单位为微克每毫升（μg/mL）；

V_0——试液总体积，单位为毫升（mL）；

V_1——分取试液体积，单位为毫升（mL）；

V_2——测量试液的体积，单位为毫升（mL）；

m ——试料的质量，单位为克（g）。

分析结果保留两位有效数字。

7 精密度

7.1 重复性

在重复性条件下获得的两次独立测试结果的测定值，在以下给出的平均值范围内，这两个测试结果的绝对差值不超过重复性限（r），超过重复性限（r）的情况不超过5%，重复性限（r）按表2数据采用线性内插法求得：

表2 重复性限

w_{Mg}/%	0.002 0	0.004 6	0.007 3	0.010	0.035	0.070	0.16
r/%	0.000 3	0.000 4	0.000 6	0.001	0.003	0.005	0.01

7.2 再现性

在再现性条件下获得的两次独立测试结果的绝对差值不大于再现性限（R），超过再现性限（R）的情况不超过5%，再现性限（R）按表3数据采用线性内插法求得：

表3 再现性限

w_{Mg}/%	0.002 0	0.004 6	0.007 3	0.010	0.035	0.070	0.16
R/%	0.000 4	0.000 6	0.000 8	0.002	0.004	0.010	0.02

8 质量保证和控制

应用国家级标准样品或行业级标准样品（当前两者没有时，也可用控制标样替代），每周或每两周校核一次本分析方法标准的有效性。当过程失控时，应找出原因，纠正错误后，重新进行校核。

9 试验报告

a) 试样；

b) 使用的标准（包括发布或出版年号）；

c) 使用的方法（如果标准中包括几个方法）；

d) 分析结果及其表示；

e） 与基本分析步骤的差异；

f） 测定中观察到的异常现象；

g） 试验日期。

附 录 A
（资料性附录）
本部分章条编号与 ISO 3750:2006(E)章条编号对照

表 A.1 列出了本部分章条编号与 ISO 3750:2006(E)章条编号的对照一览表。

表 A.1 本部分章条编号与 ISO 3750:2006(E)章条编号对照

本部分章条编号	ISO 3750:2006(E)章条编号
1	1
2	4
3	5
4	6
5	8
6	9.1
7	9.2
8	—
9	10

附 录 B
（资料性附录）
本部分与 ISO 3750:2006(E)的技术性差异及其原因

表 B.1 列出了本部分与 ISO 3750:2006(E)的技术性差异及其原因一览表。

表 B.1 本部分与 ISO 3750:2006(E)的技术性差异及其原因

本部分章条编号	技术性差异	原因
1	增加了适用于锌	标准整合需要，使标准适用性更强
1	测定范围进行了扩展	使标准更科学、实用
3	规定了分析用水为二次蒸馏水，试剂盐酸、硝酸为优级纯	使标准更科学、严密
4	增加了对特征浓度、精密度、工作曲线线性的指标要求	标准规范要求
5.1	分段称取试样量、分取试液体积更细化	提高实用性和可操作性
5.2	增加了空白试验	使标准更科学、严密
5.3.1	只加了 40 mL 混合酸溶解试样，没再加 25 mL 盐酸溶解盐类	40 mL 混合酸已足够使试样溶解完全且保持盐类溶解
5.4	取消了对锌基体溶液和铝基体溶液中镁含量的检查步骤	使操作步骤更简化
5.4.1	系列标准溶液的浓度、个数略有不同	提高实用性
6	增加了分析结果的计算公式、式中符号的含义及计算结果的表示位数	使标准更清晰明了，方便标准的实施
7	重复性和再现性的文字描述及计算方法略有不同	标准规范要求，采用国内标准计算重复性限和再现性限，适合中国国情
8	增加了质量保证和控制条款	标准规范要求

ICS 77.120.99
H 14

中华人民共和国国家标准

GB/T 12690.16—2010

稀土金属及其氧化物中非稀土杂质化学分析方法 第16部分:氟量的测定 离子选择性电极法

Chemical analysis methods of non-rare earth impurities in rare earth metals and the oxides—Part 16:Determination of fluorine content—Ion selective electrode analysis

2011-01-14 发布 2011-11-01 实施

中华人民共和国国家质量监督检验检疫总局
中国国家标准化管理委员会 发布

前　言

GB/T 12690《稀土金属及其氧化物中非稀土杂质化学分析方法》共分17个部分：

——第1部分：碳、硫量的测定　高频红外法；

——第2部分：灼减量的测定　重量法；

——第3部分：稀土氧化物中水分量的测定　重量法；

——第4部分：氧、氮量的测定　脉冲-红外吸收法和脉冲-热导法；

——第5部分：铝、铬、锰、铁、钴、镍、铜、锌、铅量的测定；

——第6部分：铁量的测定　硫氰酸钾、1,10-二氮杂菲分光光度法；

——第7部分：硅量的测定　钼蓝分光光度法；

——第8部分：钠量的测定　火焰原子吸收光谱法；

——第9部分：氯量的测定　硝酸银比浊法；

——第10部分：磷量的测定　钼蓝分光光度法；

——第11部分：镁量的测定　火焰原子吸收光谱法；

——第12部分：钍量的测定；

——第13部分：钨、钼量的测定；

——第14部分：钛量的测定；

——第15部分：钙量的测定；

——第16部分：氟量的测定　离子选择性电极法；

——第17部分：稀土金属中铌、钽量的测定。

本部分为第16部分。

本部分由全国稀土标准化技术委员会(SAC/TC 229)归口。

本部分由北京有色金属研究总院、中国有色金属工业标准计量质量研究所负责起草。

本部分由北京有色金属研究总院起草。

本部分由包头稀土研究院、赣州虔东稀土集团股份有限公司参加起草。

本部分主要起草人：杨萍、陈云红。

本部分参加起草人：高励珍、姚南红、王安丽、郝茜、陈婕、朱霓。

稀土金属及其氧化物中非稀土杂质化学分析方法 第16部分:氟量的测定 离子选择性电极法

1 范围

GB/T 12690的本部分规定了稀土金属及氧化物中氟量的测定方法。

本部分适用于稀土金属及氧化物中氟量的测定。测定范围:0.010%～0.50%。

2 方法原理

试料经稀硝酸溶解后,加入过量氢氧化钠,使氟与铁、稀土等分离。在pH 6.5～7.0溶液中,以氟离子选择性电极为指示电极,饱和甘汞电极为参比电极,测量两极间的平衡电极电位值,用格氏作图法求得氟含量。

3 试剂

3.1 过氧化氢(30%)。

3.2 硝酸(1+3)。

3.3 氢氧化钠溶液(300 g/L)。

3.4 氢氧化钠溶液(50 g/L)。

3.5 柠檬酸钠缓冲液(300 g/L)。

3.6 氟标准贮存溶液:称取2.210 1 g优级纯氟化钠(120 ℃干燥至恒重)于250 mL塑料烧杯中,加水溶解后移入1 000 mL容量瓶中,用水稀释至刻度,混匀,立即保存于塑料瓶中,此溶液1 mL含1 mg氟。

3.7 氟标准溶液:移取10.00 mL氟标准贮存溶液(3.6)于100 mL容量瓶中,以水稀释至刻度,混匀,立即保存于塑料瓶中。此溶液1 mL含100 μg氟。

3.8 氟标准溶液:移取20.00 mL氟标准溶液(3.7)于100 mL容量瓶中,以水稀释至刻度,混匀,立即保存于塑料瓶中。此溶液1 mL含20 μg氟。

3.9 溴甲酚绿指示剂(1 g/L):称取0.1 g溴甲酚绿溶于20 mL乙醇中,以水稀释至100 mL,混匀。

4 仪器设备

4.1 电位测量仪,精度0.1 mV。

4.2 氟离子选择性电极:氟离子检测下限应不大于2.5×10^{-4} mg/mL,电极在使用前应在1×10^{-3} mol/L氟化钠溶液中浸泡1 h以上,使之活化,然后用水洗至电极电位不大于-370 mV后方可进行测定。

4.3 双液接饱和甘汞电极。

5 试样

5.1 稀土氧化物试样的制备：试样于900 ℃灼烧1 h，置于干燥器中冷却至室温。

5.2 稀土金属试样的制备：试样去掉表面氧化层，取样后，立即称量。

6 分析步骤

6.1 试料

按表1称取试样(5)，精确至0.000 1 g。

表1

氟含量范围(质量分数)/%	试料量/g	溶液总体积/mL	移取体积/mL
0.010～0.040	1.00	100.00	10.00或20.00
>0.040～0.070	0.50	100.00	10.00
>0.070～0.20	0.20	100.00	10.00
>0.20～0.50	0.10	100.00	5.00

6.2 测定次数

称取两份试料(6.1)进行平行测定，取其平均值。

6.3 空白试验

随同试料做空白试验。

6.4 测定

6.4.1 稀土金属试样：将试料(6.1)置于150 mL塑料烧杯中，将烧杯置于冷水浴中，加入15 mL水、10 mL硝酸(3.2)，试样溶解完全后，加入30 mL氢氧化钠溶液(3.3)混匀，在60 ℃～80 ℃保温约10 min，冷却至室温，将溶液移入100 mL容量瓶中，用水稀释至刻度，混匀。

6.4.2 稀土氧化物试样：将试料(6.1)置于150 mL聚四氟乙烯烧杯中，加入少许水润湿试样，加10 mL硝酸(3.2)，低温溶解，试样若不清亮可加入数滴过氧化氢(3.1)使溶液完全溶解。加入30 mL氢氧化钠溶液(3.3)混匀，在60 ℃～80 ℃保温约10 min，冷却至室温，将溶液移入100 mL容量瓶中，用水稀释至刻度，混匀。

6.4.3 按表1分取上清液(6.4.1或6.4.2)于50 mL容量瓶中，加1滴溴甲酚绿指试剂(3.9)，用硝酸(3.2)和氢氧化钠(3.4)调至溶液刚变为黄色，加入10 mL柠檬酸钠缓冲溶液(3.5)，用水稀释至刻度，混匀。

6.4.4 将溶液(6.4.3)倒入50 mL干烧杯中，加入搅拌子，将烧杯置于磁力搅拌器上，插入氟离子选择性电极(4.2)和饱和甘汞电极(4.3)，用电位测量仪测定溶液平衡电极电位。待其读数稳定(电极电位每分钟的变化不大于0.2 mV时)后，读取电位值。

6.4.5 再于试液(6.4.4)中分5次加入氟标准溶液(3.8)，每次加入0.50 mL，测定其平衡电极电位值。待其读数稳定(电极电位每分钟的变化不大于0.2 mV时)后，读取电位值。累加的体积分别为0.50 mL、1.00 mL、1.50 mL、2.00 mL、2.50 mL，相应加入的氟量分别为10.00 μg、20.00 μg、30.00 μg、40.00 μg、

50.00 μg。

6.4.6 空白试液按 6.4.5 进行。

6.4.7 用格氏作图法，以氟量为横坐标，平衡电极电位为纵坐标，在反对数坐标纸上作曲线，在工作曲线上查出测定溶液(6.4.4)和空白溶液(6.3)的氟量和空白值。

7 分析结果的计算与表述

按式(1)计算氟的质量分数(%)：

$$w(F)=\frac{(m_1-m_0)V\times 10^{-6}}{mV_1}\times 100 \qquad \cdots\cdots(1)$$

式中：

m_1——自工作曲线上查得的分析试液氟量，单位为微克(μg)；

m_0——自工作曲线上查得的空白试液氟量，单位为微克(μg)；

m——试料的质量，单位为克(g)；

V——试液总体积，单位为毫升(mL)；

V_1——分取试液体积，单位为毫升(mL)。

8 精密度

8.1 重复性

在重复性条件下获得的两次独立测试结果的测定值，在以下给出的平均值范围内，这两个测试结果的绝对差值不超过重复性限(r)，超过重复性限(r)的情况不超过 5%，重复性限(r)按表 2 数据采用线性内插法求得。

表 2

氟质量分数/%	重复性限(r)/%
0.010	0.002
0.052	0.004
0.11	0.02
0.42	0.06
注：重复性限(r)为 $2.8\times S_r$，S_r 为重复性标准差。	

8.2 允许差

实验室之间分析结果的差值应不大于表 3 所列允许差。

表 3

氟含量范围(质量分数)/%	允许差/%
0.010～0.020	0.006
>0.020～0.080	0.010
>0.080～0.20	0.030
>0.20～0.50	0.06

9 质量保证和控制

每周用自制的控制标样(如有国家级或行业级标样时,应首先使用)校核一次本标准分析方法的有效性。当过程失控时,应找出原因,纠正错误,重新进行校核。

ICS 77.120.99
H 14

中华人民共和国国家标准

GB/T 12690.17—2010

稀土金属及其氧化物中非稀土杂质化学分析方法 第17部分:稀土金属中铌、钽量的测定

Chemical analysis methods of non-rare earth impurities in rare earth metals and the oxides—
Part 17: Determination of niobium and tantalum contents of rare earth metals

2011-01-14 发布　　2011-11-01 实施

中华人民共和国国家质量监督检验检疫总局
中国国家标准化管理委员会　发布

前　言

GB/T 12690《稀土金属及其氧化物中非稀土杂质化学分析方法》共分 17 个部分：

——第 1 部分：碳、硫量的测定　高频红外法；

——第 2 部分：灼减量的测定　重量法；

——第 3 部分：稀土氧化物中水分量的测定　重量法；

——第 4 部分：氧、氮量的测定　脉冲-红外吸收法和脉冲-热导法；

——第 5 部分：铝、铬、锰、铁、钴、镍、铜、锌、铅量的测定；

——第 6 部分：铁量的测定　硫氰酸钾、1，10-二氮杂菲分光光度法；

——第 7 部分：硅量的测定　钼蓝分光光度法；

——第 8 部分：钠量的测定　火焰原子吸收光谱法；

——第 9 部分：氯量的测定　硝酸银比浊法；

——第 10 部分：磷量的测定　钼蓝分光光度法；

——第 11 部分：镁量的测定　火焰原子吸收光谱法；

——第 12 部分：钍量的测定；

——第 13 部分：钨、钼量的测定；

——第 14 部分：钛量的测定；

——第 15 部分：钙量的测定；

——第 16 部分：氟量的测定　离子选择性电极法；

——第 17 部分：稀土金属中铌、钽量的测定。

本部分为第 17 部分。

本部分两个方法的测定范围出现重叠时，以方法 2 作为仲裁方法。

本部分由全国稀土标准化技术委员会(SAC/TC 229)归口。

本部分由北京有色金属研究总院、中国有色金属工业标准计量质量研究所负责起草。

本部分方法 1 由北京有色金属研究总院起草。

本部分方法 1 由包头稀土研究院、内蒙古包钢稀土(集团)高科技股份有限公司参加起草。

本部分方法 1 主要起草人：刘鹏宇、邵荣珍、刘兵。

本部分方法 1 参加起草人：李玉梅、金斯琴高娃、杨春红、魏小欧、曹俊杰。

本部分方法 2 由北京有色金属研究总院起草。

本部分方法 2 由包头稀土研究院、内蒙古包钢稀土(集团)高科技股份有限公司参加起草。

本部分方法 2 主要起草人：刘鹏宇、邵荣珍、刘兵。

本部分方法 2 参加起草人：杜梅、包春香、常瑞敏、张桂梅。

稀土金属及其氧化物中非稀土杂质化学分析方法 第17部分：稀土金属中铌、钽量的测定

方法1 电感耦合等离子体发射光谱法

1 范围

GB/T 12690的本部分方法1规定了单一稀土金属中铌、钽含量的测定方法。

本部分方法1适用于单一稀土金属中铌、钽含量的测定。测定范围：铌0.010%～0.50%；钽0.020%～0.50%。

2 方法原理

试料用硝酸、氢氟酸溶解，分离稀土基体后，进行氩等离子光谱法测定。

3 试剂和材料

3.1 氢氟酸（ρ1.14 g/mL）。

3.2 硝酸（1+1）。

3.3 硼酸溶液（100 g/L）。

3.4 铌标准贮存溶液：称取1.000 0 g金属铌[$w(Nb)\geq 99.99\%$]于聚四氟乙烯烧杯中，加入5 mL氢氟酸（3.1），加热溶解至清亮，冷却后移入1 000 mL容量瓶中，补加35 mL氢氟酸（3.1），稀释至刻度，混匀。此溶液1 mL含1 mg铌。保存于塑料瓶中。

3.5 钽标准贮存溶液：称取1.000 0 g金属钽[$w(Ta)\geq 99.99\%$]于聚四氟乙烯烧杯中，加入5 mL氢氟酸（3.1），加热溶解至清亮，冷却后移入1 000 mL容量瓶中，补加35 mL氢氟酸（3.1），稀释至刻度，混匀。此溶液1 mL含1 mg钽。保存于塑料瓶中。

3.6 混合标准溶液：移取5 mL铌标准贮存溶液（3.4），5 mL钽标准贮存溶液（3.5）于100 mL容量瓶中，加入2 mL氢氟酸（3.1），用水稀释至刻度，混匀。此溶液1 mL含50 μg铌、50 μg钽。保存于塑料瓶中。

3.7 氩气[$w(Ar)\geq 99.99\%$]。

4 仪器

4.1 电感耦合等离子体光谱仪，分辨率<0.006 nm（200 nm处）。

4.2 光源：氩等离子体光源。

5 试样

将试样去掉表面氧化层，取样后立即称量。

6 分析步骤

6.1 试料

称取 1.0 g 试样(5),精确至 0.000 1 g。

6.2 测定次数

称取两份试料进行平行测定,取其平均值。

6.3 空白试验

随同试料做空白试验。

6.4 分析试液的制备

6.4.1 将试料(6.1)置于 200 mL 聚四氟乙烯烧杯中,加入少许水及 10 mL 硝酸(3.2),加热溶解至清亮。加入约 50 mL 水,加热至近沸。取下,加入 5 mL 氢氟酸(3.1),加热至微沸 2 min,并于 60 ℃～80 ℃保温 30 min,放置冷却至室温,移入 100 mL 塑料容量瓶中,用水稀释至刻度,混匀。待沉淀下沉后,用慢速定量滤纸干过滤。

6.4.2 按表 1 分取滤液(6.4.1)于已加入 5 mL 硼酸溶液(3.3)的 25 mL 容量瓶中,用水稀释至刻度,混匀。

表 1

待测元素质量分数/%	分取体积/mL
0.010～0.10	10.00
0.10～0.50	5.00

6.5 标准系列溶液的配制

分别移取 0 mL、0.50 mL、2.00 mL、5.00 mL、10.00 mL 混合标准溶液(3.6)于 5 个已加入 5 mL 硼酸溶液(3.3)的 50 mL 容量瓶中,加入 0.5 mL 氢氟酸(3.1),用水稀释至刻度,混匀。此标准系列溶液中铌和钽的质量浓度为 0 μg/mL、0.50 μg/mL、2.00 μg/mL、5.00 μg/mL、10.00 μg/mL。

6.6 测定

6.6.1 推荐分析线见表 2。

表 2

基体	谱线/nm		基体	谱线/nm		基体	谱线/nm	
	Nb	Ta		Nb	Ta		Nb	Ta
La	309.418	268.517	Eu	309.418	268.517	Er	316.340 309.418	263.558
Ce	309.418	263.558	Gd	309.418	263.558	Tm	309.418	263.558
Pr	316.340	263.558	Tb	316.340 309.418	263.558 268.517	Yb	309.418	263.558
Nd	309.418	263.558	Dy	309.418	263.558	Lu	309.418 316.340	263.558
Sm	309.418	263.558	Ho	309.418	263.558	Y	309.418	263.558

6.6.2 将分析试液(6.4.2)与标准系列溶液(6.5)同时进行氩等离子体光谱测定。

7 分析结果的计算与表述

按式(1)计算铌或钽的质量分数(%):

$$w(\text{Nb 或 Ta})=\frac{(\rho-\rho_0)V_0V_2\times10^{-6}}{mV_1}\times100 \quad\cdots\cdots(1)$$

式中:

ρ ——自工作曲线上查得分析试液(6.4.2中)待测元素的质量浓度,单位为微克每毫升(μg/mL);

ρ_0 ——自工作曲线上查得空白溶液中待测元素的质量浓度,单位为微克每毫升(μg/mL);

V_0——试液总体积,单位为毫升(mL);

V_2——分析试液(6.4.2)的测定体积,单位为毫升(mL);

V_1——分取试液的体积,单位为毫升(mL);

m ——试料的质量,单位为克(g)。

8 精密度

8.1 重复性

在重复性条件下获得的两次独立测试结果的测定值,在以下给出的平均值范围内,这两个测试结果的绝对差值不超过重复性限(r),超过重复性限(r)的情况不超过5%。重复性限(r)按表3数据采用线性内插法求得:

表3

元素	质量分数/%	重复性限(r)/%
Nb	0.035	0.004
	0.084	0.008
	0.42	0.04
Ta	0.036	0.009
	0.089	0.014
	0.42	0.04

注:重复性限(r)为2.8×S_r,S_r为重复性标准差。

8.2 允许差

实验室间分析结果的差值应不大于表4所列的允许差:

表4

元素	质量分数/%	允许差/%
Nb	0.010~0.030	0.006
	>0.030~0.080	0.008
	>0.080~0.20	0.018
	>0.20~0.50	0.05

表 4（续）

元素	质量分数/%	允许差/%
Ta	>0.020～0.080	0.010
	>0.080～0.20	0.020
	>0.20～0.50	0.05

9 质量保证与控制

每周用自制的控制标样（如有国家级或行业级标样时，应首先使用）校核一次本标准分析方法的有效性。当过程失控时，应找出原因，纠正错误，重新进行校核。

方法 2 电感耦合等离子体质谱法

10 范围

本部分方法 2 规定了单一稀土金属中铌、钽含量的测定方法。

本部分方法 2 适用于单一稀土金属中铌、钽含量的测定。测定范围：铌 0.001 0%～0.050%；除金属钬外其他稀土金属中的钽 0.001 0%～0.050%；金属钬中的钽 0.002 0%～0.050%。

11 方法原理

试料用硝酸、氢氟酸溶解，分离稀土基体后，在稀氢氟酸介质中，进行氩等离子体质谱测定。对于金属钬中钽的测定，采用系数校正法校正残留钬对钽的干扰。

12 试剂

12.1 氢氟酸（ρ1.14 g/mL）。

12.2 硝酸（1+1）。

12.3 铌标准贮存溶液：称取 1.000 0 g 金属铌［w(Nb)≥99.99%］于聚四氟乙烯烧杯中，加入 5 mL 氢氟酸（12.1），加热溶解至清亮，冷却后移入 1 000 mL 容量瓶中，补加 35 mL 氢氟酸（12.1），稀释至刻度，混匀。此溶液 1 mL 含 1 mg 铌。保存于塑料瓶中。

12.4 钽标准贮存溶液：称取 1.000 0 g 金属钽［w(Ta)≥99.99%］于聚四氟乙烯烧杯中，加入 5 mL 氢氟酸（12.1），加热溶解至清亮，冷却后移入 1 000 mL 容量瓶中，补加 35 mL 氢氟酸（12.1），稀释至刻度，混匀。此溶液 1 mL 含 1 mg 钽。保存于塑料瓶中。

12.5 混合标准溶液：移取 5 mL 铌标准贮存溶液（12.3），5 mL 钽标准贮存溶液（12.4）于 100 mL 容量瓶中，加入 2 mL 氢氟酸（12.1），用水稀释至刻度，混匀。此溶液 1 mL 含 50 μg 铌、50 μg 钽。保存于塑料瓶中。再将此溶液稀释成 1 mL 含 1 μg 铌、1 μg 钽的标准溶液。

12.6 钬标准溶液：称取 0.114 5 g 经 900 ℃灼烧 1 h 的氧化钬［w(REO)>99.5%，w(Ho_2O_3/REO)>99.99%］，置于 100 mL 烧杯中，加 10 mL 硝酸（12.2），低温加热至溶解完全，取下冷却，移入 100 mL 容量瓶中，用水稀至刻度，混匀。此溶液 1 mL 含 1 000 μg 钬。再将此溶液用硝酸（1+99）稀释成 1 mL

含 10 μg 钛的标准溶液。

12.7 铯内标溶液：称取 0.127 0 g 氯化铯，加入 10 mL 水及 2 mL 硝酸(12.2)，溶解至清，冷却。移入 100 mL 容量瓶中，用水稀释至刻度，混匀。此溶液 1 mL 含 1 mg 铯。再将此溶液用硝酸(1+99)稀释成 1 mL 含 1 μg 铯的内标溶液。

12.8 氩气[$w(Ar)\geqslant 99.99\%$]。

13 仪器

电感耦合等离子体质谱仪，质量分辨率不低于(0.8±0.1)amu。

14 试样

将试样去掉表面氧化层，取样后立即称量。

15 分析步骤

15.1 试料

称取 1.0 g 试样(14)，精确至 0.000 1 g。

15.2 测定次数

称取两份试料进行平行测定，取其平均值。

15.3 空白试验

随同试料做空白试验。

15.4 分析试液的制备

15.4.1 将试料(15.1)置于 200 mL 聚四氟乙烯烧杯中，加入少许水及 10 mL 硝酸(12.2)，加热溶解至清。加入约 50 mL 水，加热至近沸。取下，加入 5 mL 氢氟酸(12.1)，加热至微沸 2 min，并于 60 ℃～80 ℃保温 30 min，放置冷却至室温。移入 100 mL 塑料容量瓶中，用水稀释至刻度，混匀。待沉淀下沉后，用慢速滤纸干过滤。

15.4.2 分取 5.00 mL 滤液(15.4.1)，按表 5 置于相应塑料容量瓶中，并加入铯内标溶液(12.7)，用水稀释至刻度，混匀。

表 5

待测元素质量分数/%	定容体积/mL	加入铯内标溶液体积/mL
0.001 0～0.010	100	1.00
0.010～0.050	250	2.50

15.5 标准系列溶液的配制

分别移取 0 mL、0.50 mL、2.00 mL、5.00 mL、10.00 mL 混合标准溶液(12.5)于 5 个 100 mL 塑料容量瓶中，加入 0.2 mL 氢氟酸(12.1)、1.00 mL 铯内标溶液(12.7)，用水稀释至刻度，混匀。此标准系

列溶液中铌和钽的质量浓度 0 ng/mL、5.00 ng/mL、20.00 ng/mL、50.00 ng/mL、100.00 ng/mL。

分别移取 0 mL、1.00 mL、2.00 mL、5.00 mL 钬标准溶液(12.6)于 5 个 100 mL 塑料容量瓶中，加入 1.0 mL 氢氟酸(12.1)、1.00 mL 铯内标溶液(12.7)，用水稀释至刻度，混匀。此标准系列溶液中钬的质量浓度为 0 ng/mL、100.00 ng/mL、200.00 ng/mL、500.00 ng/mL。

15.6 测定

测量同位素质量数：^{93}Nb、^{181}Ta 和 ^{165}Ho。

将分析试液(15.4.2)与标准系列溶液(15.5)同时进行氩等离子质谱测定。

16 分析结果的计算与表述

按式(2)计算铌或钽的质量分数(%)：

$$w(\text{Nb 或 Ta}) = \frac{(\rho - \rho_0 - k\rho_1)V_0V_2 \times 10^{-9}}{mV_1} \times 100 \quad \cdots\cdots (2)$$

式中：

ρ ——自工作曲线上查得分析试液(15.4.2)中待测元素的质量浓度，单位为纳克每毫升(ng/mL)；

ρ_0 ——自工作曲线上查得空白溶液中待测元素的质量浓度，单位为纳克每毫升(ng/mL)；

k ——钬对钽的干扰系数(测定除钬以外的其他稀土基体时，$k=0$)；

ρ_1 ——自工作曲线上查得分析试液(15.4.2)中钬的质量浓度，单位为纳克每毫升(ng/mL)；

V_0——试液总体积，单位为毫升(mL)；

V_2——分析试液(15.4.2)的体积，单位为毫升(mL)；

V_1——分取试液的体积，单位为毫升(mL)；

m ——试料的质量，单位为克(g)。

17 精密度

17.1 重复性

在重复性条件下获得的两次独立测试结果的测定值，在以下给出的平均值范围内，这两个测试结果的绝对差值不超过重复性限(r)，超过重复性限(r)的情况不超过 5%，重复性限(r)按表 6 数据采用线性内插法求得。

表 6

元素	质量分数/%	重复性限(r)/%
Nb	0.001 8	0.000 5
	0.008 7	0.001 0
	0.035	0.004
Ta	0.001 8	0.000 5
	0.008 9	0.001 0
	0.035	0.004

注：重复性限(r)为 $2.8\times S_r$，S_r 为重复性标准差。

前　言

GB/T 12692 在“石油产品　燃料(F 类)分类”总标题下由以下几部分组成：

——第 1 部分：总则；

——第 2 部分：船用燃料油品种；

——第 3 部分：工业及船用燃气轮机燃料品种；

——第 4 部分：液化石油气(L 组)。

本部分为 GB/T 12692 的第 1 部分。

本部分等同采用 ISO 8216-99:2002《石油产品　燃料(F 类)分类　第 99 部分：总则》(英文版)。

本部分代替 GB/T 12692.1—1990《石油产品　燃料(F 类)分类　第 1 部分：总则》。

本部分与 GB/T 12692.1—1990 相比主要变化如下：

——增加了石油焦组(C 组)；

——对馏分型燃料(D 组)进行了细分。

本部分由全国石油产品和润滑剂标准化技术委员会(SAC/TC 280)提出。

本部分由全国石油产品和润滑剂标准化技术委员会石油燃料和润滑剂分技术委员会(SAC/TC 280/SC 1)技术归口。

本部分起草单位：中国石油化工股份有限公司石油化工科学研究院。

本部分主要起草人：龙化骊。

本部分于 1990 年首次发布，本次为第一次修订。

ISO 前言

ISO(国际标准化组织)是由各国标准化团体(ISO 成员)组成的世界性联合会。制定国际标准工作通常由 ISO 的技术委员会承担。对技术委员会已确立的课题,每个感兴趣的成员都有在该委员会表达意见的权利。与 ISO 保持联系的各国际组织,政府机关和非政府机关也可以参加委员会的有关工作。在电工技术标准化工作的所有方面,ISO 和国际电工委员会(IEC)保持密切的合作关系。

国际标准根据 ISO/IEC 导则第 3 部分的规则制定。

技术委员会采纳的国际标准草案需提交各成员投票表决,至少取得 75%参加表决成员同意后,才能作为国际标准发布。

值得注意的是:本国际标准的一些内容可能是专利权的对象,ISO 将不承担识别任何或所有这类专利权的责任。

ISO 8216-99 国际标准由 ISO/TC 28 石油产品和润滑剂技术委员会的 SC 4 分类和规格分委员会制定。

本标准废止并代替 ISO 8216-0:1986,是对 ISO 8216-0:1986 进行了技术修订后首次发布。

在石油产品 燃料(F 类) 分类的总标题下,ISO 8216 由以下几部分组成:

——第 1 部分:船用燃料油品种;

——第 2 部分:工业和船用燃气轮机燃料品种;

——第 3 部分:L 组(液化石油气);

——第 99 部分:总则。

石油产品 燃料(F类)分类
第1部分:总则

1 范围

GB/T 12692的本部分规定了由前缀字母F表示的石油燃料总分类的一般原则。

在F类中,根据燃料类型和挥发性降低顺序规定了五组产品。由于在世界不同地区,出于安全考虑,对于属于D组燃料给出了不同名称,因此根据燃料挥发性和闪点按照副组进一步定义。副组L(轻馏分)是闪点(闭口)低于正常环境温度的高挥发性液体燃料,因而需要特殊的危险预防措施,副组M和H可不需要。

每组的详细分类根据用途、类型和性质等补充因素确定,每类详细产品的定义在GB/T 12692的相关部分给出。

注1:如果石油燃料或它们的组分在调配为成品之前未用于其他用途,这些燃料仅适用于GB/T 12692本部分的要求。

注2:已在ISO 8681石油产品分类方法部分中定义了F类代表燃料。

2 规范性引用标准

下列文件中的条款通过GB/T 12692的本部分的引用而成为本部分的条款。凡是注日期的引用文件,其随后所有的修改单(不包括勘误的内容)或修订版均不适用于本部分,然而,鼓励根据本部分达成协议的各方研究是否可使用这些文件的最新版本。凡是不注日期的引用文件,其最新版本适用于本部分。

ISO 8681 石油产品和润滑剂 分类方法 类别定义

注:GB/T 498—1987 石油产品及润滑剂的总分类(neq ISO/DIS 8681:1985)

3 符号说明

3.1 根据ISO 8681的规定,各种产品用统一的形式表示,由一组字母组成的符号构成一个代号,例如ISO-F-DST-2。

此代号包括:

——词首字母ISO;

——表示类别的第一个字母(F表示燃料)。该字母应与其他符号明显分开;

——表示燃料类型的一组字母(从1至4个)。该组字母的第一个字母通常表示燃料的组别。对于D组,括号内还将包括一个字母(参见3.2注)。其后任何单独存在的字母可能有或可能没有含义;

——表示特殊性质的数字。该数字将在GB/T 12692标准的相关部分中规定。

3.2 在相关的分类标准或产品标识中,代号应以完整的形式表示,但在明确了引用标准(例如,规格)时,代号也可以简写。

注:一个完整的示例是ISO-F-D(M)ST-2,在以缩写方式描述产品性质与(L)或(H)副组不冲突的地方,在文件中可以缩写为F-DST-2。

4 石油燃料分类

4.1 总分类

石油燃料总分类见表1。在D组燃料产品命名中是否使用副组是可选的。副组的进一步说明见4.2。

4.2　馏分燃料(D组)的副组

4.2.1　副组(L)

副组(L)与“轻质馏分”一同使用,表示沸点在230 ℃以下、闪点(闭口)低于室温的石脑油及汽油。本副组通常应在文本中标识出来,以便强调采取适当措施预防危险。

4.2.2　副组(M)

副组(M)与“中质馏分”一同使用,表示沸点接近150 ℃～400 ℃之间,闪点(闭口)在38 ℃以上的煤油及瓦斯油。

4.2.3　副组(H)

副组(H)与“重质馏分”一同使用,表示含有大量的沸点在400 ℃以上,闪点(闭口)超过60 ℃的无沥青质的燃料和原料。

注:减压瓦斯油(VGO),闪蒸馏分,某些船用燃料及溶剂抽提物归入本副组。

表1　石油燃料分类

组别	副组	组别定义
G	—	气体燃料: 主要由来源于石油的甲烷和/或乙烷组成的气体燃料。
L	—	液化石油气: 主要由 C_3 和 C_4 烷烃或烯烃或其混合物组成,并且更高碳原子数的物质液体体积小于5%的气体燃料。
D	(L)(M)(H)	馏分燃料: 由原油加工或石油气分离所得的主要来源于石油的液体燃料。轻质或中质馏分燃料中不含加工过程的残渣,而重质馏分可含有在调合、贮存和/或运输过程中引入的、规格标准限定范围内的少量残渣。具有高挥发性和很低闪点(闭口)的轻质馏分燃料要求有特殊的危险预防措施。
R	—	残渣燃料: 含有来源于石油加工残渣的液体燃料。规格中应限制非来源于石油的成分。
C	—	石油焦: 由原油或原料油深度加工所得,主要由碳组成的来源于石油的固体燃料。

ICS 75.160.20
E 31

中华人民共和国国家标准

GB/T 12692.2—2010/ISO 8216-1:2005
代替 GB/T 12692.2—1990

石油产品 燃料(F类)分类 第2部分:船用燃料油品种

Petroleum products—Fuels (class F) classification—Part 2:Categories of marine fuels

(ISO 8216-1:2005,Petroleum products—Fuels (class F) classification—Part 1:Categories of marine fuels,IDT)

2010-09-02 发布 2010-12-01 实施

中华人民共和国国家质量监督检验检疫总局
中国国家标准化管理委员会 发布

前　言

GB/T 12692 在“石油产品　燃料(F 类)　分类”总标题下由以下几部分组成：

——第 1 部分:总则；

——第 2 部分:船用燃料油品种；

——第 3 部分:工业及船用燃气轮机燃料品种；

——第 4 部分:液化石油气(L 组)。

本部分为 GB/T 12692 的第 2 部分。本部分等同采用 ISO 8216-1:2005《石油产品　燃料(F 类)　分类　第 1 部分:船用燃料品种》(英文版)。

本部分代替 GB/T 12692.2—1990《石油产品　燃料(F 类)分类　第 2 部分:船用燃料油品种》。

本部分与 GB/T 12692.2—1990 相比主要变化如下：

——残渣型船用燃料油由 100 ℃运动黏度最大值改为 50 ℃运动黏度最大值(见第 4 章表 1,1990 版第 4 章)；

——残渣型船用燃料油品种由 16 个牌号减少到 10 个牌号(见第 4 章表 1,1990 版第 4 章)；

——增加了对 RMK 燃料油品种密度限值的要求(见第 4 章表 1,1990 版第 4 章)。

本部分由全国石油产品和润滑剂标准化技术委员会(SAC/TC 280)提出。

本部分由全国石油产品和润滑剂标准化技术委员会石油燃料和润滑剂分技术委员会(SAC/TC 280/SC 1)技术归口。

本部分起草单位:中国石油化工股份有限公司石油化工科学研究院。

本部分主要起草人:龙化骊。

本部分于 1990 年首次发布,本次为第一次修订。

石油产品 燃料(F类)分类
第2部分:船用燃料油品种

1 范围

本部分规定了F类(石油燃料)中船用燃料的详细分类。本部分应与GB/T 12692.1联系起来理解。

所有船用燃料油有很多类似之处,但使用目的不同。很多船用燃料油,比如以原油残渣为基础的船用燃料油很难明确定义其类别,但仍可划分到本部分范围内。

2 规范性引用文件

下列文件中的条款通过GB/T 12692的本部分的引用而成为本部分的条款。凡是注日期的引用文件,其随后所有的修改单(不包括勘误的内容)或修订版均不适用于本部分,然而,鼓励根据本部分达成协议的各方研究是否可使用这些文件的最新版本。凡是不注日期的引用文件,其最新版本适用于本部分。

GB/T 12692.1 石油产品 燃料(F类)分类 第1部分:总则(GB/T 12692.1—2010,ISO 8216-99:2002,IDT)

ISO 8217:2005 石油产品 燃料(F类) 船用燃料规格

3 符号说明

3.1 根据GB/T 12692.1燃料分组总则,船用燃料油按照产品用途和性能分为两组(D组和R组)(D组为馏分燃料或主要是馏分燃料,R组为残渣燃料)。

3.2 根据GB/T 12692.1规定,产品的命名形式由组合在一起的字母符号来表示。

该类产品符号构成:

——词首字母ISO;

——代表燃料类的字母F;

燃料品种由三个字母构成:

——品种的第一个字母通常是组别字母,D代表馏分,R代表残渣;

——第二个字母M代表燃料应用于“船舶”;

——第三个字母,X,A,B,C,…,K单独存在时无意义,仅在产品规格中涉及产品特殊性能时有意义;

——数字,用于残渣燃料产品,表示产品50 ℃时的最大运动黏度,以毫米平方每秒为单位。

3.3 在本分类体系中,产品以统一的方式命名。例如某产品可用完整的形式表示,即ISO-F-RMA 30,或简写为F-RMA 30。

4 详细分类

船用燃料油详细分类如表1所示。

表 1 船用燃料油分类

组： 按燃料类型细分	命名符号 ISO-F-		说 明
	品种： 按用途和性能细分	50 ℃运动黏度最大值/ (mm^2/s)	
船用馏分燃料	DMX	—	机舱外应急目的使用
	DMA	—	一般用途，不含残渣组分
	DMB	—	一般用途，可含微量残渣组分
	DMC	—	一般用途，可含少量残渣组分
船用残渣燃料	RMA	30	在 ISO 8217:2005 中，对所有类型的产品规定有密度最大限值。
	RMB	30	
	RMD	80	
	RME	180	
	RMF	180	
	RMG	380	
	RMH	380	
	RMK	380	
	RMH	700	
	RMK	700	

中华人民共和国国家标准

GB 12693—2010

食品安全国家标准
乳制品良好生产规范

National food safety standard

Good manufacturing practice for milk products

2010-03-26 发布　　2010-12-01 实施

中华人民共和国卫生部　发布

前　言

本标准代替 GB 12693—2003《乳制品企业良好生产规范》和 GB/T 21692—2008《乳粉卫生操作规范》。

本标准对应于国际食品法典委员会(CAC)CAC/RCP 1—1969，Rev. 4—2003 Recommended International Code of Practice General Principles of Food Hygiene 及 CAC/RCP 57—2004 Code of Hygienic Practice for Milk and Milk Products，本标准与 CAC/RCP 1—1969，Rev. 4—2003、CAC/RCP 57—2004 的一致性程度为非等效；同时参考了欧盟法规(EC) No. 852/2004 On the hygiene of foodstuffs 及(EC) No. 853/2004 Laying down specific hygiene rules for food of animal origin。

本标准与 GB 12693—2003 和 GB/T 21692—2008 相比，主要变化如下：

——标准名称改为《乳制品良好生产规范》；

——对适用范围进行了调整，强调了适用于各类乳制品企业；

——修改了标准条款框架；

——强调了在原料进厂、生产过程的食品安全控制、产品的运输和贮存整个生产过程中防止污染的要求；

——对生产设备进行了调整，从防止微生物、化学、物理污染的角度对生产设备提出了布局、材质和设计要求；

——取消了实验室建设中的硬件要求；

——增加了原料采购、验收、运输和贮存的相关要求；

——强调了生产过程的食品安全控制，并制定了控制微生物、化学、物理污染的主要措施；

——增加了包装材料及其使用要求；

——增加了关键控制点的控制指标、监测以及记录要求；

——增加了产品追溯与召回的具体要求；

——增加了记录和文件的管理要求。

本标准的附录 A 为资料性附录。

本标准所代替标准的历次版本发布情况为：

——GB 12693—1990、GB 12693—2003；

——GB/T 21692—2008。

食品安全国家标准

乳制品良好生产规范

1 范围

本标准适用于以牛乳(或羊乳)及其加工制品等为主要原料加工各类乳制品的生产企业。

2 规范性引用文件

本标准中引用的文件对于本标准的应用是必不可少的。凡是注日期的引用文件,仅所注日期的版本适用于本标准。凡是不注日期的引用文件,其最新版本(包括所有的修改单)适用于本标准。

3 术语和定义

3.1 清洁作业区 cleaning work area

清洁度要求高的作业区域,如裸露待包装的半成品贮存、充填及内包装车间等。

3.2 准清洁作业区 quasi-cleaning work area

清洁度要求低于清洁作业区的作业区域,如原料预处理车间等。

3.3 一般作业区 commonly work area

清洁度要求低于准清洁作业区的作业区域,如收乳间、原料仓库、包装材料仓库、外包装车间及成品仓库等。

4 选址及厂区环境

按照 GB 14881 有关规定执行。

5 厂房和车间

5.1 设计和布局

5.1.1 凡新建、扩建、改建的工程项目均应按照国家相关规定进行设计和施工。

5.1.2 厂房和车间的布局应能防止乳制品加工过程中的交叉污染,避免接触有毒物、不洁物。

5.1.3 车间内清洁作业区、准清洁作业区与一般作业区之间应采取适当措施,防止交叉污染。

5.2 内部建筑结构

5.2.1 屋顶

5.2.1.1 加工、包装、贮存等场所的室内屋顶和顶角应易于清扫,防止灰尘积聚,避免结露、长霉或脱落等情形发生。清洁作业区、准清洁作业区及其他食品暴露场所(收乳间除外)屋顶若为易于藏污纳垢的结构,宜加设平滑易清扫的天花板;若为钢筋混凝土结构,其室内屋顶应平坦无缝隙。

5.2.1.2 车间内平顶式屋顶或天花板应使用无毒、无异味的白色或浅色防水材料建造,若喷涂涂料,应使用防霉、不易脱落且易于清洗的涂料。

5.2.1.3 蒸汽、水、电等配管不应设置于食品暴露的正上方,否则应安装防止灰尘及凝结水掉落的设施。

5.2.2 墙壁

5.2.2.1 应使用无毒、无味、平滑、不透水、易清洗的浅色防腐材料构造。

5.2.2.2 清洁作业区与准清洁作业区的墙角及柱角应结构合理,易于清洗和消毒。

5.2.3 门窗

5.2.3.1 应使用光滑、防吸附的材料，并且易于清洗和消毒。

5.2.3.2 生产车间和贮存场所的门、窗应装配严密，应配备防尘、防动物及其他虫害的设施，并便于清洁。

5.2.3.3 清洁作业区、准清洁作业区的对外出入口应装设能自动关闭(如安装自动感应器或闭门器等)的门和(或)空气幕。

5.2.4 地面

5.2.4.1 地面应使用无毒、无味、不透水的材料建造，且须平坦防滑、无裂缝并易于清洗和消毒。

5.2.4.2 作业中有排水或废水流经的地面，以及作业环境经常潮湿或以水洗方式清洗作业等区域的地面宜耐酸耐碱，并应有一定的排水坡度及排水系统。

5.3 设施

5.3.1 供水设施

5.3.1.1 应能保证生产用水的水质、压力、水量等符合生产需要。

5.3.1.2 供水设备及用具应取得省级以上卫生行政部门的涉及饮用水卫生安全产品卫生许可批件。

5.3.1.3 供水设施出入口应增设安全卫生设施，防止动物及其他物质进入导致食品污染。

5.3.1.4 使用二次供水的，应符合 GB 17051 的规定。

5.3.1.5 使用自备水源的供水过程应符合国家卫生行政管理部门关于生活饮用水集中式供水单位的相关卫生要求。

5.3.1.6 不与食品接触的非饮用水(如冷却水、污水或废水等)的管道系统与生产用水的管道系统应明显区分，并以完全分离的管路输送，不应有逆流或相互交接现象。

5.3.1.7 生产用水的水质应符合 GB 5749 的规定。

5.3.2 排水系统

5.3.2.1 应配备适当的排水系统，且在设计和建造时应避免产品或生产用水受到污染。

5.3.2.2 排水系统应有坡度、保持通畅、便于清洗，排水沟的侧面和底面接合处应有一定弧度。

5.3.2.3 排水系统入口应安装带水封的地漏，以防止固体废弃物进入及浊气逸出。

5.3.2.4 排水系统内及其下方不应有生产用水的供水管路。

5.3.2.5 排水系统出口应有防止动物侵入的装置。

5.3.2.6 室内排水的流向应由清洁度要求高的区域流向清洁度要求低的区域，并有防止废水逆流的设计。

5.3.2.7 废水应排至废水处理系统或经其他适当方式处理。

5.3.3 清洁设施

应配备适当的专门用于食品、器具和设备清洁处理的设施，以及存放废弃物的设施等。

5.3.4 个人卫生设施

5.3.4.1 个人卫生设施应符合 GB 14881 的规定。

5.3.4.2 进入清洁作业区前应设置消毒设施，必要时设置二次更衣室。

5.3.5 通风设施

5.3.5.1 应具有自然通风或人工通风措施，减少空气来源的污染、控制异味，以保证食品的安全和产品特性。乳粉生产时清洁作业区还应控制环境温度，必要时控制空气湿度。

5.3.5.2 清洁作业区应安装空气调节设施，以防止蒸汽凝结并保持室内空气新鲜；一般作业区应安装通风设施，及时排除潮湿和污浊的空气。厂房内进行空气调节、进排气或使用风扇时，其空气应由清洁度要求高的区域流向清洁度要求低的区域，防止食品、生产设备及内包装材料遭受污染。

5.3.5.3 在有臭味及气体(蒸汽及有毒有害气体)或粉尘产生而有可能污染食品的区域，应有适当的排除、收集或控制装置。

5.3.5.4 进气口应距地面或屋面 2 m 以上，远离污染源和排气口，并设有空气过滤设备。排气口应装有易清洗、耐腐蚀的网罩，防止动物侵入；通风排气装置应易于拆卸清洗、维修或更换。

5.3.5.5 用于食品、清洁食品接触面或设备的压缩空气或其他气体应经过滤净化处理，以防止造成间接污染。

5.3.6 照明设施

5.3.6.1 厂房内应有充足的自然采光或人工照明，车间采光系数不应低于标准Ⅳ级。质量监控场所工作面的混合照度不宜低于 540 lx，加工场所工作面不宜低于 220 lx，其他场所不宜低于 110 lx，对光敏感测试区域除外。光源不应改变食品的颜色。

5.3.6.2 照明设施不应安装在食品暴露的正上方，否则应使用安全型照明设施，以防止破裂污染食品。

5.3.7 仓储设施

5.3.7.1 企业应具有与生产经营的乳制品品种、数量相适应的仓储设施。

5.3.7.2 应依据原料、半成品、成品、包装材料等性质的不同分设贮存场所，必要时应设有冷藏(冻)库。同一仓库贮存性质不同物品时，应适当隔离(如分类、分架、分区存放)，并有明显的标识。

5.3.7.3 仓库以无毒、坚固的材料建成，地面平整，便于通风换气，并应有防止动物侵入的装置(如仓库门口应设防鼠板或防鼠沟)。

5.3.7.4 仓库应设置数量足够的栈板(物品存放架)，并使物品与墙壁、地面保持适当距离，以利空气流通及物品的搬运。

5.3.7.5 冷藏(冻)库，应装设可正确指示库内温度的温度计、温度测定器或温度自动记录仪，且对温度进行适时监控，并记录。

6 设备

6.1 生产设备

6.1.1 一般要求

6.1.1.1 应具有与生产经营的乳制品品种、数量相适应的生产设备，且各个设备的能力应能相互匹配。

6.1.1.2 所有生产设备应按工艺流程有序排列，避免引起交叉污染。

6.1.1.3 应制定生产过程中使用的特种设备(如压力容器、压力管道等)的操作规程。

6.1.2 材质

6.1.2.1 与原料、半成品、成品直接或间接接触的所有设备与用具，应使用安全、无毒、无臭味或异味、防吸收、耐腐蚀且可承受反复清洗和消毒的材料制造。

6.1.2.2 产品接触面的材质应符合食品相关产品的有关标准，应使用表面光滑、易于清洗和消毒、不吸水、不易脱落的材料。

6.1.3 设计

6.1.3.1 所有生产设备的设计和构造应易于清洗和消毒，并容易检查。应有可避免润滑油、金属碎屑、污水或其他可能引起污染的物质混入食品的构造，并应符合相应的要求。

6.1.3.2 食品接触面应平滑、无凹陷或裂缝，以减少食品碎屑、污垢及有机物的聚积。

6.1.3.3 贮存、运输及加工系统(包括重力、气动、密闭及自动系统)的设计与制造应易于维持其良好的卫生状况。物料的贮存设备应能密封。

6.1.3.4 应有专门的区域贮存设备备件，以便设备维修时能及时获得必要的备件；应保持备件贮存区域清洁干燥。

6.2 监控设备

6.2.1 用于测定、控制、记录的监控设备，如压力表、温度计等，应定期校准、维护，确保准确有效。

6.2.2 当采用计算机系统及其网络技术进行关键控制点监测数据的采集和对各项记录的管理时，计算机系统及其网络技术的有关功能可参考本标准附录 A 的规定。

6.3 设备的保养和维修

6.3.1 应建立设备保养和维修程序，并严格执行。

6.3.2 应建立设备的日常维护和保养计划，定期检修，并作好记录。

6.3.3 每次生产前应检查设备是否处于正常状态，防止影响产品卫生质量的情形发生；出现故障应及时排除并记录故障发生时间、原因及可能受影响的产品批次。

7 卫生管理

7.1 卫生管理制度

7.1.1 应制定卫生管理制度及考核标准，并实行岗位责任制。

7.1.2 应制定卫生检查计划，并对计划的执行情况进行记录并存档。

7.2 厂房及设施卫生管理

7.2.1 厂房内各项设施应保持清洁，及时维修或更新；厂房屋顶、天花板及墙壁有破损时，应立即修补，地面不应有破损或积水。

7.2.2 用于加工、包装、贮存和运输等的设备及工器具、生产用管道、食品接触面，应定期清洗和消毒。清洗和消毒作业时应注意防止污染食品、食品接触面及内包装材料。

7.2.3 已清洗和消毒过的可移动设备和用具，应放在能防止其食品接触面再受污染的适当场所，并保持适用状态。

7.3 清洁和消毒

7.3.1 应制定有效的清洁和消毒计划和程序，以保证食品加工场所、设备和设施等的清洁卫生，防止食品污染。

7.3.2 可根据产品和工艺特点选择清洁和消毒的方法。

7.3.3 用于清洁和消毒的设备、用具应放置在专用场所妥善保管。

7.3.4 应对清洁和消毒程序进行记录，如洗涤剂和消毒剂的品种、作用时间、浓度、对象、温度等。

7.4 人员健康与卫生要求

7.4.1 人员健康

7.4.1.1 企业应建立并执行从业人员健康管理制度。

7.4.1.2 乳制品加工人员每年应进行健康检查，取得健康证明后方可参加工作。

7.4.1.3 患有痢疾、伤寒、甲型病毒性肝炎、戊型病毒性肝炎等消化道传染病的人员，以及患有活动性肺结核、化脓性或者渗出性皮肤病等有碍食品安全疾病的人员，以及皮肤有未愈伤口的人员，企业应将其调整到其他不影响食品安全的工作岗位。

7.4.2 个人卫生

7.4.2.1 乳制品加工人员应保持良好的个人卫生。

7.4.2.2 进入生产车间前，应穿戴好整洁的工作服、工作帽、工作鞋(靴)。工作服应盖住外衣，头发不应露出帽外，必要时需戴口罩；不应穿清洁作业区、准清洁作业区的工作服、工作鞋(靴)进入厕所，离开生产加工场所或跨区域作业。

7.4.2.3 上岗前、如厕后、接触可能污染食品的物品后或从事与生产无关的其他活动后，应洗手消毒。生产加工、操作过程中应保持手部清洁。

7.4.2.4 乳制品加工人员不应涂指甲油，不应使用香水，不应佩戴手表及饰物。

7.4.2.5 工作场所严禁吸烟、吃食物或进行其他有碍食品卫生的活动。

7.4.2.6 个人衣物应贮存在更衣室个人专用的更衣柜内，个人用其他物品不应带入生产车间。

7.4.3 来访者

来访者进入食品生产加工、操作场所应符合现场操作人员卫生要求。

7.5 虫害控制

7.5.1 应制定虫害控制措施,保持建筑物完好、环境整洁,防止虫害侵入及孳生。

7.5.2 在生产车间和贮存场所的入口处应设捕虫灯(器),窗户等与外界直接相连的地方应当安装纱窗或采取其他措施,防止或消除虫害。

7.5.3 应定期监测和检查厂区环境和生产场所中是否有虫害迹象,若发现虫害存在时,应追查其来源,并杜绝再次发生。

7.5.4 可采用物理、化学或生物制剂进行处理,其灭除方法应不影响食品的安全和产品特性,不污染食品接触面及包装材料(如尽量避免使用杀虫剂等)。

7.6 废弃物处理

7.6.1 应制定废弃物存放和清除制度。

7.6.2 盛装废弃物、加工副产品以及不可食用物或危险物质的容器应有特别标识且要构造合理、不透水,必要时容器可封闭,以防止污染食品。

7.6.3 应在适当地点设置废弃物临时存放设施,并依废弃物特性分类存放,易腐败的废弃物应定期清除。

7.6.4 废弃物放置场所不应有不良气味或有害、有毒气体溢出,应防止虫害的孳生,防止污染食品、食品接触面、水源及地面。

7.7 有毒有害物管理

按照 GB 14881 有关规定执行。

7.8 污水、污物管理

7.8.1 污水排放应符合 GB 8978 的要求,不符合标准时应采取净化措施,达标后方可排放。

7.8.2 污物管理按照 GB 14881 有关规定执行。

7.9 工作服管理

按照 GB 14881 有关规定执行。

8 原料和包装材料的要求

8.1 一般要求

8.1.1 企业应建立与原料和包装材料的采购、验收、运输和贮存相关的管理制度,确保所使用的原料和包装材料符合法律法规的要求。不得使用任何危害人体健康和生命安全的物质。

8.1.2 企业自行建设的生乳收购站应符合国家和地方相关规定。

8.2 原料和包装材料的采购和验收要求

8.2.1 企业应建立供应商管理制度,规定供应商的选择、审核、评估程序。

8.2.2 企业应建立原料和包装材料进货查验制度。

8.2.2.1 使用生乳的企业应按照相关食品安全标准逐批检验收购的生乳,如实记录质量检测情况、供货方的名称以及联系方式、进货日期等内容,并查验运输车辆生乳交接单。企业不应从未取得生乳收购许可证的单位和个人购进生乳。

8.2.2.2 其他原料和包装材料验收时,应查验该批原料和包装材料的合格证明文件(企业自检报告或第三方出具的检验报告);无法提供有效的合格证明文件的,应按照相应的食品安全标准或企业验收标准对所购原料和包装材料进行检验,合格后方可接收与使用。应如实记录原料和包装材料的相关信息。

8.2.3 经判定拒收的原料和包装材料应予以标识,单独存放,并通知供货方做进一步处理。

8.2.4 如发现原料和包装材料存在食品安全问题时应向本企业所在辖区的食品安全监管部门报告。

8.3 原料和包装材料的运输和贮存要求

8.3.1 企业应按照保证质量安全的要求运输和贮存原料和包装材料。

8.3.2 生乳的运输和贮存

8.3.2.1 运输和贮存生乳的容器，应符合相关国家安全标准。

8.3.2.2 生乳在挤奶后 2 h 内应降温至 0 ℃～4 ℃。采用保温奶罐车运输。运输车辆应具备完善的证明和记录。

8.3.2.3 生乳到厂后应及时进行加工，如果不能及时处理，应有冷藏贮存设施，并进行温度及相关指标的监测，作好记录。

8.3.3 其他原料和包装材料的运输和贮存

8.3.3.1 原料和包装材料在运输和贮存过程应避免太阳直射、雨淋、强烈的温度、湿度变化与撞击等；不应与有毒、有害物品混装、混运。

8.3.3.2 在运输和贮存过程中，应避免原料和包装材料受到污染及损坏，并将品质的劣化降到最低程度；对有温度、湿度及其他特殊要求的原料和包装材料应按规定条件运输和贮存。

8.3.3.3 在贮存期间应按照不同原料和包装材料的特点分区存放，并建立标识，标明相关信息和质量状态。

8.3.3.4 应定期检查库存原料和包装材料，对贮存时间较长，品质有可能发生变化的原料和包装材料，应定期抽样确认品质；及时清理变质或者超过保质期的原料和包装材料。

8.3.4 合格原料和包装材料使用时应遵照“先进先出”或“效期先出”的原则，合理安排使用。

8.4 保存原料和包装材料采购、验收、贮存和运输记录。

9 生产过程的食品安全控制

9.1 微生物污染的控制

9.1.1 温度和时间

9.1.1.1 应根据产品的特点，规定用于杀灭微生物或抑制微生物生长繁殖的方法，如热处理，冷冻或冷藏保存等，并实施有效的监控。

9.1.1.2 应建立温度、时间控制措施和纠偏措施，并进行定期验证。

9.1.1.3 对严格控制温度和时间的加工环节，应建立实时监控措施，并保持监控记录。

9.1.2 湿度

9.1.2.1 应根据产品和工艺特点，对需要进行湿度控制区域的空气湿度进行控制，以减少有害微生物的繁殖；制定空气湿度关键限值，并有效实施。

9.1.2.2 建立实时空气湿度控制和监控措施，定期进行验证，并进行记录。

9.1.3 生产区域空气洁净度

9.1.3.1 生产车间应保持空气的清洁，防止污染食品。

9.1.3.2 按 GB/T 18204.1 中的自然沉降法测定，清洁作业区空气中的菌落总数应控制在 30 CFU/皿以下。

9.1.4 防止微生物污染

9.1.4.1 应对从原料和包装材料进厂到成品出厂的全过程采取必要的措施，防止微生物的污染。

9.1.4.2 用于输送、装载或贮存原料、半成品、成品的设备、容器及用具，其操作、使用与维护应避免对加工或贮存中的食品造成污染。

9.1.4.3 加工中与食品直接接触的冰块和蒸汽，其用水应符合 GB 5749 的规定。

9.1.4.4 食品加工中蒸发或干燥工序中的回收水以及循环使用的水可以再次使用，但应确保其对食品的安全和产品特性不造成危害，必要时应进行水处理，并应有效监控。

9.2 化学污染的控制

9.2.1 应建立防止化学污染的管理制度，分析可能的污染源和污染途径，并提出控制措施。

9.2.2 应选择符合要求的洗涤剂、消毒剂、杀虫剂、润滑油，并按照产品说明书的要求使用；对其使用应做登记，并保存好使用记录，避免污染食品的危害发生。

9.2.3 化学物质应与食品分开贮存，明确标识，并应有专人对其保管。

9.3 物理污染的控制

9.3.1 应通过采取设备维护、卫生管理、现场管理、外来人员管理及加工过程监督等措施，确保产品免受外来物(如玻璃或金属碎片、尘土等)的污染。

9.3.2 应采取有效措施(如设置筛网、捕集器、磁铁、电子金属检查器等)防止金属或其他外来杂物混入产品中。

9.3.3 不应在生产过程中进行电焊、切割、打磨等工作，以免产生异味、碎屑。

9.4 食品添加剂和食品营养强化剂

9.4.1 应依照食品安全标准规定的品种、范围、用量合理使用食品添加剂和食品营养强化剂。

9.4.2 在使用时对食品添加剂和食品营养强化剂准确称量，并作好记录。

9.5 包装材料

9.5.1 包装材料应清洁、无毒且符合国家相关规定。

9.5.2 包装材料或包装用气体应无毒，并且在特定贮存和使用条件下不影响食品的安全和产品特性。

9.5.3 内包装材料应能在正常贮存、运输、销售中充分保护食品免受污染，防止损坏。

9.5.4 可重复使用的包装材料如玻璃瓶、不锈钢容器等在使用前应彻底清洗，并进行必要的消毒。

9.5.5 在包装操作前，应对即将投入使用的包装材料标识进行检查，避免包装材料的误用，并予以记录，内容包括包装材料对应的产品名称、数量、操作人及日期等。

9.6 产品信息和标签

产品标签应符合 GB 7718、相应产品国家标准及国家其他相关规定。

10 检验

10.1 企业可对原料和产品自行检验，也可委托获得食品检验机构资质的检验机构进行检验。自行检验的企业应具备相应的检验能力。

10.2 应按相关标准对每批产品进行检验，并保留样品。

10.3 应加强实验室质量管理，确保检验结果的准确性和真实性。

10.4 应完整保存各项检验记录和检验报告。

11 产品的贮存和运输

11.1 应根据产品的种类和性质选择贮存和运输的方式，并符合产品标签所标识的贮存条件。

11.2 贮存和运输过程中应避免日光直射、雨淋、剧烈的温度、湿度变化和撞击等，以防止乳制品的成分、品质等受到不良的影响；不应将产品与有异味、有毒、有害物品一同贮存和运输。

11.3 用于贮存、运输和装卸的容器、工具和设备应清洁、安全，处于良好状态，防止产品受到污染。

11.4 仓库中的产品应定期检查，必要时应有温度记录和(或)湿度记录，如有异常应及时处理。

11.5 经检验后的产品应标识其质量状态。

11.6 产品的贮存和运输应有相应的记录，产品出厂有出货记录，以便发现问题时，可迅速召回。

12 产品追溯和召回

12.1 应建立产品追溯制度，确保对产品从原料采购到产品销售的所有环节都可进行有效追溯。

12.2 应建立产品召回制度。当发现某一批次或类别的产品含有或可能含有对消费者健康造成危害的因素时，应按照国家相关规定启动产品召回程序，及时向相关部门通告，并作好相关记录。

12.3 应对召回的食品采取无害化处理、销毁等措施，并将食品召回和处理情况向相关部门报告。

12.4 应建立客户投诉处理机制。对客户提出的书面或口头意见、投诉，企业相关管理部门应作记录并查找原因，妥善处理。

13 培训

13.1 应建立培训制度，对本企业所有从业人员进行食品安全知识培训。

13.2 应根据岗位的不同需求制定年度培训计划，进行相应培训，特殊工种应持证上岗。

13.3 应定期审核和修订培训计划，评估培训效果，并进行常规检查，以确保计划的有效实施。

13.4 应保持培训记录。

14 管理机构和人员

14.1 应建立健全本单位的食品安全管理制度，采取相应管理措施，对乳制品生产实施从原料进厂到成品出厂全过程的安全质量控制，保证产品符合法律法规和相关标准的要求。

14.2 应建立食品安全管理机构，负责企业的食品安全管理。

14.3 食品安全管理机构负责人应是企业法人代表或企业法人授权的负责人。

14.4 机构中的各部门应有明确的管理职责，并确保与质量、安全相关的管理职责落实到位。各部门应有效分工，避免职责交叉、重复或缺位。对厂区内外环境、厂房设施和设备的维护和管理、生产过程质量安全管理、卫生管理、品质追踪等制定相应管理制度，并明确管理负责人与职责。

14.5 食品安全管理机构中各部门应配备经专业培训的专职或兼职的食品安全管理人员，宣传贯彻食品安全法规及有关规章制度，负责督查执行的情况并作好有关记录。

15 记录和文件的管理

15.1 记录管理

15.1.1 应建立相应的记录管理制度，对乳制品加工中原料和包装材料等的采购、生产、贮存、检验、销售等环节详细记录，以增加食品安全管理体系的可信性和有效性。

15.1.1.1 应如实记录食品原料、食品添加剂、食品相关产品的名称、规格、数量、供货者名称及联系方式、进货日期等内容。

15.1.1.2 应如实记录产品的加工过程（包括工艺参数、环境监测等）、产品贮存情况及产品的检验批号、检验日期、检验人员、检验方法、检验结果等内容。

15.1.1.3 应如实记录出厂产品的名称、规格、数量、生产日期、生产批号、发货地点、收货人名称及联系方式、发货日期等内容。

15.1.1.4 应如实记录发生召回的食品名称、批次、规格、数量、发生召回的原因及后续整改方案等内容。

15.1.2 各项记录均应由执行人员和有关督导人员复核签名或签章，记录内容如有修改，不能将原文涂掉以致无法辨认，且修改后应由修改人在修改文字附近签名或签章。

15.1.3 所有生产和品质管理记录应由相关部门审核，以确定所有处理均符合规定，如发现异常现象，应立即处理。

15.1.4 对本规范所规定的有关记录，保存期不应少于二年。

15.2 文件管理

15.2.1 应建立文件的管理制度，并建立完整的质量管理档案，文件应分类归档、保存。分发、使用的文件应为批准的现行文本。已废除或失效的文件除留档备查外，不应在工作现场出现。

15.2.2 鼓励企业采用先进技术手段（如电子计算机信息系统），进行文件和记录的管理。

附 录 A
（资料性附录）
乳制品和婴幼儿配方食品生产企业计算机系统应用的有关要求

乳制品和婴幼儿配方食品生产企业的计算机系统应能满足《食品安全法》及其相关法律法规与标准对食品安全的监管要求，应形成从原料进厂到产品出厂在内各环节有助于食品安全问题溯源、追踪、定位的完整信息链，应能按照监管部门的要求提交或远程报送相关数据。该计算机系统应符合（但不限于）以下要求：

A.1 系统应包括原料采购与验收、原料贮存与使用、生产加工关键控制环节监控、产品出厂检验、产品贮存与运输、销售等各环节与食品安全相关的数据采集和记录保管功能。

A.2 系统应能对本企业相关原料、加工工艺以及产品的食品安全风险进行评估和预警。

A.3 系统和与之配套的数据库应建立并使用完善的权限管理机制，保证工作人员账号/密码的强制使用，在安全架构上确保系统及数据库不存在允许非授权访问的漏洞。

A.4 在权限管理机制的基础上，系统应实现完善的安全策略，针对不同工作人员设定相应策略组，以确定特定角色用户仅拥有相应权限。系统所接触和产生的所有数据应保存在对应的数据库中，不应以文件形式存储，确定所有的数据访问都要受系统和数据库的权限管理控制。

A.5 对机密信息采用特殊安全策略确保仅信息拥有者有权进行读、写及删除操所。如机密信息确需脱离系统和数据库的安全控制范围进行存储和传输，应确保：

A.5.1 对机密信息进行加密存储，防止无权限者读取信息。

A.5.2 在机密信息传输前产生校验码，校验码与信息（加密后）分别传输，在接收端利用校验码确认信息未被篡改。

A.6 如果系统需要采集自动化检测仪器产生的数据，系统应提供安全、可靠的数据接口，确保接口部分的准确和高可用性，保证仪器产生的数据能够及时准确地被系统所采集。

A.7 应实现完善详尽的系统和数据库日志管理功能，包括：

A.7.1 系统日志记录系统和数据库每一次用户登录情况（用户、时间、登录计算机地址等）。

A.7.2 操作日志记录数据的每一次修改情况（包括修改用户、修改时间、修改内容、原内容等）。

A.7.3 系统日志和操作日志应有保存策略，在设定的时限内任何用户（不包括系统管理员）不能够删除或修改，以确保一定时效的溯源能力。

A.8 详尽制定系统的使用和管理制度，要求至少包含以下内容：

A.8.1 对工作流程中的原始数据、中间数据、产生数据以及处理流程的实时记录制度，确保整个工作过程能够再现。

A.8.2 详尽的备份管理制度，确保故障灾难发生后能够尽快完整恢复整个系统以及相应数据。

A.8.3 机房应配备智能 UPS 不间断电源并与工作系统连接，确保外电断电情况下 UPS 接替供电并通知工作系统做数据保存和日志操作（UPS 应能提供保证系统紧急存盘操作时间的电力）。

A.8.4 健全的数据存取管理制度，保密数据严禁存放在共享设备上；部门内部的数据共享也应采用权限管理制度，实现授权访问。

A.8.5 配套的系统维护制度，包括定期的存储整理和系统检测，确保系统的长期稳定运行。

A.8.6 安全管理制度，需要定期更换系统各部分用户的密码，限定部分用户的登录地点，及时删除不再需要的账户。

A.8.7 规定外网登录的用户不应开启和使用外部计算机上操作系统提供的用户/密码记忆功能，防止信息被盗用。

A.9 当关键控制点实时监测数据与设定的标准值不符时，系统能记录发生偏差的日期、批次以及纠正偏差的具体方法、操作者姓名等。

A.10 系统内的数据和有关记录应能够被复制，以供监管部门进行检查分析。

ICS 59.080.01
W 04

中华人民共和国国家标准

GB/T 12703.4—2010

纺织品 静电性能的评定 第4部分:电阻率

Textile—Evaluation for electrostatic properties—Part 4:Resistivity

2011-01-10 发布 2011-06-01 实施

中华人民共和国国家质量监督检验检疫总局
中国国家标准化管理委员会 发布

前　言

GB/T 12703《纺织品　静电性能的评定》包括以下7个部分：

——第1部分：静电压半衰期；

——第2部分：电荷面密度；

——第3部分：电荷量；

——第4部分：电阻率；

——第5部分：摩擦带电电压；

——第6部分：纤维泄漏电阻；

——第7部分：动态静电压。

本部分为GB/T 12703的第4部分。

本部分由中国纺织工业协会提出。

本部分由全国纺织品标准化技术委员会基础分会(SAC/TC 209/SC 1)归口。

本部分起草单位：国家纺织制品质量监督检验中心、浙江朗莎尔维迪制衣有限公司。

本部分主要起草人：任鹤宁、王宝军、顾洁萍。

纺织品　静电性能的评定
第4部分：电阻率

1　范围

GB/T 12703的本部分规定了纺织品体积电阻率和表面电阻率的测试方法。

本部分适用于各类纺织织物。

本部分不适用于铺地织物。

2　规范性引用文件

下列文件中的条款通过GB/T 12703的本部分的引用而成为本部分的条款。凡是注日期的引用文件，其随后所有的修改单(不包括勘误的内容)或修订版均不适用于本部分，然而，鼓励根据本部分达成协议的各方研究是否可使用这些文件的最新版本。凡是不注日期的引用文件，其最新版本适用于本部分。

GB/T 8629—2001　纺织品　试验用家庭洗涤和干燥程序(eqv ISO 6330:2000)

3　术语和定义

下列术语和定义适用于GB/T 12703的本部分。

3.1

体积电阻　volume resistance

在一给定的通电时间之后，施加于与一块材料的相对两个面上相接触的两个引入电极之间的直流电压对于该两个电极之间的电流的比值，在该两个电极上可能的极化现象忽略不计。

注：除非另有规定，体积电阻是在电化1 min后测定。

3.2

体积电阻率　volume resistivity

沿试样体积电流方向的直流电场强度与稳态电流密度的比值。

3.3

表面电阻　surface resistance

在一给定的通电时间之后，施加于材料表面上的标准电极之间的直流电压对于电极之间的电流的比值，在电极上可能的极化现象忽略不计。

注1：除非另有规定，表面电阻是在电化1 min后测定。

注2：通常电流主要流过试样的一个表面层，但也包括流过试样体积内的成分。

3.4

表面电阻率　surface resistivity

沿试样表面电流方向的直流电场强度与单位长度的表面传导电流之比。

3.5

电极　electrodes

电极是具有一定形状、尺寸和结构的与被测试样相接触的导体。

4 意义

当一直流电压加在与试样相接触的两电极之间时，通过试样的电流会渐近地减小到一个稳定值。电流随时间的减小可能是由于电介质极化和可动离子位移到电极所致。对于体积电阻率小于 10^{10} Ω·m 的材料，其稳定状态通常在 1 min 内达到，因此，经过这个电化时间后测定电阻。

由于或多或少的体积电导总是要被包括到表面电导测试中去，因此不能精确而只能近似地测量表面电阻或表面电导。测得的值主要反映被测试样表面污染的特性。而且试样的电容率影响污染物质的沉积，它们的导电能力又受试样的表面特性所影响。因此，表面电阻率不是一个真正意义的材料特性，而是材料表面含有污染物质时与材料特性有关的一个参数。

表面电阻，特别是当它较高时，常以不规则方式变化，且通常非常依赖于电化时间。因此，测量时通常规定 1 min 的电化时间。

5 电源

应有稳定的直流电压源。可用蓄电池或一个整流稳压的电源来提供。

施加到整个试样上的试验电压通常规定为 100 V，250 V，500 V，1 000 V，2 500 V，5 000 V，10 000 V 和 15 000 V。最常用的电压是 100 V，500 V 和 1 000 V。

在某些情况下，试样的电阻与施加电压的极性有关。如果电阻是与极性有关的，则宜加以注明。取两次电阻值的几何平均值(对数算术平均值的反对数)作为结果。

6 测量方法

6.1 方法

测量高电阻常用的方法是直接法或比较法。

直接法是测量加在试样上的直流电压和流过它的电流(伏安法)而求得未知电阻。

比较法是确定电桥(电桥法)线路中试样未知电阻与电阻器已知电阻之间的比值，或是在固定电压下比较通过这两种电阻的电流。

伏安法需要一适当精度的伏特表，但该方法的灵敏度和精确度主要取决于电流测量装置的性能，该装置可以是一个检流计或电子放大器或静电计。

电桥法只需要一灵敏的电流检测器作为零点指示器，测量精确度主要取决于已知的桥臂电阻器，这些桥臂电阻应在宽的电阻值范围内具有高的精密度和稳定性。

电流比较法的精确度取决于已知电阻器的精确度和电流测量装置，包括与它相连的测量电阻器的稳定度和线性度。只要电压是恒定的，电流的确切数值并不重要。

对于不大于 10^{11} Ω 的电阻，可以按照 10.2 用检流计采用伏特计-安培计法来测定其体积电阻率。对于较高的电阻，则推荐使用直流放大器或静电计。

在电桥法中，不可能直接测量短路试样中的电流(见 10.2)。

利用电流测量装置的方法可以自动记录电流，以简化稳态测试过程(见 10.2)。

现已有测量高电阻的一些专门的线路和仪器。只要它们有足够的精确度和稳定度，且在需要时能使试样完全短路并在电化前测量电流者，均可使用。

6.2 精确度

对于低于 10^{10} Ω 的电阻，测量装置测量未知电阻的总精确度应至少为±10%。而对于更高的电阻，总精确度应至少为±20%。

6.3 保护

保护就是在所有关键的绝缘部位插入保护导体，保护导体截住所有可能引起误差的杂散电流。这些保护导体联接在一起，组成保护系统并与测量端形成三端网络。当线路联接恰当时，所有外来寄生电压产生的杂散电流被保护系统分流到测量电路以外，任一测量端到保护系统的绝缘电阻与一电阻低得多的线路元件并联，试样电阻仅限于两测量端之间。采用这个技术可大大地减小误差概率。图1为使用保护电极测量体积电阻和表面电阻的基本线路。

图2和图3给出了电流测量法中保护系统的使用方法，图中指出保护系统接到电源和电流测量装置的连接点。图4表示惠斯登电桥法，其保护系统接到两个较低电阻值的桥臂的连接点上。在所有情况下，保护系统必须完善，包括对测试人员在测量时操作的任何控制仪器的保护。

在保护端和被保护端之间所存在的电解电动势、接触电动势或热电动势较小时，均能被补偿掉，使这样的电动势在测量中不会引入显著的误差。

在电流测量法中，由于电流测量装置与被保护端和保护系统之间的电阻并联可能产生误差，因此，这个电阻宜至少为电流测量装置电阻的10倍，最好为100倍。在有些电桥法中，保护端和测量端具有大致相同的电位，不过电桥中的一个标准电阻器与不保护端和保护系统之间的电阻是并联的。这个电阻应至少为标准电阻的10倍，最好为100倍。

为确保设备的操作令人满意，应先断开电源和试样的连线进行一次测量。此时，设备应在它的灵敏度许可范围内指示出无穷大的电阻。如果有一些已知电阻值的标准电阻，则可用来检查设备运行是否良好。

7 调湿和试验用大气条件

调湿和试验用大气的环境条件为：温度(20±2)℃，相对湿度(35±5)%，环境风速应在0.1 m/s以下。

8 试样

8.1 预处理

8.1.1 如果需要，按照GB/T 8629—2001中7A程序洗涤，由有关各方商定可选择洗涤5、10、30、50、100次等，多次洗涤时，可将时间累加进行连续洗涤。或者按有关方认可的方法和次数进行洗涤。

注：累加时间时，将7A程序洗涤、冲洗1、冲洗2、冲洗3中时间分别进行累加。

8.1.2 将样品或洗涤后的样品，在50℃下预烘一定时间。

8.1.3 将预烘后的样品在第7章规定条件下达到调湿平衡，不得沾污样品。

8.2 体积电阻率

为测定体积电阻率，试样的形状不限，只要能允许使用第三电极来抵消表面效应引起的误差即可。对于表面泄漏可忽略不计的试样，测量体积电阻时可去掉保护，只要已证明去掉保护对结果的影响可忽略不计。

在被保护电极与保护电极之间的试样表面上的间隙要有均匀的宽度，并且在表面泄漏不致于引起测量误差的条件下间隙应尽可能的窄。1 mm的间隙通常为切实可行的最小间隙。

图5及图6给出了三电极装置的例子。在测量体积电阻时，电极1是被保护电极，电极2为保护电极，电极3为不保护电极。被保护电极的直径d_1(图5)或长度l_1(图6)应至少为试样厚度h的10倍，通常至少为25 mm。不保护电极的直径d_4(或长度l_4)和保护电极的外直径d_3(或保护电极两外边缘之间的长度l_3)，应该等于保护电极的内径d_2(或保护电极两内边缘之间的长度l_2)加上至少2倍的试样厚度。

8.3 表面电阻率

为测定表面电阻率，试样的形状不限，只要允许使用第三电极来抵消体积效应引起的误差即可。推荐使用图 5 及图 6 所示的三电极装置。用电极 1 作为被保护电极，电极 3 作为保护电极，电极 2 作为不保护电极。可直接测量电极 1 和 2 之间表面间隙的电阻。这样测得的电阻包括了电极 1 和 2 之间的表面电阻和这两个电极间的体积电阻。然而，对于很宽范围的环境条件和材料性能，当电极尺寸合适时，体积电阻的影响可忽略不计。为此，对于图 5 和图 6 所示的装置，电极的间隙宽度 w 至少应为试样厚度的 2 倍，一般说来，1 mm 为切实可行的最小间隙。被保护电极尺寸 d_1（或长度 l_1）应至少为试样厚度 h 的 10 倍，通常至少为 25 mm。

也可以使用条形电极或具有合适尺寸的其他装置。

注：由于通过试样内层的电流的影响，表面电阻率的计算值与试样和电极的尺寸有很大的关系，因此，为了测定时可进行比较，推荐使用与图 5 所示的电极装置的尺寸相一致的试样，其中 $d_1=50$ mm，$d_2=60$ mm，$d_3=80$ mm。

8.4 试样处置

电极之间或测量电极与大地之间的杂散电流对于测试仪器的读数没有明显的影响这一点很重要。测试时加电极到试样上和安放试样时均要极为小心，以免可能产生对测试结果有不良影响的杂散电流通道。

测量表面电阻时，不要清洗表面，除非另有协议或规定。除了同一材料的另一个试样的未被触摸过的表面可触及被测试样外，表面被测部分不应被任何东西触及。

9 电极

9.1 概述

绝缘材料用的电极材料应是一类容易加到试样上、能与试样表面紧密接触、且不致于因电极电阻或对试样的污染而引入很大误差的导电材料。在试验条件下，电极材料应能耐腐蚀。下面是可使用的一些典型的电极材料。电极应与给定形状和尺寸的合适的背衬电极一同使用。

简便的做法是用两种不同的电极材料或两种不同的使用方法来了解电极材料是否会引入很大误差。

9.2 导电银漆

某些高导电率的商品银漆，无论是气干的或低温烘干的，是足够疏松的、能透过湿气，因此可在加上电极后对试样进行条件处理。这种特点特别适合研究电阻-湿气效应以及电阻随温度的变化。然而，在导电漆被用作一种电极材料以前，应证实漆中的溶剂不影响试样的电性能。用精巧的毛刷可做到使保护电极的边缘相当光滑。但对于圆电极，可先用圆规画出电极的轮廓，然后用刷子来涂满内部的方法来获得精细的边缘。如电极漆是用喷枪喷上去的，则可采用固定模框。

9.3 喷镀金属

可使用能满意地粘合在试样上的喷镀金属。薄的喷镀电极的优点是一旦喷在试样上便可立即使用。这种电极或许是足够疏松的，可允许对试样进行条件处理，但这一特点应被证实。固定的模框可用来制取被保护电极与保护电极之间的间隙。

9.4 蒸发或阴极真空喷镀金属

当能证明材料不受离子轰击或真空处理的影响时，蒸发或阴极真空喷镀金属能在与 9.3 给出的相同条件下使用。

9.5 液体电极

使用液体电极往往能得到满意的结果。构成上电极的液体应被框住，例如用不锈钢环来框住，每个环的下边缘在不接触液体的一面被斜削成锐边。图 7 给出了使用液体电极的装置。因为有毒，不推荐长期使用或在高温下使用水银。

9.6 胶体石墨

分散在水中或其他合适媒质中的胶体石墨可在与9.2给出的相同条件下使用。

9.7 导电橡皮

导电橡皮可用作电极材料。它的优点是能方便快捷地放上和移开。由于只是在测定时才将电极放到试样上，因此它不妨碍试样的条件处理。导电橡皮应足够柔软，以确保其在加上适当的压力例如2 kPa(0.2 N/cm^2)时能与试样紧密接触。

9.8 金属箔

金属箔可粘贴在试样表面作为测量体积电阻用的电极，但它不适用于测量表面电阻。铅、锑铅合金、铝和锡箔都是被普遍使用的。通常用少量的凡士林、硅脂、硅油或其他合适的材料作为粘贴剂将它们粘贴到试样上去。含有下列组分的一种药用胶适合用作导电粘贴剂：

相对分子质量为600的无水聚乙二醇	800份(质量)
水	200份(质量)
软肥皂(药用级)	1份(质量)
氯化钾	10份(质量)

要在一个平稳的压力下粘贴电极，使之足以消除一切皱折和将多余的粘合剂赶到箔的边缘，再用一块干净的薄纸擦去。用软物如手指按压能很好地做到这点。这个技巧仅适用于表面非常平滑的试样，通过精心操作，粘合剂薄层可减小到0.002 5 mm或更薄。

10 试验程序

10.1 试验准备

试样按本标准第7章、第8章、第9章进行准备。

测量试样及电极的尺寸、表面间隙的宽度w(两电极之间距离)，精确到±1%。然而，如有必要，对薄试样可在有关的规范中规定不同的精确度。

为测定体积电阻率，应按照有关的规范测量每个试样的平均厚度，其厚度测量点应均匀地分布在由被保护电极所覆盖的整个面积上。

一般说来，应与条件处理时相同的湿度(浸在液体中的条件处理除外)和温度下测试电阻。但有时也可在停止条件处理后的规定时间内进行测量。

10.2 体积电阻

在测试前应使试样具有电介质稳定状态。为此，通过测量装置将试样的测量电极1和3短路[图1a)]，逐步增加电流测量装置的灵敏度到符合要求，同时观察短路电流的变化，如此继续到短路电流达到相当恒定的值为止，此值应小于电化电流的稳定值，或者小于电化100 min的电流。由于短路电流有可能改变方向，因此即使电流为零，也要维持短路状态到需要的时间。当短路电流I_0变得基本恒定时(可能需要几小时)，记下I_0的值和方向。

然后加上规定的直流电压并同时开始计时，使用一个固定的电化时间如1 min后的电流值来计算体积电阻率。

10.3 表面电阻

施加规定的直流电压，测定试样表面的两个测量电极[图1b)中电极1和2]间的电阻。应在1 min的电化时间后测量电阻，即使在此时间内电流还没有达到稳定的状态。

11 结果计算

11.1 体积电阻率

按式(1)计算：

$$\rho_V = R_V \times \frac{A}{h} \qquad \cdots\cdots(1)$$

式中：

ρ_V——体积电阻率，单位为欧姆米（Ω·m）[或欧姆厘米（Ω·cm）]；

R_V——按 10.2 测得的体积电阻，单位为欧姆（Ω）；

A——被保护电极的有效面积，单位为平方米（m^2）[或平方厘米（cm^2）]；

h——试样的平均厚度，单位为米（m）[或厘米（cm）]。

11.2 表面电阻率

按式(2)计算：

$$\rho_s = R_s \times \frac{L}{w} \qquad \cdots\cdots(2)$$

式中：

ρ_s——表面电阻率，单位为欧姆（Ω）；

R_s——按 10.3 规定而测得的表面电阻，单位为欧姆（Ω）；

L——特定使用电极装置中被保护电极的有效周长，单位为米（m）[或厘米（cm）]；

w——两电极之间的距离，单位为米（m）[或厘米（cm）]。

11.3 重现性

由于给定试样的电阻随试验条件而改变以及各个试样之间材料的不均匀性，故通常测量的不重现性不是接近于±10%，而常常有较大的分散性（在大致相同的条件下测得值的比值可能会是 10 比 1）。

为使在相似的试样上进行的测量具有可比性，应在大致相等的电位梯度下进行测量。

12 表面电阻率技术要求

表面电阻率技术要求见表 1，对于非耐久型抗静电纺织品，洗前应达到表 1 要求，对于耐久型抗静电纺织品，洗前、洗后均应达到表 1 要求。

表 1 表面电阻率技术要求

等级	要求/Ω
A 级	$<1\times10^7$
B 级	$\geqslant1\times10^7$，$<1\times10^{10}$
C 级	$\geqslant1\times10^{10}$，$\leqslant1\times10^{13}$

如有关各方另有协议，可按协议要求执行。

注：耐久型是指经多次洗涤仍保持特定性能的产品。

13 试验报告

试验报告应包括下列内容：

a) 标准编号；

b) 样品描述；

c) 试样的形状和尺寸；

d) 电极和保护装置的形式、材料和尺寸；

e) 试验温湿度条件及试验日期；

f) 测量方法；

g) 施加电压；

h) 试验结果；

i) 如果需要，对样品表面电阻率给出评价；

j) 任何偏离本部分的细节和试验中的异常现象。

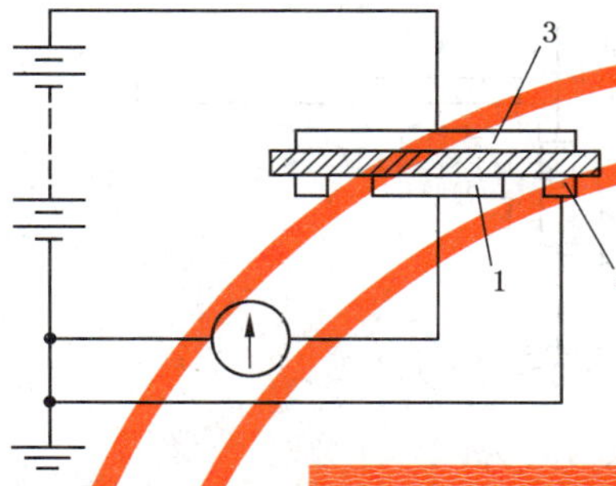

1——被保护电极；

2——保护电极；

3——不保护电极。

a) 测量体积电阻率线路

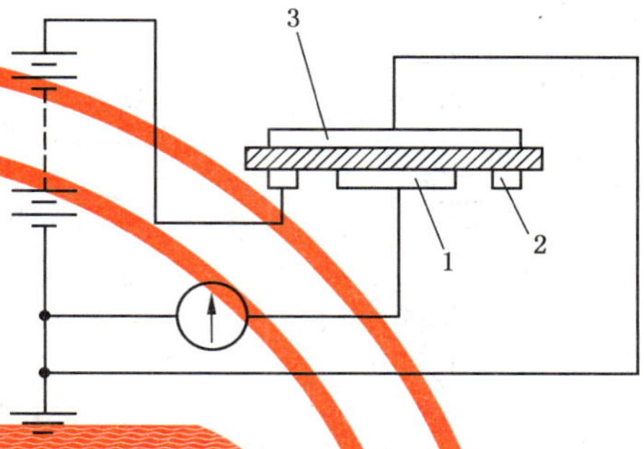

1——被保护电极；

2——不保护电极；

3——保护电极。

b) 测量表面电阻率线路

图 1 使用保护电极测量体积电阻率和表面电阻率的基本线路

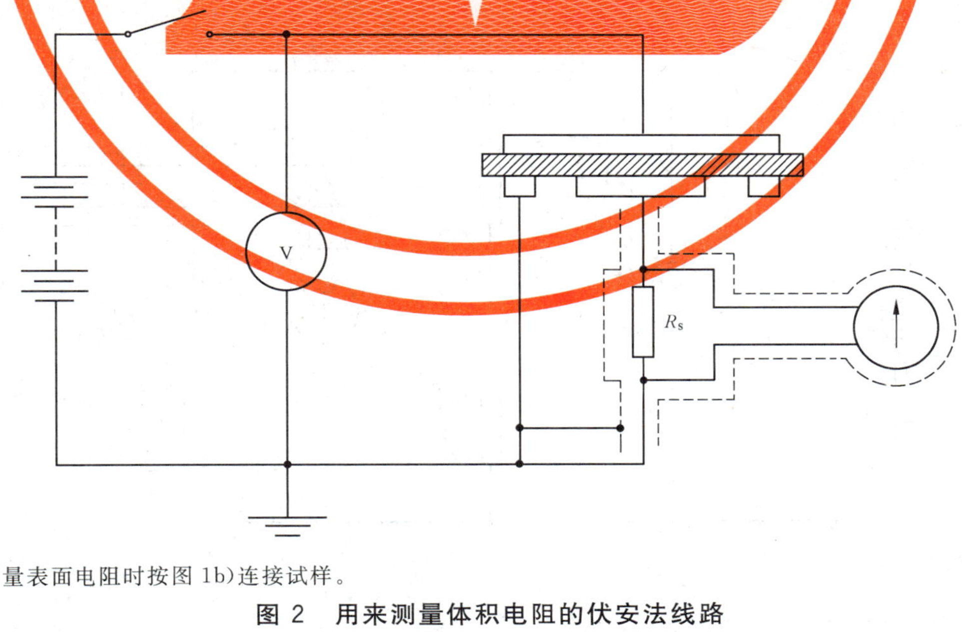

用作测量表面电阻时按图 1b)连接试样。

图 2 用来测量体积电阻的伏安法线路

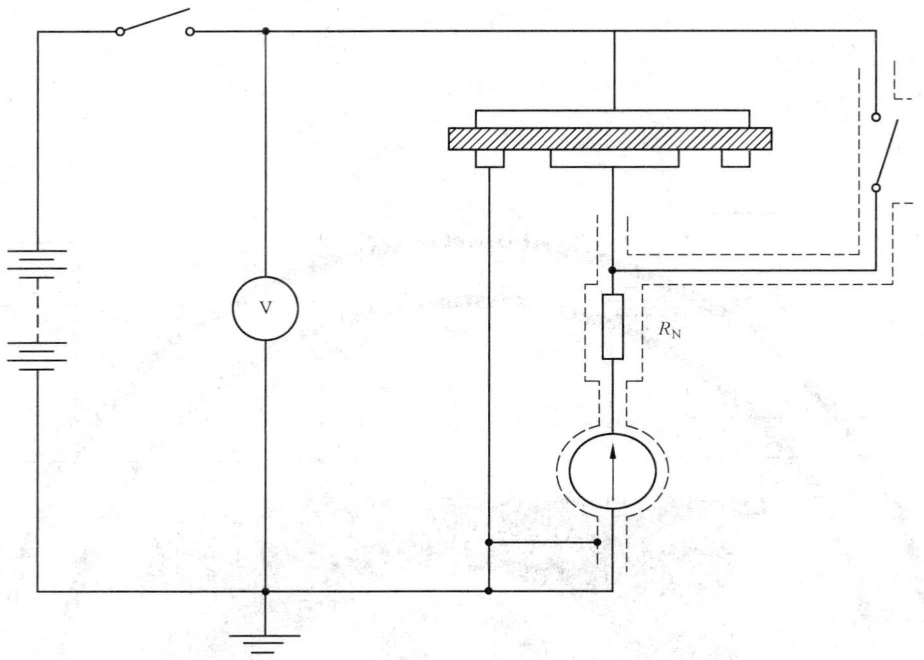

用作测量表面电阻时按图 1b)连接试样。

图 3　用作测量体积电阻的检流计法

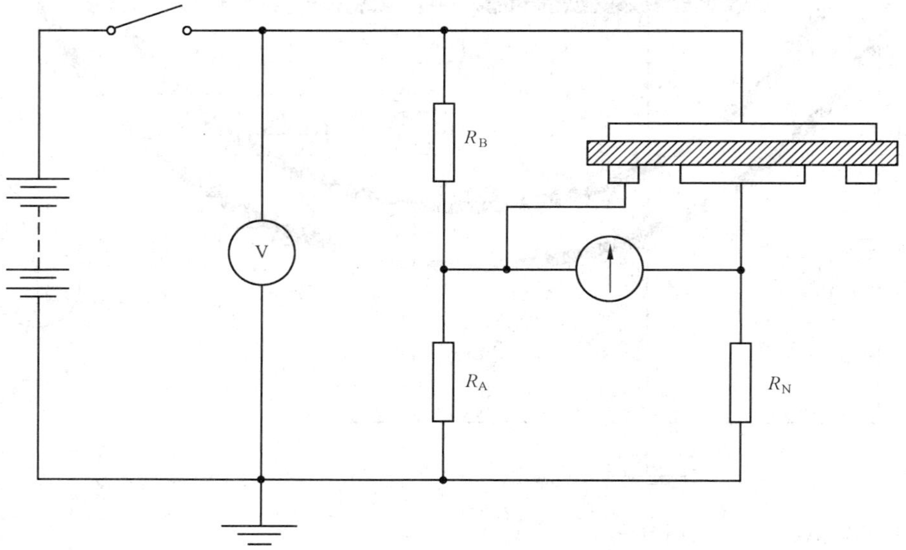

用作测量表面电阻时按图 1b)连接试样。

图 4　用于测量体积电阻的惠斯登电桥法

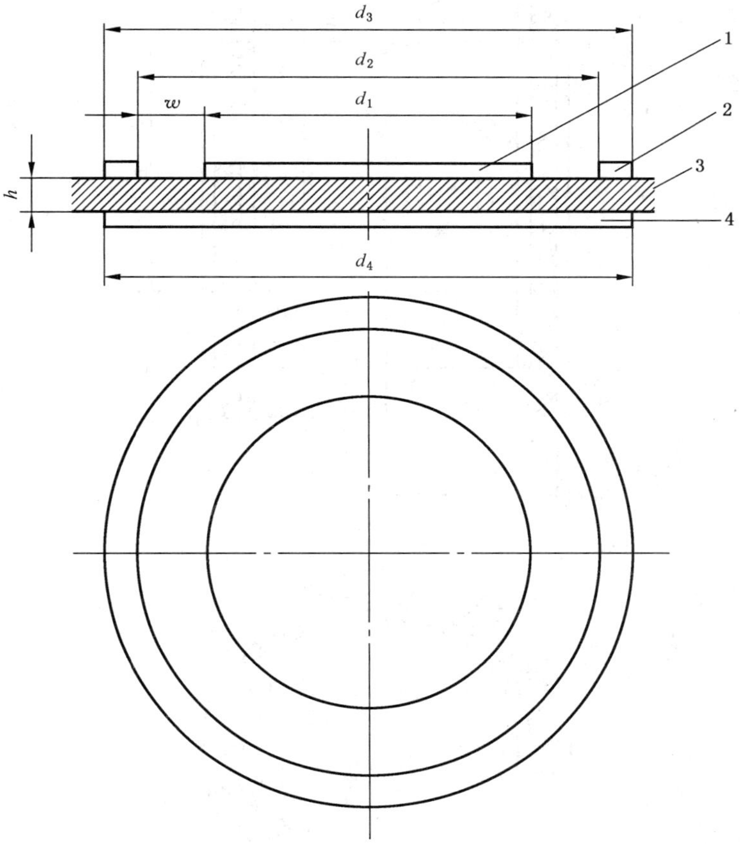

1——被保护电极；

2——保护电极；

3——试样；

4——不保护电极；

d_1——被保护电极直径；

d_2——保护电极内径；

d_3——保护电极外径；

d_4——不保护电极直径；

w——电极间隙；

h——试样厚度。

图 5　平板试样上的电极装置示例

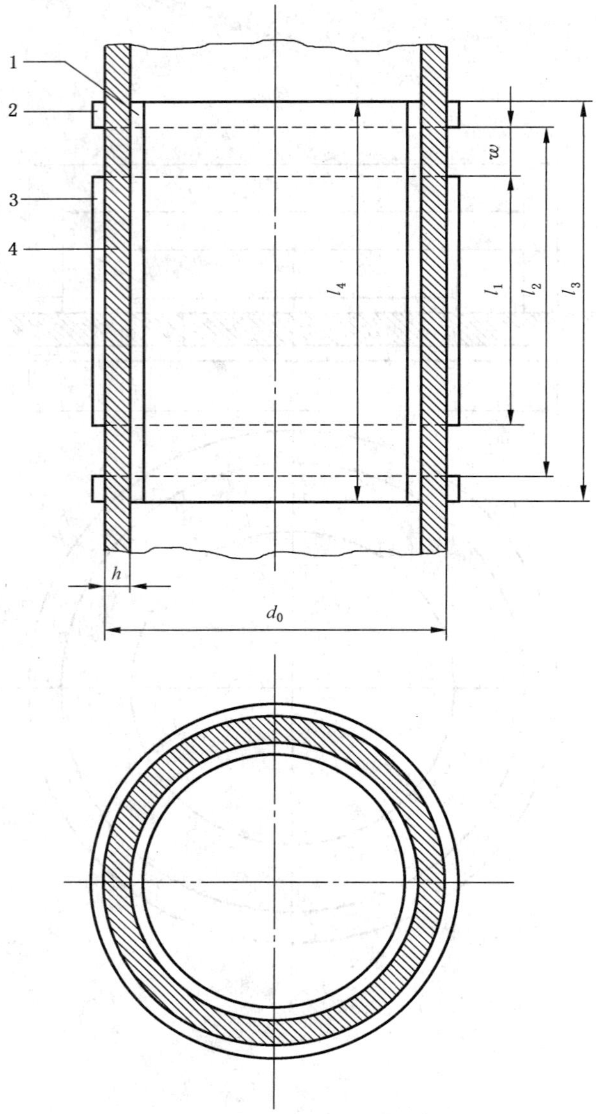

1——不保护电极；
2——保护电极；
3——被保护电极；
4——试样；
l_1——被保护电极长度；
l_2——保护电极两内边缘之间的长度；
l_3——保护电极两外边缘之间的长度；
l_4——不保护电极长度；
w——电极间隙；
h——试样厚度；
d_0——试样外径。

图 6　管状试样上的电极装置示例

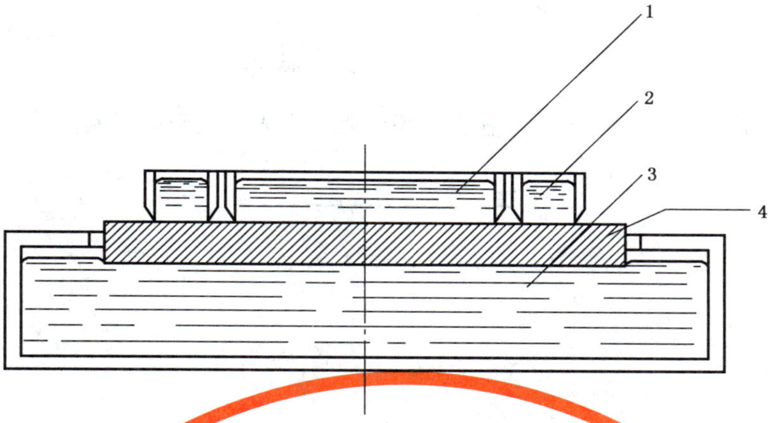

1——被保护电极；
2——保护电极；
3——不保护电极；
4——试样。

图 7　液体电极装置

参 考 文 献

[1] GB/T 1410—2006 固体绝缘材料体积电阻率和表面电阻率试验方法

ICS 59.080.01
W 04

中华人民共和国国家标准

GB/T 12703.5—2010
部分代替 GB/T 12703—1991

纺织品　静电性能的评定
第5部分：摩擦带电电压

**Textile—Evaluation for electrostatic properties—
Part 5: Frictional voltage**

2011-01-10 发布　　2011-06-01 实施

中华人民共和国国家质量监督检验检疫总局
中国国家标准化管理委员会　发布

前 言

GB/T 12703《纺织品　静电性能的评定》包括以下7个部分：

——第1部分：静电压半衰期；

——第2部分：电荷面密度；

——第3部分：电荷量；

——第4部分：电阻率；

——第5部分：摩擦带电电压；

——第6部分：纤维泄漏电阻；

——第7部分：动态静电压。

本部分为GB/T 12703的第5部分。

本部分代替GB/T 12703—1991《纺织品静电测试方法》的B法，本部分与GB/T 12703—1991的主要差异如下：

1. 由原来的摩擦带电电压(B法)调整为系列标准中的摩擦带电电压法，标准名称也作了相应修改。本部分仅是GB/T 12703—1991中的摩擦带电电压(B法)相关的内容；

2. 第3章增加了术语“摩擦带电电压”；

3. 增加了第7章中的试样的预处理洗涤程序；

4. 增加了8.4中注：需要时或经有关各方协商一致后，摩擦材料可采用其他材料；

5. 增加了第10章摩擦带电电压技术要求。

本部分自实施之日起代替GB/T 12703—1991中的B法。

本部分由中国纺织工业协会提出。

本部分由全国纺织品标准化技术委员会基础分会(SAC/TC 209/SC 1)归口。

本部分起草单位：国家纺织制品质量监督检验中心、泰州出入境检验检疫局。

本部分主要起草人：任鹤宁、王宝军、刘猛。

本部分所代替标准的历次版本发布情况为：

——GB/T 12703—1991。

纺织品　静电性能的评定
第5部分:摩擦带电电压

1　范围

GB/T 12703 的本部分规定了纺织织物摩擦带电电压的试验方法。

本部分适用于各类纺织织物,不适用于铺地织物。

2　规范性引用文件

下列文件中的条款通过 GB/T 12703 本部分的引用而成为本部分的条款。凡是注日期的引用文件,其随后所有的修改单(不包括勘误的内容)或修订版均不适用于本部分,然而,鼓励根据本部分达成协议的各方研究是否可使用这些文件的最新版本。凡是不注日期的引用文件,其最新版本适用于本部分。

GB/T 8629—2001　纺织品　试验用家庭洗涤和干燥程序(eqv ISO 6330:2000)

3　术语和定义

下列术语和定义适用于 GB/T 12703 的本部分。

3.1

摩擦带电电压　frictional voltage

在一定的张力条件下,试样与标准布摩擦产生的电压。

4　原理

在一定的张力条件下,使试样与标准布相互摩擦,以规定时间内产生的最高电压对试样摩擦带电情况进行评价。

5　装置与用具

5.1　金属转鼓:外径(150±1)mm,宽(60±1)mm,转速 400 r/min。

5.2　标准布夹:宽(25±1)mm,左右布夹间距(130±3)mm。

5.3　负载:500 g。

5.4　测试装置:如图 1 所示。

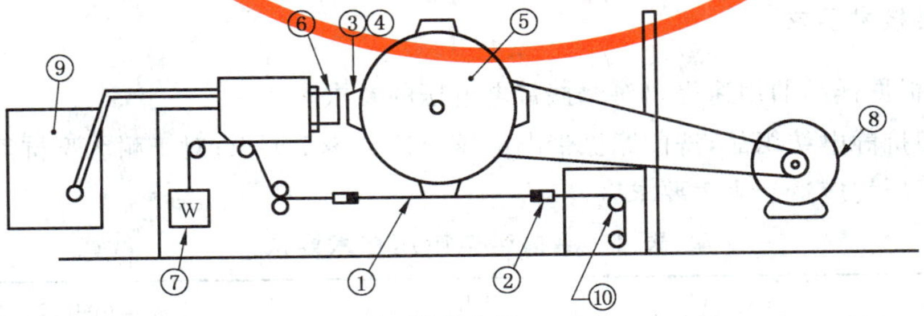

1——标准布;
2——标准布夹;
3——样品框;
4——样品夹框;
5——金属转鼓;
6——测量电极;
7——负载;
8——电机;
9——放大器及记录仪;
10——立柱导轮。

图 1　测试装置示意图

6 调湿和试验用大气条件

调湿和试验用大气的环境条件为：温度(20±2)℃，相对湿度(35±5)%，环境风速应在0.1 m/s以下。

7 试样准备(预处理)

7.1 如果需要，按照GB/T 8629—2001中7A程序洗涤，由有关各方商定可选择洗涤5、10、30、50、100次等，多次洗涤时，可将时间累加进行连续洗涤。或者按有关方认可的方法和次数进行洗涤。

注：累加时间时，将7A程序洗涤、冲洗1、冲洗2、冲洗3中时间分别进行累加。

7.2 将样品或洗涤后的样品，在50 ℃下预烘一定时间。然后从样品上随机采取4块试样(经向2块，纬向2块)，并将每块试样裁剪为大小为4 cm×8 cm的4块为一组。

7.3 将预烘后的试样在第6章规定条件下达到调湿平衡，不得沾污样品。

8 试验步骤

8.1 用1.0级接触式静电表对测量电极[极板直径(20±1)mm]上的电压进行标定(或作出标定曲线)。

8.2 使测量电极板与样品框平面相距(15±1)mm。

8.3 将一组中的4块试样分别夹入转鼓上的样品夹中。

8.4 对夹于标准布夹间的锦纶摩擦标准布消电，调节其位置，使之在500 g负载下，能与转鼓上的试样进行切线方向的摩擦。

注：需要时或经有关各方协商一致后，摩擦材料可采用其他材料。

8.5 对试样进行消电。

8.6 启动测试装置，带动转鼓旋转，在转速400 r/min的条件下，测量并记录1 min内试样带电的最大值。

8.7 拆下测试完的试样，将下一组试样夹于样品夹，再次测试，直至测试完所有试样。

8.8 试样正、反面差异较大时，应对两个面均进行测量。

注：整个试验过程需戴乳胶手套进行操作。

9 结果表达

对4组试样分别测量后，计算4组试样测量值的平均值，作为试验结果。

10 摩擦带电电压技术要求

如果需要，可根据样品的用途提出对摩擦带电电压的要求。

对于非耐久型抗静电纺织品，洗前摩擦带电电压应达到表1要求；对于耐久型抗静电纺织品，洗前、洗后的摩擦带电电压均应达到表1要求。

表1 摩擦带电电压技术要求

等　级	摩擦带电电压 V
A级	＜500
B级	≥500，＜1 200
C级	≥1 200，≤2 500

如有关各方另有协议，可按协议要求执行。

注：耐久型是指经多次洗涤仍保持特定性能的产品。

11 试验报告

试验报告应包括下列内容：

a) 本部分的编号；

b) 试验温湿度条件及试验日期；

c) 样品描述；

d) 试样是否经洗涤，如洗涤注明洗涤次数；

e) 试验结果；

f) 所使用的摩擦布的种类；

g) 如果需要，对样品摩擦带电电压给出评价；

h) 任何偏离本部分的细节和试验中的异常现象。

ICS 59.080.01
W 04

中华人民共和国国家标准

GB/T 12703.6—2010

纺织品　静电性能的评定　第6部分：纤维泄漏电阻

Textile—Evaluation for electrostatic properties—Part 6: Fibre resistance leak

2011-01-14 发布　　2011-08-01 实施

中华人民共和国国家质量监督检验检疫总局
中国国家标准化管理委员会　发布

前　言

GB/T 12703《纺织品　静电性能的评定》包括以下7个部分：

——第1部分：静电压半衰期；

——第2部分：电荷面密度；

——第3部分：电荷量；

——第4部分：电阻率；

——第5部分：摩擦带电电压；

——第6部分：纤维泄漏电阻；

——第7部分：动态静电压。

本部分为GB/T 12703的第6部分。

本部分由中国纺织工业协会提出。

本部分由全国纺织品标准化技术委员会基础分会(SAC/TC 209/SC 1)归口。

本部分起草单位：绍兴市中纺标纺织品检验有限公司、国家纺织制品质量监督检验中心。

本部分主要起草人：任鹤宁、王宝军、龚迎秋、田媛。

纺织品　静电性能的评定
第6部分：纤维泄漏电阻

1　范围

GB/T 12703的本部分规定了各类短纤维泄漏电阻的测试方法。

本部分适用于各类短纤维泄漏电阻的测定。

2　术语和定义

下列术语和定义适用于GB/T 12703的本部分。

2.1

纤维泄漏电阻　fibre resistance leak

表征纤维起静电性的一种指标。它是以不同容量的电容C对纤维固有电阻和纤维表面附着的抗静电油剂等综合电阻R的放电时间t，乘以电阻指数10^n后所表示的纤维电阻值$t\times10^n$(Ω)表示。

3　原理

利用阻容充放电原理，用不同纤维电阻R跨接于充以电荷的固定电容(C)两端，以其放电速度来测量纤维电阻值。

4　装置与用具

4.1　纤维试样容器

高绝缘有机玻璃试样容器筒，底部有铜质电极与铝制底板连接，筒的周围三等分钻孔镶钢珠，并与弹簧片和插头连接。另备有一只重400 g的压砣用于加压，同时作为另一测试电极与触点插头连接。如图1所示。

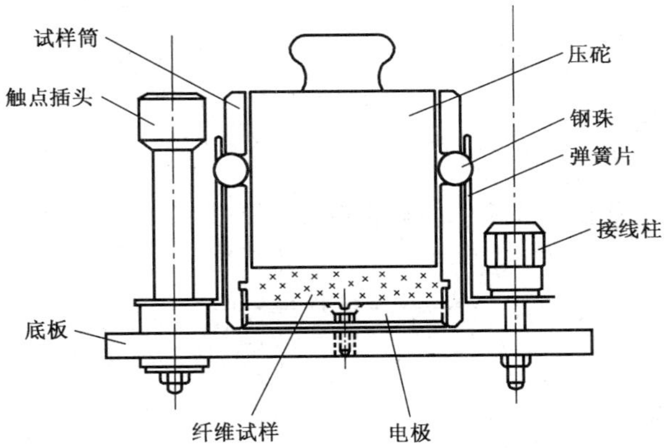

图1　纤维试样容器

4.2　电阻选挡器

电阻选挡器设定为10^7 Ω～10^{11} Ω。也可增加至10^6 Ω～10^{12} Ω。

4.3　计时器

仪器指针启动的同时，计时器开始计时，表针从零点移到满刻度时，计时停止即可视读时间数。

4.4 附属工具

4.4.1 不锈钢镊子一只。

4.4.2 纯棉手套一副。

4.4.3 天平，称量精度0.1 g。

5 调湿和试验用大气条件

调湿和试验用大气的环境条件为：温度(20±2)℃，相对湿度(35±5)%，环境风速应在0.1 m/s以下。

6 试样准备

用镊子钳取多点有代表性的被测纤维，在天平上称取2 g纤维，允差±0.1 g，每一批号称取3～4份试样备用，亦可根据需要自定份数。测试纺纱过程中的条卷时，可随机取样，现场测试，不限份数。

7 试验步骤

将处理好的试样均匀地放入试样筒内，置入压砣，轻轻按实。测试时记录仪表指针从零点移至满刻度的时间 t。

测试时每个试样以第一次测试的数值有效，如因操作不当读数不准时，允许再次测试，但应将测头外壳与触点插头短接2 s～3 s，放电后再行测试。

8 结果计算与表达

8.1 由测试时仪表指针从零点移至满刻度的时间 t 及预选挡级指数 10^n，按照式(1)计算每份试样的泄漏电阻 R。

$$R = t \times 10^n \qquad \cdots\cdots(1)$$

8.2 将代表一个批号的几份试样分别测试，测得的数据求得平均值，即为该批试样的泄漏电阻值。

9 试验报告

试验报告应包括下列内容：

a) 标准编号；

b) 样品描述；

c) 试验温湿度条件及试验日期；

d) 试验结果；

e) 任何偏离本部分的细节和试验中的异常现象。

ICS 59.080.01
W 04

中华人民共和国国家标准

GB/T 12703.7—2010

纺织品 静电性能的评定 第7部分：动态静电压

Textile—Evaluation for electrostatic properties—Part 7: Dynamic voltageo of static electricity

2011-01-14 发布　　2011-08-01 实施

中华人民共和国国家质量监督检验检疫总局
中国国家标准化管理委员会　发布

前　言

GB/T 12703《纺织品　静电性能的评定》包括以下7个部分：

——第1部分：静电压半衰期；

——第2部分：电荷面密度；

——第3部分：电荷量；

——第4部分：电阻率；

——第5部分：摩擦带电电压；

——第6部分：纤维泄漏电阻；

——第7部分：动态静电压。

本部分为GB/T 12703的第7部分。

本部分由中国纺织工业协会提出。

本部分由全国纺织品标准化技术委员会基础分会(SAC/TC 209/SC 1)归口。

本部分起草单位：绍兴市中纺标纺织品检验有限公司、国家纺织制品质量监督检验中心。

本部分主要起草人：任鹤宁、王宝军、田媛。

纺织品　静电性能的评定
第7部分:动态静电压

1　范围

GB/T 12703的本部分规定了纺织生产动态静电压的测试方法。

本部分适用于纺织厂各道工序中纺织材料和纺织器材静电性能的测定。

2　原理

根据静电感应原理,将测试电极靠近被测体,经电子电路放大后推动仪表显示出其数值。

3　装置与用具

直接感应式静电测试仪。测量范围为0 kV～±100 kV,分为三挡。

4　试验步骤

4.1　梳棉

4.1.1　每一品种抽测五台机,如该品种不足五台应测试全部机台。

4.1.2　在梳棉机运转时,测试部位靠近剥棉辊或斩刀处棉网,分别测试棉网左、中、右各点3处～5处,取平均值。

4.1.3　仪器测量筒口垂直于棉网并离开一定距离,因棉网运行中凹凸不平,不必插定距杆。

4.2　并条

4.2.1　每一品种抽测1台～2台,在机器运转时测量其动态静电电压,测试部位为皮辊罗拉牵出的须条(对封闭须条的新机型应打开观测口测试皮辊处的静电压)。

4.2.2　仪器测量筒垂直于须条,并离开一定距离,左右扫测,得出单眼值,然后计算测量值的平均值,做工艺分析时逐眼记录。

4.3　粗纱

4.3.1　每一面车按车头、车中和车尾各处测量不少于5锭,测量部位靠近皮辊罗拉出口处的须条。

4.3.2　仪器测量筒口垂直须条一定距离,所测锭数的结果累计取平均值。

4.4　细纱

4.4.1　每一面车由车头、车中和车尾选测不少于10锭,测试部位靠近前皮辊罗拉钳口处,仪器测量筒口垂直于纱条一定距离。

4.4.2　测试数据的结果取平均值。

4.5　络筒

4.5.1　一面车抽测5锭,仪器测量筒口分别对准运转中的槽筒和筒纱,以及塑料筒管两端裸露部位,左右扫测。

4.5.2　结果取测试数据的平均值。作工艺分析时,可单锭分别记录,并不受锭数限制。

4.6　整经

4.6.1　测试部位在伸缩筘和导纱辊、大轴之间,仪器测量筒口垂直于纱排。每一面车左中右抽测3点～5点取平均值,也可分别记录。

4.6.2　测量瓷牙至导纱杆(玻璃棒或金属棒)之间区域电场时,仪器测量筒可伸进纱排层间测量该区域内场电压的分布情况。其他部位可自选，分别记录测量值。

4.7 浆纱

4.7.1 测量部位：烘房送出的纱排在导纱辊前后各分绞杆之间和伸缩筘前后等处。

4.7.2 仪器测量筒口垂直于纱排，选测各点分别记录。

4.8 织造

4.8.1 测试部位在打纬区间内，应预先将仪器工作点调好，做好准备工作。停车快速测量，时间掌握在 3 s 以内。如测试综丝附近其他部位，可在机台运转时测量其动态静电压。

4.8.2 测量各点电压分别记录。

注：测量时仪器的测量筒口垂直于被测体，两者距离根据静电量的大小而定。

5 试验报告

试验报告应包括下列内容：

a) 标准编号；

b) 品种、工序、测试部位；

c) 试验温湿度条件及试验日期；

d) 使用的测试仪器名称、型号；

e) 试验结果；

f) 任何偏离本部分的细节和试验中的异常现象。

ICS 73.100.30
D 91

中华人民共和国国家标准

GB/T 12761—2010
代替 GB/T 12761—1991

天井钻机

Raise-boring machines

2010-12-01 发布　　　　2011-03-01 实施

中华人民共和国国家质量监督检验检疫总局
中国国家标准化管理委员会　发布

前 言

本标准代替 GB/T 12761—1991《天井钻机》。

本标准与 GB/T 12761—1991 相比，主要内容变化如下：

——增加了术语和定义；

——表 1 中增加了额定压力、导孔推力、导孔扭矩三项基本参数；

——技术要求中增加了环境适应性、安全性能、密封性能、装配质量等要求；

——进一步规范了试验方法和检验规则的内容。

本标准由中国机械工业联合会提出。

本标准由全国矿山机械标准化技术委员会(SAC/TC 88)归口。

本标准负责起草单位：长沙矿山研究院。

本标准参加起草单位：湖南有色重型机器有限责任公司。

本标准主要起草人：刘建新、邹蔚勤、李东明、唐安平、郭明。

本标准所代替标准的历次版本发布情况为：

——GB/T 12761—1991。

天 井 钻 机

1 范围

本标准规定了天井钻机的术语、型号与基本参数、技术要求、试验方法、检验规则以及标志、包装、运输、贮存。

本标准适用于天井钻机(以下简称钻机)。该机主要用于地下矿山和其他地下工程的各种岩层中钻进岩孔和通风井、充填井、下料井、溜井、探矿井等,也可在竖井掘进中钻进先导孔。

2 规范性引用文件

下列文件中的条款通过本标准的引用而成为本标准的条款。凡是注日期的引用文件,其随后所有的修改单(不包括勘误的内容)或修订版均不适用于本标准,然而,鼓励根据本标准达成协议的各方研究是否可使用这些文件的最新版本。凡是不注日期的引用文件,其最新版本适用于本标准。

GB 3836.1 爆炸性气体环境用电气设备 第1部分:通用要求(GB 3861.1—2000,eqv IEC 60079-0:1998)

GB 3836.2 爆炸性气体环境用电气设备 第2部分:隔爆型“d”(GB 3836.2—2000,eqv IEC 60079-1:1990)

GB 3836.4 爆炸性气体环境用电气设备 第4部分:本质安全型“i”(GB 3836.4—2000,eqv IEC 60079-11:1999)

GB/T 5777 无缝钢管超声波探伤检验方法(GB/T 5777—2008,ISO 9303:1989,MOD)

GB/T 6402 钢锻件超声检测方法

GB/T 7935 液压元件 通用技术条件

GB/T 9065.1 液压软管接头 连接尺寸 扩口式

GB/T 9065.2 液压软管接头 连接尺寸 卡套式

GB/T 9065.3 液压软管接头 连接尺寸 焊接式或快换式

GB/T 11352—2009 一般工程用铸造碳钢件(ISO 3755:1991,ISO 4990:2003,MOD)

GB/T 13306 标牌

GB/T 13325 机器和设备辐射的噪声 操作者位置噪声测量的基本准则(工程级)(GB/T 13325—1991,neq ISO 6081:1986)

GB/T 22512.2 石油天然气工业 旋转钻井设备 第2部分:旋转台肩式螺纹连接的加工与测量(GB/T 22512.2—2008,ISO 10424-2:2007,MOD)

GB/T 25706 矿山机械产品型号编制方法

JB/T 5000.3 重型机械通用技术条件 第3部分:焊接件

MT 244.1 煤矿窄轨车辆连接件 连接链

MT 244.2 煤矿窄轨车辆连接件 连接插销

MT 818.1 煤矿用电缆 第1部分:移动类软电缆 一般规定

MT 818.5 煤矿用电缆 第5部分:额定电压0.66～1.14 kV及以下移动软电缆

3 术语和定义

下列术语和定义适用于本标准。

3.1

天井钻机 raise-boring machines

以正向钻出导孔后反向扩孔方式进行作业的旋转式钻机。

3.2

盲天井钻机 blind raise boring

不用钻进导孔而直接用刀盘钻进成井的旋转式钻机。

3.3

导孔 pilot hole

在天井钻机钻进中，用牙轮钻头沿全井深正向钻出的孔。

3.4

扩孔 broach

导孔钻出后，利用扩孔刀盘反向钻进并把井径扩大的过程。

3.5

扩孔刀盘 broad

用于成井钻进，由多把滚刀组合成整体的钻进工具。

3.6

稳定杆 stabilizer

具有稳定钻进、导向和传递扭矩多种功能的钻杆。

4 型号与基本参数

4.1 型号编制方法应符合 GB/T 25706 的规定：

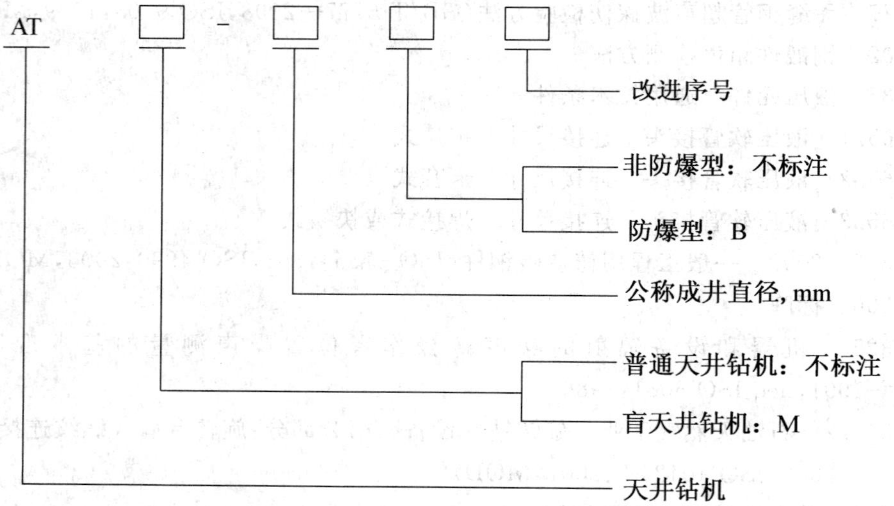

标记示例：

公称成井直径为 1 200 mm 的防爆型天井钻机标记为：AT-1200B。

4.2 基本参数应符合表 1 的规定。

表 1 天井钻机基本参数

基本参数	AT-500 AT-500B	AT-800 AT-800B	AT-1000 AT-1000B	AT-1200 AT-1200B	ATM-1200 ATM-1200B	AT-1500 AT-1500B	AT-2000 AT-2000B	AT-3000 AT-3000B
公称成井直径/mm	500	800	1 000	1 200	1 200	1 500	2 000	3 000
最大钻井深度/m ≥	120	120	120	220	50	220	220	220

表 1（续）

基本参数		AT-500 AT-500B	AT-800 AT-800B	AT-1000 AT-1000B	AT-1200 AT-1200B	ATM-1200 ATM-1200B	AT-1500 AT-1500B	AT-2000 AT-2000B	AT-3000 AT-3000B
钻井角度/(°)		60～90	60～90	60～90	55～90	60～90	60～90	60～90	60～90
系统额定压力/MPa ≥	副泵	21	21	21	21	21	21	25	25
	主泵	25	25	25	25	25	25	25	25
最大导孔转速/(r/min) ≥		32	32	32	40	—	40	40	40
最大导孔推力/kN ≥		240	240	240	320	320	403	750	950
最大导孔扭矩/(kN·m) ≥		16	16	16	21	21	25	35	60
最大扩孔转速/(r/min) ≥		16	16	16	13	13	13	13	13
最大扩孔拉力/kN ≥		490	520	556	880	880	1 000	1 340	1 547
最大扩孔扭矩/(kN·m) ≥		13	20	32	42	42	50	70	120
总功率/kW ≤		50	60	81	81	81	81	145	195

5 技术要求

5.1 环境适应性

钻机在下列条件下应能正常工作：

a) 使用地点海拔不应超过 3 000 m。在海拔超过 3 000 m 的环境时，应采取相应的处理措施。

b) 环境温度在 0 ℃～+40 ℃，最大相对湿度在 90%以下(温度为 25 ℃时)。超出以上范围时，应采取相应的措施。

c) 电源电压极限偏差为±5%；交流频率极限偏差为±1%。

5.2 一般要求

5.2.1 钻机应符合本标准的规定，并按照经规定程序批准的图样及技术文件制造。

5.2.2 同一型号天井钻机的零部件应具有互换性。

5.2.3 钻机的轮对轨距应能可调。

5.2.4 钻机在运转时，工作液的温度不应超过 60 ℃。

5.2.5 钻机的基本结构

5.2.5.1 钻机应具有回转驱动装置、导向推进装置、钻杆装卸系统。盲天井钻机应有排渣系统。

5.2.5.2 钻机应有调平装置。

5.2.5.3 钻架应能起落，其动作可用液压缸来实现。

5.2.5.4 钻机应具有辅助钻架定位的稳定装置。

5.2.5.5 钻机应具有钻井倾角和推进行程指示装置。

5.2.6 钻机应具有如下功能和稳定性：

a) 转速和推(拉)力应能无级调节；

b) 能够无级调节钻具轴向推进速度和快速升降钻具；

c) 钻导孔时，能够进行减压钻进；

d) 在均值岩层中正常钻进导孔的偏斜率不应超过 1%。

5.2.7 钻机的主要控制应集中在控制台上进行。控制台应配备能反映钻机主要工作状况和钻进参数的指示信号和仪表。钻机的控制手柄和按钮应操作方便，安全可靠。

5.2.8 铸钢件表面质量应符合 GB/T 11352—2009 中 4.5 的规定。

5.2.9 钻机的全部焊缝应符合 JB/T 5000.3 的有关规定。

5.2.10 关键件加工后，应按 GB/T 6402 进行探伤检验。

5.2.11 钻机的外形尺寸及扩孔刀盘直径应符合设计要求。

5.2.12 钻机的额定压力不应低于设计值。

5.2.13 钻机的导孔推力和扩孔拉力不应低于设计值。

5.2.14 钻机的转速和输出扭矩不应低于设计值。

5.3 安全要求

5.3.1 钻机应选用防尘、防滴、防潮的电动机及电控设备。

5.3.2 防爆型天井钻机配套选用的全部电气设备均应是按 GB 3836.1、GB 3836.2 和 GB 3836.4 规定要求生产的产品，并须附有防爆检验合格证书(副本)。

5.3.3 防爆型天井钻机配套选用的电缆应是按 MT 818.1 和 MT 818.5 规定要求生产的产品，并须附有防爆检验合格证书(副本)。

5.3.4 钻机所选用的液压马达、液压缸和阀类等液压元件均应是按 GB/T 7935 和 GB/T 9065.1、GB/T 9065.2 和 GB/T 9065.3 规定要求生产的产品，并须附有产品检验合格证书(副本)。

5.3.5 钻机所用原材料、标准件和外购件均应符合有关国家标准和行业标准的规定。外购件应有合格证书，外协件和自制件应经检验合格后方可使用。

5.3.6 钻杆出厂前应按 GB/T 5777 进行无损探伤。钻杆连接螺纹应符合 GB/T 22512.2 的要求。

5.3.7 变速箱和润滑系统应有示油装置。

5.3.8 液压(含水压)系统在 1.25 倍额定压力下(额定压力低于 16 MPa 时，按 1.5 倍)不应发生渗漏、破损等异常现象。

5.3.9 钻机的所有控制手柄和按钮，都应装有说明用途和指示其控制方向的标牌。

5.3.10 钻机工作时发出的噪声，在控制台的操作位置处的测得值不应超过 85 dB(A)。

5.3.11 钻机液压系统所选用的溢流阀，其额定压力不应低于设计值。

5.3.12 控制台上应装设位置醒目、操作方便的紧急停车按钮。

5.3.13 防爆钻机的碰头及连接部分应符合 MT 244.1 和 MT 244.2 的安全规定。

5.4 密封性能

钻机液压系统正常工作时，各液压元件的结合面和密封处不应有明显的渗油现象。

5.5 空载性能

5.5.1 钻机液压系统空载运转 30 min，油箱工作温度不应高于 45 ℃，温升不应超过 10 ℃。

5.5.2 主轴在各级转速下，正、反转 30 min，要求运转平稳，无敲击声和明显的振动。

5.5.3 用调平机构撑起机器，使其脱离地面，要求动作灵活可靠。

5.5.4 将机架升起和落下，要求速度均匀且无爬行和机械碰撞现象。

5.5.5 推进油缸上下快速移动时，变速箱移动平稳。

5.5.6 辅助卸杆器所产生的扭矩应大于最大扭矩，其运动要求平稳，动作可靠。

5.5.7 送杆机构各动作应定点准确，运行缓慢平稳。

5.6 工业性试验

5.6.1 新型号钻机生产完毕，应进行工业性试验。

5.6.2 工业性试验的项目包括成井直径、钻井深度、成井偏斜率、转速、总功率、油温、噪声等。

5.6.3 工业性试验的最大钻井深度不应小于设计值。

5.6.4 工业性试验的成孔偏斜率不应大于 1%。

5.6.5 成井直径允许±5%。

5.6.6 工业性试验的现场记录应连续并准确。

5.7 装配质量

5.7.1 钻机上的零部件和管路系统应装配齐全，并按技术文件规定的位置安装，连接牢固，管路应排列整齐。

5.7.2 钻机上的全部零部件应经制造厂检验合格，并按规定要求清洗后(液压元件应按 GB/T 7935 的规定)，方可进行装配。

5.8 外观要求

5.8.1 外露表面不应有飞边、毛刺、损伤等缺陷。

5.8.2 钻机表面应作涂漆防锈处理，涂漆应色泽均匀，不应有针孔、气泡、裂纹、脱皮、流痕及漏涂等缺陷。

6 试验方法

6.1 空载试验

6.1.1 额定压力采用压力表测试。

6.1.2 各运动件按其设计的规定动作各进行三次，其中一次使运动件处于极限位置，然后测量各工作机构的运动范围，再将动力调节阀调至最大设计转速，正反向各运转 10 min，观察其运动的平稳性。

6.1.3 钻机的导孔推力和扩孔拉力的测试应在副泵系统调至最大压力下进行，可采用应变式测力仪器或其他方法测试。

6.1.4 钻机的输出扭矩的测试应在主泵系统调至额定压力下进行，可采用应变式扭矩仪或其他方式测试；转速可采用转速表或其他方式测试。

6.2 密封试验

6.2.1 副泵液压系统的密封试验：在额定压力值下，保压 5 min，观察各接口和密封处密封效果。

6.2.2 主泵液压系统的密封试验：在机头上装上试验钻杆，卡住钻杆上方方口，液压马达正转使其压力达到额定压力，保压 5 min，要求液压系统无渗漏现象。

6.2.3 推进串联油缸和上支撑油缸的密封试验：在常温和 1.25 倍额定压力下，保压 5 min 进行。其中一根保压 4 h，观察其密封效果。要求液压系统无渗漏现象。

6.3 安全要求、装配质量及外观检查

采用目测和常规试验方法进行。

6.4 工业性试验

6.4.1 试验现场及试验条件应符合钻机设计主要参数的考核要求。

6.4.2 钻机在相应矿山进行工业性试验期间应有专人负责，并测试和记录数据。

6.4.3 扩孔成井直径用卷尺测量。

6.4.4 采用精度为±0.1°的测角仪测量成井偏斜率。

6.4.5 导孔和扩孔转速采用精度不低于±2%的转速计测量。

6.4.6 总功率可根据钻机的电压和电流值换算得到，电压表、电流表的精度不低于±1.5%，此项目在导向孔即将完成和反向扩孔开始，各滚刀均匀接触岩面时进行。

6.4.7 在环境温度不大于 35 ℃下，钻机连续工作 4 h，用温度计测量液压油温度。

6.4.8 在钻导孔和扩孔时，按 GB/T 13325 的规定测定钻机控制台处的噪声。

6.4.9 钻机钻导孔之前的倾角，其偏斜率用精度为±0.1°的光学倾斜仪测量。

6.4.10 钻机在工作过程中，观测其回转、推进、导向装置的稳定性和钻杆的装卸可靠性。

7 检验规则

7.1 检验分类

检验分为出厂检验和型式检验。

7.2 出厂检验

7.2.1 每台钻机须经制造厂质检部门检验合格后方可出厂，出厂时应附有产品合格证明书。

7.2.2 出厂检验在制造厂进行，检验项目见表2。

7.3 型式检验

7.3.1 有下列情形之一时，应进行型式检验：

a) 新产品试制定型、鉴定或老产品转厂生产时；

b) 正式生产后，产品结构、材料、工艺有较大改变，可能影响产品性能时；

c) 正常生产时，每隔三年进行一次；

d) 长期停产后恢复生产时；

e) 出厂检验结果与上次型式检验有较大差异时；

f) 国家质量监督检验机构提出型式检验要求时。

7.3.2 型式检验项目见表2。

表2 出厂检验与型式检验项目

序号	检验项目	质量特性分类	技术要求	试验方法	出厂检验	型式检验
1	安全要求	A	见5.3.6、5.3.7、5.3.8、5.3.9、5.3.11、5.3.12	见6.3	—	√
2	空载性能	B	见5.5	见6.1	√	√
3	密封性能	B	见5.4	见6.2	√	√
4	导孔推力和扩孔拉力	B	见5.2.13	见6.1.3	—	√
5	额定压力	A	见5.2.12	见6.1.1	√	√
6	额定扭矩	A	见5.2.14	见6.1.4	—	√
7	额定转速	A	见5.2.14	见6.1.4	√	√
8	噪声	A	见5.3.10	见6.4.8	—	√
9	装配质量	B	见5.7	见6.3	√	√
10	工业性试验		见5.6	见6.4	—	新产品
注：表中出厂检验和型式检验(√)为被检验项目。						

7.4 判定原则

出厂检验和型式检验规定的检验项目中，A类以外的项目不合格时，可进行整改以达到要求。而任何一项A类项目不合格时，如属单台产品，即判定为不合格产品；如系批量产品，则应加倍抽样进行复检。复检样本中仍有一项A类项目不合格者，则判定该批产品为不合格。

8 标志、包装、运输和贮存

8.1 在钻机明显处固定产品标牌，其型式和尺寸应符合GB/T 13306的规定，并标明下列内容：

a) 产品名称和型号；

b) 主要技术参数；

c) 产品执行标准编号；

d) 制造厂名称及地址；

e) 出厂编号及出厂日期。

8.2 主机可拆成独立部件或组件进行运输；被拆开的液压软管及水管接头，应标记清楚并用干净布捆扎；被拆开的导线两端应有明显的接线号标记。

8.3 钻机上所有的外露加工面及备件均应涂以防锈油脂。

8.4 钻机的控制台和随机的工具及备件，用木箱包装发运。

8.5 钻杆的螺纹应涂丝扣油，用草绳捆扎，螺纹部分不应外露。

8.6 钻机使用说明书、随机文件与合格证等，应置于包装箱内，并在该箱体上注明“说明书及文件在此箱内”字样。

8.7 体积小的备件和随机工具应装入塑料袋后放进包装箱。

8.8 包装箱和捆装部件应符合陆路、水路运输的要求。

8.9 包装箱应标明下列内容：

a) 收货站及收货单位名称；

b) 发货站及发货单位名称；

c) 合同号、产品名称及型号；

d) 毛重、净重、箱号及外形尺寸；

e) 储运图示标志及起吊作业标记。

8.10 钻机如不能立即发运或投入使用，应将液压油放净，抹干水分，采取防尘、防腐蚀措施，贮存在仓库内。贮存温度低于－20 ℃时，应采取防冻措施。贮存期间，每三个月应检查一次并及时防锈。

ICS 47.020.20
U 48

中华人民共和国国家标准

GB/T 12916—2010
代替 GB/T 12916—1991

船用金属螺旋桨技术条件

Specification for marine metallic propeller

2010-09-02 发布　　2010-12-01 实施

中华人民共和国国家质量监督检验检疫总局
中国国家标准化管理委员会　发布

前　言

本标准代替GB/T 12916—1991《船用金属螺旋桨技术条件》。

本标准与GB/T 12916—1991相比主要变化如下：

——将范围中的"技术要求、试验方法和检验规定"修改为"制造技术要求、检验方法"；

——将适用范围中的"整体、组装螺旋桨的制造"修改为"整体式、组装式定距螺旋桨的制造"；

——将"引用标准"修改为"规范性引用文件"，修改引用标准；

——重新编写了主要术语、定义、符号单位；

——增加了螺旋桨按结构形式分类；

——调整了螺旋桨表面粗糙度、几何尺寸公差的定义和公差要求；

——增加了着色探伤要求、螺旋桨清洁防护、包装和运输的要求，取消了钢字的规格；

——增加立式平衡检测方法；

——增加附录A，螺旋桨区域划分、缺陷检查，将正文中的表面缺陷修复内容调整到附录A。

本标准的附录A为资料性附录。

本标准由中国船舶重工集团公司提出。

本标准由全国船用机械标准化技术委员会(SAC/TC 137)归口。

本标准起草单位：武汉重工铸锻有限责任公司。

本标准主要起草人：杜忠维、黄永强、蔡双林、黄剑平、郭雄斌、吴勇、黄丽秋。

本标准所代替标准的历次版本发布情况为：

——GB/T 12916—1991。

船用金属螺旋桨技术条件

1 范围

本标准规定了船用金属螺旋桨(以下简称螺旋桨)的制造技术要求、检验方法等。

本标准适用于整体式、组装式定距螺旋桨的制造,可调螺距螺旋桨桨叶的制造也可参考执行。

2 规范性引用文件

下列文件中的条款通过本标准的引用而成为本标准的条款。凡是注日期的引用文件,其随后所有的修改单(不包括勘误的内容)或修订版均不适用于本标准,然而,鼓励根据本标准达成协议的各方研究是否可使用这些文件的最新版本。凡是不注日期的引用文件,其最新版本适用于本标准。

GB/T 1176—1987 铸造铜合金技术条件

GB/T 7727(所有部分) 船舶通用术语

GJB 3341—1998 舰船螺旋桨用铜合金铸件规范

CB 1163—1986 钛合金螺旋桨铸件技术条件

CB* 3290 民用船舶铜合金螺旋桨着色探伤方法及评级

3 术语、定义、符号、单位

GB/T 7727 确定的以及下列术语和定义适用于本标准。主要术语的符号和单位见表1。

3.1

螺旋桨半径 radius of propeller

螺旋桨旋转时,其叶梢轨迹圆的半径。

3.2

螺旋桨截面半径 radius of blade section

螺旋桨桨叶与同轴圆柱面的交切面在螺旋桨上所处的半径。

3.3

螺旋桨叶截面宽度 width of blade section

螺旋桨桨叶与同轴圆柱面的交切面的展开宽度。

3.4

螺旋桨局部螺距 propeller local pitch

螺旋桨桨叶压力面上同一半径处放射夹角为 β 的不同位置两点的轴向高度差。

3.5

螺旋桨截面螺距 pitch of blade section

螺旋桨桨叶与同轴圆柱面的交切面上各局部螺距值的算术平均值。

3.6

螺旋桨叶片螺距 mean pitch of blade

螺旋桨桨叶为等螺距时,为各截面螺距值的算术平均值;螺旋桨桨叶为变螺距时,一般取 0.7R 截面的螺距值。

3.7

螺旋桨总平均螺距 mean pitch of propeller

每片桨叶叶片螺距的算术平均值。

3.8

螺旋桨盘面比　area ratio of propeller

螺旋桨各叶片展开面积与投影面积之比值。

3.9

螺旋桨桨叶夹角　angle of blades

相邻两桨叶的叶面参考线夹角。

3.10

螺旋桨桨叶截面厚度　thickness of blade section

螺旋桨桨叶截面上各处的厚度。

3.11

螺旋桨静平衡挂重　adding-weight of propeller still balance

螺旋桨做静平衡时，挂在各桨叶叶梢最大厚度处使其能向下转动的挂重物最小重量。

3.12

螺旋桨质量　mass of propeller

螺旋桨叶片质量、桨毂质量以及圆角处填料质量之和。

3.13

螺旋桨转速　speed of propeller

螺旋桨在额定功率时运转的转动速度。

3.14

螺旋桨缺陷面积　propeller surface area discontinuity

螺旋桨缺陷所显示区域的表面面积。

3.15

螺旋桨局部螺距高差　height-margin of propeller local pitch

螺旋桨相同半径上局部螺距在轴向高度上的差值。

3.16

螺旋桨叶片数　number of propeller blades

单只螺旋桨的桨叶叶片总数。

3.17

吸力面　suction side

船体前进时，螺旋桨桨叶负压吸水的一面，即为吸力面。

3.18

压力面　pressure side

船体前进时，螺旋桨桨叶推水的一面，即为压力面。

3.19

V 平面　V-plane

垂直于螺旋桨转轴的参考平面，即为 V 平面。

3.20

非密集缺陷　non-concentrated discontinuity

螺旋桨表面每平方厘米内不多于 4 点的气孔、夹渣等缺陷，该类缺陷为非密集性缺陷。

表 1　术语、符号和单位

序号	术语	符号	单位	
			名称	符号
1	螺旋桨直径	D	毫米	mm
2	螺旋桨半径	R	毫米	mm
3	螺旋桨截面半径	R_s	毫米	mm

表 1（续）

序号	术语	符号	单位	
			名称	符号
4	螺旋桨桨叶截面宽度	b	毫米	mm
5	螺旋桨截面螺距	P_s	毫米	mm
6	螺旋桨局部螺距	P_1	毫米	mm
7	螺旋桨叶片螺距	P_b	毫米	mm
8	螺旋桨总平均螺距	P	毫米	mm
9	螺旋桨盘面比	A_e/A_o	—	—
10	螺旋桨桨叶夹角	α	度	(°)
11	螺旋桨桨叶截面厚度	t	毫米	mm
12	螺旋桨侧斜角	θ	度	(°)
13	螺旋桨静平衡挂重	G	千克	kg
14	螺旋桨质量	m	千克	kg
15	螺旋桨转速	n	转每分钟	r/min
16	螺旋桨缺陷面积	A	平方毫米	mm^2
17	螺旋桨局部螺距高差	Δh	毫米	mm
18	螺旋桨叶片数	z	片	—

4 要求

4.1 螺旋桨类型

4.1.1 螺旋桨按直径可分大型螺旋桨、中型螺旋桨、小型螺旋桨 3 种：

——大型螺旋桨：$D>3\ 500$ mm；

——中型螺旋桨：$1\ 500\ \text{mm}\leqslant D\leqslant 3\ 500$ mm；

——小型螺旋桨：$D<1\ 500$ mm。

4.1.2 螺旋桨按结构形式还可分为整体式螺旋桨、组装式定距螺旋桨和可调螺距螺旋桨。

4.2 螺旋桨精度

螺旋桨的精度等级分为 S 级、1 级、2 级及 3 级，如表 2 所示。

表 2 螺旋桨制造精度等级

螺旋桨精度等级	制造精度
S 级	特高精度
1 级	高精度
2 级	中等精度
3 级	一般精度

4.3 螺旋桨材料

根据不同螺旋桨精度等级要求，螺旋桨材料按表 3 选用。经验船部门认可，也可采用其他金属材料。

表 3 螺旋桨材料类别

<table>
<tr><td rowspan="2">螺旋桨精度等级</td><td colspan="3">材料[a]</td></tr>
<tr><td>大型螺旋桨</td><td>中型螺旋桨</td><td>小型螺旋桨</td></tr>
<tr><td>S 级</td><td>ZCuAl8Mn13Fe3Ni2；ZCuAl8Mn14Fe3Ni2；ZCuAl9Fe4Ni4Mn2；ZCuAl8Be1Co1</td><td>—</td><td>ZTA7；ZTC4</td></tr>
<tr><td>1 级</td><td>ZCuAl8Mn13Fe3Ni2；ZCuAl9Fe4Ni4Mn2</td><td>ZCuZn40Mn3Fe1</td><td>ZCuZn40Mn3Fe1</td></tr>
<tr><td>2 级</td><td rowspan="2">ZCuAl8Mn13Fe3Ni2</td><td rowspan="2">ZCuZn40Mn3Fe1</td><td rowspan="2">ZCuZn40Mn3Fe1；ZCuZn22Al5Mn2Fe2</td></tr>
<tr><td>3 级</td></tr>
<tr><td colspan="4">[a] ZTA7、ZTC4 按 CB/T 1163—1986 选用，其余材料按 GB/T 1176—1987、GJB 3341—1998 选用。</td></tr>
</table>

4.4 表面粗糙度

4.4.1 不同精度等级螺旋桨表面粗糙度应符合表 4 的规定。

表 4 螺旋桨表面粗糙度

单位为微米

<table>
<tr><td rowspan="2">适用范围</td><td rowspan="2">螺旋桨类型</td><td colspan="4">不同精度等级螺旋桨的表面粗糙度 Ra</td></tr>
<tr><td>S 级</td><td>1 级</td><td>2 级</td><td>3 级</td></tr>
<tr><td rowspan="2">桨叶 0.3R 截面向外的表面</td><td>中、小型螺旋桨</td><td>1.6</td><td>3.2</td><td colspan="2" rowspan="2">6.3</td></tr>
<tr><td>大型螺旋桨</td><td rowspan="3">3.2</td><td rowspan="2">6.3</td></tr>
<tr><td rowspan="2">桨叶 0.3R 截面向内的表面</td><td>中、小型螺旋桨</td><td colspan="2" rowspan="3">12.5</td></tr>
<tr><td>大型螺旋桨</td><td rowspan="2">12.5</td></tr>
<tr><td>桨毂表面</td><td>大、中、小型螺旋桨</td><td>6.3</td></tr>
</table>

4.4.2 机加工后轴孔的表面粗糙度，大、中型螺旋桨为 $Ra6.3$；小型螺旋桨为 $Ra3.2$。

4.5 螺旋桨桨叶几何尺寸和公差

4.5.1 螺旋桨几何尺寸见图 1～图 6，其公差按表 5 的规定。表 5 中：

a) 序号 3 和序号 4 中，为避免线型不连续性，从局部螺距和厚度连续测得的偏差不应大于正负公差所包范围的一半（如公差为＋2％和－2％，允许相邻偏差为 2％）；

b) 序号 3 中，为避免在整个拱弧内产生不适当的偏差，从任意两个相邻局部螺距测量所得偏差百分数的代数和应不超过 1.5 倍公差（如公差是±2％，相邻偏差的和应在±3％之间）；

c) 序号 2 和序号 7 中，公差选用两者中最大值。

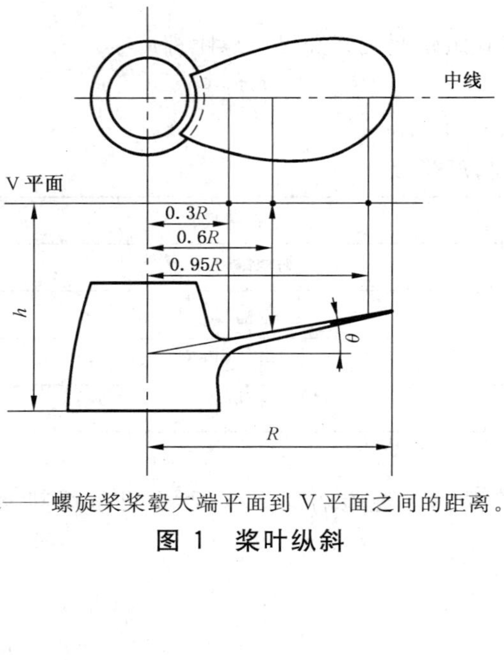

h——螺旋桨桨毂大端平面到 V 平面之间的距离。

图 1 桨叶纵斜

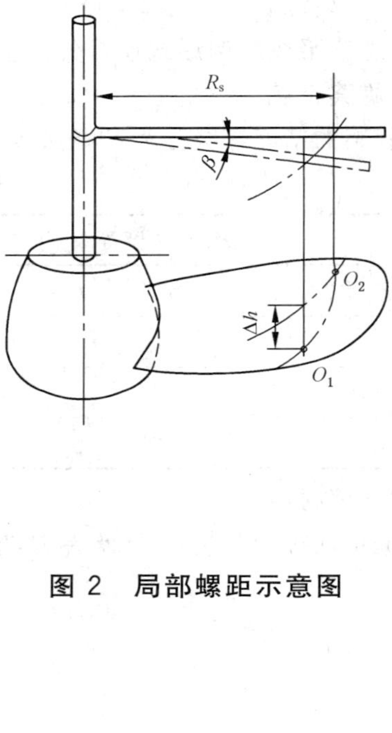

图 2 局部螺距示意图

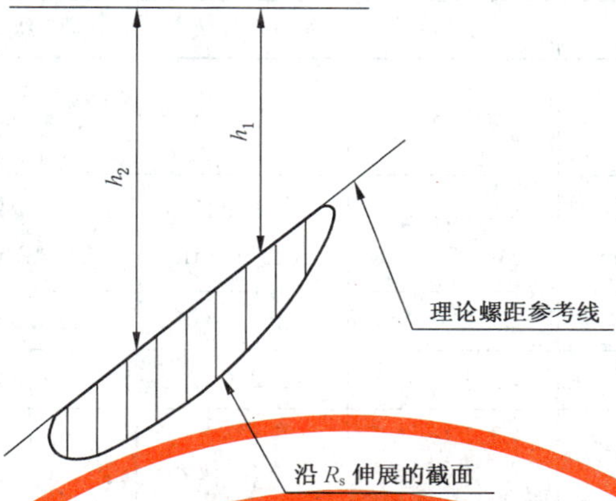

图 3　机翼形截面局部螺距

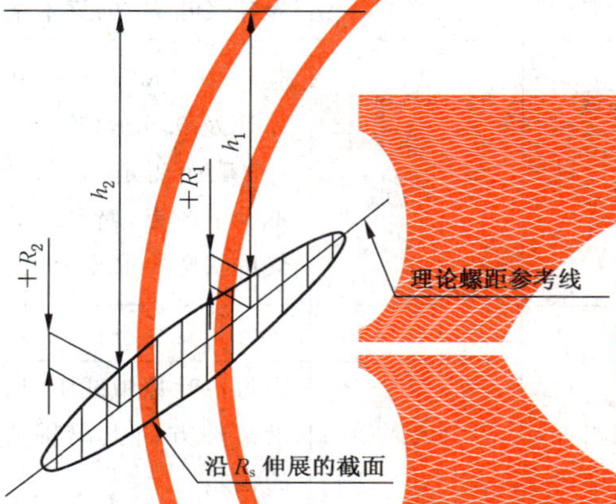

图 4　梭形截面局部螺距

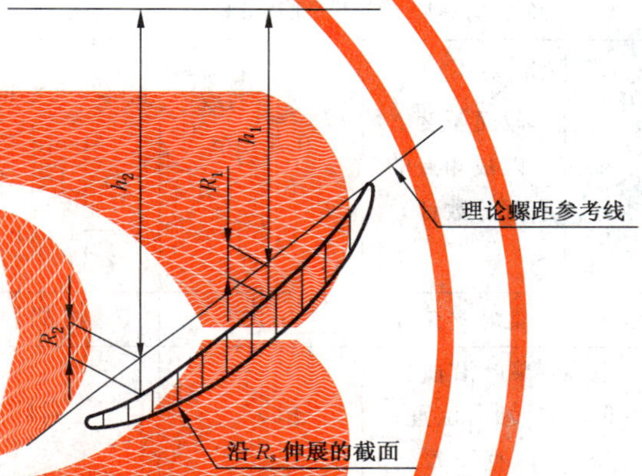

图 5　月牙形截面局部螺距

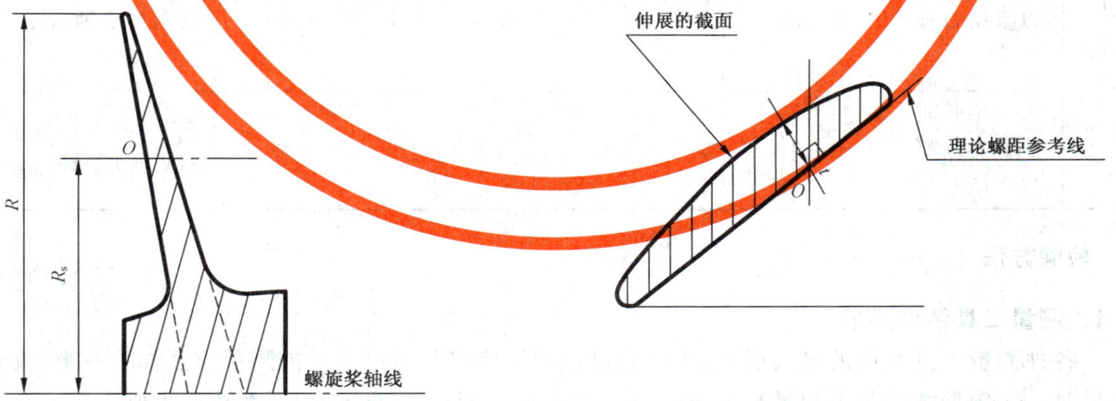

a)　　b)

图 6　截面厚度测量示意图

4.5.2　螺旋桨由桨叶的 0.4R 开始(特殊要求螺旋桨由 0.3R 开始)到叶根处各截面的截面螺距 P_s、局部螺距 P_1、截面宽度 b 和截面厚度 t 允许按表 5 规定的正负公差值加大 50%。

4.5.3　经设计部门或订货部门同意后,允许采用变更螺旋桨直径 D 的方法来补偿螺距 P 的超差。

4.6　表面缺陷

螺旋桨侧斜角区域的划分以及表面缺陷修复参见附录 A。适用时,也可按各船级社规范执行。

表 5 螺旋桨几何尺寸公差

序号	项目	S 级	1 级	2 级	3 级	说明
1	半径 R	±0.2%	±0.3%	±0.4%	±0.5%	导管螺旋桨的公差在图样中规定
2	截面宽度 b 最小值	±1.5% 或±4 mm	±2.0% 或±7 mm	±3.0% 或±10 mm	±5.0% 或±12 mm	所列公差用直径除以桨叶数(D/Z)的百分数表示
3	局部螺距 P_1	±1.5%	±2.0%	±2.5%	±3.0%	—
4	截面螺距 P_s	±1.0%	±1.5%	±2.0%	±2.5%	为各 P_1 值的算术平均值
5	叶片螺距 P_b	±0.75%	±1.0%	±1.5%	±2.5%	叶片为等螺距时，为各 P_s 值的算术平均值； 叶片为变螺距时，可取 0.7R 处 P_s 值来衡量
6	总平均螺距 P	±0.5%	±0.75%	±1.0%	±2%	为各桨叶 P_b 的算术平均值
7	截面厚度 t (以被测点的百分数计)	+4.5%或 0.5 mm −3.5%或 −0.5 mm	+4.5%或 1 mm −3.5%或 −1 mm	+5%或 1.5 mm −4%或 −1.5 mm	+6%或 2 mm −5%或 −2 mm	应对 0.3R、0.4R、0.6R、0.8R及 0.95R(或 0.9R)等 5 个截面测定，且每个截面不少于 3 点(特殊要求螺旋桨按图样要求测量)
8	桨叶夹角 α	0.25°	0.5°	0.5°	0.5°	—
9	桨叶沿轴毂轴向位置 (以直径 D 计)	±0.8%	±1%	±1.5%	±2%	测量各叶片中线上 0.6R 处沿桨轴方向上离轴毂端面的偏差
10	桨叶纵斜 (以直径 D 计)	±(0.2%D+ 3 mm)	±(0.5%D+ 3 mm)	±(0.4%D+ 3 mm)	±(0.5%D+ 3 mm)	测量叶面中线上在 0.3R 和 0.95R 处(见图 1)； 两点在桨轴线上投影距离上的偏差
11	相邻桨叶轴向相对位置 (以直径 D 计)	±0.8%	±1.0%	±1.5%	±2%	测量各叶片中线上 0.6R 处沿桨轴方向的偏差

5 检验方法

5.1 测量工具精度要求

各种测量工具允许的最大误差，不应超过被测螺旋桨几何尺寸或被测量的公差的一半，或者在尺寸测量时，大、中型螺旋桨不超过 0.5 mm，小型螺旋桨不超过 0.25 mm，两者选用大值。

5.2 静平衡

5.2.1 螺旋桨在作静平衡之前，应先进行随遇平衡检验。当螺旋桨直径 D>1 500 mm 时，按公式(1)计算 G 值作挂重试验：

$$G = C \times \frac{m}{R \times n^2} \qquad \cdots\cdots(1)$$

式中：

G——螺旋桨作静平衡时，挂在各桨叶叶梢最大厚度处使其能向下转动的挂重物最小重量，单位为千克(kg)；

m——螺旋桨叶片质量、桨毂质量以及圆角处填料质量之和，单位为千克(kg)；

R——螺旋桨旋转时，其叶梢轨迹圆的半径，单位为毫米(mm)；

n——螺旋桨在额定功率时运转的转动速度，单位为转每分钟(r/min)；

C——系数，按螺旋桨转速 n 及螺旋桨精度等级的系数 K 而定：当 $n \geqslant 180$ r/min 时，$C=K$；当 $n<180$ r/min 时，$C=K\times\left(\frac{n}{180}\right)^2$，系数 K 值见表 6。

表 6　系数 K 值

螺旋桨精度等级	S 级	1 级	2 级	3 级
K	15	25	40	75

5.2.2　当螺旋桨直径 $D \leqslant 1\ 500$ mm 时，可以按公式(2)计算 G 值。

$$G=0.025D^2+0.02 \qquad (2)$$

式中：

D——螺旋桨旋转时，其叶梢轨迹圆的直径，单位为毫米(mm)。

5.2.3　检验静平衡装置的心轴的摩擦力矩应不大于公式(3)中 M 值。

$$M=\frac{G}{2}\times R \qquad (3)$$

5.2.4　螺旋桨在卧式平衡仪上作静平衡检验时，将挂重分次挂于各桨叶叶梢最大厚度标记点上，然后将挂重的桨叶叶梢最大厚度标记转到水平位置并使其静止，当去掉支承后，挂重的桨叶向下转动即为合格。

5.2.5　螺旋桨在立式平衡仪上作静平衡检验时，将不大于挂重重量的挂重物挂于各桨叶叶梢最大厚度标记点上，当去掉支承后，挂重的螺旋桨处于水平状态即为合格。

5.3　局部螺距

5.3.1　测量局部螺距 P_1 时，可按压力面上同一半径处放射夹角为 β 的 O_1、O_2 两点的轴向高差 Δh 来计算(见图 2)。

5.3.2　当机翼形截面展开后压力面为一直线，与理论螺距参考线重合时(见图 3)，局部螺距值 P_1 按公式(4)计算。

$$P_1=\frac{360^\circ}{\beta}\times(h_2-h_1) \qquad (4)$$

式中：

P_1——螺旋桨桨叶压力面上同一半径处放射夹角为 β 的不同位置两点的轴向高度差，单位为毫米(mm)；

β——同一半径截面压力面上不同位置两点的夹角，单位为度(°)；

h_1——同一半径叶片截面压力面上放射夹角为 β 时，起始位置处由同一基准面到理论螺距参考线的轴向高度值，单位为毫米(mm)；

h_2——同一半径叶片截面压力面上放射夹角为 β 时，终止位置处由同一基准面到理论螺距参考线的轴向高度值，单位为毫米(mm)。

5.3.3　当梭形截面展开后压力面为一曲线，位于理论螺距参考线之上时(见图 4)，局部螺距值 P_1 按公式(5)计算。

$$P_1=\frac{360^\circ}{\beta}\times[(h_2-R_2)-(h_1-R_1)] \qquad (5)$$

式中：

R_1——同一半径截面压力面上放射角为 β 时，起始位置处由理论螺距参考线距压力面的轴向高度偏差值，单位为毫米(mm)；

R_2——同一半径截面压力面上放射角为β时，终止位置处由理论螺距参考线距压力面的轴向高度偏差值，单位为毫米(mm)。

5.3.4 当月牙形截面展开后压力面为一曲线，位于理论螺距参考线之下时(见图5)，局部螺距值 P_1 按公式(6)计算。

$$P_1 = \frac{360°}{\beta} \times [(h_2 + R_2) - (h_1 + R_1)] \quad \cdots\cdots(6)$$

5.4 截面厚度

测量截面厚度 t 的方法是：在压力面 R_s 线上确定轴向各测点 O[见图6a)]，然后从 O 点所在截面的理论螺距参考线的垂直方向上测量[见图6b)]。

5.5 轴孔锥度

制造厂根据锥度量规加工螺旋桨轴孔，完工后检验锥度间隙，达到制造技术要求则为合格。检测螺旋桨轴孔加工的锥度量规的大头应刻有进线和止线，两条线的间距应不小于3 mm。

5.6 螺旋桨压力面叶根圆角

螺旋桨压力面叶根圆角采用圆角样板做法向检查。

5.7 边缘形状

S级、1级螺旋桨的导边及随边边缘应用样板进行检验，样板本身误差应不大于0.15 mm、间隙不大于0.75 mm，长度为被检测截面宽度的10%～15%，长度不超过300 mm。

5.8 材料

5.8.1 螺旋桨材料用的试样类型、检验项目等按 GB/T 1176—1987、GJB 3341—1988、CB/T 1163—1986 或验船部门的规定执行。

5.8.2 凡已合格准备出厂的螺旋桨，在材料的化学成分分析和力学性能试验的报告单上，都应有验船部门或验船部门委托的全权代表签字认可，对于不需要经验船部门验收的螺旋桨，应由制造厂检验部门负责人在报告单上签字认可。

5.9 表面着色探伤

完工后的螺旋桨应按 CB* 3290 规定的方法进行表面着色探伤检查，检查评定按各国船级社规范执行，如无船级社规范要求的则按 CB* 3290 执行。

6 标志、包装、贮存和运输

6.1 经检验合格的螺旋桨，应在靠近桨毂小端、两叶之间的回转面上，刻印下列标志(包括商标)：

a) 制造厂名；

b) 直径 D；

c) 螺距 P；

d) 盘面比 A_e/A_o；

e) 旋向；

f) 材料；

g) 质量；

h) 炉号；

i) 制造日期。

6.2 叶片序号钢印打在桨毂小端的回转面上。

6.3 验船部门的检验钢印应打在显眼位置。

6.4 经检验合格的螺旋桨表面清洗干净，去除铜锈并涂刷防锈油后，用塑料布或其他包装材料将叶片包装，用橡胶或其他塑性材料将叶片边缘包裹。

6.5 在贮存和运输过程中，作好防震、防损措施。

7 其他

每个螺旋桨出厂时，都应附有合格证书，证书上除注明6.1的内容外，还应注明材料标准号（包括试验项目和检验结果）及其他应说明事项。

附 录 A
（资料性附录）
螺旋桨区域划分及表面缺陷修复

A.1 螺旋桨侧斜角及区域划分

A.1.1 螺旋桨的侧斜角由螺旋桨桨叶的侧斜角来描述。螺旋桨的最大侧斜角为：在桨叶的正投影图上，从叶尖到桨轴中线作出与螺旋桨的桨叶截面弦长中点连线相切的直线的夹角（见图 A.1）。高侧斜螺旋桨的侧斜角大于 25°，低侧斜螺旋桨的侧斜角不大于 25°。

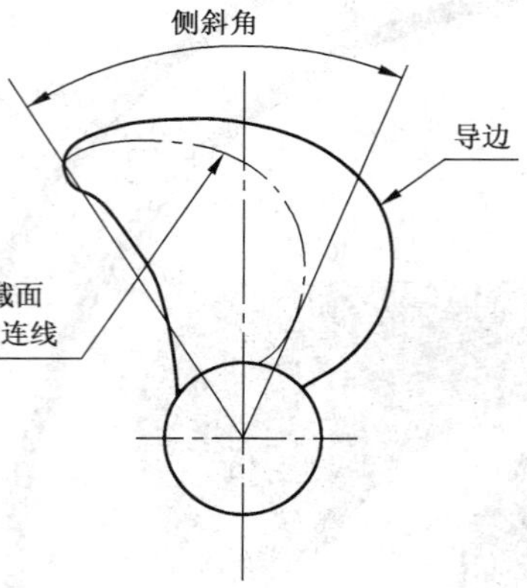

图 A.1 侧斜角示意图

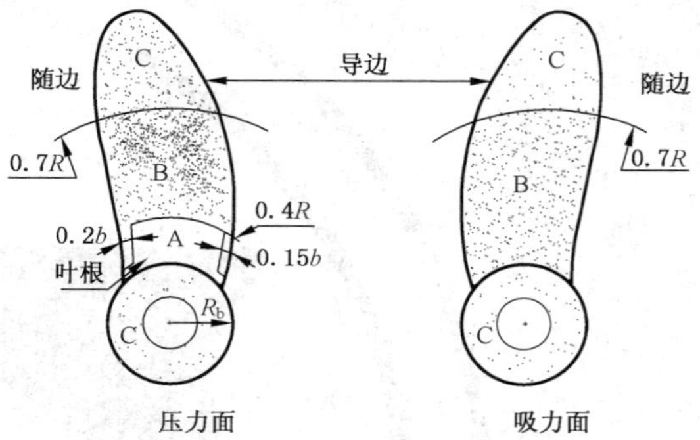

图 A.2 低侧斜螺旋区域划分

A.1.2 为将检测要求与桨叶中的缺陷极限相联系并减少修补后疲劳裂纹的风险，将桨叶划分为 A、B、C 三个危险区域：

a) A 区是承受最大应力的区域，因此检测要求最高。一般在该区域桨叶的厚度最大，对修补焊缝的约束度最大，反过来也导致在修补焊缝内部和周围的残余应力最大。高的残余拉应力在以后的服役中经常导致疲劳裂纹，因此在该区域的任何焊接修补必须经过消应力热处理。

b) B 区是可能有高工作应力的区域。

c) C 区是工作应力低并且桨叶厚度相对较薄的区域。

A.1.3 低侧斜螺旋桨区域划分

A.1.3.1 A 区位于叶片的压力面，其范围为叶根至 0.4R 处并介于距导边 0.15b 的界限及距随边 0.2b 的界限之间的区域（见图 A.2）。当桨毂半径超过 0.27R 时，A 区为从叶根圆角至 1.5 倍桨毂半径之间的区域。

A 区还应包括分体浇注桨毂镗孔处的区域（见图 A.3）及可调桨桨叶的法兰及根部（如图 A.4）。

A.1.3.2 B 区为压力面叶根至 0.7R 范围内除 A 区以外的区域及吸力面叶根至 0.7R 的区域（见图 A.2）。

A.1.3.3 C 区为叶片两面位于 0.7R 以外的其他区域。整体浇铸螺旋桨桨毂的所有表面，及可调桨桨毂除定义为 A 区以外的其他表面均作为 C 区。

A.1.4 高侧斜螺旋桨区域划分

A.1.4.1 压力面 A 区的范围为叶根与随边及从导边与叶根相交处至随边 0.9R 处，并与 0.4R 弦线交于距导边 0.3b 处，与 0.7R 弦线交于距导边 0.5b 处的弧线所围成的区域。位于 0.4R 弦线以内的其余区域也属于 A 区。吸力面 A 区的范围为沿随边，始于叶根止于 0.9R，宽度为距随边 0.15b 的区域（见图 A.5）。

A.1.4.2 B 区范围为叶片表面除 A 区以外的所有表面（见图 A.5）。

A.2 缺陷检查

A.2.1 无损检测

所有螺旋桨成品铸件均应在 A、B、C 三个区域进行表面无损检测，通常 A 区检测应在船检部门人员在场下进行，对 B 区和 C 区进行检测时船检部门人员可要求在场。

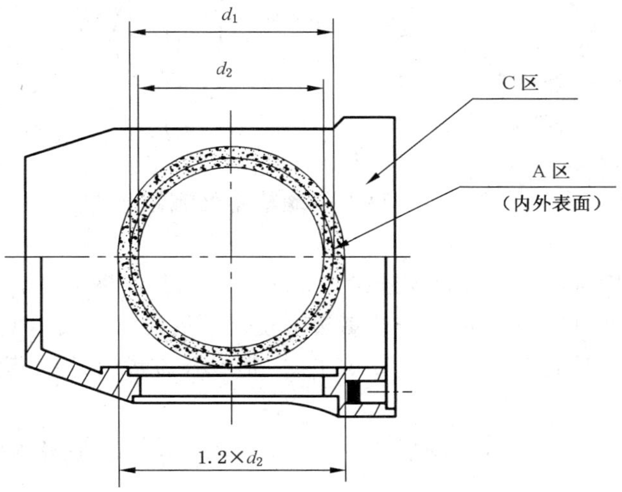

图 A.3 桨毂区域划分

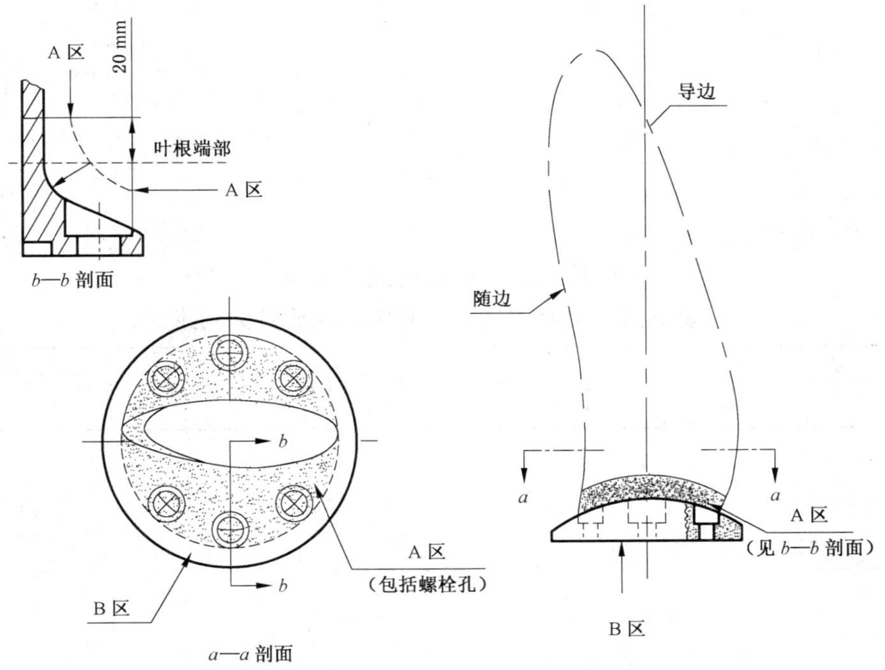

图 A.4 可调桨桨叶法兰及根部区域划分

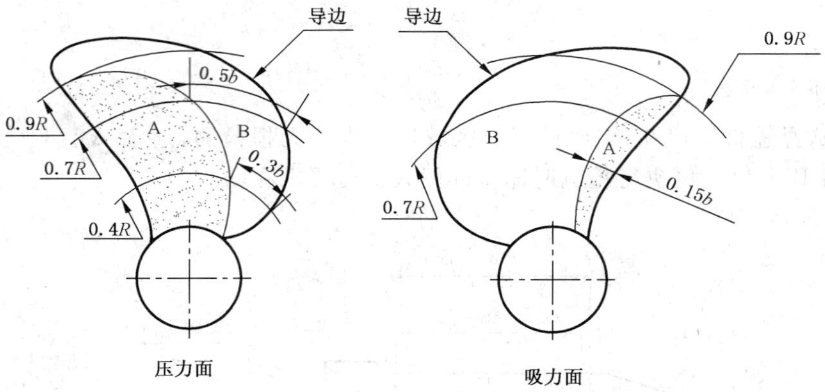

图 A.5 高侧斜螺旋桨区域划分

A.2.2 着色渗透检测

A.2.2.1 螺旋桨的表面检测通常用着色渗透检测方法进行。着色渗透检测应按船检部门认可的标准或规则进行。着色渗透检测的显影时间应符合渗透剂生产厂的建议值或不少于 10 min。

A.2.2.2 对显示进行评定时应以 100 cm^2 大小的正方形或长方形(长边不超过 250 mm)作为评定区。评定区应选在显示最密集的部位。

A.2.2.3 渗透剂显示按图 A.6 划分为圆形、线形和连续形等三种。不同区域内的缺陷大小和数量应不超过表 A.1 所示之值。

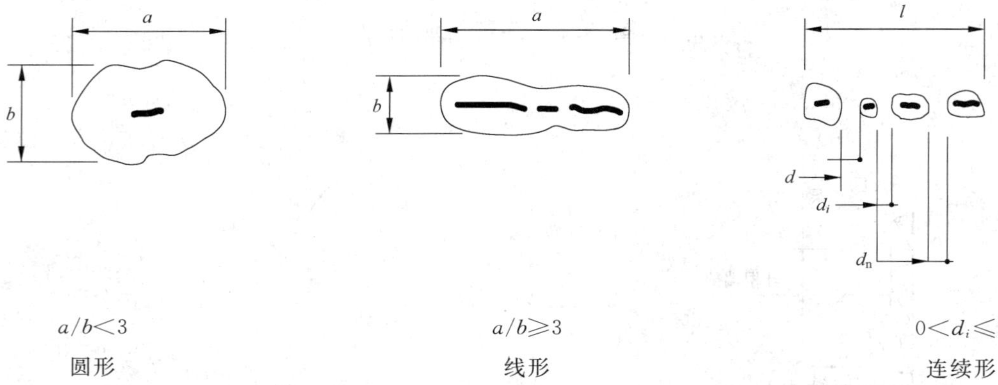

图 A.6 渗透剂显示类型

表 A.1 着色渗透检测判定区内显示的判定

区域	显示的最大数量	显示类型	每类缺陷的最大数量	缺陷显示的最大尺寸/mm
A	7	圆形	5	4
		线形	2	3
		连续形		
B	14	圆形	10	6
		线形	4	
		连续形		
C	20	圆形	14	8
		线形	6	6
		连续形		

表 A.1(续)

区域	显示的最大数量	显示类型	每类缺陷的最大数量	缺陷显示的最大尺寸/mm
注1:A区内小于2 mm的单个圆形显示及其他区域内小于3 mm的单个圆形显示可以忽略。 注2:如线形或连续形显示较少或不存在,圆形显示的总数最多可达到所有显示的最大许可数量,只要保证各种显示的数量之和不超过最大许可数量。				

A.2.3 渗透检测

如果铸件经过修磨或焊补,修补区域应按其所处的位置和位于的区域增加渗透检测。焊缝修补过,不论其所处的位置,均应按A区域要求进行检测。

A.3 缺陷修复要求

A.3.1 螺旋桨表面存在直径不大于1 mm非密集性的气孔、渣孔等铸造缺陷时,可不作修整。

A.3.2 当螺旋桨的桨毂端面或内孔存在局部气孔、渣孔,对缺陷进行清洁处理,而对铸件强度无影响时,可用合适的塑料填充这些气孔、渣孔。

A.3.3 发现超过表A.1验收标准的显示(如裂纹、缩孔、夹砂、夹渣、非金属夹杂、气孔以及其他可能削弱螺旋桨安全使用的缺陷)的螺旋桨,应进行必要的修整或焊补。对于直径小于1 mm的分散圆形气孔等细小表面可以不修补。

A.3.4 缺陷修补一般应采用如磨、削、铣等机械方法,而不宜采用焊接的方法。若确有焊补的必要,应事先提交详细的焊补工艺和焊补范围等资料并经验船部门同意。

A.3.5 不采用焊接修补的缺陷,在削、铣处理后应进行打磨。并应使打磨出的凹陷轮廓尽可能光滑过渡,以避免应力集中和减轻空泡剥蚀。

A.3.6 各区域可焊补的总面积和允许焊补的单个缺陷大小可参照验船部门有关标准,但应避免面积小于5 cm^2 的焊接修补。

A.3.7 螺旋桨A区域的修补一般应遵循下列原则:

a) A区一般不允许焊接修补,焊接修补只有经验船部门同意才能进行。如果同意采用焊接修补,则焊后应进行消应力热处理。热处理工艺应经验船部门同意。

b) 打磨后桨叶的厚度应保持图纸上批准的桨叶厚度。

c) 当缺陷的深度大于A.3.7b)允许修补范围时,其修补另行考虑。

A.3.8 螺旋桨B区域的修补一般应遵循下列原则:

a) 经验船部门的事先批准,B区一般允许焊接修补,但最好能够避免。每次批准均应提交缺陷/损坏和预期修补工艺的全部详细资料;

b) 对深度不大于 $t/40$ mm(t 为批准图纸上缺陷所在处的最小局部厚度)或2 mm的缺陷(取大者)应打磨去除;

c) 不允许用打磨去除的较深的缺陷,可用焊接方法修补。

A.3.9 螺旋桨C区域一般可按已认可的工艺进行焊接修补。

A.3.10 对每一作过修补的铸件,制造厂应保留一份记录挖修、焊补、热处理和最终检测结果的报告,该报告应经验船部门确认。

A.4 焊接修补

A.4.1 若螺旋桨表面缺陷需要补焊时,按CB* 3095或各国船级社规范要求处理。

A.4.2 制造厂应作好缺陷及其修整的详细记录,归档备查。

参 考 文 献

［1］ CB* 3095 民用船舶铜合金螺旋桨补焊规则

ICS 47.020.40
U 22

中华人民共和国国家标准

GB/T 12932—2010
代替 GB/T 12932—1991

船用臂架起重机

Shipbuilding-jib cranes

2010-08-09 发布　　2010-12-01 实施

中华人民共和国国家质量监督检验检疫总局
中国国家标准化管理委员会　发布

前　言

本标准代替 GB/T 12932—1991《船用臂架起重机》。

本标准与 GB/T 12932—1991 相比，主要有以下变化：

——修正了船用臂架走重机的钢丝绳的安全系数；

——增加了船用臂架走重机的标志章节。

本标准由中国船舶重工集团公司提出。

本标准由全国船用机械标准化技术委员会甲板和机舱辅机分技术委员会归口。

本标准起草单位：中国船舶重工集团公司第七〇四研究所、武汉船用机械有限责任公司。

本标准主要起草人：俞志刚、刘富良、汤敏、乐懿。

本标准所代替标准的历次版本发布情况为：

——GB/T 12932—1991。

船用臂架起重机

1 范围

本标准规定了船用臂架起重机(以下简称"起重机")的要求、检验规则、分类及标志。

本标准适用于由电动或液压驱动的装卸货物用的单臂架起重机(作业于港区或海上风力不大于蒲氏2级的水域)的设计、验收。

本标准不适用于电磁和抓斗起重机、近海平台起重机以及杂品、吊艇等辅助作业起重机的设计、验收。

2 规范性引用文件

下列文件中的条款通过本标准的引用而成为本标准的条款。凡是注日期的引用文件,其随后所有的修改单(不包括勘误的内容)或修订版均不适用于本标准,然而,鼓励根据本标准达成协议的各方研究是否可使用这些文件的最新版本。凡是不注日期的引用文件,其最新版本适用于本标准。

GB/T 3811—2008 起重机设计规范

GB/T 3893 造船及海上结构物 甲板机械 术语和符号(GB/T 3893—2008,ISO/FDIS 3828:2007,IDT)

GB 4208—2008 外壳防护等级(IP代码)(IEC 60529:2001,IDT)

GB/T 13306 标牌

CB/T 3883—1999 船用液压臂架起重机工厂试验方法

《船舶与海上设施 起重设备规范》 中国船级社 2005

3 术语和定义

GB/T 3893确立的以及下列术语和定义适用于本标准。

3.1

变幅 luffing

起重机臂架在垂直平面内所作的角运动。

3.2

公称规格 nominal size

与起重机安全工作负载相对应并用起重机安全工作负载或圆整后的起重机安全工作负载的10%表示的数值。

3.3

公称起升速度 nominal hoisting speed

起重机起升安全工作负载时,其吊钩所能获得的最大速度,单位为米每秒(m/s)。

3.4

公称变幅时间 nominal luffing time

起重机吊钩承载该起重机安全工作负载时,该起重机臂架由最大工作半径变幅到最小工作半径所需的时间,单位为秒(s)。

3.5

公称回转速度 nominal slewing speed

在船舶横倾5°和纵倾2°同时作用下,起重机臂架处于最大工作半径吊起安全工作负载回转时,该起重机所保持的回转速度,单位为转每分(r/min)。

3.6

最小轻载起升速度　minimum light-load hoisting speed

起重机吊钩承载该起重机安全工作负载的 0～0.2 倍的负载起升时，该起重机吊钩所能获得的最小速度，单位为米每秒(m/s)。

3.7

最大可控着地速度　maximum controllable landing speed

起重机吊钩承载的工作负载着地时所允许的最大速度，单位为米每秒(m/s)。

4　分类和标记

4.1　分类

起重机按动力源可分为电动和液压两种类型。

4.2　标记

起重机型号编制如图 1 所示。

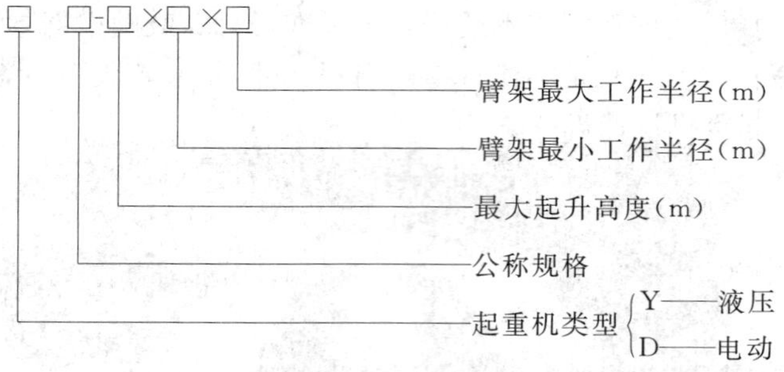

图 1　起重机型号编制示意图

4.3　示例

公称规格为 12.0，最大起升高度为 30 m，臂架最小/最大工作半径为 3 m/20 m 的船用液压臂架起重机的标记示例为：

船用液压臂架起重机　GB/T 12932—2010　Y12.0-30×3×20。

5　要求

5.1　尺寸

5.1.1　起重机卷筒(以下简称卷筒)的槽底直径应不小于钢丝绳直径的 18 倍。

5.1.2　卷筒的长度应满足全部钢丝绳卷绕后不超过 3 层。当起重机的臂架处于最大工作半径工作位置且该起重机的吊钩处于最低位置时，该卷筒保留的钢丝绳圈数应不少于 3 圈。

5.1.3　对于未设置压绳装置的卷筒，其凸缘边高出最外层钢丝绳间的距离应不小于钢丝绳直径的 2.5 倍。

5.2　钢丝绳

起重机所用钢丝绳的最小破断负载应不小于该钢丝绳承受的起重机安全工作负载的 n 倍(n 为安全系数，见表 1)。

表 1　钢丝绳安全系数表

安全工作负载(*SWL*)/kN	n
≤100	5
≤800	10 000/(0.9*SWL*+1 910)

5.3　设计和结构

5.3.1　起重机的结构应符合 GB/T 3811—2008 中第 5 章的要求。

5.3.2 起重机的最大升降制动力应为该起重机安全工作负载的 1.5 倍。起重机的最大回转制动力矩应为该起重机回转力矩的 1.25 倍。

5.3.3 起重机的电气设备应符合《船舶与海上设施　起重设备规范》的相关要求。

5.3.4 安装在露天甲板的起重机电气设备的外壳防护等级应不低于 GB 4208—2008 中规定的 IP56。

5.4 功能

5.4.1 起重机吊钩的起升速度、起重机臂架的变幅程度可调节。

5.4.2 应设置限位开关(装置)以限制起重机吊钩的升降高度、起重机臂架的回转位置、起重机臂架的变幅程度及防止起重机钢丝绳松弛。其限值可根据实际情况人为设定。

5.4.3 起重机的操纵手柄置于“停止”档位或起重机的操纵踏板处于初始位置(起重机启动前操纵踏板所处的位置,下同)或起重机的动力源被切断时,该起重机的制动系统应能工作使该起重机的工作负载停止升降。

5.4.4 起重机的制动系统不应产生使该起重机不能正常工作的冲击负载。

5.4.5 采用机械式制动器的起重机,其机械式制动器应装有耐热、耐潮、耐火的制动衬垫。

5.4.6 起重机可通过手/脚控(直接操作)/遥控工作。

5.4.7 除“停止”档位外,起重机的操纵手柄还可置于另外 4 个档位,分别控制起重机的“吊钩起升或臂架向内变幅”、“吊钩下降或臂架向外变幅”、“左回转”、“右回转”。对于采用操纵踏板来控制吊钩升降、臂架变幅、回转的起重机则可通过操纵踏板的运动(踩下踏板或抬起踏板)来实现上述功能。

5.4.8 起重机失去动力后,对于其操纵手柄,则应置于“停止”档位;对于其操纵踏板,则应使该踏板回到该踏板的初始位置,否则,起重机不能再次启动。

5.4.9 应设置紧急停车装置,使起重机遇紧急情况能自动停车且其工作负载能安全释放。

5.4.10 应设置超载保护装置。当起重机的起吊负载超过该起重机的安全工作负载时,超载保护装置应自动声光报警并使起重机紧急停车。

5.5 性能

5.5.1 起重机的性能参数(除超载性能参数外)应符合表 2 的规定。

5.5.2 起重机的超载量应符合下列要求:

a) *SWL* 的 25%(*SWL*≤20 kN 时);

b) *SWL*+5 kN(20 kN<*SWL*<50 kN 时);

c) *SWL* 的 10%(*SWL*≥50 kN 时)。

表 2　起重机性能参数表

<table>
<tr><th>公称规格</th><th>安全工作负载
(SWL)
kN</th><th>公称起升速度
m/s
≥</th><th>公称变幅时间
s
≤</th><th>公称回转速度
r/min
≥</th><th>最小轻载
起升速度
m/s</th><th>最大可控
着地速度
m/s</th></tr>
<tr><td>1.6</td><td>16</td><td>0.90</td><td>30</td><td>1.20</td><td>1.80</td><td>0.25</td></tr>
<tr><td>3.0</td><td>32</td><td>0.75</td><td>38</td><td rowspan="2">1.00</td><td>1.50</td><td rowspan="2">0.20</td></tr>
<tr><td>5.0</td><td>50</td><td>0.58</td><td>40</td><td>1.17</td></tr>
<tr><td>8.0</td><td>80</td><td rowspan="5">0.33</td><td>42</td><td>0.70</td><td rowspan="5">0.67</td><td rowspan="2">0.12</td></tr>
<tr><td>10.0</td><td>100</td><td rowspan="3">52</td><td rowspan="2">0.65</td></tr>
<tr><td>12.0</td><td>125</td><td>0.10</td></tr>
<tr><td>16.0</td><td>160</td><td rowspan="2">0.60</td><td rowspan="2">0.08</td></tr>
<tr><td>20.0</td><td>200</td><td>60</td></tr>
</table>

表 2（续）

<table>
<tr><th>公称规格</th><th>安全工作负载
（SWL）
kN</th><th>公称起升速度
m/s
≥</th><th>公称变幅时间
s
≤</th><th>公称回转速度
r/min
≥</th><th>最小轻载
起升速度
m/s</th><th>最大可控
着地速度
m/s</th></tr>
<tr><td>25.0</td><td>250</td><td>0.26</td><td rowspan="3">75</td><td>0.50</td><td>0.52</td><td>0.06</td></tr>
<tr><td>30.0</td><td>300</td><td>0.22</td><td rowspan="7">0.40</td><td>0.44</td><td rowspan="7">0.05</td></tr>
<tr><td>36.0</td><td>360</td><td>0.18</td><td>0.36</td></tr>
<tr><td>40.0</td><td rowspan="2">400</td><td rowspan="5">0.16</td><td rowspan="2">90</td><td rowspan="5">0.32</td></tr>
<tr><td>45.0</td></tr>
<tr><td>50.0</td><td>500</td><td rowspan="2">100</td></tr>
<tr><td>60.0</td><td>600</td></tr>
<tr><td>80.0</td><td>800</td><td>110</td></tr>
</table>

5.6 环境适应性

起重机在横倾不大于5°、纵倾不大于2°的环境同时作用下应能正常工作。

6 检验方法

6.1 尺寸

6.1.1 用量具测量被试卷筒的槽底直径。其结果应符合5.1.1的要求。

6.1.2 将全部钢丝绳卷绕在被试卷筒上，然后使被试起重机的臂架处于最大工作半径的位置且该起重机的吊钩处于最低位置。分别计算上述两种情况下钢丝绳卷绕在被试卷筒上的层数和圈数。其结果应符合5.1.2的要求。

6.1.3 将全部钢丝绳卷绕在被试卷筒上，用量具测量被试卷筒凸缘边高出最外层钢丝绳间的距离。其结果应符合5.1.3的要求。

6.2 钢丝绳

对起重机所配套的钢丝绳进行静拉伸试验直至该钢丝绳破断。其结果应符合5.2的要求。

6.3 功能

6.3.1 启动被试起重机（未作说明，按表2规定配备相应的安全工作负载，下同），然后改变被试起重机吊钩的起升速度、被试起重机臂架的变幅程度，观察被试起重机的运转状况。其结果应符合5.4.1的要求。

6.3.2 按下列步骤进行试验。其结果应符合5.4.2的要求：

a) 设定被试起重机的限位开关（装置）限值，启动被试起重机，分别测量此时该起重机的吊钩升降高度、该起重机的回转位置及该起重机的变幅程度（与设定的限值相吻合）；

b) 启动被试起重机（空载），让被试起重机的吊钩下降落地，此时该起重机的限位开关（装置）开始动作使该起重机停车。

6.3.3 启动被试起重机，将被试起重机的操纵手柄置于"停止"档位或将被试起重机的操纵踏板回到初始位置或切断被试起重机的动力源，观察被试起重机制动系统的动作状况。其结果应符合5.4.3的要求。

6.3.4 启动被试起重机，然后以各种方式制动（如其臂架变幅、回转以及升降制动），随后再次启动该起重机，观察该起重机的工作状况。其结果应符合5.4.4的要求。

6.3.5 观察被试起重机的机械制动器并查验该制动器衬垫的产品合格证。其结果应符合5.4.5的要求。

6.3.6 启动被试起重机，通过人工控制其操纵手柄（操纵踏板）或遥控使该起重机正常工作。其结果应符合 5.4.6 的要求。

6.3.7 启动被试起重机，通过控制该起重机的操纵手柄或操纵踏板，观察该起重机的工作状况。其结果应符合 5.4.7 的要求。

6.3.8 按下列步骤进行试验。其结果应符合 5.4.8 的要求：

a) 被试起重机处于非工作状态，分别将该起重机的操纵手柄置于“停止”及非“停止”档位，启动被试起重机，观察该起重机的状况；

b) 被试起重机处于非工作状态，针对踩及不踩被试起重机操纵踏板两种情况，分别启动该起重机，观察该起重机的状况。

6.3.9 启动被试起重机，使该起重机的紧急停车装置开始动作，观察该起重机的状况。其结果应符合 5.4.9 的要求。

6.3.10 按被试起重机对应的公称规格配备 1.05 倍该起重机的安全工作负载作为起吊负载，启动该起重机，观察该起重机的状况。其结果应符合 5.4.10 的要求。

6.4 性能

6.4.1 启动被试起重机，测量该起重机的公称起升速度。其结果应符合 5.5.1 相应的要求。

6.4.2 启动被试起重机，用秒表记录该起重机臂架由最大工作半径变幅到最小工作半径所需的时间。其结果应符合 5.5.1 相应的要求。

6.4.3 启动被试起重机，用转速表测量该起重机的公称回转速度。其结果应符合 5.5.1 相应的要求。

6.4.4 按被试起重机所对应的公称规格配备 0.1 倍该起重机的安全工作负载作为起吊负载，启动该起重机。测量该起重机的最小轻载起升速度。其结果应符合 5.5.1 相应的要求。

6.4.5 启动被试起重机并使该起重机的工作负载着地，测量该起重机的最大可控着地速度。其结果应符合 5.5.1 相应的要求。

6.4.6 按 CB/T 3883—1999 中 3.2.10 规定的方法对被试起重机的超载性能进行检验。其结果应符合 5.5.2 的要求。

6.5 环境适应性

将被试起重机安装在横倾 5°、纵倾 2°的台架上，分别按 6.3、6.4 规定的方法进行试验。其结果应符合 5.6 的要求。

7 检验规则

7.1 分类

本标准规定的检验分类如下：

a) 型式检验；

b) 出厂检验。

7.2 检验条件

7.2.1 被试起重机检验前，应按 CB/T 3883—1999 中 3.2.11.1、3.2.12 规定的方法对被试起重机的绝缘电阻及水密性（仅对液压驱动的起重机）进行检测、检查。

7.2.2 被试起重机检验中，应随时检测被试起重机的油压（仅对液压驱动的起重机）、液压油的温升（仅对液压驱动的起重机）、电流、电压及功率。

7.2.3 被试起重机检验后，应按 CB/T 3883—1999 中 3.2.13 规定的方法对被试起重机进行检查。

7.3 型式检验

7.3.1 检验项目和顺序

检验项目和顺序按表 3 的规定。

表 3 检验项目表

<table>
<tr><th>序号</th><th colspan="2">检验项目</th><th>型式检验</th><th>出厂检验</th><th>要求章条号</th><th>检验项目章条号</th></tr>
<tr><td>1</td><td colspan="2">卷筒槽底直径</td><td>●</td><td>●</td><td>5.1.1</td><td>6.1.1</td></tr>
<tr><td>2</td><td colspan="2">卷筒长度和钢丝绳卷绕层数</td><td>●</td><td>●</td><td>5.1.2</td><td>6.1.2</td></tr>
<tr><td>3</td><td colspan="2">卷筒凸缘边与最外层钢丝绳间距离</td><td>●</td><td>●</td><td>5.1.3</td><td>6.1.3</td></tr>
<tr><td>4</td><td colspan="2">钢丝绳</td><td>●</td><td>—</td><td>5.2</td><td>6.2</td></tr>
<tr><td>5</td><td colspan="2">起升速度、变幅及回转速度调节</td><td>●</td><td>●</td><td>5.4.1</td><td>6.3.1</td></tr>
<tr><td>6</td><td colspan="2">限位开关(装置)</td><td>●</td><td>●</td><td>5.4.2</td><td>6.3.2</td></tr>
<tr><td>7</td><td colspan="2">制动特性</td><td>●</td><td>●</td><td>5.4.3</td><td>6.3.3</td></tr>
<tr><td>8</td><td colspan="2">冲击</td><td>●</td><td>●</td><td>5.4.4</td><td>6.3.4</td></tr>
<tr><td>9</td><td colspan="2">制动衬垫</td><td>●</td><td>●</td><td>5.4.5</td><td>6.3.5</td></tr>
<tr><td>10</td><td colspan="2">起重机手(脚)控/遥控</td><td>●</td><td>●</td><td>5.4.6</td><td>6.3.6</td></tr>
<tr><td>11</td><td colspan="2">操纵手柄档位或操纵踏板运动</td><td>●</td><td>●</td><td>5.4.7</td><td>6.3.7</td></tr>
<tr><td>12</td><td colspan="2">起重机重启</td><td>●</td><td>●</td><td>5.4.8</td><td>6.3.8</td></tr>
<tr><td>13</td><td colspan="2">起重机紧急停车</td><td>●</td><td>●</td><td>5.4.9</td><td>6.3.9</td></tr>
<tr><td>14</td><td colspan="2">起重机超载保护装置</td><td>●</td><td>●</td><td>5.4.10</td><td>6.3.10</td></tr>
<tr><td>15</td><td rowspan="6">性能</td><td>公称起升速度</td><td>●</td><td>●</td><td rowspan="5">5.5.1</td><td>6.4.1</td></tr>
<tr><td>16</td><td>公称变幅时间</td><td>●</td><td>●</td><td>6.4.2</td></tr>
<tr><td>17</td><td>公称回转速度</td><td>●</td><td>●</td><td>6.4.3</td></tr>
<tr><td>18</td><td>最小轻载速度</td><td>●</td><td>●</td><td>6.4.4</td></tr>
<tr><td>19</td><td>最大可控着地速度</td><td>●</td><td>●</td><td>6.4.5</td></tr>
<tr><td>20</td><td>超载性能</td><td>●</td><td>—</td><td>5.5.2</td><td>6.4.6</td></tr>
<tr><td>21</td><td colspan="2">环境适应性</td><td>●</td><td>—</td><td>5.6</td><td>6.5</td></tr>
<tr><td colspan="7">注：●必检项目；—不检项目。</td></tr>
</table>

7.3.2 受检样品数

从每种公称规格的起重机中抽取一台。

7.3.3 合格判据

当起重机的所有检验项目及检验条件均符合要求时，则判该起重机为型式检验合格；当起重机有任一检验项目不符合要求时，允许重新抽取该起重机同种规格受检样品并对其进行全套检验，若符合要求，则判该起重机为型式检验合格；若仍不符合要求，则判该起重机为型式检验不合格。

7.4 出厂检验

7.4.1 检验项目和顺序

检验项目和顺序按表 3 的规定。

7.4.2 受检样品数

每台起重机均应进行出厂检验。

7.4.3 合格判据

当起重机的所有检验项目及检验条件均符合要求时，则判该起重机为出厂检验合格；当起重机有任一检验项目不符合要求时，允许采取纠正措施后再对该检验项目进行检验，若符合要求，则判该起重机为出厂检验合格；若仍不符合要求，则判该起重机为出厂检验不合格。

8 标志

8.1 设置部位

起重机应在其外表面显著位置设置符合 GB/T 13306 要求的铭牌。

8.2 内容

铭牌应包含下列内容：

a) 制造厂名称；

b) 产品名称、型号；

c) 驱动方式；

d) 公称规格；

e) 生产日期、编号。

ICS 25.220.20
H 20

中华人民共和国国家标准

GB/T 12967.7—2010

铝及铝合金阳极氧化膜检测方法 第7部分：用落砂试验仪测定阳极氧化膜的耐磨性

Test methods for anodic oxidation coatings of aluminium and aluminium alloys—Part 7: Measurement of abrasion resistance of anodic oxidation coatings by sand falling test apparatus

2011-01-14 发布 2011-11-01 实施

中华人民共和国国家质量监督检验检疫总局
中国国家标准化管理委员会 发布

前　言

GB/T 12967《铝及铝合金阳极氧化膜检测方法》分为7个部分：

——第1部分：用喷磨试验仪测定阳极氧化膜的平均耐磨性；

——第2部分：用轮式磨损试验仪测定阳极氧化膜的耐磨性和耐磨系数；

——第3部分：铜加速乙酸盐雾试验（CASS试验）；

——第4部分：着色阳极氧化膜耐紫外光性能的测定；

——第5部分：用变形法评定阳极氧化膜的抗破裂性；

——第6部分：目视观察法检验着色阳极氧化膜色差和外观质量；

——第7部分：用落砂试验仪测定阳极氧化膜的耐磨性。

本部分为GB/T 12967的第7部分。

本部分是依据GB/T 1.1—2009规定的起草规则进行编制的。

本部分由中国有色工业协会提出。

本部分由全国有色金属标准化技术委员会（SAC/TC 243）归口。

本部分负责起草单位：国家有色金属质检中心、福建省闽发铝业股份有限公司、广东坚美铝型材厂有限公司。

本部分参加起草单位：福建省南平铝业有限公司、广亚铝业有限公司、山东南山铝业股份有限公司。

本部分主要起草人：纪红、朱耀辉、李喆、潘学著、戴悦星、冯东升、周春荣、蓝安英。

铝及铝合金阳极氧化膜检测方法 第7部分:用落砂试验仪测定阳极氧化膜的耐磨性

1 范围

本部分规定了采用落砂试验仪测定阳极氧化膜耐磨性的方法。

本部分适用于铝及铝合金阳极氧化膜耐磨性的测定。

2 规范性引用文件

下列文件对于本文件的应用是必不可少的。凡是注日期的引用文件,仅注日期的版本适用于本文件。凡是不注日期的引用文件,其最新版本(包括所有的修改单)适用于本文件。

GB/T 2480—2008 普通磨料 碳化硅

GB/T 4957 非磁性基体金属上非导电覆盖层 覆盖层厚度测量 涡流法(GB/T 4957—2003,ISO 2360:1982,IDT)

GB/T 8005.3 铝及铝合金术语 第3部分:表面处理术语(GB/T 8005.3—2008,ISO 7583:1986,MOD)

YS/T 242 表盘及装饰用铝及铝合金板

3 术语和定义

GB/T 8005.3界定的以及下列术语和定义适用于本文件。

3.1

试样 test specimen

待检验的样品。

3.2

标准试样 standard test specimen

按附录A所给条件制备的样品。

3.3

协议参比试样 agreed reference specimen

按供需双方所认可的条件制备的样品。

4 方法提要

使磨料通过导管自规定的高度落下,冲刷试样表面的膜层,直至磨出基材。用磨耗单位涂层厚度所用的磨料质量或时间来评定膜层的耐磨性,或用将检验结果和标准试样(附录A)或协议参比试样的检验结果相比较而获得的相对磨耗系数来评定膜层的耐磨性。

5 试验用仪器及磨料

5.1 落砂试验仪

落砂试验仪主要由漏斗、导管、试样支架等部分组成，其结构示意图见图1。

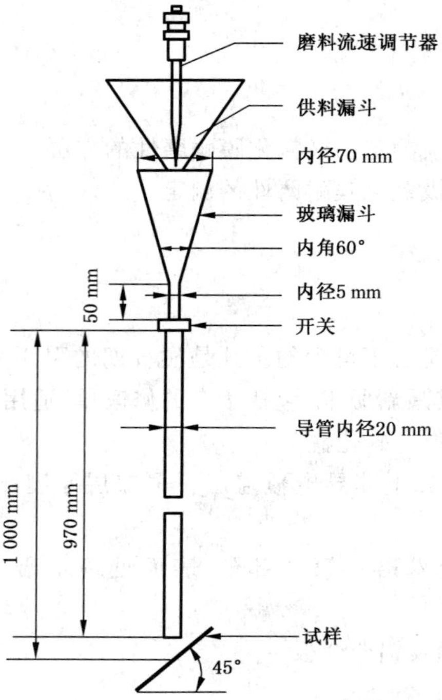

图1 落砂试验仪结构示意图

5.2 磨料

磨料采用黑色碳化硅颗粒。磨料的粒度为GB/T 2480—2008中规定的F80。磨料可重复使用50次，每次使用前应在105 ℃温度下烘干，并冷却至室温后使用。

6 试验环境

6.1 试验在室温，相对湿度小于80%的环境下进行。试验样品至少在此试验环境下放置24 h。

6.2 试验时应注意避风。

7 试验步骤

7.1 试样

7.1.1 切取大小适宜的待检试样，但不能损坏试样的检验表面。试样的最短边长度应不小于40 mm。

7.1.2 试样应在产品的装饰面上截取。当不能在产品上直接取样时，可以使用与产品相同材料以及相同处理条件制成的平板试样。

7.2 磨耗系数的测量

7.2.1 用涡流测厚仪按 GB/T 4957 规定的方法测量试样(7.1)的膜厚。

7.2.2 将试样固定在落砂试验仪(5.1)的试样支架上,其受检面向上,调整试样使测定膜厚区域的中心正好处在导管的正下方且受检面与导管的之间的角度成 45°±1°。

7.2.3 把经称量的磨料(5.2)加入漏斗(精确到 1 g),打开开关让磨料自由落下,同时开始计时,流量控制在 320 g/min±10 g/min,当试样(7.1)被磨耗部分露出 2 mm 左右的基材或被磨耗部分的电阻值低于 5 000 Ω 时,立即关上开关停止落砂并停止计时,再称取所剩磨料的质量(精确到 1 g)。从以上 2 次称量中,计算出磨穿试样(7.1)所需用的磨料质量,同时记录试验时间。

7.3 相对磨耗系数的测量

7.3.1 概述

在使用落砂试验仪测定试样的耐磨性时,试验结果可以与标准试样(3.2)或协议参比试样(3.3)的试验结果相比较,并用相对磨耗系数来表示。其值大于 1 时表示磨耗程度大于标准试样,小于 1 表示磨耗程度小于标准试样。

7.3.2 相对磨耗系数的测定

7.3.2.1 按 7.2 所规定的步骤,用标准试样(3.2)置换试样(7.2)后进行试验。

7.3.2.2 使用协议参比试样(3.3)时,按 7.2 所规定的步骤,用协议参比试样(3.3)置换试样(7.2)后进行试验。

8 结果表示

8.1 磨耗系数

按公式(1)计算试样的磨耗系数(f):

$$f=\frac{m}{d} \qquad (1)$$

式中:

f ——磨耗系数,单位为克每微米(g/μm)或秒每微米(s/μm);

m ——磨耗试样所需的磨料质量或试验时间,单位为克(g)或秒(s);

d ——试样的局部膜厚,单位为微米(μm)。

8.2 相对磨耗系数

8.2.1 按公式(2)计算标准试样的磨耗系数(f_s):

$$f_s=\frac{m_s}{d_s} \qquad (2)$$

式中:

f_s ——标准试样的磨耗系数,单位为克每微米(g/μm)或秒每微米(s/μm);

m_s ——磨耗标准试样所需的磨料质量或试验时间,单位为克(g)或秒(s);

d_s ——标准试样的膜厚,单位为微米(μm)。

8.2.2 按公式(3)计算以标准试样为基准的相对磨耗系数(W_s):

$$W_s=\frac{f}{f_s} \qquad (3)$$

式中：

W_s——以标准试样为基准的相对磨耗系数，无量纲值；

f ——试样的磨耗系数，单位为克每微米(g/μm)或秒每微米(s/μm)；

f_s ——标准试样的磨耗系数，单位为克每微米(g/μm)或秒每微米(s/μm)。

8.2.3 按公式(4)计算协议参比试样的磨耗系数(f_r)：

$$f_r=\frac{m_r}{d_r} \qquad \cdots\cdots(4)$$

式中：

f_r ——协议参比试样的磨耗系数，单位为克每微米(g/μm)或秒每微米(s/μm)；

m_r ——磨耗协议参比试样所需的磨料质量或试验时间，单位为克(g)或秒(s)；

d_r ——协议参比试样的膜厚，单位为微米(μm)。

8.2.4 按公式(5)计算以协议参比试样为基准的相对磨耗系数(W_r)：

$$W_r=\frac{f}{f_r} \qquad \cdots\cdots(5)$$

式中：

W_r ——以协议参比试样为基准的相对磨耗系数，无量纲值；

f ——试样的磨耗系数，单位为克每微米(g/μm)或秒每微米(s/μm)；

f_r ——协议参比试样的磨耗系数，单位为克每微米(g/μm)或秒每微米(s/μm)。

9 试验报告

试验报告至少应包括以下内容：

a) 试样号；

b) 本部分编号；

c) 试验温度和相对湿度；

d) 所用仪器的类型、型号；

e) 所用磨料的种类；

f) 磨耗系数和(或)相对磨耗系数等试验结果；

g) 电阻值(仅限于使用电阻值判定试验终点时)；

h) 试验点的数量和位置；

i) 试验日期；

j) 其他有关试验的说明。

附 录 A
（规范性附录）
标准试样的制备

A.1 范围

本附录规定了通过阳极氧化处理来制备耐磨试验用标准试样的方法。

A.2 方法提要

在规定的试验条件下，通过在硫酸水溶液中对指定牌号和状态的铝板试样进行阳极氧化处理来制取标准试样。

A.3 铝板试样

尺寸为(1.0～1.6)mm×70 mm×140 mm、牌号为1050A、状态为H14、表面无目视可见缺陷的抛光铝板或符合YS/T 242要求的铝板。

A.4 制备过程

A.4.1 预处理

对铝板试样(A.3)进行脱脂预处理(允许采用轻微的碱浸蚀、电化学抛光或化学抛光)。

A.4.2 阳极氧化

A.4.2.1 将预处理后的铝板试样(A.4.1)放置(试样短边垂直于水平方向)于硫酸槽液中进行阳极氧化。每次氧化的试样(A.4.1)不超过20块，电解液的体积不小于10 L/试样。

A.4.2.2 阳极氧化在20 ℃±1 ℃的温度下进行，电流密度控制在：1.5 A/dm^2±0.1 A/dm^2，溶液中游离硫酸浓度保持在：180 g/L±2 g/L，铝离子浓度保持在：5 g/L～10 g/L。采用压缩空气进行搅拌，氧化时间为45 min。

A.4.2.3 氧化时，阳极表面应保持强烈搅拌，电流应稳定，波动不超过5%。

A.4.3 封孔

将阳极氧化后的试样(A.4.2)置于沸腾的醋酸铵水(采用去离子水)溶液(每升含有1 g醋酸铵，pH值5.5～6.5)中封孔60 min。